新工科暨卓越工程师教育培养计划电子信息类专业系列教材
普通高等学校“双一流”建设电子信息类专业特色教材
丛书顾问/郝　跃

WUXIAN DIANBO CHUANBO XINDAO TEZHENG

无线电波传播信道特征

■　主　编/尹学锋　程　翔

華中科技大學出版社
http://www.hustp.com
中国·武汉

内容简介

本书是一部深入介绍基于实际测量活动对无线电波传播信道在时间、空间、频率、极化域的窄带和宽带特征的作品。本书内容可分为六个部分。首先，对信道特征和普遍采用的建模形式进行概述；其次，从通用参数模型的角度，对特定收发配置下信号在时间、空间、频率等观测域的行为进行数学表征；而后，介绍宽带信道测量的理论和关键技术，包含利用商用网络进行测量的方法与细节；之后，广泛而深入地介绍多种类型的参数估计算法，以及在静态、动态场景下利用这些算法提取和确定统计性信道参量的过程；此外，详述并分析统计模型构建过程及采用的关键技术、算法和理论；最后，对基于传播图论理念进行无线信道仿真的方法进行介绍。

图书在版编目(CIP)数据

无线电波传播信道特征/尹学锋，程翔主编．—武汉：华中科技大学出版社，2021.5
ISBN 978-7-5680-6891-8

Ⅰ.①无…　Ⅱ.①尹…　②程…　Ⅲ.①无线电通信-电波传播-信道-教材　Ⅳ.①TN011

中国版本图书馆 CIP 数据核字(2021)第 064886 号

无线电波传播信道特征　　尹学锋　程　翔　主编
Wuxian Dianbo Chuanbo Xindao Tezheng

策划编辑：祖　鹏　王红梅
责任编辑：刘艳花　李　露
责任校对：张会军
封面设计：秦　茹
责任监印：周治超
出版发行：华中科技大学出版社(中国·武汉)　　电话：(027)81321913
武汉市东湖新技术开发区华工科技园　　邮编：430223
录　　排：武汉市洪山区佳年华文印部
印　　刷：武汉科源印刷设计有限公司
开　　本：787mm×1092mm　1/16
印　　张：20　　插页：2
字　　数：490 千字
版　　次：2021 年 5 月第 1 版第 1 次印刷
定　　价：65.00 元

华中出版

本书若有印装质量问题，请向出版社营销中心调换
全国免费服务热线：400-6679-118　竭诚为您服务

编　委　会

作 者 简 介

尹学锋，男，教授，博士生导师，同济大学电子与信息工程学院教师，1995 年毕业于华中科技大学光电子工程系，2002、2006 年于丹麦奥尔堡大学(Aalborg University)分别获得数字通信专业硕士学位和无线通信专业工学博士学位。研究兴趣包括电波传播信道特征、高精度参数估计算法、雷达信号处理与无线环境感知，发表论文 150 余篇，中英文著作共 3 部，获得 PCT 国际专利授权 12 项，中国专利授权 18 项，国际信道标准 2 项。学术贡献如下。① 多种信道参数高精度估计算法，包括 SAGE(空间迭代广义期望最大化)算法、多层证据框架算法、功率谱提取算法、多径粒子滤波算法和球面波提取算法，其中，SAGE 算法因其能够对每条传播路径的 14 个参数(时延、波离方向、波达方向、多普勒频移，以及极化矩阵等)进行估计，已成为建立 SCM、SCME 模型的标准算法。② 实测统计信道模型成为国际标准，即基于城市场景的 Relay 信道特征模型成为 ITU 信道模型标准，无人机空地信道模型成为 3GPP 标准模型。③ 针对 5G 场景的信道特征研究，包括 13～17、28、60、71～73、70～77 GHz 室内外场景，动静态、全双工、空对地、卫星对地面、Massive MIMO 场景，以及地物损耗、植被损耗场景。④ 首创随机图论信道模拟理论，拥有自主知识产权的核心仿真技术，使图论成为可代替射线追踪的具有低复杂度、高准确度的信道仿真工具。

程翔，男，教授，博士生导师，北京大学信息科学技术学院电子学系教师，于 2009 年获得英国爱丁堡大学(The University of Edinburgh)和赫瑞-瓦特大学(Heriot-Watt University)联合授予的无线移动通信专业博士学位。2016 年获得国家优秀青年科学基金项目(优青)，2017 年获得教育部自然科学类一等奖，2018 年获得中国通信学会青年科技奖和科学技术奖一等奖，2019 年获得中国工程院首届“中国工程前沿杰出青年学者”称号。研究方向主要集中于基于数据驱动的无线通信系统和网络设计研究，包括无线通信信道建模和应用、5G 智能车联网和 5G/B5G 移动通信系统研究。共发表论文 200 余篇，其中 IEEE 期刊 100 余篇，包括 ESI 热点论文 4 篇(top 0.1%)、ESI 高被引论文 15 篇(top 1%)和 ESI 扩展高被引论文 3 篇，已获得国际专利授权 2 项，中国专利授权 8 项，撰写 5 部英文专著、1 部英文书籍章节、1 部中文专著，并翻译 1 部英文专著。目前担任 *IEEE Transactions on WC* 期刊、*IEEE Transactions on ITS* 期刊、*IEEE Wireless Communications Letters* 期刊和 *Journal of Optical Communications and Networking* 中国国际期刊的编委工作，并且是 IEEE 的杰出讲师(distinguished lecturer)。

序言

准确了解无线电波传播信道特征是实现高质量无线通信的基础。在5G时代，复杂的无线环境、多样的应用类型，以及一系列先进通信技术的使用，使无线电波传播信道的研究从传统的模型构建迅速演化为基于人工智能和深度学习方法对信道的多维、动态和统计特征进行深入挖掘，以提高系统稳定性，改善用户体验。近年来虽然有多本与信道特征相关的著作、教材陆续出版，但大都侧重于信道某一方面的特征描述，较为笼统地解释信道特征研究的标准流程，关注的场景相对单一，特征多限于窄带和有限维度色散，缺乏对5G所应用的复杂环境如高速移动、空对地传输、工业物联网、密集城市、多种类型植被情况下的未知信道特征的阐述。本书针对现阶段高校研究所对于无线电波传播信道特征的研究与5G、6G的发展存在较大差距的问题，对信道特征在5G应用背景下的研究方法、取得的成果进行阐述，为5G、B5G和6G等其他多种无线系统研发提供信道参考。

本书主要介绍无线电波传播信道的损耗特征、扩散特征、随机特征、相关性，以及参数域与观测域之间的变换特征等基础性的知识，介绍业内典型的信道研究方法，如基于实测的信道分析、基于仿真的信道分析，描述信道特征提取的流程、模型构建的步骤与得到的标准化模型的形式，重点就近年来多个重要典型场景中的信道研究进展进行详细描述，包括宽带信道特征研究、高速时变情况下（如车车、车地）的信道研究，以及无人机的空对地信道研究等，对采用实测和仿真两种不同方式取得的研究成果进行展示与分析。

本教材在编写过程中突出描述如下几个方面。首先，保持信道特征理论架构的完整性。本教材对传播信道特征的阐述较为全面，不仅对其自然机理进行了介绍，而且对研究方法、特征挖掘和建模过程的各个环节进行了详细的介绍。其次，注重内容的新颖性和先进性。本教材侧重宽带无线通信对信道特征研究的需求，介绍并分析时、空、频、极化，以及时变情况下的信道特征挖掘。书中描述的测量方法、信道参数提取算法和建模方法，同样适用于5G、B5G场景（如使用大规模天线阵列的研究、毫米波传输情况下的信道特征研究）。再者，本教材侧重学科交叉与融合。书中多个章节对将信道特征在通信以外领域中的应用进行了详细描述，如与雷达目标识别以及环境感知领域的交叉应用，利用信道特征通过机器学习的方式进行指纹提取用于移动终端定位，以及利用信道时变特征对环境中散射体的位移进行预测等，信道与其他功能实现之间的交叉对未来智能技术、物联网技术的发展具有重要意义。此外，本教材所介绍和描述的方法具有较强的通用性。和其他相对笼统地介绍信道特征的图书不同，本书在信道特征研究中融入了多种信号处理方法、贝叶斯理论、粒子滤波、卡尔曼滤波算法在信道特征提取中的应用范例，这些内容能够使读者触类旁通，举一反三，读者可以通过信道研究掌握多种研究方法、算法。

本书的章节安排如下。

第 1 章:传播信道特征。在这一章里,我们从传播信道的总体现象出发,介绍电波传播所引起的路径损耗、阴影衰落、多径衰落,分析了多径衰落的随机特征和统计描述方式,包括接收信号包络、相位分布、与衰落阈值相关的交叉率和平均衰落时长的统计特征,介绍了描述多径衰落的相关函数、解释了多径衰落的双重性和广义稳态非相关散射假设。此外,本章初步对传播模型的类型划分进行了介绍。

第 2 章:通用信道模型。这一章我们对参数化描述信道所采用的先验模型进行描述。首先,针对信道在不同参数域的扩散函数进行了阐述,随后对镜面作用下的单一无扩散路径在方向、时延、多普勒和极化域的参数化表征,以及对接收信号的影响进行数学描述,之后,针对具有相对较为集中的扩散特征的多径进行模型假定。此外,我们还针对时变情况下的信道给出了参数具有时间演变特征的信号数学模型。除上述确定性参数描述的模型以外,我们也对二阶统计特征,即多维功率谱信道模型进行了详细的介绍。最后,针对一个 MIMO 信道中的特例——匙孔信道,给出了一个整体架构的传播信道模型。利用这些模型,我们不仅可以在单径层面描述每个信道内分量,也可以从总体架构角度给出宏观的信道描述,还可以通过不同层面的嵌入、组合,构建更为复杂的信道特征先验描述,从而为信道特征参数化估计提供基础。

第 3 章:信道测量。本章重点针对如何进行准确的信道测量,对设备的选择、测量数据的后处理从整体和一些重要环节上进行描述,其中包括信道测量在时间、空间和频率上采用的轮巡、并行等采集方式,数据后处理所需要的设备响应的校准环节,设备中固有的相位噪声及其抑制方法,并介绍了采用参数建模的方式对信道和相噪参数进行联合估计的方法。此外,对于在天线响应具有方向性的情况下,如何有效地确定方向域参数估计的范围,以及在利用阵列天线进行空域扫描发射或接收信号时,如何设计和采用空时联合切换模式,从而对方向域和多普勒频移域的参数估计实现低模糊度的估计进行了介绍。

第 4 章:确定性信道的参数估计。在这一章里,我们对一些信道特征提取的常用算法进行了详细的介绍,包括传统的巴特莱特波束成形参数估计算法,伪谱分析算法中的典型——MUSIC(multiple signal classification,多重信号分类)算法,以及 21 世纪以来逐渐成为信道参数特征提取的标准工具——SAGE(space-alternating generalized expectation-maximization,空间迭代广义期望最大化)算法。我们利用了 14 维度(包含时延、多普勒频移、波达方向、波离方向,以及极化矩阵)每条路径的参数化信道多径模型,介绍了 SAGE 算法的完整推导过程,并对使用 SAGE 时的参数初始化算法进行了描述,对极化矩阵估计中可能存在矩阵奇异性问题的场景进行了分析和讨论。

第 5 章:统计性信道参数估计。本章针对信道的扩散现象进行了参数先验模型的构建,主要从确定性角度和统计性角度分别给出了基于泰勒展开的物理机制参数模型,以及二阶统计量,即信道在参数域的功率谱参数模型。由这两个模型都可以推导出相应的 SAGE 算法。本章也对推导得到的算法进行了描述,并将这些算法用于实际信号测量数据的处理,验证这些算法的可行性。

第 6 章:基于测量的统计信道建模。参数估计的目的是能够更为准确地进行信道特征化操作,即对信道的统计特征进行低复杂度、高适用度的模型构建。在这一章里,我们首先对统计模型构建的完整流程进行介绍,进而描述业内普遍采用的信道多径分簇的方法以得到复杂度低的模型。我们重点介绍了利用径间距离(multipath component distance,MCD)进行 K-power-mean 支持的多径分簇理论,并展示其实测结果。然后,由于在实际应用中,可能存在测量快拍(snapshots)分属于不同的稳态信道的观测段落的情况,我们介绍了对观测数据进行分段的方法,并通过实测数据分析给出其实际性能。最后,我们通过对中继信道建模的实例进行展示,描述了在多链路信道实测建模过程中遇到的问题和解决方法。

第 7 章:移动场景下的信道特征提取。环境中存在移动的物体时,将引起信道特征的时变。移动场景具有复杂性,针对信道参数估计方法的选择、建模方法的改变,我们特别撰写了这一章来进行具体的解释。在这一章里,我们首先对现阶段时变信道的特征研究按照高铁、地铁、无人机和车车场景进行了初步的分类,对这几个典型的时变场景的特征研究现状进行了文献综述和分析。而后,我们详细给出了移动场景中的两个跟踪算法,即扩展卡尔曼滤波和粒子滤波,从基本的先验参数模型到推导,乃至用于实测数据处理时的实际效果,本章都进行了描述。利用由这些跟踪算法得到的信道参数估计结果,我们可以更为准确方便地提取信道的时变特征并加以模型构建。

第 8 章:被动信道测量系统。利用已有的基站,例如 3G、4G 网络中的基站作为信号的发射端,通过自行假设的信号采集设备收集所谓的系统下行信号,并对信号进行分析,提取其中的信道信息。这样的测量方式,我们定义为“被动”测量,旨在强调测量本身并没有特别设计发射端。被动测量的优势是能够在系统覆盖的任何地方进行信号采集,从而得到遍历性较好的信道特征样本,这对于检查特定通信网络的信道情况具有重要的意义。在这一章里,我们介绍了如何针对 UMTS(universal mobile telecommunication system)第三代移动通信、LTE(long term evolution)第四代移动通信的下行信号进行分析从而得到信道特征的计算流程,而后,利用相关方法对高铁、地铁、无人机进行了被动信道测量,得到了路径损耗模型、几何多径的时变模型等。这些模型充分反映了环境和系统对传播信道特征的综合影响,从而开辟了面向移动终端、具有特别价值的信道模型构建的研究。

第 9 章:基于传播图论的信道仿真。尽管本书主要的内容集中在通过实测活动进行信道信号的采集、分析,进而进行信道特征的提取、统计模型的构建方面,但为了能够更好地解释信道特征,理解其产生的缘由,进而预测在类似环境中低概率、极端信道特征存在的可能性,我们利用这一章对一种新型的信道传播预测方法——传播图论方法进行描述。传统的图论模拟的是环境中物体之间的散射传播机制,在这一章中,我们不仅利用传统图论对信道特征模拟的结果和经典的射线追踪进行对比,而且介绍了一些最新的研究成果,即如何利用图论的数学框架保持其复杂度较低的特点,对反射、衍射等传播机制进行模拟的新方法,以及验证这些方法的有效性的实测实验。希望通过推广本书,能让图论信道模拟方法被更多的读者认识,并将其应用在实际研究中。

本书的撰写得到了众多国际、国内专家的帮助,他们对本书的架构安排和内容设定提出了非常宝贵的意见和建议。此外,本书的撰写得到了作者曾经指导的和正在指导中的硕士和博士研究生的帮助,包括蔡雪松、王南鑫、景光铮、薛冰岩、段嘉伟、余宇宁、陈卓钰、朱虹、王宇、俞凡、张晶、朱芃琦和王琦。他们在内容整理、文字校对、公式正确性判断和概念通俗化解释中提供了很多重要的意见和建议,为本书可读性的提升、概念的澄清和延伸做出了很多贡献。在此,我对专家和同学们的帮助表示衷心的感谢。

本书的其他相关资料（含本书用图的彩色版本）可以通过微信公众号“同济信道”获取。该公众号由作者及其团队成员制作、维护。我们通过这个公众号发布和无线电波传播信道特征有关的多方面的信息，包含最新的信道特征研究重要成果，对未来无线通信技术的研讨（如用于6G通信的太赫兹传播研究），以及如何将信道特征用于高精度、高准确度的环境感知等内容。该公众号也会以互动的方式解答读者提出的问题。此外，我们也会通过该公众号公布信道测量数据，方便同行使用，共同对信道进行深入的研究。

作　者

2021年5月

目录

1

传播信道特征

通常情况下，无线通信系统包括三个组成部分：发射端（Tx）、接收端（Rx），以及连接发射端与接收端之间的无线信道，如图 1-1 所示。发射端和接收端可以在可靠性和效率之间在设计上给出很好的权衡，与此不同的是，无线信道是无法设计的。然而，传播信道特征的准确描述是任何无线通信系统设计和分析的基础。无线信道的各种概念和定义通常会让初学者感到困惑。本章将会对无线信道的一些复杂概念进行统一和简化，给读者提供相应的解释和说明。

图 1-1　无线通信系统组成部分

1.1　无线信道中的三种衰落现象

无线信道是发射端和接收端运行的真实环境。由于无线传播的本质特征，信号在无线信道中传播必然会产生衰落。衰落是指由传播介质或路径的变化引起接收信号功率随时间变化的现象。一般来说，衰落可以分为大尺度衰落(large-scale fading)和小尺度衰落(small-scale fading)。其中，大尺度衰落包括路径损耗和阴影衰落(shadowing)。总体而言，电波在无线信道中传播会经历三种衰落现象：路径损耗，其增益用 P 表示；阴影衰落，其增益用 S 表示；多径衰落(multipath fading)，其增益用 h 表示。前两种衰落属于大尺度衰落。之所以称之为大尺度，是因为当移动台的移动范围大于几十个波长的时候，路径损耗和阴影衰落占据主导地位。多径衰落是指由发射端和接收端之间多个信号路径的相长干涉和相消干涉而导致的接收信号功率在波长量级的距离上快速变化。由于多径衰落可以在波长量级的距离上观察到，所以称之为小尺度衰落。小尺度衰落的出现是因为信号多径传播的存在，如图 1-2 所示。小尺度衰落在链路级别的性能表现，包括误码率、平均衰落持续时间，会对无线通信系统的性能产生至关重

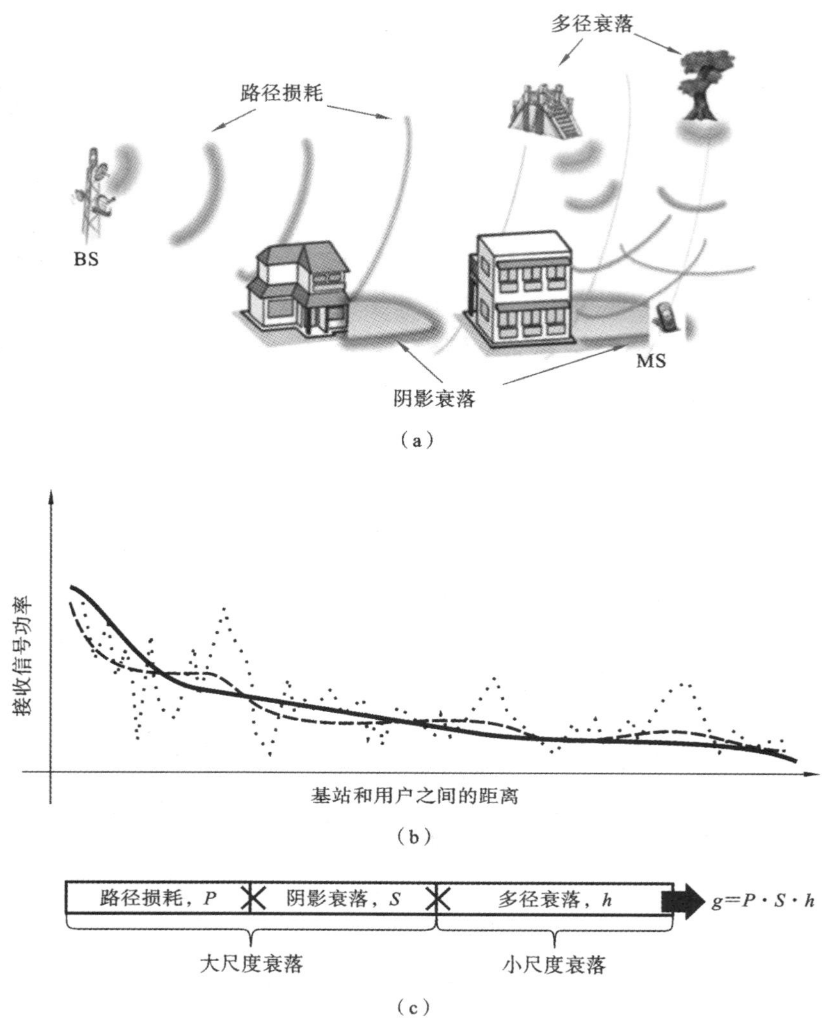

图 1-2　无线信道的三个典型现象。(a) **传播信道增益：基站**(base station, BS)，**用户或移动接收机**(mobile station, MS)；(b) **接收信号功率随基站与用户间距离的变化；**(c) **信道增益的三个组成部分**

要的影响。本书选择利用式(1.1.1)来描述信道中的三种衰落现象的综合效应：

$$g = P \cdot S \cdot h \tag{1.1.1}$$

1.2　路径损耗与阴影衰落

路径损耗是指发射的信号从发射端到接收端传播时所发生的功率衰减。这种衰减发生的原因是，随着信号在自由空间中传播距离的增加，接收装置单位面积上接收到的功率逐渐减少，以及电波在传播过程中会与空气发生能量吸收、与水分子和杂质相互作用发生发射、折射、衍射等效应。由于这种衰减只有在几百或者上千个波长的距离上才可以被观测到显著的变化，所以其被认为是典型的大尺度特征。

仅仅考虑自由空间中不存在任何其他物体时，我们可以得到最简单的路径损耗模型，该模型描述的是信道中仅存在连接接收端与发射端之间的单一直视路径 LoS(line of sight)时，接收信号的功率 P_R 的表达式，具体如式(1.2.1)所示[1]。

$$P_R = P_T G_T G_R \frac{\lambda^2}{4\pi D^2} \tag{1.2.1}$$

式中，P_T 指的是发射功率，G_T 和 G_R 分别代表了发射天线和接收天线的增益，λ 指代的是载波的波长，D 指代的是发射端和接收端之间的距离。需要注意的是，自由空间传播的路径损耗指数（功率随着收发之间的距离 D 下降的指数常数）取值为 2。因此，对于信号在自由空间中传播，接收信号的功率随着收发之间的距离的平方的增大而减小。式(1.2.1)也说明了路径损耗同时取决于载波的波长 λ。可以看出，越短的波长，对应着越高的频率，具有越高的路径损耗。

然而在真实环境中，无线信号很少经历这种理想假设下的自由空间传播。因此，前人已经提出了几个更为现实的路径损耗信道模型，例如：奥村(Okumura)-哈塔(Hata)信道模型[2,3]，Lee 信道模型[4]，以及 Walfish-Ikegami 信道模型[5]等。利用这些基于实测数据建立的模型来对不同的传播环境进行模型描述，例如城市、乡村和室内环境等。研究结果表明，在真实的环境中，实际路径损耗指数介于 3 到 8 之间，由此表明实际传播环境相比于自由空间具有更高的路径损耗。对不同路径损耗模型更为详细的描述可以参考文献[1]。

上述路径损耗模型假设路径损耗在给定距离处保持恒定。然而，由于障碍物（例如存在于传播环境中的建筑物和树木）的存在，将导致在给定距离处接收功率仍然会发生随机的改变。这种效应称为阴影效应，所引发的衰落称为阴影衰落。

实验结果表明，可以使用符合对数正态分布的随机变量来对阴影衰落进行建模，这与我们以往的建模经验是一致的。阴影衰落是由于巨大物体（如高层建筑等）对传播信号造成了遮挡，从而导致的功率的整体损耗。因此，可以通过计算电波在巨大物体内部传播时，由于和多个阻挡物作用而引起的功率损耗的乘积来得到总的功率损耗，此损耗即为阴影衰落所造成的损耗。在对数域中，乘积变成了每一个功率损耗（采用对数表示后）之和。基于中心极限定理(central limit theorem)[6]，我们可以推断阴影衰落在对数域中满足正态分布，即高斯分布，因此阴影衰落可以用对数正态分布进行建模分析。

具体而言，阴影衰落的分布可以用式(1.2.2)给出[1]：

$$f_{\Omega_p}(x) = \frac{10}{x\sigma_{\Omega_p}\sqrt{2\pi}\ln 10}\exp\left[-\frac{(10\lg x - \mu_{\Omega_p(\mathrm{dBm})})^2}{2\sigma_{\Omega_p}^2}\right] \tag{1.2.2}$$

其中，Ω_p 指代的是均方包络水平线，μ_{Ω_p}(单位为 dBm)定义了单位面积衰落均值，σ_{Ω_p} 表示阴影衰落的标准差，其典型值范围为 5～10 dB(具体数据随不同场景和环境而变化)。有关阴影衰落更为详细的讨论读者可参考文献[1]。

1.3 多径衰落

首先我们来了解一下收发之间存在的多径传播现象。多径传播是发射出的信号通过两条或更多条路径到达接收端时表现出的传播机制。本地散射体（例如山脉和建筑物等）的存在经常阻断了发射端发射的电波直接到达接收端的路径（即直视路径）。因此，在发射端和接收端之间将会出现一条非视线的传播路径。因此，电波必须通过反射、衍射和散射等多种与障碍物的作用方式进行传播。这导致来自各个方向的接收波具有不同的延迟。多条电波在接收端天线处进行矢量叠加以产生接收信号。这种多个路径增益之间的矢量叠加现象会导致多径衰落现象的发生。

如上文所述，本地散射体的存在将引起较为丰富的非直视路径(NLoS)场景。当该场景中不存在直视路径，或者不存在某一个非直视路径的增益明显高于其他非直视路径的情况时，通常可以用瑞利(Rayleigh)分布来描述衰落包络的随机变化特征，这也是最为常见的分布形式。在某些类型的环境中可能存在较强的镜面反射分量 (specular component)，或者存在稳定的直视路径。这样的散射环境中的多径衰落包络样本通常符合莱斯(Rician)分布。

此外，根据多径在时延域、多普勒频移，以及波达或波离方向域(也称为信道扩展的参数域)的分布情况，可以对应推导出信道在频域和时域上的选择性特征。这里所谓的选择性特征，通俗意义上指信道的增益系数的幅值随着不同的时间观测点、频率观测点，或者空间位置观测点(也称为观测域)的改变而发生变化。为了能够描述信道所包含的多个路径(或称为多个信道内分量)在参数域的扩展、在观测域的变化，以及两者之间的关联，可以采用所谓的系统方程(system function)来描述[7]。

对于不考虑在方向域扩展的信道，或者说在方向域所对应的观测域即空间观测位置上不会发生选择性特征的信道(以下称为“非方向性信道”)，可以用 4 个系统方程中的一个来表征，也称为第一组贝勒(Bello)方程 (Bello’s function)[7]。这 4 个系统方程是：

(1) 时延(域)扩展方程(delay-spread function)，也称为信道冲激响应(channel impulse response)，用函数 $h(t,\tau')$表示；

(2) 多普勒频移(域)扩展方程(Doppler-spread function)，用 $H(f_D,f_c)$表示；

(3) 时延-多普勒频移扩展方程(delay-Doppler-spread function)，用 $g(f_D,\tau')$表示；

(4) 时变传递方程(time-variant transfer function)，用 $G(t,f_c)$表示。

其中，t 指代的是时间(观测域)，τ'表示的是时延(参数域)，f_c 是载波频率(观测域)，f_D 代表多普勒频移(参数域)。这四个系统方程之间的傅里叶变换关系如图 1-3 所示。

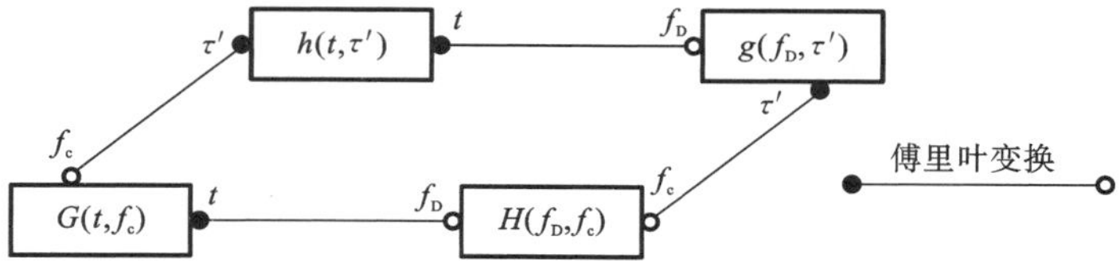

图 1-3 未包含方向域(即未考虑空间选择性)的系统方程之间的傅里叶变换关系

从图 1-3 可以看到，属于观测域的时间和属于参数域的多普勒频移，是一对傅里叶变换域；观测域的载波频率和参数域的时延，也是一对傅里叶变换域。特别需要提出的是，多普勒频移和载波频率尽管都是频率，但是前者指的是频率的变化，后者代表的是观测的频点。

当我们考虑信道在波达角度上存在扩展的情况时，波达角度对应的观测域即接收端的天线位置发生改变时，信道系数也会表现出选择性。此时的信道，通常被称为“方向性信道”，可以使用 8 个系统方程来进行描述[8]。这 8 个系统方程是结合了之前提到的非方向性信道，即仅考虑时间和载波频率为观测域，在传统的 4 个系统方程的基础上，继续增加接收端观测位置作为第三个观测域而扩展得到的。考虑到方向性信道的系统方程包含了非方向性信道的系统方程，本质上非方向性信道是方向性信道的一种特定情况。此外，如果进一步考虑将发射端的位置作为观测域，波离方向将成为与之相对的新的参数域，于是系统方程将增加到 16 个。方向性信道系统方程的研究（严格来说是对双向信道的描述）对于 MIMO（multiple-input multiple-output，多输入多输出）系统的研究是非常有用的。但为了能够降低描述的复杂度，本节中我们仅仅考虑时延、多普勒频移和波达角度作为参数域，即载频、时间和接收端位置作为观测域的情况，对方向性信道进行简要概述。想要了解更多的读者可以参考文献[9]来对考虑双向（波达和波离方向）时的系统方程做进一步的分析。

前面提及的方向性信道的 8 个系统方程的具体内容如下：

（1）时变方向扩展冲激响应（*time-variant direction-spread impulse response*），$h(t,\tau',\boldsymbol{\Omega})$；

（2）时间-空间选择性冲激响应（time and space-variant impulse response），$s(t,\tau',x)$；

（3）方向-多普勒频移扩展传递方程（direction-Doppler-spread transfer function），$H(f_D,f_c,\boldsymbol{\Omega})$；

（4）多普勒频移扩展和空间选择性传递方程（Doppler-spread space-variant transfer function），$T(f_D,f_c,x)$；

（5）多普勒频移和方向扩展冲激响应（Doppler-direction-spread impulse response），$g(f_D,\tau',\boldsymbol{\Omega})$；

（6）多普勒频移扩展和空间选择性冲激响应（Doppler-spread space-variant impulse response），$m(f_D,\tau',x)$；

（7）时变方向扩展传递函数（time-variant direction-spread transfer function），$M(t,f_c,\boldsymbol{\Omega})$；

（8）时间-空间选择性传递函数（time-space-variant transfer function），$G(t,f_c,x)$。

上述函数和方程中，t 指代的是时间，τ' 表示的是时延，f_c 和 f_D 分别代表载波频率和多普勒频移，x 是接收端天线阵列中天线单元的位置，$\boldsymbol{\Omega}$ 是电波到达接收天线时的波达方向。注意该波达方向实际上包含了两个角度信息，分别是波达的方位角 ϕ 和仰俯角 θ。以上系统方程之间的傅里叶变换如图 1-4 所示。上文的系统方程着重解释了信道的不同方面。例如，$h(t,\tau',\boldsymbol{\Omega})$ 侧重于具有方向域扩展和时延域扩展特征的信道在不同时间点上的观测值，或随着时间的变化；$G(t,f_c,x)$ 主要描述的是信道在不同时间、不同载波、不同接收端空间观测点上的观测结果，或具体的变化情况。值得一提的是，考虑到 $h(t,\tau',\boldsymbol{\Omega})$ 能够表示具有时延和方向上多径所构成的信道随着时间变化的情况，从某种意义上讲更加贴近实际观测，尤其是对于连续时间上的信道测量，因此它是最常用的系统方程，因此其是本书主要使用的系统方程。

接下来我们对 $h(t,\tau',\boldsymbol{\Omega})$ 从多径的角度给出其具体的定义，示意图为图 1-5。基于信号与系统的基本知识[10]以及上文介绍的关于多径衰落的知识，$h(t,\tau',\boldsymbol{\Omega})$ 可以使用式(1.3.1)进行表达：

$$h(t,\tau',\boldsymbol{\Omega}) = \sum_{l=1}^{L} h_l(t)\delta(\tau'-\tau'_l)\delta(\boldsymbol{\Omega}-\boldsymbol{\Omega}_l) \tag{1.3.1}$$

式中，L 是可分辨的多径分量的总数，$h_l(t)$ 对应着第 l 条可分辨多径分量的时变复数衰

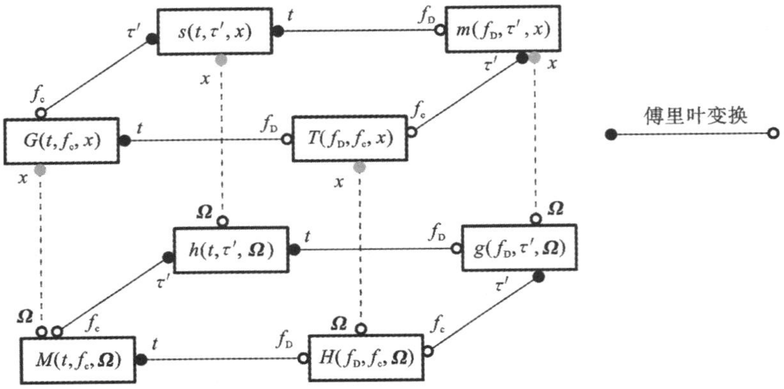

图 1-4　包含方向域(即考虑空间选择性)的系统方程之间的傅里叶变换关系

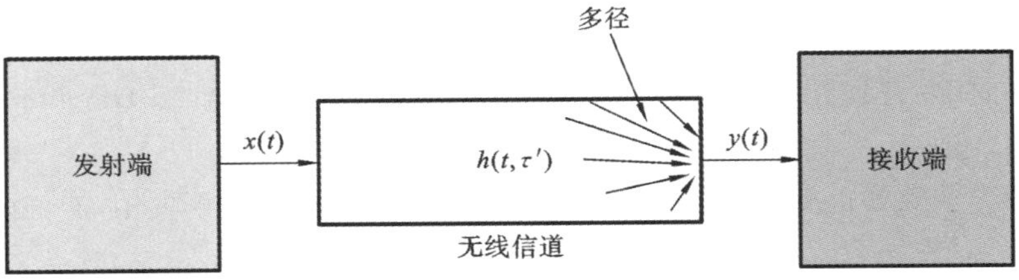

图 1-5　信道冲激响应示意图

减包络(complex fading envelope),该分量平均时延为 τ'_l,平均方向为 $\boldsymbol{\Omega}_l$。每一个时变复数衰减包络 $h_l(t)$ 包含多条多径的分量,可以使用式(1.3.2)进行表达:

$$h_l(t)=\sum_{n=1}^{N}c_n(t)\mathrm{e}^{-\mathrm{j}\phi_n(t)} \tag{1.3.2}$$

式中,N 是多径的数量,$c_n(t)$ 指代的是时变的幅值,$\phi_n(t)$ 代表时变的相位。

因为多径衰落仅仅出现在波长量级的距离上,因此多径衰落引起的接收信号功率的快速变化发生的主要原因是相位 $\phi_n(t)$ 的变化。接下来,我们简要解释一下相位 $\phi_n(t)$ 是如何得到的。

我们先考虑一个最简单的场景,即发射端和接收端都是固定的,如图 1-6(a)所示。在这种情况下,复数衰减包络是非时变的,可以用式(1.3.3)来表达:

$$h_l=\sum_{n=1}^{N}c_n\mathrm{e}^{-\mathrm{j}\phi_n} \tag{1.3.3}$$

从图 1-6(a)中可以清晰地看出,由于每条路径都有自己的长度,电波沿着具体一条路径传播时,和特定的其他路径相比,产生了一定的相位延迟 ϕ_n,并且 ϕ_n 和路径的传播长度的关系如式(1.3.4)所示:

$$\phi_n=2\pi f_c\frac{d'}{c} \tag{1.3.4}$$

式中,f_c 指代的是载波频率,c 是光速,并且 $d'=d_n-d_{\min}$ 表示从发射端向接收端传播的电波经过第 n 个散射体时传播的距离 d_n 与从发射端到接收端之间电波传播的最小距离 $d_{\min}$ 之间的差值。

接下来,我们考虑接收端正在移动的情况,并且在这种情况下复数衰减包络是时变的,它的表达式如式(1.3.5)所示:

$$h_l(t) = \sum_{n=1}^{N} c_n(t) e^{-j\phi_n(t)} \tag{1.3.5}$$

在这种情况下，如图 1-6(b)所示，电波传播的距离差由两部分(即由多径效应产生的传播距离差和由接收端移动导致的传播距离差)组成，并且对应的相位可以使用式(1.3.6)进行表达：

$$\phi_n(t) = 2\pi f_c \frac{d''}{c} = 2\pi f_c \frac{d'_n + vt\cos(\theta_n)}{c} \tag{1.3.6}$$

式中，v 指代的是接收端的移动速度，θ_n 是指电波达到接收端的方向和接收端移动方向之间的夹角。

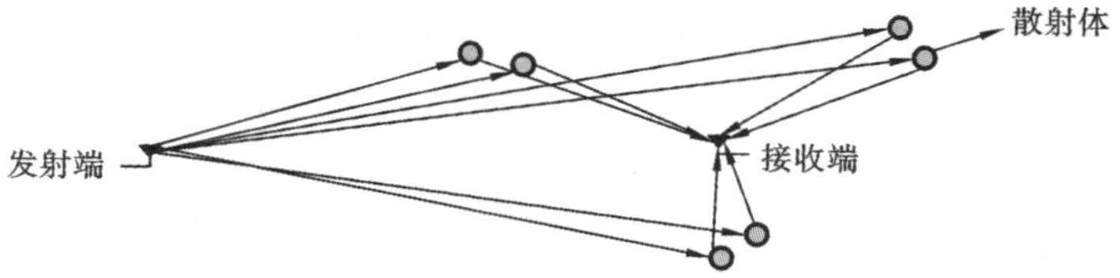

(a)

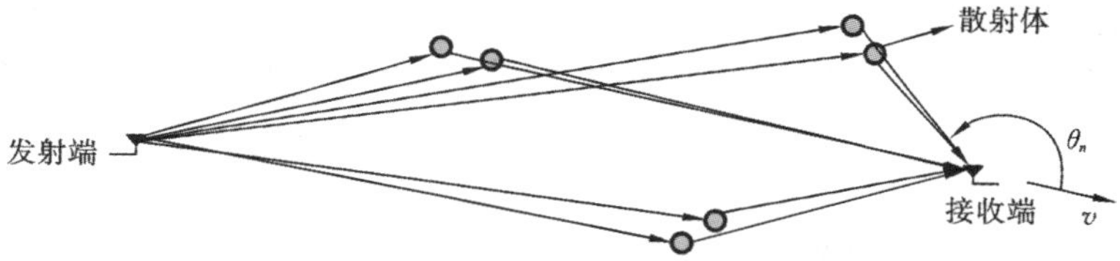

(b)

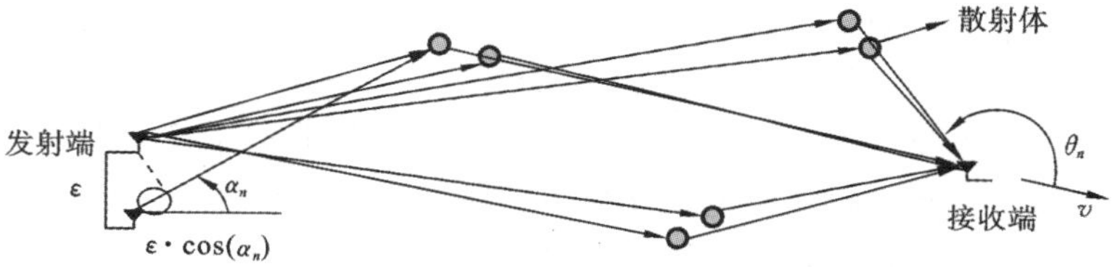

(c)

图 1-6 无线通信所考虑的不同场景。(a) 发射端和接收端均固定；(b) 接收端处于移动状态；(c) 发射端包含多个天线

如果我们继续考虑图 1-6(c)所示的多天线场景的话，时变复数衰减包络可以使用式(1.3.7)进行表示：

$$h_l^{pq}(t) = \sum_{n=1}^{N} c_n^{pq}(t) e^{-j\phi_n^{pq}(t)} \tag{1.3.7}$$

公式中的上标$(\cdot)^{pq}$指发射端的第 p 个天线进行发射并且接收端的第 q 个天线进行接收。从图 1-6(c)中可以看出，电波的传播距离差包含了三部分，即由于多径效应产生的传播距离差，由接收端移动导致的传播距离差和多天线在不同位置导致的距离差。在如图 1-6(c)所示的情况下，发射端有多个天线，接收端仅有一个天线。这种情形下，由于天线位置变化而导致的传播距离差仅仅源于发射端的多天线，因此对应的相位计算公式如式(1.3.8)所示：

$$\phi_n^{pq}(t) = 2\pi f_c \frac{d'''}{c} = 2\pi f_c \frac{d'' + \varepsilon\cos(\alpha_n)}{c} \tag{1.3.8}$$

式(1.3.8)中的 ε 指代的是天线单元间隔，α_n 是电波离开发射端天线阵列的方向与天线轴线之间的夹角。

综上所述，式(1.3.8)中的相位总共包含三部分，并且此相位的完整表达式如式(1.3.9)所示：

$$\phi_n^{pq}(t)=2\pi f_c \frac{d_n-d_{\min}}{c}+2\pi f_D\cos(\theta_n)+2\pi\lambda^{-1}\varepsilon\cos(\alpha_n) \tag{1.3.9}$$

式中，$f_D=f_c\frac{v}{c}$，对应的是沿着移动端移动方向传播的电波所经历的多普勒频移绝对值(在某些场景中也被称为最大多普勒频移)，且 $\lambda=\frac{f_c}{c}$ 对应于载波的波长。

从式(1.3.9)中可以清晰地看到，完整的相位改变包含三部分，这三部分可以分别用多径传播引发的相位变化(multipath-induced phase shift)、移动引发的相位变化(motion-induced phase shift)和多天线引发的相位变化(multiple antenna-induced phase shift)来表示。值得一提的是，移动引发的相位变化不仅仅是由收发端的移动而产生的，若在传播环境中存在移动的物体，并且这些物体也参与构成多径传播，则也同样会引发相位变化。另外，多天线引发的相位变化可以进一步拆分为发射端的多天线和接收端的多天线引发的相位变化。具体内容读者可参考第 2 章“通用信道模型”部分的内容。

1.4　多径衰落的随机特征

了解多径衰落信道的特征对于理解信道、对信道进行正确建模是必不可少的。由于影响信道的因素众多，因此找到一个确定的特征来描述信道是不可能的。唯一可行的描述多径衰落信道特征的方法是描述信道的统计特征，即建立统计模型。

对信道的系统方程进行完整的统计描述是建立统计模型的一种方式。尽管这种建模结果较为准确，但在实际通信系统的性能仿真和验证中，仍需要复杂的计算流程来重现信道。而更为常见且较实用的统计建模方法是借助多径衰落的接收包络以及相位的特定参数，如水平交叉率(level cross rate，LCR)、平均衰落时长(average fading duration，AFD)等进行建模，提取概率密度函数，并结合多径衰落的二阶统计参数描述，构建基于多径衰落随机性的统计信道模型。接下来，我们就对这类模型进行详细说明。

1.4.1　接收信号包络和相位分布

1. 包络分布

在许多无线通信场景中，接收到的复数信号是由大量平面波(plane wave)叠加而成的，如式(1.3.2)所示。根据中心极限定理[6]，式(1.3.2)中的 $h_l(t)$ 为复数衰减包络，其概率密度函数(PDF)符合复高斯分布。在这种情况下，复数包络 $c(t)=|h_l(t)|$ 在任何时间点 t 都符合瑞利分布，如式(1.4.1)所示：

$$f_c(x)=\frac{2x}{\Omega_p}\exp\left\{-\frac{x^2}{\Omega_p}\right\}\quad x\geqslant 0 \tag{1.4.1}$$

式中，$\Omega_p=E[c^2]$，是平均包络功率。

在某些无线通信环境中具有镜面反射或者直视路径分量，在这种情况下，复数衰减包络可以用式(1.4.2)表示：

$$h_l(t)=\sqrt{\frac{K}{K+1}}c_{\mathrm{LoS}}\mathrm{e}^{-\mathrm{j}\phi_{\mathrm{LoS}}}+\sqrt{\frac{1}{K+1}}\sum_{n=1}^{N}c_n(t)\mathrm{e}^{-\mathrm{j}\phi_n(t)} \tag{1.4.2}$$

式中，K 是莱斯因子，定义为镜面反射功率 s^2 与散射功率 Ω_{p} 的比值，c_{LoS} 和 ϕ_{LoS} 分别代表直视路径分量的幅值和相位。复数包络 $c(t)=|h_l(t)|$ 在任何时间点 t，均符合莱斯分布，如式(1.4.3)所示：

$$f_{\mathrm{c}}(x)=\frac{2x}{\Omega_{\mathrm{p}}}\exp\left\{-\frac{x^2+s^2}{\Omega_{\mathrm{p}}}\right\}I_0\left(\frac{2xs}{\Omega_{\mathrm{p}}}\right)\quad x\geqslant 0 \tag{1.4.3}$$

式中，$s^2=h_l^{\mathrm{I}}(t)^2+h_l^{\mathrm{Q}}(t)^2$，其中，$h_l^{\mathrm{I}}(t)$ 和 $h_l^{\mathrm{Q}}(t)$ 分别代表 $h_l(t)$ 的同相和正交分量，即 $h_l(t)=h_l^{\mathrm{I}}(t)+\mathrm{j}h_l^{\mathrm{Q}}(t)$。

在传统的信道建模中，瑞利分布模型和莱斯分布模型是表征多径衰落随机特征的最常见模型，因为它们简单且具有可接受的模型准确性。如今，一些更符合现实和灵活度更好、适用度更强的模型已经被构建出来，例如 Nakagami 衰落[1]和威布尔(Weibull)衰落[11]。通过调整这两种模型的参数，Nakagami 和 Weibull 模型可以模拟瑞利衰落，以及比瑞利衰落更糟的情况。有兴趣的读者可进一步阅读参考文献[1,11]。

2. 相位分布

复数衰减包络的相位也可以表达为式(1.4.4)：

$$\phi(t)=\tan^{-1}\left(\frac{h_l^{\mathrm{Q}}(t)}{h_l^{\mathrm{I}}(t)}\right) \tag{1.4.4}$$

相位通常是非均匀分布的，并且具有非常复杂的形式，通常认为瑞利衰落的相位在[−π,π]的区间内符合均匀分布，即如式(1.4.5)所示。

$$f_{\phi(t)}(x)=\frac{1}{2\pi}\quad -\pi\leqslant x\leqslant\pi \tag{1.4.5}$$

1.4.2　包络水平交叉率和平均衰落时长

包络水平交叉率(level cross rate，LCR)和平均衰落时长(AFD)是与包络衰落相关的两个重要的二阶统计量。包络水平交叉率 $L_{\mathrm{c}}(r_{\mathrm{g}})$ 是指信号的包络每秒以正/负斜率穿过一个设定的水平线 r_{g} 的次数。因此，水平交叉率的含义是包络穿过一个特定水平线的频率。利用传统的基于概率密度函数的方法[12]，对于莱斯衰落，可以推导得到水平交叉率的闭式解如式(1.4.6)所示[1]。

$$L_{\mathrm{c}}(r_{\mathrm{g}})=\sqrt{2\pi(K+1)}f_{\mathrm{D}}\rho\mathrm{e}^{-K-(K+1)\rho^2}I_0\left[2\rho\sqrt{K(K+1)}\right] \tag{1.4.6}$$

式中，$\rho=r_{\mathrm{g}}/\sqrt{\Omega_{\mathrm{p}}}$。对于瑞利衰落($K=0$)和各向同性散射(isotropic scattering)的情况，可以将上述式(1.4.6)简化为式(1.4.7)：

$$L_{\mathrm{c}}(r_{\mathrm{g}})=\sqrt{2\pi}f_{\mathrm{D}}\rho\mathrm{e}^{-\rho^2} \tag{1.4.7}$$

这里我们要强调的是，各向同性散射环境首先由克拉克(Clark)在[13]中提及，并且，假定散射体是均匀分布在发射端和接收端周围的，为理想状况。而现实中的无线通信环境通常是非各向同性散射(non-isotropic scattering)的场景。

平均衰落时长 $T_{\mathrm{c}-}(r_{\mathrm{g}})$ 是信号包络 $c(t)$ 维持在一个确定的水平线 r_{g} 以下的平均时间。因此，平均衰落时长表示的是信号包络维持在一个特定水平线下的时间长度。通常，莱斯衰落信道的平均衰落时长 $T_{\mathrm{c}-}(r_{\mathrm{g}})$ 是用式(1.4.8)进行定义的[14]：

$$T_{c-}(r_g)=\frac{P_{c-}(r_g)}{L_c(r_g)}=\frac{1-Q(\sqrt{2K},\sqrt{2(K+1)}r_g)}{L_c(r_g)} \tag{1.4.8}$$

式中，$P_{c-}(r_g)$表示的是 $c(t)$的累积分布函数，其中，$Q(\cdot,\cdot)$表示广义马尔可姆 Q 函数。其中，如果规定式(1.4.8)中的 $K=0$，就可以得到平均衰落时长包络在衰落呈现瑞利分布时的情形。

1.4.3 相关函数

研究信道系数相关性的目的是发现多径衰落随着观测的时间、频率和空间距离的改变而发生变化的规律。需要注意的是，信道的时间、频率和空间变化率对通信技术和系统是否能达到设计指标具有显著的影响。对于未考虑方向域信道多径扩展的单输入单输出(SISO)信道，我们基于第 1.3 节介绍的 4 个系统方程，给出以下 4 组相关函数：

$$R_h(t_1,t_2;\tau'_1,\tau'_2)=E[h^*(t_1,\tau'_1)h(t_2,\tau'_2)] \tag{1.4.9}$$

$$R_H(f_{c1},f_{c2};f_{D1},f_{D2})=E[H^*(f_{c1},f_{D1})H(f_{c2},f_{D2})] \tag{1.4.10}$$

$$R_G(f_{c1},f_{c2};t_1,t_2)=E[G^*(f_{c1},t_1)G(f_{c2},t_2)] \tag{1.4.11}$$

$$R_g(\tau'_1,\tau'_2;f_{D1},f_{D2})=E[g^*(\tau'_1,f_{D1})g(\tau'_2,f_{D2})] \tag{1.4.12}$$

如图 1-3 所示的贝罗(Bello)系统方程之间的傅里叶变换关系，图 1-7 展示了相关函数之间的双重傅里叶变换关系。

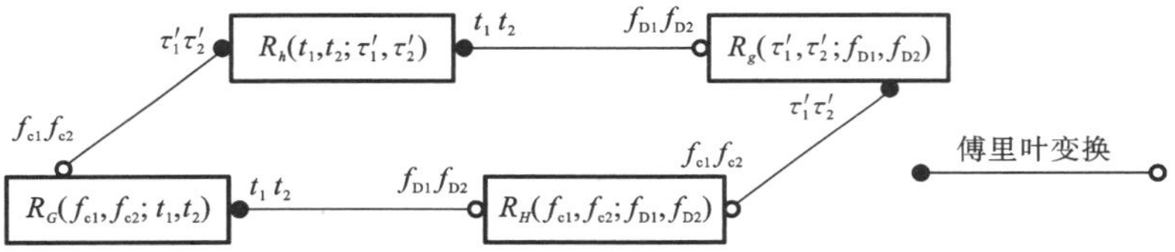

图 1-7 未考虑方向域信道分量扩展的信道相关函数间的傅里叶变换关系

根据上述 SISO 信道的情况，我们可以定义多输入多输出(MIMO)系统方程的相关函数，即对应于第 1.3 节中介绍的方向性信道系统方程，可定义不同的相关函数，具体形式如下所示。

(1) 多普勒频移-时延-方向相关函数：

$$R_g(f_{D1},f_{D2};\tau'_1,\tau'_2;\boldsymbol{\Omega}_1,\boldsymbol{\Omega}_2)=E[g^*(f_{D1},\tau'_1,\boldsymbol{\Omega}_1)g(f_{D2},\tau'_2,\boldsymbol{\Omega}_2)]$$

(2) 时间-时延-方向相关函数：

$$R_h(t_1,t_2;\tau'_1,\tau'_2;\boldsymbol{\Omega}_1,\boldsymbol{\Omega}_2)=E[h^*(t_1,\tau'_1,\boldsymbol{\Omega}_1)h(t_2,\tau'_2,\boldsymbol{\Omega}_2)]$$

(3) 多普勒频移-频率-方向相关函数：

$$R_H(f_{D1},f_{D2};f_{c1},f_{c2};\boldsymbol{\Omega}_1,\boldsymbol{\Omega}_2)=E[H^*(f_{D1},f_{c1},\boldsymbol{\Omega}_1)H(f_{D2},f_{c2},\boldsymbol{\Omega}_2)]$$

(4) 时间-频率-方向相关函数：

$$R_M(t_1,t_2;f_{c1},f_{c2};\boldsymbol{\Omega}_1,\boldsymbol{\Omega}_2)=E[M^*(t_1,f_{c1},\boldsymbol{\Omega}_1)M(t_2,f_{c2},\boldsymbol{\Omega}_2)]$$

天线变量之间的相关函数列举如下。

(1) 时间-时延-空间相关函数：

$$R_s(t_1,t_2;\tau'_1,\tau'_2;x_1,x_2)=E[s^*(t_1,\tau'_1,x_1)s(t_2,\tau'_2,x_2)]$$

(2) 多普勒频移-时延-空间相关函数：

$$R_m(f_{D1},f_{D2};\tau'_1,\tau'_2;x_1,x_2)=E[m^*(f_{D1},\tau'_1,x_1)m(f_{D2},\tau'_2,x_2)]$$

(3) 时间-频率-空间相关函数：

$$R_G(t_1,t_2;f_{c1},f_{c2};x_1,x_2)=E[G^*(t_1,f_{c1},x_1)G(t_2,f_{c2},x_2)]$$

(4) 多普勒频移-频率-空间相关函数：

$$R_T(f_{D1},f_{D2};f_{c1},f_{c2};x_1,x_2)=E[T^*(f_{D1},f_{c1},x_1)T(f_{D2},f_{c2},x_2)]$$

根据方向性信道系统方程之间的傅里叶关系，如图 1-7 所示，我们得到了相关函数之间的双重傅里叶变换关系，如图 1-8 所示。

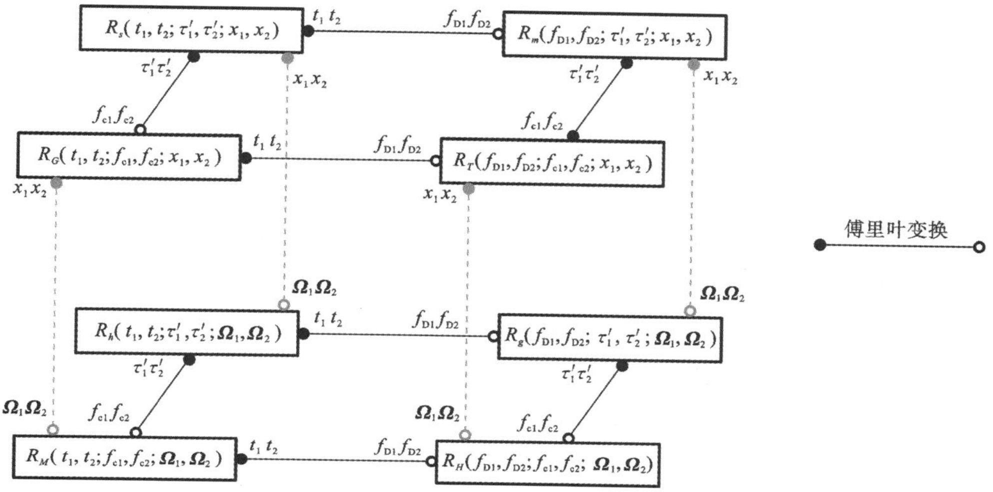

图 1-8 考虑了方向域信道分量扩展的信道相关函数间的傅里叶变换关系

1.5 多径衰落的双重性

选择性和色散性(或称为扩散性)是无线信道最基本且重要的特征。而且，它们具有所谓的“对偶”关系或关联，这意味着可以从一个域去研究一个信道在另一个对应域的特征[7]。选择性表征多径衰落在某一个特定域中表现出来的电波传播信道的状态改变现象，而色散性表征多径衰落在一个域中表示出的信道内影响电波传播的多个分量在该域里的扩展现象。下面我们将展示多径衰落在时间域、频率域和空间域中表现出的选择性，而在其对应(或对偶)的多普勒域、时延域和角度/方向域中表现出的色散性，如图 1-9 所示。

首先，时间选择性是指由于发射端、接收端和/或场景中存在的散射体的运动，导致的信道系数随时间而变化的特征。当在频域中观察时，信道系数的时间选择性表现为信道的多径分量在多普勒域的扩展分布，由于存在多普勒频移扩展色散从而导致了接收到的信号频谱相比发射信号出现了展宽的现象。这种效应被称为频率色散(frequency-dispersion)。因此，时间选择性和频率色散是选择性和色散性对偶关系(selectivity-dispersion duality)的一种类型。通常，相干时间 T_c 和它的近似倒数，以及多普勒频移扩展(Doppler-spread)σ_{f_D} 分别用来量化描述信道在时间上的选择性和在多普勒域中的色散性。相干时间 T_c 和多普勒频移扩展 σ_{f_D} 可以通过第 1.4.3 节中引入的相关函数来计算。对于这两个参数的详细描述，感兴趣的读者可以在文献[9]中得到。通常情况下，具有越大的 σ_{f_D} 就会出现越短的 T_c，因此，信道在时间域上变化越快，信道的多普勒频域扩展就会越广，反之亦然。

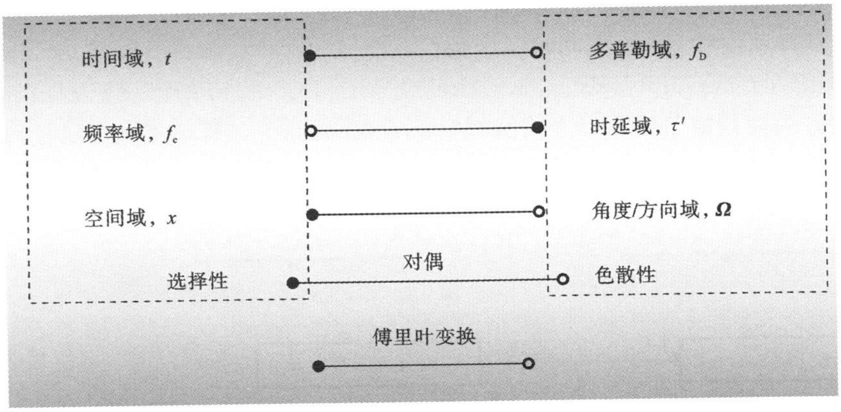

图 1-9 多径衰落信道的选择性与色散性对偶关系

当多普勒频移扩展 σ_{f_D} 足够大时，会导致信道的相干时间（可理解为信道系数未发生明显改变的时间段）比传输单一码元的持续时间 T_s 短，即在传输一个码元的持续时间 T_s 中信道已经发生了较明显的变化。这种信道称为快衰落信道。此外，如果多普勒频移扩展 σ_{f_D} 足够小，从而导致了信道的相干时间 T_c 大于传输一帧数据所需要的时间 T_f，则说明在传输一帧数据所持续的时间 T_f 内，信道系数接近一个常数。这种情况下，信道被称为慢衰落信道。因此，我们可以得出结论，无线信道拥有较大的多普勒频移扩展 σ_{f_D}（即较小的相干时间 T_c）更容易成为快衰落信道。此外，我们也可以说，无线系统具有更高的传输速率（更高的信号宽带）时，信号所经历的信道更容易成为慢衰落信道。

频率选择性（frequency selectivity）是指信道随频率（更为确切地讲，是信号传播时的实际频率或者载波）变化的属性。到达接收端的多径分量具有不同的时延，从而导致了频率的选择性。从时延域上看，具有不同时延的多径分量导致了传输信号在信号到达接收端时的扩展。这种现象称为时延色散。因此，频率选择性和时延色散是另一种类型的选择性和色散性对偶关系。为了测量频率选择性和时延色散，我们分别使用相干带宽 B_c 和它的倒数及时延扩展 $\sigma_{\tau'}$ 这三个参数来量化描述。相干带宽 B_c 和时延扩展 $\sigma_{\tau'}$ 可以通过第 1.4.3 节中引入的相关函数来计算。它们的详细表达同样可以在文献[9]中看到。一般情况下，时延扩展 $\sigma_{\tau'}$ 越大，相干带宽 B_c 越小，因此信道在频域（或称载频域）的变化越快，信道的时延扩展就会越大，反之亦然。

时延扩展 $\sigma_{\tau'}$ 大于码元持续时间 T_s 对应于相干带宽小于信号带宽的情况，传输信号在不同频率上所经历的信道具有不同的幅值增益和相位改变，这样的信道称为频率选择（或宽带）信道。另一方面，如果时延扩展 $\sigma_{\tau'}$ 相比于码元持续时间 T_s 短，即相干带宽 B_c 相比于信号带宽 B_s 要宽，传输信号中不同频率的分量经过了近似不变的相位和幅值变化，则这种信道称为频率平坦（frequency flat）（或窄带）信道。因此，我们可以得出结论，一个具有大的时延扩展 $\sigma_{\tau'}$（即具有窄的相干带宽 B_c）的信道更容易成为宽带信道（wideband channel）。此外，我们可以说具有更大传输频带（更宽的信号带宽）的无线通信系统更容易经历宽带信道。

空间选择性（space selectivity）是指由于接收端或者发射端的位置发生变化，电波以抵消和叠加的方式发生干涉，而导致信道发生波动的现象。当在角度或者方向域（这里我们以波达方向为例)中观察时,这些空间波动是由在该位置上具有不同(波达)方向的多径分量引起的。这种现象我们称之为方向色散。因此,空间选择性和方向色散是另一种类型的选择性和色散性对偶关系。类似前文提及的两种对偶关系,空间选择性和方向色散可以分别用相干距离(coherence distance)D_c 和它的倒数及角度(方向)扩展 σ_Ω 来量化描述,这可以使用第 1.4.3 节中介绍的相关函数进行计算,具体计算过程可以参考文献[9]。一般来说,角度扩展 σ_Ω 越大,相干距离 D_c 就越小,因此信道系数在距离域的变化越快,意味着在方向域的扩展也就越大。

当角度扩展 σ_Ω 足够大,导致相干距离 D_c 小于任意两个天线单元 A_s 之间的空间间隔时,那么这两个天线接收到的信号就可以认为是不相关的。此时的信道称为空间不相关信道(spatial-uncorrelated channel)。否则,如果角度扩展 σ_Ω 足够小,导致相干距离 D_c 大于任意两个天线单元 A_s 之间的空间间隔,则这两个天线的输出信号是相关的。在这种情况下,信道被称为空间相关信道(spatial-correlated channel)。因此,我们可以得出结论,一个角度扩展 σ_Ω 较大(即具有较小的相干距离 D_c)的无线信道更容易成为空间不相关信道。此外,我们可以说天线间距较大的多天线无线通信系统更容易经历空间不相关信道。

从上述描述中可以清楚地看出,无线信道的分类标准并非是纯粹基于无线信道的特征的,而是同时基于无线信道的特征和无线通信系统的特征的。图 1-10 对多径衰落信道的双重性做了一个完整的总结。

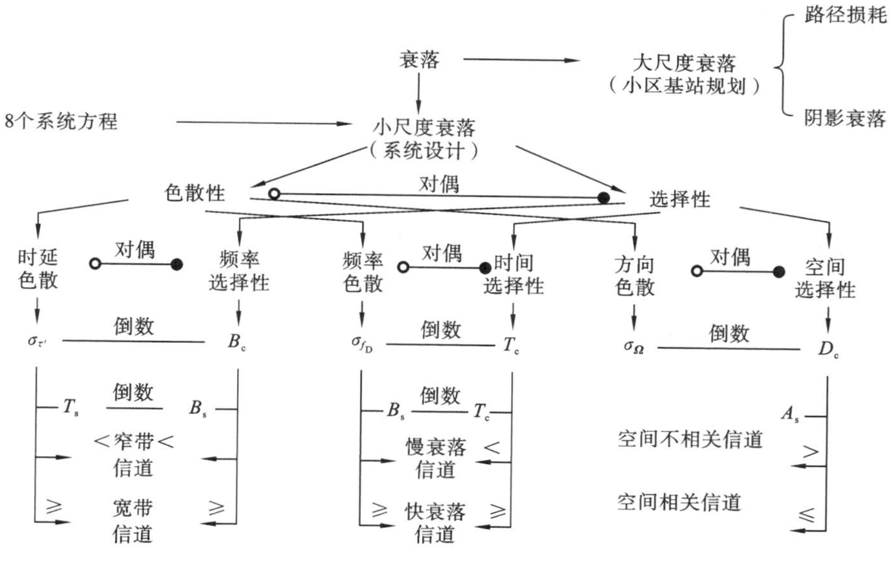

图 1-10 多径衰落信道的双重性,即选择性和色散性的总结

1.6 广义稳态非相关散射假设

在无线电波传播的信道中通常假定其具有广义稳态非相关散射(wide-sense stationary uncorrelated scattering,WSSUS)的特征。广义稳态非相关散射最初是为未考虑方向域扩展的非方向性(即单输入单输出)信道而定义的，这意味着，当涉及信道的时变传递方程 $G(t,f_c)$ 的性质时，WSSUS 对于时间 t 和频率 f 均呈现广义平稳的性质[7,15]；当涉及 SISO 信道的信道冲激响应 $h(t,\tau')$ 时，WSSUS 假设是指相对于时延 τ' 的不相关散射性质、在观测时间 t 上的广义平稳性质。该假设被命名为广义稳态非相关散射的原因是，它完全在时域中描述了广义稳态非相关散射信道的性质。

将广义稳态非相关散射假设应用于非方向性信道时，信道的相关函数可以简化。例如，4 维的信道冲激响应相关函数可以简化为式(1.6.1)：

$$R_h(t_1,t_2;\tau'_1,\tau'_2)=P_h(\Delta t,\tau'_1)\delta(\tau'_2-\tau'_1) \tag{1.6.1}$$

公式中的 $P_h(\Delta t,\tau'_1)$ 为 $h(t_1,\tau'_1)$ 和 $h(t_1+\Delta t,\tau'_1)$ 的交叉功率谱密度(cross-power density)。得到的相关函数和它们之间的傅里叶变换关系如图 1-11 所示。从第 1.5 节中介绍的时间-频率关系、频率-时延关系和空间-方向关系之间的对偶性了解到，非方向性信道广义稳态非相关散射的概念可以直接扩展到方向性信道[9]。在这种情况下，一个考虑方向域的广义稳态非相关散射信道表现出的非相关散射性质，不仅仅与时延 τ' 和多普勒频移 f_D 有关，而且还与方向 $\boldsymbol{\Omega}$ 有关。因为非相关散射的性质相对于时延 τ'，等同于广义平稳的性质相对于载波频率 f_c，或非相关散射的性质相对于方向 $\boldsymbol{\Omega}$，这将会导致广义平稳的性质与距离 x 有关。

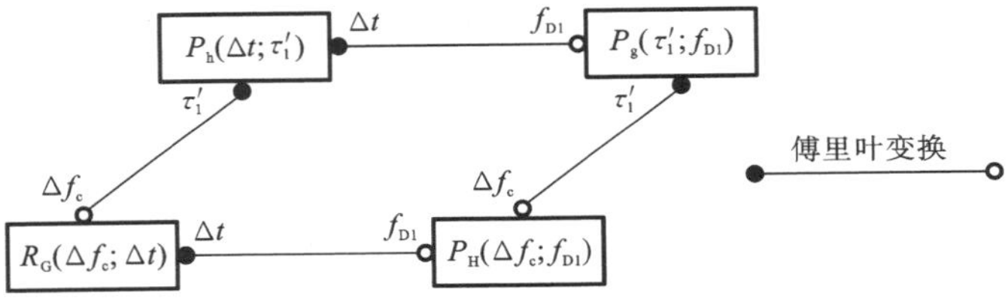

图 1-11 不考虑方向域的信道系统方程的相关函数之间的傅里叶变换关系

根据单输入单输出信道相关函数的广义稳态非相关散射情况，可以定义多输入多输出函数的平稳性。一个完全平稳的 MIMO 信道(stationary MIMO channel)可以使用多普勒-时延-方向相关函数来进行表征：

$$R_g(f_{D1},f_{D2};\tau'_1,\tau'_2;\boldsymbol{\Omega}_1,\boldsymbol{\Omega}_2)=P_g(\boldsymbol{\Omega}_1,\tau'_1,f_{D1})\delta(\boldsymbol{\Omega}_2-\boldsymbol{\Omega}_1)\delta(\tau'_2-\tau'_1)\delta(f_{D2}-f_{D1}) \tag{1.6.2}$$

因此，相应的时间-频率-空间相关函数只依赖于所有维度的位移，而不再依赖于它们的绝对值：

$$R_G(t_1,t_2;f_{c1},f_{c2};x_1,x_2)=P_G(\Delta x,\Delta f_c,\Delta t) \tag{1.6.3}$$

广义稳态非相关散射方向性信道的相关函数之间的关系如图 1-12 所示。从严格意义上说，广义稳态非相关散射性质在现实世界里可能永远不会实现，因为它要求信道统计在无限长的时间内保持不变。然而，对于许多信道，在短时间或距离上(例如在数十个波长的数量级上)可以满足对广义稳态非相关散射的假设[1]。因此，为了大大简化建模的复杂性，WSSUS 假设仍广泛应用于许多无线电信道的建模中[1,4,15]。但是，对于一些新出现的通信场景，例如车车(V2V)信道场景，广义稳态非相关散射假设不再有效。因此，在这些新的场景中，我们不得不对无线信道的非平稳性进行研究和建模。

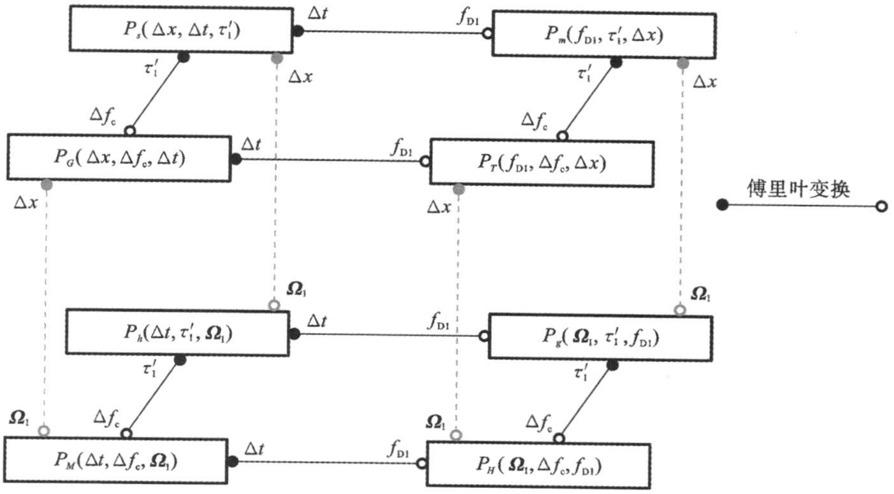

图 1-12 考虑方向域的信道系统方程的相关函数之间的傅里叶变换关系

1.7 传播信道建模综述

在前面的章节中，我们阐述了研究无线信道性质的重要性以及无线信道的重要特征。在这里，我们将讨论如何准确地对无线信道进行建模的问题。要回答这个问题，我们需要清楚地知道信道建模的目的是什么。一般来说，信道建模有以下两个主要目的：

(1) 进行设计、参数优化，测试无线通信系统；

(2) 提供简单的信道模型作为各种通信系统验证的平台。

第(1)个目标意味着信道建模的主要任务是模拟对信号传输的主要影响，为通信传输系统的发展创造基础。虽然第(2)个目标通常用于工程，但需要具有可接受的精度，简单且易于使用的信道模型。基于上述两个目标，很明显在信道建模中复杂性(实现)和准确性(性能)之间存在折中。第(1)个目标强调性能，第(2)个目标强调实现。当然，即使在第(1)个目标中，也存在权衡。为了更好地理解信道，我们需要尽可能多地研究信道的特征，以便更准确地对信道进行建模。另一方面，分析、设计和测试无线通信系统需要使用在数学上易于处理的信道模型。如今，要想将上述两个目标整合，需要我们能够提供更准确、具有适度复杂度的信道模型来验证各种通信系统。

正如本章前面介绍的那样，对于时、空、频均存在选择性的信道，我们可以有 8 个系统方程来对无线信道中的多径衰落特征进行描述。模型构建的基础为系统方程的特征。事实上，这 8 个系统方程所对应的双向、时变信道冲激响应已经被广泛应用在了无线信道的多径衰落建模中。具体来说，该无线信道的双向时变复冲激响应可以建模为 L 条可分辨路径或分量的叠加，如式(1.7.1)所示：

$$h(t,\tau',\boldsymbol{\Omega}_{\mathrm{T}},\boldsymbol{\Omega}_{\mathrm{R}})=\sum_{l=1}^{L}h_l(t)\delta(\tau'-\tau_l'(t))\delta(\boldsymbol{\Omega}_{\mathrm{T}}-\boldsymbol{\Omega}_{\mathrm{T},l}(t))\delta(\boldsymbol{\Omega}_{\mathrm{R}}-\boldsymbol{\Omega}_{\mathrm{R},l}(t)) \tag{1.7.1}$$

式中，$\tau_l'(t)$、$\boldsymbol{\Omega}_{\mathrm{T},l}(t)$和$\boldsymbol{\Omega}_{\mathrm{R},l}(t)$分别代表在 t 时刻第 l 条可分辨路径的附加时延、波离方向(direction of departure，DoD)和波达方向(direction of arrival，DoA)，并且$\delta(\cdot)$

指代的是狄拉克 δ 函数(Dirac delta function),$h_l(t)$表示的是第 $l(l=1,\cdots,L)$条可分辨路径的复数衰减包络。$h_l(t)$可以进一步用式(1.7.2)来表述:

$$h_l(t)=\sum_{n=1}^{N}a_{l,n}(t)\mathrm{e}^{\mathrm{j}2\pi f_{\mathrm{D},l,n}(t)t}\mathrm{e}^{\mathrm{j}\boldsymbol{k}(\theta_{\mathrm{T},l,n}(t))\boldsymbol{d}_{\mathrm{T}}}\mathrm{e}^{\mathrm{j}\boldsymbol{k}(\theta_{\mathrm{R},l,n}(t))\boldsymbol{d}_{\mathrm{R}}} \tag{1.7.2}$$

从式(1.7.2)中可以清晰地看出,每条可分辨路径 $h_l(t)$包含了多个不可分辨的子路径,子路径的复振幅由 $a_{l,n}(t)(n=1,2,\cdots,N)$来表示。这里的 $f_{\mathrm{D},l,n}(t)=v(t)f_{\mathrm{c}}\cos\beta_{l,n}(t)/c$是第 l 条可分辨路径中的第 n 条不可分辨子路径在时间点 t 处,由于发射端和接收端的移动所引起的多普勒频移,$v(t)$指的是相对速度,f_{c} 是载波频率,$\beta_{l,n}(t)$代表第 n 条子路径的总和相位角,c 指代的是光速。$\mathrm{e}^{\mathrm{j}\boldsymbol{k}(\theta_{\mathrm{T},l,n}(t))\boldsymbol{d}_{\mathrm{T}}}$ 和 $\mathrm{e}^{\mathrm{j}\boldsymbol{k}(\theta_{\mathrm{R},l,n}(t))\boldsymbol{d}_{\mathrm{R}}}$ 这两项是由于对应的距离而引发的相移,其中的 $\theta_{\mathrm{T},l,n}(t)$和 $\theta_{\mathrm{R},l,n}(t)$分别表示的是在 t 时刻,第 l 条路径中的第 n 条子路径的波离方向角和波达方向角,$\boldsymbol{d}_{\mathrm{T}}$ 和 $\boldsymbol{d}_{\mathrm{R}}$ 是所选天线单元测得的位置矢量,此天线单元在对应阵列上的位置任意,但参考点固定,$\boldsymbol{k}$ 是波矢量,所以得出

$$\begin{aligned}\boldsymbol{k}(\theta_{\mathrm{T}(R),l,n}(t))\boldsymbol{d}_{\mathrm{T}(R)}=\frac{2\pi}{\lambda}(&x\cos\varphi_{\mathrm{T}(R)}(t)\cos\phi_{\mathrm{T}(R)}(t)+y\cos\varphi_{\mathrm{T}(R)}(t)\sin\phi_{\mathrm{T}(R)}(t)\\&+z\sin\varphi_{\mathrm{T}(R)}(t))\end{aligned}$$

其中,$\varphi_{\mathrm{T}(R)}$ 和 $\phi_{\mathrm{T}(R)}$ 分别指代仰俯角和水平角。在本节,我们将介绍不同的建模方法,以利用建立的模型,准确、有效地生成具有所需信道特征的信道冲激响应。

1.7.1 MIMO 信道模型的分类

我们再初步了解一下信道模型的类型。信道模型可以使用许多不同的方式进行分类。现在,考虑模型按区分信道性质的差异性分类,例如:宽带模型与窄带模型;时变信道模型与时不变信道模型;2D 传播环境模型与 3D 传播环境模型;平稳模型与非平稳模型,等等。区分各个信道模型的另一种常用方式是基于它们是否是从测量数据中获得的。在这种情况下,我们有纯粹的理论模型和基于测量的模型。根据模型是完全确定的还是随机的,可以有确定性模型(deterministic model,DM)与随机模型(stochastic model,SM)。此外,针对不同的使用场景也可以对模型进行划分,例如分为多输入多输出信道模型和车车信道模型。在这里,我们以 MIMO 信道和车车信道为例,讨论一下它们各自的建模方式。

MIMO 信道模型常分为基于双向无线电传播和 MIMO 信道矩阵的物理模型(physical model,PM)和分析模型(analytical model,AM)。

信道模型的分类与所采用的建模方法密切相关。MIMO 信道模型的分类方式如图 1-13 所示。可以看到 MIMO 信道模型被分为两大类,即确定性模型和随机模型。确定性模型以完全确定的方式来决定物理参数,例如射线追踪、传播图论和存储式测量,即对测量得到的数据做回放。确定性模型通常提出一些确定性结构用于散射体放置,从而尽量匹配特定类型的传播环境或者代表特定地点的障碍物。然后使用简单的几何光学来跟踪电波在环境中的传播,并记录每条路径的时间/空间参数,或描述电波在具体环境中传播时的状态改变,以用于构建或计算 MIMO 信道矩阵。

随机模型可以进一步分为物理模型和分析模型。物理模型是基于电波在发射端阵列位置和接收端阵列位置之间的双向多径传播来描述电波的传播环境的。使用随机的

- 确定性模型
  - 射线追踪、传播图论仿真和储存式测量
- 随机模型
  - 物理模型
    * 几何随机信道模型
      典型代表为单圆和双圆模型
    * 非几何随机信道模型
      参数随机模型
      (此模型为 Saleh-Valenzuela 和 Zwick 模型的拓展，包括随机簇模型 RCM、空间簇模型 SCM 和 SCME 等)
  - 分析模型
    * 基于相关性模型
      独立同分布模型，常用的为 Kronecker 和 Weichsellberger 模型
    * 传播特征模型
      有限散射体模型、最大熵模型和虚拟信道表示模型

图 1-13 MIMO 信道模型的分类方式

物理模型，可以得到明确的电波传播参数样本实现，例如复振幅、波离水平角(AoD)、波达水平角(AoA)、多径分量的时延、极化矩阵等。根据模型自身的复杂性，物理模型可以准确再现无线电波在典型场景中传播的过程。注意到物理模型与天线配置(如天线方向图、天线数、阵列几何形状、极化、互耦)和系统带宽无关，它描述的是独立于通信系统之外的传播信道的性质。与物理模型不同，分析模型以数学/解析方式表征各个发射端和接收端之间信道的冲激响应(或者等效的频率域转移方程)，但是分析模型不会明确地考虑电波的传播方式，例如多径的具体表征不会出现。信道冲激响应融合在了 MIMO 信道矩阵的表达中。在系统和算法的开发与验证背景下，分析模型是合成传播信道、系统设置，以及 MIMO 矩阵的常用方式。

1. 物理模型

物理模型还可以进一步分为几何随机信道模型(geometry-based stochastic model, GBSM)和非几何随机信道模型(non-geometric stochastic model, NGSM)。几何随机信道模型实际指的是模拟信道的冲激响应与散射体和其他干扰物体的几何位置相关的信道模型。通过应用镜面反射(specular reflection)、衍射和电波散射的基本定律，从散射体的位置导出信道模型。首先，几何随机信道模型给出由环境电波特征得到的信道冲激响应的数学函数，然后利用所提出的散射体的随机分布和几何知识来获得参数的统计特征，例如，给定信道冲激响应中的波离水平角、波达水平角、ToA、角度扩展等的分布。

重要且经常使用的几何随机信道模型包括单圆、双圆和椭圆模型。基于几何单圆模型的 MIMO 窄带信道首次在[16]中提出，并在[17]中进一步发展。图 1-14(a)中所示的单圆模型适用于描述基站(BS)高度较高并且传播不受阻，同时移动台(MS)被大量的本地散射体包围的环境。这样的模型建议使用在具有中等的角度扩展数值和较大的时延扩展值的宏蜂窝区域环境中。双圆模型是基于发射端和接收端周围的散射体分别控制波离水平角和波达水平角的假设前提下的。因此，在发射端和接收端位置绘制两个圆，其半径表示每个通信节点与其各自散射体之间的平均距离。然后把散射体随机地放置在这些圆上。与实验测量结果比较表明，当一个电波在这个模拟环境中传播

时，每个发射和接收散射体只参与一个波的传播（发射和接收散射体随机配对）。该场景如图 1-14(b)所示。通过尝试不同的散射圆半径（此处假设环境中散射体分布在一个圆环上，将这个圆环称为散射圆），以及确定散射体沿圆环分布的不同形式（如散射体分布在圆环的不同部分），可以容易地生成这些双圆模型，这为不同环境的建模提供了灵活性。例如，在森林之类的环境中，散射体可以按照角度的均匀分布放置在散射圆环之上。相反，在室内环境中，可以使用几组紧密间隔的散射体来模拟经常观察到的多径聚簇行为。从数学的角度来看，双圆模型可以被认为是单圆模型的推广。这意味着基于单圆模型很容易得到双圆模型。上面介绍的单圆和双圆模型是频率非选择性的，这限制了它们在窄带 MIMO 系统中的应用。椭圆模型与单圆和双圆模型不同，椭圆模型可以为预先指定带宽的 MIMO 信道构建模型。不同于单圆和双圆模型，椭圆模型选择散射体位置的方法是绘制一组具有不同焦距的椭圆，椭圆的两个焦点对应于发射端和接收端的位置，如图 1-14(c)所示。然后将散射体按照预定的方案放置在这些椭圆上，并且只考虑单个反射。基于单一反射的假设，所有被同一椭圆上的散射体反射的电波都具有相同的传播时延，因此这些椭圆被称为常数时延椭圆。具有相同的焦点的椭圆之间的间距，可以根据模型所期望的到达时间分辨率来确定，这通常与通信信号频宽的倒数相对应。

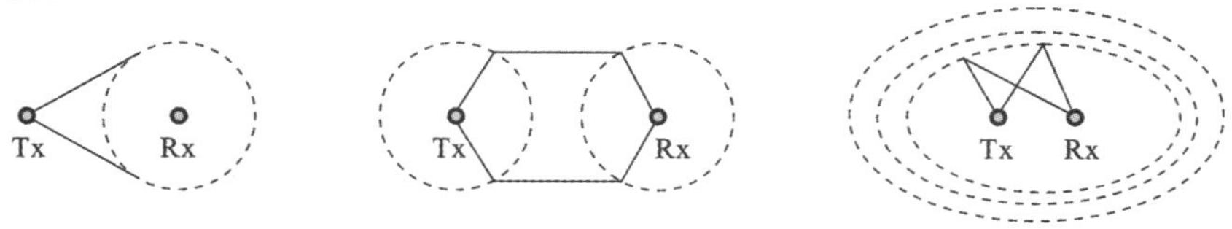

(a)　　(b)　　(c)

图 1-14　三个较为重要的 GBSM 模型示意图。(a) 单圆模型；(b) 双圆模型；(c) 椭圆模型

除了相对简单之外，这些模型还有两个有趣的特征。首先，一旦使用适当的机制实现了散射环境，其中的一个或两个通信节点就可以在环境中移动，以模拟通信过程中存在的移动性。其次，利用散射体确定的统计分布（该统计分布是简单的和封闭的）可以推导得到时延扩展、角度扩展和空间的相关性[17-19]。

相比之下，非几何随机信道模型也被称为参数随机模型（parametric stochastic model，PSM），它描述和确定了信道的物理参数，例如波离方向、波达方向和时延等，在一种完全随机的方式中，它描述的是基本的概率分布函数，而不是假设基本的几何形状。例如：文献[20]中的模型是 Saleh-Valenzuela 模型的拓展。对于参数随机模型，首先需要给出信道响应的数学表达式，其中包含了无线信道的所有参数。然后，利用实地测量数据分析，得到这些参数在不同测量快拍中的数值，进而通过从海量参数样本中提取统计特征，最终构建参数随机模型。在使用模型时，可以通过模型确定的统计分布产生参数随机样本，并将其代入信道响应的数学表达式中，从而得到具体的信道响应样本。在产生信道响应样本的过程中，可以把具体的通信系统的设置融合到最终的信道响应中去。与几何随机信道模型相反，参数随机模型是不需要考虑传播环境中的障碍物或散射体的具体分布的。参数随机模型旨在通过使用大量的测量来获得给定信道响应中参数的统计特征。

2. 分析模型

分析模型可以细分为基于相关性模型（correlation-based model，CBM）和传播特征模型(propagation-motivated model,PMM)。基于相关性模型根据矩阵元素之间的相关性对 MIMO 信道进行统计表征。常用的基于相关性模型是 Kronecker 模型[16,21-23]和 Weichselberger 模型[24]。传播特征模型通过传播参数对信道矩阵建模,常见的有限散射体模型(finite scatterer model)[25]、最大熵模型(maximum entropy model)[26]和虚拟信道表示(virtual channel representation)模型[27]。

具体而言,基于相关性模型是通过矩阵元素之间的相关性来表述 MIMO 信道的。CBM 假设信道系数为复高斯分布,其一阶矩和二阶矩充分表征了无线信道的统计特征。基于相关性模型是基于 MIMO 信道的二阶统计量建立的。作为一种分析模型,CBM 并不像几何随机信道模型那样关心传播环境中具体的散射体分布。建立基于相关性模型的关键是获得信道的时空相关函数。然后基于相关函数,CBM 尝试给出无线信道的信道响应作为随机变量的统计特征。

传播特征模型则是利用对传播参数进行建模来表述信道矩阵的。传播特征模型可以定义为基于相关性模型和物理模型的组合。图 1-15 所示为本节介绍的 MIMO 信道物理模型与分析模型在模型准确性与简易性这两个维度上的位置示意,供读者参阅。

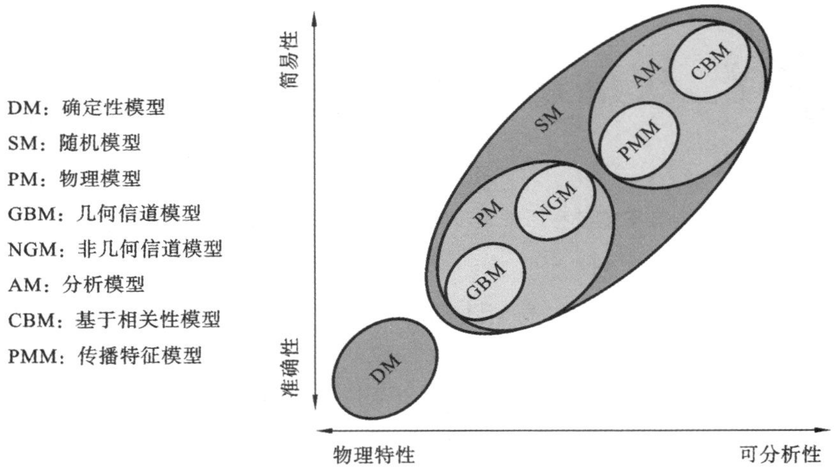

图 1-15 MIMO 信道模型简易性和准确性之间的平衡

1.7.2 车车信道模型的分类

在本节中,我们将概述当前时变信道的典型代表——车车信道模型。在建模方法方面,车车通信的信道模型可以分类为基于几何的确定性模型(GBDM)[28]和随机模型,而后者还可以进一步分为非几何随机信道模型[29]和几何随机信道模型[30]。在这里,我们将简要介绍这些不同的信道模型。

1. 基于几何的确定性模型

基于几何的确定性模型以完全确定的方式描述了车车物理信道的参数。文献[28]提出了应用在移动端到移动端(M2M)信道的一种基于光线追踪方法的基于几何的确定性模型。它旨在为给定环境再现实际的无线电传播的物理过程。如图 1-16 所示,实际环境主要包括两个部分:动态道路和动态交通的建模(例如移动的汽车、货车、卡车等),以及道路周围环境的建模(例如建筑物、静止的汽车、路标、树木等)。然后,根据几何知识和几何光学规则产生从发射端到接收端的可能路径(光线),来实现对上述真实环境中电波传播的精确建模。文献[28]将一个三维的射线追踪模型应用在了电波传播模型中。由此得到的复冲激响应包含了完整的信道信息,例如,信道的统计非平稳性、车行密度(VTD),以及仰角对信道统计的影响,并且得到的这些信息与测量结果非常吻合。但是,基于几何的确定性模型需要对特定地点的传播环境进行详细且耗时的描述,因此不能很容易地将其推广到更多类别的场景中。

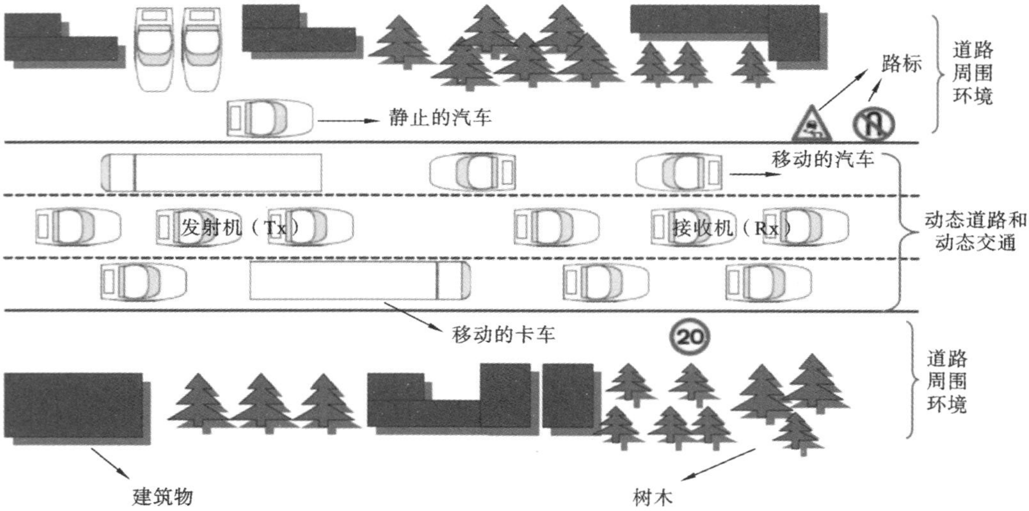

图 1-16 针对车车信道利用基于几何的确定性模型建模时所考虑的环境描述

2. 非几何随机信道模型

非几何随机信道模型以一种完全随机的方式确定车车信道的物理参数,而不考虑任何基本的几何关系。文献[29]中提出的 SISO 非几何随机信道模型是最初 SISO 车车信道 IEEE 802.11p 标准的起源。文献[29]中的 SISO 车车信道的复冲激响应可以借助公式和来进行建模,但是公式和需要剔除掉 $\delta(\boldsymbol{\Omega}_{\mathrm{T}}-\boldsymbol{\Omega}_{\mathrm{T},l}(t))$,$\delta(\boldsymbol{\Omega}_{\mathrm{R}}-\boldsymbol{\Omega}_{\mathrm{R},l}(t))$,以及相应的因为距离引发的相移 $\mathrm{e}^{\mathrm{j}\boldsymbol{k}(\theta_{\mathrm{T},l,n}(t))\boldsymbol{d}_{\mathrm{T}}}$ 和 $\mathrm{e}^{\mathrm{j}\boldsymbol{k}(\theta_{\mathrm{R},l,n}(t))\boldsymbol{d}_{\mathrm{R}}}$ 这几项,并且将聚合相角 $\beta_{l,n}(t)$ 放置在二维平面上(即高度为 0)。对于基于时延线(tap delay line,TDL)的结构,这个模型包含了 L 条路径,这些路径的幅度功率谱密度符合莱斯分布或者瑞利分布,因此这个模型可用于研究每一条路径的信道统计特征。此外,每条路径包含 N 条不可分辨的子路径,这些子路径具有不同类型的多普勒谱,例如平面形状、圆形形状、经典的3 dB 形状和经典的 6 dB 形状。这几乎可以为每一条路径合成任意的多普勒谱。然而,这个非几何随机信道模型仍然是基于广义稳态非相关散射假设的,并且这个模型并没有研究车行密度对信道统计特征的影响。

最近,文献[30]提出了一种考虑信道非平稳性的 SISO 非几何随机信道模型,它通过马尔科夫链(Markov chain)对多径分量的持续性进行建模。而且,该研究也考虑了车行密度对信道统计特征的影响。SISO 车车信道[30]的复冲激响应可以通过在文献[29]中提到的复冲激响应中增加一项持续过程 $z_l(t)$来得到,其包含了第 l 条可分解路径的有限"存活"时间。在文献[30]中的非几何随机信道模型中可以很轻松地捕捉到其他车辆突然堵塞使电波传播受阻或其他障碍物遮挡电波的传播而造成的较强多径的突然消失。但是,该模型并没有考虑到不同时延区间(可分解路径)的散射体漂移,因此,持久过程的马尔科夫模型的转换概率可能不准确。这可能会降低文献[30]中非几何随机信道模型准确捕获真实车车信道非平稳性的能力。

3. 几何随机信道模型

几何随机信道模型是利用电波的基础传播法则,从预先定义的有效散射体(effective scatterer)分布中推导出来的。该模型可以通过改变散射区域的形状和/或散射体位置分布的概率密度函数很容易地适应不同的信道传播环境。几何随机信道模型还可以进一步分为几何形状规则的随机信道模型(regular-shaped GBSM,RS-GBSM)和几何形状不规则的随机信道模型(irregular-shaped GBSM,IS-GBSM),区分的依据是,有效散射体是分布在规则的几何形状上(例如单/双圆、椭圆等)的还是非规则的几何形状上(随机分布)的。因此,前文第 1.7.1 节中介绍的单圆、双圆和椭圆形状的固定端到移动端(F2M)MIMO 信道模型实际上属于几何形状规则的随机信道模型。几何形状不规则的随机信道模型将具有指定属性的有效散射体放在具有特定统计分布的随机位置。

通常,几何形状规则的随机信道模型可以用于信道统计的理论分析和通信系统的理论设计与性能比较。因此,为了保持在数学上的易处理性,几何形状规则的随机信道模型假定所有有效散射体都位于规则形状上。但是,几何形状不规则的随机信道模型旨在仿真物理信道的实际情形,因此需要修改几何形状规则的随机信道模型中有效散射体的位置和属性。有效散射体理论对通信系统接收信号处理能够做出独特的贡献,主要是因为其大大简化了射线追踪方法,并且最终通过信号的叠加得到了复冲激响应,可以使用式(1.7.1)和式(1.7.2)来表示。

1.8 小结

在本章中,我们首先阐述了无线电波传播信道在移动通信系统设计、部署、性能优化方面的重要意义,然后从宏观的角度,介绍了电波在实际地貌地形中沿着多径传播在接收端所引起的路径损耗、阴影衰落和多径衰落现象,描述了路径损耗的确定性模型描述方式、阴影衰落的统计特征,以及多径衰落表现出的多种随机特征。针对多径衰落的随机性,本章给出了普遍采用的统计描述方式,包括接收信号的包络和相位分布、与衰落阈值相关的交叉率和衰落时长的统计特性。为了准确地描述信道随观测时间、观测地点及观测频率的变化,我们引入了相关函数,介绍了与观测域信道选择性相对应的不同参数域中的信道扩展特征描述方法。此外,信道符合广义稳态非相关散射假设,这一概念在本章中得到了完整的诠释,为后续的信道参数估计、特征提取和建模方法的研究奠定了基础。最后,我们就电波传播信道建模的目的进行讨论,对模型的分类方式,近期的研究热点——MIMO 信道模型、车车移动场景信道模型的构建方式,进行了详细介绍。

1.9 习题

(1) 请简单解释一下无线信道中通常所说的三种衰落现象。

(2) 我们用 $g=P\cdot S\cdot h$ 来描述信道中的三种衰落现象所发生的综合效应。请解释该公式中各个符号所代表的含义。请解释为什么可以采用相乘的方式来表示信道整体的衰落情况。

(3) 什么是路径损耗？自由空间的路径损耗该如何计算？

(4) 什么是阴影衰落？为什么通常可以采用对数正态分布来描述阴影衰落？

(5) 请解释多径衰落现象。为什么可以用瑞利分布和莱斯分布来对多径衰落信道系数进行建模？请阅读相关文献，了解瑞利分布和莱斯分布的数学表达式。

(6) 莱斯因子 K 是如何定义的？LoS 场景和 NLoS 场景下的莱斯因子有什么不同？如何计算多径衰落信道的莱斯因子？

(7) 阅读有关 Nakagami 和 Weibull 模型的文献，并将对应的两种分布和瑞利分布以及莱斯分布进行对比。讨论它们之间的关联和不同。

(8) 为什么说瑞利衰落下的信道系数相位在$[-\pi,\pi]$区间内符合均匀分布？其产生的机理是怎样的？

(9) 不考虑方向域扩展的信道系统方程，即贝勒方程，具体指的是哪些方程？解释每一个方程的物理含义，以及和其相对应的傅里叶变换域的方程的形式。

(10) 考虑方向域扩展的信道系统方程具体指的是哪些方程？解释每一个方程的物理含义，并指出哪些方程可以被称作傅里叶变换域的对偶方程。

(11) 不考虑方向域扩展的信道系统方程之一是多普勒频移(域)扩展方程 $H(f_D, f_c)$，请解释式中 f_D 与 f_c 的物理含义，以及该方程的物理含义。

(12) 信道冲激响应是信道系统方程中的一个。请讨论在不考虑和考虑方向域扩展的情况下，信道冲激响应的变量有哪些？它们分别代表的物理含义是什么？

(13) 请写出未考虑方向域扩展的信道相关函数，以及考虑方向域扩展的信道相关函数，并简述它们的物理含义。

(14) 请简述多径衰落信道的双重性包括哪些对偶域？

(15) 为什么信道的选择性和色散性具有所谓的对偶关系？

(16) 时间选择性、频率选择性，以及空间选择性对应的色散性分别是什么？

(17) 多普勒频移色散、时延色散，以及方向色散对应的选择性分别是什么？

(18) 相干时间的物理含义是什么？它代表的是信道的选择性还是色散性？

(19) 多普勒频移扩展指的是什么？它代表的是信道的选择性还是色散性？

(20) 相干距离的物理含义是什么？它代表的是信道的选择性还是色散性？

(21) 方向或角度扩展指的是什么？它代表的是信道的选择性还是色散性？

(22) 相干带宽的物理含义是什么？它代表的是信道的选择性还是色散性？

(23) 时延扩展指的是什么？它代表的是信道的选择性还是色散性？

(24) 在 WSSUS 假设成立的情况下，信道冲激响应相关函数可以得到简化。请简述简化前与简化后的区别，为什么可以有这样的简化？

(25) 广义稳态非相关散射假设的具体含义是怎样的？如果考虑信道在时间域和空间域的特征，广义稳态非相关散射假设指的是什么样的现象？如果考虑时间域和载频域呢？

(26) 你认为信道建模的目的有哪些？

(27) 简述信道模型的分类。

(28) 请写出无线信道的双向时变复冲激响应的具体形式，并解释表达式中的字符的具体含义。

(29) 为什么说信道建模中存在复杂性(实现)和准确性(性能)之间的折中？举例说明。

(30) 确定性建模和随机性建模的具体区别是什么？可以从建模方法和模型使用方式上进行描述。

(31) 请简述几何随机信道模型中的单圆、双圆和椭圆模型的区别。并回答为什么说前两者不能用于宽带信道建模。

(32) 请解释为什么要采用非平稳性模型对车车信道进行建模。非平稳性的具体体现有哪些？

(33) 阅读参考文献，讨论如何通过马尔科夫链来对多径分量的持续性进行建模。

(34) 阅读参考文献，讨论如何定义路径的有限"存活"时间，以及该信息如何能够在车车信道建模中应用和体现。

参考文献

[1] G. L. Stüber, G. L. Stèuber. Principles of mobile communications[M]. 2nd ed. Boston:Kluwer Academic,2001.

[2] M. Hata, T. Nagatsu. Mobile location using signal strength measurements in a cellular system[J]. IEEE Transactions on Vehicular Technology,1980,29(2):245-252.

[3] Y. Okumura,E. Ohmori, K. Fukuda. Field strength and its variability in VHF and UHF land mobile radio service[J]. Review of the Electrical Communication Laboratory,1968,16(9):825-873.

[4] W. C. Y. Lee. Communications design fundamentals[M]. 2nd ed. New York:John Wiley&Sons,1993.

[5] J. Walfisch, H. L. Bertoni. A theoretical model of UHF propagation in urban environments[J]. IEEE Transactions on Antennas and Propagation,1988,36(12):1788-1796.

[6] A. Papoulis. Probability,random variables,and stochastic processes[M]. 4th ed. New York:McGraw-Hill,1984.

[7] P. A. Bello. Characterization of randomly time-invariant linear channels[J]. IEEE Transactions on Communication Systems,1963,11:360-393.

[8] R. Kattenbach. Statistical modeling of small-scale fading in directional radio channels[J]. IEEE Journal on Selected Areas in Communication,2002,20(3):584-592.

[9] B. H. Fleury. First- and second-order characterization of direction dispersion and space selectivity in the radio channel[J]. IEEE Transactions on Information Theory,2000,46(6):2027-2044.

[10] A. V. Oppenheim,A. S. Willsky, S. H. Nawab. Signals and systems[M]. 2nd ed. New Jersey:Prentice-Hall,2009.

[11] J. Parsons. The mobile radio propagation channel[M]. 2nd ed. New York:John Wiley&Sons,2000.

[12] N. Youssef,C. X. Wang, M. Pätzold. A study on the second order statistics of Nakagami-Hoyt mobile fading channels[J]. IEEE Transactions on Vehicular Technology,2005,54(4):1259-1265.

[13] R. H. Clarke. A statistical theory of mobile-radio reception[J]. The Bell System Technical Journal,1968,47(6):957-1000.

[14] M. Pätzold,F. Laue. Statistical properties of jakes' fading channel simulator[C]. Ottawa:IEEE,1998.

[15] R. Steele, L. Hanzo. Mobile radio communications[M]. London: Pentech Press,1992.

[16] D. S. Shiu,G. J. Foschini,M. J. Gans, et al. Fading correlation and its effect on the capacity of multielement antenna systems[J]. IEEE Transactions on Communications,2000,48(3):502-513.

[17] A. Abdi, M. Kaveh. A space-time correlation model for multielement antenna systems in mobile fading channels[J]. IEEE Journal on Selected Areas in Communications,2002,20(3):550-560.

[18] R. B. Ertel,Z. Hu, J. H. Reed. Antenna array hardware amplitude and phase compensation using baseband antenna array outputs[C]. Houston:IEEE,1999.

[19] O. Norklit, G. Vaughan. Reducing the fading rate with antenna arrays[C]. Sydney:IEEE,1998.

[20] J. W. Wallace,M. A. Jensen,A. L. Swindlehurst,et al. Experimental characterization of the MIMO wireless channel: data acquisition and analysis[J]. IEEE Transactions on Wireless Communications,2003,2(2):335-343.

[21] D. Chizhik,G. J. Foschini, R. A. Valenzuela. Capacities of multi-element transmit and receive antennas:correlations and keyholes[J]. Electronics Letters,2000,36(13):1099-1100.

[22] C. N. Chuah,J. M. Kahn, D. Tse. Capacity of multi-antenna array systems in indoor wireless environment[C]. Sydney:IEEE,1998.

[23] J. P. Kermoal,L. Schumacher,K. I. Pedersen,et al. A stochastic MIMO radio channel model with experimental validation[J]. IEEE Journal on Selected Areas in Communications,2002,20(6):1211-1226.

[24] W. Weichselberger,M. Herdin,H. Özcelik,et al. A stochastic MIMO channel model with joint correlation of both link ends[J]. IEEE Transactions on Wireless Communications,2006,5(1):90-100.

[25] A. G. Burr. Capacity bounds and estimates for the finite scatterers MIMO wireless channel[J]. IEEE Journal on Selected Areas in Communications,2003,21(5):812-818.

[26] M. Debbah, R. R. Muller. MIMO channel modeling and the principle of maximum entropy[J]. IEEE Transactions on Information Theory,2005,51(2):

1667-1690.

[27] A. M. Sayeed, Deconstructing multiantenna fading channels[J]. IEEE Transactions on Signal Processing, 2002, 50(10): 2563-2579.

[28] J. Maurer, T. Fugen, M. Porebska, et al. A ray-optical channel model for mobile to mobile communications[R]. Poland: MCM COST 2100, 2008.

[29] G. A. Marum, M. A. Ingram. Six time- and frequency- selective empirical channel models for vehicular wireless lans[J]. IEEE Vehicular Technology Magazine, 2007, 2(4): 4-11.

[30] I. Sen, D. W. Matolak. Vehicle-vehicle channel models for the 5-GHz band[J]. IEEE Transactions on Intelligent Transportation Systems, 2008, 9(2): 235-245.

2

通用信道模型

在所考虑的传播过程中，任何接收的电波都可以被视为多个平面波的叠加。这些平面波可以通过它们在波达方向、波离方向、时延、多普勒频移和极化复衰减系数等参数域的不同取值来进行区分。在已知发射端和接收端的位置的情况下，可以基于参数估计来重建传播路径，从而模拟出电波沿着某条具体的路径传播至接收端所经历的幅值与相位的变化。图 2-1 给出了一个实际测量得到的传播多径的展示，通过将这些估计到的镜面传播路径（或可分辨路径）的方向域参数，与在发射端和接收端位置所看到的环境视图进行重叠，能够具体看到是环境中的哪些散射体或障碍物参与了多径的形成。此外，通过按照估计到的多径参数来重构传播路径轨迹本身，并与被测环境的地图进行叠加，还可以更为形象地描绘出电波在传播过程中与环境中的哪些物体产生了相互作用，并最终到达接收端。

具体而言，我们从图 2-1 中可以观察到第 1 至 6 条路径从发射端先到达建筑物 B3 的边缘，而后再到达接收端。沿着这些路径传播的电波与建筑物边缘之间的相互作用可能是衍射。第 9 至 19 条路径的 DoA 和 DoD 与许多树干和建筑物边缘存在重叠，说明这些路径是由杂乱环境引起的散射或其他传播机制造成的。参考实际环境，我们还可以看到第 21 至 23 条路径包含了建筑等表面的一些具体位置。当电波沿着这些路径传播时，有可能在这些障碍物上发生了较为强烈的反射现象。通过这些研究我们看到，电波传播的多径效应是真实存在的。并且通过对信道测量数据进行分析和处理，能够得到传播多径的具体信息，进而帮助我们详细了解信道的构成。

我们简单讨论一下反射、衍射和散射这三种基本传播机制。这些传播机制的发生取决于与电波作用的物体的大小与波长 λ 的比较。

当平面电波遇到远大于波长的障碍物，即物体尺寸 $\gg\lambda$ 时，则可能发生反射现象。当障碍物的大小与波长相近时，即物体尺寸 $\approx\lambda$ 时，将发生衍射现象。衍射的产生可以由惠更斯-菲涅耳原理和波的叠加原理共同描述。波前的每一点都可以作为二次球面波的点源，任何后续点的波位移是这些二次波的总和。当多个波叠加在一起时，它们的总和将由各个波的相对相位以及幅值决定，使得叠加以后的波的总和幅值具有零到各个幅值之和之间的任何数值。因此，衍射图案通常具有一系列最大值和最小值。当平面波遇到远小于波长的障碍物时，即 $L\ll\lambda$ 时，将发生散射现象。这个障碍物成为向多个方向发射波的新源。

文献[1]曾对室外环境以基于不同传播机制的多径组合对信道进行建模。在[1]中，

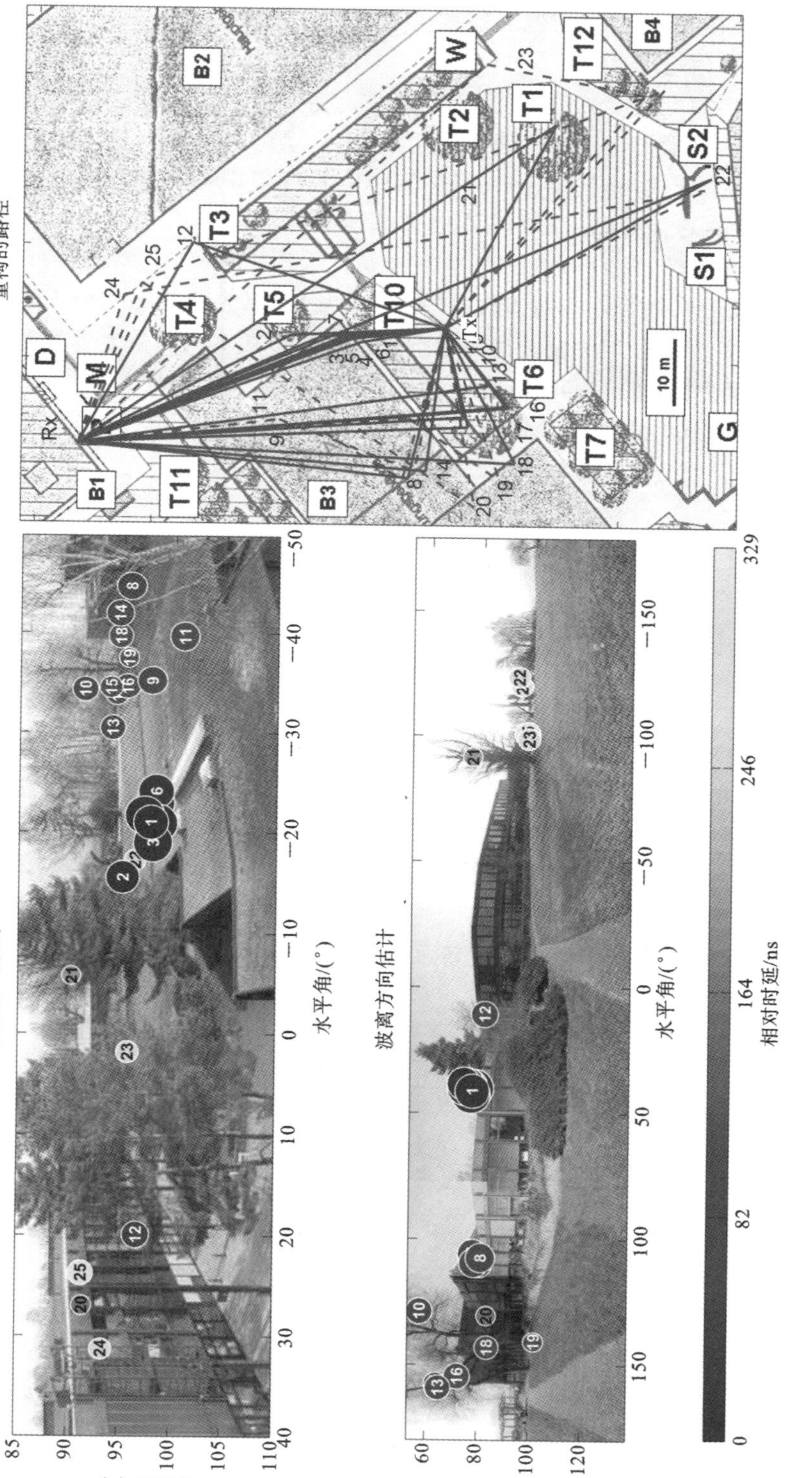

图 2-1 实际测量得到的传播多径的展示

尽管没有考虑散射机制，但是具有单一折点的路径被进一步分为镜面反射路径和衍射路径，前者比后者表现出更少的路径损耗。[1]中的研究表明，LoS 场景和 NLoS 场景中，尽管收发端所在的环境不变，但反射和衍射机制在多径中具有不同的权重，两者共同构成了多径传播信道。

现阶段通过实测方式，还难以对沿特定路径传播所涉及的机制进行直接估计。但通过利用一些通用数学模型来描述信道的构成，由在实际环境中测量得到的数据对传播路径的几何参数、衰减参数、极化特征进行估计，对环境中的障碍物的确切分布进行分析，还是有可能对传播机制进行判断的。除了构建信道模型，了解传播机制还对进一步对环境进行感知有所帮助。

在本章中，我们将介绍一些描述信道构成的通用模型，这些模型采用不同类型的参数来表征信道中各个分量对电波传播的影响。这些模型从不同的角度刻画了信道分量的形式，包括镜面反射和扩散角度，时不变和时变角度，以及确定性和随机性角度，可以在不同的环境中用于高精度的信道估计。所得的模型参数估计值，成为构建信道模型的基础。

2.1 信道扩散函数

正如前文所述，电波在环境中遵循不同的路径从发射端传播至接收端，这种现象通常称为多径传播。图 2-2 展示了多径传播的简单示意图。多径可以在许多方面展现出不同的特征，例如多径的几何形状，包括时延（对应路径的总长度）、多普勒频移（对应路径的变化情况）、DoA（即接收端的波达水平角和波达仰俯角）、DoD（即发射端的波离水平角和波离仰俯角）；再如多径的衰落特征，包括幅值和相位的改变；多径的极化转移状态，即描述每个路径上从发射端到接收端之间的双极化分量转变，或称为极化矩阵（polarization matrix）；以及如上文所述的多径的反射、衍射和散射等不同的作用机制。在实际数据处理、设计应用于信道参数估计的通用信道模型时，是否应该考虑某一个特定的扩散（参数）域，则取决于使用测量设备采集的数据是否在该维度中具有固有的分辨能力。

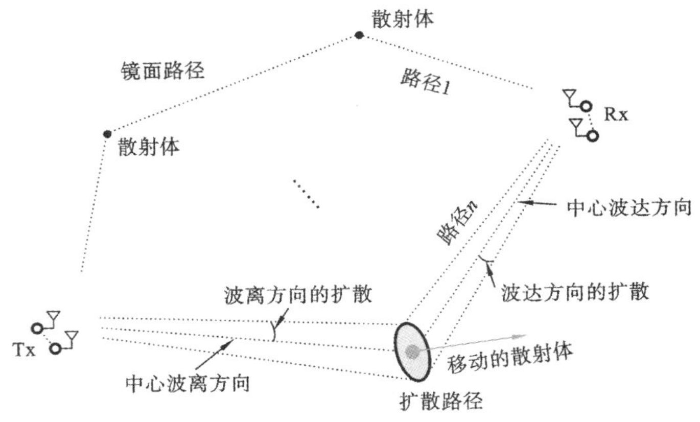

图 2-2 构成信道的多个传播路径不同，即在多维具有扩散现象

为了数学形式的简化起见，我们假设信道内的多个分量均是镜面反射路径分量

(specular path component)，及每个路径不存在在某一个参数域上的扩散(或称“扩展”)。电波沿着总数量为 L 的单一路径从发射端的位置离开，入射到接收端所在的区域中。对于 Tx 和 Rx 站点，我们假设分别有一个坐标系在 Tx 和 Rx 周围的区域中，它们的原点 O_{Tx} 和 O_{Rx} 可以在区域中任意指定。此时，Tx 和 Rx 天线的位置分别由两个唯一的矢量 $\boldsymbol{x}_{\text{Tx}} \in \mathbf{R}^3$ 和 $\boldsymbol{x}_{\text{Rx}} \in \mathbf{R}^3$ 确定，其中，$\mathbf{R}$ 表示实数。在分量均是镜面路径分量的假设前提下，从位于 $\boldsymbol{x}_{\text{Tx}}$ 的 Tx 天线发出，被位于 $\boldsymbol{x}_{\text{Rx}}$ 的 Rx 天线接收到的信号可以表述为

$$r(\boldsymbol{x}_{\text{Tx}}, \boldsymbol{x}_{\text{Rx}}; t) = \sum_{l=1}^{L} \alpha_l \exp\{\text{j}2\pi\lambda_0^{-1}(\boldsymbol{\Omega}_{\text{Tx},l} \cdot \boldsymbol{x}_{\text{Tx}})\} \exp\{\text{j}2\pi\lambda_0^{-1}(\boldsymbol{\Omega}_{\text{Rx},l} \cdot \boldsymbol{x}_{\text{Rx}})\} \exp\{\text{j}2\pi\nu_l t\} s(t-\tau_l) \quad (2.1.1)$$

式中，$s(t)$ 表示发射端天线输入端的调制信号，λ_0 表示对应于载波频率的波长。其他参数分别是第 l 个入射波的复振幅 α_l，延迟 τ_l，DoA $\boldsymbol{\Omega}_{\text{Rx},l}$，DoD $\boldsymbol{\Omega}_{\text{Tx},l}$，和多普勒频移 ν_l。在式(2.1.1)中，$(\cdot)$ 表示标量积。波达和波离方向用单位矢量 $\boldsymbol{\Omega}$ 表示。对于 DoA，$\boldsymbol{\Omega}_{\text{Rx},l}$ 所代表的方向的终点位于坐标系的原点 O_{Tx}，其初始点位于以 O_{Tx} 为中心的单位半径的球体 S_2 上，如图 2-3 所示[2]。对于 DoD，$\boldsymbol{\Omega}_{\text{Tx},l}$ 所代表的方向的终点位于以 O_{Rx} 为中心的单位半径的球体 S_2 上，其初始点位于原点 O_{Rx} 处。以 DoD $\boldsymbol{\Omega}_{\text{Tx},l}$ 为例，其表达式由它的球坐标系(spherical coordinate system)中的一对角度 $(\phi_{\text{Tx}}, \theta_{\text{Tx}})$ 唯一确定，即

$$\boldsymbol{\Omega}_{\text{Tx}} = \boldsymbol{e}(\phi_{\text{Tx}}, \theta_{\text{Tx}}) \doteq [\cos(\phi_{\text{Tx}})\sin(\theta_{\text{Tx}}), \sin(\phi_{\text{Tx}})\sin(\theta_{\text{Tx}}), \cos(\theta_{\text{Tx}})]^{\text{T}} \in S_2 \quad (2.1.2)$$

式中，ϕ_{Tx}，θ_{Tx} 分别代表 DoD 在 $x-y$ 平面上的投影相对于 x 轴正方向的夹角(称为水平角)和 DoD 与 z 轴正方向之间的夹角(称为仰俯角)。类似的，DoA $\boldsymbol{\Omega}_{\text{Rx},l}$ 由它的球坐标 $(\phi_{\text{Rx}}, \theta_{\text{Rx}})$ 唯一确定。值得一提的是，严格意义上讲，式(2.1.1)中的 α_l 并不单纯是传播路径的复振幅，而是第 l 个波在接收端的复合电场和 Rx 天线响应的乘积，这里的 Rx

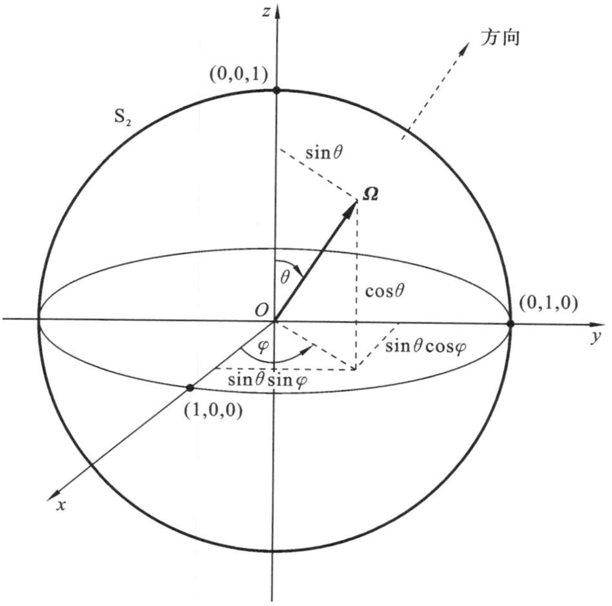

图 2-3 采用单位长度矢量 $\boldsymbol{\Omega}$ 表示的波达方向

天线响应可以理解为天线辐射图中对应于$\boldsymbol{\Omega}_{\mathrm{Rx},l}$方向上的复增益。式(2.1.1)中表示的各个镜面路径分量的总和,可以进一步推广到积分表达的形式:

$$r(\boldsymbol{x}_{\mathrm{Tx}},\boldsymbol{x}_{\mathrm{Rx}};t)=\iiiint \exp\{\mathrm{j}2\pi\lambda_0^{-1}(\boldsymbol{\Omega}_{\mathrm{Tx}}\cdot\boldsymbol{x}_{\mathrm{Tx}})\}\exp\{\mathrm{j}2\pi\lambda_0^{-1}(\boldsymbol{\Omega}_{\mathrm{Rx}}\cdot\boldsymbol{x}_{\mathrm{Rx}})\}$$
$$\exp\{\mathrm{j}2\pi\nu t\}s(t-\tau)h(\boldsymbol{\Omega}_{\mathrm{Tx}},\boldsymbol{\Omega}_{\mathrm{Rx}},\tau,\nu)\mathrm{d}\boldsymbol{\Omega}_{\mathrm{Tx}}\mathrm{d}\boldsymbol{\Omega}_{\mathrm{Rx}}\mathrm{d}\tau\mathrm{d}\nu \quad (2.1.3)$$

在信道可以分解为多个镜面路径分量的情况下,上式中的函数$h(\boldsymbol{\Omega}_{\mathrm{Tx}},\boldsymbol{\Omega}_{\mathrm{Rx}},\tau,\nu)$可以写为式(2.1.4)的表达方式:

$$h(\boldsymbol{\Omega}_{\mathrm{Tx}},\boldsymbol{\Omega}_{\mathrm{Rx}},\tau,\nu)=\sum_{l=1}^{L}\alpha_l\delta(\boldsymbol{\Omega}_{\mathrm{Tx}}-\boldsymbol{\Omega}_{\mathrm{Tx},l})\delta(\boldsymbol{\Omega}_{\mathrm{Rx}}-\boldsymbol{\Omega}_{\mathrm{Rx},l})\delta(\tau-\tau_l)\delta(\nu-\nu_l) \quad (2.1.4)$$

这里的函数$h(\boldsymbol{\Omega}_{\mathrm{Tx}},\boldsymbol{\Omega}_{\mathrm{Rx}},\tau,\nu)$称为信道的双向时延多普勒扩散函数(或称“扩展函数”)。传统信道研究中,时延多普勒扩散函数常用来表示被视为线性系统的时变信道在时延、多普勒频移参数域中的分布状态[3]。之后在文献[4]中,扩散函数被进一步扩展为包括 DoA。在本节中,我们将信道扩散函数扩展到包括波离和波达两个方向,即所谓的双向 DoA 和 DoD。

扩散函数在描述信道构成方面具有很大的灵活度,它可用于描述漫散射的情况,即由具有较大不规则的物体表面,或者地物分布较为复杂时会产生大量不可分辨入射波的情况。式(2.1.3)中的积分表达式描述了由 Tx 天线、传播信道和 Rx 天线共同构成的线性系统的输入—输出关系。扩散函数的期望值为 0,即

$$E[h(\boldsymbol{\Omega}_{\mathrm{Tx}},\boldsymbol{\Omega}_{\mathrm{Rx}},\tau,\nu)]=0 \quad (2.1.5)$$

这里,$E[\cdot]$表示随机元素的期望。根据文献[4]中的分析,这个推断从物理角度来看是合理的,因为入射波的相位在所考虑的载波频率下可以认为均匀地分布在 0 和 2π 之间。

当双向时延多普勒扩散函数符合正交随机测度(orthogonal stochastic measure, OSM)特征时[5],无线信道可以被认为满足不相关散射(US)假设。借用文献[3]中的数学表达,双向时延多普勒扩散函数$h(\boldsymbol{\Omega}_{\mathrm{Tx'}},\boldsymbol{\Omega}_{\mathrm{Rx'}},\tau',\nu')$具有以下特征:

$$E[h(\boldsymbol{\Omega}_{\mathrm{Tx}},\boldsymbol{\Omega}_{\mathrm{Rx}},\tau,\nu)h(\boldsymbol{\Omega}_{\mathrm{Tx'}},\boldsymbol{\Omega}_{\mathrm{Rx'}},\tau',\nu')]=P(\boldsymbol{\Omega}_{\mathrm{Tx}},\boldsymbol{\Omega}_{\mathrm{Rx}},\tau,\nu)\delta(\boldsymbol{\Omega}_{\mathrm{Tx}}-\boldsymbol{\Omega}_{\mathrm{Tx'}})$$
$$\delta(\boldsymbol{\Omega}_{\mathrm{Rx}}-\boldsymbol{\Omega}_{\mathrm{Rx'}})\delta(\tau-\tau')\delta(\nu-\nu') \quad (2.1.6)$$

上式可通过不相关散射假设来证明成立。因此,具有零均值的随机过程$h(\boldsymbol{\Omega}_{\mathrm{Tx}},\boldsymbol{\Omega}_{\mathrm{Rx}},\tau,\nu)$可以被认为是一个正交随机测度。式(2.1.6)中

$$P(\boldsymbol{\Omega}_{\mathrm{Tx}},\boldsymbol{\Omega}_{\mathrm{Rx}},\tau,\nu)=E[|h(\boldsymbol{\Omega}_{\mathrm{Tx}},\boldsymbol{\Omega}_{\mathrm{Rx}},\tau,\nu)|^2] \quad (2.1.7)$$

被称为双向时延多普勒频移功率谱,其描述了信道的功率增益是如何在双向、时延、多普勒频移的维度中分布的。

可以通过分别计算多维扩散函数和功率谱的边际(marginal)均值,来计算较少维度的信道的扩散函数和功率谱。例如,单纯考虑双向的扩散函数$h(\boldsymbol{\Omega}_{\mathrm{Tx}},\boldsymbol{\Omega}_{\mathrm{Rx}})$可以通过下式计算:

$$h(\boldsymbol{\Omega}_{\mathrm{Tx}},\boldsymbol{\Omega}_{\mathrm{Rx}})=\iint h(\boldsymbol{\Omega}_{\mathrm{Tx}},\boldsymbol{\Omega}_{\mathrm{Rx}},\tau,\nu)\mathrm{d}\tau\mathrm{d}\nu \quad (2.1.8)$$

类似的,单纯考虑双向的信道功率谱可以通过式(2.1.9)计算:

$$P(\boldsymbol{\Omega}_{\mathrm{Tx}},\boldsymbol{\Omega}_{\mathrm{Rx}})=\iint P(\boldsymbol{\Omega}_{\mathrm{Tx}},\boldsymbol{\Omega}_{\mathrm{Rx}},\tau,\nu)\mathrm{d}\tau\mathrm{d}\nu \quad (2.1.9)$$

作为实例，图 2-4 中给出了实测得到的固定时延的信道 DoD 功率谱 $P(\boldsymbol{\Omega}_{\mathrm{Tx}};\tau=115\ \mathrm{ns})$和 $P(\boldsymbol{\Omega}_{\mathrm{Tx}};\tau=145\ \mathrm{ns})$。这些结果利用了在存在直视路径的室内环境中收集的测量数据，通过使用巴特莱特波束成形(Bartlett beamforming)的方法计算得出[6]。可以从图 2-4 中观察到，对于 $\tau=115$ ns，信道的功率时延谱(或称为功率时延轮廓，power delay profile，PDP)达到最大值，此时的 DoD 功率谱更集中在单个 DoD 上，该 DoD 很可能是 LoS 分量的 DoD；对于 $\tau=145$ ns，信道功率明显扩散，并集中在四个主要的 DoD 上。这些 DoD 具有相似的波离仰俯角，都接近水平面，在水平角或方位角上有明显的扩展。

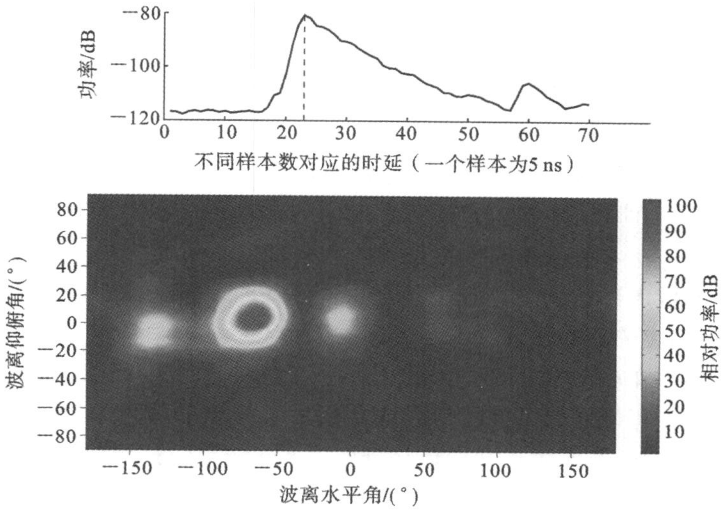

(a)

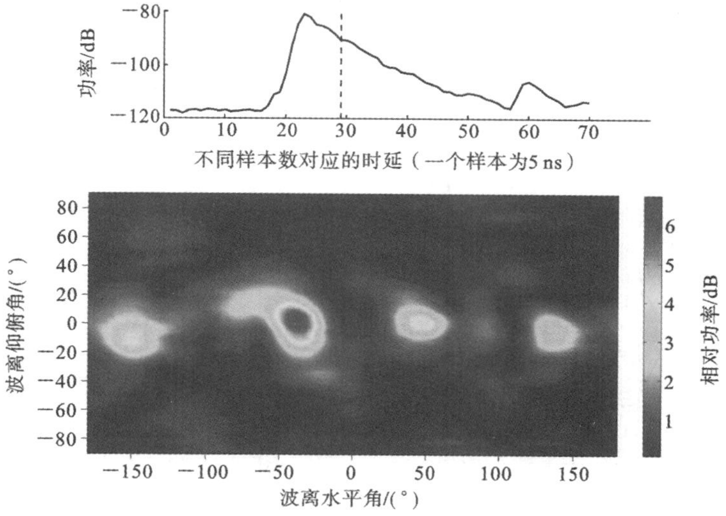

(b)

图 2-4　通过实际测量得到的处于不同时延的信道 DoD 功率谱。(a) DoD **功率谱** $\tau=115$ ns(23 **个样本**)；(b) DoD **功率谱** $\tau=145$ ns(29 **个样本**)

2.2 镜面路径模型

如前文所述，电磁波在特定环境中的传播可以视为多个路径的叠加。基于信道内的多径均为无扩展的单一镜面路径的假设，可以提出镜面路径模型（specular-path model）。本节将介绍双向、时延、多普勒频移、双极化镜面路径模型，其中，描述镜面路径的参数包括每条路径的时延、DoA、DoD、多普勒频移和极化矩阵。该模型也可以根据估计的需求，以及信道采集样本的扩展性，融合更多其他域的参数，例如，研究时变信道时路径参数的时变性。

本模型中的双极化（dual polarization）设置针对的是电磁波传播时所特有的极化形式，尤其是针对横向传播的电磁波（transverse electromagnetic wave，TEM）而言，时变电场可以投射到垂直于电磁波传播矢量的两个正交方向上。从参数估计的准确度来看，通过考虑双极化，能够获得更多的信道观测样本，在一定程度上可以提高路径参数，尤其是几何参数，如时延、多普勒频移和方向的估计准确度。此外，由于在先进的无线通信标准中已经广泛考虑使用双极化天线阵列来增强 MIMO 系统的容量[7-11]，近年来对双极化域中的信道建模也引起研究者的关注[12-15]。为了提取传播信道中多径分量的极化特征，设计相应的参数估计方法是非常重要的。

图 2-5 描述了第 l 条路径在双极化配置的 MIMO 系统所经历的信道中的传输情况，这里的双极化 MIMO 配置指的是系统使用了双极化的 Tx 与 Rx 天线阵列。在图中，每个发射天线同时在两个正交的极化方向上发送信号，每个接收天线也同时在两个正交的极化方向上接收信号。这是符合现实中任何天线都不能只在一个极化方向上发送或接收信号的事实的。如果需要区分两个极化，我们可以将其中一个称为主极化（main polarization），指定此时的极化方向是信号场强分布的主导方向。于是另一个与主极化正交的方向可以称为补极化（complementary polarization）。

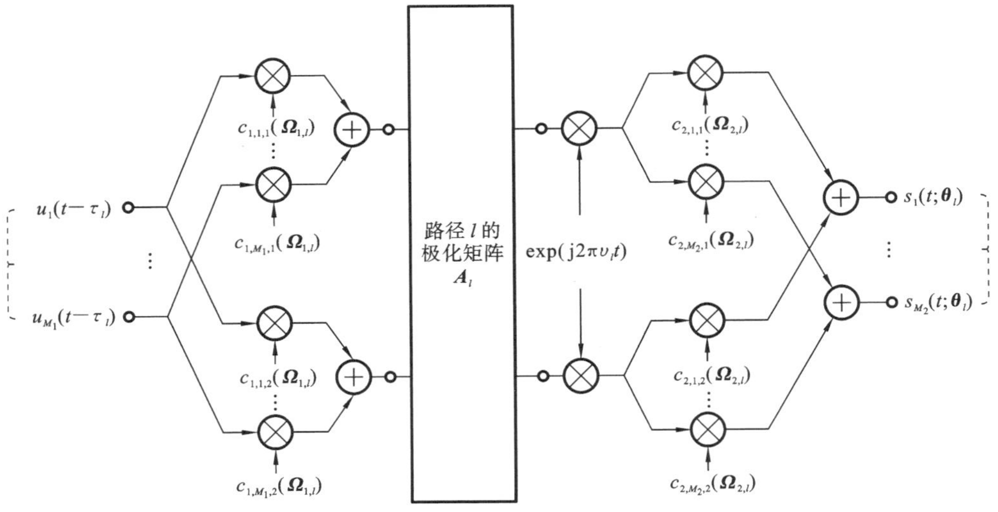

图 2-5　第 l 条路径在双极化配置的 MIMO 系统所经历的信道中的传输情况

为了描述电波沿着第 l 条路径传播时的极化状态，我们提出了极化矩阵 $\boldsymbol{A}_l$ 的概念，它是由正交极化的电波在传播中所经历的复增益系数组成的。极化矩阵的具体表

达为 $\boldsymbol{A}_l=\begin{bmatrix}\alpha_{l,1,1} & \alpha_{l,1,2}\\ \alpha_{l,2,1} & \alpha_{l,2,2}\end{bmatrix}$，其中，$\alpha_{l,1,1}$ 表示的是以极化方向 1 发射和接收、沿第 l 条路径传播的电磁波所经历的复增益系数，$\alpha_{l,1,2}$ 则表示的是以极化方向 2 发射、极化方向 1 接收时的复增益系数，$\alpha_{l,2,1}$ 是以极化方向 1 发射、极化方向 2 接收时的复增益系数，$\alpha_{l,2,2}$ 是均以极化方向 2 发射和接收时的复增益系数。

采用极化矩阵，可以构建描述第 l 条电波对 MIMO 系统的输出所贡献的信号模型：

$$\boldsymbol{s}(t;\boldsymbol{\theta}_l)=\exp(\mathrm{j}2\pi\nu_l t)[\boldsymbol{c}_{2,1}(\boldsymbol{\Omega}_{2,l})\quad \boldsymbol{c}_{2,2}(\boldsymbol{\Omega}_{2,l})]\begin{bmatrix}\alpha_{l,1,1} & \alpha_{l,1,2}\\ \alpha_{l,2,1} & \alpha_{l,2,2}\end{bmatrix} \cdot[\boldsymbol{c}_{1,1}(\boldsymbol{\Omega}_{1,l})\quad \boldsymbol{c}_{1,2}(\boldsymbol{\Omega}_{1,l})]^{\mathrm{T}}\cdot\boldsymbol{u}(t-\tau_l) \tag{2.2.1}$$

其中，$\boldsymbol{c}_{i,p_i}(\boldsymbol{\Omega})$ 表示具有 M_1 个阵元的发射天线阵列（$i=1$）或具有 M_2 个阵元的接收天线阵列（$i=2$）的导向矢量（steering vector），其中，M_1 和 M_2 分别表示 Tx 和 Rx 中的天线数量。这里的 p_i（$p_i=1,2$）表示极化序号，1 和 2 分别表示两个正交的极化方向，可以分别是垂直、水平、±45°。

以矩阵形式书写，式(2.2.1)可以重新表述为

$$\boldsymbol{s}(t;\boldsymbol{\theta}_l)=\exp(\mathrm{j}2\pi\nu_l t)\boldsymbol{C}_2(\boldsymbol{\Omega}_{2,l})\boldsymbol{A}_l\boldsymbol{C}_1^{\mathrm{T}}(\boldsymbol{\Omega}_{1,l})\boldsymbol{u}(t-\tau_l) \tag{2.2.2}$$

其中，

$$\boldsymbol{C}_2(\boldsymbol{\Omega}_{2,l})=[\boldsymbol{c}_{2,1}(\boldsymbol{\Omega}_{2,l})\quad \boldsymbol{c}_{2,2}(\boldsymbol{\Omega}_{2,l})] \tag{2.2.3}$$

$$\boldsymbol{C}_1(\boldsymbol{\Omega}_{1,l})=[\boldsymbol{c}_{1,1}(\boldsymbol{\Omega}_{1,l})\quad \boldsymbol{c}_{1,2}(\boldsymbol{\Omega}_{1,l})] \tag{2.2.4}$$

$$\boldsymbol{A}_l=\begin{bmatrix}\alpha_{l,1,1} & \alpha_{l,1,2}\\ \alpha_{l,2,1} & \alpha_{l,2,2}\end{bmatrix}=[\alpha_{l,p_2,p_1}] \tag{2.2.5}$$

$$\boldsymbol{u}(t)=[u_1(t),\cdots,u_M(t)]^{\mathrm{T}} \tag{2.2.6}$$

经过计算，式(2.2.2)还可以表示为各个不同极化组合的信号的叠加形式：

$$\boldsymbol{s}(t;\boldsymbol{\theta}_l)=\exp(\mathrm{j}2\pi\nu_l t)\cdot[\alpha_{l,1,1}\boldsymbol{c}_{2,1}(\boldsymbol{\Omega}_{2,l})\boldsymbol{c}_{1,1}^{\mathrm{T}}(\boldsymbol{\Omega}_{1,l})+\alpha_{l,1,2}\boldsymbol{c}_{2,1}(\boldsymbol{\Omega}_{2,l})\boldsymbol{c}_{1,2}^{\mathrm{T}}(\boldsymbol{\Omega}_{1,l}) +\alpha_{l,2,1}\boldsymbol{c}_{2,2}(\boldsymbol{\Omega}_{2,l})\boldsymbol{c}_{1,1}^{\mathrm{T}}(\boldsymbol{\Omega}_{1,l})+\alpha_{l,2,2}\boldsymbol{c}_{2,2}(\boldsymbol{\Omega}_{2,l})\boldsymbol{c}_{1,2}^{\mathrm{T}}(\boldsymbol{\Omega}_{1,l})]\boldsymbol{u}(t-\tau_l) \tag{2.2.7}$$

$$=\exp(\mathrm{j}2\pi\nu_l t)\cdot\left[\sum_{p_2=1}^{2}\sum_{p_1=1}^{2}\alpha_{l,p_2,p_1}\boldsymbol{c}_{2,p_2}(\boldsymbol{\Omega}_{2,l})\boldsymbol{c}_{1,p_1}^{\mathrm{T}}(\boldsymbol{\Omega}_{1,l})\right]\boldsymbol{u}(t-\tau_l) \tag{2.2.8}$$

使用多个 Tx 和 Rx 天线进行信道测量时，可以通过射频（radio frequency，RF）开关来控制。该开关将单个 Tx 天线与发射端前端连接，或者将 Rx 天线与接收端前端依次连接。我们将这种测量技术称为时分复用测量技术。使用 TDM 测量系统的测量设备的示例是 PROP sound[16]、RUSK[17] 和韩国研究机构 ETRI 的 rBECS[18-22]。我们考虑图 2-6 所示的广泛使用的 TDM 结构来构建信号模型。

对于阵列 1，此处为发射天线阵列，第 m_1 个天线元件的测量窗口方程表示为

$$q_{1,m_1}(t)=\sum_{i=1}^{I}q_{T_{\mathrm{t}}}(t-t_{i,m_1}+T_{\mathrm{g}}),\quad m_1=1,\cdots,M_1 \tag{2.2.9}$$

其中，i 表示周期（cycle）序号，即表示信道测量活动处于哪一个周期。这里的一个周期代表所有的发射阵元和所有的接收阵元之间的任意两两组合间的信道都被测量了一次。式(2.2.9)中的 t_{i,m_1} 为在第 i 个周期里，第 m_1 个天线开始被“激活”用于信道测量的时刻，可具体设置为

$$t_{i,m_1}=(i-1)T_{\mathrm{cy}}+(m_1-1)T_{\mathrm{t}} \tag{2.2.10}$$

其中，T_{cy} 为一个周期所占用的整体时长，T_{t} 为一个发射天线处于发射状态的时长。

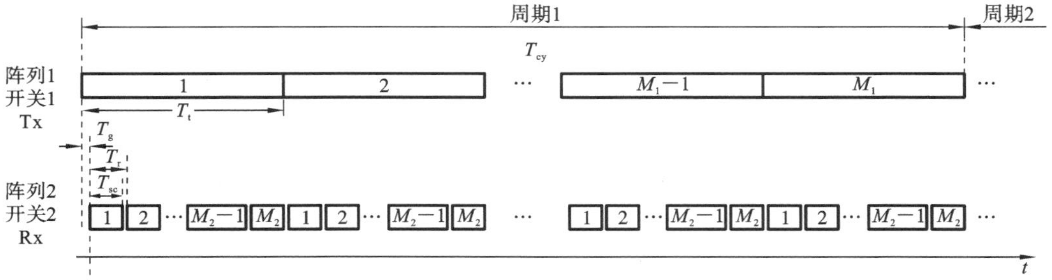

图 2-6 采用 TDM 方式进行 MIMO 信道测量时的发射和接收时间窗口设置

式(2.2.9)中的 T_g 为某一个发射天线开始发射信号之前与前一个天线停止发射之间的时间间隔。值得注意的是,作为表示工作状态的窗口方程,$q_{1,m_1}(t)$被设置为一个实数取值的函数,其值仅限于 1 或 0,分别对应于 Tx 的第 m_1 个测量窗口的“工作”和“禁用”两种状态。我们进一步定义测量窗口矢量方程:

$$\boldsymbol{q}_1(t) \doteq [q_{1,1}(t),\cdots,q_{1,M_1}(t)]^{\mathrm{T}} \tag{2.2.11}$$

为了可以表示接收端的窗口方程,我们引入“感应”窗口方程:

$$q_{T_{sc}}(t-t_{i,m_1,m_2}),\quad m_1=1,\cdots,M_1;m_2=1,\cdots,M_2 \tag{2.2.12}$$

该方程表示的场景是:第 m_1 个 Tx 天线处于发射状态,即处于“工作”状态;第 m_2 个 Rx 天线正在接收来自空中的信号,即处于“感应”状态。其中,t_{i,m_2,m_1} 代表的是该窗口方程取值为 1 的起始时刻:

$$t_{i,m_2,m_1}=(i-1)T_{cy}+(m_1-1)T_t+(m_2-1)T_r \tag{2.2.13}$$

其中,T_r 为一个接收端天线处于接收状态的时长。利用定义的“感应”窗口方程,我们可以方便地给出第 m_2 个接收侧天线的感应窗口方程:

$$q_{1,m_2}(t)=\sum_{i}^{I}\sum_{m_1=1}^{M_1}q_{T_{sc}}(t-t_{i,m_2,m_1}) \tag{2.2.14}$$

该方程能够表示第 i 个 MIMO 信道测量周期中,第 m_1 个发射天线处于被“激活”后的发射状态,第 m_2 个接收天线是否处于“激活”后的接收状态。考虑到接收端有 M_2 个阵元,我们可以将 $q_{1,m_2}(t)$组合成一个感应窗口矢量,即

$$\boldsymbol{q}_2(t) \doteq [q_{2,1}(t),\cdots,q_{2,M_2}(t)]^{\mathrm{T}} \tag{2.2.15}$$

或者将其表示为一个时间域的标量函数:

$$q_2(t)=\sum_{i=1}^{I}\sum_{m_2=1}^{M_2}\sum_{m_1=1}^{M_1}q_{T_{sc}}(t-t_{i,m_2,m_1}) \tag{2.2.16}$$

便于后续对模型的具体形式进行简化和直观诠释。

对于发射信号,利用上文定义的测量窗口矢量方程 $\boldsymbol{q}_1(t)$,从发射前端,经过射频开关,输入阵列 1 中的 M_1 个阵元,最终得到的发射信号矢量 $\boldsymbol{u}(t)$可以表示为

$$\boldsymbol{u}(t)=\boldsymbol{q}_1(t)u(t) \tag{2.2.17}$$

对于接收信号,同样利用上文定义的感应窗口矢量方程 $\boldsymbol{q}_2(t)$,从空中到达接收天线阵列,经过开关 2 后的输出信号可以写为

$$Y(t)=\sum_{l=1}^{L}\boldsymbol{q}_2^{\mathrm{T}}(t)\boldsymbol{s}(t;\boldsymbol{\theta}_l)+\sqrt{\frac{N_o}{2}}\boldsymbol{q}_2(t)\boldsymbol{W}(t) \tag{2.2.18}$$

其中,

$$\boldsymbol{s}(t;\boldsymbol{\theta}_l)=\exp(\mathrm{j}2\pi\nu_l t)\boldsymbol{q}_2^{\mathrm{T}}\boldsymbol{C}_2(\boldsymbol{\Omega}_{2,l})\boldsymbol{A}_l\boldsymbol{C}_1(\boldsymbol{\Omega}_{1,l})^{\mathrm{T}}\boldsymbol{q}_1(t-\tau_l)u(t-\tau_l) \tag{2.2.19}$$

经过简单的计算,上式可以写为如下形式:

$$\boldsymbol{s}(t;\boldsymbol{\theta}_l) = \exp(\mathrm{j}2\pi\nu_l t)\cdot\sum_{p_2=1}^{2}\sum_{p_1=1}^{2}\alpha_{l,p_2,p_1}\boldsymbol{q}_2^{\mathrm{T}}(t)\boldsymbol{c}_{2,p_2}(\boldsymbol{\Omega}_{2,l})\boldsymbol{c}_{1,p_1}^{\mathrm{T}}(\boldsymbol{\Omega}_{1,l})\boldsymbol{q}_1(t)\cdot u(t-\tau_l) \tag{2.2.20}$$

在此需要指出的是,式(2.2.20)实际上是文献[23]中式(7)中第一个方程结合极化矩阵后的扩展,对单一极化情况下的表达式感兴趣的读者可以参阅文献[23]。按照与上文应用窗口方程类似的方法,我们可以定义一个不考虑天线阵列具体响应,仅考虑时延时的 $M_2\times M_1$ 输入输出测量矩阵:

$$\boldsymbol{U}(t;\tau_l)=\boldsymbol{q}_2(t)\boldsymbol{q}_1^{\mathrm{T}}(t)u(t-\tau_l) \tag{2.2.21}$$

引入该定义,式(2.2.20)可以进一步写为

$$\boldsymbol{s}(t;\boldsymbol{\theta}_l) = \exp(\mathrm{j}2\pi\nu_l t)\sum_{p_2=1}^{2}\sum_{p_1=1}^{2}\alpha_{l,p_2,p_1}\boldsymbol{c}_{2,p_2}^{\mathrm{T}}(\boldsymbol{\Omega}_{2,l})\boldsymbol{U}(t;\tau_l)\boldsymbol{c}_{1,p_1}^{\mathrm{T}}(\boldsymbol{\Omega}_{1,l}) \tag{2.2.22}$$

此外,我们还可以将 $\boldsymbol{s}(t;\boldsymbol{\theta}_l)$ 简洁地表示为

$$\boldsymbol{s}(t;\boldsymbol{\theta}_l) = \sum_{p_2=1}^{2}\sum_{p_1=1}^{2}s_{p_2,p_1}(t;\boldsymbol{\theta}_l) \tag{2.2.23}$$

其中,$s_{p_2,p_1}(t;\boldsymbol{\theta}_l)$ 是发射采用 p_1 极化方向、接收采用 p_2 极化方向时接收到的信号,表示为

$$s_{p_2,p_1}(t;\boldsymbol{\theta}_l)\doteq\alpha_{l,p_2,p_1}\exp(\mathrm{j}2\pi\nu_l t)\boldsymbol{c}_{2,p_2}^{\mathrm{T}}(\boldsymbol{\Omega}_{2,l})\boldsymbol{U}(t;\tau_l)\boldsymbol{c}_{1,p_1}(\boldsymbol{\Omega}_{1,l}) \tag{2.2.24}$$

注意到该表达式和文献[23]中的式(7)相似。

2.3 扩散路径模型

第 2.2 节中介绍的镜面路径模型同样满足不相关散射假设,具体而言即沿着不同的镜面传播路径到达接收端的接收信号之间是不相关的,于是我们也可以将模型中的多径称作非相关路径(uncorrelated path)。形成非相关路径的必要条件是这些路径的参数差异大于测量设备的固有分辨率(intrinsic resolution)。然而,在实际传播环境中,真实存在的传播路径之间可以是相关的,即这些路径的参数彼此非常接近,它们之间的差异小于测量设备的固有分辨率。我们把两个或多个这样的参数彼此接近的路径称为一个扩散路径。显然,传统的可分辨的单一镜面路径模型已不适合准确描述扩散路径对接收信号的贡献。

近年来,对于具有一定扩散特征的路径参数估计,也称对在较小空间里呈现分布的源(或称为空间微分布源)估计,受到了广泛的关注。公开文献中推荐的方法可分为两类。① 寻找微分布源(slightly distributed source)的近似模型,例如[24]中的一阶泰勒展开近似模型和文献[25]中提出的两径模型(two-ray model),在此基础上以标准的估计方法,如最大似然估计方法进行估计。② 不采用近似模型,直接通过设计高分辨率估计算法来对微分布源或扩散路径进行特征提取,例如 DSPE[26]、DISPARE 算法[27][28],以及扩散 root-MUSIC、ESPRIT、MODE 算法[25]。在本节中,我们将重点介绍前一种估计算法所采用的描述微分布源或扩散路径的通用参数模型。

多个微分布源或扩散路径对第 m 个 Rx 天线的输出,即接收信号的贡献可以描

述为

$$s_m(\boldsymbol{\theta}) = \sum_{c=1}^{C}\sum_{l=1}^{L_c}\gamma_{c,l}\cdot c_m(\theta_{c,l}) \tag{2.3.1}$$

其中，C 是簇的数量，也可以称作扩散路径（或称“扩展路径”）的数量，L_c 是第 c 个簇或扩展路径中的多径数目，m 是频域和空间域中的数据索引，$\boldsymbol{\theta}$ 是包含模型中所有未知参数的参数向量，$\gamma_{c,l}$是第 c 簇中第 l 个路径的路径权重，$c_m(\theta_{c,l})$表示表达式为 $c_m(\theta_{c,l}) \doteq e^{-j2\pi(m-1)(\Delta s/\lambda)\cos(\theta_{c,l})}$ 的天线响应（这里为了简化，假设天线阵列阵元都是全向天线）。其中，指数部分里的 Δs 是相邻阵列元素之间的间距，$\theta_{c,l}$是第 c 簇中第 l 个路径的波达方向和天线阵列轴之间的夹角，λ 是载波波长。

式(2.3.1)右侧的复权重 $\gamma_{c,l}=\alpha_{c,l}e^{j\psi_{c,l}}$，其中，$\alpha_{c,l}$ 表示实数的幅值，$\psi_{c,l}$ 表示初始相位。我们可以假设初始相位在恒定时不变的传播环境中固定为常数，那么此时的$s_m(\boldsymbol{\theta})$是确定性信号。但是在某些应用程序中，很难确保所有观测快拍中初始相位相同。因此，一个合理的假设是初始相位是在$[-\pi,\pi]$上均匀分布的独立随机变量。相应地，$\gamma_{c,l}$可以认为是随机变量。

接下来定义波达方向的偏差 $\tilde{\theta}_{c,l}$，其可通过 $\tilde{\theta}_{c,l}=\theta_{c,l}-\theta_c$ 计算得出，其中，θ_c 表示所有路径的中心波达方向(nominal direction of arrival)。$\tilde{\theta}_{c,l}$可以假设为随机变量，其遵循近似均值为零的高斯分布 $N\sim(0,\sigma_{\theta}^2)$。

为了简单起见，我们考虑信道中仅存在一个扩散路径，或称多径簇的情况。所以第 $c(c=1)$簇的贡献是

$$s_m(\boldsymbol{\theta}_c) = \sum_{l=1}^{L_c}\gamma_{c,l}\cdot c_m(\theta_{c,l}) \tag{2.3.2}$$

假设发射信号 $\boldsymbol{u}(t)$是全一的，则源自微分布源，混合了加性高斯白噪声(additive white Gaussian noise)的接收信号可表示为

$$x_m = s_m(\boldsymbol{\theta}_c) + w_m = \sum_{l=1}^{L_c}\gamma_{c,l}\cdot c_m(\theta_{c,l}) + w_m \tag{2.3.3}$$

其中，w_m 是复数圆对称加性高斯白噪声，方差为 σ_w^2。为了减少要估计参数的数量，有必要提出一个简化的模型来近似表达扩散路径对接收信号的贡献。

我们来回顾一下对函数 $a(\phi)$进行一阶泰勒展开，其中，ϕ 的初始值为 ϕ_o，微小增量为 $\tilde{\phi}$，展开的结果可以写为

$$a(\phi_o+\tilde{\phi})\approx a(\phi_o)+\tilde{\phi}\frac{\partial a(\phi_o)}{\partial\phi_o} \tag{2.3.4}$$

将该原理应用于式(2.3.2)，我们获得用于扩散路径的近似模型为

$$s_m(\boldsymbol{\theta}_c) = \sum_{l=1}^{L_c}\gamma_{c,l}\cdot c_m(\theta_c+\tilde{\theta}_{c,l}) \approx \sum_{l=1}^{L_c}\gamma_{c,l}\cdot c_m(\theta_c) + \sum_{l=1}^{L_c}\gamma_{c,l}\cdot\tilde{\theta}_{c,l}\cdot\frac{\partial c_m(\theta_c)}{\partial\theta_c} \tag{2.3.5}$$

其中，$\boldsymbol{\theta}_c$ 是中心波达方向，$\tilde{\theta}_{c,l}$是第 c 个扩散路径中第 l 个子路径的角度扩散。引入参数

$$\gamma_c = \sum_{l=1}^{L_c}\gamma_{c,l},\psi_c = \sum_{l=1}^{L_c}\gamma_{c,l}\cdot\tilde{\theta}_{c,l} \tag{2.3.6}$$

考虑到当假设天线元件的场方向图是各向同性的，可以将导向矢量及其一阶导数写为

$$c_m(\theta_c)=\mathrm{e}^{-\mathrm{j}2\pi(m-1)(\Delta s/\lambda)\cos(\theta_c)}$$
$$\frac{\partial c_m(\theta_c)}{\partial\theta_c}=(\mathrm{j}2\pi(m-1)(\Delta s/\lambda)\sin(\theta_c))\mathrm{e}^{-\mathrm{j}2\pi(m-1)(\Delta s/\lambda)\cos(\theta_c)} \tag{2.3.7}$$

因此，式(2.3.5)可近似表达为

$$s_m(\boldsymbol{\theta}_c)\approx\gamma_c\cdot\mathrm{e}^{-\mathrm{j}2\pi(m-1)(\Delta s/\lambda)\cos(\theta_c)}+\psi_c\cdot\mathrm{j}2\pi(m-1)(\Delta s/\lambda)\sin(\theta_c)\mathrm{e}^{-\mathrm{j}2\pi(m-1)(\Delta s/\lambda)\cos(\theta_c)} \tag{2.3.8}$$

上面的表达式可以用矩阵表示法写成

$$s(\boldsymbol{\theta}_c)=\boldsymbol{D}(\bar{\boldsymbol{\theta}}_c)\boldsymbol{\beta}_c \tag{2.3.9}$$

其中，$\bar{\boldsymbol{\theta}}_c\doteq[\theta_c]$，$\boldsymbol{\beta}_c$ 是一个列向量，$\boldsymbol{\beta}_c\doteq[\gamma_c,\psi_c]^{\mathrm{T}}$，$\boldsymbol{D}(\bar{\boldsymbol{\theta}}_c)$是 $2\times M$ 矩阵，定义如下：

$$\boldsymbol{D}(\bar{\boldsymbol{\theta}}_c)\doteq[\boldsymbol{\alpha}(\bar{\boldsymbol{\theta}}_c)\boldsymbol{b}(\bar{\boldsymbol{\theta}}_c)] \tag{2.3.10}$$

上式中

$$\boldsymbol{a}(\bar{\boldsymbol{\theta}}_c)\doteq[c_m(\theta_c);m=1,\cdots,M]^{\mathrm{T}},\quad \boldsymbol{b}(\bar{\boldsymbol{\theta}}_c)\doteq\left[\frac{\partial c_m(\theta_c)}{\partial\theta_c};m=1,\cdots,M\right]^{\mathrm{T}} \tag{2.3.11}$$

于是，可采用矩阵形式将接收到的信号 $\boldsymbol{x}$ 表示为

$$\boldsymbol{x}=\boldsymbol{s}(\boldsymbol{\theta}_c)+\boldsymbol{w}=\boldsymbol{D}(\bar{\boldsymbol{\theta}}_c)\boldsymbol{\beta}_c+\boldsymbol{w} \tag{2.3.12}$$

中心水平入射角(nominal incident angle)在所有观测快拍中都是恒定的。但是角度扩散 $\tilde{\theta}_{c,l},l=1,\cdots,L_c$ 在不同快拍之间可能有不同的取值分布。我们假设 $\tilde{\theta}_{c,l},l=1,\cdots,L_c$ 遵循高斯分布，具有零均值和方差 σ_θ^2，而且 $\tilde{\theta}_{c,l},l=1,\cdots,L_c$ 与复衰减 $\alpha_{c,l},l=1,\cdots,L_c$ 无关。当复衰减 $\alpha_{c,l},l=1,\cdots,L_c$ 被假定为随机变量 $N\left(0,\frac{1}{L_c}\sigma_{\gamma_c}^2\right)$时，可以很容易证明向量 $\boldsymbol{\beta}_c$ 中的元素也是随机变量。它们的一阶矩和二阶矩可计算如下：

$$\begin{aligned}
E[\gamma_c] &= E\left[\sum_{l=1}^{L_c}\gamma_l\right]=\sum_{l=1}^{L_c}E[\gamma_l]=0\\
E[\psi_c] &= E\left[\sum_{l=1}^{L_c}\gamma_l\tilde{\theta}_l\right]=\sum_{l=1}^{L_c}E[\gamma_l]E[\tilde{\theta}_l]=0\\
E[\gamma_c\gamma_c^*] &= E\left[\sum_{l=1}^{L_c}\gamma_l\sum_{l'=1}^{L_c}\gamma_{l'}^*\right]=\sum_{l=1}^{L_c}E[\gamma_l\gamma_l^*]=\sigma_{\gamma_c}^2\\
E[\psi_c\psi_c^*] &= E\left[\sum_{l=1}^{L_c}\gamma_l\tilde{\theta}_l\sum_{l'=1}^{L_c}\gamma_{l'}^*\tilde{\theta}_{l'}^*\right]=\sum_{l=1}^{L_c}E[\gamma_l\gamma_l^*]E[\tilde{\theta}_l\tilde{\theta}_l^*]=L_c\frac{1}{L_c}\sigma_{\gamma_c}^2\sigma_\theta^2=\sigma_{\gamma_c}^2\sigma_\theta^2
\end{aligned} \tag{2.3.13}$$

为方便起见，随后我们使用 $\sigma_{\psi_c}^2$ 来表示 $\sigma_{\gamma_c}^2\sigma_\theta^2$。同样可以证明 $E[\gamma_c\psi_c^*]=0$。

对于从单个扩散路径构成的信道中得到的接收信号 $\boldsymbol{x}$，其协方差矩阵可计算如下：

$$\boldsymbol{R}=E[\boldsymbol{x}\boldsymbol{x}^{\mathrm{H}}]=\boldsymbol{D}(\bar{\boldsymbol{\theta}}_c)E[\boldsymbol{\beta}_c\boldsymbol{\beta}_c^*]\boldsymbol{D}(\bar{\boldsymbol{\theta}}_c)^{\mathrm{H}}+\sigma_w^2\boldsymbol{I}=\boldsymbol{c}(\theta_c)\boldsymbol{P}_c\boldsymbol{c}(\theta_c)^{\mathrm{H}}+\sigma_w^2\boldsymbol{I} \tag{2.3.14}$$

其中，

$$\boldsymbol{P}_c=\begin{bmatrix}\sigma_{\gamma_c}^2 & 0\\ 0 & \sigma_{\psi_c}^2\end{bmatrix} \tag{2.3.15}$$

值得一提的是，使用一阶泰勒展开的另一个近似模型，可以由下式推导得到：

$$\begin{aligned}
s_m(\boldsymbol{\theta}_c) &\approx\gamma_c\cdot c_m(\theta_c)+\psi_c\cdot\frac{\partial c_m(\theta_c)}{\partial\theta_c}\approx\gamma_c\cdot c_m\left(\theta_c+\frac{\psi_c}{\gamma_c}\right)\\
&=\gamma_c\cdot\mathrm{e}^{-\mathrm{j}2\pi(m-1)(\Delta s/\lambda)\cos(\theta_c+\mathrm{j}\Delta\theta_c)}
\end{aligned} \tag{2.3.16}$$

其中，角度扩散 $\Delta\theta_c$ 被重新定义为 $\Delta\theta_c \doteq \boldsymbol{I}\left\{\frac{\psi_c}{\gamma_c}\right\}$。使用矢量表达，可以得到

$$\boldsymbol{s}(\boldsymbol{\theta}_c)=\gamma_c \cdot \boldsymbol{c}(\bar{\boldsymbol{\theta}}_c) \tag{2.3.17}$$

其中，$\bar{\boldsymbol{\theta}}_c=[\theta_c,\Delta\theta_c]$，则接收信号可以用矢量表达表示为

$$\boldsymbol{x}=\boldsymbol{c}(\bar{\boldsymbol{\theta}}_c)\gamma_c+\boldsymbol{w} \tag{2.3.18}$$

假定参数 θ_c 和 $\Delta\theta_c$ 的实现是确定性的，则接收信号 $\boldsymbol{x}$ 的协方差矩阵可以计算为如下形式：

$$\boldsymbol{R}=E[\boldsymbol{x}\boldsymbol{x}^{\mathrm{H}}]=\boldsymbol{c}(\bar{\boldsymbol{\theta}}_c)E[\gamma_c\gamma_c^*]\boldsymbol{c}(\bar{\boldsymbol{\theta}}_c)^{\mathrm{H}}+\sigma_w^2\boldsymbol{I}=\sigma_{\gamma_c}^2\boldsymbol{c}(\bar{\boldsymbol{\theta}}_c)\boldsymbol{c}(\bar{\boldsymbol{\theta}}_c)^{\mathrm{H}}+\sigma_w^2\boldsymbol{I} \tag{2.3.19}$$

2.4 时变信道模型

近年来传播路径的时变行为引起了人们的广泛关注[29,30]。在文献[29]中，路径参数的时变特征被认为可以为信道多径聚类提供更多的附加自由度。文献[29]也通过测量数据实际展示了考虑时变因素的路径聚类结果。在这些研究中，路径演变特征是将在单个假设静态的观察快拍内计算得到的路径参数估计在观测时刻域做关联间接获得的。在假设不同观察快拍中的路径参数是相对独立的情况下，很多算法可以用于得到单个静态快拍中的估计路径参数，如 SAGE(space-alternating generalized expectation-maximization)算法[29]和 Unitary ESPRIT[30]。这种假设与实际情况并不相符，毕竟相邻快拍之间的信道多径的分布和参数取值具有相似性，它们并不是完全无关的。使用“独立”假设会导致在估计路径演变时“信息丢失(loss of information)”。此外，由于这些算法中预设的模型多径数量不匹配(model-order mismatch)并存在一些人为设置，例如使用一个固定的动态范围来选择有效多径，在某些快拍中可能无法检测到较弱的时变路径。因此，一个连续时变路径在经历衰落(包括阴影衰落和多径衰落)时，可能被错误地视为多个路径。这些错误会影响聚类算法(clustering algorithm)的性能，以及基于这些结果导出的信道模型的有效性。因此，使用适当的通用模型和算法直接估计路径的时变特征是非常重要的。

近年来，已有很多文献提出了一些方法用来跟踪 MIMO 信道测量的时变路径[31-33]。如在[31]中，作者提出了基于递归期望最大化(recursive expectation-maximization)和递归空间迭代广义期望最大化概念来跟踪时变多径的波达水平角。在文献[32]和[33]中，扩展卡尔曼滤波(extended Kalman filter，EKF)算法被用于跟踪时变路径的时延、DoA、DoD 和复振幅。再如文献[34，35]提出了一种顺序蒙特卡洛方法(sequential Monte-Carlo method)，即所谓的“粒子滤波(particle filter，PF)”算法，用以跟踪时变路径参数。与 EKF、递归期望最大化和递归空间迭代广义期望最大化算法不同，PF 可以在观测模型是非线性时应用。

上述的这些方法在推导过程中，均采用了时变路径参数的状态空间模型(简称“状态模型”)。本节我们将介绍描述随时间演变的路径参数状态空间模型，以及测量设备接收信号的观测模型。为了简化表述，我们主要考虑单路径的场景，得到的模型可以经过直观地改变扩展应用到多径场景。

1. 状态空间模型

我们考虑传播环境是由时变的镜面反射路径组成的场景。路径的参数有时延 τ、

波离水平角 ϕ_1、波达水平角 ϕ_2、多普勒频移 ν，这些参数的时间变化率分别由 $\Delta\tau$、$\Delta\phi_1$、$\Delta\phi_2$ 和 $\Delta\nu$ 来表示，复振幅为 α。我们用 $\boldsymbol{\Omega}_k$ 来表示路径状态向量，其中包含 k 个观测值，具体定义为

$$\boldsymbol{\Omega}_k=[\boldsymbol{P}_k^{\mathrm{T}},\boldsymbol{\alpha}_k^{\mathrm{T}},\boldsymbol{\Delta}_k^{\mathrm{T}}]^{\mathrm{T}} \tag{2.4.1}$$

其中，$[\cdot]^{\mathrm{T}}$ 表示矩阵或向量的转置运算，$\boldsymbol{P}_k\doteq[\tau_k,\phi_{1,k},\phi_{2,k},\boldsymbol{\nu}_k]^{\mathrm{T}}$ 表示参数向量的“位置”，$\boldsymbol{\Delta}_k\doteq[\Delta\tau_k,\Delta\phi_{1,k},\Delta\phi_{2,k},\Delta\nu_k]^{\mathrm{T}}$ 表示参数向量的“(时间)变化率”，$\boldsymbol{\alpha}_k\doteq[|\alpha_k|,\arg(\alpha_k)]^{\mathrm{T}}$ 表示振幅向量，$|\alpha_k|$ 和 $\arg(\alpha_k)$ 分别代表 α_k 的模和辐角。状态向量 $\boldsymbol{\Omega}_k$ 的序列可以采用一阶马尔可夫过程(Markov process)来表述，即

$$p(\boldsymbol{\Omega}_k|\boldsymbol{\Omega}_{1:k-1})=p(\boldsymbol{\Omega}_k|\boldsymbol{\Omega}_{k-1}),\quad k\in[1,\cdots,K] \tag{2.4.2}$$

其中，$\boldsymbol{\Omega}_{1:k-1}\doteq\{\boldsymbol{\Omega}_1,\cdots,\boldsymbol{\Omega}_{k-1}\}$ 是第 1 次到第$(k-1)$次观测到的状态序列(sequence of state)，k 表示观测总数。$\boldsymbol{\Omega}_{k-1}$ 和 $\boldsymbol{\Omega}_k$ 之间的转换可以建模为

$$\underbrace{\begin{bmatrix}\boldsymbol{P}_k\\ \boldsymbol{\alpha}_k\\ \boldsymbol{\Delta}_k\end{bmatrix}}_{\boldsymbol{\Omega}_k}=\underbrace{\begin{bmatrix}\boldsymbol{I}_4 & \boldsymbol{0}_{4\times 2} & T_k\boldsymbol{I}_4\\ \boldsymbol{J}_k & \boldsymbol{I}_2 & \boldsymbol{0}_{2\times 4}\\ \boldsymbol{0}_{4\times 4} & \boldsymbol{0}_{4\times 2} & \boldsymbol{I}_4\end{bmatrix}}_{\boldsymbol{F}_k\doteq}\underbrace{\begin{bmatrix}\boldsymbol{P}_{k-1}\\ \boldsymbol{\alpha}_{k-1}\\ \boldsymbol{\Delta}_{k-1}\end{bmatrix}}_{\boldsymbol{\Omega}_{k-1}}+\underbrace{\begin{bmatrix}\boldsymbol{0}_{4\times 1}\\ \boldsymbol{v}_{\alpha,k}\\ \boldsymbol{v}_{\Delta,k}\end{bmatrix}}_{\boldsymbol{v}_k\doteq} \tag{2.4.3}$$

其中，$\boldsymbol{I}_n$ 表示 $n\times n$ 的单位矩阵，$\boldsymbol{0}_{b\times c}$ 是维度为 $b\times c$ 的零矩阵，有

$$\boldsymbol{J}_k=\begin{bmatrix}0 & 0 & 0 & 0\\ 0 & 0 & 0 & 2\pi T_k\end{bmatrix} \tag{2.4.4}$$

T_k 表示第$(k-1)$个开始和第 k 个观察周期之间的间隔。式(2.4.3)中的向量 $\boldsymbol{v}_{\alpha,k}$ 包含振幅向量中的驱动过程

$$\boldsymbol{v}_{\alpha,k}\doteq[\nu_{|\alpha|,k},\nu_{\arg(\alpha),k}]^{\mathrm{T}} \tag{2.4.5}$$

此外，参数向量变化率 $\boldsymbol{v}_{\Delta,k}$ 定义为

$$\boldsymbol{v}_{\Delta,k}\doteq[\nu_{\Delta\tau,k},\nu_{\Delta\phi_1,k},\nu_{\Delta\phi_2,k},\nu_{\Delta\nu,k}]^{\mathrm{T}} \tag{2.4.6}$$

式(2.4.5)和式(2.4.6)中的项 $\nu_{(\cdot),k}$ 是独立的高斯随机变量，$\nu_{(\cdot),k}\sim N(0,\sigma^2_{(\cdot)})$。

2. 观测模型

在第 k 个观测周期中，当第 m_1 个 Tx 天线发射时，第 m_2 个 Rx 天线输出的离散时间信号可以写为

$$\begin{gathered}y_{k,m_1,m_2}(t)=x_{k,m_1,m_2}(t;\boldsymbol{\Omega}_k)+n_{k,m_1,m_2}(t),\quad t\in[t_{k,m_1,m_2},t_{k,m_1,m_2}+T)\\ m_1=1,\cdots,M_1,\quad m_2=1,\cdots,M_2\end{gathered} \tag{2.4.7}$$

其中，t_{k,m_1,m_2} 表示当第 m_1 个 Tx 天线发射时，第 m_2 个 Rx 天线开始接收信号的时刻，T 是每个 Rx 天线的感应持续时间，M_1 和 M_2 分别表示 Tx 天线和 Rx 天线的总数目。接收信号的单纯信号部分 $x_{k,m_1,m_2}(t;\boldsymbol{\Omega}_k)$ 可以进一步表示为

$$x_{k,m_1,m_2}(t;\boldsymbol{\Omega}_k)=\alpha_k\exp(\mathrm{j}2\pi\nu_k t)c_{1,m_1}(\phi_{k,1})c_{2,m_2}(\phi_{k,2})\cdot u(t-\tau_k) \tag{2.4.8}$$

这里，$c_{1,m_1}(\phi)$ 和 $c_{2,m_2}(\phi)$ 分别代表第 m_1 个 Tx 天线的水平角响应和第 m_2 个 Rx 天线的水平角响应，$u(t-\tau_k)$ 表示传输信号延迟了 τ_k。式(2.4.7)中的噪声 $n_{k,m_1,m_2}(t)$ 是谱高度 σ_n^2 的零均值高斯过程。为了方便起见，我们通常使用向量 $\boldsymbol{y}_k$ 来表示第 k 个观测周期中接收到的所有样本，用 $\boldsymbol{y}_{1:k}\doteq\{y_1,y_2,\cdots,y_k\}$ 来表示观测序列。

在本书后续章节中，我们将对如何采用状态模型和观测模型推导相应的 EKF 以及 PF 算法进行详细介绍。

2.5 功率谱密度模型

由于传播环境的异质性，无线通信系统的接收信号是许多分量的叠加。如前所述，每个分量都是在发射端到接收端之间的路径中传播的电波的贡献。沿着特定路径，电波与一定数量的被称为散射体的物体相互作用。散射体分布在收发周边环境中，并具有各异的电磁特征，每个分量可能在时延、波离方向、波达方向、极化及多普勒频移中扩散。这些维度中各个分量的扩散状态，显著影响了使用多输入多输出传输技术的通信系统的性能[36]。

传统的 MIMO 宽带传播信道参数模型，如[29,37]中提到的，使用了从测量数据中估计到的多个单一路径组合成的簇，来对扩散分量进行建模。簇的参数包括中心方向、时延扩展和方向扩展等。这些参数的估计值是根据分配给该簇的镜面反射分量，或非扩展路径分量的参数估计值计算得出的。然而，如文献[38]所示，镜面反射分量提取的扩散参数不能准确地表征扩散分量的真实行为。这是由接收信号的通用信道模型引起的，在估计算法所使用的信道通用模型时，接收信号均是由可完全分辨的镜面反射分量组成的。为了构建正确的信道模型，我们需要合适的通用参数模型来表征扩散分量，并使用有效的参数估计值从实际测量中获得准确的估计。如在第 2.3 节中所述的，采用泰勒展开对扩展路径的确定性模型进行参数近似是一种方案，此外，也可以将多径视为随机变量，在其统计特征，如功率谱密度方程中，得到扩展路径的参数特征估计。

近年来，较多文献已经提出了多种算法来估计信道响应中的各个分量的扩散特征[28,36,39,40]。这些算法可用于估计信道内每个分量的功率谱密度(PSD)。每个分量的 PSD 在真实环境中可以是不规则的，因此，通常采用依赖于某些特征参数的总体描述，例如重心(center of gravity)和 PSD 的扩散来刻画每个分量的特征。许多文献中提出的算法通过用特定概率密度函数(PDF)来对归一化分量 PSD 的形状进行近似，进而估计这些特定 PDF 的参数，例如，在[28,39,40]中使用了一个三维概率密度函数来表示每个独立扩散分量在波达水平角和波离水平角上的分布情况[36]。使用相应的算法获得参数估计值，就可以以所选的 PDF 的叠加来重现完整的信道。但是，在这些文献中，研究者并没有给出选择某种 PDF 的具体理由。此外，被选择的 PDF 在表征 PSD 的适用性以及相应估计算法的性能上，尚未通过实际测量进行实验研究。本节中，我们将基于一个特定原则来推导适合于描述信道内扩展分量 PSD 的 PDF，由此得到的 PDF 在信道特征提取中，比其他 PDF 更具有合理性。

1. 基于最大熵定理的通用 PSD 模型

众所周知，观测特定分布所传递的信息量可以通过使用分布的概率密度函数计算的熵来测量[41]。对于考虑功率分布的情况，我们可以通过熵的计算来测量通过功率分布观测所传递的信息量，其中，熵是由功率谱密度计算得到的。自然，为了估计功率分布的特定参数，可以推出具备最大化熵的 PSD，以最大信息量来提取信道的功率分布 PSD，即是对之前感兴趣、特别想了解的参数进行提取。这些参数的估计结果最终组成信道功率分布的参数化特征。所以，这些我们所“感兴趣”的特征实际上构成了希望得到的 PSD 所应该满足的约束。在考虑这些约束的情况下，利用最大化熵原则，我们可以导出 PSD 的一般形式，并通过观测数据估计得到 PSD 的后验具体形式。文献[42]中描述的最大熵(maximum entropy,MaxEnt)定理,给出了在受到某些约束的空间 A 上导出随机向量 $\boldsymbol{\psi}$ 所具有最大熵的概率密度函数(MaxEnt PDF)的一般框架。利用归一化 PSD 和 PDF 之间的类比,该 MaxEnt 定理可用于导出归一化的最大熵 PSD(MaxEnt normalized PSD)。

MaxEnt 定理[43]已在[44-46]中用于推导表示分量功率分布的 PSD。该基本原理假定每个分量具有固定的重心和扩散,并且不存在关于 PSD 的其他附加信息。分量 PSD 的重心和扩散由相应功率分布的一阶矩和二阶矩分别描述。使用 MaxEnt 定理,我们推导出具有固定的一阶矩和二阶矩的 PSD,同时最大化任何其他指定约束的熵。通过使用最大熵 PSD 对分量 PSD 建模而获得的扩散参数的估计值提供了"最安全"的结果,其意义在于,在推导得到具有另一种形式的 PSD 的过程中,所假设的约束条件并不符合实际情况时,最大熵 PSD 和使用不同形式的 PSD 就能够得到更准确的信道特征参数估计。基于这个基本原理,我们推导出 ME PSD 来描述 AoA 和 AoD[44]、仰俯角和水平角[45,46]、双水平角(波达水平角和波离水平角)和时延[44]的分量功率分布。这些熵最大化的 PDF 实际上分别与双变量 von-Mises-Fisher PDF[47]、Fisher-Bingham-5(FB5) PDF[48]和扩展的 von-Mises-Fisher PDF[47]相一致。这些特征在实际环境中的适用性,通过在实际环境中采集到的测量数据得到了验证。

下文所描述的是[44-46]中所报告的工作的扩展。我们首先定义感兴趣的参数,其表征了六个维度中各个分量的扩展,即双向(波离方向和波达方向)、时延和多普勒频移域,然后为指定的那些参数确定约束集。最后,我们根据约束集导出 MaxEnt 归一化双向-时延-多普勒频移 PSD。

2. 导出 PSD 的约束条件

在本节中,我们考虑多维扩散向量

$$\boldsymbol{\psi} \triangleq [\boldsymbol{\Omega}_1, \boldsymbol{\Omega}_2, \tau, \nu]^{\mathrm{T}} \tag{2.5.1}$$

其取值范围表示为 $A^* = S_2 \times S_2 \times R_+ \times R$,其中,$S_2 = \{x \in \mathbf{R}^3; \| x \| = 1\} \subset \mathbf{R}^3$ 表示一个单位球体。由于单位球体表面的位置可以完全由两个角度,即水平方位角和仰俯角唯一确定,所以该扩散向量的独立维度为六个。请注意,之所以考虑耦合系数,是因为在文献[44]中记录的实验观察中,我们看到不同扩散维度之间存在耦合效应,即一定的相互依赖性。此外,最近在[36]中描述的研究也表明,利用空间分集的 MIMO 系统的容量和分集增益均取决于 DoA 和 DoD 维度的耦合。因此,有必要将 PSD 的耦合系数包含在感兴趣、希望了解并进行估计的特征范围内。在下文中,我们明确地给出了分布的重心、扩散和耦合系数的具体定义,这些参数将在 PSD $f(\boldsymbol{\psi})$ 的表达式中明确表达。

(1) 重心:双向-时延-多普勒频移功率分布的重心由平均波离方向 $\mu_{\boldsymbol{\Omega}_1}$、平均波达方向 $\mu_{\boldsymbol{\Omega}_2}$、平均时延 μ_τ 和平均多普勒频移 μ_ν 联合确定,它们分别被定义为

$$\mu_{\boldsymbol{\Omega}_k} = \int_{A^*} \boldsymbol{\Omega}_k f(\boldsymbol{\psi}) \mathrm{d}\psi, \quad k = 1,2 \tag{2.5.2}$$

$$\mu_\tau = \int_{A^*} \tau f(\boldsymbol{\psi}) \mathrm{d}\boldsymbol{\psi} \tag{2.5.3}$$

$$\mu_\nu = \int_{A^*} \nu f(\boldsymbol{\psi}) \mathrm{d}\boldsymbol{\psi} \tag{2.5.4}$$

(2) 扩散:根据[23]中的命名方式,DoD、DoA、时延和多普勒频移中的 $f(\psi)$ 的扩散

分别用 $\sigma_{\boldsymbol{\Omega}_1}$、$\sigma_{\boldsymbol{\Omega}_2}$、$\sigma_\tau$ 和 σ_ν 表示，可以计算为

$$\sigma_{\boldsymbol{\Omega}_k}=\sqrt{1-|\mu_{\boldsymbol{\Omega}_k}|^2},\quad k=1,2 \tag{2.5.5}$$

$$\sigma_\tau=\sqrt{\int_{A^*}(\tau-\mu_\tau)^2 f(\boldsymbol{\psi})\mathrm{d}\boldsymbol{\psi}} \tag{2.5.6}$$

$$\sigma_\nu=\sqrt{\int_{A^*}(\nu-\mu_\nu)^2 f(\boldsymbol{\psi})\mathrm{d}\boldsymbol{\psi}} \tag{2.5.7}$$

其中，$|\cdot|$表示欧几里得范数。

(3) 耦合系数：在传播场景中，方向 $\boldsymbol{\Omega}_1$ 和 $\boldsymbol{\Omega}_2$ 由方向的水平角和仰俯角唯一确定，即 $\boldsymbol{\Omega}_k\triangleq \mathrm{e}(\phi_k,\theta_k)$，$k=1,2$。在仅考虑水平角的情况下，两个方向的耦合系数可以定义为一个标量。然而，当考虑水平角和仰俯角时，我们需要引入协方差矩阵，该矩阵用于描述笛卡儿坐标系的三个轴上的方向分量的相关性。因此，对于所考虑的情况，我们将两个方向 $\boldsymbol{\Omega}_1$ 和 $\boldsymbol{\Omega}_2$ 的耦合系数矩阵 $\boldsymbol{\rho}_{\boldsymbol{\Omega}_1\boldsymbol{\Omega}_2}$ 定义为

$$\boldsymbol{\rho}_{\boldsymbol{\Omega}_1\boldsymbol{\Omega}_2}\triangleq\frac{1}{\sigma_{\boldsymbol{\Omega}_1}\sigma_{\boldsymbol{\Omega}_2}}\int_{A^*}(\boldsymbol{\Omega}_1-\mu_{\boldsymbol{\Omega}_1})^{\mathrm{T}}\boldsymbol{R}_1\boldsymbol{R}_2{}^{\mathrm{T}}(\boldsymbol{\Omega}_2-\mu_{\boldsymbol{\Omega}_2})f(\boldsymbol{\psi})\mathrm{d}\boldsymbol{\psi}\in\mathbf{R}^{3\times3} \tag{2.5.8}$$

其中，$\boldsymbol{R}_k(k=1,2)$是两个正交矩阵。$\boldsymbol{R}_k$ 的功能是将差矢量 $\boldsymbol{\Omega}_k-\boldsymbol{\mu}_{\boldsymbol{\Omega}_k}$ 与同一笛卡儿坐标系对齐。在方向仅由水平角确定的情况下，即方向的末端位于单位圆上时，可以很容易地定义 $\boldsymbol{R}_k$ 的表达式。然而，当方向的末端位于单位球上时，写出 $\boldsymbol{R}_k$ 的解析表达式是非常重要的。在下文中，我们提供了一种计算$(\boldsymbol{\Omega}_k-\boldsymbol{\mu}_{\boldsymbol{\Omega}_k})^{\mathrm{T}}\boldsymbol{R}_k$ 的方法，而不是明确给出 $\boldsymbol{R}_k$ 的确切表达式。该计算方法允许将$(\boldsymbol{\Omega}_k-\boldsymbol{\mu}_{\boldsymbol{\Omega}_k})(k=1,2)$与在式(2.5.8)中计算 $\boldsymbol{\rho}_{\boldsymbol{\Omega}_1\boldsymbol{\Omega}_2}$ 所需的相同球坐标系对齐。

球坐标系中，方向 $\boldsymbol{\Omega}$ 可以写为

$$\boldsymbol{\Omega}=\boldsymbol{e}_r\cdot1+\boldsymbol{e}_\theta\cdot\theta+\boldsymbol{e}_\phi\cdot\phi \tag{2.5.9}$$

其中，$\boldsymbol{e}_r$、$\boldsymbol{e}_\theta$ 和 $\boldsymbol{e}_\phi$ 分别表示球坐标系的半径、相对于水平角的仰俯角和水平角。将 $\boldsymbol{\Omega}$ 旋转到方向 $\boldsymbol{\Omega}'=\boldsymbol{e}(\phi',\theta')$可以表示如下：

$$\boldsymbol{\Omega}\oplus\Delta\boldsymbol{\Omega}=\boldsymbol{\Omega}' \tag{2.5.10}$$

其中，$\Delta\boldsymbol{\Omega}=\boldsymbol{e}_r\cdot0+\boldsymbol{e}_\theta\cdot(\theta'-\theta)+\boldsymbol{e}_\phi\cdot(\phi'-\phi)$，$\oplus$表示轴向求和。

注意到式(2.5.8)中的运算$(\boldsymbol{\Omega}_1-\boldsymbol{\mu}_{\boldsymbol{\Omega}_1})^{\mathrm{T}}\boldsymbol{R}_1$ 可以使用以下步骤来执行。

(1) 计算球坐标系中的$(\boldsymbol{\Omega}_1-\boldsymbol{\mu}_{\boldsymbol{\Omega}_1})$。

(2) 指定旋转矢量 $\Delta\boldsymbol{\Omega}=\boldsymbol{e}_r\cdot0+\boldsymbol{e}_\theta\cdot(\bar{\theta}_2-\bar{\theta}_1)+\boldsymbol{e}_\phi\cdot(\bar{\phi}_2-\bar{\phi}_1)$。

(3) 执行运算$(\boldsymbol{\Omega}_1-\boldsymbol{\mu}_{\boldsymbol{\Omega}_1})\oplus\Delta\boldsymbol{\Omega}$。

(4) 在笛卡儿坐标系中重写获得的矢量。

使用相同的方法计算$(\boldsymbol{\Omega}_2-\boldsymbol{\mu}_{\boldsymbol{\Omega}_2})^{\mathrm{T}}\boldsymbol{R}_2$，其中，旋转矢量为

$$\Delta\boldsymbol{\Omega}=\boldsymbol{e}_r\cdot0+\boldsymbol{e}_\theta\cdot(\bar{\theta}_1-\bar{\theta}_2)+\boldsymbol{e}_\phi\cdot(\bar{\phi}_1-\bar{\phi}_2) \tag{2.5.11}$$

而后，式(2.5.8)积分中的$(\boldsymbol{\Omega}_1-\boldsymbol{\mu}_{\boldsymbol{\Omega}_1})^{\mathrm{T}}\boldsymbol{R}_1\boldsymbol{R}_2{}^{\mathrm{T}}(\boldsymbol{\Omega}_2-\boldsymbol{\mu}_{\boldsymbol{\Omega}_2})$的计算可以转化为在笛卡儿坐标系中表示的两个获得矢量的矢量积。

在方向 $\boldsymbol{\Omega}_k(k=1,2)$，时延 τ 和多普勒频移 ν 扩散之间的相关系数定义为

$$\boldsymbol{\rho}_{\boldsymbol{\Omega}_k\tau}\triangleq\frac{1}{\sigma_{\boldsymbol{\Omega}_k}\sigma_\tau}\int_{A^*}(\boldsymbol{\Omega}_k-\boldsymbol{\mu}_{\boldsymbol{\Omega}_k})^{\mathrm{T}}\boldsymbol{R}_k(\tau-\mu_\tau)f(\boldsymbol{\psi})\mathrm{d}\boldsymbol{\psi}\in\mathbf{R}^{1\times3},\quad k=1,2 \tag{2.5.12}$$

$$\boldsymbol{\rho}_{\boldsymbol{\Omega}_k\nu}\triangleq\frac{1}{\sigma_{\boldsymbol{\Omega}_k}\sigma_\nu}\int_{A^*}(\boldsymbol{\Omega}_k-\boldsymbol{\mu}_{\boldsymbol{\Omega}_k})^{\mathrm{T}}\boldsymbol{R}_k(\nu-\mu_\nu)f(\boldsymbol{\psi})\mathrm{d}\boldsymbol{\psi}\in\mathbf{R}^{1\times3},\quad k=1,2 \tag{2.5.13}$$

在 τ 和 ν 上，扩散之间的耦合系数定义为

$$\rho_{\tau\nu} \triangleq \frac{1}{\sigma_\tau \sigma_\nu}\int_{A^*}(\tau-\mu_\tau)(\nu-\mu_\nu)f(\boldsymbol{\psi})\mathrm{d}\boldsymbol{\psi} \in \mathbf{R}, \quad k=1,2 \tag{2.5.14}$$

注意到，我们还在定义式(2.5.12)、(2.5.13)和(2.5.14)中引入了$(\boldsymbol{\Omega}_k-\boldsymbol{\mu}_{\Omega_k})^{\mathrm{T}}\boldsymbol{R}_k$，以便在$f(\boldsymbol{\Omega}_k,\tau,\nu)\triangleq\int_{A^*}f(\psi)\mathrm{d}\boldsymbol{\Omega}_{k'}$($k'=1,2$和$k'\neq k$)的重心发生变化时，保持$\boldsymbol{\rho}_{\Omega_k\tau}$和$\boldsymbol{\rho}_{\Omega_k\nu}$的旋转不变性(rotational invariance)。

我们可以直接证明矩阵$\boldsymbol{\rho}_{\Omega_1\Omega_2}$，及向量$\boldsymbol{\rho}_{\Omega_1\tau}$、$\boldsymbol{\rho}_{\Omega_1\nu}$、$\boldsymbol{\rho}_{\Omega_2\tau}$、$\boldsymbol{\rho}_{\Omega_2\nu}$中的系数和$\rho_{\tau\nu}$的取值范围都是$[-1,1]$。当相应维度中的扩散被解耦时，这些耦合系数将等于零，此时的双向-时延-多普勒频移PSD可以被分解为所考虑维度中临界值(边缘分布)PSD之间的乘积。将$\boldsymbol{\Omega}_1$、$\boldsymbol{\Omega}_2$、τ和ν中的任意一对表示为(a,b)，当该两个维度中的信道扩散呈现线性相关的情况时，PSD$f(a,b)$的临界值(边缘分布)可以证明是一条直线，此时两个维度的扩散耦合系数接近1或-1，其正负符号由直线斜率的增加或减少来确定。此外，这些系数是旋转不变的。值得一提的是，在已有的文献中，研究者已经定义了一些系数来描述两个循环变量的相关性(correlation of two circular variables)[49]以及循环变量和线性变量的相关性(correlation of a circular variable and a linear variable)[50]。这些系数的共同缺点是最大熵归一化PSD的参数不可能写成相对于这些系数的解析表达式。为了能够从实测的数据中直接得到这些参数的估计，将上述定义的耦合系数作为显式参数写入归一化的最大熵PSD的表达式是非常重要的。只有这样，推导的估计算法才能用来对作为未知参数的耦合系数进行估计。

为了表达简洁，我们使用$\boldsymbol{\theta}$来表示未知参数集：

$$\boldsymbol{\theta}=(\mu_\tau,\mu_\nu,\boldsymbol{\mu}_{\Omega_1},\boldsymbol{\mu}_{\Omega_2},\sigma_\tau,\sigma_\nu,\sigma_{\Omega_1},\sigma_{\Omega_2},\boldsymbol{\rho}_{\Omega_1\Omega_2},\boldsymbol{\rho}_{\Omega_1\tau},\boldsymbol{\rho}_{\Omega_1\nu},\boldsymbol{\rho}_{\Omega_2\tau},\boldsymbol{\rho}_{\Omega_2\nu},\rho_{\tau\nu}) \tag{2.5.15}$$

上式右侧中的符号表示的是双向-时延-多普勒频移PSD的参数。

3. 最大熵双向-时延-多普勒频移PSD的推导过程

如本节开头所述，我们要寻找一种双向-时延-多普勒频移PSD，在式(2.5.15)中的参数都固定的约束下可以达到熵最大化。如果式(2.5.15)中的参数是已知存在的，则这种熵最大化PSD能够在从接收信号中对其进行估计时得到最大的信息量。从另一个角度，这也意味着使用任何其他形式的PSD估计这些参数时，在这些PSD推导过程中满足的其他约束条件真实存在时，就能够获得相对之前的熵最大化PSD更为准确的参数估计结果。

我们可以明确在推导最大熵信道分量PSD中应用的约束如下：

Constraint 1：$\int_{A^*}\boldsymbol{\Omega}_1 f(\boldsymbol{\psi})\mathrm{d}\boldsymbol{\psi}$ 固定；

Constraint 2：$\int_{A^*}\boldsymbol{\Omega}_2 f(\boldsymbol{\psi})\mathrm{d}\boldsymbol{\psi}$ 固定；

Constraint 3：$\int_{A^*}\tau f(\boldsymbol{\psi})\mathrm{d}\boldsymbol{\psi}$ 固定；

Constraint 4：$\int_{A^*}\tau^2 f(\boldsymbol{\psi})\mathrm{d}\boldsymbol{\psi}$ 固定；

Constraint 5：$\int_{A^*}\boldsymbol{\Omega}_2^{\mathrm{T}}\boldsymbol{R}_1\boldsymbol{R}_2{}^{\mathrm{T}}\boldsymbol{\Omega}_1 f(\boldsymbol{\psi})\mathrm{d}\boldsymbol{\psi}$ 固定；

Constraint 6：$\int_{A^*}\boldsymbol{\Omega}_1^{\mathrm{T}}\boldsymbol{R}_1\tau f(\boldsymbol{\psi})\mathrm{d}\boldsymbol{\psi}$ 固定；

$$\text{Constraint 7}: \int_{A^*} \boldsymbol{\Omega}_2^{\mathrm{T}} \boldsymbol{R}_2 \tau f(\boldsymbol{\psi}) \mathrm{d}\boldsymbol{\psi} \text{ 固定；}$$

$$\text{Constraint 8}: \int_{A^*} \nu f(\boldsymbol{\psi}) \mathrm{d}\boldsymbol{\psi} \text{ 固定；}$$

$$\text{Constraint 9}: \int_{A^*} \nu^2 f(\boldsymbol{\psi}) \mathrm{d}\boldsymbol{\psi} \text{ 固定；}$$

$$\text{Constraint 10}: \int_{A^*} \boldsymbol{\Omega}_1^{\mathrm{T}} \boldsymbol{R}_1 \nu f(\boldsymbol{\psi}) \mathrm{d}\boldsymbol{\psi} \text{ 固定；}$$

$$\text{Constraint 11}: \int_{A^*} \boldsymbol{\Omega}_2^{\mathrm{T}} \boldsymbol{R}_2 \nu f(\boldsymbol{\psi}) \mathrm{d}\boldsymbol{\psi} \text{ 固定；}$$

$$\text{Constraint 12}: \int_{A^*} \tau\nu f(\boldsymbol{\psi}) \mathrm{d}\boldsymbol{\psi} \text{ 固定。} \tag{2.5.16}$$

利用 MaxEnt 定理，结合拉格朗日乘子法，可以推导出最优的 PSD 如下：

$$f_{\mathrm{MaxEnt}}(\boldsymbol{\psi}) = \exp\{b_0 + \boldsymbol{b}_1^{\mathrm{T}} \boldsymbol{\Omega}_1 + \boldsymbol{b}_2^{\mathrm{T}} \boldsymbol{\Omega}_2 + b_3 \tau + b_4 \tau^2 + \boldsymbol{b}_5 \boldsymbol{\Omega}_2^{\mathrm{T}} \boldsymbol{R}_1 \boldsymbol{R}_2^{\mathrm{T}} \boldsymbol{\Omega}_1 + \boldsymbol{b}_6 \boldsymbol{\Omega}_1^{\mathrm{T}} \boldsymbol{R}_1 \tau + \boldsymbol{b}_7 \boldsymbol{\Omega}_2^{\mathrm{T}} R_2 \tau + b_8 \nu + b_9 \nu^2 + \boldsymbol{b}_{10} \boldsymbol{\Omega}_1^{\mathrm{T}} \boldsymbol{R}_1 \nu + \boldsymbol{b}_{11} \boldsymbol{\Omega}_2^{\mathrm{T}} \boldsymbol{R}_2 \nu + b_{12} \tau\nu\} \tag{2.5.17}$$

其中，b_0 是归一化因子，即为了保证 $\int_{A^*} f_{\mathrm{MaxEnt}}(\boldsymbol{\psi}) \mathrm{d}\boldsymbol{\psi} = 1$，$\boldsymbol{b}_1, \boldsymbol{b}_2, b_3, \cdots, b_{12}$ 分别通过使用约束 Constraint 1,2,…,12 获得。

我们使用矢量 $\boldsymbol{b}$ 来表示 PSD 中的参数，即

$$\boldsymbol{b} = (\boldsymbol{b}_1, \boldsymbol{b}_2, b_3, b_4, \boldsymbol{b}_5, \boldsymbol{b}_6, \boldsymbol{b}_7, b_8, b_9, \boldsymbol{b}_{10}, \boldsymbol{b}_{11}, b_{12}) \tag{2.5.18}$$

其中，$\boldsymbol{b}_1, \boldsymbol{b}_2, \boldsymbol{b}_6, \boldsymbol{b}_7, \boldsymbol{b}_{10}, \boldsymbol{b}_{11} \in \mathbf{R}^3, \boldsymbol{b}_5 \in \mathbf{R}^{3\times 3}$。可以看到 PSD 的参数有 30 个。值得注意的是，这些参数并非完全独立。这是因为还存在另一个在推导过程中未考虑的约束，即方向都是单位矢量。通过考虑这个约束，30 个参数可以减少到 21 个，这类似于 6-变量高斯分布的情况。我们的研究表明，将 $\boldsymbol{\theta}$ 中的参数的解析表达式导出为 $\boldsymbol{b}$ 的函数是非常重要的。在这种情况下，就可以使用最大熵 PSD$f_{\mathrm{MaxEnt}}(\boldsymbol{\psi})$，根据 $\boldsymbol{\theta}$ 中的参数 $\boldsymbol{b}$ 之间的函数关系，计算出 $\boldsymbol{\theta}$ 中的元素。

为了获得 $f_{\mathrm{MaxEnt}}(\boldsymbol{\psi})$ 关于 $\boldsymbol{\theta}$ 的表达式，我们考虑 $f_{\mathrm{MaxEnt}}(\boldsymbol{\psi})$ 高度集中的情况。在这种情况下，熵最大化 PSD 可以用高斯分布对应的 PSD 来近似，其中，$\boldsymbol{\theta}$ 可以作为后者的参数。通过更改参数，我们可以将 $\boldsymbol{b}$ 看作是关于 $\boldsymbol{\theta}$ 的表达式，进而可以获得 $f_{\mathrm{MaxEnt}}(\boldsymbol{\psi})$ 以 $\boldsymbol{\theta}$ 为参数的新表达式。由于这个新表达式同样满足约束条件中的最大熵要求，因此无论功率分布高度集中的条件是否成立，这种以 $\boldsymbol{\theta}$ 为参数的 PSD 都可以认为是适用的。采用能够写成 $\boldsymbol{\theta}$ 表达式的 $f_{\mathrm{MaxEnt}}(\boldsymbol{\psi})$ 的好处是，它允许使用基于最大似然估计方法来直接估计 $\boldsymbol{\theta}$，例如基于来自接收信号的 PSD 的一般形式导出的算法。

4. 分量扩散高度集中时的双向-时延-多普勒频移 PSD

我们考虑双向-时延-多普勒频移 PSD$f_{\mathrm{MaxEnt}}(\boldsymbol{\psi})$ 高度集中的情况。根据 $\boldsymbol{\theta}$ 中的参数的定义，可以证明在高度集中的情况下，$\boldsymbol{\theta}$ 可以用双水平角-双仰俯角-时延-多普勒频移功率分布的重心、扩散和扩散的耦合来近似。其中，矢量

$$\boldsymbol{\omega} \triangleq [\phi_1, \theta_1, \phi_2, \theta_2, \tau, \nu]^{\mathrm{T}} \tag{2.5.19}$$

拥有取值支撑 $\boldsymbol{C} \triangleq (0, 2\pi] \times [-\pi/2, \pi/2] \times (0, 2\pi] \times [-\pi/2, \pi/2] \times R_+ \times R$。双水平角-双仰俯角-时延-多普勒频移 PSD$f(\boldsymbol{\omega})$ 的重心：

$$\boldsymbol{\mu}_{\boldsymbol{\omega}} = [\mu_{\phi_1}, \mu_{\theta_1}, \mu_{\phi_2}, \mu_{\theta_2}, \mu_\tau, \mu_\nu]^{\mathrm{T}} \tag{2.5.20}$$

可以通过下式计算得到：

$$\boldsymbol{\mu}_{\boldsymbol{\omega}}=\int_C \boldsymbol{\omega} f(\boldsymbol{\omega})\mathrm{d}\boldsymbol{\omega} \tag{2.5.21}$$

此外，$f(\boldsymbol{\omega})$在双水平角、双仰俯角、时延和多普勒频移上的扩散计算为

$$\boldsymbol{\sigma}_{\boldsymbol{\omega}}=\begin{bmatrix}\sigma_{\phi_1} & \sigma_{\theta_1} & \sigma_{\phi_2} & \sigma_{\theta_2} & \sigma_{\tau} & \sigma_{\nu}\end{bmatrix}^{\mathrm{T}}=\sqrt{\int_C (\boldsymbol{\omega}-\boldsymbol{\mu}_{\boldsymbol{\omega}})^2 f(\boldsymbol{\omega})\mathrm{d}\boldsymbol{\omega}} \tag{2.5.22}$$

不同维度的扩散之间的耦合系数可通过类比两个线性随机变量的相关系数来定义：

$$\rho_{ab}^2=\int_C (a-\mu_a)(b-\mu_b)f(\boldsymbol{\omega})\mathrm{d}\boldsymbol{\omega} \tag{2.5.23}$$

其中，a 和 b 代表 ϕ_1、θ_1、ϕ_2、θ_2、τ、ν 中的任意一对。为了方便使用符号，我们使用

$$\begin{aligned}\boldsymbol{\eta}=(&\mu_{\phi_1},\mu_{\theta_1},\mu_{\phi_2},\mu_{\theta_2},\mu_{\tau},\mu_{\nu},\sigma_{\phi_1},\sigma_{\theta_1},\sigma_{\phi_2},\sigma_{\theta_2},\sigma_{\tau},\sigma_{\nu},\rho_{\phi_1\phi_2},\rho_{\phi_1\theta_1},\rho_{\phi_1\theta_2},\rho_{\phi_1\tau},\\&\rho_{\phi_1\nu},\rho_{\phi_2\theta_1},\rho_{\phi_2\theta_2},\rho_{\phi_2\tau},\rho_{\phi_2\nu},\rho_{\theta_1\theta_2},\rho_{\theta_1\tau},\rho_{\theta_1\nu},\rho_{\theta_2\tau},\rho_{\theta_2\nu},\rho_{\tau\nu})\end{aligned} \tag{2.5.24}$$

来表示双向-时延-多普勒频移 PSD$f(\boldsymbol{\omega})$的所有参数。

可以证明 $\boldsymbol{\theta}$ 的估计值能够用 $\boldsymbol{\eta}$ 的估计值来计算得出。为了准确估计 $\boldsymbol{\eta}$，我们需要推导出双水平角-双仰俯角-时延-多普勒频移 PSD，其最大熵受限于确定存在且唯一存在的 $\boldsymbol{\eta}$。同样采用拉格朗日乘子法，能够推出该 PSD 可以写为

$$f_{\mathrm{MaxEnt}}(\boldsymbol{\omega})\propto\exp\left[-\frac{1}{2|\boldsymbol{B}|}\sum_{j=1}^{6}\sum_{i=1}^{6}|\boldsymbol{B}|_{jk}\left(\frac{\omega_j-\mu_{\boldsymbol{\omega},j}}{\sigma_{\boldsymbol{\omega},j}}\right)\left(\frac{\omega_k-\mu_{\boldsymbol{\omega},k}}{\sigma_{\boldsymbol{\omega},k}}\right)\right] \tag{2.5.25}$$

其中，$|\boldsymbol{B}|$ 表示 $\boldsymbol{B}$ 的行列式，$|\boldsymbol{B}|_{jk}$ 是 $\boldsymbol{B}_{jk}$ 的代数余子式，B_{jk} 代表第(j,k)项，$\mu_{\boldsymbol{\omega},k}$表示列向量 $\boldsymbol{\mu}_{\boldsymbol{\omega}}$ 的第 k 项，$\sigma_{\boldsymbol{\omega},j}$代表 $\boldsymbol{\sigma}_{\boldsymbol{\omega}}$ 的第 j 项。注意到在计算 $\boldsymbol{\omega}-\boldsymbol{\mu}_{\boldsymbol{\omega}}$ 时，需要考虑角变量之间的减法，例如 $\phi_k-\mu_{\phi_k}$，$\theta_k-\mu_{\theta_k}$ $(k=1,2)$。我们需要定义角度之间的加减，得到的数值在水平角范围内局限在$[-\pi,\pi)$之间，在仰俯角范围内限定在$[-\pi/2,\pi/2)$之间。该原理适用于本节中所有角度之间的操作。此外，矩阵 $\boldsymbol{B}$ 和向量 $\boldsymbol{\mu}_{\boldsymbol{\omega}}$ 具有如下的形式：

$$\boldsymbol{\mu}_{\boldsymbol{\omega}}=\begin{bmatrix}\mu_{\phi_1}\\ \mu_{\theta_1}\\ \mu_{\phi_2}\\ \mu_{\theta_2}\\ \mu_{\tau}\\ \mu_{\nu}\end{bmatrix},\quad \boldsymbol{B}=\begin{bmatrix}1 & \rho_{\phi_1\theta_1} & \rho_{\phi_1\phi_2} & \rho_{\phi_1\theta_2} & \rho_{\phi_1\tau} & \rho_{\phi_1\nu}\\ \rho_{\theta_1\phi_1} & 1 & \rho_{\theta_1\phi_2} & \rho_{\theta_1\theta_2} & \rho_{\theta_1\tau} & \rho_{\theta_1\nu}\\ \rho_{\phi_2\phi_1} & \rho_{\phi_2\theta_1} & 1 & \rho_{\phi_2\theta_2} & \rho_{\phi_2\tau} & \rho_{\phi_2\nu}\\ \rho_{\theta_2\phi_1} & \rho_{\theta_2\theta_1} & \rho_{\theta_2\phi_2} & 1 & \rho_{\theta_2\tau} & \rho_{\theta_2\nu}\\ \rho_{\tau\phi_1} & \rho_{\tau\theta_1} & \rho_{\tau\phi_2} & \rho_{\tau\theta_2} & 1 & \rho_{\tau\nu}\\ \rho_{\nu\phi_1} & \rho_{\nu\theta_1} & \rho_{\nu\phi_2} & \rho_{\nu\theta_2} & \rho_{\nu\tau} & 1\end{bmatrix} \tag{2.5.26}$$

注意到，式(2.5.25)中最大熵双水平角-双仰俯角-时延-多普勒频移 PSD 在 $\boldsymbol{C}$ 支撑下，具有与截断(truncated)高斯概率密度分布相同的形式。严格来说，σ_{ϕ_1}、σ_{θ_1}、σ_{ϕ_2}、σ_{θ_2}、$\rho_{\phi_1\theta_1}$、$\rho_{\phi_1\phi_2}$、$\rho_{\phi_1\theta_2}$、$\rho_{\phi_1\tau}$、$\rho_{\phi_1\nu}$、$\rho_{\theta_1\phi_2}$、$\rho_{\theta_1\theta_2}$、$\rho_{\theta_1\tau}$、$\rho_{\theta_1\nu}$、$\rho_{\phi_2\theta_2}$、$\rho_{\phi_2\tau}$、$\rho_{\phi_2\nu}$、$\rho_{\theta_2\tau}$、$\rho_{\theta_2\nu}$、$\rho_{\tau\nu}$ 的传统意义是作为 6-变量高斯分布的二阶中心矩不再适用于式(2.5.25)，因为角度范围是有界的。但是，当 σ_{ϕ_1}、σ_{θ_1}、σ_{ϕ_2} 和 σ_{θ_2} 很小的时候，这些参数可以很好地逼近这些矩。

根据最大熵理论，在一定约束条件下使熵最大化的概率密度函数是唯一的也是最优的。因为式(2.5.17)中的 $f_{\mathrm{MaxEnt}}(\boldsymbol{\psi})$和式(2.5.25)中的 $f_{\mathrm{MaxEnt}}(\boldsymbol{\omega})$都要使熵受到类似约束而最大化，所以它们之间的近似是合理的：

$$f_{\mathrm{MaxEnt}}(\boldsymbol{\psi})\big|_{\boldsymbol{\psi}=(\boldsymbol{e}(\phi_1,\theta_1),\boldsymbol{e}(\phi_2,\theta_2),\tau,\nu)}\approx f_{\mathrm{MaxEnt}}(\boldsymbol{\omega}) \tag{2.5.27}$$

该近似适用于高度集中的 PSD。后续这个假设被用来推导关于 $\boldsymbol{\theta}$ 和 $\boldsymbol{b}$ 的表达式。

我们首先可以将 $f_{\mathrm{MaxEnt}}(\boldsymbol{\psi})$中的 $\boldsymbol{b}_1$ 和 $\boldsymbol{b}_2$ 重写为如下形式

$$\boldsymbol{b}_i=\boldsymbol{\kappa}_i \mathrm{e}(\bar{\phi}_k,\bar{\theta}_k),\quad k=1,2;\boldsymbol{\kappa}_i=|\boldsymbol{b}_i| \tag{2.5.28}$$

以及在球坐标系中,有

$$\boldsymbol{R}_1\triangleq\boldsymbol{e}_r\cdot 0+\boldsymbol{e}_\theta\cdot(\bar{\theta}_2-\bar{\theta}_1)+\boldsymbol{e}_\phi\cdot(\bar{\phi}_2-\bar{\phi}_1) \tag{2.5.29}$$

$$\boldsymbol{R}_2\triangleq\boldsymbol{e}_r\cdot 0+\boldsymbol{e}_\theta\cdot(\bar{\theta}_1-\bar{\theta}_2)+\boldsymbol{e}_\phi\cdot(\bar{\phi}_1-\bar{\phi}_2) \tag{2.5.30}$$

在式(2.5.17)中插入式(2.5.28)、式(2.5.29)和式(2.5.30),可以得到如下表达式:

$$\begin{aligned}f_{\mathrm{MaxEnt}}(\boldsymbol{\Psi};\boldsymbol{b})=\exp\{&b_0+b_1\cos(\phi_1-\bar{\phi}_1)+b_2\cos(\theta_1-\bar{\theta}_1)+b_3\cos(\phi_2-\bar{\phi}_2)+b_4\cos(\theta_2-\bar{\theta}_2)\\&+b_5(\tau-\bar{\tau})^2+b_6(\nu-\bar{\nu})^2+b_7\cos((\phi_1-\bar{\phi}_1)-(\phi_2-\bar{\phi}_2))\\&+b_8\cos((\theta_1-\bar{\theta}_1)-(\theta_2-\bar{\theta}_2))+b_9\cos((\phi_1-\bar{\phi}_1)-(\theta_2-\bar{\theta}_2))\\&+b_{10}\cos((\theta_1-\bar{\theta}_1)-(\phi_2-\bar{\phi}_2))+b_{11}\cos((\phi_1-\bar{\phi}_1)-(\theta_1-\bar{\theta}_1))\\&+b_{12}\cos((\phi_2-\bar{\phi}_2)-(\theta_2-\bar{\theta}_2))+b_{13}(\tau-\bar{\tau})\sin(\phi_1-\bar{\phi}_1)\\&+b_{14}(\tau-\bar{\tau})\sin(\theta_1-\bar{\theta}_1)+b_{15}(\tau-\bar{\tau})\sin(\phi_2-\bar{\phi}_2)+b_{16}(\tau-\bar{\tau})\sin(\theta_2-\bar{\theta}_2)\\&+b_{17}(\nu-\bar{\nu})\sin(\phi_1-\bar{\phi}_1)+b_{18}(\nu-\bar{\nu})\sin(\theta_1-\bar{\theta}_1)+b_{19}(\nu-\bar{\nu})\sin(\phi_2-\bar{\phi}_2)\\&+b_{20}(\nu-\bar{\nu})\sin(\theta_2-\bar{\theta}_2)+b_{21}(\tau-\bar{\tau})(\nu-\bar{\nu})\}\end{aligned} \tag{2.5.31}$$

在分量 PSD 高度集中的情况下,以下近似关系成立:

$$\cos(\phi_k-\bar{\phi}_k)\approx 1-(\phi_k-\bar{\phi}_k)^2/2 \tag{2.5.32}$$

$$\sin(\phi_k-\bar{\phi}_k)\approx\phi_k-\bar{\phi}_k \tag{2.5.33}$$

$$\cos(\theta_k-\bar{\theta}_k)\approx 1-(\theta_k-\bar{\theta}_k)^2/2 \tag{2.5.34}$$

$$\sin(\theta_k-\bar{\theta}_k)\approx\theta_k-\bar{\theta}_k,\quad k=1,2 \tag{2.5.35}$$

将式(2.5.32)～式(2.5.35)插入式(2.5.25),并且调用假设式(2.5.27),我们可以获得 $\boldsymbol{b}$ 关于元素 $\boldsymbol{\eta}$ 的解析表达式:

$$b_1=\frac{|\boldsymbol{B}|_{11}}{|\boldsymbol{B}|\sigma_{\phi_1}^2}-(b_7+b_9+b_{11}),\quad b_2=\frac{|\boldsymbol{B}|_{22}}{|\boldsymbol{B}|\sigma_{\theta_1}^2}-(b_8+b_{10}+b_{11}),$$

$$b_3=\frac{|\boldsymbol{B}|_{33}}{|\boldsymbol{B}|\sigma_{\phi_2}^2}-(b_7+b_{10}+b_{12}),\quad b_4=\frac{|\boldsymbol{B}|_{44}}{|\boldsymbol{B}|\sigma_{\theta_2}^2}-(b_8+b_9+b_{12}),$$

$$b_5=-\frac{|\boldsymbol{B}|_{55}}{2|\boldsymbol{B}|\sigma_\tau^2},\quad b_6=-\frac{|\boldsymbol{B}|_{66}}{2|\boldsymbol{B}|\sigma_\nu^2},\quad b_7=\frac{-|\boldsymbol{B}|_{13}-|\boldsymbol{B}|_{31}}{2|\boldsymbol{B}|\sigma_{\phi_1}\sigma_{\phi_2}}$$

$$b_8=\frac{-|\boldsymbol{B}|_{24}-|\boldsymbol{B}|_{42}}{2|\boldsymbol{B}|\sigma_{\theta_1}\sigma_{\theta_2}},\quad b_9=\frac{-|\boldsymbol{B}|_{14}-|\boldsymbol{B}|_{41}}{2|\boldsymbol{B}|\sigma_{\phi_1}\sigma_{\theta_2}},\quad b_{10}=\frac{-|\boldsymbol{B}|_{23}-|\boldsymbol{B}|_{32}}{2|\boldsymbol{B}|\sigma_{\theta_1}\sigma_{\phi_2}},$$

$$b_{11}=\frac{-|\boldsymbol{B}|_{12}-|\boldsymbol{B}|_{21}}{2|\boldsymbol{B}|\sigma_{\phi_1}\sigma_{\theta_1}},\quad b_{12}=\frac{-|\boldsymbol{B}|_{34}-|\boldsymbol{B}|_{43}}{2|\boldsymbol{B}|\sigma_{\phi_2}\sigma_{\theta_2}},\quad b_{13}=\frac{-|\boldsymbol{B}|_{15}-|\boldsymbol{B}|_{51}}{2|\boldsymbol{B}|\sigma_{\phi_1}\sigma_\tau},$$

$$b_{14}=\frac{-|\boldsymbol{B}|_{25}-|\boldsymbol{B}|_{52}}{2|\boldsymbol{B}|\sigma_{\theta_1}\sigma_\tau},\quad b_{15}=\frac{-|\boldsymbol{B}|_{35}-|\boldsymbol{B}|_{53}}{2|\boldsymbol{B}|\sigma_{\phi_2}\sigma_\tau},\quad b_{16}=\frac{-|\boldsymbol{B}|_{45}-|\boldsymbol{B}|_{54}}{2|\boldsymbol{B}|\sigma_{\theta_2}\sigma_\tau},$$

$$b_{17}=\frac{-|\boldsymbol{B}|_{16}-|\boldsymbol{B}|_{61}}{2|\boldsymbol{B}|\sigma_{\phi_1}\sigma_\nu},\quad b_{18}=\frac{-|\boldsymbol{B}|_{26}-|\boldsymbol{B}|_{62}}{2|\boldsymbol{B}|\sigma_{\theta_1}\sigma_\nu},\quad b_{19}=\frac{-|\boldsymbol{B}|_{36}-|\boldsymbol{B}|_{63}}{2|\boldsymbol{B}|\sigma_{\phi_2}\sigma_\nu},$$

$$b_{20}=\frac{-|\boldsymbol{B}|_{46}-|\boldsymbol{B}|_{64}}{2|\boldsymbol{B}|\sigma_{\theta_2}\sigma_\nu},\quad b_{21}=\frac{-|\boldsymbol{B}|_{56}-|\boldsymbol{B}|_{65}}{2|\boldsymbol{B}|\sigma_\tau\sigma_\nu}$$

用元素 $\boldsymbol{\eta}$ 替换为 $\boldsymbol{\theta}$ 中的近似值,可以得到 $\boldsymbol{b}$ 和 $\boldsymbol{\theta}$ 之间的映射。使用此映射,式(2.5.31)中的 $f_{\mathrm{MaxEnt}}(\boldsymbol{\psi};\boldsymbol{b})$ 就可以写为 $f_{\mathrm{MaxEnt}}(\boldsymbol{\psi};\boldsymbol{\theta})$。

注意到,在分量 PSD 高度集中的情况下,$f_{\mathrm{MaxEnt}}(\boldsymbol{\psi};\boldsymbol{\theta})$ 中的参数 $\boldsymbol{\theta}$ 代表我们感兴趣、需要估计得到的参数。在分量 PSD 不是高度集中的情况下,尽管表达式 $f_{\mathrm{MaxEnt}}(\boldsymbol{\psi};\boldsymbol{\theta})$

仍然适用，可是当 PSD 的扩散很大时，$\boldsymbol{\theta}$ 的值将不具备所感兴趣参数的准确物理意义。在这种情况下，感兴趣的参数 $\boldsymbol{\theta}$ 必须根据它们的定义，使用 $f_{\text{MaxEnt}}(\boldsymbol{\psi};\boldsymbol{\theta})$ 来进行实际的数值计算，而不是直接靠估计算法得出。

5. MIMO 系统中接收信号的模型

在本节中，我们介绍如何对 MIMO 信道测量中接收到的信号进行通用模型构建，并说明考虑了双向、时延、多普勒频移以及极化中传播信道的扩散特征的假设对接收信号模型特征的影响。

我们所考虑的信道测量设备具有 M_1 个发射天线和 M_2 个接收天线，信道响应中所包含的信道分量在 DoD、DoA、时延、多普勒频移和极化域中扩散。沿用文献[4]中的表示方法，我们使用单位向量 $\boldsymbol{\Omega}$ 来表示方向。矢量的初始点定在感兴趣的天线阵列周围区域中指定的坐标系的原点 O 处。矢量的终点 $\boldsymbol{\Omega}$ 位于以 O 为中心的单位球面 S_2 上。在所考虑的传播场景中，方向由其终点的球坐标 $(\phi,\theta)\in[-\pi,\pi)\times[0,\pi]$ 唯一确定，具体关系可表示为

$$\boldsymbol{\Omega}=[\cos(\phi)\sin(\theta),\sin(\phi)\sin(\theta),\cos(\theta)]^{\mathrm{T}} \tag{2.5.36}$$

其中，角度 ϕ 和 θ 分别指方向的水平角和仰俯角。后文中，$\boldsymbol{\Omega}_i(i=1,2)$ 分别用来表示 DoD 和 DoA。角度 $(\phi_i,\theta_i)(i=1,2)$ 分别代表波离水平角-仰俯角和波达水平角-仰俯角。在所考虑的场景中，传播在双极化(dual-polarization)中是扩散的，即垂直极化和水平极化，也可以理解为 $\pm 45°$ 极化。对于 Tx 和 Rx 之间存在总量为 D 的传播路径的假设下，信道的双向-时延-多普勒频移双极化扩散方程 $\boldsymbol{H}(\boldsymbol{\Omega}_1,\boldsymbol{\Omega}_2,\tau,\nu)$ 可以表示为

$$\boldsymbol{H}(\boldsymbol{\Omega}_1,\boldsymbol{\Omega}_2,\tau,\nu)=\sum_{d=1}^{D}\boldsymbol{H}_d(\boldsymbol{\Omega}_1,\boldsymbol{\Omega}_2,\tau,\nu) \tag{2.5.37}$$

其中，

$$\begin{aligned}\boldsymbol{H}_d(\boldsymbol{\Omega}_1,\boldsymbol{\Omega}_2,\tau,\nu)&=[H_{d,p_1,p_2}(\boldsymbol{\Omega}_1,\boldsymbol{\Omega}_2,\tau,\nu);\{p_1,p_2\}\in[1,2]]\\&=\begin{bmatrix}H_{d,1,1}(\boldsymbol{\Omega}_1,\boldsymbol{\Omega}_2,\tau,\nu) & H_{d,2,1}(\boldsymbol{\Omega}_1,\boldsymbol{\Omega}_2,\tau,\nu)\\ H_{d,1,2}(\boldsymbol{\Omega}_1,\boldsymbol{\Omega}_2,\tau,\nu) & H_{d,2,2}(\boldsymbol{\Omega}_1,\boldsymbol{\Omega}_2,\tau,\nu)\end{bmatrix}\end{aligned} \tag{2.5.38}$$

代表双极化-双向-时延-多普勒频移扩散函数的第 d 个分量。这里的 $p_i(i=1,2)$ 代表极化状态，其中，$p_i=1$ 代表垂直极化，$p_i=2$ 代表水平极化。注意，$p_i=1$ 或 2 也可以代表 $+45°$ 和 $-45°$ 极化方向。所考虑的 $M_1\times M_2$ MIMO 测量仪的输出信号的基带表示可以写为

$$\begin{aligned}\boldsymbol{Y}(t)=&\int_{S_2}\int_{S_2}\int_{-\infty}^{+\infty}\int_{-\infty}^{+\infty}\boldsymbol{C}_2(\boldsymbol{\Omega}_2)\boldsymbol{H}(\boldsymbol{\Omega}_1,\boldsymbol{\Omega}_2,\tau,\nu)\boldsymbol{C}_1(\boldsymbol{\Omega}_1)^{\mathrm{T}}u(t-\tau)\\&\exp\{\mathrm{j}2\pi\nu t\}\mathrm{d}\boldsymbol{\Omega}_1\mathrm{d}\boldsymbol{\Omega}_2\mathrm{d}\tau\mathrm{d}\nu+\boldsymbol{W}(t)\end{aligned} \tag{2.5.39}$$

其中，$\boldsymbol{Y}(t)\in\boldsymbol{C}^{M_2\times M_1}$ 是一个 $M_2\times M_1$ 的复数矩阵，其中，第 (m_2,m_1) 项 $Y_{m_2,m_1}(t)$ 表示的是第 m_1 个 Tx 天线发射时，第 m_2 个 Rx 天线的输出信号。式(2.5.39)中的符号 $\boldsymbol{C}_1(\boldsymbol{\Omega}_1)$ 和 $\boldsymbol{C}_2(\boldsymbol{\Omega}_2)$ 分别表示 Tx 和 Rx 的双极化阵列响应，可以表示为

$$\boldsymbol{C}_i(\boldsymbol{\Omega}_i)=[\boldsymbol{c}_{i,1}(\boldsymbol{\Omega}_1),\boldsymbol{c}_{i,2}(\boldsymbol{\Omega}_1)]\in\boldsymbol{C}^{M_i\times 2},\quad i=1,2 \tag{2.5.40}$$

其中，$\boldsymbol{c}_{i,p_i}(\boldsymbol{\Omega}_i)$，$p_i=1,2$ 表示在垂直极化和水平极化上，或者 $\pm 45°$ 极化上的阵列响应，该响应可以具体写成

$$\boldsymbol{c}_{i,p_i}(\boldsymbol{\Omega}_i)=[c_{i,1,p_i}(\boldsymbol{\Omega}_i),\cdots,c_{i,M_i,p_i}(\boldsymbol{\Omega}_i)]^{\mathrm{T}} \tag{2.5.41}$$

其中，$c_{i,M_i,p_i}(\boldsymbol{\Omega})$ 代表具有极化 p_i 的单个天线的响应。

在式(2.5.39)中，$u(t)$是发射信号的复基带表示，$\boldsymbol{W}(t)\in\boldsymbol{C}^{M_2\times M_1}$是独立同分布圆对称白噪声矩阵，其中，每个矩阵单元的谱高为 N。

将式(2.5.37)代入式(2.5.39)，我们可以将 $\boldsymbol{Y}(t)$重写为

$$\boldsymbol{Y}(t)=\sum_{d=1}^{D}\boldsymbol{S}_d(t)+\boldsymbol{W}(t) \tag{2.5.42}$$

其中，$\boldsymbol{S}_d(t)$为第 d 个分量的贡献，即

$$\boldsymbol{S}_d(t)=\int_{S_2}\int_{S_2}\int_{-\infty}^{+\infty}\int_{-\infty}^{+\infty}\boldsymbol{C}_2(\boldsymbol{\Omega}_2)\boldsymbol{H}_d(\boldsymbol{\Omega}_1,\boldsymbol{\Omega}_2,\tau,\nu)\boldsymbol{C}_1(\boldsymbol{\Omega}_1)^{\mathrm{T}}u(t-\tau)\exp\{\mathrm{j}2\pi\nu t\}\mathrm{d}\boldsymbol{\Omega}_1\mathrm{d}\boldsymbol{\Omega}_2\mathrm{d}\tau\mathrm{d}\nu \tag{2.5.43}$$

6. 扩散方程的性质分析

沿用之前对信道扩散方程基于 WSSUS 以及信道随机性的假设，双极化分量扩散方程 $H_{d,p_1,p_2}(\boldsymbol{\Omega}_1,\boldsymbol{\Omega}_2,\tau,\nu)$，$d\in\{1,\cdots,D\}$是不相关复数(零均值)正交随机测度(orthogonal stochastic measures)，即

$$E[H_{d,p_1,p_2}(\boldsymbol{\Omega}_1,\boldsymbol{\Omega}_2,\tau,\nu)H_{d',p_{1'},p_{2'}}(\boldsymbol{\Omega}_{1'},\boldsymbol{\Omega}_{2'},\tau',\nu')^*]=$$
$$P_{d,p_1,p_2}(\boldsymbol{\Omega}_1,\boldsymbol{\Omega}_2,\tau,\nu)\delta_{dd'}\delta_{p_1p_{1'}}\delta_{p_2p_{2'}}\delta(\boldsymbol{\Omega}_1-\boldsymbol{\Omega}_{1'})\delta(\boldsymbol{\Omega}_2-\boldsymbol{\Omega}_{2'})\delta(\tau-\tau')\delta(\nu-\nu') \tag{2.5.44}$$

其中，$(\cdot)^*$表示复共轭，$\delta_{..}$和 $\delta(\cdot)$分别表示克罗内克符号和狄拉克 δ 函数，$P_{d,p_1,p_2}(\boldsymbol{\Omega}_1,\boldsymbol{\Omega}_2,\tau,\nu)$代表第 d 个分量的功率谱(PS)，其中，Tx 为 p_1 极化，Rx 为 p_2 极化，该功率谱可以计算为

$$P_{d,p_1,p_2}(\boldsymbol{\Omega}_1,\boldsymbol{\Omega}_2,\tau,\nu)=E[|H_{d,p_1,p_2}(\boldsymbol{\Omega}_1,\boldsymbol{\Omega}_2,\tau,\nu)|^2] \tag{2.5.45}$$

我们可以将极化分量功率谱 $P_{d,p_1,p_2}(\boldsymbol{\Omega}_1,\boldsymbol{\Omega}_2,\tau,\nu)$进一步写为

$$P_{d,p_1,p_2}(\boldsymbol{\Omega}_1,\boldsymbol{\Omega}_2,\tau,\nu)=P_{d,p_1,p_2}\cdot f_{d,p_1,p_2}(\boldsymbol{\Omega}_1,\boldsymbol{\Omega}_2,\tau,\nu) \tag{2.5.46}$$

其中，P_{d,p_1,p_2}代表第 d 个(p_1,p_2)极化分量的平均功率，$f_{d,p_1,p_2}(\boldsymbol{\Omega}_1,\boldsymbol{\Omega}_2,\tau,\nu)$代表第 d 个(p_1,p_2)极化分量的(归一化)功率谱密度。

从定义中可以很容易看出

$$E[\boldsymbol{H}_d(\boldsymbol{\Omega}_1,\boldsymbol{\Omega}_2,\tau,\nu)\odot\boldsymbol{H}_{d'}(\boldsymbol{\Omega}_{1'},\boldsymbol{\Omega}_{2'},\tau',\nu')^*]=$$
$$\boldsymbol{P}_d(\boldsymbol{\Omega}_1,\boldsymbol{\Omega}_2,\tau,\nu)\delta_{dd'}\delta(\boldsymbol{\Omega}_1-\boldsymbol{\Omega}_{1'})\delta(\boldsymbol{\Omega}_2-\boldsymbol{\Omega}_{2'})\delta(\tau-\tau')\delta(\nu-\nu') \tag{2.5.47}$$

其中，$\odot$使处于相同位置的向量单元、矩阵阵元之间两两相乘(element-wise product)，$\boldsymbol{P}_d(\boldsymbol{\Omega}_1,\boldsymbol{\Omega}_2,\tau,\nu)$称为双极化分量 PS 矩阵(dual-polarized component PS matrix)：

$$\begin{aligned}\boldsymbol{P}_d(\boldsymbol{\Omega}_1,\boldsymbol{\Omega}_2,\tau,\nu)&=E[\boldsymbol{H}_d(\boldsymbol{\Omega}_1,\boldsymbol{\Omega}_2,\tau,\nu)\odot\boldsymbol{H}_d(\boldsymbol{\Omega}_1,\boldsymbol{\Omega}_2,\tau,\nu)^*]\\&=\begin{bmatrix}P_{d,1,1}(\boldsymbol{\Omega}_1,\boldsymbol{\Omega}_2,\tau,\nu) & P_{d,1,2}(\boldsymbol{\Omega}_1,\boldsymbol{\Omega}_2,\tau,\nu)\\P_{d,2,1}(\boldsymbol{\Omega}_1,\boldsymbol{\Omega}_2,\tau,\nu) & P_{d,2,2}(\boldsymbol{\Omega}_1,\boldsymbol{\Omega}_2,\tau,\nu)\end{bmatrix}\end{aligned} \tag{2.5.48}$$

我们可以进一步将 $\boldsymbol{P}_d(\boldsymbol{\Omega}_1,\boldsymbol{\Omega}_2,\tau,\nu)$重写为

$$\boldsymbol{P}_d(\boldsymbol{\Omega}_1,\boldsymbol{\Omega}_2,\tau,\nu)=\boldsymbol{P}_d\odot\boldsymbol{f}_d(\boldsymbol{\Omega}_1,\boldsymbol{\Omega}_2,\tau,\nu) \tag{2.5.49}$$

其中，

$$\boldsymbol{P}_d=\begin{bmatrix}P_{d,1,1} & P_{d,1,2}\\P_{d,2,1} & P_{d,2,2}\end{bmatrix}\quad 和\quad \boldsymbol{f}_d(\boldsymbol{\Omega}_1,\boldsymbol{\Omega}_2,\tau,\nu)=\begin{bmatrix}f_{d,1,1}(\boldsymbol{\Omega}_1,\boldsymbol{\Omega}_2,\tau,\nu) & f_{d,1,2}(\boldsymbol{\Omega}_1,\boldsymbol{\Omega}_2,\tau,\nu)\\f_{d,2,1}(\boldsymbol{\Omega}_1,\boldsymbol{\Omega}_2,\tau,\nu) & f_{d,2,2}(\boldsymbol{\Omega}_1,\boldsymbol{\Omega}_2,\tau,\nu)\end{bmatrix}$$

分别代表第 d 个分量的平均功率矩阵和双极化 PSD 矩阵(dual-polarized PSD matrix)。

调用式(2.5.37)和式(2.5.44)，我们可以看到信道的双极化扩散函数矩阵 $\boldsymbol{H}(\boldsymbol{\Omega}_1,\boldsymbol{\Omega}_2,\tau,\nu)$同样是一个正交随机测度，即

$$E[\boldsymbol{H}(\boldsymbol{\Omega}_1,\boldsymbol{\Omega}_2,\tau,\nu)\odot\boldsymbol{H}(\boldsymbol{\Omega}_1',\boldsymbol{\Omega}_2',\tau',\nu')]=$$

$$\boldsymbol{P}(\boldsymbol{\Omega}_1,\boldsymbol{\Omega}_2,\tau,\nu)\delta(\boldsymbol{\Omega}_1-\boldsymbol{\Omega}_{1'})\delta(\boldsymbol{\Omega}_2-\boldsymbol{\Omega}_{2'})\delta(\tau-\tau')\delta(\nu-\nu') \tag{2.5.50}$$

其中，$\boldsymbol{P}(\boldsymbol{\Omega}_1,\boldsymbol{\Omega}_2,\tau,\nu)$是所考虑的信道的双极化-双向-时延-多普勒 PS 矩阵：

$$\boldsymbol{P}(\boldsymbol{\Omega}_1,\boldsymbol{\Omega}_2,\tau,\nu)=E[\boldsymbol{H}(\boldsymbol{\Omega}_1,\boldsymbol{\Omega}_2,\tau,\nu)\odot\boldsymbol{H}(\boldsymbol{\Omega}_1,\boldsymbol{\Omega}_2,\tau,\nu)^*]=\sum_{d=1}^{D}\boldsymbol{P}_d(\boldsymbol{\Omega}_1,\boldsymbol{\Omega}_2,\tau,\nu) \tag{2.5.51}$$

我们假设具有不同极化组合的第 d 个分量的功率谱密度是相同的，即

$$f_{d,p_1,p_2}(\boldsymbol{\Omega}_1,\boldsymbol{\Omega}_2,\tau,\nu)=f_d(\boldsymbol{\Omega}_1,\boldsymbol{\Omega}_2,\tau,\nu) \tag{2.5.52}$$

其中，$p_1=1,2$；$p_2=1,2$。在这种假设下，式(2.5.49)可以简化为

$$\boldsymbol{P}_d(\boldsymbol{\Omega}_1,\boldsymbol{\Omega}_2,\tau,\nu)=\boldsymbol{P}_d\cdot f_d(\boldsymbol{\Omega}_1,\boldsymbol{\Omega}_2,\tau,\nu) \tag{2.5.53}$$

从测量数据中提取传播信道的 PS 矩阵 $\boldsymbol{P}(\boldsymbol{\Omega}_1,\boldsymbol{\Omega}_2,\tau,\nu)$，对于了解并研究信道的多维扩散具有重要的意义。提取的方法是使用参数估计方法来估计各个分量的 PS 模型参数。因此，有必要找到合适的通用参数化模型来表示分量 PS。

一个可行的方法是假设式(2.5.53)中的分量 $f_d(\boldsymbol{\Omega}_1,\boldsymbol{\Omega}_2,\tau,\nu)$可以近似为

$$f_d(\boldsymbol{\Omega}_1,\boldsymbol{\Omega}_2,\tau,\nu)\approx f_{\text{MaxEnt}}(\boldsymbol{\Omega}_1,\boldsymbol{\Omega}_2,\tau,\nu;\theta_d) \tag{2.5.54}$$

其中，$\boldsymbol{\theta}_d$ 表示特定分量参数(component-specific parameter)：

$$\begin{aligned}\boldsymbol{\theta}_d\triangleq[&\mu_{\phi_{1,d}},\mu_{\theta_{1,d}},\mu_{\phi_{2,d}},\mu_{\theta_{2,d}},\mu_{\tau_d},\mu_{\nu_d},\sigma_{\phi_{1,d}},\sigma_{\theta_{1,d}},\sigma_{\phi_{2,d}},\sigma_{\theta_{2,d}},\sigma_{\tau_d},\sigma_{\nu_d},\rho_{\phi_1\tau,d},\rho_{\phi_1\theta_1,d},\rho_{\phi_1\phi_2,d},\\&\rho_{\phi_1\theta_2,d},\rho_{\phi_1\tau,d},\rho_{\phi_1\nu,d},\rho_{\theta_1\phi_2,d},\rho_{\theta_1\theta_2,d},\rho_{\theta_1\tau,d},\rho_{\theta_1\nu,d},\rho_{\phi_2\theta_2,d},\rho_{\phi_2\tau,d},\rho_{\phi_2\nu,d},\rho_{\tau\nu,d}]\end{aligned} \tag{2.5.55}$$

在信道响应由 D 个分量组成的场景中，信道总体的功率谱 $\boldsymbol{P}(\boldsymbol{\Omega}_1,\boldsymbol{\Omega}_2,\tau,\nu)$的所有参数可以表示为

$$\boldsymbol{\Theta}=(\boldsymbol{\Theta}_1,\boldsymbol{\Theta}_2,\cdots,\boldsymbol{\Theta}_D) \tag{2.5.56}$$

其中，$\boldsymbol{\Theta}_d=(\boldsymbol{P}_d,\boldsymbol{\theta}_d)$表示分量 d 的参数。使用这种参数化通用模型，$\boldsymbol{P}(\boldsymbol{\Omega}_1,\boldsymbol{\Omega}_2,\tau,\nu)$的估计值就等价于参数 $\boldsymbol{\Theta}$ 的估计值。在本书后面的章节中，我们将对最大似然估计方法加以介绍。

2.6 匙孔信道模型

除了对信道内的分量进行建模，从而形成整体信道的通用模型之外，也可以有效地利用某些信道构成所具有的特殊架构来针对具有同样类型的信道构建通用模型。本节中我们以匙孔传播场景为例，构建考虑了总体结构的信道模型。

在文献[51,52]中引入的匙孔现象揭示了秩(Rank)为 1 的信道的存在，这是MIMO传输最不希望看到的情况。事实上，信道内如果只存在一个路径，那么这也是典型的 Rank-1 信道。此外，当 Tx 和 Rx 之间的传播路径涉及相同的 1 维衍射[53]时，也可以观察到这种效应。匙孔存在的实验证据已在[54]中提出。在此参考文献中，匙孔现象已经推广到导致低阶信道的匙孔场景(pinhole scenario)。匙孔效应在许多场景中都是真实的和可观察的，例如建筑物边缘和角落的衍射、街道峡谷和走廊中的波导，以及屋顶上方的传播。通常，当传播信道可以分解成两个可分离的子信道时，会发生匙孔和匙孔效应，此外，连接两个子信道的传播具有较小的自由度。这种情况的典型例子是室外到室内通过窗户传播，以及通过走廊或隧道连接的两个环境的传播。匙孔效应还可用于描述中继(relay)网络(包含智能反射面)中的信号传播，其中，中继器(包含智能反射面)或中继站从环境中接收信号并将信号发送到另一个隔离区域。图 2-7 说明了

可以形成匙孔信道的两个传播环境示例。

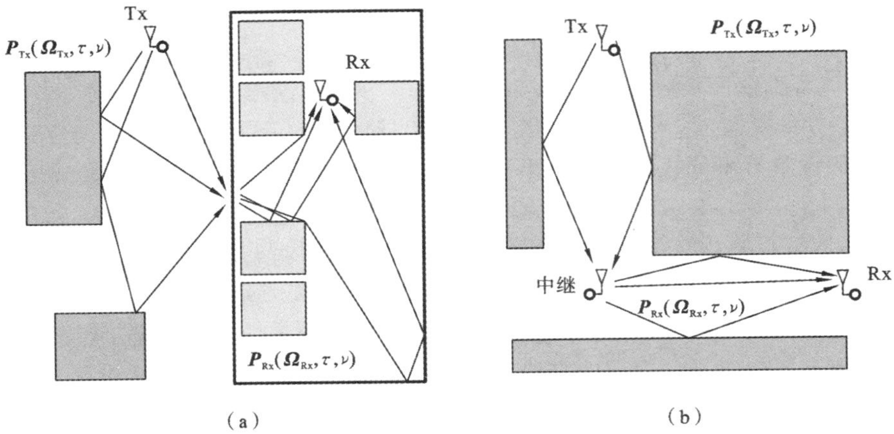

图 2-7　两个表现出匙孔效应的传播环境示例。(a) **室外到室内**;(b) **中继拓扑**

传统的匙孔建模侧重于匙孔对信道矩阵统计的影响。文献[55]使用 MIMO 相关衰落信道描述了匙孔信道。匙孔信道传输矩阵中的每个阵元都可以建模为独立同分布的双-瑞利分布(double-Rayleigh distribution)。在文献[56]中,作者分析了匙孔和多匙孔信道(multi-keyhole channel)矩阵的特征值分布。在文献[57]中,研究者推导了相关匙孔MIMO信道的中断容量的分布形式。这些模型可用于研究匙孔信道的影响。但是,它们不足以描述宽带匙孔信道(wideband keyhole channel)的时空频率特征。

在本节中,我们提出一种通用模型,用来表示匙孔传播信道在时延、DoD、DoA 和多普勒频移中的扩散。我们给出匙孔信道的边缘扩散行为(marginal dispersive behavior)及其传递矩阵和相关矩阵的解析表达式。这些结果清晰地展示了匙孔信道内的传播机制和特征。本节通过使用宽带 MIMO 信道测量设备收集到的测量数据,验证了实际存在的匙孔效应,并评估了所提出的模型的适用性。在未来的无线通信系统中,基于中继的拓扑结构应用广泛,针对匙孔场景中的波传播研究对于系统算法设计和网络建设具有重要意义。

1. 匙孔场景中信道扩散方程的通用模型

让我们考虑如图 2-8 所示的场景。$h_{Tx}(\boldsymbol{\Omega}_{Tx},\tau,\nu)$和$h_{Rx}(\boldsymbol{\Omega}_{Rx},\tau,\nu)$分别表示 Tx 和匙孔之间的信道以及匙孔和 Rx 之间的信道的扩散函数。这里,$\boldsymbol{\Omega}_{Tx}$和$\boldsymbol{\Omega}_{Rx}$分别代表 DoD 和 DoA,τ是时延,ν表示多普勒频移。我们假设扩散函数$h_{Tx}(\boldsymbol{\Omega}_{Tx},\tau,\nu)$和$h_{Rx}(\boldsymbol{\Omega}_{Rx},\tau,\nu)$是两个正交随机测度(OSM),则

$$E[h_{Tx}(\boldsymbol{\Omega}_{Tx},\tau,\nu)h_{Rx}(\boldsymbol{\Omega}_{Rx},\tau,\nu)^*]=0 \tag{2.6.1}$$

我们用$h(\boldsymbol{\Omega}_{Tx},\boldsymbol{\Omega}_{Rx},\tau,\nu)$表示 Tx 和 Rx 之间传播信道的扩散函数。针对$h(\boldsymbol{\Omega}_{Tx},\boldsymbol{\Omega}_{Rx},\tau,\nu)$提出的关于$h_{Tx}(\boldsymbol{\Omega}_{Tx},\tau,\nu)$和$h_{Rx}(\boldsymbol{\Omega}_{Rx},\tau,\nu)$的模型可以写为式(2.6.2)的形式:

$$h(\boldsymbol{\Omega}_{Tx},\boldsymbol{\Omega}_{Rx},\tau,\nu)=\alpha_k\cdot h_{Tx}(\boldsymbol{\Omega}_{Tx},\tau,\nu)*h_{Rx}(\boldsymbol{\Omega}_{Rx},\tau,\nu) \tag{2.6.2}$$

其中,α_k表示由匙孔的散射效应引起的复衰减,$*$代表卷积运算。由于 Tx 和匙孔之间的信道以及匙孔和 Rx 之间的信道是独立的,因此使用了卷积的操作。下面将会讨论

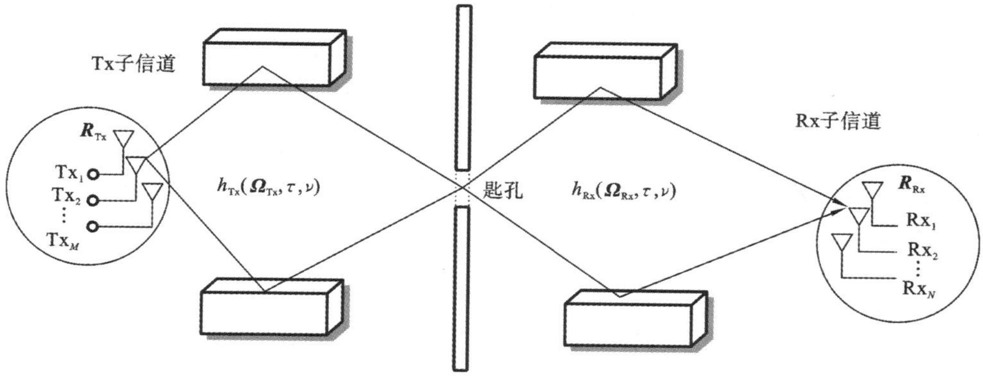

图 2-8 匙孔两侧的子信道联合构成了收发端之间的匙孔传播信道

匙孔信道在时延、多普勒频移、DoA、DoD 中的边缘及条件扩散行为的表达式。

2. 时延扩散函数

匙孔信道的时延扩散函数 $h(\tau)$ 可以由双向-时延-多普勒频移扩散函数 $h(\boldsymbol{\Omega}_{Tx},\boldsymbol{\Omega}_{Rx},\tau,\nu)$ 计算得出：

$$h(\tau)=\int_{-\infty}^{+\infty}\int_{S_2}\int_{S_2}h(\boldsymbol{\Omega}_{Tx},\boldsymbol{\Omega}_{Rx},\tau,\nu)\mathrm{d}\boldsymbol{\Omega}_{Tx}\mathrm{d}\boldsymbol{\Omega}_{Rx}\mathrm{d}\nu \tag{2.6.3}$$

可以证明式(2.6.3)可以表示为

$$h(\tau)=\alpha_k\cdot h_{Tx}(\tau)*h_{Rx}(\tau) \tag{2.6.4}$$

其中，

$$h_{Tx}(\tau)=\int_{-\infty}^{+\infty}\int_{S_2}h_{Tx}(\boldsymbol{\Omega}_{Tx},\tau,\nu)\mathrm{d}\boldsymbol{\Omega}_{Tx}\mathrm{d}\nu \tag{2.6.5}$$

$$h_{Rx}(\tau)=\int_{-\infty}^{+\infty}\int_{S_2}h_{Rx}(\boldsymbol{\Omega}_{Rx},\tau,\nu)\mathrm{d}\boldsymbol{\Omega}_{Rx}\mathrm{d}\nu \tag{2.6.6}$$

分别是 Tx 子信道和 Rx 子信道的时延扩散函数。

3. 多普勒频移扩散函数

类似于 $h(\tau)$，匙孔信道的多普勒频移扩散函数 $h(\nu)$ 可由 $h(\boldsymbol{\Omega}_{Tx},\boldsymbol{\Omega}_{Rx},\tau,\nu)$ 计算得出：

$$h(\nu)=\int_{-\infty}^{+\infty}\int_{S_2}\int_{S_2}h(\boldsymbol{\Omega}_{Tx},\boldsymbol{\Omega}_{Rx},\tau,\nu)\mathrm{d}\boldsymbol{\Omega}_{Tx}\mathrm{d}\boldsymbol{\Omega}_{Rx}\mathrm{d}\tau=\alpha_k\cdot h_{Tx}(\nu)*h_{Rx}(\nu) \tag{2.6.7}$$

其中，

$$h_{Tx}(\nu)=\int_{0}^{+\infty}\int_{S_2}h_{Tx}(\boldsymbol{\Omega}_{Tx},\tau,\nu)\mathrm{d}\boldsymbol{\Omega}_{Tx}\mathrm{d}\tau \tag{2.6.8}$$

$$h_{Rx}(\nu)=\int_{0}^{+\infty}\int_{S_2}h_{Rx}(\boldsymbol{\Omega}_{Rx},\tau,\nu)\mathrm{d}\boldsymbol{\Omega}_{Rx}\mathrm{d}\tau \tag{2.6.9}$$

分别是 Tx 子信道和 Rx 子信道的多普勒频移扩散函数。

4. 双向扩散函数

匙孔信道的双向扩散函数 $h(\boldsymbol{\Omega}_{Tx},\boldsymbol{\Omega}_{Rx})$ 可以计算为

$$h(\boldsymbol{\Omega}_{Tx},\boldsymbol{\Omega}_{Rx})=\int_{-\infty}^{+\infty}\int_{-\infty}^{+\infty}h(\boldsymbol{\Omega}_{Tx},\boldsymbol{\Omega}_{Rx},\tau,\nu)\mathrm{d}\tau\mathrm{d}\nu \tag{2.6.10}$$

将式(2.6.2)代入式(2.6.10)可以得到

$$h(\boldsymbol{\Omega}_{\mathrm{Tx}},\boldsymbol{\Omega}_{\mathrm{Rx}})=h_{\mathrm{Tx}}(\boldsymbol{\Omega}_{\mathrm{Tx}})\cdot\alpha_{\mathrm{k}}\cdot h_{\mathrm{Rx}}(\boldsymbol{\Omega}_{\mathrm{Rx}}) \tag{2.6.11}$$

其中，

$$h_a(\boldsymbol{\Omega}_a)=\int_{-\infty}^{+\infty}\int_0^{+\infty}h_a(\boldsymbol{\Omega}_a,\tau,\nu)\mathrm{d}\tau\mathrm{d}\nu \tag{2.6.12}$$

将 a 替换为 Tx 和 Rx，分别代表 Tx 子信道的 DoD 扩散方程（DoD spread function）和 Rx 子信道的 DoA 扩散方程（DoA spread function）。在指定 DoD 的条件下，也就是说 $\boldsymbol{\Omega}_{\mathrm{Tx}}=\boldsymbol{\Omega}_{\mathrm{Tx}'}$ 时，匙孔信道的 DoA 扩散方程可以计算为

$$h(\boldsymbol{\Omega}_{\mathrm{Tx}},\boldsymbol{\Omega}_{\mathrm{Rx}};\boldsymbol{\Omega}_{\mathrm{Tx}}=\boldsymbol{\Omega}_{\mathrm{Tx}'})=\alpha_{\mathrm{k}}\cdot\alpha_{\boldsymbol{\Omega}_{\mathrm{Tx}'}}\cdot h_{\mathrm{Rx}}(\boldsymbol{\Omega}_{\mathrm{Rx}}) \tag{2.6.13}$$

其中，

$$\alpha_{\boldsymbol{\Omega}_{\mathrm{Tx}'}}=\int_{-\infty}^{+\infty}\int_0^{+\infty}h_{\mathrm{Tx}}(\boldsymbol{\Omega}_{\mathrm{Tx}},\tau,\nu;\boldsymbol{\Omega}_{\mathrm{Tx}}=\boldsymbol{\Omega}_{\mathrm{Tx}'})\mathrm{d}\tau\mathrm{d}\nu \tag{2.6.14}$$

从式(2.6.13)和式(2.6.14)中可以看到，具有特定 DoD 的匙孔信道中的路径在 DoA 中表现出相同的扩散特征。

5. DoD/DoA 扩散方程

匙孔信道的边缘 DoD 扩散方程 $h_{\mathrm{Tx}}(\boldsymbol{\Omega}_{\mathrm{Tx}})$ 和匙孔信道的边缘 DoA 扩散方程 $h_{\mathrm{Tx}}(\boldsymbol{\Omega}_{\mathrm{Rx}})$ 分别为

$$h_{\mathrm{Tx}}(\boldsymbol{\Omega}_{\mathrm{Tx}})=\alpha_{\mathrm{k}}\cdot\alpha_{\mathrm{Rx}}\cdot h_{\mathrm{Tx}}(\boldsymbol{\Omega}_{\mathrm{Tx}}) \tag{2.6.15}$$

$$h_{\mathrm{Tx}}(\boldsymbol{\Omega}_{\mathrm{Rx}})=\alpha_{\mathrm{k}}\cdot\alpha_{\mathrm{Tx}}\cdot h_{\mathrm{Rx}}(\boldsymbol{\Omega}_{\mathrm{Rx}}) \tag{2.6.16}$$

其中，

$$\alpha_a=\int_{S_2}\int_{-\infty}^{+\infty}\int_0^{+\infty}h_a(\boldsymbol{\Omega}_a,\tau,\nu)\mathrm{d}\tau\mathrm{d}\nu\mathrm{d}\boldsymbol{\Omega}_a \tag{2.6.17}$$

其中，a 可以替换为 Tx 或 Rx。

6. 匙孔信道的传递矩阵和相关矩阵

可以证明，MIMO 无线电信道的传递矩阵 $\boldsymbol{H}$ 可以计算为

$$\boldsymbol{H}=\int_{-\infty}^{+\infty}\int_0^{+\infty}\int_{S_2}\int_{S_2}c_2(\boldsymbol{\Omega}_{\mathrm{Rx}})c_1(\boldsymbol{\Omega}_{\mathrm{Tx}})^{\mathrm{T}}r(\tau,\nu)*h(\boldsymbol{\Omega}_{\mathrm{Tx}},\boldsymbol{\Omega}_{\mathrm{Rx}},\tau,\nu)\mathrm{d}\boldsymbol{\Omega}_{\mathrm{Tx}}\mathrm{d}\boldsymbol{\Omega}_{\mathrm{Rx}}\mathrm{d}\tau\mathrm{d}\nu \tag{2.6.18}$$

其中，$c_1(\cdot)$ 和 $c_2(\cdot)$ 分别表示 Tx 和 Rx 天线阵列的响应，

$$r(\tau,\nu)=\int_{-\infty}^{+\infty}s(t)s(t-\tau)\exp\{-\mathrm{j}2\pi\nu t\}\mathrm{d}t \tag{2.6.19}$$

代表发射信号 $s(t)$ 相对时延和多普勒频移的自相关函数。我们用 $\boldsymbol{h}=\mathrm{vec}(\boldsymbol{H})$ 表示包含 $\boldsymbol{H}$ 项的向量。容易证明

$$\boldsymbol{h}=\int_{-\infty}^{+\infty}\int_0^{+\infty}\int_{S_2}\int_{S_2}c_2(\boldsymbol{\Omega}_{\mathrm{Rx}})\otimes c_1(\boldsymbol{\Omega}_{\mathrm{Tx}})r(\tau,\nu)*h(\boldsymbol{\Omega}_{\mathrm{Tx}},\boldsymbol{\Omega}_{\mathrm{Rx}},\tau,\nu)\mathrm{d}\boldsymbol{\Omega}_{\mathrm{Tx}}\mathrm{d}\boldsymbol{\Omega}_{\mathrm{Rx}}\mathrm{d}\tau\mathrm{d}\nu \tag{2.6.20}$$

其中，$\otimes$ 代表克罗内克积运算。$\boldsymbol{h}$ 的相关矩阵 $\Sigma_{\boldsymbol{h}}$ 可以计算为

$$\Sigma_{\boldsymbol{h}}=E[\boldsymbol{h}\boldsymbol{h}^{\mathrm{T}}]=\int_{-\infty}^{+\infty}\int_0^{+\infty}\int_{S_2}\int_{S_2}[c_2(\boldsymbol{\Omega}_{\mathrm{Rx}})c_2(\boldsymbol{\Omega}_{\mathrm{Rx}})^{\boldsymbol{H}}]\otimes[c_1(\boldsymbol{\Omega}_{\mathrm{Tx}})c_1(\boldsymbol{\Omega}_{\mathrm{Tx}})^{\boldsymbol{H}}]\cdot$$
$$[r(\tau,\nu)*r^*(\tau,\nu)]*P(\boldsymbol{\Omega}_{\mathrm{Tx}},\boldsymbol{\Omega}_{\mathrm{Rx}},\tau,\nu)\mathrm{d}\boldsymbol{\Omega}_{\mathrm{Tx}}\mathrm{d}\boldsymbol{\Omega}_{\mathrm{Rx}}\mathrm{d}\tau\mathrm{d}\nu \tag{2.6.21}$$

其中，

$$P(\boldsymbol{\Omega}_{\mathrm{Tx}},\boldsymbol{\Omega}_{\mathrm{Rx}},\tau,\nu)=E[h(\boldsymbol{\Omega}_{\mathrm{Tx}},\boldsymbol{\Omega}_{\mathrm{Rx}},\tau,\nu)h^*(\boldsymbol{\Omega}_{\mathrm{Tx}},\boldsymbol{\Omega}_{\mathrm{Rx}},\tau,\nu)] \tag{2.6.22}$$

表示匙孔信道的功率谱。应用 Tx 子信道和 Rx 子信道的扩散方程是随机正交测度的假设，可得

$$E[h_{\mathrm{Tx}}(\boldsymbol{\Omega}_{\mathrm{Tx}},\tau,\nu)h_{\mathrm{Rx}}(\boldsymbol{\Omega}_{\mathrm{Rx}},\tau,\nu)^{*}]=0 \tag{2.6.23}$$

可以推出双向-时延-多普勒频移功率谱为

$$\boldsymbol{P}(\boldsymbol{\Omega}_{\mathrm{Tx}},\boldsymbol{\Omega}_{\mathrm{Rx}},\tau,\nu)=\boldsymbol{P}_{\mathrm{Tx}}(\boldsymbol{\Omega}_{\mathrm{Tx}},\tau,\nu)*\boldsymbol{P}_{\mathrm{Rx}}(\boldsymbol{\Omega}_{\mathrm{Rx}},\tau,\nu) \tag{2.6.24}$$

其中，$\boldsymbol{P}_a(\boldsymbol{\Omega}_a,\tau,\nu)=E[h_a(\boldsymbol{\Omega}_a,\tau,\nu)h_a^{*}(\boldsymbol{\Omega}_a,\tau,\nu)]$，$a$ 可以替换为 Tx 或 Rx，分别代表 Tx 子信道和 Rx 子信道的功率谱。由式(2.6.24)可见，在匙孔传播场景中，可以通过两个可分离的收发侧的子信道功率谱的卷积，计算出匙孔传播信道的整体双向-时延-多普勒频移功率谱。

在文献[58]中，研究者通过测量数据评估了所提出的匙孔信道的通用模型。结果表明，从测量值中观察到的信道特征与使用通用模型预测的一致。

2.7 小结

在本章中，我们采用参数化方式对信道构成模型进行了详细的介绍。这些模型被称为先验模型，其中包含的参数需要通过对实际测量数据进行分析获得。先验模型的合理性、准确性，决定了信道参数估计是否能够代表一个真实的信道。我们首先针对信道在不同参数域的扩散函数进行了描述，随后对镜面反射作用下得到的单一无扩散路径在方向、时延、多普勒以及极化域的参数化表征进行了模型构建，并且利用信道的参数化形式，明确了接收信号的数学表达。在镜面反射可分辨多径的基础上，我们探讨了扩散路径的信号模型，即该路径并非单一路径，而是由参数相近、较为集中的不可分辨多径叠加而成的。此外，区别于静态场景下的多径信道模型，本章对时变情况下的信道，给出了时间演变信道以及信号先验模型。这些模型的提出为研究随着观测时间、观测地点不同而发生改变的信道提供了具有合理架构的通用模型依据。除上述确定性参数描述的模型以外，本章针对信道的二阶统计特征，对多维功率谱信道先验模型进行了介绍。该部分内容可以认为是单径、扩散径的扩展，更加明确了如何从瞬时的确定性和长期的统计性两个方面建立先验参数化模型。除了对构成信道的单个分量进行模型构建之外，我们也尝试对信道多径可能符合的总体分布形态进行了研究探讨。我们以MIMO信道中的匙孔信道为例，分析了接收端所观测到的多径可能存在的整体分布方式，并探讨了能够描述整体分布的传播信道模型。利用这些具有宏观特征的参数化模型，我们不仅可以在单径层面描述每个信道的内分量，也可以从它们之间可能存在的相关性、它们之间内在的联系，乃至传播中的顺序特征等总体架构角度给出宏观的信道描述。这一扩展能够支撑通过不同层面的嵌入、组合，构建出复杂信道特征先验描述的思路，从而为更准确地挖掘信道特征、提高信道参数估计的准确性提供更多的改进算法。

2.8 习题

(1) 通用信道模型通常采用什么样的形式？这样的模型和信道的统计模型相比有哪些差异？

(2) 通用信道模型可以从哪些角度来刻画信道？

(3) 什么是信道的双向-时延-多普勒扩散函数？请写出镜面反射表示信道内多径分量时的双向-时延-多普勒扩散函数的具体形式，以及采用 MIMO 系统接收到的信号的通用模型，解释函数与模型中各参数的具体含义。

(4) 当双向-时延-多普勒扩散函数符合正交随机测度特征时，该函数具有什么样的统计特征？

(5) 什么是时分复用测量技术？在 MIMO 信道测量中，TDM 技术的具体实现方式是怎样的？

(6) TDM 测量技术中，若发射端与接收端采用射频开关来连接，收发前端通常可以用窗口文件来描述开关的状态，请尝试写出在一个 8×10 的 MIMO 系统中，每对收发天线之间的信道(称为 Subchannel，子信道)测量时间为 10 ms，Subchannel 之间的测量间隔为 2 ms，每对收发天线同时工作，即保护时间为 0 ms，测量共有 20 个周期的收发开关的窗口函数。

(7) 请写出在考虑时延、多普勒频移的情况下，不含有 TDM 窗口方程时的 SISO 接收端输出信号的表达式。

(8) 请写出在 SIMO 系统情况下，考虑波达方向、时延、多普勒频移和单极化情况下，不含有 TDM 窗口方程时的接收端输出信号的表达式。

(9) 请写出在 SIMO 系统情况下，考虑波达方向、时延、多普勒频移和单极化情况下，含有 TDM 窗口方程时的接收端输出信号的表达式。

(10) 请写出在考虑双向、时延、多普勒频移和收发端均为单极化的情况下，不含有 TDM 窗口方程时的 MIMO 接收端输出信号的表达式。

(11) 请写出在考虑双向、时延、多普勒频移和发端单极化、收端双极化的情况下，不含有 TDM 窗口方程时的 MIMO 接收端输出信号的表达式。

(12) 请写出在考虑双向、时延、多普勒频移和发端单极化、收端双极化的情况下，含有 TDM 窗口方程时的 MIMO 接收端输出信号的表达式。

(13) 请写出在考虑双向、时延、多普勒频移和收发端均为双极化的情况下，含有 TDM 窗口方程时的 MIMO 接收端输出信号的表达式。

(14) 请采用泰勒展开对扩散路径建立近似模型。

(15) 现考虑对时延域具有相对集中的扩散的信道分量，利用泰勒展开建立近似通用模型，请写出推导过程并简要解释其物理含义。

(16) 现考虑对时延域和多普勒频移域具有相对集中的扩散的信道分量，利用两个维度的泰勒展开建立近似通用模型，请写出推导过程并简要解释其物理含义。

(17) 已有的针对具有一定扩散特征的路径进行参数估计的研究方法有哪些？它们大致可以分为哪些类别？请举出典型的例子。

(18) 为什么要用时变信道设计具有时变特征的信道通用模型？对时变信道采用单个 WSS 快拍进行估计，将估计结果进行快拍之间关联，这样做的优缺点都有哪些？

(19) 请简述用时延和多普勒频移的时间变化率作为模型参数的情况下，该如何进行通用模型的构建。

(20) 为什么要对信道的功率谱进行通用模型构建？这和确定性的信道通用模型有什么不同？

(21) 实际环境中的信道分量的功率谱密度形式是不规则的且千差万别的，我们采用何种方式才能降低对每个分量的功率谱密度进行通用模型构建的复杂度?

(22) 什么是最大熵原则?为什么说用由最大熵推导出的功率谱密度进行参数估计能够获得最大的信息量,且是最安全的?这样的说法在什么样的假设前提下成立?

(23) 本章在推导信道分量的功率谱密度通用模型时,基于最大熵分布的唯一性,考虑在扩散较为集中时,分布可以被截断高斯分布所近似。请简述这个方法的合理性,以及推导出的功率谱密度具有何种优势,以及其适用性有何局限。

(24) 什么是匙孔信道?匙孔信道的特点是什么?为什么说匙孔信道对 MIMO 系统而言是最不理想的传播场景?

(25) 匙孔信道在现实环境中是否存在?什么样的传输场景中可能存在匙孔信道?

(26) 匙孔信道有发射端侧子信道和接收端侧子信道。请给出仅仅考虑时延时,匙孔信道的总响应与子信道响应之间的关系,并解释为什么存在这样的关系。

(27) 请写出在考虑时延与多普勒频移时,匙孔信道的总响应与子信道响应之间的关系并加以解释。

(28) 请写出匙孔信道的双向扩散函数与子信道方向域扩散函数之间的关系并加以解释。

(29) 请写出匙孔信道的双向-时延-多普勒频移功率谱与子信道的双向-时延-多普勒频移功率谱之间的关系,并解释其合理性。

参考文献

[1] J. Medbo, H. Asplund, J. E. Berg. Directional channel characteristics in elevation and azimuth at an urban macrocell base station[C]. Prague: IEEE, 2012.

[2] W. C. Jakes. Microwave mobile communications[M]. Hoboken, NJ, USA: Wiley-IEEE Press, 1994.

[3] P. Bello. Characterization of randomly time-invariant linear channels[J]. IEEE Transactions on Communication Systems, 1964, 11(4): 360-393.

[4] B. H. Fleury. First- and second-order characterization of direction dispersion and space selectivity in the radio channel[J]. IEEE Transactions on Information Theory, 2000, 46(6): 2027-2044.

[5] I. I. Gikhman, A. V. Skorokhod. The theory of stochastic processes[M]. Berlin: Springer, 1974.

[6] M. S. Babtlett. Smoothing periodograms from time-series with continuous spectra [J]. Nature, 1948, 161(4096): 686-687.

[7] Y. Deng, A. Burr, G. White. Performance of MIMO systems with combined polarization multiplexing and transmit diversity[C]. Stockholm: IEEE, 2005.

[8] P. Kyritsi, D. C. Cox. Effect of element polarization on the capacity of a MIMO system[C]. Orlando: IEEE, 2002.

[9] K. I. Pedersen, P. E. Mogensen. Simulation of dual-polarized propagation environment for adaptive antennas[C]. Amsterdam: IEEE, 1999.

[10] R. G. Vaughan. Polarization diversity in mobile communications[J]. IEEE Trans-

actions on Vehicular Technology,1990,39(3):177-186.

[11] X. F. Yin,B. H. Fleury, P. Jourdan. Polarization estimation of individual propagation paths using the SAGE algorithm[C]. Beijing:IEEE,2003.

[12] G. Acosta-Marum,B. T. Walkenhorst, R. J. Baxley. An empirical doubly-selective dual-polarization vehicular MIMO channel model[C]. Taipei:IEEE,2010.

[13] J. Hamalainen,R. Wichman, J. P. Nuutinen. Analysis and measurements for indoor polarization MIMO in 5.25 GHz band[C]. Stockholm:IEEE,2005.

[14] S. C. Kwon, G. L. Stüber. 3-D geometry-based statistical modeling of cross-polarization discrimination in wireless communication channels [C]. Taipei: IEEE,2010.

[15] V. Degli-Esposti,V. M. Kolmonen, E. Vitucci. Analysis and ray tracing modelling of co- and cross-polarization radio propagation in urban environment[C]. Edinburgh:IEEE,2007.

[16] A. Stucki. Propsound system specifications document:concept and specifications [R]. Elektrobit AG,Switzerland:2001.

[17] P. Almers,S. Wyne, F. Tufvesson. Effect of random walk phase noise on MIMO measurements[C]. Stockholm:IEEE,2005.

[18] M. D. Kim,J. J. Park, H. K. Chung. Cross-correlation characteristics of multi-link channel based on channel measurements at 3.7 GHz [C]. PyeongChang: IEEE,2012.

[19] J. J. Park,M. D. Kim, H. K. Kwon. Measurement-based stochastic cross-correlation models of a multilink channel in cooperative communication environments [J]. Etri Journal,2012,34(6):858-868.

[20] X. F. Yin,J. Y. Liang, J. J. Chen. Empirical models of cross-correlation for small-scale fading in co-existing channels[C]. Jeju Island:IEEE,2012.

[21] X. F. Yin,J. Y. Liang,Y. Y. Fu. Measurement-based stochastic modeling for co-existing propagation channels in cooperative relay scenarios [C]. Berlin: IEEE,2012.

[22] X. F. Yin,J. Y. Liang, Y. Y. Fu. Measurement-based stochastic models for the cross-correlation of multi-link small-scale fading in cooperative relay environments[C]. Prague:IEEE,2012.

[23] B. H. Fleury,P. Jourdan, A. Stucki. High-resolution channel parameter estimation for MIMO applications using the SAGE algorithm [C]. Switzerland: IEEE,2002.

[24] C. M. Tan,M. A. Beach, A. R. Nix. Enhanced-SAGE algorithm for use in distributed-source environments[J]. Electronics Letters,2003,39(8):697-698.

[25] M. Bengtsson,B. Ottersten. Low-complexity estimators for distributed sources [J]. IEEE Transactions on Signal Processing,2002,48(8):2185-2194.

[26] S Valaee, B Champagne. Parametric localization of distributed sources[J]. IEEE Trans Signal Process,1995,43(9):2144-2153.

[27] Y. Meng, P. Stoica, K. M. Wong. Estimation of direction of arrival of spatially dispersed signals in array processing [J]. IEEE Proceedings Radar Sonar & Navigation, 1996, 143(1): 1-9.

[28] T Trump, B Ottersten. Estimation of nominal direction of arrival and angular spread using an array of sensors[J]. Signal Processing, 1996, 50(1-2): 57-69.

[29] N. Czink, R. Tian, S. Wyne. Tracking time-variant cluster parameters in MIMO channel measurements[C]. Edinburgh: IEEE, 2007.

[30] M. R. J. A. E. Kwakkernaat, M. H. A. J. Herben. Analysis of clustered multipath estimates in physically nonstationary radio channels[C]. Athens: IEEE, 2007.

[31] P. J. Chung, J. F. Bohme. Recursive EM and SAGE-inspired algorithms with application to DOA estimation[J]. IEEE Transactions on Signal Processing, 2005, 53(8): 2664-2677.

[32] A. Richter, J. Salmi, V. Koivunen. An algorithm for estimation and tracking of distributed diffuse scattering in mobile radio channels[C]. Cannes: IEEE, 2006.

[33] J. Salmi, A. Richter, V. Koivunen. Enhanced tracking of radio propagation path parameters using state-space modeling[C]. Aalborg: IEEE, 2010.

[34] X. F. Yin, T Pedersen, G Steinbock. Tracking of the multi-dimensional parameters of a target signal using particle filtering[C]. Rome: IEEE, 2008.

[35] X. F. Yin, G. Steinbock, G. E. Kirkelund. Tracking of time-variant radio propagation paths using particle filtering[C]. Beijing: IEEE, 2008.

[36] T. Betlehem, T. D. Abhayapala, T. A. Lamahewa. Space-time MIMO channel modelling using angular power distributions[C]. Perth: IEEE, 2006.

[37] J. Medbo, M. Riback, J. E. Berg. Validation of 3GPP spatial channel model including WINNER wideband extension using measurements [C]. Montreal: IEEE, 2006.

[38] M. Bengtsson, B. Volcker. On the estimation of azimuth distributions and azimuth spectra[C]. Atlantic: IEEE, 2001.

[39] O. Besson, P. Stoica. Decoupled estimation of DOA and angular spread for spatially distributed sources[J]. IEEE Transactions on Signal Processing, 2000, 48(7): 1872-1882.

[40] C. B. Ribeiro, E. Ollila, V. Koivunen. Stochastic maximum likelihood method for propagation parameter estimation[C]. Barcelona: IEEE, 2004.

[41] C. E. Shannon. A mathematical theory of communication[J]. The Bell System Technical Journal, 1948, 27(3): 379-423.

[42] K. V. Mardia. Statistics of directional data[J]. Journal of the Royal Statistical Society, 1975, 37(3): 349-371.

[43] E. T. Jaynes, G. L. Bretthorst. Probability theory: introduction to communication theory[M]. Cambridge: Cambridge University Press, 2003.

[44] X. F. Yin, T. Pedersen, N. Czink. Parametric characterization and estimation of bi-azimuth dispersion path components[C]. Nice: IEEE, 2006.

[45] X. F. Yin, L. F. Liu, D. K. Nielsen. A SAGE algorithm for estimation of the direction power spectrum of individual path components [C]. Washington: IEEE, 2007.

[46] X. F. Yin, L. F. Liu, D. K. Nielsen. Characterization of the azimuth-elevation power spectrum of individual path components[C]. Vienna: IEEE, 2007.

[47] K. V. Mardia, J. T. Kent, J. M. Bobby. A series of monographs and textbooks, academic press[M]. London: Academic Press, 2003.

[48] J. T. Kent. The fisher-bingham distribution on the sphere [J]. Journal of the Royal Statistical Society, 1982, 44(1): 71-80.

[49] P. E. Jupp, K. V. Mardia. A general correlation coefficient for directional data and related regression problems[J]. Biometrika, 1980, 67(1): 163-173.

[50] K. V. Mardia. Linear-circular correlation coefficients and rhythmometry[J]. Biometrika, 1976, 63(2): 403-405.

[51] D. Chizhik, G. J. Foschini, R. A. Valenzuela. Capacities of multi-element transmit and receive antennas: Correlations and keyholes[J]. Electronics Letters, 2000, 36 (13): 1099-1100.

[52] H. Shin, J. H. Lee. Capacity of multiple-antenna fading channels: spatial fading correlation, double scattering, and keyhole [J]. IEEE Transactions on Information Theory, 2003, 49(10): 2636-2647.

[53] D. Chizhik, G. J. Foschini, M. J. Gans. Keyholes, correlations, and capacities of multielement transmit and receive antennas[J]. IEEE transactions on wireless communications, 2002, 1(2): 361-368.

[54] P. Almers, F. Tufvesson, A. F. Molisch. Measurement of keyhole effect in a wireless multiple-input multiple-output (MIMO) channel[J]. IEEE Communications Letters, 2003, 7(8): 373-375.

[55] D. Gesbert, H. Bolcskei, D. A. Gore. Outdoor MIMO wireless channels: models and performance prediction [J]. IEEE Transactions on Communications, 2003, 50 (12): 1926-1934.

[56] Y. Karasawa, M. Tsuruta, T. Taniguchi. Multi-keyhole model for MIMO radio-relay systems[C]. Edinburgh: IEEE, 2007.

[57] G. Levin, S. Loyka. On the outage capacity distribution of correlated keyhole MIMO channels [J]. IEEE Transactions on Information Theory, 2008, 54 (7): 3232-3245.

[58] X. F. Yin, Z. Yi, F. Q. Liu. A generic wideband channel model for keyhole propagation scenarios and experimental evaluation[C]. Xian: IEEE, 2009.

3

信道测量

对无线传播信道进行直接测量，能够为我们带来对不同环境中无线电波传播征性更直观的观察、更深入的理解，进而带来技术和应用层面的重大突破。如前文所述，我们感兴趣的信道特征，既包括大尺度参数，如路径损耗、阴影衰落及多径衰落，也包含小尺度参数，如信道在波达方向、波离方向、多普勒频移、时延、极化等不同维度上的扩散特征[1-6]，以及信道共极化和交叉极化特征等[6-8]。通过在多个感兴趣的或典型场景中进行实际测量，再通过数据分析萃取相关的信道特征，进而建立用于通信系统设计和算法性能优化的经验随机信道模型的基础。为了能够建立准确、有效的统计信道模型，保持从测量数据中提取的信道冲激响应和参数估计的准确性是至关重要的。测量活动中得到的数据组包含了测量设备和测量方式带来的影响，单纯的信道数据很难直接获得。只有从观察到的信道特征中消除测量设备的系统响应和特定测量方法的影响，才能保证用于估计信道特征的数据是准确的。

信道测量的有效性可能受许多因素的影响，例如天线在空间、频率上的响应[9]、收发端系统的基带响应、射频器件（如功率放大器、分路器、射频开关装置）的响应、不同空间形态的天线阵列响应[10]，以及收发通道的同步和相位噪声[11,12]。此外，测量时所采用的具体方法在帮助有效进行信道特征采集的同时，也会影响到输出信号所包含的信息是否和信道特征之间保持严格一致。例如，对于毫米波信道的测量，业内广泛使用了在方向域进行分时扫描的技术。对于这种时分结合的扫描技术，由于扫描步骤的数量、步长，以及不同半功率波束宽度的天线的选择不同，呈现出非常显著的灵活性。这些特定的测量方法，也会对信道特征提取时的分辨率、准确度，以及结果的鲁棒性等产生较大的影响。

本章可能无法涵盖测量对信道特征影响的所有方面。但作为一些典型例子，我们分析了系统校准中的设备“缺陷”所带来的影响，例如相位噪声、在测量中使用特定时分复用切换模型的影响，以及使用定向天线（即天线辐射方向图具有明确的方向性）对信道参数估计的影响。本章中所介绍的内容部分发表在文献[13-16]中，感兴趣的读者可以通过其他方式了解后续研究的进展与成果。

3.1　信道测量方法综述

无线传播环境的优劣限制了移动通信系统的性能。典型传播环境中存在大量的物体，如建筑物、植物、人体、车体等人工制造或自然存在的物体。多种传播机制，如反射、衍射或散射对于无线电波的传播会产生具有不同衰减、传播时延、波离和波达方向、极化、多普勒频移的多径传播分量，更加增加了信道构成的复杂性。此外，如果在发射端和接收端之间存在较大尺寸的障碍物，也会对收发之间的直线传播路径形成阻挡，对整体信道特征都会有较大的影响。以上这些现象在时变场景中不断演变和生灭，将会产生复杂度更高的时变、多径传输信道。例如，窄带信道在时延上不可分辨多径的叠加，会导致幅值符合瑞利分布的快衰落。同时，在宽带情况下，信道的相干带宽、相干时间、相干距离分别与多径时延扩展、多普勒扩展、方向域扩展成反比。在无线通信系统的设计与规范过程中，这些都是必须考虑的问题。

毫无疑问，传播特征即无线电信号的传播在所关注的环境中究竟是如何表现的，是构建系统的关键。统计信道模型的建立需要根基于海量测试数据的采集，对无线电信道的空间、时间和频率域中的冲激响应，在各种特征遍历的场景中进行测量，有助于全面理解信道特征。通过广泛的测量活动，我们可以得到大量的数据。从这些数据中提取出来信道参数，其统计特征组成综合的实测信道模型。此外，基于射线追踪、传播图论、波导仿真、正弦叠加散射模拟等方式构建解释性的信道模型，也需要大量的测试数据进行模型参数和产生机制的校准，以及对模型适用度进行实测验证。

无线电信道冲激响应(CIR)的测量也被称为信道测量。现阶段已经存在许多不同的信道探测仪。在脉冲探测方法中，发射端发射出周期性的短脉冲，在接收端检测所接收到的包络。这种方法与雷达系统相似。脉冲的持续时间应该尽可能短以实现良好的延迟分辨率，同时脉冲的能量应该尽可能高以得到一个不错的信噪比，同时这也会造成信号的峰值振幅与均方根振幅的高比率，导致功率放大器效率降低。为了克服这个缺陷，低峰值的长脉冲信号被用来周期性地探测传播信道，并且在接收端处用相关性的方式或匹配滤波的方式进行压缩。从硬件层面上看，匹配滤波和相关处理有很大区别，然而从数学上来讲，二者最终的效果是一致的，因此这些技术都可被称为相关性探测技术。最常用的长脉冲信号包括伪噪声(PN)序列、格雷序列，以及线性调频脉冲信号等。时延分辨率由发射序列的自相关函数(ACF)确定，同时信噪比(SNR)与发射序列长度相关。因此通过修改序列参数，我们可以很容易实现高分辨率、高信噪比的信道探测，同时可有效地使用功率放大器。此外，基于奈奎斯特准则，用于记录信道冲激响应的采样率不应小于两倍带宽。事实上，当需要大的信号带宽以实现高延迟或空间分辨率时，信道探测仪的模拟-数字转换器所能达到的最大采样速率通常是系统的瓶颈。扫描时间时延相关器(swept time delay cross correlator，STDCC)，也称为滑动相关器，在保持了一般相关探测器优点的同时，克服了该瓶颈。在 STDCC 中，接收端处产生一个频率与发送序列的频率相比略低的序列副本，同时在每个序列周期中仅采样一个输出，该输出是接收信号与所生成的慢漂移序列的相关值。由于受频移的影响，不同序列周期的输出对应同一个 CIR 的不同时延。经过一定时间之后，发送序列和接收序列重新对齐，STDCC 会输出新的 CIR。值得注意的是，当延迟窗足以观察所有多径时，所生成的序列可以提前重新对准发送序列。STDCC 牺牲了 CIR 的测量时间以满足较低的采样率，具有“带宽压缩”的效果。CIR 带宽的压缩因子等于发送信号的频率除以频率偏移量，也就是说 CIR 的采样率依据这个压缩因子同比例减小。值得注意的是，该因子需要足够大，即频偏需要足够小，否则自相关函数的失真将会影响到信道探测的性能。随着对同一个 CIR 观测时间的延长，最大可观察多普勒频移变得越来越小。另外，由于一个 CIR 的不同延迟的样本是在不同时刻获得的，并且 ACF 具有一定的时延扩展，我们在使用 SAGE 等高精度算法提取多径变量的过程中，需要在信号模型中把多普勒导致的相位旋转考虑在内。

除了上述工作于时间域的信道探测器之外，也有许多在频域工作的信道探测器，其中最为常用的设备是矢量网络分析仪（vector network analyzer，VNA）。它通过一步步扫频的方式来测量不同频点上的 S 参数（明确讲是 S_{21}），得到信道转移函数，随后通过傅里叶逆变换的方式来获得信道的冲激响应。VNA 设备有着超高的校准精度，通过该测量方式获得的信道冲激响应往往具有很高的质量。但是，这种扫频方式可能需要花费比正常时变信道的相干时间更长的时间，这也导致了 VNA 在时变场景中的局限性。另外，由于线缆长度有限，连接在同一个 VNA 上的发射端与接收端的距离通常不大，这又限制了 VNA 在长距离区域内的应用，因此 VNA 主要用于静态短距离环境（如室内环境）的信道测量。在不同频率上同时进行信道探测是一个很不错的方法，例如发射端同时发送不同频率的正弦波进行信道探测，在长期演进系统（LTE）中使用的正交频分复用信号（OFDM）就是这种信道探测信号的一个例子。

3.2 信道测量设备与系统

无线电波传播信道测量通常使用为之专门设计制作的信道测量仪（channel sounder），可以使用可购买的仪表设备，如矢量网络分析仪、示波器和频谱分析仪，将它们组合成一个整体用于特定频段、特定场景的信道测量。无论信道测量仪是否是特制而成或者组合而成，设计和构建信道测量仪都需要考虑许多方面，包括将要进行的测量活动的目的、需要研究了解的信道特征，以及哪些是感兴趣的被测环境等。在这里，我们关注宽带信道测量，所以除了传统的功耗满足链路预算外，还需要根据待了解的信道特征，包括频率、时间、空间和极化域等，进行详细的规划和准备。

我们所说的空间域信道特征，通常是指在发射端周围和接收端周围由于散射物体的分布导致的电波传播路径呈现不同方向的射线分布的特征。在发射端，这些射线呈现出不同波离方向，而在接收端，这些射线呈现出不同的波达方向[5]。为了估计传播路径的双向参数，信道测量仪需要在发射端和接收端，配备具有一定物理口径的天线阵列[4,17,18]，或采用一个具有较高方向性的天线，其姿态可由安装在发射端和接收端的（多轴）控制器来控制[19]。在信道研究的历史中，天线阵列解决方案早在 20 世纪 80 和 90 年代就已被用于构建基于测量的空间信道（SCM）模型和增强型空间信道（SCME）模型，如 WINNER 空间信道模型[20]、先进国际移动通信模型（IMT-Advanced model），以及欧盟 COST（科学与技术委员会）2100 多输入多输出（COST2100 MIMO）模型等[21]。通过旋转单天线进行空间信道测量，也在 21 世纪初用于第五代（5G）无线通信系统的信道建模[22-25]。

对多阵元空间阵列进行信道探测时，所使用的天线阵列可以是通过将单天线在空间上的不同格子上进行移动，从而形成的虚拟阵列[4,26]。发射端发送探测信号，接收端接收通过随机信道传播到达的失真信号。接收信号经过处理，将基带信道频域的转移方程或冲激响应记录在与接收端相连的存储设备中。信道参数估计可以通过实时或离线方式对信道接收数据执行，这取决于估计方法的复杂性。

使用的探测信号通常为接收端所知。它们可以是各种宽带波形，例如由伪噪声序列调制的相移键控（PSK）信号[27-29]、具有低波峰因子的 OFDM（orthogonal frequency division multiplexing）多频率周期信号[30]，以及 chirp 信号[31]等。

在发射端和接收端中配备实际的多阵元天线阵列的信道测量仪，通常以两种方式执行测量，即切换式信道测量[27]和并行式信道测量[27,29]。采用切换技术的信道测量仪，在发射端和接收端都配备了高速射频开关，这些开关将接收端前端连接至天线阵列中的各个元件。图 3-1(a)描绘了切换式 MIMO 信道测量系统的示意图。使用切换式测量技术可降低搭建信道测量仪的成本，它还降低了实时测量中记录数据的速度要求。在并行探测系统中，多个发射天线同时发射信号，并且多个接收天线同时接收信号。为了分离信号，从不同发射天线发送的信号应具有适当的自相关和互相关特征。图 3-1(b)显示了并行 MIMO 信道测量系统架构。值得注意的是，切换和并行测量技术可以在信道测量仪中组合使用，在快速测量信道和满足数据传输速率之间形成权衡。

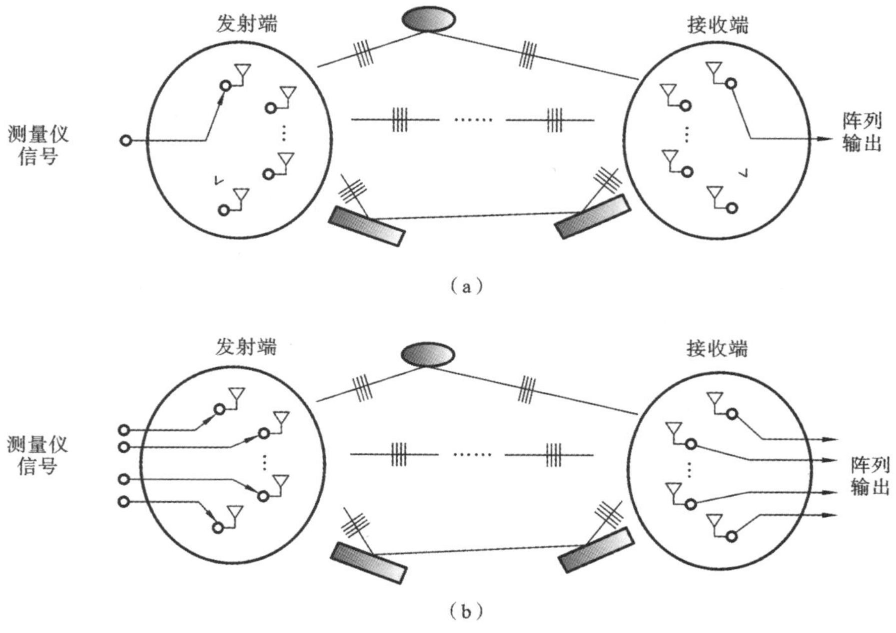

图 3-1　MIMO 信道测量系统。(a) 采用开关进行时空切换采集；(b) 并行方式采集

根据文献[27,29]，切换测量的主要缺点是延迟估计范围和最高绝对多普勒频移之间需要权衡。这种权衡是基于一个共识的：切换式测量系统能够估计的多普勒频移的绝对值，不超过两个相邻测量周期起始点间隔的倒数的一半。这里的测量周期是通过开关切换，完成一次所有任意发射天线与任意接收天线之间的子信道的测量的时间。根据这一观点，为了估计较高的绝对多普勒频移，周期间隔必须要设计成很小的数值。但是，由此带来的一个情况是，接收端的每个天线对应的通道被激活到感知状态结束的周期被缩短了，于是能够估计的时延范围也随之缩小，这对测量某些场景中具有较大时延扩展的信道非常不利，例如具有很多较远分布的障碍物的室外环境，以及封闭的、四壁光滑的、容易引起多次折返的室内环境。在文献[11,32,33]中，研究者已经证明，通过设计并采用适当的切换方式，切换式测量系统可以估计的绝对多普勒频移，能够达到感知间隔（即接收天线切换的间隔）的倒数的一半。因此，传统认为的多普勒频移的估计上限并不存在，于是时延与多普勒频移估计范围之间的矛盾并不存在。本研究将在第 3.6 节中详细阐述。

信道测量系统的校准是准确估计信道参数的先决条件。此外，测量设备固有的一些意外失真会严重影响估计的准确性，例如相位噪声、同步中的时钟漂移等。第 3.4 节将重点描述相位噪声对信道特征的影响，并详细阐述一些初步解决方案，用于减轻随机相位噪声对信道参数估计的影响。

特定架构的信道测量仪，需要结合某一信道估计技术，才能做出准确的、可以解析的信道参数域特征。其中，天线阵列的特征对信道提取非常关键，例如阵列的几何形状、辐射图案和极化。阵列的几何形状可以是线性、圆形、平面、立方体、球形等。阵列的极化可以是垂直的、水平的和±45°的。辐射图案在所有天线阵列阵元中可以是均匀的（如在虚拟阵列的情况下），也可以对于不同的元件是不同的。此外，天线阵列需要满足特定的增益要求，才能满足分辨相关维度中的信道特征。本章第 3.5 节将重点分析使用定向天线作为阵列中的元件对信道参数估计的影响。

3.3 测量数据的后处理

在本节中，我们将回顾用于处理信道测量数据的高分辨率方法。对传统的周期图估计理论感兴趣的读者可以参考其他信号处理的书籍。

大多数基于单反射路径模型得出的高分辨率估计方法，是在最近几十年提出的。这些方法包括基于子空间的方法（例如多重信号分类（MUSIC）算法[34]）、基于旋转不变技术的信号参数估计（ESPRIT）[35]、最大似然估计方法（如期望最大化（EM）算法[36]）、空间迭代广义期望最大化（SAGE）算法[37,38]，以及 RiMAX 算法[39,40]。这些方法用于在多个维度中提取信道多径分量的参数[5,41-43]。

根据[17]，这些估计方法可以分为两类，即基于谱分析的方法和参数估计方法。前一类方法通过找到扩散参数的类似谱函数的最大值（或最小值）来估计信道参数。这些技术通常具有计算复杂度低的特点，因为可以在一个维度上进行一次全局搜索，即可对所有路径在该维度的分布进行估计。后一类技术用于估计所用的通用模型中的参数，该参数化的通用模型视传播信道为线性系统，描述作为系统输入的信号所经历的幅值和相位的改变。与基于谱分析的技术相比，这些技术具有更好的估计精度和更高的分辨率。然而，由于计算估计所需的多维搜索，计算复杂度通常会很高。特别需要提出的是，参数方法适用于多径信号相干的情况（注：当信号协方差矩阵是奇异矩阵的时候，信号被称为相干[44]）。在这种情况下，基于频谱的方法通常会失效或估计效果不佳。我们将在第 4、5 章中对这些算法进行详细介绍。

3.4 相位噪声的影响及解决方案

在测量 MIMO 空间信道时，大多数采用的信道测量仪使用时分复用的模式。典型的基于 TDM 模式的信道测量仪包括 PROPSound 测量仪、RUSK 测量仪，以及由加拿大无线通信研究中心(CRC)设计的测量仪。任何一对发射天线和接收天线之间的传播信道,在不同的时隙中被循序地测量。在测量期间,在发射端和接收端使用两个开关,用于在专用时隙中将无线信号收发链分别连接到特定的发射和接收天线。

如文献[45]中所指出的,选择切换速率时应该满足两个条件:① 发射天线和接收天线之间的所有子信道在信道相干时间内被测量;② 能够收集足够多的信道样本,提供足够的固有分辨率和信噪比用于参数估计。

在 TDM 测量方案中,相位噪声能由如下设备产生:发射端和接收端的本地相控锁定振荡器,发射端和接收端处的开关,以及天线响应的校准误差。其中,天线响应的校准误差,归因于天线方向特征导致的天线低增益、天线间的耦合以及出现在天线阵列附近近场中的散射体的影响。

由发射端和接收端的本地相控锁定振荡器产生的相位噪声,能够对多输入多输出信道的容量估计[46-48]以及信道参数估计[45,49]产生影响。长期缓变的相位噪声可以建模为零均值非平稳无穷大功率维纳过程[50]。通常,能够通过在发射端和接收端增加同步装置,例如铷原子钟,来修正或减轻长期变化相位噪声。因此,在多输入多输出信道测量仪中不必考虑长期变化相位噪声。出现在小于 1 s 时间段内的短期变化相位噪声,经常对高精度参数估计有很大的影响。因此,在本节中,我们将注意力集中在研究短期变化的相位噪声上。在以下小节中,我们将展示相位噪声对参数估计造成的影响,以及建议用来减轻相位噪声影响的技术手段。测量相位噪声的系统设置如图 3-2 所示。

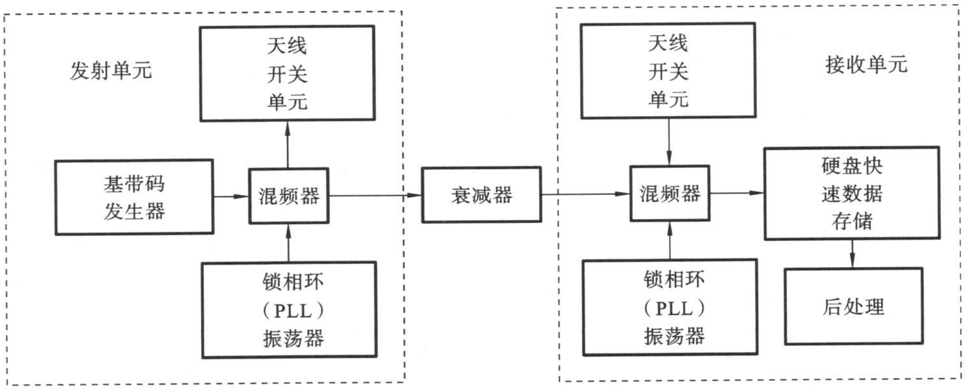

图 3-2 测量相位噪声的系统设置

短期相位噪声,通常被认为是在少于 1 s 的时间内观测得到的,其可以被建模为一个自回归复合移动均值(ARIMA)过程[45]。一般情况下,对于 MIMO 信道测量仪而言,一个测量周期通常小于 1 s。例如,文献[51]中谈及的具有 50×32 多输入多输出天线阵列的信道测量仪,在对中心频点为 5.25 GHz 频率的信道进行测量时,其一个子信道在 510 μs 的时间段内被测量,因此,对于一个测量周期,时长约为 8.42 ms。在 4 个周期被组合,其中的数据被处理为一个快拍的情况下,时长是 67 ms。因此,对于这个场景,时长小于 100 ms 的相位噪声在子信道测量时刻之间的变化特征是非常值得研究的。

艾伦方差(Allan variance)通常被用于表征相位噪声在时域中的统计特征,可计

算为

$$\sigma_y^2(\tau)=E[\frac{(\bar{y}_{k+1}-\bar{y}_k)^2}{2}] \tag{3.4.1}$$

其中，

$$\bar{y}_k=\frac{1}{\tau}\int_{t_k}^{t_k+\tau}y(t)\mathrm{d}t=\frac{\phi(t_k+\tau)-\phi(t_k)}{2\pi f_c\tau} \tag{3.4.2}$$

这里，$y(t)$表示相对于载波频率 f_c 的瞬时归一化频率偏差，可计算为

$$y(t)=\frac{1}{2\pi f_c}\cdot\frac{\mathrm{d}\phi(t)}{\mathrm{d}t} \tag{3.4.3}$$

其中，$\phi(t)$指瞬时相位变化。

假想此阶段的采样率为$\frac{1}{T}$，艾伦方差在 $\tau=mT$ 时刻的样本能被估计为

$$\hat{\sigma}_y^2(mT)=\frac{1}{2(N-2m)(2\pi f_c mT)^2}\sum_{i=1}^{N-2m}(\phi(t_{i+2m})-2\phi(t_{i+m})+\phi(t_i))^2 \tag{3.4.4}$$

其中，$m=1,\cdots,\frac{N-1}{2}$，N 是一个表示该阶段样本总数（通常取奇数值）。

测量相位噪声的一个例子在[45]中有较为详细的阐述。我们将在下面对其进行简单介绍，图 3-3 中描绘了用于测量一个单输入单输出信道测量仪的相位噪声的测量装置，其中一个射频电缆线连接着发射端和接收端，带有一个 50 dB 固定值的衰减器，发射端和接收端都配备了单独的时钟，以和实际现场测量采用同样的方式工作。

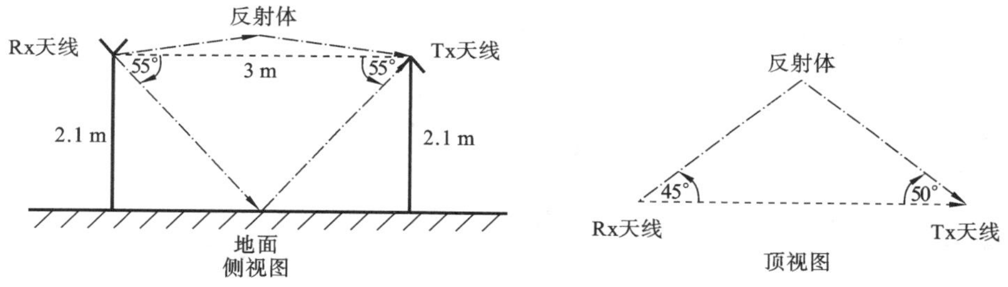

图 3-3 在微波暗室里测量相位噪声影响时设定的环境

图 3-4 显示了测量得到的艾伦方差，即 $\hat{\sigma}_y(mT)$。可以看到，由相位噪声的测量序列计算得到的样本艾伦方差随着时间段落增长而渐进。

从图 3-4 中可以看到，艾伦方差随着时间演化的特征可以通过拟合得到的 ARMA 模型来准确描述。此外，需要提到的是，测量结果还表明短期相位噪声分量在 $\tau\in[0,200]$ μs 范围内占主导地位；$\tau>200$ μs 的相位噪声的艾伦方差和白噪声中获得的艾伦方差相同（详见[52]）；$\tau>1$ s 时，相位噪声可以用随机游走模型（random walk model）进行描述。

3.4.1 基于滑窗的相位噪声干扰减轻方法

在文献[49]中，研究者提出了一种减轻相位噪声对参数估计性能影响的“滑窗”方法。该方法将测量数据的多个连续快拍（snapshot）做平均，把所得结果作为对相同信道的观测。对于本章考虑的采用 TDM 模式的信道测量系统，这种滑窗的解决方法也可以被扩展到空间域，即考虑更多的天线。具体而言，“滑窗”的操作方式被用于计算多

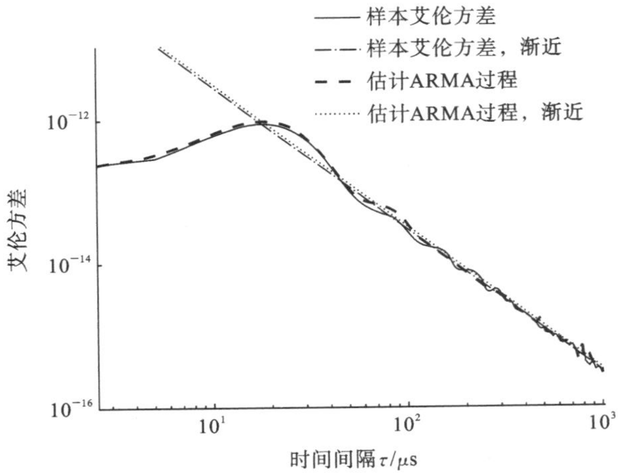

图 3-4 测量得到的艾伦方差与拟合 ARMA 模型

信道观测值的平均值，因此相位噪声的影响能够在一定程度上得到缓和。文献[49]中展示了在 20 个周期的数据上使用和未使用滑窗的 SAGE 算法得到的估计结果的对比。其中，考虑了不同配置的多输入多输出系统配置，例如 50×32、8×8，以及 4×4 等。图3-5 展示了其中的 50×32 的 MIMO 配置下的结果。我们可以从该图中看到，使用滑窗方法得到了分布更为集中的估计结果，这和暗室里由于散射物体的分布可能造成的多径情形更加接近，由此我们可能认为，使用滑窗方法在一定程度上可以有效减小错误估计结果产生的概率。

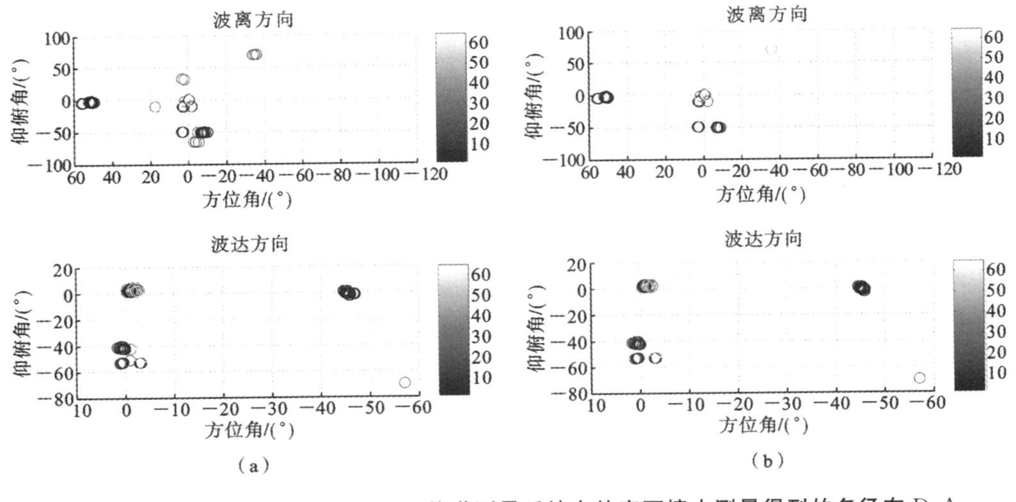

图 3-5 使用 50×32 MIMO-TDM 信道测量系统在特定环境中测量得到的多径在 DoA 和 DoD 方向域的分布情况。(a) 未使用滑窗方法；(b) 使用滑窗方法

3.4.2 相位噪声白化 SAGE 算法

本节我们来介绍另一种能够对抗相位噪声、降低其对参数估计影响的方法，该方法基于已知的或校准后的相位噪声的协方差矩阵，将白化操作包含在高精度参数估计方法 SAGE 算法中。文献[49]曾详细描述过这种方法的推导过程。该 SAGE 算法是基于第 2.2 章节中介绍的镜面反射多径信号通用模型，在原始的镜面反射路径 SAGE 算法[53]的基础上修改得到的。下面是对推导步骤以及所获得的 SAGE 算法的一个简单介绍。感兴趣的读者可以进一步参阅文献[49]。

让我们考虑采用了 TDM 测量方案的情况，原始的无相位噪声的信号模型可以写为

$$\boldsymbol{Y}(t)=\sum_{l=1}^{L}\boldsymbol{S}(t;\boldsymbol{\theta}_l)+\boldsymbol{W}(t) \tag{3.4.5}$$

其中，矢量 $\boldsymbol{\theta}_l=[\boldsymbol{\Omega}_{1,l},\boldsymbol{\Omega}_{2,l},\tau_l,\nu_l,\alpha_l]$ 代表第 l 条传播路径的参数，假设信号分量 $\boldsymbol{S}(t;\boldsymbol{\theta}_l)$ 总共包括 I 个测量周期内的观测值，即

$$\boldsymbol{S}(t;\boldsymbol{\theta}_l)=\begin{bmatrix} s(t_{1,1,1}+t;\boldsymbol{\theta}_l) & s(t_{2,1,1}+t;\boldsymbol{\theta}_l) & \cdots & s(t_{I,1,1}+t;\boldsymbol{\theta}_l)\\ s(t_{1,2,1}+t;\boldsymbol{\theta}_l) & s(t_{2,2,1}+t;\boldsymbol{\theta}_l) & \cdots & s(t_{I,2,1}+t;\boldsymbol{\theta}_l)\\ \vdots & \vdots & \vdots & \vdots\\ s(t_{1,N,1}+t;\boldsymbol{\theta}_l) & s(t_{2,N,1}+t;\boldsymbol{\theta}_l) & \cdots & s(t_{I,N,1}+t;\boldsymbol{\theta}_l)\\ s(t_{1,1,2}+t;\boldsymbol{\theta}_l) & s(t_{2,1,2}+t;\boldsymbol{\theta}_l) & \cdots & s(t_{I,1,2}+t;\boldsymbol{\theta}_l)\\ \vdots & \vdots & \vdots & \vdots\\ s(t_{1,N,M}+t;\boldsymbol{\theta}_l) & s(t_{2,N,M}+t;\boldsymbol{\theta}_l) & \cdots & s(t_{I,N,M}+t;\boldsymbol{\theta}_l) \end{bmatrix},\quad t\in[0,T_{\mathrm{r}}] \tag{3.4.6}$$

时间序列 $t_{i,n,m}$ 可计算为

$$t_{i,n,m}=\left(i-\frac{I+1}{2}\right)T_{\mathrm{cy}}+\left(n-\frac{N+1}{2}\right)T_{\mathrm{r}}+\left(m-\frac{M+1}{2}\right)T_{\mathrm{t}} \tag{3.4.7}$$

其中，$i\in[1,\cdots,I]$，$n\in[1,\cdots,N]$，$m\in[1,\cdots,M]$，$t_{i,n,m}$ 指在第 i 个周期中，发射端第 m 个天线开始发射以及接收端第 n 个天线开始接收的时段的开始。这里，T_{cy}、T_{r} 和 T_{t} 分别表示两个连续周期之间的时间间隔、两个接收天线之间的切换间隔以及两个发射天线之间的切换间隔。

相位噪声可以表达为类似 $\boldsymbol{S}(t;\boldsymbol{\theta}_l)$ 的矩阵 $\boldsymbol{\Psi}(t)$，即

$$\boldsymbol{\Psi}(t)=\begin{bmatrix} \exp\{\mathrm{j}\varphi(t_{1,1,1}+t)\} & \exp\{\mathrm{j}\varphi(t_{2,1,1}+t)\} & \cdots & \exp\{\mathrm{j}\varphi(t_{I,1,1}+t)\}\\ \exp\{\mathrm{j}\varphi(t_{1,2,1}+t)\} & \exp\{\mathrm{j}\varphi(t_{2,2,1}+t)\} & \cdots & \exp\{\mathrm{j}\varphi(t_{I,2,1}+t)\}\\ \vdots & \vdots & \vdots & \vdots\\ \exp\{\mathrm{j}\varphi(t_{1,N,1}+t)\} & \exp\{\mathrm{j}\varphi(t_{2,N,1}+t)\} & \cdots & \exp\{\mathrm{j}\varphi(t_{I,N,1}+t)\}\\ \exp\{\mathrm{j}\varphi(t_{1,1,2}+t)\} & \exp\{\mathrm{j}\varphi(t_{2,1,2}+t)\} & \cdots & \exp\{\mathrm{j}\varphi(t_{I,1,2}+t)\}\\ \vdots & \vdots & \vdots & \vdots\\ \exp\{\mathrm{j}\varphi(t_{1,N,M}+t)\} & \exp\{\mathrm{j}\varphi(t_{2,N,M}+t)\} & \cdots & \exp\{\mathrm{j}\varphi(t_{I,N,M}+t)\} \end{bmatrix},\quad t\in[0,T_{\mathrm{r}}] \tag{3.4.8}$$

将相位噪声分量代入式(3.4.5)，可得到受相位噪声影响的信号模型 $\boldsymbol{Y}_{\mathrm{p}}(t)$：

$$\boldsymbol{Y}_{\mathrm{p}}(t)=\sum_{l=1}^{L}\boldsymbol{S}(t;\boldsymbol{\theta}_l)\odot\boldsymbol{\Psi}(t)+\boldsymbol{W}(t) \tag{3.4.9}$$

其中，$\odot$ 表示 Hadamard 积。

为了方便推导，我们将式(3.4.9)以矢量化的形式重新写为

$$\boldsymbol{y}_{\mathrm{p}}(t)=\sum_{l=1}^{L}\boldsymbol{s}(t;\boldsymbol{\theta}_l)\odot\boldsymbol{\psi}(t)+\boldsymbol{w}(t) \tag{3.4.10}$$

这里，$\boldsymbol{y}_{\mathrm{p}}(t)=\mathrm{vec}[\boldsymbol{Y}_{\mathrm{p}}(t)]$。矢量化 vec[·]指通过串联矩阵的所有列，将该矩阵重新排列为一个列矢量。

在[52]中显示，当延迟大于 200 μs 时，相位噪声 φ 表现为白高斯随机变量。因此，在两连续子信道的时间间隔约为 510 μs 的情况下，对于 PROPSound 测量仪而言，观测到的相位噪声可以被认为是服从高斯分布的。从图 3-4 中可见，它能被进一步计算，得到当延迟大于 5×10^2 μs 时，相位噪声带来的偏差是$\sqrt{2}\pi5\times10^9\times100\times10^{-6}\times10^{-7.5}\times180/\pi=0.4051°$。对于如此小的偏差，使用泰勒展开去近似 $\boldsymbol{\psi}(t)$是合理的，于是我们可以得到 $\boldsymbol{\psi}(t)$的近似表达为

$$\boldsymbol{\psi}(t)\approx\exp\{\mathrm{j}\varphi_0\}\times(1+\mathrm{j}\Delta\varphi(t)+\cdots)\tag{3.4.11}$$

其中，

$$\Delta\varphi(t)=[\varphi(t_{1,1,1}+t)\quad\varphi(t_{1,2,1}+t)\quad\cdots\quad\varphi(t_{I,N,M}+t)]^{\mathrm{T}}-\varphi(t_{1,1,1}+t)\tag{3.4.12}$$

代表的是相位噪声(相位)与平均值 φ_0 之间的偏差。值得一提的是，$\exp\{\mathrm{j}\varphi_0\}$一项可以被包括进复衰落 $\alpha_l(l=1,\cdots,I)$中。

通过舍弃高阶泰勒级数项，我们得到

$$\boldsymbol{y}_{\mathrm{p}}(t)\approx\sum_{l=1}^{L}\boldsymbol{s}(t;\boldsymbol{\theta}_l)\odot[1+\mathrm{j}\Delta\varphi(t)]+\boldsymbol{w}(t)\tag{3.4.13}$$

$$=\sum_{l=1}^{L}\boldsymbol{s}(t;\boldsymbol{\theta}_l)+\boldsymbol{s}(t;\boldsymbol{\theta}_l)\odot\mathrm{j}\Delta\varphi(t)+\boldsymbol{w}(t)\tag{3.4.14}$$

我们利用一个比较现实的假设，即在子信道测量的过程中，相位噪声不会很大程度地改变。于是，变量 t 能够从 $\Delta\varphi(t)$中舍弃掉，即表示为 $\Delta\varphi$。注意到 $\Delta\varphi$ 可以被认为是独立的高斯随机变量，即 $\Delta\varphi\sim\mathrm{CN}(0,\boldsymbol{R}_{\varphi})$，$\boldsymbol{R}_{\varphi}$ 是 $\Delta\varphi$ 的协方差矩阵，容易看出，$\boldsymbol{y}_{\mathrm{p}}(t)$服从复高斯分布，即

$$\boldsymbol{y}_{\mathrm{p}}(t)\sim\mathrm{CN}\Big(\sum_{l=1}^{L}\boldsymbol{s}(t;\boldsymbol{\theta}_l),\sum_{l=1}^{L}\sum_{l'=1}^{L}\boldsymbol{s}(t;\boldsymbol{\theta}_l)\boldsymbol{s}(t;\boldsymbol{\theta}_l)^{\mathrm{H}}\cdot\boldsymbol{R}_{\varphi}+\sigma_w^2\boldsymbol{I}\Big)\tag{3.4.15}$$

上述信号模型能够用于导出从 $\boldsymbol{y}(t)$中联合提取的路径参数 $\boldsymbol{\theta}_l$ 和 $\boldsymbol{R}_{\varphi}$ 中的各项分量的估计值。

在[49]中，作者推导了假设 $\boldsymbol{R}_{\varphi}$ 已知，对多径参数 $\boldsymbol{\theta}_l$ 进行估计的 SAGE 算法。算法中的可采隐含数据(admissible hidden data)被定义为单条传播路径分量，即

$$\boldsymbol{x}_l(t)=\boldsymbol{s}(t;\boldsymbol{\theta}_l)\odot[1+\mathrm{j}\psi]+\boldsymbol{w}'(t)\tag{3.4.16}$$

其中，$\boldsymbol{w}'(t)\in\mathbf{C}^{NM\times I}$代表的是标准的高斯白噪声，方差 $\sigma_{w'}^2=\beta_l\sigma_w^2$，其中，$\beta_l$ 是非负的，满足等式 $\sum_{l=1}^{L}\beta_l=1$。

在实际测量中，$\boldsymbol{x}_l(t)$和 $\boldsymbol{y}(t)$均为离散形式。为了方便描述，我们用 $\boldsymbol{y}$ 代表 $\boldsymbol{y}=[\boldsymbol{y}(t);t=t_1,\cdots,t_D]$，其中，$D$ 是测量子信道时的时延域的样本总数。同样，$\boldsymbol{x}_l=[\boldsymbol{x}_l(t);t=t_1,\cdots,t_d]$，$\boldsymbol{s}(\boldsymbol{\theta}_l)=[\boldsymbol{s}(t;\boldsymbol{\theta}_l);t=t_1,\cdots,t_d]$。

在第 i 次 SAGE 算法迭代的期望步骤中，目标函数 $Q(\boldsymbol{\theta}_l;\boldsymbol{y},\boldsymbol{R}_{\varphi},\hat{\boldsymbol{\theta}}^{[i-1]})$被如下定义及计算：

$$Q(\boldsymbol{\theta}_l;\boldsymbol{y},\boldsymbol{R}_{\varphi},\hat{\boldsymbol{\theta}}^{[i-1]})=\int\lg p(\boldsymbol{x}_l\mid\boldsymbol{\theta}_l,\boldsymbol{R}_{\varphi})f(\boldsymbol{x}_l\mid\boldsymbol{Y}=\boldsymbol{y},\boldsymbol{R}_{\varphi},\hat{\boldsymbol{\theta}}^{[i-1]})\mathrm{d}\boldsymbol{x}_l\tag{3.4.17}$$

这里概率密度函数 $p(\boldsymbol{x}_l|\boldsymbol{\theta}_l,\boldsymbol{R}_\varphi)$的表达式可写为

$$p(\boldsymbol{x}_l|\boldsymbol{\theta}_l,\boldsymbol{R}_\varphi)=\frac{1}{\pi^{NM}|\boldsymbol{\Sigma}_{\boldsymbol{X}_l}|}\exp\{-(\boldsymbol{x}_l-\boldsymbol{s}(\boldsymbol{\theta}_l))^{\mathrm{H}}\boldsymbol{\Sigma}_{\boldsymbol{X}_l}^{-1}(\boldsymbol{x}_l-\boldsymbol{s}(\boldsymbol{\theta}_l))\} \quad (3.4.18)$$

其中，$|\cdot|$是给定矩阵的行列式，$\boldsymbol{\Sigma}_{\boldsymbol{X}_l}$是 $\boldsymbol{x}_l$ 的协方差矩阵。

$$\boldsymbol{\Sigma}_{\boldsymbol{X}_l}=\boldsymbol{s}(\boldsymbol{\theta}_l)\boldsymbol{s}(\boldsymbol{\theta}_l)^{\mathrm{H}}\odot\boldsymbol{R}_\varphi+\sigma_w^2\boldsymbol{I} \quad (3.4.19)$$

可以证明

$$\begin{aligned}Q(\boldsymbol{\theta}_l;\boldsymbol{y},\boldsymbol{R}_\varphi,\hat{\boldsymbol{\theta}}^{[i-1]})=&-\lg(\pi^{NMD}|\boldsymbol{\Sigma}_{\boldsymbol{X}_l}(\boldsymbol{\theta}_l)|)-\mathrm{tr}\Big\{\boldsymbol{\Sigma}_{\boldsymbol{X}_l}(\boldsymbol{\theta}_l)^{-1}\Big(\boldsymbol{\Sigma}_{\boldsymbol{X}_l}(\hat{\boldsymbol{\theta}}_l^{[i-1]})\\&-\boldsymbol{\Sigma}_{\boldsymbol{X}_l\boldsymbol{Y}}(\hat{\boldsymbol{\theta}}^{[i-1]})\boldsymbol{\Sigma}_{\boldsymbol{Y}}(\hat{\boldsymbol{\theta}}^{[i-1]})^{-1}\boldsymbol{\Sigma}_{\boldsymbol{X}_l\boldsymbol{Y}}(\hat{\boldsymbol{\theta}}^{[i-1]})^{\mathrm{H}}\\&+\mu_{\boldsymbol{X}_l|\boldsymbol{Y}}(\hat{\boldsymbol{\theta}}^{[i-1]})\mu_{\boldsymbol{X}_l|\boldsymbol{Y}}(\hat{\boldsymbol{\theta}}^{[i-1]})^{\mathrm{H}}\Big)\Big\}\\&+2\mathrm{re}\{\boldsymbol{s}(\boldsymbol{\theta}_l)^{\mathrm{H}}\boldsymbol{\Sigma}_{\boldsymbol{X}_l}(\boldsymbol{\theta}_l)^{-1}\mu_{\boldsymbol{X}_l|\boldsymbol{Y}}(\hat{\boldsymbol{\theta}}^{[i-1]})\}\\&-\boldsymbol{s}(\boldsymbol{\theta}_l)^{\mathrm{H}}\boldsymbol{\Sigma}_{\boldsymbol{X}_l}(\boldsymbol{\theta}_l)^{-1}\boldsymbol{s}(\boldsymbol{\theta}_l)\end{aligned} \quad (3.4.20)$$

其中，

$$\boldsymbol{\Sigma}_{\boldsymbol{X}_l\boldsymbol{Y}}(\hat{\boldsymbol{\theta}}^{[i-1]})=\Big[\boldsymbol{s}(\hat{\boldsymbol{\theta}}_l^{[i-1]})\sum_{l=1}^{L}\boldsymbol{s}(\hat{\boldsymbol{\theta}}_l^{[i-1]})^{\mathrm{H}}\Big]\odot\boldsymbol{R}_\varphi+\beta_l\sigma_w^2\boldsymbol{I} \quad (3.4.21)$$

$$\boldsymbol{\Sigma}_{\boldsymbol{Y}}(\hat{\boldsymbol{\theta}}^{[i-1]})=\Big[\sum_{l=1}^{L}\boldsymbol{s}(\hat{\boldsymbol{\theta}}_l^{[i-1]})\sum_{l=1}^{L}\boldsymbol{s}(\hat{\boldsymbol{\theta}}_l^{[i-1]})^{\mathrm{H}}\Big]\odot\boldsymbol{R}_\varphi+\sigma_w^2\boldsymbol{I} \quad (3.4.22)$$

$$\mu_{\boldsymbol{X}_l|\boldsymbol{Y}}(\hat{\boldsymbol{\theta}}^{[i-1]})=\boldsymbol{s}(\boldsymbol{\theta}_l)+\boldsymbol{\Sigma}_{\boldsymbol{X}_l\boldsymbol{Y}}(\hat{\boldsymbol{\theta}}^{[i-1]})\boldsymbol{\Sigma}_{\boldsymbol{Y}}(\hat{\boldsymbol{\theta}}^{[i-1]})^{-1}\Big(\boldsymbol{y}-\sum_{l=1}^{L}\boldsymbol{s}(\hat{\boldsymbol{\theta}}_l^{[i-1]})\Big) \quad (3.4.23)$$

通过解决下面的最优化问题，$\boldsymbol{\theta}_l$ 的估计值能够在 SAGE 迭代里的最大化步骤中被更新。

$$\hat{\boldsymbol{\theta}}_l^{[i]}=\arg\max_{\boldsymbol{\theta}_l}\{Q(\boldsymbol{\theta}_l;\boldsymbol{y},\boldsymbol{R}_\varphi,\hat{\boldsymbol{\theta}}^{[n-1]})\} \quad (3.4.24)$$

式(3.4.24)中的多维最优化问题，还可以通过[53]中阐述的目标函数的单一维度优化得到解决。

本节中介绍的相位噪声白化 SAGE 算法的性能已经通过[49]中所述的单一路径场景下的仿真进行了评估，其中，相位噪声的协方差矩阵 $\boldsymbol{\Sigma}_\varphi$ 是通过使用实际测量数据获得的。文献[49]中的图 3 对三个目标函数的图像进行了比较，包括利用标准 SAGE 算法处理无相位噪声数据，利用标准 SAGE 算法处理含相位噪声数据，以及利用修改过的相位噪声白化 SAGE 算法处理含相位噪声的仿真信道数据。对正确估计中的三幅图像的曲率进行比较，能够观察到，使用经修改的 SAGE 算法处理相位失真数据和由标准 SAGE 算法处理干净数据得到的目标函数相似。这说明修改过的 SAGE 算法含有减轻相位噪声对传播路径参数估计影响的白化功能。在文献[49]中的图 4 中，利用蒙特卡洛模拟，对不同 SAGE 算法得到的均方根估计误差(RMSEE)曲线也进行了比较。结果显示当应用修改的 SAGE 算法时，对于多普勒频移、波离水平角、波达水平角这些路径参数，均方根估计误差均得到了减小。

3.5 非全向辐射模式下的信道测量

定向天线或阵列已被广泛用于扇区之间的干扰抑制和许多无线通信系统中的热点区域的覆盖改进。最近，利用高分辨率、确定性信道特征(此处指的是单一信道观测快

拍的固定信道），来进一步“实时”优化通信系统的性能变得更加受人关注。其主要原因是，现代无线通信系统已经具有更大的计算能力、更为先进的感知环境的能力，例如由于配备了天线阵列，信号带宽达到百兆赫兹，更大的历史信息存储能力所带来的空间、频域、时间上对多维信道更加准确的估计能力。但是，无线通信系统的设计并不是为了单纯进行信道属性的测量和分析的。例如，定向天线的辐射方向图或阵列天线的复合增益图在空间覆盖上受限于较小展宽的主瓣范围。图 3-6 描绘了一个实际的例子：一个长期演进技术移动通信系统(LTE)的基站节点使用的 4×1 贴片天线阵列生成的阵列综合增益方向图。不可否认的是，在实际系统中，就是这样的具有高度方向性的阵列被广泛用于信道测量和参数估计。我们有必要对这种情形下所能达到的信道特征的提取性能进行研究。

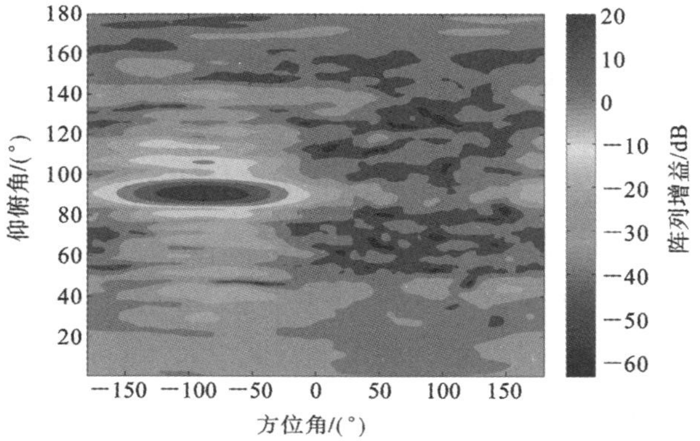

图 3-6 LTE 基站使用 4×1 贴片天线阵列生成的阵列综合增益方向(水平-仰俯)图

事实上，定向天线阵列的信道参数估计尚未得到深入的研究。现有的一般认知是，我们只能对阵列天线主瓣所覆盖的区域进行方向估计[54]。如何确定参数估计的有效区域仍然是未知的。文献[55]中提出过一种类似 Capon 的算法，用于使用定向天线阵列的波达方向估计。该算法在假设天线之间不存在耦合的情况下成立。许多实践经验表明，在没有指定受限估计范围的情况下，高分辨率参数估计方法(例如 SAGE 算法)返回了实际上并不真实存在的虚假路径，称为“伪路径”。这些伪路径中的一部分有时具有非常大的、完全不切实际的幅值。显然，这些明显错误的估计结果将显著影响实时通信模式和算法的选择，如果应用于信道建模的话，会明显降低所得到的模型的准确度，导致模型适用性下降。

在本节中，我们将分析具有方向性的天线阵列增益对信道参数估计的影响，阐述为在文献[16]，以及在本书中提到的 SAGE 算法运行时，选择具体的方向估计范围的实用方法。这个方法适用于定向多天线阵列用于信道测量的情况。在该方法中，我们定义一个参数，即定向阵列的天线增益动态范围(dynamic range of array gain，DRAG)，并让其取适当值，据此确定方向估计的范围。通过模拟和测量结果，我们可以看到当正确选择 DRAG 时，信道参数的估计误差可以保持在某个可接受的水平，并且伪路径，即实际上不存在的估计路径，能够忽略不计。这样的结果有助于加强实际通信系统的信道估计准确度。

为了简化分析的过程，我们考虑一个窄带 $1\times N$ 的单输入多输出(SIMO)场景，其中，发射端和接收端之间的传播路径具有不同的到达方向。在假设发射信号为 1 的情

况下，该 SIMO 信道的接收信号 $h\in\mathbf{C}^N$ 可以表示为

$$\boldsymbol{h}=\sum_{l=1}^{L}\alpha_l\boldsymbol{c}(\boldsymbol{\Omega}_l)+\boldsymbol{w} \tag{3.5.1}$$

其中，l 是反射传播路径的编号，L 为路径的数量，α_l 和 $\boldsymbol{\Omega}_l$ 分别是复衰减和第 l 个路径的波达方向，$\boldsymbol{w}$ 表示谱高度为 N_0 的标准高斯白噪声。波达方向 $\boldsymbol{\Omega}_l$ 是由波达水平角 ϕ 和波达仰俯角 θ 唯一确定的单位向量，这里，$\phi\in[-\pi,\pi]$，$\theta\in[0,\pi]$，故 $\boldsymbol{\Omega}_l=[\sin(\theta)\cos(\phi),\sin(\theta)\sin(\phi),\cos(\theta)]$。在式(3.5.1)中，$\boldsymbol{c}(\boldsymbol{\Omega}_l)$代表在给定波达方向下的阵列响应，也称为导向矢量。

在通用信道模型中需要估计的感兴趣的参数为

$$\boldsymbol{\Theta}=(\alpha_1,\boldsymbol{\Omega}_1,\alpha_2,\boldsymbol{\Omega}_2,\cdots,\alpha_N,\boldsymbol{\Omega}_N) \tag{3.5.2}$$

为了获得参数的估计值 $\hat{\boldsymbol{\Theta}}$，可采用最大似然估计方法的低复杂度近似算法——SAGE 算法。在此，我们选择可采隐藏数据(admissible hidden data)空间为各个路径对整个接收信号 $\boldsymbol{h}$ 的贡献，即

$$\boldsymbol{x}_l=\alpha_l\boldsymbol{c}(\boldsymbol{\Omega}_l)+\boldsymbol{w},\quad l=1,\cdots,L \tag{3.5.3}$$

未知参数 $\boldsymbol{\Theta}$ 被分成多个子集用于各个路径，即 $\boldsymbol{\theta}_l=[\alpha_l,\boldsymbol{\Omega}_l]$。在 SAGE 算法的每次迭代中，对于一个子集中参数的对数似然函数，如 $\boldsymbol{\theta}_l$，其计算为

$$\Lambda(\boldsymbol{\theta}_l)=\lg p[\boldsymbol{\theta}_l\,|\,\boldsymbol{h},\hat{\boldsymbol{\Theta}}^{[i]}] \tag{3.5.4}$$

其中，$p(\boldsymbol{\theta})$表示 $\boldsymbol{\theta}$ 的似然函数，$\hat{\boldsymbol{\Theta}}^{[i]}$ 表示第 i 次迭代中更新的参数估计。若加性分量 $\boldsymbol{w}$ 为高斯白噪声的假设，可证明对数似然函数的表达式为

$$\Lambda(\boldsymbol{\theta}_l)=-N\lg(2\pi\sigma_w)-\frac{1}{2N\sigma_w^2}\left\|\hat{\boldsymbol{x}}_l^{[i+1]}-\alpha_l\boldsymbol{c}(\boldsymbol{\Omega}_l)\right\|^2 \tag{3.5.5}$$

其中，

$$\hat{\boldsymbol{x}}^{[i+1]}=E[\boldsymbol{x}_l\mid h,\hat{\boldsymbol{\Theta}}^{[i]}]=h-\sum_{l'=1,l'\neq l}^{L}\hat{\alpha}_{l'}^{[i]}\boldsymbol{c}(\hat{\boldsymbol{\Omega}}_{l'}^{[i]}) \tag{3.5.6}$$

是给定 $\boldsymbol{h}$ 和 $\hat{\boldsymbol{\Theta}}^{[i]}$ 下 $\boldsymbol{x}_l$的估计。

经过一些必要的操作后，可以显示估计值 $\hat{\boldsymbol{\Omega}}_l^{[i+1]}$ 和 $\hat{\alpha}_l^{[i+1]}$ 分别计算为

$$\hat{\boldsymbol{\Omega}}_l^{[i+1]}=\arg\max_{\Omega}L(\boldsymbol{\Omega}) \tag{3.5.7}$$

$$\hat{\alpha}_l^{[i+1]}=\frac{\boldsymbol{c}(\hat{\boldsymbol{\Omega}}_l^{[i+1]})^{\mathrm{H}}\hat{\boldsymbol{x}}_l^{[i+1]}}{\boldsymbol{c}(\boldsymbol{\Omega}_l^{[i+1]})^{\mathrm{H}}\boldsymbol{c}(\hat{\boldsymbol{\Omega}}_l^{[i+1]})} \tag{3.5.8}$$

其中，

$$L(\boldsymbol{\Omega})=\frac{(\hat{\boldsymbol{x}}_l^{[i+1]})^{\mathrm{H}}\boldsymbol{c}(\boldsymbol{\Omega})\boldsymbol{c}(\boldsymbol{\Omega})^{\mathrm{H}}\hat{\boldsymbol{x}}_l^{[i+1]}}{\boldsymbol{c}(\boldsymbol{\Omega})^{\mathrm{H}}\boldsymbol{c}(\boldsymbol{\Omega})}$$

现在我们继续通过使用 SAGE 算法来显示定向阵列响应如何影响参数估计。在实际测量中，用 $\boldsymbol{c}_t(\boldsymbol{\Omega})$表示的确切天线响应可能与测量的响应不同，即

$$\boldsymbol{c}_t(\boldsymbol{\Omega})=\boldsymbol{c}(\boldsymbol{\Omega})+\Delta(\boldsymbol{\Omega}) \tag{3.5.9}$$

其中，$\Delta(\boldsymbol{\Omega})$表示校准误差，这个误差是精确响应与在吸波暗室中测量的响应之间的偏差。不考虑噪声的情况下，代入 $\hat{\boldsymbol{x}}_l^{[i+1]}=\alpha_l\boldsymbol{c}_t(\boldsymbol{\Omega}_l)$到式(3.5.7)和式(3.5.8)中得到

$$L(\boldsymbol{\Omega})=|\alpha_l|^2\,|\boldsymbol{c}(\boldsymbol{\Omega}_l)^{\mathrm{H}}\tilde{\boldsymbol{c}}(\boldsymbol{\Omega})+\Delta(\boldsymbol{\Omega}_l)^{\mathrm{H}}\tilde{\boldsymbol{c}}(\boldsymbol{\Omega})|^2 \tag{3.5.10}$$

$$\hat{\alpha}_l=\alpha_l\cdot\left(\frac{\boldsymbol{c}(\boldsymbol{\Omega}_l)^{\mathrm{H}}\tilde{\boldsymbol{c}}(\hat{\boldsymbol{\Omega}}_l)}{\|\boldsymbol{c}(\hat{\boldsymbol{\Omega}}_l)\|}+\frac{\Delta(\boldsymbol{\Omega}_l)^{\mathrm{H}}\tilde{\boldsymbol{c}}(\hat{\boldsymbol{\Omega}}_l)}{\|\boldsymbol{c}(\hat{\boldsymbol{\Omega}}_l)\|}\right) \tag{3.5.11}$$

其中，$\tilde{\boldsymbol{c}}(\boldsymbol{\Omega})=\boldsymbol{c}(\boldsymbol{\Omega})/\|\boldsymbol{c}(\boldsymbol{\Omega})\|$。由于存在非零 $\Delta(\boldsymbol{\Omega}_l)^{\mathrm{H}}\tilde{\boldsymbol{c}}(\boldsymbol{\Omega})$，且由于$\hat{\boldsymbol{\Omega}}_l$ 可能与 $\boldsymbol{\Omega}_l$ 不一致，当 $\|\boldsymbol{c}(\hat{\boldsymbol{\Omega}}_l)\|$ 较小时，式(3.5.11)右侧括号中的值可能会远大于 1，这种情况下，$\hat{\alpha}_l$ 的幅值就可能被高估。这些估计过程中发生的错误将在 SAGE 算法的迭代中传播。最终导致参数估计结果 $\hat{\boldsymbol{\Theta}}$ 与真实结果相去甚远，已经不适用构建准确的信道模型。

从以上的分析中可以看到，在 $\|\boldsymbol{c}(\boldsymbol{\Omega})\|$ 较小的方向范围内进行参数估计可能会有较大的误差。因此，为了避免定向天线阵列引起的误差，我们有必要明确 SAGE 算法返回可靠结果的方向估计范围(Direction Estimation Range，DER)。设定 DER 的目的是禁止 SAGE 在 $\|\boldsymbol{c}(\boldsymbol{\Omega})\|$ 较小的范围内估计方向区域中的任何路径。在确定 DER 时，需要考虑阵列增益在方位角和仰俯角上的确切形状。因此，这里引入了一个“天线增益动态范围(DRAG)”的新参数，用 γ_{a} 表示，定义为天线增益与天线增益最大值之间的差距。接下来，我们讨论设置 DRAG 的方法。

显然 γ_{a} 一定包含在$[-\gamma_{\max},0]$内，其中，$\gamma_{\max}$计算如下：

$$\gamma_{\max}=10\lg\frac{\max(\|\boldsymbol{c}(\boldsymbol{\Omega})\|;\boldsymbol{\Omega}\in \mathrm{S}^3)}{\min(\|\boldsymbol{c}(\boldsymbol{\Omega})\|;\boldsymbol{\Omega}\in \mathrm{S}^3)} \tag{3.5.12}$$

S^3 是一个单位球。根据经验，一个合适的 γ_{a} 的选择由①每条路径的 $\mathrm{SNR}\gamma_{\mathrm{p},l}=10\lg P_l/\sigma_w^2$(其中包括了测量设备的热噪声)；②接收端灵敏性决定的固有动态范围 γ_{i} 等因素共同决定。为了保证 SAGE 算法返回的参数估计值有效，各个路径应该满足下面的不等式：

$$\gamma_{\mathrm{a}}+\gamma_{\mathrm{p},l}\geqslant\gamma_{\mathrm{i}},\quad l\in[1,\cdots,L] \tag{3.5.13}$$

因此，γ_{a} 的下界可确定为

$$\gamma_{\mathrm{a}}\geqslant\gamma_{\mathrm{i}}-\gamma_{\mathrm{p}} \tag{3.5.14}$$

其中，$\gamma_{\mathrm{p}}=\max\{\gamma_{\mathrm{p},l};l\in[1,\cdots,L]\}$。获取 γ_{p} 的经验方法是使用 SAGE 估算单个路径，并使用路径功率的估计来计算 γ_{p}。

基于上述分析，确定 DRAG 和 DER 的过程包含三个步骤：① 针对给定的测量数据，估计单个路径并获得 γ_{p}；② 明确 γ_{i}，它取决于测量设备的规格；③ 根据式(3.5.14)计算 γ_{a} 的下限，并将 DER 确定为在定向天线的增益方向图上由 DRAG 高度处的轮廓所包围的区域。

我们进行蒙特卡洛模拟以研究不同 DRAG 设置对 SAGE 性能的影响。接收信号是由 1×4 配置的 SIMO 系统生成的，该系统具有全向发射天线和在接收端中实际存在的 4×1 贴片天线阵列。图 3-6 描绘了一个 LTE 基站所使用的 4×1 贴片天线阵列的阵列增益方向图，该图是基于在暗室中测量的天线的响应计算得到的。可以观察到，当方位角为－150°～－50°，仰俯角为80°～ 100°时，接收阵列表现出较高的增益。

在仿真时，γ_{p} 和 γ_{a} 被视为两个参数。在每一个信道观测快拍中，所指定的 γ_{p} 用于产生白高斯噪声分量。仿真中，共假设信道内有 10 条传播路径，这些路径的方位角和仰俯角均在指定的 γ_{a} 的方向范围内。然后，通过选择合适的 γ_{a} 来满足不等式 $\gamma_{\mathrm{a}}>\gamma_{\mathrm{p}}$，我们利用 SAGE 算法提取 10 条路径的参数。之后显示的仿真结果根据 $\gamma_{\mathrm{a}}\in[-12,\cdots,-3]$dB 逐一获得。

为了评估 SAGE 的估计结果是否与实际值一致，我们引入环境表征度量(ECM) $\boldsymbol{C}$[56]，它的计算方法如下：

$$\boldsymbol{C}=\left(\sum_{l=1}^{L}P_l\right)^{-1}\sum_{l=1}^{L}P_l(\boldsymbol{\Omega}_l-\bar{\boldsymbol{\Omega}})(\boldsymbol{\Omega}_l-\bar{\boldsymbol{\Omega}})^{\mathrm{T}} \tag{3.5.15}$$

其中，$P_l=|\alpha_l|^2$，$(\cdot)^{\mathrm{T}}$ 表示转置运算符并且

$$\bar{\boldsymbol{\Omega}}_l=\left(\sum_{l=1}^{L}P_l\right)^{-1}\sum_{l=1}^{L}P_l\boldsymbol{\Omega}_l$$

使用 $\boldsymbol{C}_{\mathrm{tru}}$ 和 $\boldsymbol{C}_{\mathrm{est}}$ 来分别表示真实信道和估计信道的 ECM，两个信道之间偏差的度量 ζ 定义为

$$\zeta=10\lg\frac{\det(\boldsymbol{C}_{\mathrm{est}})}{\det(\boldsymbol{C}_{\mathrm{tru}})} \tag{3.5.16}$$

其中，det(·)表示给定方阵的行列式，即方阵特征值的乘积。这里考虑的 $\boldsymbol{C}$ 的特征值表示信道在多维参数空间中的扩散。因此，当得到一个负的 ζ 时，估计信道的扩散小于真实信道的扩散。当 ζ 为正值时，估计信道的扩散大于真实信道的扩散。

图 3-7 描述了 $\gamma_{\mathrm{a}}\in[-12,\cdots,-3]$dB 和 $\gamma_{\mathrm{p}}\in[30,40,\cdots,70]$dB 下 ζ 的仿真结果。对于 γ_{a} 和 γ_{p} 的每个组合，我们执行 200 个快拍以获取 ζ 的平均值。从图 3-7 中可观察到，当 γ_{p} 大于 50 dB 时，$\zeta\approx0$ dB，表示估计信道和合成信道几乎相同。当 γ_{p} 低于 50 dB 时，ζ 为负，同时当 γ_{p} 降低时，它的绝对值增大。这表明，当信噪比降低和使用方向天线阵列时，伪路径的影响更为显著。

此外，从图 3-7 中可以看出，对于一个确定的 γ_{p}，当 $|\gamma_{\mathrm{a}}|$ 增大时，ζ 的绝对值增大。特别地，对于 $\gamma_{\mathrm{a}}>-6$ dB，我们发现偏差 $|\zeta|<6$ dB，从经验的角度来看，我们认为这是可以接受的。同样值得一提的是，从这些仿真结果中可以看出，ζ 通常取负值，这意味着在参数空间中估计信道比真实信道更集中。我们之所以推测出这样的结果，是因为当获得一个伪路径时，它通常很大，以至于估计得到的信道功率谱更集中于伪路径所在的位置。

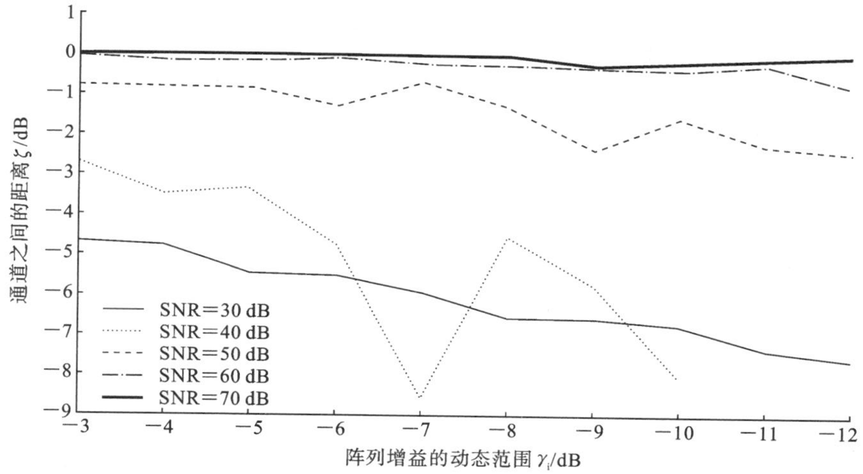

图 3-7 真实信道与估计信道之间的偏差随着参数 DRAG 变化的情况

接下来，我们采用实测数据来对上述理论进行实践并对其效果进行验证。在此使用的测量数据是由伊莱比特 Elektrobit 公司和维也纳技术大学在 2005 年联合开展的一项活动中在芬兰的奥卢(Oulu)大学的一栋建筑里使用宽带 MIMO 测量仪 PROP-Sound 采集的。图 3-8 绘制了在测量中用在发射端和接收端的 50 个单元的天线阵列的照片，以及阵列天线阵元的序号。其中，来自序号 19 到 36 的 18 个天线在测量时未在接收端使用。因此，在一个测量周期中总共测量了 50×32=1600 个空间子信道。我

们选择一个周期内的数据进行实验评估。数据处理针对三个场景进行。在第一个场景中，考虑了 50×32 个子信道；在第二个场景和第三个场景中，仅考虑 50×10 个子信道。在接收端中选择的 10 组天线的指标在图 3-8(b)中用下划线粗体标记。图 3-8(c)和图 3-8(d)分别显示了 32 个单元的天线阵列和 10 个单元的天线子阵列的增益。可以观察到，当考虑 32 个天线时，接收天线的增益在方位角[0°,360°)内是均匀的；当只考虑 10 个天线时，天线增益表现出一定的方向性。注意到图 3-8(c)和图 3-8(d)中的深浅只用来表示天线阵列复合增益的形状，并不代表增益的幅值。

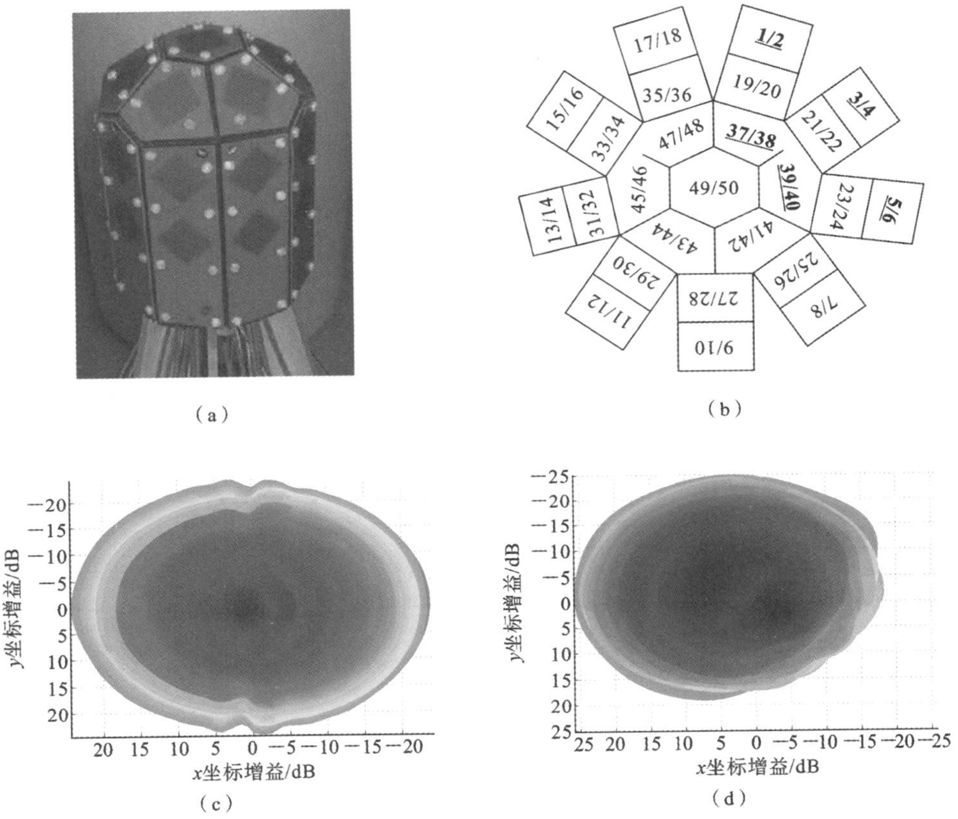

图 3-8 测试实例。(a) **测试中采用的天线阵列的照片**(b) **阵列阵元的索引分配**(c)**具有全向特点的天线阵列符合增益**(d)**具有方向性的天线阵列符合增益**

图 3-9 绘制了第一个场景中的 1600 个子信道的功率时延谱(PDP)的平均值。因为 32 个单元的天线阵列几乎是全向的，因此，在不考虑作用方向的情况下，可以以恒定的阵列增益实际获得图 3-9 中的 PDP。因此，我们将图 3-9 中确定的最大信噪比作为 γ_p 的取值，即 $\gamma_p=30$ dB。因此，DRAGγ_a 的下界可以设定为 γ_i-30 dB，其中，考虑 $\gamma_i=20$[57]。

我们应用 SAGE 算法来估计多径多维参数，即波离方向、波达方向、时延和使用 50×32 个或 50×10 个子信道的 10 条路径的复衰减损耗系数。在后一种情况下，考虑接收天线[−2,−9] dB 范围内的 DRAG γ_a，对 AoA 和 EoA 估计范围提出了相应的限制。

图 3-10(a)～(f)显示了 3 种情况下估计得到的 10 条路径在 DoA、DoD、时延和复

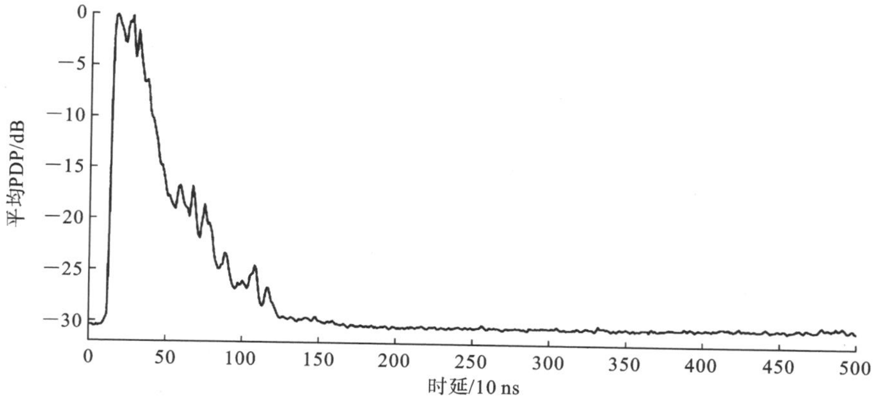

图 3-9 在一个 MIMO 测量周期里观察到的子信道的平均 PDP

衰减幅值方面的分布情况，即情况 1，使用 50×32 个子信道；情况 2，使用 50×10 个子信道，并且 $\gamma_a=-8$ dB；情况 3，使用 50×10 个子信道，并且 $\gamma_a=-9$ dB。图中点的深浅不同表示代表不同时延估计数值。点的大小则以分贝为单位表示复衰减的幅值。从图 3-10(a)中可以看出，当考虑所有 32 个接收天线时，两组路径可以在 DoA 中分开。然而，当只使用 10 个接收天线时，两组路径在 AoA 为[160°,170°]的范围中无法被分辨，详见图 3-10(c)。此外，从图 3-10(c)中可以观察到：① 位于 AoA 0°的点既在图 3-10(a)描述的第一种情况中出现，也出现在了图 3-10(c)所示的第二种情况中；② 可以看到有一组较低幅值的新的路径能够在 AoA 为[−164°,92°]的范围内、EoA 为[−62°,90°]的范围内估计得到。这些发现显示了 AoA 的估计受限于有限的范围，当 $\gamma_a>-8$ dB 时，这个区域中的真实路径仍可被估计，并且低幅值的新路径也可被发现。然而，从图 3-10(e)中我们发现，当 $\gamma_a=-9$ dB，导致选中的 AoA 为[−178°,102°]的范围，EoA 为[−64°,90°]的范围时，我们获得了一条具有很大幅值的伪路径。这些结果进一步显著说明了在测量中使用定向阵列时，为了参数估计的正确性，定义合适的 DRAG 的必要性。

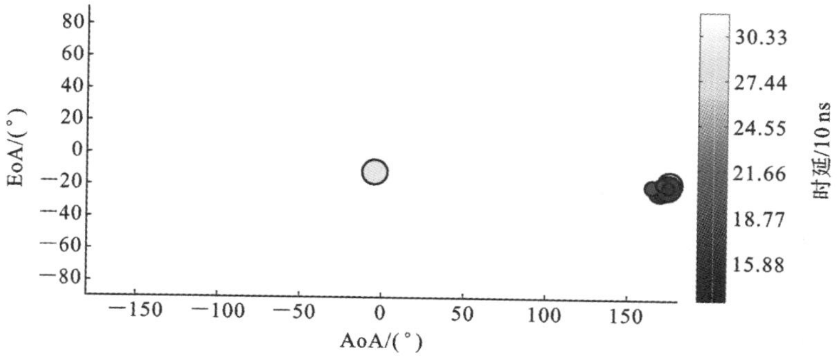

(a)

图 3-10 使用不同接收端子天线阵列情况下，得到的多径 SAGE 参数估计结果之间的对比：(a)与(b)：基于 50×32 MIMO 配置得到的子信道数据；(c)与(d)：基于 50×10 MIMO 配置得到的子信道数据，此时 $\gamma_a=-8$ dB；(e)与(f)，基于 50×10 MIMO 配置得到的子信道数据，此时 $\gamma_a=-9$ dB

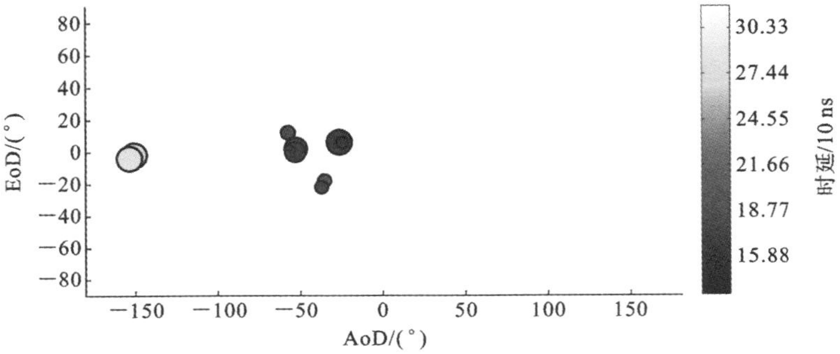
EoD/(°)
80
60
40
20
0
−20
−40
−60
−80
−150 −100 −50 0 50 100 150
AoD/(°)
30.33
27.44
24.55
21.66
18.77
15.88
时延/10 ns

(b)

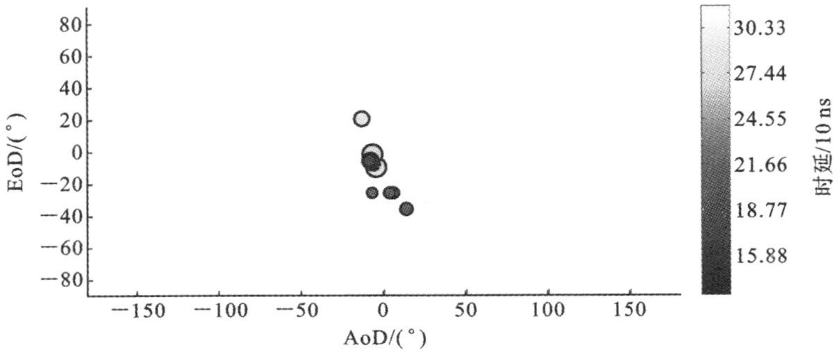
EoD/(°)
80
60
40
20
0
−20
−40
−60
−80
−150 −100 −50 0 50 100 150
AoD/(°)
30.33
27.44
24.55
21.66
18.77
15.88
时延/10 ns

(c)

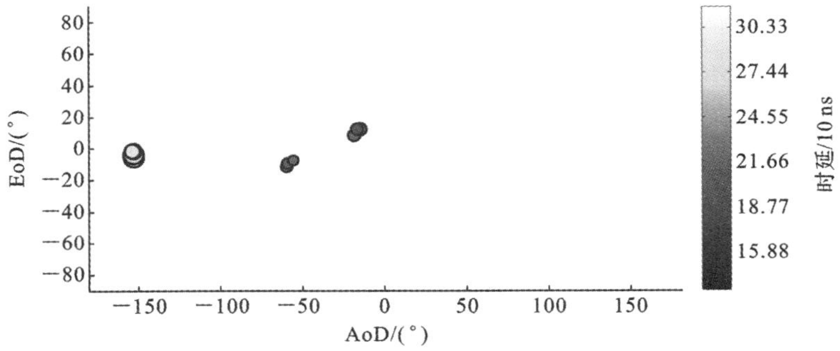
EoD/(°)
80
60
40
20
0
−20
−40
−60
−80
−150 −100 −50 0 50 100 150
AoD/(°)
30.33
27.44
24.55
21.66
18.77
15.88
时延/10 ns

(d)

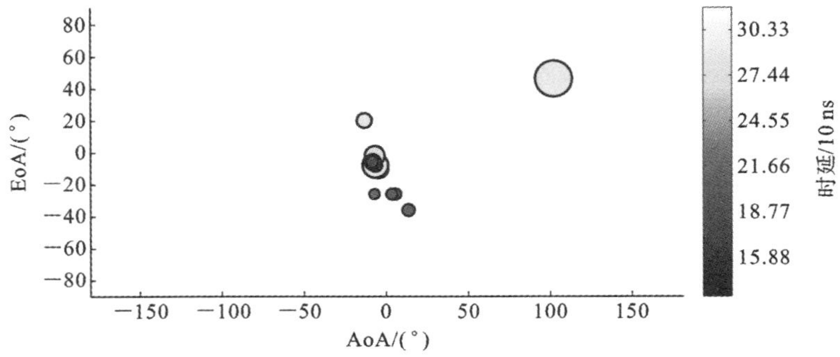
EoA/(°)
80
60
40
20
0
−20
−40
−60
−80
−150 −100 −50 0 50 100 150
AoA/(°)
30.33
27.44
24.55
21.66
18.77
15.88
时延/10 ns

(e)

续图 3-10

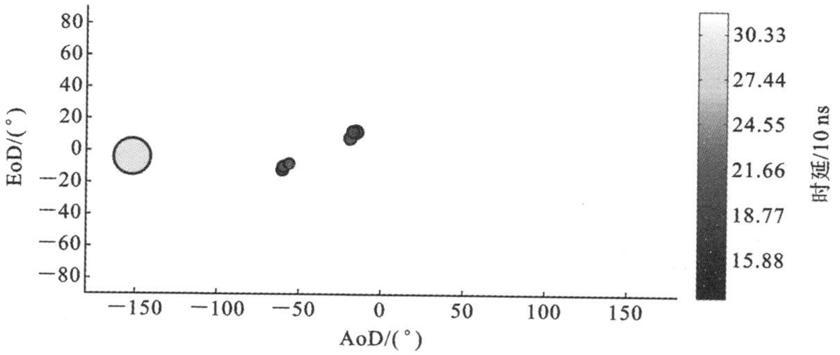

(f)

续图 3-10

3.6 信道测量中切换模式的选取

正如第 3.1 节所述,多输入多输出信道测量仪通常工作在时分复用模式下。测量信号被连续馈入发射端阵列单元端口,并且当这些单元中的任何一个发送信号时,接收端的天线单元端口会进行连续感知。在这里一些术语被用于描述 TDM 模式:一个"单元对"代表的是位于一侧的发射端阵列中的一个单元和位于另一侧的接收端阵列中的一个单元的组合;一个"测量周期"是指所有的"单元对"被切换一次的过程;"周期间隔"是两个连续测量周期起始点之间的间隔;"切换间隔"指一个测量周期内两个连续感知周期起始点之间的间隔;"周期速率"和"切换速率"分别是周期间隔和切换间隔的倒数。切换速率和周期速率的比值最小等于收发两个阵列单元数量的乘积。

传统上认为,使用 TDM-多输入多输出测量技术所能估计的最大绝对多普勒频移等于周期速率的一半。因此,通过保持切换速率不变,阵列中单元数目较大将导致周期速率降低,并因此导致多普勒频移估计范围(Doppler frequency-drift estimation range, DFER)减小。

在本节中,我们将展示使用 TDM-多输入多输出测量技术所能估计的最大绝对多普勒频移实际上等于切换速率的一半。扩大的 DFER 与阵列的单元数目无关。该结论是在预先知道除多普勒频移外的其他参数的条件下得出的。当这些参数未知且需要估计时,DFER 的扩展也许会导致多普勒频移及方向(DoD 和 DoA)估计的模糊(ambiguity)。当切换模式,即阵列单元切换的时间顺序选择不当时,会发生这种情况。此外,本节也将分析在 TDM-多输入多输出测量中使用 SAGE 算法时,阵列的切换模式对多普勒频移和方向联合估计的影响,介绍优化切换模式的大体原则,感兴趣的读者还可以参阅[58-60]寻找更多细节信息。

3.6.1 信道测量的切换模式

图 3-11 描述了本节所定义并加以讨论的 TDM 模式中测量传播信道所使用的时间复用结构。为了全面地描述开关阵列的切换模式,首先需要定义始终固定不变的天线阵列单元的空间顺序。对均匀的线性阵列而言,比较自然的空间单元序号分配,是根据从一端开始到另一端结束的线性的单元顺序进行的。类似的,均匀平面阵列的自然单

元序号,可以首先由单元的“行”序确定,然后由单元在其所在行内的“列”序确定。更为复杂的阵列排序可以通过以此类推的方式进行。

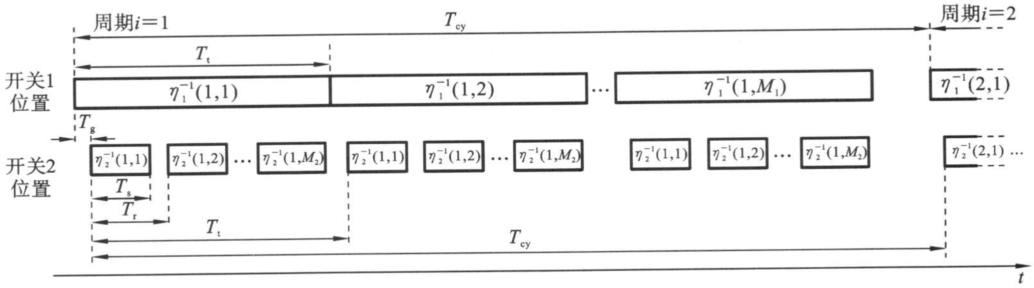

图 3-11　本节考虑的 TDM 时分复用模式

一个周期内,阵列的切换模式完全是由单元序号的排列来定义的。我们采用 $\eta_k(i,\cdot)$来描述第 i 个周期内阵列 $\boldsymbol{k}$(即第 k 个阵列)的切换模式的一个排列。参考图 3-11,在第 i 个周期中,切换到单元对(m_1,m_2)的时段的起始点可以计算为

$$t_{i,m_1,m_2}\doteq\left(i-\frac{I+1}{2}\right)T_{\mathrm{cy}}+\left(\eta_1(i,m_1)-\frac{M_1+1}{2}\right)T_{\mathrm{t}}+\left(\eta_2(i,m_2)-\frac{M_2+1}{2}\right)T_{\mathrm{r}} \tag{3.6.1}$$

显然,$\eta_k(i,m_k)$是阵列 $\boldsymbol{k}$ 的第 m_k 个单元在第 i 个周期中被切换到的时段的时间序号,此处 $m_k=1,\cdots,M_k$。因此,$\eta_k(i,\cdot)$的作用是将空间指标(序号)映射在时间指标(序号)上。于是,$\eta_k(i,\cdot)$的逆映射 $\eta_k^{-1}(i,\cdot)$(见图 3-11)则决定了第 i 个周期中,阵列 $\boldsymbol{k}$ 的单元依时间次序切换的空间序号。注意在每个周期中,阵列 2 的切换模式并不依赖于阵列 1 中的哪一个单元正处于活跃状态,即 $\eta_2(i,\cdot)$不依赖于 m_1。因此,为了方便标识和表述,我们用向量

$$\boldsymbol{\eta}_k(i)=[\eta_k(i,m_k),m_k=1,\cdots,M_k]$$

来确定排列 $\eta_k(i,\cdot)$。如果 $\boldsymbol{\eta}_k(i)=\eta_k(i=1,\cdots,I)$则该切换模式被称为周期独立的,即在所有考虑的周期里 $\boldsymbol{\eta}_k(i)$不会发生变化。完全一致的转换模式则是以天线阵列的空间顺序,来依次在时间上切换阵列 $\boldsymbol{k}$ 中的单元的。

根据本书前面章节所描述的,射频开关 2 处输出的标量信号,可以用下式来描述:

$$\boldsymbol{Y}(t)=\sum_{l=1}^{L}\boldsymbol{s}(t;\boldsymbol{\theta}_l)+\sqrt{\frac{N_0}{2}}q_2(t)\boldsymbol{W}(t) \tag{3.6.2}$$

为了使表达简洁,我们用标量 α_l 代替路径 l 的极化矩阵 $\boldsymbol{A}_l$,代表该传播路径的权值。在这种情况下,接收信号中沿第 l 条路径传播的波分量可以表述为

$$\boldsymbol{s}(t;\boldsymbol{\theta}_l)=\alpha_l\exp\{\mathrm{j}2\pi\nu_l t\}\boldsymbol{c}_2(\boldsymbol{\Omega}_{2,l})^{\mathrm{T}}\boldsymbol{U}(t;\boldsymbol{\tau}_l)\boldsymbol{c}_1(\boldsymbol{\Omega}_{1,l})$$

3.6.2　TDM 模式下的多普勒频移的估计

在 SAGE 算法的每次迭代中,第 l 条路径的参数估计值在算法的最大化步骤中依次更新。这一步计算中,需要对目标函数$|z(\bar{\boldsymbol{\theta}}_l;\hat{x}_l)|$针对参数取值进行最大化搜索,其中,$\bar{\boldsymbol{\theta}}_l\doteq[\boldsymbol{\Omega}_{1,l},\boldsymbol{\Omega}_{2,l},\tau_l,\nu_l]$表示路径的未知参数,$|\cdot|$表示的是给定的标量或向量的范数。注意,在 $\hat{x}_l(t)=y(t)$的情况下,这里的目标函数和单路径场景中 $\bar{\boldsymbol{\theta}}_l$ 的最大似然估计使用的目标函数是一致的。当极化矩阵被标量 α_l 代替时,函数 $z(\bar{\boldsymbol{\theta}}_l;\hat{x}_l)$可以被重新

表述为

$$z(\bar{\boldsymbol{\theta}}_l;\hat{x}_l) \doteq \tilde{\boldsymbol{c}}_2(\boldsymbol{\Omega}_{2,l})^{\mathrm{H}}\boldsymbol{X}_l(\tau_l,\nu_l;\hat{x}_l)\tilde{\boldsymbol{c}}_1(\boldsymbol{\Omega}_{1,l})^* \tag{3.6.3}$$

其中，$(\cdot)^*$ 表示复共轭，而

$$\tilde{\boldsymbol{c}}_k(\boldsymbol{\Omega}) \doteq |\boldsymbol{c}_k(\boldsymbol{\Omega})|^{-1}\boldsymbol{c}_k(\boldsymbol{\Omega})$$

代表了阵列 $\boldsymbol{k}$ 的归一化表示，$M_2 \times M_1$ 维的矩阵 $\boldsymbol{X}(\tau_l,\nu_l;\hat{x}_l)$ 的每一项可以写为

$$\begin{aligned}\boldsymbol{X}_{l,m_2,m_1}(\tau_l,\nu_l;\hat{x}_l) = \sum_{i=1}^{I}\Big[&\exp\{-\mathrm{j}2\pi\nu_l t_{i,m_1,m_2}\}\\ &\cdot\int_0^{T_{\mathrm{sc}}}\bar{u}(t-\tau_l)\exp\{-\mathrm{j}2\pi\nu_l t\}\hat{x}_l(t+t_{i,m_1,m_2})\mathrm{d}t\Big]\end{aligned} \tag{3.6.4}$$

其中，$m_k=1,\cdots,M_k$，$k=1,2$。其中，$\hat{x}_l(t) = y(t) - \sum_{l'=1,l'\neq l}^{L}\boldsymbol{s}(t;\hat{\boldsymbol{\theta}}_{l'})$ 是可采隐含数据 X_l 的一个估计，其中的 $\hat{\boldsymbol{\theta}}_{l'}$ 代表的是 $\boldsymbol{\theta}_{l'}$ 的当前估计。

接下来我们分析目标函数与多普勒频移、DoD 和 DoA 的关系。为了简单起见，我们首先做以下四个假设。

(1) 天线阵列单元都具有全向的辐射方向图。

(2) 一个感应时间段 T_s 内由于多普勒频移造成的相位改变很小，以至于可以忽略不计，即其中的 $\exp\{-\mathrm{j}2\pi\nu_l t\}$项可以设置为 1。忽略在一个感应时段内多普勒频移带来的微小的相位变化，其对于多普勒频移估计性能的影响被证明是非常小的，以至于可以忽略。

(3) 假设在路径 l 的期望步骤(E-step)中，由路径 l'，$l'\in\{1,\cdots,L\}/\{l\}$，造成的剩余干扰在计算 $\hat{x}_l(t)$的估计值时可以忽略不计，即我们可以认为如下表达是完全成立的：

$$\hat{x}_l(t) = \boldsymbol{s}(t;\boldsymbol{\theta}_l) + \sqrt{\frac{N_0}{2}}q_2(t)\boldsymbol{W}(t)$$

在该假设下，路径 l 的最大化步骤(M-step)可以由等效信号模型导出，其中只存在路径 l。如果我们进一步把注意力放在一条特定路径上，不失一般性地将其选作路径 1，那么令 $L=1$，便可求解路径 1 的最大化步骤的等效信号模型。在这种情况下，$\hat{x}_1(t)=y(t)$，$\bar{\boldsymbol{\theta}}_1$ 的最大似然估计在最大化步骤中被计算得出。为了方便表述，我们接下来删去路径 1 的标号。

(4) 由于重点是针对路径的多普勒频移、DoD 和 DoA 进行估计，因此，我们进一步假设 SAGE 算法已经完美地估计了路径 1 的时延或事先已经准确获得了该信息。

于是，在上述假设下，可以将 $z(\bar{\boldsymbol{\theta}};y)$ 简化为一个关于 $\boldsymbol{\Omega}_1$、$\boldsymbol{\Omega}_2$ 和 ν 的函数，如下式所示：

$$\begin{aligned}z(\nu,\boldsymbol{\Omega}_1,\boldsymbol{\Omega}_2;y) = \sum_{i=1}^{I}\sum_{m_2=1}^{M_2}\sum_{m_1=1}^{M_1}&\tilde{c}_{1,m_1}(\boldsymbol{\Omega}_1)^*\,\bar{\tilde{c}}_{2,m_2}(\boldsymbol{\Omega}_2)^*\\ &\cdot\exp\{-\mathrm{j}2\pi\nu t_{i,m_1,m_2}\}\int_0^{T_{\mathrm{sc}}}u(t-\tau')^*\,y(t+t_{i,m_1,m_2})\mathrm{d}t\end{aligned} \tag{3.6.5}$$

其中，带有符号$(\cdot)'$的参数是作为自变量给出的参数的真实数值。

为了分析目标函数与多普勒频移的关系，我们考虑 $\boldsymbol{\theta}$ 中除 ν 和 α 以外其他所有参数均为已知的情况。基于该假设，式(3.6.5)中的 $z(\nu,\boldsymbol{\Omega}_1,\boldsymbol{\Omega}_2;y)$可以进一步简化为一

个仅关于多普勒频移的函数，由下式给出：

$$z(\nu;y)=\sum_{i=1}^{I}\sum_{m_2=1}^{M_2}\sum_{m_1=1}^{M_1}\tilde{c}_{1,m_1}(\boldsymbol{\Omega}'_1)^*\tilde{c}_{2,m_2}(\boldsymbol{\Omega}'_2)^* \cdot \exp\{-\mathrm{j}2\pi\nu t_{i,m_2,m_1}\}\int_0^{T_{sc}}u(t-\tau')^*y(t+t_{i,m_2,m_1})\mathrm{d}t \quad (3.6.6)$$

多普勒频移估计值 $\hat{\nu}$ 通过关于 ν 的最大化函数 $|z(\nu;y)|$ 获得。我们假设 $c_{k,m_k}(\boldsymbol{\Omega})\doteq c_k(\boldsymbol{\Omega})$，$m_k=1,\cdots,M_k$，$k=1,2$，于是 $|z(\nu;y)|$ 可以写为

$$|z(\nu;y)|=a\cdot\left|\left[\sum_{i=1}^{I}\sum_{m_2=1}^{M_2}\sum_{m_1=1}^{M_1}\frac{\exp\{\mathrm{j}2\pi(\nu'-\nu)t_{i,m_2,m_1}\}}{IM_2M_1}+V(\nu)\right]\right| \quad (3.6.7)$$

其中，$a\doteq I\sqrt{M_2M_1}PT_{sc}|\alpha||c_1(\boldsymbol{\Omega}_{1'})||c_2(\boldsymbol{\Omega}_{2'})|$。在 a 的表达式中，P 代表的是发射信号 $u(t)$ 的功率，式中的噪声项 $V(\nu)$ 为（推导过程见附录）

$$V(\nu)=\frac{1}{\sqrt{IM_2M_1\gamma_o}}\sum_{i=1}^{I}\sum_{m_2=1}^{M_2}\sum_{m_1=1}^{M_1}W'_{i,m_2,m_1}\exp\{-\mathrm{j}2\pi\nu t_{i,m_2,m_1}\}$$

其中，W'_{i,m_2,m_1}，$i=1,\cdots,I$，$m_k=1,\cdots,M_k$，$k=1,2$ 是具有单位方差的独立复数圆对称分布的随机变量，而

$$\gamma_o\doteq\frac{IM_2M_1P|\alpha|^2|c_1(\boldsymbol{\Omega}'_1)|^2|c_2(\boldsymbol{\Omega}'_2)|^2}{(N_0/T_{sc})}$$

表示 $z(\nu;y)$ 中的信噪比。

用式中 t_{i,m_2,m_1} 的显式代替式(3.6.7)中的 t_{i,m_2,m_1}，可以得到

$$|z(\nu;y)|=a\cdot|F(\nu-\nu')+V(\nu)| \quad (3.6.8)$$

其中，

$$F(\nu)=F_{cy}(\nu)F_t(\nu)F_r(\nu) \quad (3.6.9)$$

且

$$F_{cy}(\nu)\doteq\frac{\sin(\pi\nu IT_{cy})}{I\sin(\pi\nu T_{cy})},\quad F_t(\nu)\doteq\frac{\sin(\pi\nu M_1T_t)}{M_1\sin(\pi\nu T_t)},\quad F_r(\nu)\doteq\frac{\sin(\pi\nu M_2T_r)}{M_2\sin(\pi\nu T_r)} \quad (3.6.10)$$

作为样例，图 3-12 展示了 $|F_{cy}(\nu)|$、$|F_t(\nu)|$、$|F_r(\nu)|$ 和 $|F(\nu)|$ 的图像。该结果是利用表 3-1 中的参数仿真计算得到的。

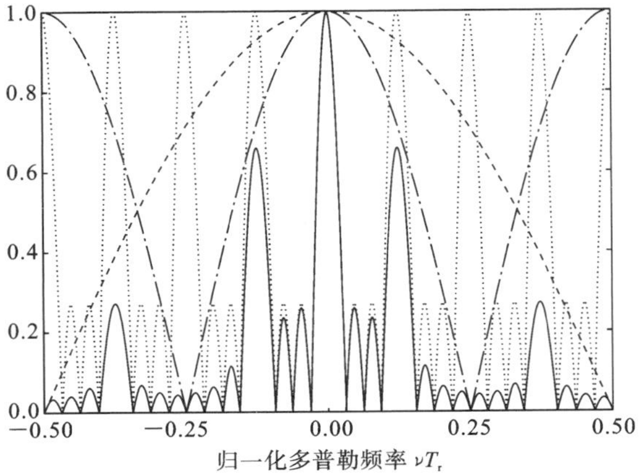

图 3-12　采用表 3-1 中的参数仿真计算得到的 $|F_{cy}(\nu)|$（点线）、$|F_t(\nu)|$（点画线）、$|F_r(\nu)|$（虚线）和 $|F(\nu)|$（实线）图像

表 3-1 仿真中的参数设置

I	M_1	M_2	T_{cy}/ms	T_t/μs	T_r/μs	ν/Hz
4	2	2	3.264	816	408	0

我们可以从图 3-12 中观察到，$|F(\nu)|$表现出和$|F_r(\nu)|$相同的周期，即 $1/T_r$。由于目标函数式(3.6.8)也是周期性的，并且在没有噪声的情况下和$|F(\nu)|$保持一致，因此使用式(3.6.8)得到的多普勒频移的有效估计范围为$[-1/(2T_r), +1/(2T_r)]$，即能够估计的最大多普勒频移等于切换速率(感应间隔的倒数)的一半。

3.6.3 参数估计的模糊度

第 3.6.2 节中的分析是在假设除多普勒频移 ν 和复振幅 α 外的参数已知的情况下进行的。在实际应用中，这种假设并不总能成立。

在本节中，我们将推导并分析当方向 $\boldsymbol{\Omega}_1$ 和 $\boldsymbol{\Omega}_2$ 未知，需要和多普勒频移进行联合估计时的目标函数。在这种假定下，通过删去目标函数式(3.6.5)中的常数项，用$(IM_1M_2)^{-1}$对其归一化，式(3.6.5)能够计算为

$$z(\nu,\boldsymbol{\Omega}_1,\boldsymbol{\Omega}_2;y) = \sum_{i=1}^{I} R_i(\breve{\nu}) S_i(\breve{\boldsymbol{\Omega}}_1,\breve{\nu}) T_i(\breve{\boldsymbol{\Omega}}_2,\breve{\nu}) + V(\nu,\boldsymbol{\Omega}_1,\boldsymbol{\Omega}_2) \tag{3.6.11}$$

其中，$\breve{a} \doteq a' - a$，a 可以替换为 ν、$\boldsymbol{\Omega}_1$、$\boldsymbol{\Omega}_2$，且 $R_i(\breve{\nu})$、$S_i(\breve{\boldsymbol{\Omega}}_1,\breve{\nu})$、$T_i(\breve{\boldsymbol{\Omega}}_2,\breve{\nu})$的表达式分别为

$$R_i(\breve{\nu}) \doteq \frac{1}{I}\exp\left\{\mathrm{j}2\pi\breve{\nu}\left(i-\frac{I+1}{2}\right)T_{cy}\right\}$$

$$S_i(\breve{\boldsymbol{\Omega}}_1,\breve{\nu}) \doteq \frac{1}{M_1}\sum_{m_1=1}^{M_1}\exp\left\{\mathrm{j}2\pi\frac{\breve{\boldsymbol{\Omega}}_1^{\mathrm{T}} r_{1,m_1}}{\lambda} + \mathrm{j}2\pi\breve{\nu}\left(\eta_1(i,m_1) - \frac{M_1+1}{2}\right)T_t\right\}$$

$$T_i(\breve{\boldsymbol{\Omega}}_2,\breve{\nu}) \doteq \frac{1}{M_2}\sum_{m_2=1}^{M_2}\exp\left\{\mathrm{j}2\pi\frac{\breve{\boldsymbol{\Omega}}_2^{\mathrm{T}} r_{2,m_2}}{\lambda} + \mathrm{j}2\pi\breve{\nu}\left(\eta_2(i,m_2) - \frac{M_2+1}{2}\right)T_r\right\}$$

(3.6.12)

其中，噪声项 $V(\nu,\boldsymbol{\Omega}_1,\boldsymbol{\Omega}_2)$能够近似为 $V(\nu)$。此外，值得注意的是，从 $S_i(\breve{\boldsymbol{\Omega}}_1,\breve{\nu})$和 $T_i(\breve{\boldsymbol{\Omega}}_2,\breve{\nu})$的指数项表达式中可以看到，DoD 和多普勒频移所带来的相位变化总量与 $\eta_1(i,\cdot)$的选择密切相关，DoA 和多普勒频移所带来的相位变化总量与 $\eta_2(i,\cdot)$的选择密切相关。这种情况揭示了时间和空间上的联合切换，有可能会导致信道在空间上造成的相位变化和在时间上造成的相位变化之间难以区分，因此影响到方向和多普勒频移的联合估计。

3.6.4 案例研究：均匀线性阵列测量 TDM-单输入多输出信道

在本节中，我们将研究上文所提到的空间与时间上的相位变化由于切换模式产生的难以区分的情况。我们从推导特定的切换模式下，多普勒频移和方向的最大似然估计的目标函数入手。为了使讨论更加简单，我们把注意力限制在一种特殊的 SIMO 情况下，其中，阵列 1 包含一个阵元($M_1=1$)，阵列 2 具有多个阵元且是均匀线性的。在这种情况下，DoD 无法被估计，式(3.6.11)简化为

$$z(\nu,\boldsymbol{\Omega}_2;y) = \sum_{i=1}^{I} R_i(\breve{\nu}) T_i(\breve{\boldsymbol{\Omega}}_2,\breve{\nu}) + V(\nu,\boldsymbol{\Omega}_2) \tag{3.6.13}$$

接下来我们研究无噪声的情况($V(\nu,\boldsymbol{\Omega}_2)=0$)下,$z(\nu,\boldsymbol{\Omega}_2;y)$的绝对值的表达式。假设阵列 2 包含的 M_2 个阵元等间距,且天线单元均为各向同性的,则它们的位置表示为

$$\boldsymbol{r}_{2,m_2}=\left[\frac{m_2\lambda}{2},0,0\right]^{\mathrm{T}},\quad m_2=1,\cdots,M_2$$

该阵列在方向域上的响应,可以通过内积来计算:

$$\boldsymbol{\Omega}_2^{\mathrm{T}}\boldsymbol{r}_{2,m_2}=\omega\frac{m_2\lambda_0}{2},\quad m_2=1,\cdots,M_2$$

其中,$\omega\doteq\cos(\phi_2)\sin(\theta_2)$。注意到参数 ω 可以理解为空间频率。它也能被写作 $\omega=\cos(\psi)$,其中,ψ 是入射方向和阵列轴向间的夹角。注意到该角度和之前所提到的水平方向角是不同的,并且是在采用线性均匀阵列的情况下,入射方向 $\boldsymbol{\Omega}_2$ 能够被唯一确定的角度特征。

在这个例子中,式(3.6.13)的绝对值可以表示为

$$|z(\nu,\boldsymbol{\Omega}_2;y)|=|z(\breve{\nu},\breve{\omega};y)| \tag{3.6.14}$$

如果切换模式是周期独立的,式右边的表达式能够根据下式进行因式分解:

$$|z(\breve{\nu},\breve{\omega};y)|=|G(\breve{\nu})|\cdot|T(\breve{\omega},\breve{\nu})| \tag{3.6.15}$$

其中,

$$G(\breve{\nu})\doteq\frac{\sin(\pi\breve{\nu}IT_{\mathrm{cy}})}{I\sin(\pi\breve{\nu}T_{\mathrm{cy}})}$$

$$T(\breve{\omega},\breve{\nu})\doteq\frac{1}{M_2}\sum_{m_2=1}^{M_2}\exp\left\{\mathrm{j}m_2\pi\breve{\omega}+\mathrm{j}2\pi\breve{\nu}\left[\eta_2(m_2)-\frac{M_2+1}{2}\right]T_{\mathrm{r}}\right\}$$

利用上述表达式,我们来研究对于该 TDM-SIMO 测量系统而言,在设定如表 3-2 中所示的单一入射波的场景下,不同的切换模式对式(3.6.15)的影响。波垂直于阵列轴向入射,它的多普勒频移为 0 Hz。从式(3.6.14)中可以看到,目标函数仅仅依赖于相较实际值的多普勒频移偏移,因此在$\left(-\frac{1}{2T_{\mathrm{r}}},\frac{1}{2T_{\mathrm{r}}}\right]$范围内,实际多普勒频移的选择并不重要,亦可视为无关。图 3-13(a)、(b)和(c)分别描绘了当采用传统的、完全一致的切换模式时,式(3.6.15)中$|G(\breve{\nu})|$、$|T(\breve{\omega},\breve{\nu})|$和$|z(\breve{\nu},\breve{\omega};y)|$的图像。注意此时$\breve{\nu}$的范围是$\left(-\frac{1}{2T_{\mathrm{r}}},\frac{1}{2T_{\mathrm{r}}}\right]=(-200,200]$ Hz。

表 3-2 举例分析:TDM-SIMO 系统的参数设定为入射波的参数

I	M_1	M_2	R	T_{cy}/s	ν'/Hz	ω'
8	1	8	1	0.02	0	0

显然,$|G(\breve{\nu})|$的周期 $1/T_{\mathrm{cy}}=50$ Hz。当$|T(\breve{\omega},\breve{\nu})|$等于其最大值(为 1)时,$(\breve{\nu},\breve{\omega})$的轨迹是直线$\breve{\omega}=\breve{\nu}T_{\mathrm{r}}$。由图 3-13(c)可见,这两个函数的乘积,即$|z(\breve{\nu},\breve{\omega};y)|$,沿上述直线关于$\breve{\nu}$显示出多个极大值,相邻极大值的间隔为 $1/T_{\mathrm{cy}}$。这些极大值导致了当 DFER 被选作$\left(-\frac{1}{2T_{\mathrm{r}}},\frac{1}{2T_{\mathrm{r}}}\right]$时,多普勒频移和 DoA 联合最大似然估计具有明显的模糊性,即不存在唯一的似然极大值。但是,如果$\breve{\nu}\in\left(-\frac{1}{2T_{\mathrm{cy}}},\frac{1}{2T_{\mathrm{cy}}}\right]$,$|z(\breve{\nu},\breve{\omega};y)|$就会显示出唯一的极大值。因此,如果使用这种切换模式,为了避免模糊性问题,DFER 不得不限制

为上述较小的间隔。

图 3-13(d)和图 3-13(e)分别展示了周期独立切换模式($\eta_2=[4,2,1,8,5,7,3,6]$)以及周期相关的随机选择切换模式($|z(\breve{\nu},\breve{\omega};y)|$)下的图像，通过选择切换模式，$|z(\breve{\nu},\breve{\omega};y)|$显示出了唯一的最大值，因而没有出现模糊性的问题。我们还可以清楚地看到，当切换模式是周期独立的时，图 3-13(d)中所描绘的$|G(\breve{\nu})|$的最大值轨迹处的旁瓣条纹，显示了$|G(\breve{\nu})|$的周期性对于目标函数的影响。如图 3-13(e)所示，当使用周期相关的切换模式时，这种情形就完全消失了。并且，第三个被描绘的目标函数的旁瓣相比第二个目标函数的旁瓣幅值更低。

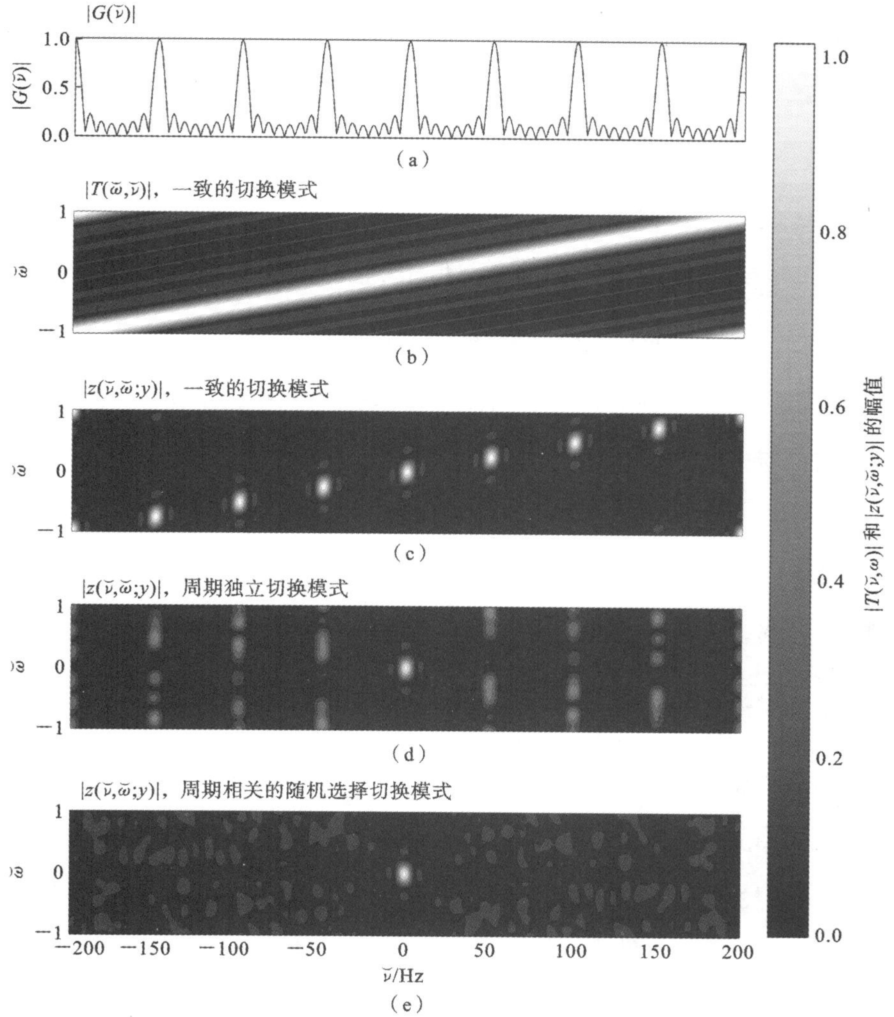

图 3-13　采用最大似然估计方法联合估计多普勒频移和 DOA 时的目标函数（采用 TDM-SIMO 模式以及线性天线阵列），其中，切换模式为(a)～(c) $\eta_2=[1,2,\cdots,8]$；(d) $\eta_2(i)=[4,2,1,8,5,7,3,6]$；(e) 随机选择的每个周期不同的切换模式

上述研究显示，在最糟糕的情况（使用完全一致的切换模式）下，可行的 DFER 是$\left(-\frac{1}{2T_{\rm cy}},\frac{1}{2T_{\rm cy}}\right]$，通过适当选择切换模式，DFER 能够扩展为$\left(-\frac{1}{2T_{\rm r}},\frac{1}{2T_{\rm r}}\right]$，即在本案例

研究中，DFER 扩展的倍数 $M_2=8$，而在一般情况下，倍数可以为 M_1M_2R，由此可见，选择适当的切换模式，可以大量增加多普勒频移的估计范围，这对高速时变的信道分析具有重要的意义。此外，图 3-13(c)～(e)清楚地表明切换模式也会显著影响目标函数旁瓣的大小。接下来我们将对这种影响进行更详细的研究。

3.6.5 切换模式最优化

本节中，我们首先推导了周期独立切换模式能够导致目标函数具有多个极大值的充分必要条件。然后我们来进一步证实模式切换模式(以及它们中的完全一致的切换模式)在周期重复率为整数时，会导致模糊性的问题。最后介绍能够有效减小参数估计方差、增强对噪声鲁棒性的切换模式的选取原则。

首先，可以将函数 $z(\breve{\nu},\breve{\omega};y)$ 写成如下形式：

$$z(\breve{\nu},\breve{\omega};y)=\frac{1}{IM_2}\sum_{i=1}^{I}\sum_{m_2=1}^{M_2}\exp\{\mathrm{j}\Phi_{i,m_2}\} \tag{3.6.16}$$

其中，

$$\Phi_{i,m_2}\doteq 2\pi\breve{\nu}\left(i-\frac{I+1}{2}\right)T_{\mathrm{cy}}+2\pi\breve{\nu}\left(\eta_2(i,m_2)-\frac{M_2+1}{2}\right)T_{\mathrm{r}}+\pi\breve{\omega}m_2$$

当 $\breve{\omega}=0$，且 $\breve{\nu}=0$ 时，$|z(\breve{\nu},\breve{\omega};y)|$ 取其最大值 1。然而，$|z(\breve{\nu},\breve{\omega};y)|=1$ 能够成立的充分必要条件是二重和 $\sum_{i=1}^{I}\sum_{m_2=1}^{M_2}\exp\{\mathrm{j}\Phi_{i,m_2}\}$ 中的 $\exp\{\mathrm{j}\Phi_{i,m_2}\}$ 的相位在所有可能的 i,m_2 中相同。该条件可以写为：

$$\Phi_{i,m_2}-\Phi_{i+1,m_2}\equiv 0\pmod{2\pi},\quad m_2=1,\cdots,M_2,i=1,\cdots,I-1 \tag{3.6.17}$$

以及

$$\Phi_{i,m_2}-\Phi_{i,m_2+1}\equiv 0\pmod{2\pi},\quad m_2=1,\cdots,M_2-1,i=1,\cdots,I \tag{3.6.18}$$

因此，当且仅当由式(3.6.17)和式(3.6.18)所定义的方程系统有一个或多个非平凡解 $(\breve{\nu},\breve{\omega})\in\left(-\frac{1}{2T_{\mathrm{r}}},\frac{1}{2T_{\mathrm{r}}}\right]\times[\omega'-1,\omega'+1]$ 时，$|z(\breve{\nu},\breve{\omega};y)|$ 才会显示出多个极大值。平凡解(trivial solution)是 $(\breve{\nu},\breve{\omega})=(0,0)$。

接下来，我们将注意力放在周期独立切换模式。在这种情况下，$\eta_2(i,m_2)-\eta_2(i+1,m_2)=0$ 且式(3.6.17)简化为 $\breve{\nu}T_{\mathrm{cy}}=K$，$K\in\mathbf{Z}\cap\left(-\frac{RM_2}{2},\frac{RM_2}{2}\right]$，其中，$\mathbf{Z}$ 是整数集。将该等式嵌入式(3.6.18)中得到

$$K\cdot\frac{\dot{\eta}_2(m_2)}{RM_2}\equiv\frac{\breve{\omega}}{2}\pmod 1,\quad m_2=1,\cdots,M_2-1 \tag{3.6.19}$$

其中，$\dot{\eta}_2(m_2)\doteq\eta_2(m_2)-\eta_2(m_2+1)$。因此，若切换模式是周期独立的，模糊性问题出现的充分必要条件是等式系统(式(3.6.19))至少有一个非平凡解 $(K,\breve{\omega})\in\left(\mathbf{Z}\cap\left(-\frac{RM_2}{2},\frac{RM_2}{2}\right]\right)\times[\omega'-1,\omega'+1]$。

对于模式切换模式，即对某些 $J,K\in\mathbf{Z}$，有

$$(\eta_2(m_2)-1)\equiv Jm_2+K\pmod{M_2}$$

其中，J 和 M_2 是互质的。例如，通常使用的完全一致的切换模式 $\eta_2=[1,2,\cdots,M_2]$ 就

是一种模式切换模式，其中，$J=1,K=0$。对任何的模式切换模式而言，都有$\{\dot{\eta}_2(m_2);m_2=1,\cdots,M_2-1\}=\{J,J-M_2\}$。因此，式(3.6.19)由两个不同的全等式组成。消去$\breve{\omega}$得到$K=RK'$，K'可以取$\mathbf{Z}\cap\left(-\frac{M_2}{2},+\frac{M_2}{2}\right]$中任何值。当$R\in\mathbf{Z}$时，$K$的非平凡解取值是$\mathbf{Z}\cap\left(-\frac{RM_2}{2},\frac{RM_2}{2}\right]\backslash\{0\}$中的$RM_2-1$。该结果和图3-13(c)中所示的8个极大值的情况(对应7个非平凡解加上1个平凡解)相一致。

3.6.6 仿真研究

接下来，我们描述蒙特卡洛模拟的仿真结果，用于评估SAGE在估计半周期速率之外的多普勒频移时的性能。此外，下文展示了忽略多普勒频移所造成的相位改变对估计性能的影响。最后，对使用某一切换模式时性能对于目标函数归一化旁瓣大小的依赖性的结果进行描述。

前文中我们已经通过蒙特卡洛模拟的方法，对单波入射的两种场景下，使用SAGE算法时$\hat{\nu}_l$的均方根估计误差进行了评估。

场景(1)：假设除了多普勒频移和复振幅之外的所有波参数已知，相应于之前推导的目标函数为$z(\nu;y)$的理想情况。

场景(2)：所有波参数未知，均需要被估计。

TDM模式和仿真波的参数在表3-3中给出，其中，K和N_s分别指被用作测量信号的PN序列的扩散因子，以及每个码片持续时间内的样本数。发射端为单个天线，接收端是一个天线阵列。该阵列包含一个由均匀分布在圆柱面上的8个双极化各向同性天线构成的圆周子阵列，以及一个由相同单元构成的分布在圆柱顶面的均匀平面2×2子阵列。所有的天线单元都是全向的。值得一提的是，在这两种情况中都不会出现模糊性问题，因为每个波的除多普勒频移和权重外的参数都假定已知，并且所选定阵列具有非线性的特殊分布形态。

表3-3 仿真中采用的参数设置

I	M_1	M_2	K	N_s
4	1	24	2	255
T_{cy}/ms	T_t/μs	T_r/μs	α_l	$\phi_{2,l}$
49.0	123	5.10	0.2	45°
$\theta_{2,l}$	$\phi_{1,l}$	$\theta_{1,l}$	ν/Hz	τ_l/ns
45°	45°	45°	400	1

图3-14描绘了两种场景下的仿真结果。在文献[53]中计算出的相应的ν的克拉梅隆界(CRLB)表达式为

$$\mathrm{CRLB}=\frac{1}{\gamma_0}\frac{3}{2\pi^2R^2M_2^2M_1^2T_r^2(I^2-1)} \tag{3.6.20}$$

在图3-14中用点画线表示。

如图3-14所示，所有的仿真曲线都表现出同样的特征：当γ_0大于一个特定的阈值时，均方根估计误差接近相应的CRLB；当γ_0低于阈值时，均方根估计误差大幅增加。

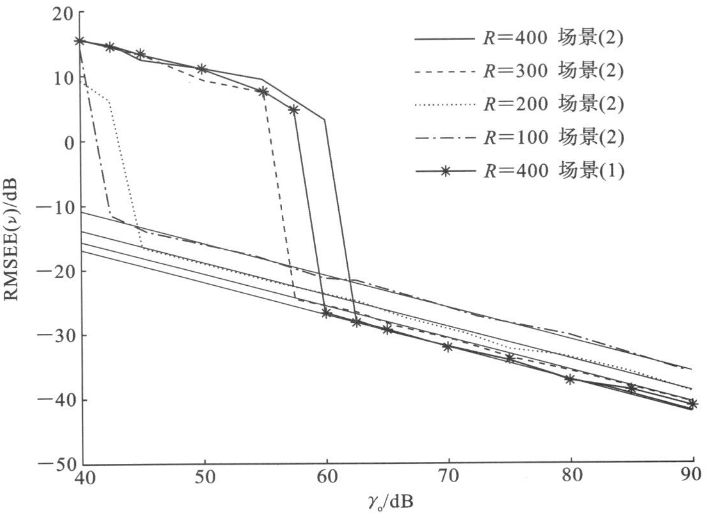

图 3-14 多普勒频移的 RMSEE 随着 SNR γ_o 变化的结果，其中，重复率(repetition rate)R 在场景(1)和(2)中作为可变参数。图中的直线代表的是 CRLB 均方根。实际仿真得到的 RMSEE 值是通过 100 次蒙特卡洛仿真计算得到的

因为仿真的多普勒频移等于 400 Hz，大于周期速率的一半，即 10.2 Hz，因此，当 γ_o 在阈值之外时，仿真曲线和 CRLB 之间的一致性表明 SAGE 算法和 TDM 模式结合能够在估计$[-1/(2T_{cy}),+1/(2T_{cy})]$范围外的多普勒频移时达到最佳性能。并且，当 $R=400$ 时，场景(2)中的均方根估计误差被观察到非常接近场景(1)中获得的结果。这表明本节中考虑的理想情况下获得的结论也适用于实际情况。然而，在这两条曲线的阈值之间存在着约 2.5 dB 的间隙，说明这种估计方案在理想条件下的性能将更佳。

曲线中阈值的存在能够通过观察估计值 $\hat{\nu}$ 的似然函数加以解释。当 γ_o 在阈值之下时，估计值 $\hat{\nu}$ 围绕实际多普勒频移 ν' 以及 $\nu'+n/T_{cy}$，$n=\pm1,\pm2,\cdots$分布。这说明 $|F(\nu-\nu')|$ 的多瓣特征导致了较大的估计误差。因此，选择 TDM 模式的参数，使得阈值在所估计波的规定最小信噪比之下是非常重要的。请注意图 3-14 中的水平轴显示的信噪比 γ_o 和接收端天线的输出信噪比 γ_s 相关，存在如下的关系式：

$$\gamma_s=\gamma_o-10\lg(IM_2M_1KN_s)$$

其中，$10\lg(IM_2M_1KN_s)$经计算在场景(2)中等于 46.9 dB。因此，多普勒频移估计值与 γ_s 的关系能够通过将图 3-14 中的曲线向左平移 46.9 dB 获得。

3.6.7 在采样点之间忽略多普勒频移带来的影响

之前我们曾经假设测量周期 T_{sc} 中由于多普勒频移造成的相位偏移在多普勒频移估计的推导中被忽略了。为了研究这种近似影响，我们考虑场景(1)中 $\nu'=0$ Hz 以及 $\nu'=98039.22$ Hz$(=1/(2T_r))$的情况，并计算 $\hat{\nu}$ 的均方根估计误差，将结果显示在图 3-15 中。可以看出，当 ν' 增加时，均方根估计误差曲线轻微向右偏移。这显示出 T_{sc} 期间内，由于多普勒频移造成的相位改变带来的影响能够解释为有效的信噪比降低：

$$\gamma_o(\nu')=|\mathrm{sinc}(\nu'T_s)|^2\gamma_o$$

其中，$\gamma_o(\nu')$指对应于实际多普勒频移的有效信噪比(详细推导过程见附录)。计算显

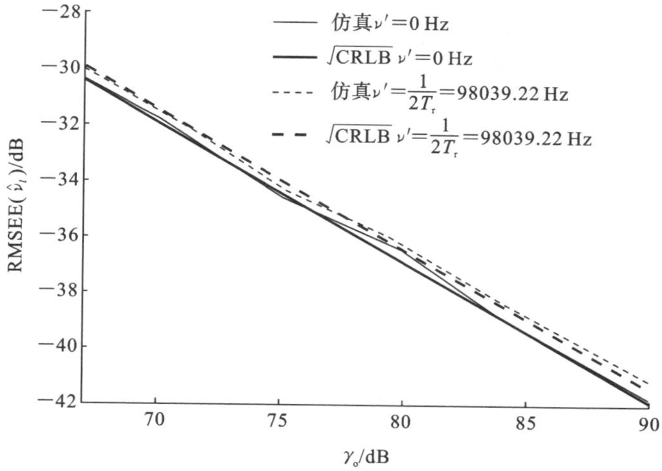

图3-15　多普勒频移 $\hat{\nu}$ 的均方根估计误差 RMSEE 随 SNR γ_o 的变化。其中，真实的多普勒频移被设为可变参量

示，当 $\nu'=1/(2T_r)$时，信噪比下降了 0.912 dB。

由此我们能够得出结论，T_{sc}中多普勒频移造成的相位偏移带来的影响实际上是微不足道的。因此这里提出的模型和估计方案能够有效用于估计$[-1/2T_r, +1/2T_r]$范围内的多普勒频移。为了消除衰落，该估计方案必须被修改，以包括 T_{sc}内由于多普勒频移造成的相位旋转。注意在这种情况下，通过在 T_{sc}内采集不止一个样本，多普勒频移的估计范围能够进一步扩展为采样率正负值的一半。

3.6.8　切换模式对性能的影响

第 3.6.4 节中报告案例的理论研究表明切换模式会在很大程度上影响多普勒频移和 DoA 联合估计时最大似然目标函数的旁瓣。因此，切换模式也会影响估计值相对于噪声的稳健性(或称鲁棒性)，因为这种稳健性直接取决于旁瓣的幅值。

我们定义和切换模式相关的归一化旁瓣高度(normalized side-lobe level，NSL)是相应目标函数最高旁瓣的幅值。显然 NSL 等于 1 的目标函数有多个极大值，因此会导致多普勒频移和 DoA 估计具有模糊性，然而，NSL 小于 1 的目标函数有唯一的最大值。

接下来，我们通过蒙特卡洛模拟的方法得出一个结论，那就是与切换模式相关的 NSL 可以作为该切换模式的品质因数，品质因数可以用于优化多普勒频移和 DoA-ML 估计的性能。所考虑的场景的参数设定和案例研究中所使用的相同(见表 3-2)。图 3-16 描绘了四种切换模式下，$\hat{\nu}$ 和 $\hat{\phi}$ 的最大似然估计的均方根估计误差[61]，相应的输出信噪比 γ_o 使得 NSL 分别等于 0.28、0.58、0.80、0.85。图 3-16 对仿真得到的均方根估计误差和[53]中假设信道测量为平行单输入多输出时计算得到的克拉梅隆界进行了对比。从图 3-16 中我们可以观察到，所有的曲线都显示出同样的特征，即当 γ_o 大于特定的阈值 γ_o^{th} 时，$\hat{\nu}$ 和 $\hat{\phi}$ 的均方根估计误差接近相应的克拉梅隆界。

当 $\gamma_o<\gamma_o^{th}$ 时，均方根估计误差如同[61]中所示的那样急剧增加。进一步的仿真显示，γ_o^{th} 随着 NSL 的增加而增加。这种特征可以解释如下：当目标函数的旁瓣幅值较高时，旁瓣的最大值高于其主瓣的最大值的概率更大。注意在非线性估计中，例如频率估

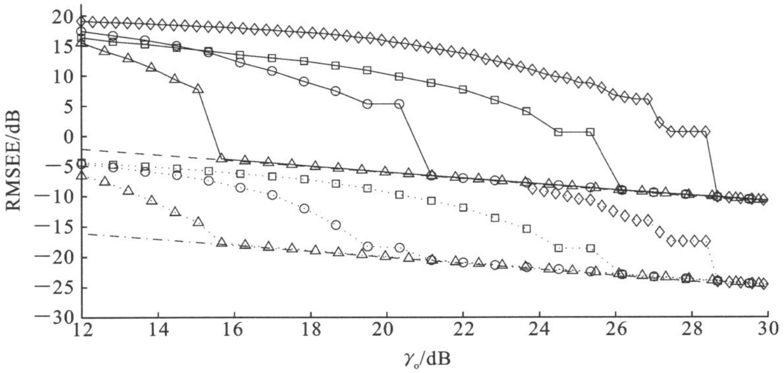

图 3-16　多普勒频移 $\hat{\nu}$ 的均方根估计误差 RMSEE(实线)和角度 $\hat{\psi}$ 的均方根估计误差 RMSEE(点线)随着 γ_o 的变化而变化的情况。仿真设置以及使用的切换模式如表 3-2 所述,图中,虚线与点画线分别表示 $\hat{\nu}$ 和 $\hat{\psi}$ 的 CRLB。标注了◇、□、○、△等符号的曲线分别对应采用了 3 个周期独立的切换模式(NSL=0.85、0.80、0.58)和一个周期相关的切换模式(NSL=0.28)的情况

计中,阈值效应是众所周知的[62]。

我们可以以假设除复增益外的所有其他路径参数已知情况下的多普勒频移最大似然估计的均方根估计误差曲线作为基准,来评判所有路径参数未知时的多普勒频移最大似然估计的性能。这条曲线可以作为后者的多普勒频移估计的均方根估计误差曲线的下界。这里没有展示的蒙特卡洛模拟结果显示,基准曲线存在阈值 γ_o^{th}=15 dB,并且对于 $\gamma_o>\gamma_o^{th}$,该阈值接近 $\hat{\nu}$ 的克拉梅隆界。从图 3-16 中我们能够观察到使用 NSL=0.28 的切换模式下获得的 $\hat{\nu}$ 的均方根估计误差曲线的阈值 γ_o^{th} 除去基准曲线外的部分为 0.5 dB。因此,前者的阈值接近可实现的最小阈值。该观察结果证明,NSL 是一个用于选择“好的”切换模式的合适的品质因数,即能够使得得到的最大似然估计结果接近理论的最优值。

3.6.9　实验研究

本节中我们使用实际测量得到的数据,来进一步展示在估计传播路径的多普勒频移和 DoA 时,切换模式对 SAGE 算法中目标函数的影响。该测量数据使用了 TDM-多输入多输出信道测量仪 PROPSound[63]采集得到。设别的发射端阵列包含 3 个环形同轴子阵列,每个均由均匀分布在圆柱面上的 8 个双极化贴片,以及 1 个分布在圆柱顶端的均匀的 2×2=4 个双极化贴片子阵列构成(发射天线阵元总数 M_1=54)。在接收端有一个 4×4 的竖直平面阵列,由 16 个双极化贴片构成(M_2=32)。接收端阵列单元之间,以及发射端子阵列单元之间的距离均为半个波长。选用的载波频率是 2.45 GHz。测量信号是一个长度 K=255 的 PN 序列,每个码片的展宽 T_c=10 ns。感知间隔和 PN 序列的一个周期相同,即 $T_{sc}=KT_c$=2.55 μs。发射功率为 100 mW。

接收端阵列被固定在位于瑞士 Bubikon 市的 3 层 Elektrobit 公司建筑的窗外,发射端阵列被固定在以大约 8 m/s 速度驶离该建筑的货车的顶部。测量沿相同路线进行,在不同测量设备设置(见表 3-4)下执行两次。货车在两次测量记录中以大致相同的速度行驶,以确保传播场景中有几乎一样的多普勒频移。直视路径的 AoA、EoA 及多普勒频移能够从接收端的位置、货车的位置，以及速度中分别计算出大约为 5°、20°和−59 Hz。

表 3-4 测量场景（Ⅰ）和（Ⅱ）中的信道测量设备设置参数

参数	场景（Ⅰ）	场景（Ⅱ）
阵列 2 的切换模式	贴片天线完全一致成对切换模式	贴片天线最优成对切换模式
$T_r/\mu s$	3.05	5.10
$T_{cy}/\mu s$	6.2	47.2
DFER/Hz	$\left(-\frac{1}{2T_{cy}},\frac{1}{2T_{cy}}\right]=(-81.3,81.3]$	$\left(-\frac{1}{2T_r},\frac{1}{2T_r}\right]=(-98039,98039]$

选择测量设备的两种设置方案，使得场景Ⅰ中的最大多普勒频移落在$\left(-\frac{1}{2T_{cy}},\frac{1}{2T_{cy}}\right]$内，场景Ⅱ中的落在该范围外，但是属于$\left(-\frac{1}{2T_r},\frac{1}{2T_r}\right]$。这些间隔然后被选择作为两种场景相应的 DFER。如后所述，在所研究的情况中发射端的切换模式是不相关的。在接收端，我们在场景Ⅰ中应用贴片天线完全一致成对切换模式，在场景Ⅱ中应用贴片天线最优成对切换模式。贴片天线成对指每个贴片天线的两个单元总是相继开关。这用于减小精确极化估计中相位噪声的影响。

SAGE 算法被应用到测量数据处理上。一个快拍包含了 $I=4$ 个测量周期，用来估计 $L=4$ 条传播路径的参数。在估计 4 条路径的参数时，使用了[64]中描述的非相干最大似然（NC-ML）估计方法依次进行参数的初始化。完成初始化后，按照[65]中的描述继续执行 SAGE 的期望步骤和最大化步骤。可以看出，当时延估计初始值 $\hat{\tau}_l^{[0]}$ 计算出之后，用于 $\hat{\nu}_l$ 和 $\hat{\boldsymbol{\Omega}}_{2,l}$ 联合初始化的目标函数类似于式(3.6.13)的绝对值，其中，$\tau_l=\hat{\tau}_l^{[0]}$，$\hat{x}_l(t)=y(t)-\sum_{l'=1}^{l-1}\boldsymbol{s}(t;\hat{\boldsymbol{\theta}}'_{l'}(0))$，因为在该阶段，第 l 条路径的 DoD 还未被估计，NC-ML 技术用于联合初始化 $\hat{\nu}_l$ 和 $\hat{\boldsymbol{\Omega}}_{2,l}$。当使用这种方法时，发射端的切换模式是不相关的。因此，我们能够使用 SAGE 算法的初始化步骤去实验调查相似于第 3.5.3 节中所描述的仿真案例场景。实验场景和仿真案例之间的差别如下：① 仿真研究的案例中的单输入多输出天线系统在实验场景中用多输入多输出系统代替；② 使用带有双极化单元的均匀平面阵列而不是均匀线性阵列；③ 阵列单元不是各向同性的；④ 在计算 $\hat{x}_l(t)$ 时，第 l 条路径以外的波分量或者不存在或仅被部分消除。

接下来我们将注意力集中在指标 $l=1$ 的直视路径上。为了使目标函数与 ν_1 的关系更加直观，我们计算

$$F(\nu_1)\doteq\max_{\boldsymbol{\Omega}_{2,1}}|z(\nu_1,\boldsymbol{\Omega}_{2,1};\hat{x}_1=y)|^2$$

其中，$z(\nu_1,\boldsymbol{\Omega}_{2,1};y)$在式(3.6.13)中给出。注意 $T_i(\breve{\boldsymbol{\Omega}}_{2,1},\breve{\nu}_1)$依赖于接收端阵列的实际响应，即包括阵列中单元的辐射方向图。将略去噪声项的式(3.6.13)嵌入 $F(\nu_1)$的定义式中，我们得到

$$F(\nu_1)=\max_{\breve{\boldsymbol{\Omega}}_{2,1}}\left|\sum_{i=1}^{I}R_i(\breve{\nu}_1)T_i(\breve{\boldsymbol{\Omega}}_{2,1},\breve{\nu}_1)\right|^2=\max_{\breve{\boldsymbol{\Omega}}_{2,1}}|G(\breve{\nu}_1)T(\breve{\boldsymbol{\Omega}}_{2,1},\breve{\nu}_1)|^2$$

$$= |T'(\breve{\nu}_1)|^2 \cdot |G(\breve{\nu}_1)|^2 \tag{3.6.21}$$

其中，$T'(\breve{\nu}_1) \doteq \max\limits_{\breve{\boldsymbol{\Omega}}_{2,1}} T(\breve{\boldsymbol{\Omega}}_{2,1}, \breve{\nu}_1)$。第二行类似于式(3.6.15)，因为切换模式是周期独立的。因此，切换模式仅通过$|T'(\breve{\nu}_1)|^2$影响$F(\nu_1)$。

式(3.6.15)的右侧表达式，对我们理解从测量数据中计算出的$F(\nu_1)$的特征很有帮助。图3-17(a)描绘出了两种场景中该函数关于ν_1在(−81.3 Hz,81.3 Hz]范围内的图像。图中的曲线呈现出类似脉冲序列的特征，由于式(3.6.21)中的因子$|G(\breve{\nu}_1)|^2$是周期性的，其周期为$1/T_{cy}$。场景Ⅰ中$F(\nu_1)$的最大值(其中，DFER$(-1/(2T_{cy}),1/(2T_{cy})]$)是−52 Hz。场景Ⅱ中$F(\nu_1)$的最大值(其中，DFER$(-1/(2T_r),1/(2T_r)]$)是−81 Hz。注意这些值是由SAGE算法获得的直视路径的多普勒频移估计初值。在算法的四次迭代之后，直视路径的多普勒频移估计值收敛到−52 Hz，场景Ⅰ中AoA和EoA的估计值分别等于4.6°和27°。场景Ⅱ中多普勒频移估计值收敛到−60 Hz，AoA和EoA的估计值分别等于5.3°和18.7°。所有这些值都和基于实测场景的理论计算值一致。两套估计值之间存在的偏差是由测量记录期间货车的速度和位置不同造成的。

由$|G(\nu_1)|^2$造成的$F(\nu_1)$类似脉冲序列的情形，使得当$\breve{\nu}$在$(-1/(2T_r),1/(2T_r)]$中变化时，选择不同的切换模式所造成的影响难以一目了然(体现在$|T'(\breve{\nu}_1)|^2$)。为了避免出现这个问题，我们从$F(\nu_1)$中采用如下方法计算了$|T'(\breve{\nu}_1)|$的近似值：通过将ν_1的变化范围划分为多个具有相同宽度$1/T_{cy}$的区间，并使用线性插值将每个区间内

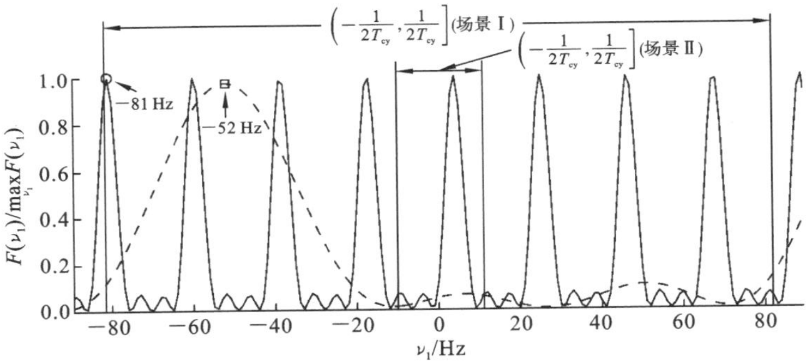

(a)

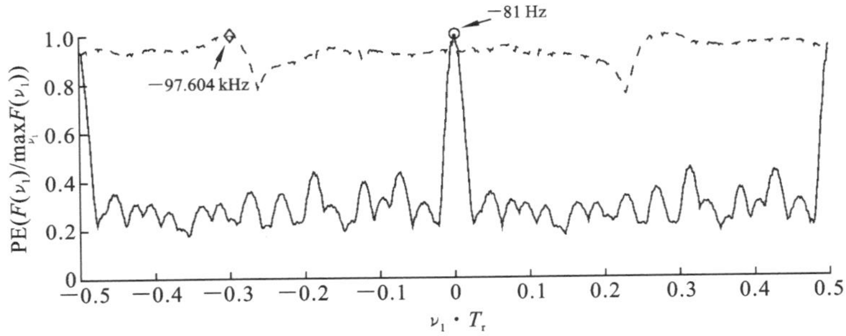

(b)

图3-17 (a)归一化了的$F(\nu_1)$；(b)利用测量场景Ⅰ(虚线)与场景Ⅱ(实线)数据计算得到的伪包络PE$(F(\nu_1))$(下)。图标□和◇分别表示场景Ⅰ中当DFER为$(-1/(2T_{cy}),1/(2T_{cy})]$时和扩展为$(-1/(2T_r),1/(2T_r)]$时，$F(\nu_1)$的最大值。图标∘表示场景Ⅱ中当DFER为$(-1/(2T_r),1/(2T_r)]$时，$F(\nu_1)$的最大值

$F(\nu_1)$ 的最大值相连，从而可以获得一个伪包络(pseudo envelope，PE)PE($F(\nu_1)$)。图3-17(b)展示了每个场景计算出的 PE 归一化曲线。

对于场景Ⅰ，伪包络 PE($F(\nu_1)$)在整个$(-1/(2T_r),1/(2T_r)]$范围内保持接近 1 的状态。这种情形是由于 4×4 平面阵列上所使用的完全一致的切换模式造成的。在场景Ⅱ中，PE($F(\nu_1)$)显示出一个主瓣以及多个幅值非常低的旁瓣。主瓣的宽度和主瓣零点间隔$\frac{2}{M_2}\frac{1}{T_r}$的解析值一致。

如果将场景Ⅰ中的 DFER 扩展为$(-1/(2T_r),1/(2T_r)]$，则在初始化步骤中，$F(\nu_1)$的最大值位于−97.604 kHz 处(如图 3-17(b)所示)，并且在 4 次迭代后保持该值不变。AoA 和 EoA 估计值分别是70°和 2°。这些估计值显然是错误的，同样也是由于接收端阵列使用的完全一致的切换模式造成的。

注意在多普勒频移估计范围边界处的高旁瓣是由阵列的贴片天线成对切换造成的。就像这里的情况一样，当多普勒频移相比于切换速率非常低时，由某一贴片单元连续感知间隔之间的多普勒频移造成的相位偏移接近零，这导致了一种重采样的效果，使得 PE($F(\nu_1)$)的图像显示出了具有相似形状的两部分，如图 3-17(b)所示。

上述研究表明，当 DFER 被扩展为$(-1/(2T_r),1/(2T_r)]$，完全一致的切换模式和平面阵列结合使用时，的确出现了参数估计模糊的效应，同时也说明了通过适当选择切换模式，能够避免此类问题的出现。

3.7 小结

在本章中，我们从信道测量基本的方法出发，首先对不同类型的信道测量平台、采用的激励信号的类型，以及相关方法的优缺点，进行了系统的阐述。之后以进行准确的、高效率的信道测量为核心，讨论了测量设备的选择、系统的搭建、系统部件的响应校准等关键问题。接下来阐述了测量数据的后处理所采用的经典的方法，而后针对普遍存在的、对宽带信道参数估计能够产生较大影响的相位噪声，包括其来源、如何进行有效的抑制和消除，特别是对用参数建模的方式对信道和相噪参数进行联合估计进行了深入分析，通过一个在实际信道测量中的实例对降低相位噪声影响的方法进行了实践。此外，本章针对测量中所使用的天线具有非全向的辐射特征时，如何保证信道参数估计的可靠性进行了研究，提供了解决思路和方案。对现阶段 MIMO 信道测量中通常采用的一个重要技术——时分复用/切换信道测量技术，进行了深入阐述。我们对整体切换的原则和一些重要环节进行了描述，包括信道测量在时间、空间和频率上采用的轮巡、并行等采集方式，为了减少多维参数之间的耦合如何进行合理的空时切换，如何评估忽略多普勒频移在短时间内相位旋转后对信道参数估计的影响等诸多细节，并且通过实际测量对上述方法进行了验证和总结。

3.8 习题

(1) 请简述在时域进行信道测量时可以采用的方法。

(2) 请说明采用“脉冲探测方法”进行信道冲激响应检测的优缺点。

(3) 请说明采用“相关性探测技术”进行信道冲激响应检测的优缺点。

(4) 请简要描述“扫描时间时延相关”技术如何能够克服接收器信号带宽受限的问题。

(5) 请简要描述用“扫描时间时延相关”进行信道冲激响应检测的优缺点。

(6) 请简述如何在频域进行信道冲激响应的测量，并简要说明频域测量中可使用的方法的优缺点。

(7) 为什么需要建立专门针对电波传播信道的模型？要建立准确的传播信道模型，需要在测量中关注哪些可能影响电波传播数据的因素？

(8) 请简述为什么测量时使用的时空频切换方法可能会影响测量得到的信道特征。

(9) 如果在测量宽带信道时采用了频率切换的方式，那么我们应该注意哪些方面才能保证得到的信道数据可以复现信道的宽带特征？

(10) 请简述信道测量设备通常如何组建。为了了解信道在时空频极化域的联合特征，我们应该遵循什么样的原则来设计测量设备的规格？

(11) 请简要描述在窄带和宽带两种情形下，可以采用何种信号作为信道测量时的信号。

(12) 请简述用传统意义上的切换方式进行信道测量可能存在的缺点。该缺点有没有可能避免？如何避免？

(13) 对信道特征进行估计的方法可以分为哪几类？

(14) 基于谱分析的信道特征估计方法有什么样的特点？这类方法的优缺点是什么？

(15) 基于通用模型的信道特征估计方法有什么样的特点？这类方法和基于谱分析的方法相比，有哪些优缺点？

(16) 阅读相关文献，理解“参数方法适用于多径信号是相干的的情况”这句论断的具体含义并加以说明。

(17) 选择时分复用的方式进行信道测量时，设定切换速率应该考虑哪些条件？为什么需要考虑这些条件？

(18) 在选择 TDM 的切换速率时，需要收集“足够多”的信道样本。请简要阐述利用 TDM 模式尽可能采集“足够多”的样本存在哪些局限。

(19) 请简述信道测量设备会产生相位噪声的原因。

(20) 请简述长期和短期相位噪声分别使用哪些模型来描述。

(21) 短期和长期相位噪声都有哪些统计特征？一般可以采用什么样的统计模型来描述？

(22) 采用滑窗方法可以减少相位噪声对信道参数估计的影响，请尝试解释为什么会有这样的效果？

(23) 在利用泰勒展开对相位噪声进行近似表达时，我们利用了各个子信道中的相位噪声与快拍中所有相位噪声的平均相位之间的偏差 $\Delta\varphi$，符合独立的高斯分布的假设。请分析该假设是否成立？如不能严格成立，我们有没有什么方法可以保证该假设事实上近似成立？

(24) 为了能够抑制相位噪声对信道参数估计的影响，我们推导了所谓的“白化”

SAGE 算法,请解释为什么这个推导的 SAGE 可以有“白化”的效果,其具体体现在计算过程的哪个环节?

(25) 请尝试证明 $Q(\boldsymbol{\theta}_l;\boldsymbol{y},\boldsymbol{R}_\varphi,\hat{\boldsymbol{\theta}}^{[i-1]}) = \int \lg p(\boldsymbol{x}_l \mid \boldsymbol{\theta}_l,\boldsymbol{R}_\varphi) f(\boldsymbol{x}_l \mid \boldsymbol{Y} = \boldsymbol{y},\boldsymbol{R}_\varphi,\hat{\boldsymbol{\theta}}^{[i-1]}) \mathrm{d}\boldsymbol{x}_l$ 的表达式为

$$\begin{aligned}
Q(\boldsymbol{\theta}_l;\boldsymbol{y},\boldsymbol{R}_\varphi,\hat{\boldsymbol{\theta}}^{[i-1]}) = & -\lg(\pi^{NMD} \mid \boldsymbol{\Sigma}_{\boldsymbol{X}_l}(\boldsymbol{\theta}_l) \mid) - \mathrm{tr}\Big\{\boldsymbol{\Sigma}_{\boldsymbol{X}_l}(\boldsymbol{\theta}_l)^{-1}(\boldsymbol{\Sigma}_{\boldsymbol{X}_l}(\hat{\boldsymbol{\theta}}_l^{[i-1]}) \\
& - \boldsymbol{\Sigma}_{\boldsymbol{X}_l\boldsymbol{Y}}(\hat{\boldsymbol{\theta}}^{[i-1]}) \boldsymbol{\Sigma}_{\boldsymbol{Y}}(\hat{\boldsymbol{\theta}}^{[i-1]})^{-1} \boldsymbol{\Sigma}_{\boldsymbol{X}_l\boldsymbol{Y}}(\hat{\boldsymbol{\theta}}^{[i-1]})^{\mathrm{H}} \\
& + \mu_{\boldsymbol{X}_l|\boldsymbol{Y}}(\hat{\boldsymbol{\theta}}^{[i-1]})\mu_{\boldsymbol{X}_l|\boldsymbol{Y}}(\hat{\boldsymbol{\theta}}^{[i-1]})^{\mathrm{H}})\Big\} + 2\mathrm{re}\{\boldsymbol{s}(\boldsymbol{\theta}_l)^{\mathrm{H}} \boldsymbol{\Sigma}_{\boldsymbol{X}_l}(\boldsymbol{\theta}_l)^{-1} \mu_{\boldsymbol{X}_l|\boldsymbol{Y}}(\hat{\boldsymbol{\theta}}^{[i-1]})\} \\
& - \boldsymbol{s}(\boldsymbol{\theta}_l)^{\mathrm{H}} \boldsymbol{\Sigma}_{\boldsymbol{X}_l}(\boldsymbol{\theta}_l)^{-1} \boldsymbol{s}(\boldsymbol{\theta}_l)
\end{aligned}$$

式中符号的含义可参见第 3.4 节。

(26) 实际通信系统中,通常使用的天线阵列并不具备全向覆盖的特征,请简要分析为什么会如此设计。这对信道建模工作提出什么样的问题与挑战?

(27) 请说明使用 DRAG 设置方法的目的。在设置 DRAG 时需要多径的 SNR、接收端的灵敏度、天线阵列综合增益的动态范围等多个数值。这些参数在 DARG 的设置中是如何被考虑的?

(28) 本章中所介绍的 DRAG 设置方法如果被推广到其他的参数域中去是否可行?如推广到极化域,我们需要做哪些大致的改动?

(29) 在第 3.6.2 节中推导得到的公式 $F(\nu)=F_{\mathrm{cy}}(\nu)F_{\mathrm{t}}(\nu)F_{\mathrm{r}}(\nu)$将多普勒频移的似然函数分解为三个方程相乘的形式,请简述这三个方程的物理含义。并从非均匀采样的角度简要分析此时似然函数与实际信道的功率谱密度的差别。

(30) 讨论当采用 TDM-SIMO 模式以及线性天线阵列进行信道测量时,① 切换模式为 $\eta_2=[1,2,\cdots,8]$;② 切换模式为 $\eta_2(i)=[4,2,1,8,5,7,3,6]$;③ 切换模式为随机选择的每个周期不同的模式时,联合估计多普勒频移和 DOA 时的似然目标函数可能存在的模糊特性。

(31) 为什么归一化旁瓣高度可以作为衡量切换模式优化程度的指标?采用 NSL 较低的 TDM 切换模式有何种优势?

(32) 经过推导可以得出如下结论:T_{sc}期间由于多普勒频移造成的相位改变带来的影响能够解释为有效的信噪比降低,$\gamma_{\mathrm{o}}(\nu')=|\mathrm{sinc}(\nu' T_{\mathrm{s}})|^2\gamma_{\mathrm{o}}$。请根据这个结果简述什么情况下可以忽略 T_{sc}期间多普勒频移所引起的相位改变。

参考文献

[1] E. Bonek, N. Czink, V. M. Holappa, et al. Indoor MIMO measurements at 2.55 and 5.25 GHz - a comparison of temporal and angular characteristics[C]. Mykonos: IEEE, 2006.

[2] J. Fuhl, J. P. Rossi, E. Bonek. High-resolution 3-D direction-of-arrival determination for urban mobile radio[J]. IEEE Transactions on Antennas and Propagation, 1997, 45(4): 672-682.

[3] J. Karedal, S. Wyne, P. Almers, et al. UWB channel measurements[C]. Waikoloa:

IEEE,2004.

[4] M. Steinbauer, D. Hampicke, G. Sommerkorn, et al. Array measurement of the double-directional mobile radio channel[C]. Tokyo:IEEE,2000.

[5] M. Steinbauer, A. F. Molisch, E. Bonek. The double-directional radio channel[J]. IEEE Antennas and Propagation Magazine,2001,43(4):51-63.

[6] B. H. Fleury, X. F. Yin, P. Jourdan, et al. High-resolution channel parameter estimation for communication systems equipped with antenna arrays (Invited Paper) [J]. Ifac Symposium on System Identification,2003,36(16):97-102.

[7] O. C. Some open questions on dual-polarized channel modeling[R]. COST 273 TD (05) 103,2005.

[8] X. F. Yin, B. H. Fleury, P. Jourdan, et al. Polarization estimation of individual propagation paths using the sage algorithm[C]. Beijing:IEEE,2003.

[9] K. M. Sommerkorn G, C. Schneider, R. S. Thomä. Transmission loss and shadow fading analysis depending on antenna characteristics[R]. IC1004 Lyon Meeting, TD(12)04035,2012.

[10] M. Käske, C. Schneider, G. Sommerkorn, et al. Part ⅱ :Reference campaign quality check for channel sounding measurements[C]. Braunschweig:IEEE,2009.

[11] T. Pedersen, C. Pedersen, X. F. Yin, et al. Optimization of spatiotemporal apertures in channel sounding[J]. IEEE Transactions on Signal Processing,2008,56 (10):4810-4824.

[12] T. Pedersen, X. F. Yin, B. H. Fleury. Estimation of MIMO channel capacity from phase-noise impaired measurements[C]. New Orleans:IEEE,2008.

[13] A. Taparugssanagorn, M. Alatossava, et al. Impact of channel sounder phase noise on directional channel estimation by SAGE[J]. IET Microwaves Antennas and Propagation,2007,1(3):803-808.

[14] A. Taparugssanagorn, J. Ylitalo. Reducing the impact of phase noise on the MIMO capacity estimation[C]. Aalborg:IEEE,2005.

[15] A. Taparugssanagorn, X. F. Yin, J. Ylitalo, et al. Phase noise mitigation in channel parameter estimation for tdm mimo channel sounding[C]. Pacific Grove: IEEE,2007.

[16] X. Yin, Y. D. Hu, Z. M. Zhong. Dynamic range selection for antenna-array gains in high-resolution channel parameter estimation[C]. Huangshan:IEEE,2012.

[17] H. Krim, M. Viberg. Two decades of array signal processing research:the parametric approach[J]. IEEE Transactions on Signal Processing,1996,13:67-94.

[18] J. W. Wallace, A. L. Swindlehurst. Experimental characterizationof the MIMO wireless channel:data acquisition and analysis[J]. IEEE Transactions on Wireless Communications,2003,2(2):335-343.

[19] G. Maccartney, T. Rappaport. 73 GHz millimeter wave propagation measurements for outdoor urban mobile and backhaul communications in New York City [C]. Sydney:IEEE,2014.

[20] M. J. Kyösti P, Hentilä L, et al. WINNER Ⅱ channel models[R]. European Commission, Deliverable IST-WINNER D, 2007.

[21] L. F. Liu, J. Poutanen J, et al. The COST 2100 MIMO channel model[J]. Transactions on Wireless Communications, 2012, 19(6): 92-99.

[22] T. S. Rappaport, et al. Millimeter wave mobile communications for 5G cellular: It will work! [J]. IEEE Access, 2013, 1: 335-349.

[23] H. Xu, T. S. Rappaport, R. J. Boyle, et al. 38 GHz wideband point-to-multipoint radio wave propagation study for a campus environment [C]. Houston: IEEE, 1999.

[24] H. Xu, T. S. Rappaport. Measurements and models for 38-ghz point-to-multipoint radiowave propagation[J]. IEEE Journal on Selected Areas in Communications, 2006, 18(3): 310-321.

[25] X. F. Yin, C. Ling, M. D. Kim. Experimental multipath cluster characteristics of 28 GHz propagation channel in office environments[J]. IEEE Access, 2017, 3: 3138-3150.

[26] B. E. Czink, X. F. Yin, B. H. Fleury. Cluster angular spreads in a MIMO indoor propagation environment[C]. London: IEEE, 2015.

[27] A. Stucki. PropSound System Specifications Document: Concept and Specifications[R]. Switzerland, 2001.

[28] R. Kattenbach, H. Früchting, D. Weitzel. Wideband channel sounder for real-time measurements on time-variant indoor radio channels[J]. Frequenz Berlin, 2001, 55(7): 190-196.

[29] R. Zetik, R. Thomä, J. Sachs. Ultra-wideband real-time channel sounder design and application[R]. Technical Report TD-03-201, COST 273, 2003.

[30] W. Wirnitzer, D. Bruckner, R. S. Thomä, et al. Broadband vector channel sounder for MIMO channel measurement[C]. London: IEEE, 2002.

[31] S. Salous. Architecture of multichannel sounder for multiple antenna applications [R]. Technical Report TD-02-002, COST-273, 2002.

[32] T. Pedersen, C. Pedersen, X. F. Yin, et al. Joint estimation of Doppler frequency and directions in channel sounding using switched Tx and Rx arrays[C]. Dallas: IEEE, 2004.

[33] X. F. Yin, B. H. Fleury, P. Jourdan, et al. Doppler frequency estimation for channel soundingusing switched multiple transmit and receive antennas [C]. San Francisco: IEEE, 2003.

[34] R. Schmidt, R. O. Schmidt. Multiple emitter location and signal parameter estimation[J]. IEEE Transactions on Antennas and Propagation, 34(3): 276-280.

[35] R. Roy, T. Kailath. ESPRIT-estimation of signal parameters via rotational invariance techniques[J]. IEEE Transactions on Acoustics, Speech, and Signal Processing, 1989, 37(7): 984-995.

[36] T. K. Moon. The expectation-maximization algorithm[J]. IEEE Signal Processing

Magazine,1997,13(6):47-60.

[37] J. A. Fessler, A. O. Hero. Space-alternating generalized expectation-maximization algorithm[J]. IEEE Transactions on Signal Processing,1994,42(10):2664-2677.

[38] B. H. Fleury,M. Tschudin,R. Heddergott,et al. Channel parameter estimation in mobile radio environments using the SAGE algorithm[J]. IEEE Journal on Selected Areas in Communications,1999,17(3):434-450.

[39] A. Richter, M. Landmann. RIMAX-a flexible algorithm for channel parameter estimation from channel sounding measurements[R]. Technical Report TD-04-045,COST 273,Athens,2004.

[40] A. Ritcher,M. Landmann, R. S. Thomä. Maximum likelihood channel parameter estimation from multidimensional channel sounding measurements[C]. Jeju: IEEE,2003.

[41] B. H. Fleury,X. F. Yin,K. G. Rohbrandt, et al. Performance of a high-resolution scheme for joint estimation of delay and bidirection dispersion in the radio channel[C]. Birmingham:IEEE,2002.

[42] K. Haneda,J. Takada, T. Kobayashi. Double directional ultra wideband channel characterization in a line-of-sight home environment[C]. Japan:IEICE 2005.

[43] T. Zwick,D. Hampicke,A. Richter,et al. A novel antenna concept for double-directional channel measurements[J]. IEEE Transactions on Vehicular Technology,2004,53(2):527-537.

[44] P. Stoica, R. Moses. Introduction to Spectral Analysis[M]. Prentice Hall,1997.

[45] A. Taparugssanagorn, M. Alatossava, V. M. Holappa and J. Ylitalo. Impact of channel sounder phase noise on directional channel estimation by space-alternating generalised expectation maximisation[J]. IET Microwaves, Antennas and Propagation,2007,1(3):803-808.

[46] D. S. Baum, H. Bolcskei. Impact of phase noise on MIMO channel measurement accuracy[C]. Los Angeles:IEEE,2004.

[47] T. Pedersen, X. F. Yin, B. H. Fleury. Estimation of MIMO Channel Capacity from Phase-Noise Impaired Measurements[C]. New Orleans:IEEE,2008.

[48] A. Taparugssanagorn, J. Ylitalo. Reducing the impact of phase noise on the MIMO capacity estimation[C]. Aalborg:IEEE,2005.

[49] A. Taparugssanagorn,X. F. Yin,J. Ylitalo,et al. Phase Noise Mitigation in Channel Parameter Estimation for TDM MIMO Channel Sounding[C]. Pacific:IEEE, 2007.

[50] P. Almers, S. Wyne, F. Tufvesson, et al. Effect of random walk phase noise on MIMO measurements[C]. Stockholm:IEEE,2005.

[51] N. Czink. The random-cluster model-a stochastic MIMO channel model for broadband wireless communication systems of the 3rd Generation and beyond [R]. Technology University of Vienna,2007.

[52] Characterization of frequency and phase noise[R]. International Radio Consulta-

tive Committee(CCIR),1986.

[53] B. H. Fleury, M. Tschudin, R. Heddergott, et al. Channel Parameter Estimation in Mobile Radio Environments Using the SAGE Algorithm[J]. IEEE Journal on Selected Areas in Communications, 1999, 17(3): 434-450.

[54] N. N. Sanudin R, A. El-Rayis, N. Haridas, et al. Analysis of DOA estimation for directionaland isotropicantenna arrays[C]. Loughborough: IEEE, 2011.

[55] N. N. Sanudin R, A. El-Rayis, N. Haridas, et al. Capon-like DOA estimation algorithm for directional antenna arrays[C]. Loughborough: IEEE, 2011.

[56] G. G. Czink N, X. F. Yin, C. Meklenbrauker. A novel environment characterisation metric for clustered MIMO channels used to validate a SAGE parameter estimator[C]. Myconos: IEEE, 2006.

[57] T. U. Wien, P. E. Bonek. The random-cluster model-a stochastic MIMO channel model for broadband wireless communication systems of the 3rd Generation and beyond[R]. Technology University of Vienna, 2007.

[58] T. Pederse, C. Pedersen. Joint estimation of Doppler frequency and directions in channel sounding using switched Tx and Rx arrays[C]. Dallas: IEEE, 2004.

[59] T. Pedersen, C. Pedersen. On Spatio-Temporal Sampling in Channel Sounding [D]. Aalborg University, 2004.

[60] T. Pedersen, C. Pedersen, X. F. Yin, et al. Optimization of Spatiotemporal Apertures in Channel Sounding[J]. IEEE Transactions on Signal Processing, 2008, 56 (10): 4810-4824.

[61] X. F. Yin, B. H. Fleury, P. Jourdan, et al. Doppler frequency estimation for channel sounding using switched multiple-element transmit and receive antennas[C]. Dallas: IEEE, 2004.

[62] D. Rife, R. Boorstyn. Single tone parameter estimation from discrete-time observations[J]. IEEE Transactions on Information Theory, 2003, 20(5): 591-598.

[63] A. Stucki. PropSound System Specifications Document: Concept and Specifications[R]. Switzerland, 2001.

[64] X. F. Yin, B. H. Fleury, P. Jourdan, et al. Polarization Estimation of Individual Propagation Paths Using the SAGE Algorithm[C]. Beijing: IEEE, 2003.

[65] B. H. Fleury, P. Jourdan, A. Stucki. High-resolution channel parameter estimation for MIMO applications using the SAGE algorithm[C]. Zurich: IEEE, 2002.

4 确定性信道的参数估计

我们在第 3 章中曾经简略提到过，信道参数估计方法可以分为两类：即基于谱分析的方法和参数估计方法[1]。基于谱分析的方法通过计算扩散参数的谱函数，寻找函数的最大值（或最小值）来估计信道参数。由于在检测所有路径时，最大值（或最小值）的一维（或者多维）搜索一次性完成，因此这类方法在计算上，尤其是在维度较少的情况下，计算量比较小。参数方法估计的是通用参数化信道或信号模型中的参数。通过分析多频点、多个时间观测点或者天线阵列输出的信号，来表征传播信道对发送信号在频域、时域和空间域的选择性衰落的影响。与基于谱分析的技术相比，基于参数化模型估计的技术具有更高的估计准确度和分辨率。

在本章中，我们将介绍一些广泛使用的从测量数据中估计信道参数的算法，包括基于谱分析的方法和参数估计方法。在第 4.1 节中，我们重点描述巴特莱特波束成形法[2]。该方法是基于谱分析的方法的典型示例，用于估计各个域中的信道功率谱。第 4.2 节将介绍一种基于子空间的谱分析算法，即多重信号分类（MUSIC）算法[3]。第4.3 节描述两个基于子空间的参数方法的原理，即基于旋转不变技术的信号参数估计技术（ESPRIT）[4]和传播器（propagator）方法[5]。第 4.4 节将详细阐述最大似然估计方法。在第 4.5 节中，我们将介绍最大期望理论和应用于信道参数估计的 SAGE 算法[6]。第 4.6 节将简要回顾 Richter 最大似然估计（RiMAX）方法[7]。第 4.7 节将介绍应用贝叶斯估计理论、基于多层证据框架的一些技术。所有这些算法和方法都使用了确定性信道模型——这种可以描述瞬时快拍中的信道组成的模型。因此，我们将它们称为确定性信道参数估计方法。在第 5 章中，我们将介绍基于统计的信道模型（一种描述信道分量谱特征的模型）而推导出的估计方法。为了表示起来更加方便，我们将在第 5 章中介绍的方法称为统计信道参数估计方法。

4.1 巴特莱特波束成形法

基于谱分析的这类方法具有共同的特征，即基于观察结果计算得出关于特定参数的平滑谱，例如延迟、波达角度（即方位角或仰俯角）等。通过最大化或最小化参数上的谱高度，我们可以得到某些确定的、表示传播信道中分量特征的参数估计值。基于谱分析的方法包括周期图法、相关图法、巴特莱特波束成形法[2]、Capon 波束成形法[8]、MUSIC 算法[3]，以及这些方法的诸多变体。一般来讲，基于谱分析的方法也可以分为两类，即非参数方法和参数方法。典型的非参数方法包括周期图法、相关图估计算法、Blackman-Tukey 方法、基于窗口改进的 Blackman-Tukey 方法，以及其他扩展的周期图方法，例如 Bartlett 方法、Welch 方法、Daniell 方法等。

在本节中，我们将简要介绍巴特莱特波束成形法，这是一种广泛使用的基于谱分析的方法。我们将展示一些实验结果，来具体展示巴特莱特波束成形法在处理实际测量数据时的性能。

为了便于理解巴特莱特波束成形法，我们需要首先了解周期图法和相关图估计算法。周期图功率谱估计法的具体计算方法如下：

$$\hat{p}_{\mathrm{p}}(\omega) = \frac{1}{N}\left| \sum_{n=1}^{N} y(n)\mathrm{e}^{-\mathrm{j}\omega n} \right|^2 \tag{4.1.1}$$

其中，$y(n)$是第 n 个采样时间或位置上接收到的信号观测值，$\mathrm{e}^{-\mathrm{j}\omega n}$表示当信号分量具有频率 ω 时，第 n 个采样实例的系统响应。显然，这里的 $\mathrm{e}^{-\mathrm{j}\omega n}$ 具有明确的规律性，能够显式表达。严格意义上讲，$\mathrm{e}^{-\mathrm{j}\omega n}$没有包括系统在接收第 n 个样本时的内在系统响应，或者假设系统响应在所有频率 ω 上一致，没有任何区别。

相关图估计算法的表达式为

$$\hat{p}_{\mathrm{c}}(\omega) = \sum_{k=(-N-1)}^{N-1} \hat{r}(k)\mathrm{e}^{-\mathrm{j}\omega k} \tag{4.1.2}$$

其中，$\hat{r}(k)$为 $y(n)$的自相关函数。从相关图的上述表达式中，我们可以看到，系统的响应同样没有得到考虑，或认为系统对所有的频率具有相同的响应。

波束成形方法基于以下假设：阵列响应（或称方向矢量（steering vector））$\boldsymbol{c}(\theta)$是已知的。只要满足以下两个条件，波束成形方法就可以用于设计空间滤波器。

（1）对于给定的波达方向 θ，滤波器对接收到的信号没有衰减。

（2）对于与 θ 不同的所有其他波达方向，滤波器对接收信号均有衰减。

这两个条件对应于空间滤波器多个空间“抽头（tap，或称端口）”的权重 $\boldsymbol{h}$，此权重应满足如下约束[9]：

$$\min_{\boldsymbol{h}} \boldsymbol{h}^{\mathrm{H}}\boldsymbol{h} \text{ s.t. } \boldsymbol{h}^{\mathrm{H}}\boldsymbol{c}(\theta)=1 \tag{4.1.3}$$

可以证明，在这样的情况下，可以得到的权重 $\boldsymbol{h}$ 的最佳取值为

$$\boldsymbol{h}=\frac{\boldsymbol{c}(\theta)}{\boldsymbol{c}(\theta)^{\mathrm{H}}\boldsymbol{c}(\theta)} \tag{4.1.4}$$

当这个最佳权重应用于空间滤波器时，我们可以得到空间滤波器的输出信号满足：

$$E\{|\boldsymbol{y}(t)|^2\}=\boldsymbol{h}^{\mathrm{H}}\boldsymbol{R}\boldsymbol{h}=\boldsymbol{h}^{\mathrm{H}}E\{\boldsymbol{y}(t)\boldsymbol{y}(t)^{\mathrm{H}}\}=\frac{\boldsymbol{c}(\theta)^{\mathrm{H}}E\{\boldsymbol{y}(t)\boldsymbol{y}(t)^{\mathrm{H}}\}\boldsymbol{c}(\theta)}{\boldsymbol{c}(\theta)^{\mathrm{H}}\boldsymbol{c}(\theta)} \tag{4.1.5}$$

该等式表明，若入射信号的波达方向为 θ，仅当滤波器的权重满足式(4.1.4)时，输出信号有最大功率。这样，当入射信号的波达方向未知时，我们可以通过在一定范围内选择 θ 来改变滤波器的权重。由此可以计算得到一个关于 θ 的函数，即称为伪功率谱的 $p(\theta)$。通过选择 $p(\theta)$取峰值时对应的唯一的 θ 值，即可得到波达方向的估计值。基于此原理，功率谱可用下面的等式计算：

$$p_{\mathrm{B}}(\theta)=\frac{\boldsymbol{c}(\theta)^{\mathrm{H}}\hat{\boldsymbol{R}}\boldsymbol{c}(\theta)}{\boldsymbol{c}(\theta)^{\mathrm{H}}\boldsymbol{c}(\theta)} \tag{4.1.6}$$

其中，$\hat{\boldsymbol{R}}$ 为接收信号的协方差矩阵，可以用下面的等式计算：

$$\hat{\boldsymbol{R}} = E\{\boldsymbol{y}\boldsymbol{y}^{\mathrm{H}}\} = \frac{1}{N}\sum_{n=1}^{N}\boldsymbol{y}_n\boldsymbol{y}_n^{\mathrm{H}} \tag{4.1.7}$$

其中，$\boldsymbol{y}_n$ 表示的是第 n 次独立观测得到的天线阵列的输出，这里我们假设共有 N 次观测。

下面是一个使用波束成形方法来估计波离方向的示例。示例中的数据来源于伊莱比特(Elektrobit)公司和维也纳工业大学联合开展的一项测试，测试于 2005 年进行，选址在奥卢大学的一座建筑内，使用了宽带 MIMO 测量仪 PROPSound。图 3-8 描绘了测试中发射端由 50 个天线组成的天线阵列。接收端天线阵列使用 32 个天线。在每个测试循环中，共对 50×32＝1600 个空间子信道进行了测试。

图 4-1 描绘了使用波束成形方法估计得到的波离方向功率谱(即方位角和仰俯角)。图中描绘的信号由 50 个发射端天线发出，并由第一个接收端天线接收。天线的响应分为垂直极化和水平极化。在该示例中，我们考虑到了垂直和水平偏振阵列响应。由图 4-1 可以观察到，两种极化方式的功率谱不完全相同。可以看出，使用垂直极化估

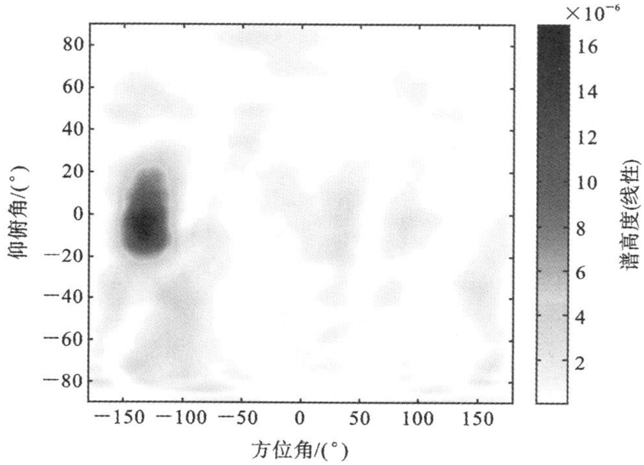

(a)

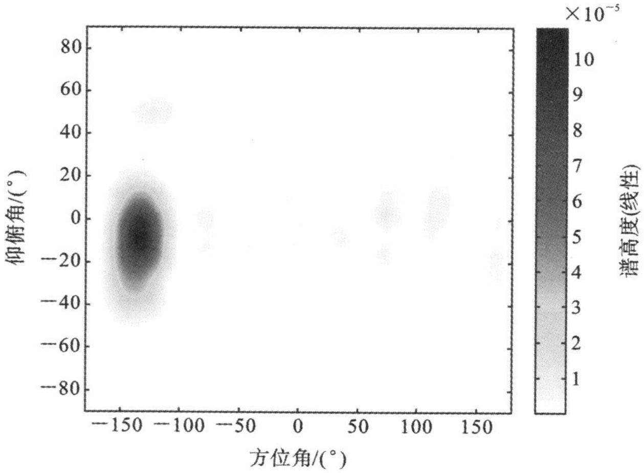

(b)

图 4-1　由波束成形方法计算得到的 DoD 功率谱，利用 50 个发射天线和序号为 1 的接收天线。(a) 垂直极化时的 DoD 功率谱；(b) 水平极化时的 DoD 功率谱

计的功率谱比水平极化时观察到的波动更频繁。此外，使用水平偏振估计的功率谱比使用垂直偏振计算得到的功率谱具有更高的幅值。显然，阵列响应可能对估计的功率谱产生重大影响。

4.2 MUSIC 算法

MUSIC 算法最初在文献[3]和[19]中提出。这个算法首先是在阵列信号处理领域提出的，之后在其他领域得到了广泛应用。为了更方便地解释这个算法的原理，我们考虑如下简单模型：

$$\boldsymbol{Y}=\boldsymbol{CF}+\boldsymbol{W} \tag{4.2.1}$$

其中，$\boldsymbol{Y}\in\mathbf{C}^{M\times 1}$ 表示由 M 个天线组成的接收端天线阵列的输出信号，$\boldsymbol{C}\doteq[\boldsymbol{c}(\phi_1)\ \ \boldsymbol{c}(\phi_2)\ \ \cdots\ \ \boldsymbol{c}(\phi_D)]\in\mathbf{C}^{M\times D}$，其中，$\boldsymbol{c}(\phi)\in\mathbf{C}^{M\times 1}$ 表示对应于波达方位角 ϕ 的阵列响应，$d=1,\cdots,D$ 表示传播路径的序号。矢量 $\boldsymbol{F}\in\mathbf{C}^{M\times 1}$ 由路径的复数权重组成，$\boldsymbol{W}\in\mathbf{C}^{M\times 1}$ 表示方差为 σ_w^2 的时空域圆对称高斯白噪声分量。矢量 $\boldsymbol{Y}$ 可视为 M 维空间中的矢量。$\boldsymbol{C}$ 中的每一个独立的列 $\boldsymbol{c}(\phi_d)$，$d\in[1,\cdots,D]$ 均为“模式”矢量或称为导向矢量[3]。显然，当 $\sigma_w^2=0$ 时，矢量 $\boldsymbol{Y}$ 是模式矢量的线性组合。因此，$\boldsymbol{Y}$ 中的纯信号分量会被限制在 $\boldsymbol{C}$ 的范围空间中。

图 4-2 以图形的方式举例展示了 MUSIC 算法背后的思想，其中，$M=3$，$\boldsymbol{C}\doteq[\boldsymbol{c}(\phi_1)\boldsymbol{c}(\phi_2)]$，$\phi_1\neq\phi_2$，$\boldsymbol{e}_1$、$\boldsymbol{e}_2$、$\boldsymbol{e}_3$ 是根据协方差矩阵计算的特征矢量（eigenvector）。$\boldsymbol{C}$ 的范围空间是 $\mathbf{C}^3$ 的二维子空间。矢量 $\boldsymbol{Y}$ 位于三维空间中。导向矢量 $\boldsymbol{c}(\phi)$ 为所有可能的模式矢量的连续集合，位于三维空间内。在这个例子中，$\boldsymbol{c}(\phi_1)$ 与 $\boldsymbol{c}(\phi_2)$ 共同确定了一个二维空间，它与由 $\boldsymbol{e}_1$ 和 $\boldsymbol{e}_2$ 组成的估计到的信号子空间（signal subspace）是一致的。由于估计到的信号子空间与估计到的噪声子空间正交，因此导向矢量 $\boldsymbol{c}(\phi_1)$ 和 $\boldsymbol{c}(\phi_2)$ 均与 $\boldsymbol{e}_3$ 正交。因此，可以将导向矢量是否在噪声特征矢量上存在投影作为参数估计的标准。很明显，MUSIC 算法的性能取决于估计信号子空间和噪声子空间的精度。需要注意的是，在某些情况下，估计信号子空间内可能不存在真正的导向矢量。此时，真正的导向矢量与估计到的噪声特征矢量之间的投影不等于 0。伪谱可能无法在真实方向上出现峰值。例如，当矢量 $\boldsymbol{F}$ 中的元素高度相关时，如文献[1]中所描述的情况，或真实传播路径的参数差异小于测量设备的内在分辨率时[1]，这种现象将会出现。

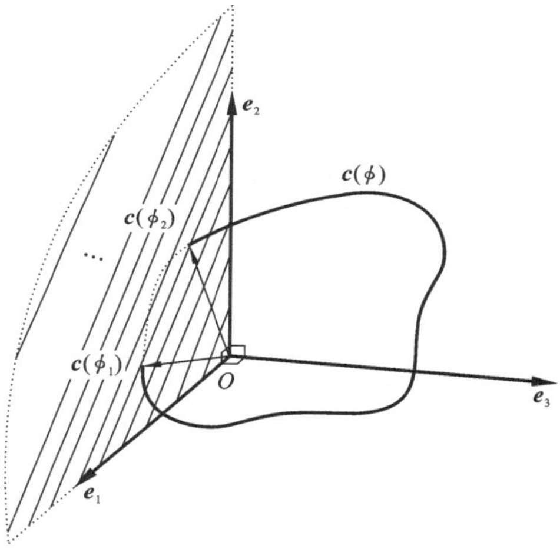

图 4-2　信号子空间和噪声子空间的图形示意。矢量 $\boldsymbol{c}(\phi_1)$ 和 $\boldsymbol{c}(\phi_2)$ 代表两个导向矢量。特征矢量 $\boldsymbol{e}_1$ 和 $\boldsymbol{e}_2$ 是矩阵$[\boldsymbol{c}(\phi_1)\ \boldsymbol{c}(\phi_2)]$的范围空间的标准正交基

标准的 MUSIC 算法包含以下步骤。

(1) 计算样本的协方差矩阵及其特征值分解。

(2) 找出估计噪声子空间的正交基;接收信号中镜像路径分量的数量 D 需要提前预知,或在未知的情况下有估计值。

(3) 计算伪谱,即估计噪声子空间与导向矢量 $\boldsymbol{c}(\phi)$之间的欧氏距离的平方的倒数。

(4) 找出伪谱取 D 个峰值时对应的 ϕ 的取值。

MUSIC 算法可以很容易地进行扩展,以用于联合估计多维参数,例如时延、角度参数和多普勒频移等。扩展的一个典例是联合角度和时延的估计算法,即 joint angle and delay estimation(JADE)MUSIC 算法。在 MUSIC 算法的诸多扩展形式中,标准 MUSIC 算法中空间的导向矢量 $\boldsymbol{c}(\phi)$[3] 会被一个时空、时频或空时频响应矢量(response vector)代替。例如,我们考虑角度 ϕ、时延 τ 和多普勒频移 ν 的联合估计。空时频响应矢量 $\boldsymbol{u}(\phi,\tau,\nu)$可以计算为 $\boldsymbol{u}(\phi,\tau,\nu)=\boldsymbol{c}(\phi)\otimes\boldsymbol{g}(\tau)\otimes\boldsymbol{h}(\nu)$,其中,$\otimes$表示克罗内克乘积(Kronecker product),$\boldsymbol{c}(\cdot)$、$\boldsymbol{g}(\cdot)$和 $\boldsymbol{h}(\cdot)$分别表示空间阵列、时间阵列和频率阵列的响应。矢量 $\boldsymbol{u}(\phi,\tau,\nu)$表示多维的空时频流形(space-time-frequency manifold)。接收信号需要经过一个处理过程,使得其矢量中的分量的索引与矢量 $\boldsymbol{u}(\phi,\tau,\nu)$中的分量的索引一致。在这种情况下,实际观测计算得到的协方差矩阵的维度可能会很大。如果空时频流形不存在模糊度(即始终唯一),我们便可以应用与标准 MUSIC 算法相似的过程来使用扩展的 MUSIC 算法。

理论上,用于多维参数的联合估计的 MUSIC 算法能够估计的路径数可以多达所有单独维度中的样本数量之间的乘积。很明显,这个数字可能远大于标准 MUSIC 算法可估计的路径数,因为标准 MUSIC 算法只在一个维度上进行参数估计。当应用于处理测量数据时,算法 MUSIC 需要满足快衰落条件,即传播路径的复数权重在相邻两个快拍间快速变化。这个条件对于维持信号协方差矩阵的非奇异性是必要的。然而,在时不变的环境中,这种快衰落的条件可能并不满足。在这种情况下,MUSIC 算法(包括扩展用于多维参数估计的 MUSIC 算法)的性能的预期会由于协方差矩阵估计不够准确而有所降低。

4.3 ESPRIT 和 propagator 方法

ESPRIT[10] 和 propagator 方法[11,12] 是两种基于移位不变性(shift-invariance)的经典方法。两种方法都利用了由阵列产生的信号子空间之间的平移旋转不变性(translational rotational invariance)。在这些方法中,参数估计值可以直接使用解析方式计算得出。因此,当这些方法适用时,它们比依赖于穷举搜索解决优化问题的方法有着显著的计算优势。

如前一节所述,MUSIC 算法需要阵列流形的知识,而 ESPRIT 不需要。但 ESPRIT 方法需要用到多个“传感器对”或“阵元对”。每个传感器对中的元件必须具有相同的辐射方向图,或相同的响应。传感器对元素之间的分隔也是恒定的。除响应“一致”的要求之外,传感器对内的元件的方向图可以是任意的。

ESPRIT 方法的基本思想可以简单地解释如下:将被用来接收信号的天线阵列分为两个子阵列,每个子阵列由相同数量的天线组成,每个子阵列中的天线间隔和子阵列之间的间隔是已知的。第一个子阵列中的第 m 个元素和第二个子阵列中的第 m 个元素组成“一对”。在这种情况下,第一阵列的阵列响应 $\boldsymbol{C}_1(\phi)$和第二阵列的阵列响应

$C_2(\phi)$之间的关系可以用$C_2(\phi)=C_1(\phi)\Phi(\phi)$来表示，其中，有

$$\Phi(\phi)=\mathrm{diag}[\exp\{j\psi_1\},\cdots,\exp\{j\psi_D\}]$$

这里，ψ_d是在第d条路径的每对中，两个天线接收信号之间的相位差，是波达方位角ϕ_d的已知函数。可以证明，$C_1(\phi)$中各列和$C_2(\phi)$中各列处于同一空间。基于这一特征，矩阵$\Phi(\phi)$的估计可以应用估计到的信号子空间的样本协方差矩阵来计算。由于$\Phi(\phi)$与ϕ之间的关系是已知的，ϕ可以用$\Phi(\phi)$估计，采用解析方式计算得到。

基于样本协方差矩阵的ESPRIT方法实现过程如下。

(1) 计算由M个天线组成的天线阵列输出信号的样本协方差矩阵，并计算矩阵的特征值分解。这里我们假设M为偶数。

(2) 估计镜面路径的数量，得到估计信号空间的正交基并将其分解为两部分，标记为E_x和E_y，分别包含前$M/2$行和后$M/2$行。

(3) 计算矩阵的特征值分解：

$$\begin{bmatrix} E_x^{\mathrm{H}} \\ E_y^{\mathrm{H}} \end{bmatrix}[E_x \quad E_y]=E\Lambda E^{\mathrm{H}}$$

(4) 将得到的标准正交矩阵E分解为四个$D\times D$矩阵：

$$E=\begin{bmatrix} E_{11} & E_{12} \\ E_{12} & E_{22} \end{bmatrix}$$

(5) 计算$E_{12}E_{22}^{-1}$或$E_{21}E_{11}^{-1}$的特征值，并根据

$$\hat{\phi}_d=\cos^{-1}\left\{\frac{\lambda\arg\{\lambda_d(E_{12}E_{22}^{-1})\}}{2\pi\Delta}\right\}$$

或

$$\hat{\phi}_d=\cos^{-1}\left\{\frac{-\lambda\arg\{\lambda_d(E_{21}E_{11}^{-1})\}}{2\pi\Delta}\right\}$$

计算方位角的估计值，其中，λ代表波长，$\arg(\cdot)$表示复数的辐角主值(取值区间为$(-\pi,+\pi]$)，$\lambda_d(\cdot)$表示给定矩阵的第d个奇异值，Δ代表每个天线对中两天线之间的距离。

与MUSIC算法类似，ESPRIT方法在参数估计中的性能也取决于信号子空间估计的正确性。如果不同传播路径贡献的信号彼此相关，或者路径参数的差异小于测量设备的内在分辨率，则ESPRIT方法不能准确地分辨这些传播路径。涉及空间平滑技术(spatial smoothing technique)的Unitary ESPRIT方法[4]则适用于路径分量彼此相关的场景。

我们还可以扩展ESPRIT方法以估计反射路径的多维参数。例如，二维Unitary ESPRIT方法[14,15]适用于联合估计链路一端的方位角和仰俯角。[7]中提出了一种三维Unitary ESPRIT方法用来估计单独路径的时延、波达方向和波离方向。

propagator方法与ESPRIT方法类似，它们都利用了$C_2(\phi)=C_1(\phi)\Phi(\phi)$的性质。然而，由于propagator方法不需要进行两次特征值分解而ESPRIT方法需要，因此，它的计算复杂度较低。读者可以参考[11,12]以获取方法的详细描述。

4.4 最大似然估计方法

最大似然估计方法被认为是基于预定义的通用参数化模型，利用贝叶斯理论来估

计信道参数的一种常用方法。本节中，我们将借助一个相对简单的通用参数化信道模型来简要介绍这一方法。其中，我们假设考虑窄带信号的情况，此时的传播路径没有时延上的扩散现象，它们之间的不同体现在不同的波达方向上。值得一提的是，本节中推导的模型参数的最大似然估计方法，经过适当模型替换，同样可以适用于估计其他具有更加复杂结构的信道模型的参数。

在这里，我们考虑一个窄带 $1\times N$ 单输入多输出场景，其中，发射端与接收端之间的传播路径具有不同的波达方向 $\boldsymbol{\Omega}$。遵循文献[17]中的表示方法，SIMO 信道脉冲响应的窄带表示 $\boldsymbol{h}\in\mathbf{C}^{N\times 1}$ 可以写成

$$\boldsymbol{h}=\sum_{l=1}^{L}\alpha_l\boldsymbol{c}(\boldsymbol{\Omega}_l)+\boldsymbol{w} \tag{4.4.1}$$

式中，l 表示反射路径的序号，L 代表路径总数，α_l 和 $\boldsymbol{\Omega}_l$ 分别表示第 l 条路径的复数衰减和波达方向，$\boldsymbol{w}$ 表示频谱高度为 N_o 的标准高斯白噪声。波达方向 $\boldsymbol{\Omega}_l$ 是由波达方位角 $\phi\in[-\pi,\pi]$和波达仰俯角 $\theta\in[0,\pi]$唯一确定的单位矢量，计算方法为

$$\boldsymbol{\Omega}=\boldsymbol{e}(\phi,\theta)=[\sin(\theta)\cos(\phi),\sin(\theta)\sin(\phi),\cos(\theta)] \tag{4.4.2}$$

在式(4.4.1)中，$\boldsymbol{c}(\boldsymbol{\Omega}_l)$表示给定波达方向时的阵列响应。在上述的通用模型式(4.4.1)中，我们感兴趣的需要估计的未知参数为

$$\boldsymbol{\Theta}=(\alpha_1,\boldsymbol{\Omega}_1,\alpha_2,\boldsymbol{\Omega}_2,\cdots,\alpha_N,\boldsymbol{\Omega}_N) \tag{4.4.3}$$

在给定观测值 $\boldsymbol{h}$ 的情况下，模型中参数的最大似然估计值 $\hat{\boldsymbol{\Theta}}_{\mathrm{ML}}$ 可以通过使 $\boldsymbol{\Theta}$ 的对数似然函数(log-likelihood function)最大化来计算得出。这里的对数似然函数 $\Lambda(\boldsymbol{\Theta})$为

$$\Lambda(\boldsymbol{\Theta})=\lg p[\boldsymbol{\Theta}|\boldsymbol{h}] \tag{4.4.4}$$

其中，$p[\cdot]$表示的是似然函数。基于噪声分量 $\boldsymbol{w}$ 为高斯白噪声的假设，可以证明

$$\Lambda(\boldsymbol{\Theta})=-N\lg(2\pi\sigma_w)-\frac{1}{2N\sigma_w^2}\left\|\boldsymbol{h}-\sum_{l=1}^{L}\alpha_l\boldsymbol{c}(\boldsymbol{\Omega}_l)\right\|^2$$

估计结果 $\hat{\boldsymbol{\Theta}}_{\mathrm{ML}}$ 可以通过解决如下的最优化问题得到：

$$\hat{\boldsymbol{\Theta}}_{\mathrm{ML}}=\arg\max_{\boldsymbol{\Theta}}\Lambda(\boldsymbol{\Theta}) \tag{4.4.5}$$

由于在多个维度上进行穷举搜索十分复杂，因此用式(4.4.5)解决实际中的优化问题是不现实的，所以在实际估计中，通常不会真正使用最大似然估计方法。

最大似然估计的性能可以用克拉默-拉奥界(Cremar-Rao bound)来评估。文献[18]提供了克拉默-拉奥界的推导过程，读者可以参考此文以获取详细信息。

4.5 SAGE 算法

最大似然估计方法从统计角度提供了参数的最佳无偏估计。然而，该方法由于需要多维穷举搜索，计算复杂度很高。作为替代方案，SAGE 算法[20]通常作为近似最大似然估计方法的低复杂度替代方案来使用。近年来，SAGE 算法已成功应用于不同的参数估计场景，如信道探测中的参数估计[21]和无线通信系统接收端的联合数据检测与信道估计等[22,23]。

SAGE 算法通过在未知参数的子集之间的迭代来有序地更新这些参数的估计[1]。为了解释算法的思想，我们引入了以下符号。

y:信号观测值;

$\boldsymbol{\theta}$:p 维空间中的参数矢量;

$\boldsymbol{\theta}_s$:$\boldsymbol{\theta}$ 中第$\{1,\cdots,p\}$个项;

$\boldsymbol{\theta}_{\bar{s}}$:$\boldsymbol{\theta}$ 中属于 $\boldsymbol{\theta}_s$ 的补集的项;

X^s:$\boldsymbol{\theta}_s$ 的隐藏数据空间;

x^s:X^s 的一种实现;

S^i:SAGE 算法第 i 次迭代中选择的索引集。

若满足下面的条件[1],则称与 $\boldsymbol{\theta}_s$ 相联系的空间 X_s 是可采隐含数据:

$$f(y,x^s;\boldsymbol{\theta})=f(y|x^s;\boldsymbol{\theta}_{\bar{s}})f(x^s;\boldsymbol{\theta}) \tag{4.5.1}$$

上述等式意味着条件分布 $f(y|x^s;\boldsymbol{\theta})$与 $f(y|x^s;\boldsymbol{\theta}_{\bar{s}})$一致。

在通过推导获得的用于信道参数估计的 SAGE 算法[21]中,参数子集 S^i 可以设置为仅仅包含一个元素。因此在每次迭代中,最大似然估计方法中的多维最大值,被 SAGE 算法中的多个一维搜索所代替。当然,S^i 的元素数量也可以大于 1,这取决于隐藏空间 X^{S^i} 的具体定义。例如,当两条路径紧密分布且间隔低于设备的分辨率时,可采隐含数据的定义中应该体现两条路径的信号贡献之和。在这种情况下,S^i 中的元素数会大于 1,并且在最大化步骤(maximization step)中的计算变得更加“昂贵”。

图 4-3 展示了 SAGE 算法的流程图。SAGE 算法的一次迭代包括两个主要步骤:期望步骤(简称 E-步骤)和最大化步骤(简称 M-步骤)。在 E-步骤中,基于观测值和前序迭代得到的参数估计值,可以计算出当前矢量参数 $\boldsymbol{\theta}_s$ 对应的可采隐含数据的(对数)似然函数的(条件)期望。这个期望步骤的输出,为 M-步骤中对应于矢量参数 $\boldsymbol{\theta}_s$ 最大化的目标函数。为了进一步降低复杂度,在矢量参数 $\boldsymbol{\theta}_s$ 包含多于一个元素的情况下,可以使用坐标态更新(coordinate-wise updating)程序[2],即按顺序依次估计这些参数

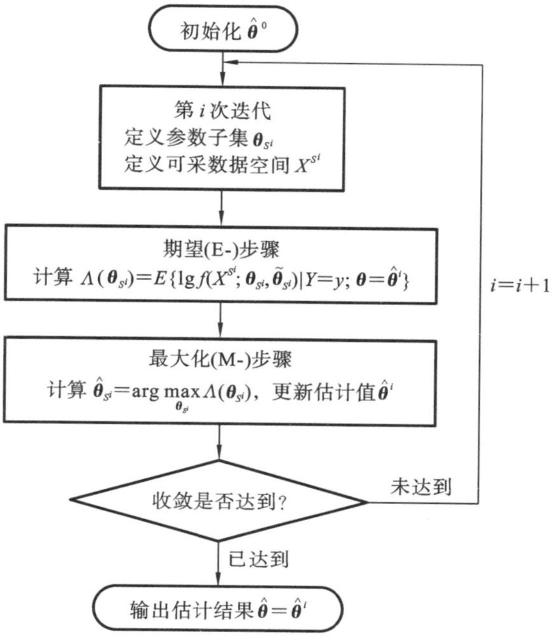

图 4-3 SAGE 算法流程图

项。这样，我们就可以用多个一维搜索过程来解决多维优化问题。值得一提的是，坐标态更新程序仍然属于 SAGE 框架[2]，即将更新每个参数项视为一次 SAGE 算法中的迭代。

SAGE 首先在文献[21]中应用于信道参数的估计，这些参数包含传播路径的时延、多普勒频移和波达方向(方位角和仰俯角)。在[24,25]中，SAGE 算法得到扩展，增加了波离方向的估计，并使用多天线阵列(发射端和接收端)收集的测量数据来估计路径参数。这种 SAGE 算法被称为初始化与搜索改良(initialization-and-search-improved，ISI)SAGE 算法。缩略词 ISI 强调优化了算法的参数估计初始化步骤和 M-步骤中的参数搜索过程，以加快收敛速度并增强其检测弱信号路径的能力。为了精确地模拟包含极化效应在内的信道扩散特征，[26,27]进一步扩展了 ISI-SAGE 算法，增加了 MIMO 系统中电波从发射端到输出端极化矩阵的估计。

本节的其余部分安排如下：在第 4.5.1 节中，我们将使用 14 个参数来描述单个反射路径的信号模型。之后，在第 4.5.2 节中，我们将给出与新型信号模型相关的信道参数估计 SAGE 算法，并详细阐述算法推导的主要步骤。在第 4.5.3 节中，我们将介绍非相关初始化技术(incoherent initialization technique)，该技术可以以较低的复杂度，对参数估计进行首次估计，从而满足运行 SAGE 算法的条件。

4.5.1 信号模型

如图 2-5 所示，接收端和发射端都配置了天线阵列。两侧的天线阵列中的每一个天线同时在两个极化方向上发送或接收信号。为了区分底层模型中的两个极化方向，其中一个方向称为主极化，规定了电场场强的主导方向。相应的，另一个方向称为补极化(complementary polarization)。

为了描述波的极化，我们引入了极化矩阵 $\boldsymbol{A}_l$。极化矩阵由传播路径不同极化组合分量的衰减复数权重构成。信号模型中描述序号为 l 的电波在 MIMO 系统输出的贡献遵循

$$s(t;\boldsymbol{\theta}_l)=\exp(\mathrm{j}2\pi\nu_l t)[\boldsymbol{c}_{2,1}(\boldsymbol{\Omega}_{2,l})\quad \boldsymbol{c}_{2,2}(\boldsymbol{\Omega}_{2,l})]\begin{bmatrix}\alpha_{l,1,1} & \alpha_{l,1,2}\\ \alpha_{l,2,1} & \alpha_{l,2,2}\end{bmatrix}\cdot[\boldsymbol{c}_{1,1}(\boldsymbol{\Omega}_{1,l})\quad \boldsymbol{c}_{1,2}(\boldsymbol{\Omega}_{1,l})]^{\mathrm{T}}\boldsymbol{u}(t-\tau_l) \tag{4.5.2}$$

其中，$\boldsymbol{c}_{i,p_i}(\boldsymbol{\Omega})$表示共有 M_1 个元素的发射端导向矢量($i=1$)，或共有 M_2 个元素的接收端导向矢量($i=2$)，M_1 和 M_2 分别表示发射端和接收端天线的数量。这里，p_i($p_i=1,2$)表示极化方向。

以矩阵形式书写，式(4.5.2)可以重新表述为

$$s(t;\boldsymbol{\theta}_l)=\exp(\mathrm{j}2\pi\nu_l t)\boldsymbol{C}_2(\boldsymbol{\Omega}_{2,l})\boldsymbol{A}_l\boldsymbol{C}_1^{\mathrm{T}}(\boldsymbol{\Omega}_{1,l})\boldsymbol{u}(t-\tau_l) \tag{4.5.3}$$

其中，

$$\boldsymbol{C}_2(\boldsymbol{\Omega}_{2,l})=[\boldsymbol{c}_{2,1}(\boldsymbol{\Omega}_{2,l})\quad \boldsymbol{c}_{2,2}(\boldsymbol{\Omega}_{2,l})] \tag{4.5.4}$$

$$\boldsymbol{C}_1(\boldsymbol{\Omega}_{1,l})=[\boldsymbol{c}_{1,1}(\boldsymbol{\Omega}_{1,l})\quad \boldsymbol{c}_{1,2}(\boldsymbol{\Omega}_{1,l})] \tag{4.5.5}$$

$$\boldsymbol{A}_l=\begin{bmatrix}\alpha_{l,1,1} & \alpha_{l,1,2}\\ \alpha_{l,2,1} & \alpha_{l,2,2}\end{bmatrix}=[\alpha_{l,p_2,p_1};p_2,p_1=\{1,2\}] \tag{4.5.6}$$

$$\boldsymbol{u}(t)=[u_1(t),\cdots,u_M(t)]^{\mathrm{T}} \tag{4.5.7}$$

式(4.5.3)可以重写为

$$s(t;\boldsymbol{\theta}_l) = \exp(\mathrm{j}2\pi\nu_l t)\cdot\{[\alpha_{l,1,1}\boldsymbol{c}_{2,1}(\boldsymbol{\Omega}_{2,l})\boldsymbol{c}_{1,1}^{\mathrm{T}}(\boldsymbol{\Omega}_{1,l})+\alpha_{l,1,2}\boldsymbol{c}_{2,1}(\boldsymbol{\Omega}_{2,l})\boldsymbol{c}_{1,2}^{\mathrm{T}}(\boldsymbol{\Omega}_{1,l})$$
$$+\alpha_{l,2,1}\boldsymbol{c}_{2,2}(\boldsymbol{\Omega}_{2,l})\boldsymbol{c}_{1,1}^{\mathrm{T}}(\boldsymbol{\Omega}_{1,l})+\alpha_{l,2,2}\boldsymbol{c}_{2,2}(\boldsymbol{\Omega}_{2,l})\boldsymbol{c}_{1,2}^{\mathrm{T}}(\boldsymbol{\Omega}_{1,l})]\boldsymbol{u}(t-\tau_l)\}$$
$$= \exp(\mathrm{j}2\pi\nu_l t)\cdot\Big(\sum_{p_2=1}^{2}\sum_{p_1=1}^{2}\alpha_{l,p_2,p_1}\boldsymbol{c}_{2,p_2}(\boldsymbol{\Omega}_{2,l})\boldsymbol{c}_{1,p_1}^{\mathrm{T}}(\boldsymbol{\Omega}_{1,l})\Big)\boldsymbol{u}(t-\tau_l) \tag{4.5.8}$$

我们考虑用第 2.2 节所描述的发射窗口方程 $\boldsymbol{q}_1(t)$ 和感应窗口方程 $\boldsymbol{q}_2(t)$ 来分别表示收发两端的射频开关对发射和接收信号的影响。为了表述更加完整，我们将第 2.2 节中的部分内容摘录如下。通过第 2.2 节的分析可以得到接收信号：

$$Y(t) = \sum_{l=1}^{L}\boldsymbol{q}_2^{\mathrm{T}}(t)s(t;\boldsymbol{\theta}_l)+\sqrt{\frac{N_o}{2}}\boldsymbol{q}_2(t)\boldsymbol{W}(t) \tag{4.5.9}$$

其中，

$$s(t;\boldsymbol{\theta}_l)=\exp(\mathrm{j}2\pi\nu_l t)\boldsymbol{q}_2^{\mathrm{T}}\boldsymbol{C}_2(\boldsymbol{\Omega}_{2,l})\boldsymbol{A}_l\boldsymbol{C}_1(\boldsymbol{\Omega}_{1,l})^{\mathrm{T}}\boldsymbol{q}_1(t-\tau_l)u(t-\tau_l) \tag{4.5.10}$$

代入式(4.5.8)，可得

$$s(t;\boldsymbol{\theta}_l) = \exp(\mathrm{j}2\pi\nu_l t)\cdot\sum_{p_2=1}^{2}\sum_{p_1=1}^{2}\alpha_{l,p_2,p_1}\boldsymbol{q}_2^{\mathrm{T}}(t)\boldsymbol{c}_{2,p_2}(\boldsymbol{\Omega}_{2,l})\boldsymbol{c}_{1,p_1}^{\mathrm{T}}(\boldsymbol{\Omega}_{1,l})\boldsymbol{q}_1(t)\cdot u(t-\tau_l) \tag{4.5.11}$$

定义 $M_2\times M_1$ 输入输出测量矩阵

$$\boldsymbol{U}(t;\tau_l)=\boldsymbol{q}_2(t)\boldsymbol{q}_1(t)^{\mathrm{T}}u(t-\tau_l) \tag{4.5.12}$$

式(4.5.11)可以继续表示为

$$s(t;\boldsymbol{\theta}_l) = \exp(\mathrm{j}2\pi\nu_l t)\sum_{p_2=1}^{2}\sum_{p_1=1}^{2}\alpha_{l,p_2,p_1}\boldsymbol{c}_{2,p_2}^{\mathrm{T}}(\boldsymbol{\Omega}_{2,l})\boldsymbol{U}(t;\tau_l)\boldsymbol{c}_{1,p_1}(\boldsymbol{\Omega}_{1,l}) \tag{4.5.13}$$

我们也可以将 $s(t;\boldsymbol{\theta}_l)$ 表示为

$$s(t;\boldsymbol{\theta}_l) = \sum_{p_2=1}^{2}\sum_{p_1=1}^{2}s_{p_2,p_1}(t;\boldsymbol{\theta}_l) \tag{4.5.14}$$

其中，

$$s_{p_2,p_1}(t;\boldsymbol{\theta}_l)\doteq\alpha_{l,p_2,p_1}\exp(\mathrm{j}2\pi\nu_l t)\boldsymbol{c}_{2,p_2}^{\mathrm{T}}(\boldsymbol{\Omega}_{2,l})\boldsymbol{U}(t;\tau_l)\boldsymbol{c}_{1,p_1}(\boldsymbol{\Omega}_{1,l}) \tag{4.5.15}$$

4.5.2 SAGE 算法的推导

接下来，我们介绍基于第 4.5.1 节中描述的信号模型，估计未知信道参数的 SAGE 算法中各部分的推导过程。

1. 完整/隐藏数据的对数似然函数

首先，我们定义完整/隐藏数据为

$$X_l(t)=s(t;\boldsymbol{\theta}_l)+\sqrt{\beta_l}\sqrt{\frac{N_o}{2}}q_2(t)W(t) \tag{4.5.16}$$

可以证明，当给定观测值 $X_l(t)=x_l(t)$ 时，$\boldsymbol{\theta}_l$ 的对数似然方程遵循

$$\Lambda(\boldsymbol{\theta}_l;x_l)\propto 2R\underbrace{\left\{\int s(t;\boldsymbol{\theta}_l)^* x_l(t)\mathrm{d}t\right\}}_{G_1}-\underbrace{\int|s(t;\boldsymbol{\theta}_l)|^2\mathrm{d}t}_{G_2} \tag{4.5.17}$$

经过一定的处理，可以证明

$$\Lambda(\boldsymbol{\theta}_l;x_l)\propto 2R\{\boldsymbol{\alpha}_l^{\mathrm{H}}\boldsymbol{f}(\bar{\boldsymbol{\theta}}_l)\}-IPT_{\mathrm{sc}}\cdot\boldsymbol{\alpha}_l^{\mathrm{H}}\widetilde{\boldsymbol{D}}(\boldsymbol{\Omega}_{2,l},\boldsymbol{\Omega}_{1,l})\boldsymbol{\alpha}_l \tag{4.5.18}$$

其中，各个符号的定义以及 G_1 和 G_2 的计算如下所述。

1) G_1 的计算

利用式(4.5.14),我们可以得出

$$G_1=\int\sum_{p_2=1}^{2}\sum_{p_1=1}^{2}s_{p_2,p_1}(t;\boldsymbol{\theta}_l)^*x_l(t)\mathrm{d}t=\sum_{p_2=1}^{2}\sum_{p_1=1}^{2}\int s_{p_2,p_1}(t;\boldsymbol{\theta}_l)^*x_l(t)\mathrm{d}t \quad (4.5.19)$$

将式(4.5.15)代入式(4.5.19)有

$$\begin{aligned}G_1&=\int\sum_{p_2=1}^{2}\sum_{p_1=1}^{2}s_{p_2,p_1}(t;\boldsymbol{\theta}_l)^*x_l(t)\mathrm{d}t\\&=\sum_{p_2=1}^{2}\sum_{p_1=1}^{2}\int\alpha_{l,p_2,p_1}^*\exp(-\mathrm{j}2\pi\nu_l t)\boldsymbol{c}_{2,p_2}^{\mathrm{H}}(\boldsymbol{\Omega}_{2,l})\boldsymbol{U}^*(t;\tau_l)\boldsymbol{c}_{1,p_1}^*(\boldsymbol{\Omega}_{1,l})x_l(t)\mathrm{d}t\\&=\sum_{p_2=1}^{2}\sum_{p_1=1}^{2}\alpha_{l,p_2,p_1}^*\boldsymbol{c}_{2,p_2}^{\mathrm{H}}(\boldsymbol{\Omega}_{2,l})\underbrace{\int\exp(-\mathrm{j}2\pi\nu_l t)\boldsymbol{U}^*(t;\tau_l)x_l(t)\mathrm{d}t}_{\doteq\boldsymbol{X}_l(\tau_l,\nu_l)}\boldsymbol{c}_{1,p_1}^*(\boldsymbol{\Omega}_{1,l})\end{aligned} \quad (4.5.20)$$

其中,$\boldsymbol{X}_l(\tau_l,\nu_l)$表示一个 $M_2\times M_1$ 维矩阵,矩阵的元素为

$$\begin{aligned}X_{l,m_2,m_1}(\tau_l,\nu_l)&=\int\exp(-\mathrm{j}2\pi\nu_l t)U_{m_2,m_1}^*(t;\tau_l)x_l(t)\mathrm{d}t\\&=\int\exp(-\mathrm{j}2\pi\nu_l t)q_{2,m_2}(t)q_{1,m_1}(t-\tau_l)u^*(t-\tau_l)x_l(t)\mathrm{d}t\end{aligned}$$

从发射和感应系统的时序结构中我们注意到,在每一个循环中(即 $i=1,2,\cdots,I$),当且仅当第 m_2 个发送端天线和第 m_1 个接收端天线处于工作状态时,$q_{2,m_2}(t)$与$q_{1,m_1}(t)$的乘积不为0。应用上述规律,有

$$q_{2,m_2}(t)q_{1,m_1}(t-\tau_l)u^*(t-\tau_l)=\begin{cases}u^*(t-\tau_l); & t\in[t_{i,m_2,m_1},t_{i,m_2,m_1}+T_{\mathrm{sc}}]\\0 & ;\text{其他}\end{cases}$$

所以

$$X_{l,m_2,m_1}(\tau_l,\nu_l)=\sum_{i=1}^{I}\int_{t_{i,m_2,m_1}}^{t_{i,m_2,m_1}+T_{\mathrm{sc}}}\exp(-\mathrm{j}2\pi\nu_l t)u^*(t-\tau_l)x_l(t)\mathrm{d}t \quad (4.5.21)$$

应用代换 $t'=t-t_{i,m_2,m_1}$,由式(4.5.21)可得

$$\begin{aligned}X_{l,m_2,m_1}(\tau_l,\nu_l)&=\sum_{i=1}^{I}\int_0^{T_{\mathrm{sc}}}\exp(-\mathrm{j}2\pi\nu_l(t_{i,m_2,m_1}+t'))u^*(t_{i,m_2,m_1}+t'-\tau_l)x_l(t_{i,m_2,m_1}+t')\mathrm{d}t'\\&=\sum_{i=1}^{I}\exp(-\mathrm{j}2\pi\nu_l t_{i,m_2,m_1})\int_0^{T_{\mathrm{sc}}}\exp(-\mathrm{j}2\pi\nu_l t')u^*(t_{i,m_2,m_1}+t'-\tau_l)x_l(t_{i,m_2,m_1}\\&\quad+t')\mathrm{d}t'\end{aligned} \quad (4.5.22)$$

其中,$u(t)$是一个以 T_{sc}为周期的周期函数,t_{i,m_2,m_1}是 T_{sc}的整数倍,故有

$$u(t_{i,m_2,m_1}+t'-\tau_l)=u(t'-\tau_l)$$

将这个表达式代入式(4.5.22)并将 t'替换为t,我们得到

$$X_{l,m_2,m_1}(\tau_l,\nu_l)=\sum_{i=1}^{I}\exp(-\mathrm{j}2\pi\nu_l t_{i,m_2,m_1})\int_0^{T_{\mathrm{sc}}}u^*(t-\tau_l)\exp(-\mathrm{j}2\pi\nu_l t)x_l(t+t_{i,m_2,m_1})\mathrm{d}t$$

式(4.5.20)可以改写为

$$G_1=\sum_{p_2=1}^{2}\sum_{p_1=1}^{2}\alpha_{l,p_2,p_1}^*[\boldsymbol{c}_{2,p_2}^{\mathrm{H}}(\boldsymbol{\Omega}_{2,l})\boldsymbol{X}_l(\tau_l,\nu_l)\boldsymbol{c}_{1,p_1}(\boldsymbol{\Omega}_{1,l})^*]$$

$$= \sum_{p_2=1}^{2}\sum_{p_1=1}^{2}\alpha_{l,p_2,p_1}^{*} f_{p_2,p_1}(\bar{\boldsymbol{\theta}}_l) \tag{4.5.23}$$

其中，$f_{p_2,p_1}(\bar{\boldsymbol{\theta}}_l) \doteq \boldsymbol{c}_{2,p_2}^{\mathrm{H}}(\boldsymbol{\Omega}_{2,l})\boldsymbol{X}_l(\tau_l,\nu_l)\boldsymbol{c}_{1,p_1}(\boldsymbol{\Omega}_{1,l})^{*}$，且 $\bar{\boldsymbol{\theta}}_l = [\boldsymbol{\Omega}_{1,l},\boldsymbol{\Omega}_{2,l},\tau_l,\nu_l]$

定义

$$\boldsymbol{\alpha}_l \doteq \mathrm{Vec}(\boldsymbol{A}_l^{\mathrm{T}}) = [\alpha_{l,1,1},\alpha_{l,1,2},\alpha_{l,2,1},\alpha_{l,2,2}]^{\mathrm{T}} \tag{4.5.24}$$

$$\boldsymbol{f}(\bar{\boldsymbol{\theta}}_l) = \begin{bmatrix} \boldsymbol{c}_{2,1}^{\mathrm{H}}(\boldsymbol{\Omega}_{2,l})\boldsymbol{X}_l(\tau_l,\nu_l)\boldsymbol{c}_{1,1}(\boldsymbol{\Omega}_{1,l})^{*} \\ \boldsymbol{c}_{2,1}^{\mathrm{H}}(\boldsymbol{\Omega}_{2,l})\boldsymbol{X}_l(\tau_l,\nu_l)\boldsymbol{c}_{1,2}(\boldsymbol{\Omega}_{1,l})^{*} \\ \boldsymbol{c}_{2,2}^{\mathrm{H}}(\boldsymbol{\Omega}_{2,l})\boldsymbol{X}_l(\tau_l,\nu_l)\boldsymbol{c}_{1,1}(\boldsymbol{\Omega}_{1,l})^{*} \\ \boldsymbol{c}_{2,2}^{\mathrm{H}}(\boldsymbol{\Omega}_{2,l})\boldsymbol{X}_l(\tau_l,\nu_l)\boldsymbol{c}_{1,2}(\boldsymbol{\Omega}_{1,l})^{*} \end{bmatrix} \tag{4.5.25}$$

我们得到 G_1 的表达式为

$$G_1 = \boldsymbol{\alpha}_l^{\mathrm{H}}\boldsymbol{f}(\bar{\boldsymbol{\theta}}_l) \tag{4.5.26}$$

2) G_2 的计算

将式(4.5.15)代入式(4.5.17)得到 G_2 的表达式为

$$\begin{aligned} G_2 &= \int |s(t;\boldsymbol{\theta}_l)|^2\mathrm{d}t = \int \left|\sum_{p_2=1}^{2}\sum_{p_1=1}^{2} s_{p_2,p_1}(t;\boldsymbol{\theta}_l)\right|^2\mathrm{d}t \\ &= \int \left|\sum_{p_2=1}^{2}\sum_{p_1=1}^{2}\alpha_{l,p_2,p_1}\exp(\mathrm{j}2\pi\nu_l t)\underbrace{\boldsymbol{c}_{2,p_2}^{\mathrm{T}}(\boldsymbol{\Omega}_{2,l})\boldsymbol{U}(t;\tau_l)\boldsymbol{c}_{1,p_1}(\boldsymbol{\Omega}_{1,l})}_{\doteq V_{l,p_2,p_1}(t;\boldsymbol{\Omega}_{2,l},\boldsymbol{\Omega}_{1,l},\tau_l)}\right|^2\mathrm{d}t \\ &= \int \left|\sum_{p_2=1}^{2}\sum_{p_1=1}^{2}\alpha_{l,p_2,p_1}V_{l,p_2,p_1}(t;\boldsymbol{\Omega}_{2,l},\boldsymbol{\Omega}_{1,l,\tau_l})\right|^2 \cdot \underbrace{|\exp(\mathrm{j}2\pi\nu_l t)|^2}_{=1}\mathrm{d}t \\ &= \sum_{p_2'=1}^{2}\sum_{p_1'=1}^{2}\sum_{p_2=1}^{2}\sum_{p_1=1}^{2}\alpha_{l,p_2',p_1'}^{*}\alpha_{l,p_2,p_1}\underbrace{\int V_{l,p_2',p_1'}(t;\boldsymbol{\Omega}_{2,l},\boldsymbol{\Omega}_{1,l,\tau_l})^{*}V_{l,p_2,p_1}(t;\boldsymbol{\Omega}_{2,l},\boldsymbol{\Omega}_{1,l,\tau_l})\mathrm{d}t}_{\doteq D_{p_2',p_1',p_2,p_1}(\boldsymbol{\Omega}_{2,l},\boldsymbol{\Omega}_{1,l},\tau_l)} \end{aligned} \tag{4.5.27}$$

$D_{p_2',p_1',p_2,p_1}(\boldsymbol{\Omega}_{2,l},\boldsymbol{\Omega}_{1,l},\tau_l)$可以进一步简化为

$$\begin{aligned} &D_{p_2',p_1',p_2,p_1}(\boldsymbol{\Omega}_{2,l},\boldsymbol{\Omega}_{1,l,\tau_l}) \\ &= \int V_{l,p_2',p_1'}(t;\boldsymbol{\Omega}_{2,l},\boldsymbol{\Omega}_{1,l},\tau_l)^{*}V_{l,p_2,p_1}(t;\boldsymbol{\Omega}_{2,l},\boldsymbol{\Omega}_{1,l},\tau_l)\mathrm{d}t \\ &= \int [\boldsymbol{c}_{2,p_2'}^{\mathrm{T}}(\boldsymbol{\Omega}_{2,l})\boldsymbol{U}(t;\tau_l)\boldsymbol{c}_{1,p_1'}(\boldsymbol{\Omega}_{1,l})]^{*}\boldsymbol{c}_{2,p_2}^{\mathrm{T}}(\boldsymbol{\Omega}_{2,l})\boldsymbol{U}(t;\tau_l)\boldsymbol{c}_{1,p_1}(\boldsymbol{\Omega}_{1,l})\mathrm{d}t \\ &= \underbrace{\int \boldsymbol{c}_{1,p_1'}^{\mathrm{H}}(\boldsymbol{\Omega}_{1,l})\boldsymbol{U}^{\mathrm{H}}(t;\tau_l)\boldsymbol{c}_{2,p_2'}^{*}(\boldsymbol{\Omega}_{2,l})\boldsymbol{c}_{2,p_2}^{\mathrm{T}}(\boldsymbol{\Omega}_{2,l})\boldsymbol{U}(t;\tau_l)\boldsymbol{c}_{1,p_1}(\boldsymbol{\Omega}_{1,l})\mathrm{d}t}_{\doteq\eta} \end{aligned}$$

其中，$\boldsymbol{U}(t;\tau_l) = \boldsymbol{q}_2(t)\boldsymbol{q}_1(t)^{\mathrm{T}}u(t-\tau_l)$，将这个表达式中的 $\boldsymbol{U}(t;\tau_l)$ 替换为式(4.5.27)中的 η，有

$$\eta = \int \underbrace{\boldsymbol{c}_{1,p_1'}^{\mathrm{H}}(\boldsymbol{\Omega}_{1,l})\boldsymbol{q}_1(t)}_{\text{标量}}\underbrace{\boldsymbol{q}_2^{\mathrm{T}}(t)\boldsymbol{c}_{2,p_2'}(\boldsymbol{\Omega}_{2,l})}_{\text{标量}}\underbrace{\boldsymbol{c}_{2,p_2}^{\mathrm{T}}(\boldsymbol{\Omega}_{2,l})\boldsymbol{q}_2(t)}_{\text{标量}}\underbrace{\boldsymbol{q}_1^{\mathrm{T}}(t)\boldsymbol{c}_{1,p_1}(\boldsymbol{\Omega}_{1,l})}_{\text{标量}}|\boldsymbol{u}(t-\tau_l)|^2\mathrm{d}t \tag{4.5.28}$$

由于式(4.5.28)中的任意两项之积均为标量，式(4.5.28)可以改写为

$$\eta = \int \boldsymbol{c}_{2,p_2}^{\mathrm{T}}(\boldsymbol{\Omega}_{2,l})\boldsymbol{q}_2(t)\boldsymbol{q}_2^{\mathrm{T}}(t)\boldsymbol{c}_{2,p_2'}(\boldsymbol{\Omega}_{2,l})\boldsymbol{c}_{1,p_1'}^{\mathrm{H}}(\boldsymbol{\Omega}_{1,l})\boldsymbol{q}_1(t)\boldsymbol{q}_1^{\mathrm{T}}(t)\boldsymbol{c}_{1,p_1}(\boldsymbol{\Omega}_{1,l})|\boldsymbol{u}(t-\tau_l)|^2\mathrm{d}t \tag{4.5.29}$$

其中，

$$\begin{aligned}\boldsymbol{q}_2(t)\boldsymbol{q}_2^{\mathrm{T}}(t)&=[q_{2,1}(t),q_{2,2}(t),\cdots,q_{2,M_2}(t)]^{\mathrm{T}}[q_{2,1}(t),q_{2,2}(t),\cdots,q_{2,M_2}(t)]\\&=\mathrm{diag}[|q_{2,1}(t)|^2,\cdots,|q_{2,M_2}(t)|^2]\\&=\mathrm{diag}[q_{2,1}(t),\cdots,q_{2,M_2}(t)]\end{aligned}\tag{4.5.30}$$

这里，diag[·]表示对角元为方括号内元素的对角矩阵，且有 $|q_{2,m_2}(t)|^2=q_{2,m_2}(t)$。类似地，有

$$\begin{aligned}\boldsymbol{q}_1(t)\boldsymbol{q}_1^{\mathrm{T}}(t)&=[q_{1,1}(t),q_{1,2}(t),\cdots,q_{1,M_1}(t)]^{\mathrm{T}}[q_{1,1}(t),q_{1,2}(t),\cdots,q_{1,M_1}(t)]\\&=\mathrm{diag}[q_{1,1}(t),\cdots,q_{1,M_1}(t)]\end{aligned}\tag{4.5.31}$$

将式(4.5.30)和式(4.5.31)代入式(4.5.29)，有

$$\begin{aligned}\eta=&\sum_{m_1=1}^{M_1}\sum_{m_2=1}^{M_2}c_{2,m_2,p_2}(\boldsymbol{\Omega}_{2,l})c^*_{2,m_2,p'_2}(\boldsymbol{\Omega}_{2,l})c^*_{1,m_1,p'_1}(\boldsymbol{\Omega}_{1,l})c_{1,m_1,p_1}(\boldsymbol{\Omega}_{1,l})\\&\cdot\underbrace{\int q_{2,m_2}(t)q_{1,m_1}(t-\tau_l)\ |u(t-\tau_l)|^2\mathrm{d}t}_{=IPT_{\mathrm{sc}}}\\=&\left[\sum_{m_1=1}^{M_1}c_{1,m_1,p_1}(\boldsymbol{\Omega}_{1,l})c^*_{1,m_1,p'_1}(\boldsymbol{\Omega}_{1,l})\right]\left[\sum_{m_2=1}^{M_2}c_{2,m_2,p_2}(\boldsymbol{\Omega}_{2,l})c^*_{2,m_2,p'_2}(\boldsymbol{\Omega}_{2,l})\right]IPT_{\mathrm{sc}}\\=&[\boldsymbol{c}^{\mathrm{H}}_{1,p'_1}(\boldsymbol{\Omega}_{1,l})\boldsymbol{c}_{1,p_1}(\boldsymbol{\Omega}_{1,l})][\boldsymbol{c}^{\mathrm{H}}_{2,p'_2}(\boldsymbol{\Omega}_{2,l})\boldsymbol{c}_{2,p_2}(\boldsymbol{\Omega}_{2,l})]IPT_{\mathrm{sc}}\end{aligned}\tag{4.5.32}$$

这样我们可以得到 $D_{p'_2,p'_1,p_2,p_1}(\boldsymbol{\Omega}_{2,l},\boldsymbol{\Omega}_{1,l})$的表达式为

$$D_{p'_2,p'_1,p_2,p_1}(\boldsymbol{\Omega}_{2,l},\boldsymbol{\Omega}_{1,l})=IPT_{\mathrm{sc}}\cdot\widetilde{D}_{p'_2,p'_1,p_2,p_1}(\boldsymbol{\Omega}_{2,l},\boldsymbol{\Omega}_{1,l})\tag{4.5.33}$$

其中，

$$\widetilde{D}_{p'_2,p'_1,p_2,p_1}(\boldsymbol{\Omega}_{2,l},\boldsymbol{\Omega}_{1,l})\doteq[\boldsymbol{c}^{\mathrm{H}}_{1,p'_1}(\boldsymbol{\Omega}_{1,l})\boldsymbol{c}_{1,p_1}(\boldsymbol{\Omega}_{1,l})][\boldsymbol{c}^{\mathrm{H}}_{2,p'_2}(\boldsymbol{\Omega}_{2,l})\boldsymbol{c}_{2,p_2}(\boldsymbol{\Omega}_{2,l})]$$

注意，$D_{p'_2,p'_1,p_2,p_1}(\boldsymbol{\Omega}_{2,l},\boldsymbol{\Omega}_{1,l})$和 $\widetilde{D}_{p'_2,p'_1,p_2,p_1}(\boldsymbol{\Omega}_{2,l},\boldsymbol{\Omega}_{1,l})$仅由 $\boldsymbol{\Omega}_{1,l}$和 $\boldsymbol{\Omega}_{2,l}$决定。

将式(4.5.33)代入式(4.5.27)，有

$$\begin{aligned}G_2&=\mathrm{IPT}_{\mathrm{sc}}\sum_{p'_2=1}^{2}\sum_{p'_1=1}^{2}\sum_{p_2=1}^{2}\sum_{p_1=1}^{2}\alpha^*_{l,p'_2,p'_1}\widetilde{D}_{p'_2,p'_1,p_2,p_1}(\boldsymbol{\Omega}_{2,l},\boldsymbol{\Omega}_{1,l})\alpha_{l,p_2,p_1}\\&=\mathrm{IPT}_{\mathrm{sc}}\cdot\boldsymbol{\alpha}_l^{\mathrm{H}}\widetilde{D}(\boldsymbol{\Omega}_{2,l},\boldsymbol{\Omega}_{1,l})\boldsymbol{\alpha}_l\end{aligned}\tag{4.5.34}$$

其中，

$$\begin{aligned}\widetilde{\boldsymbol{D}}(\boldsymbol{\Omega}_{2,l},\boldsymbol{\Omega}_{1,l})&\doteq[\widetilde{D}_{p'_2,p'_1,p_2,p_1}(\boldsymbol{\Omega}_{2,l},\boldsymbol{\Omega}_{1,l})]_{(p'_2,p'_1)=\{1,2\}^2;(p_2,p_1)=\{1,2\}^2}\\&=\begin{bmatrix}\boldsymbol{c}^{\mathrm{H}}_{1,1}\boldsymbol{c}_{1,1}\boldsymbol{c}^{\mathrm{H}}_{2,1}\boldsymbol{c}_{2,1}&\boldsymbol{c}^{\mathrm{H}}_{1,1}\boldsymbol{c}_{1,2}\boldsymbol{c}^{\mathrm{H}}_{2,1}\boldsymbol{c}_{2,1}&\boldsymbol{c}^{\mathrm{H}}_{1,1}\boldsymbol{c}_{1,1}\boldsymbol{c}^{\mathrm{H}}_{2,1}\boldsymbol{c}_{2,2}&\boldsymbol{c}^{\mathrm{H}}_{1,1}\boldsymbol{c}_{1,2}\boldsymbol{c}^{\mathrm{H}}_{2,1}\boldsymbol{c}_{2,2}\\\boldsymbol{c}^{\mathrm{H}}_{1,2}\boldsymbol{c}_{1,1}\boldsymbol{c}^{\mathrm{H}}_{2,1}\boldsymbol{c}_{2,1}&\boldsymbol{c}^{\mathrm{H}}_{1,2}\boldsymbol{c}_{1,2}\boldsymbol{c}^{\mathrm{H}}_{2,1}\boldsymbol{c}_{2,1}&\boldsymbol{c}^{\mathrm{H}}_{1,2}\boldsymbol{c}_{1,1}\boldsymbol{c}^{\mathrm{H}}_{2,1}\boldsymbol{c}_{2,2}&\boldsymbol{c}^{\mathrm{H}}_{1,2}\boldsymbol{c}_{1,2}\boldsymbol{c}^{\mathrm{H}}_{2,1}\boldsymbol{c}_{2,2}\\\boldsymbol{c}^{\mathrm{H}}_{1,1}\boldsymbol{c}_{1,1}\boldsymbol{c}^{\mathrm{H}}_{2,2}\boldsymbol{c}_{2,1}&\boldsymbol{c}^{\mathrm{H}}_{1,1}\boldsymbol{c}_{1,2}\boldsymbol{c}^{\mathrm{H}}_{2,2}\boldsymbol{c}_{2,1}&\boldsymbol{c}^{\mathrm{H}}_{1,1}\boldsymbol{c}_{1,1}\boldsymbol{c}^{\mathrm{H}}_{2,2}\boldsymbol{c}_{2,2}&\boldsymbol{c}^{\mathrm{H}}_{1,1}\boldsymbol{c}_{1,2}\boldsymbol{c}^{\mathrm{H}}_{2,2}\boldsymbol{c}_{2,2}\\\boldsymbol{c}^{\mathrm{H}}_{1,2}\boldsymbol{c}_{1,1}\boldsymbol{c}^{\mathrm{H}}_{2,2}\boldsymbol{c}_{2,1}&\boldsymbol{c}^{\mathrm{H}}_{1,2}\boldsymbol{c}_{1,2}\boldsymbol{c}^{\mathrm{H}}_{2,2}\boldsymbol{c}_{2,1}&\boldsymbol{c}^{\mathrm{H}}_{1,2}\boldsymbol{c}_{1,1}\boldsymbol{c}^{\mathrm{H}}_{2,2}\boldsymbol{c}_{2,2}&\boldsymbol{c}^{\mathrm{H}}_{1,2}\boldsymbol{c}_{1,2}\boldsymbol{c}^{\mathrm{H}}_{2,2}\boldsymbol{c}_{2,2}\end{bmatrix}\end{aligned}$$

在这个表达式中，为了方便表达，我们省略了 $\boldsymbol{\Omega}_{1,l}$和 $\boldsymbol{\Omega}_{2,l}$的标注。

$\widetilde{\boldsymbol{D}}(\boldsymbol{\Omega}_{2,l},\boldsymbol{\Omega}_{1,l})$可以用两矩阵的克罗内克乘积来计算：

$$\widetilde{\boldsymbol{D}}(\boldsymbol{\Omega}_{2,l},\boldsymbol{\Omega}_{1,l})=\begin{bmatrix}\boldsymbol{c}^{\mathrm{H}}_{2,1}\boldsymbol{c}_{2,1}&\boldsymbol{c}^{\mathrm{H}}_{2,1}\boldsymbol{c}_{2,2}\\\boldsymbol{c}^{\mathrm{H}}_{2,2}\boldsymbol{c}_{2,1}&\boldsymbol{c}^{\mathrm{H}}_{2,2}\boldsymbol{c}_{2,2}\end{bmatrix}\otimes\begin{bmatrix}\boldsymbol{c}^{\mathrm{H}}_{1,1}\boldsymbol{c}_{1,1}&\boldsymbol{c}^{\mathrm{H}}_{1,1}\boldsymbol{c}_{1,2}\\\boldsymbol{c}^{\mathrm{H}}_{1,2}\boldsymbol{c}_{1,1}&\boldsymbol{c}^{\mathrm{H}}_{1,2}\boldsymbol{c}_{1,2}\end{bmatrix}\tag{4.5.35}$$

此外，任一矩阵都可以表示为两个矩阵的乘积，即

$$\begin{aligned}\widetilde{\boldsymbol{D}}(\boldsymbol{\Omega}_{2,l},\boldsymbol{\Omega}_{1,l})&=\left(\begin{bmatrix}\boldsymbol{c}^{\mathrm{H}}_{2,1}\\\boldsymbol{c}^{\mathrm{H}}_{2,2}\end{bmatrix}\cdot[\boldsymbol{c}_{2,1}\quad\boldsymbol{c}_{2,2}]\right)\otimes\left(\begin{bmatrix}\boldsymbol{c}^{\mathrm{H}}_{1,1}\\\boldsymbol{c}^{\mathrm{H}}_{1,2}\end{bmatrix}\cdot[\boldsymbol{c}_{1,1}\quad\boldsymbol{c}_{1,2}]\right)\\&=[\boldsymbol{C}_2(\boldsymbol{\Omega}_{2,l})^{\mathrm{H}}\boldsymbol{C}_2(\boldsymbol{\Omega}_{2,l})]\otimes[\boldsymbol{C}_1(\boldsymbol{\Omega}_{1,l})^{\mathrm{H}}\boldsymbol{C}_1(\boldsymbol{\Omega}_{1,l})]\end{aligned}\tag{4.5.36}$$

其中，$\boldsymbol{C}_1(\boldsymbol{\Omega}_{1,l})$和$\boldsymbol{C}_2(\boldsymbol{\Omega}_{2,l})$的定义见式(4.5.4)和式(4.5.5)，即

$$\boldsymbol{C}_2(\boldsymbol{\Omega}_{2,l})=[\boldsymbol{c}_{2,1}(\boldsymbol{\Omega}_{2,l})\quad \boldsymbol{c}_{2,2}(\boldsymbol{\Omega}_{2,l})]$$
$$\boldsymbol{C}_1(\boldsymbol{\Omega}_{1,l})=[\boldsymbol{c}_{1,1}(\boldsymbol{\Omega}_{1,l})\quad \boldsymbol{c}_{1,2}(\boldsymbol{\Omega}_{1,l})]$$

2. 完整/隐藏数据已知时的最大似然估计

接下来我们介绍一种估计信道参数时用到的两步算法。首先，我们根据恒定的参数矢量$\bar{\boldsymbol{\theta}}_l$对$\boldsymbol{\alpha}_l$进行估计，得到$\boldsymbol{\alpha}_l$的结果表达式并将其代入对数似然函数。然后，我们根据对仅以$\bar{\boldsymbol{\theta}}_l$为自变量的对数似然函数取最大值，对$\bar{\boldsymbol{\theta}}_l$进行估计。最后，$\boldsymbol{\alpha}_l$的估计值可以通过之前推导的结果，代入$\bar{\boldsymbol{\theta}}_l$的估计值计算得到。

为了寻找关于恒定$\bar{\boldsymbol{\theta}}_l$的$\boldsymbol{\alpha}_l$闭式表达式，我们对关于$\boldsymbol{\alpha}_l$的函数$\Lambda(\boldsymbol{\theta}_l;x_l)$取梯度：

$$\frac{\partial\Lambda(\boldsymbol{\theta}_l;x_l)}{\partial\boldsymbol{\alpha}_l}=f(\bar{\boldsymbol{\theta}}_l)-IPT_{\rm sc}\cdot\widetilde{D}(\boldsymbol{\Omega}_{2,l},\boldsymbol{\Omega}_{1,l})\boldsymbol{\alpha}_l \tag{4.5.37}$$

令式(4.5.37)为0，我们可以得到关于$\bar{\boldsymbol{\theta}}_l$的最佳函数$\boldsymbol{\alpha}_l$的显式表达式：

$$\boldsymbol{\alpha}_l=(IPT_{\rm sc})^{-1}\widetilde{\boldsymbol{D}}(\boldsymbol{\Omega}_{2,l},\boldsymbol{\Omega}_{1,l})^{-1}\boldsymbol{f}(\bar{\boldsymbol{\theta}}_l) \tag{4.5.38}$$

将式(4.5.38)代入$\Lambda(\boldsymbol{\theta}_l;x_l)$，我们可以得到只关于$\bar{\boldsymbol{\theta}}_l$的对数似然函数：

$$\begin{aligned}
\Lambda(\boldsymbol{\theta}_l;x_l)&=\boldsymbol{\alpha}_l^{\rm H}\boldsymbol{f}(\bar{\boldsymbol{\theta}}_l)+\boldsymbol{f}(\bar{\boldsymbol{\theta}}_l)^{\rm H}\boldsymbol{\alpha}_l-IPT_{\rm sc}\cdot\boldsymbol{\alpha}_l^{\rm H}\widetilde{\boldsymbol{D}}(\boldsymbol{\Omega}_{2,l},\boldsymbol{\Omega}_{1,l})\boldsymbol{\alpha}_l\\
&=(IPT_{\rm sc})^{-1}\boldsymbol{f}(\bar{\boldsymbol{\theta}}_l)^{\rm H}(\widetilde{\boldsymbol{D}}(\boldsymbol{\Omega}_{2,l},\boldsymbol{\Omega}_{1,l})^{-1})^{\rm H}\boldsymbol{f}(\bar{\boldsymbol{\theta}}_l)\\
&\quad+(IPT_{\rm sc})^{-1}\boldsymbol{f}(\bar{\boldsymbol{\theta}}_l)^{\rm H}\widetilde{\boldsymbol{D}}(\boldsymbol{\Omega}_{2,l},\boldsymbol{\Omega}_{1,l})^{-1}\boldsymbol{f}(\bar{\boldsymbol{\theta}}_l)\\
&\quad-IPT_{\rm sc}\cdot(IPT_{\rm sc})^{-1}\boldsymbol{f}(\bar{\boldsymbol{\theta}}_l)^{\rm H}(\widetilde{\boldsymbol{D}}(\boldsymbol{\Omega}_{2,l},\boldsymbol{\Omega}_{1,l})^{-1})^{\rm H}\\
&\quad\ \widetilde{\boldsymbol{D}}(\boldsymbol{\Omega}_{2,l},\boldsymbol{\Omega}_{1,l})(IPT_{\rm sc})^{-1}\widetilde{\boldsymbol{D}}(\boldsymbol{\Omega}_{2,l},\boldsymbol{\Omega}_{1,l})^{-1}\boldsymbol{f}(\bar{\boldsymbol{\theta}}_l)\\
&=(IPT_{\rm sc})^{-1}\boldsymbol{f}(\bar{\boldsymbol{\theta}}_l)^{\rm H}(\widetilde{\boldsymbol{D}}(\boldsymbol{\Omega}_{2,l},\boldsymbol{\Omega}_{1,l})^{-1})^{\rm H}\boldsymbol{f}(\bar{\boldsymbol{\theta}}_l)\\
&\quad+(IPT_{\rm sc})^{-1}\boldsymbol{f}(\bar{\boldsymbol{\theta}}_l)^{\rm H}\widetilde{\boldsymbol{D}}(\boldsymbol{\Omega}_{2,l},\boldsymbol{\Omega}_{1,l})^{-1}\boldsymbol{f}(\bar{\boldsymbol{\theta}}_l)\\
&\quad-(IPT_{\rm sc})^{-1}\boldsymbol{f}(\bar{\boldsymbol{\theta}}_l)^{\rm H}(\widetilde{\boldsymbol{D}}(\boldsymbol{\Omega}_{2,l},\boldsymbol{\Omega}_{1,l})^{-1})^{\rm H}\underbrace{\widetilde{\boldsymbol{D}}(\boldsymbol{\Omega}_{2,l},\boldsymbol{\Omega}_{1,l})\widetilde{\boldsymbol{D}}(\boldsymbol{\Omega}_{2,l},\boldsymbol{\Omega}_{1,l})^{-1}}_{=I}\boldsymbol{f}(\bar{\boldsymbol{\theta}}_l)\\
&=(IPT_{\rm sc})^{-1}\boldsymbol{f}(\bar{\boldsymbol{\theta}}_l)^{\rm H}\widetilde{\boldsymbol{D}}(\boldsymbol{\Omega}_{2,l},\boldsymbol{\Omega}_{1,l})^{-1}\boldsymbol{f}(\bar{\boldsymbol{\theta}}_l)\\
&\propto\boldsymbol{f}(\bar{\boldsymbol{\theta}}_l)^{\rm H}\widetilde{\boldsymbol{D}}(\boldsymbol{\Omega}_{2,l},\boldsymbol{\Omega}_{1,l})^{-1}\boldsymbol{f}(\bar{\boldsymbol{\theta}}_l)
\end{aligned} \tag{4.5.39}$$

这样，$\bar{\boldsymbol{\theta}}_l$和$\boldsymbol{\alpha}_l$的最大似然估计可以表示为

$$(\hat{\bar{\boldsymbol{\theta}}}_l)_{\rm ML}=\arg\max_{\bar{\boldsymbol{\theta}}_l}\boldsymbol{f}(\bar{\boldsymbol{\theta}}_l)^{\rm H}\widetilde{\boldsymbol{D}}(\boldsymbol{\Omega}_{2,l},\boldsymbol{\Omega}_{1,l})^{-1}\boldsymbol{f}(\bar{\boldsymbol{\theta}}_l) \tag{4.5.40}$$

$$(\hat{\boldsymbol{\alpha}}_l)_{\rm ML}=(IPT_{\rm sc})^{-1}\widetilde{\boldsymbol{D}}(\boldsymbol{\Omega}_{2,l},\boldsymbol{\Omega}_{1,l})^{-1}\boldsymbol{f}(\bar{\boldsymbol{\theta}}_l) \tag{4.5.41}$$

3. $\widetilde{\boldsymbol{D}}(\boldsymbol{\Omega}_{2,l},\boldsymbol{\Omega}_{1,l})$可逆的条件

为了使式(4.5.40)和式(4.5.41)中的$\bar{\boldsymbol{\theta}}_l$和$\boldsymbol{\alpha}_l$存在，矩阵$\widetilde{\boldsymbol{D}}(\boldsymbol{\Omega}_{2,l},\boldsymbol{\Omega}_{1,l})$必须是可逆的。在本节中，我们将分析矩阵$\widetilde{\boldsymbol{D}}(\boldsymbol{\Omega}_{2,l},\boldsymbol{\Omega}_{1,l})$可逆的条件。

根据克罗内克乘积的性质，矩阵$\widetilde{\boldsymbol{D}}(\boldsymbol{\Omega}_{2,l},\boldsymbol{\Omega}_{1,l})$的行列式可以表示为

$$\begin{aligned}
\det(\widetilde{\boldsymbol{D}}(\boldsymbol{\Omega}_{2,l},\boldsymbol{\Omega}_{1,l}))&=\det\left(\begin{bmatrix}\boldsymbol{c}_{2,1}^{\rm H}\boldsymbol{c}_{2,1} & \boldsymbol{c}_{2,1}^{\rm H}\boldsymbol{c}_{2,2}\\ \boldsymbol{c}_{2,2}^{\rm H}\boldsymbol{c}_{2,1} & \boldsymbol{c}_{2,2}^{\rm H}\boldsymbol{c}_{2,2}\end{bmatrix}\right)^2\cdot\det\left(\begin{bmatrix}\boldsymbol{c}_{1,1}^{\rm H}\boldsymbol{c}_{1,1} & \boldsymbol{c}_{1,1}^{\rm H}\boldsymbol{c}_{1,2}\\ \boldsymbol{c}_{1,2}^{\rm H}\boldsymbol{c}_{1,1} & \boldsymbol{c}_{1,2}^{\rm H}\boldsymbol{c}_{1,2}\end{bmatrix}\right)^2\\
&=(\boldsymbol{c}_{2,1}^{\rm H}\boldsymbol{c}_{2,1}\boldsymbol{c}_{2,2}^{\rm H}\boldsymbol{c}_{2,2}-\boldsymbol{c}_{2,2}^{\rm H}\boldsymbol{c}_{2,1}\boldsymbol{c}_{2,1}^{\rm H}\boldsymbol{c}_{2,2})^2\cdot(\boldsymbol{c}_{1,1}^{\rm H}\boldsymbol{c}_{1,1}\boldsymbol{c}_{1,2}^{\rm H}\boldsymbol{c}_{1,2}-\boldsymbol{c}_{1,2}^{\rm H}\boldsymbol{c}_{1,1}\boldsymbol{c}_{1,1}^{\rm H}\boldsymbol{c}_{1,2})^2\\
&=(|\boldsymbol{c}_{2,1}|^2|\boldsymbol{c}_{2,2}|^2-|\boldsymbol{c}_{2,2}^{\rm H}\boldsymbol{c}_{2,1}|^2)^2\cdot(|\boldsymbol{c}_{1,1}|^2|\boldsymbol{c}_{1,2}|^2-|\boldsymbol{c}_{1,2}^{\rm H}\boldsymbol{c}_{1,1}|^2)^2
\end{aligned} \tag{4.5.42}$$

其中，为了表述方便，我们省略了$\boldsymbol{\Omega}_{1,l}$和$\boldsymbol{\Omega}_{2,l}$的标注。

注意到，式(4.5.42)中圆括号中的表达式满足

$$|\boldsymbol{c}_{i,1}|^2\ |\boldsymbol{c}_{i,2}|^2-|\boldsymbol{c}_{i,2}^{\mathrm{H}}\boldsymbol{c}_{i,1}|^2\geqslant 0,\quad i=1,2 \tag{4.5.43}$$

对于复数 γ 值，当且仅当

$$\boldsymbol{c}_{i,1}=\gamma\cdot\boldsymbol{c}_{i,2}$$

时取等号。注意到式 (4.5.43)也称为施瓦茨不等式(Schwarz inequality)。

这样，当且仅当同一个阵列两种极化方式的导向矢量线性相关时，矩阵 $\widetilde{\boldsymbol{D}}(\boldsymbol{\Omega}_{2,l},\boldsymbol{\Omega}_{1,l})$的行列式为零。当两个导向矢量处于同一维度，即阵列中只有一个元素时，这种情况一定会发生。这种场景包括单发送和单接收系统，即 SISO、SIMO 和 MISO 系统。

最后，需要注意的是，当两导向矢量正交时，相应式(4.5.42)中圆括号中的表达式退化为$|\boldsymbol{c}_{i,1}|^2\ |\boldsymbol{c}_{i,2}|^2$。可以推知，在这种场景下我们得到了 $\bar{\boldsymbol{\theta}}_l$ 和 $\boldsymbol{\alpha}_l$ 最大似然估计的最佳值。

4. 有关导致 $\widetilde{\boldsymbol{D}}(\boldsymbol{\Omega}_{2,l},\boldsymbol{\Omega}_{1,l})$不可逆的几种情况的讨论

(1) 情况 1:发送端两导向矢量线性相关。

假设发送端天线阵列在两种极化方式下的辐射方向图线性相关，则会导致

$$\boldsymbol{c}_{1,2}(\boldsymbol{\Omega}_{1,l})=\gamma_1\cdot\boldsymbol{c}_{1,1}(\boldsymbol{\Omega}_{1,l})$$

在这种情况下，信号模型可以表示为

$$\begin{aligned}\boldsymbol{s}(t;\boldsymbol{\theta}_l)&=\exp(\mathrm{j}2\pi\nu_l t)[\boldsymbol{c}_{2,1}(\boldsymbol{\Omega}_{2,l})\quad \boldsymbol{c}_{2,2}(\boldsymbol{\Omega}_{2,l})]\begin{bmatrix}\alpha_{l,1,1} & \alpha_{l,1,2}\\ \alpha_{l,2,1} & \alpha_{l,2,2}\end{bmatrix}\begin{bmatrix}\boldsymbol{c}_{1,1}(\boldsymbol{\Omega}_{1,l})\\ \gamma\boldsymbol{c}_{1,1}(\boldsymbol{\Omega}_{1,l})\end{bmatrix}u(t-\tau_l)\\ &=\exp(\mathrm{j}2\pi\nu_l t)[\boldsymbol{c}_{2,1}(\boldsymbol{\Omega}_{2,l})\quad \boldsymbol{c}_{2,2}(\boldsymbol{\Omega}_{2,l})]\begin{bmatrix}\alpha_{l,1,1}+\gamma_1\cdot\alpha_{l,1,2}\\ \alpha_{l,2,1}+\gamma_1\cdot\alpha_{l,2,2}\end{bmatrix}\boldsymbol{c}_{1,1}(\boldsymbol{\Omega}_{1,l})u(t-\tau_l)\\ &=\exp(\mathrm{j}2\pi\nu_l t)[\boldsymbol{c}_{2,1}(\boldsymbol{\Omega}_{2,l})\quad \boldsymbol{c}_{2,2}(\boldsymbol{\Omega}_{2,l})]\begin{bmatrix}\alpha'_{l,1}\\ \alpha'_{l,2}\end{bmatrix}\boldsymbol{c}_{1,1}(\boldsymbol{\Omega}_{1,l})u(t-\tau_l)\end{aligned} \tag{4.5.44}$$

其中，

$$\alpha'_{l,1}\doteq\alpha_{l,1,1}+\gamma_1\cdot\alpha_{l,1,2}$$
$$\alpha'_{l,2}\doteq\alpha_{l,2,1}+\gamma_1\cdot\alpha_{l,2,2}$$

由于这里没有可用的信息，即没有独立的导向矢量能够用来区分同一行中的极化因子，包含元素 $\alpha'_{l,1}$和 $\alpha'_{l,2}$的矢量 $\boldsymbol{\alpha}'_l$ 实际上是以复常数 γ_1 为参数的极化矩阵行元素的线性组合。

(2) 情况 2:接收端两导向矢量线性相关。

我们假设接收端对应两种极化方式的两导向矢量线性相关的情况，即

$$\boldsymbol{c}_{2,2}(\boldsymbol{\Omega}_{2,l})=\gamma_2\cdot\boldsymbol{c}_{2,1}(\boldsymbol{\Omega}_{2,l})$$

其中，γ_2 是任意复数。

在这种情况下，信号模型将变为

$$\begin{aligned}\boldsymbol{s}(t;\boldsymbol{\theta}_l)&=\exp(\mathrm{j}2\pi\nu_l t)[\boldsymbol{c}_{2,1}(\boldsymbol{\Omega}_{2,l})\gamma_2\boldsymbol{c}_{2,1}(\boldsymbol{\Omega}_{2,l})]\begin{bmatrix}\alpha_{l,1,1} & \alpha_{l,1,2}\\ \alpha_{l,2,1} & \alpha_{l,2,2}\end{bmatrix}\begin{bmatrix}\boldsymbol{c}_{1,1}(\boldsymbol{\Omega}_{1,l})\\ \boldsymbol{c}_{1,2}(\boldsymbol{\Omega}_{1,l})\end{bmatrix}u(t-\tau_l)\\ &=\exp(\mathrm{j}2\pi\nu_l t)\boldsymbol{c}_{2,1}(\boldsymbol{\Omega}_{2,l})\begin{bmatrix}\alpha_{l,1,1}+\gamma_2\cdot\alpha_{l,2,1}\\ \alpha_{l,1,2}+\gamma_2\cdot\alpha_{l,2,2}\end{bmatrix}^{\mathrm{T}}\begin{bmatrix}\boldsymbol{c}_{1,1}(\boldsymbol{\Omega}_{1,l})\\ \boldsymbol{c}_{1,2}(\boldsymbol{\Omega}_{1,l})\end{bmatrix}u(t-\tau_l)\\ &=\exp(\mathrm{j}2\pi\nu_l t)\boldsymbol{c}_{2,1}(\boldsymbol{\Omega}_{2,l})[\alpha''_{l,1}\quad \alpha''_{l,2}]\begin{bmatrix}\boldsymbol{c}_{1,1}(\boldsymbol{\Omega}_{1,l})\\ \boldsymbol{c}_{1,2}(\boldsymbol{\Omega}_{1,l})\end{bmatrix}u(t-\tau_l)\end{aligned} \tag{4.5.45}$$

其中，

$$\alpha''_{l,1} \doteq \alpha_{l,1,1} + \gamma_2 \cdot \alpha_{l,1,2}$$
$$\alpha''_{l,2} \doteq \alpha_{l,1,2} + \gamma_2 \cdot \alpha_{l,2,2}$$

估计得到的极化因子 $\alpha''_{l,1}$ 和 $\alpha''_{l,2}$ 实际上是以复常数 γ_2 为参数的极化矩阵列元素的线性组合。

(3) 情况 3:收发端的两导向矢量都线性相关。

在这种情况下,我们同时有

$$\boldsymbol{c}_{1,2}(\boldsymbol{\Omega}_{1,l}) = \gamma_1 \cdot \boldsymbol{c}_{1,1}(\boldsymbol{\Omega}_{1,l})$$
$$\boldsymbol{c}_{2,2}(\boldsymbol{\Omega}_{2,l}) = \gamma_2 \cdot \boldsymbol{c}_{2,1}(\boldsymbol{\Omega}_{2,l})$$

此时信号模型满足

$$\begin{aligned}\boldsymbol{s}(t;\boldsymbol{\theta}_l) &= \exp(\mathrm{j}2\pi\nu_l t)[\boldsymbol{c}_{2,1}(\boldsymbol{\Omega}_{2,l}) \quad \gamma_2\boldsymbol{c}_{2,1}(\boldsymbol{\Omega}_{2,l})]\begin{bmatrix}\alpha_{l,1,1} & \alpha_{l,1,2}\\ \alpha_{l,2,1} & \alpha_{l,2,2}\end{bmatrix}\begin{bmatrix}\boldsymbol{c}_{1,1}(\boldsymbol{\Omega}_{1,l})\\ \gamma_1\boldsymbol{c}_{1,1}(\boldsymbol{\Omega}_{1,l})\end{bmatrix}u(t-\tau_l)\\ &= \exp(\mathrm{j}2\pi\nu_l t)\boldsymbol{c}_{2,1}(\boldsymbol{\Omega}_{2,l})[\alpha_{l,1,1} + \gamma_2 \cdot \alpha_{l,2,1} + \gamma_1 \cdot \alpha_{l,1,2}\\ &\quad + \gamma_2\gamma_1 \cdot \alpha_{l,2,2}]\boldsymbol{c}_{1,1}(\boldsymbol{\Omega}_{1,l})u(t-\tau_l)\\ &= \exp(\mathrm{j}2\pi\nu_l t)\boldsymbol{c}_{2,1}(\boldsymbol{\Omega}_{2,l})\alpha'''_{l,1}\boldsymbol{c}_{1,1}(\boldsymbol{\Omega}_{1,l})u(t-\tau_l)\end{aligned} \tag{4.5.46}$$

其中,

$$\alpha'''_{l,1} \doteq \alpha_{l,1,1} + \gamma_2 \cdot \alpha_{l,2,1} + \gamma_1 \cdot \alpha_{l,1,2} + \gamma_2\gamma_1 \cdot \alpha_{l,2,2}$$

估计得到的极化因子 $\alpha'''_{l,1}$ 是以复常数 γ_1 和 γ_2 为参数的极化矩阵中四个元素的线性组合。

有一种特殊情况值得注意,即单发射天线单极化方式的情况。此时,有效的极化因子实际上是发送端导向矢量与极化矩阵 $\boldsymbol{A}_l$ 的乘积。

5. SAGE 算法中的坐标态更新过程

我们定义

$$z(\bar{\boldsymbol{\theta}}_l;x_l) \doteq \boldsymbol{f}(\bar{\boldsymbol{\theta}}_l)^{\mathrm{H}}\widetilde{\boldsymbol{D}}(\boldsymbol{\Omega}_{2,l},\boldsymbol{\Omega}_{1,l})^{-1}\boldsymbol{f}(\bar{\boldsymbol{\theta}}_l) \tag{4.5.47}$$

应用上述定义,$\tau_l,\nu_l,\theta_{2,l},\phi_{2,l},\theta_{1,l}$ 和 $\phi_{1,l}$ 的变换公式为

$$\hat{\tau}''_l = \arg\max_{\tau_l} z(\hat{\boldsymbol{\phi}}'_{1,l},\hat{\theta}'_{1,l},\hat{\boldsymbol{\phi}}'_{2,l},\hat{\theta}'_{2,l},\tau_l,\hat{\nu}'_l;\hat{x}_l)$$
$$\hat{\nu}''_l = \arg\max_{\nu_l} z(\hat{\boldsymbol{\phi}}'_{1,l},\hat{\theta}'_{1,l},\hat{\boldsymbol{\phi}}'_{2,l},\hat{\theta}'_{2,l},\hat{\tau}''_l,\nu_l;\hat{x}_l)$$
$$\hat{\theta}''_{2,l} = \arg\max_{\theta_{2,l}} z(\hat{\boldsymbol{\phi}}'_{1,l},\hat{\theta}'_{1,l},\hat{\boldsymbol{\phi}}'_{2,l},\theta_{2,l},\hat{\tau}''_l,\hat{\nu}''_l;\hat{x}_l)$$
$$\hat{\boldsymbol{\phi}}''_{2,l} = \arg\max_{\phi_{2,l}} z(\hat{\boldsymbol{\phi}}'_{1,l},\hat{\theta}'_{1,l},\phi_{2,l},\hat{\theta}''_{2,l},\hat{\tau}''_l,\hat{\nu}''_l;\hat{x}_l)$$
$$\hat{\theta}''_{1,l} = \arg\max_{\theta_{1,l}} z(\hat{\boldsymbol{\phi}}'_{1,l},\theta_{1,l},\hat{\boldsymbol{\phi}}''_{2,l},\hat{\theta}''_{2,l},\hat{\tau}''_l,\hat{\nu}''_l;\hat{x}_l)$$
$$\hat{\boldsymbol{\phi}}''_{1,l} = \arg\max_{\phi_{1,l}} z(\phi_{1,l},\hat{\theta}''_{1,l},\hat{\boldsymbol{\phi}}''_{2,l},\hat{\theta}''_{2,l},\hat{\tau}''_l,\hat{\nu}''_l;\hat{x}_l)$$

极化矩阵 $\boldsymbol{A}_l$ 的系数 α_{l,p_2,p_1} 变换公式为式(4.5.41)。

4.5.3　参数初始化算法

在初始化步骤中,我们单独对每一个电波参数进行估计。我们可以将感兴趣的未知参数所产生的效应作为随机变量进行建模。一般的信号模型可以表示为

$$\boldsymbol{y} = \boldsymbol{s}(t;\beta,\theta) + \boldsymbol{N} \tag{4.5.48}$$

其中,β 是服从 $N(0,\sigma_\beta^2)$ 分布的随机变量,$\boldsymbol{N}$ 为服从 $N(\boldsymbol{0},N_0\boldsymbol{I})$ 分布的复数域上圆对称

的高斯白噪声分量，其中，**0** 表示零矢量，$\boldsymbol{I}$ 表示单位矩阵。给定 β 和 θ 时，$\boldsymbol{y}$ 的条件分布密度函数可以用下式计算：

$$p(\boldsymbol{y};\beta,\theta) \propto \exp\left\{\frac{1}{N_0}\left[2\int_{D_0} R\{\boldsymbol{s}^{\mathrm{H}}(t;\beta,\theta)\boldsymbol{y}(t)\}\mathrm{d}t - \int_{D_0} \|\boldsymbol{s}(t;\beta,\theta)\|^2 \mathrm{d}t\right]\right\}$$

给定 θ 时，$\boldsymbol{y}$ 的条件分布密度函数可以根据下式计算：

$$p(\boldsymbol{y};\theta) = \int p(\boldsymbol{y};\beta,\theta)p(\beta)\mathrm{d}\beta \tag{4.5.49}$$

第 l 条路径中 $\boldsymbol{s}(t;\theta_l)$ 中的元素一般表示为

$$\boldsymbol{s}_{i,m_2,m_1}(t;\boldsymbol{\theta}_l) = \sum_{p_2=1}^{2}\sum_{p_1=1}^{2}\alpha_{l,p_2,p_1}c_{2,m_2,p_2}(\boldsymbol{\Omega}_{2,l})c_{1,m_1,p_1}(\boldsymbol{\Omega}_{1,l})\exp\{\mathrm{j}2\pi\nu_l t_{i,m_2,m_1}\}u(t-\tau_l) \tag{4.5.50}$$

在某一步骤中，如果我们对某些感兴趣的参数并不准备进行估计时，我们可以将它们设为随机变量，并且这些未知参数的总体效应在式(4.5.48)中用随机变量 β 表示。

1. 估计第 l 波的时延 τ_l

我们首先估计时延 τ_l。此时，与 τ_l 无关的分量设为 β。由于 β 的精确表达式遵循 $\beta_{i,m_2,m_1} = \sum_{p_2=1}^{2}\sum_{p_1=1}^{2}\alpha_{l,p_2,p_1}c_{2,m_2,p_2}(\boldsymbol{\Omega}_{2,l})c_{1,m_1,p_1}(\boldsymbol{\Omega}_{1,l})\exp\{\mathrm{j}2\pi\nu_l t_{i,m_2,m_1}\}$，依赖于序号 i、m_2 和 m_1，所以式(4.5.48)可以重写为

$$y_{i,m_2,m_1}^{(l)}(t) = \beta_{i,m_2,m_1}\cdot u(t+t_{i,m_2,m_1}-\tau_l)+N_{i,m_2,m_1} \tag{4.5.51}$$

其中，$t\in[0,T_{\mathrm{sc}}]$. 注意到 $u(t)$ 是一个以 T_{sc} 为周期的周期函数。设两个相邻信道的时间间隔为 T_{sc} 的整数倍，我们就可以把 $u(t+t_{i,m_2,m_1}-\tau_l)$ 等同于 $u(t-\tau_l)$，其中，t 的取值范围为 $[0,T_{\mathrm{sc}}]$。所以第 l 条路径的概率密度函数 $y_{i,m_2,m_1}^{(l)}$（其中，$i=1,\cdots,I$；$m_2=1,\cdots,M_2$）可以表示为

$$P(\boldsymbol{y}^{(l)};\tau_l) = \prod_{i,m_2,m_1} P(y_{i,m_2,m_1}^{(l)};\tau_l)$$

其中，$\boldsymbol{y}^{(l)}$ 包含第 l 波贡献的观测值。给定 τ_l，则 $\boldsymbol{y}^{(l)}$ 的对数似然函数为

$$\Lambda(\tau_l;\boldsymbol{y}^{(l)}) = \sum_{i,m_2,m_1}\Lambda(\tau_l;y_{i,m_2,m_1}^{(l)})$$

我们可以利用式(4.5.49)计算得到 $P(y_{i,m_2,m_1}^{(l)};\tau_l)$ 的表达式：

$$P(y_{i,m_2,m_1}^{(l)};\tau_l) = \left(\frac{\sigma_\beta^2}{N_0}\int_0^{T_{\mathrm{sc}}}|u(t-\tau_l)|^2\mathrm{d}t+1\right)^{-1/2}\exp\left\{\frac{1}{N_0}\frac{\left\|\int_0^{T_{\mathrm{sc}}}u^*(t-\tau_l)y_{i,m_2,m_1}^{(l)}(t)\mathrm{d}t\right\|^2}{\int_0^{T_{\mathrm{sc}}}|u(t-\tau_l)|^2\mathrm{d}t+\frac{N_0}{\sigma_\beta^2}}\right\}$$

所以，略去常数项后相应的对数似然函数为

$$\Lambda(\tau_l;y_{i,m_2,m_1}^{(l)}) = -\frac{1}{2}\ln\left(\int_0^{T_{\mathrm{sc}}}|u(t-\tau_l)|^2\mathrm{d}t+\frac{\sigma_\beta^2}{N_0}\right) + \frac{1}{N_0}\frac{\left\|\int_0^{T_{\mathrm{sc}}}u^*(t+t_{i,m_2,m_1}-\tau_l)y_{i,m_2,m_1}^{(l)}(t)\mathrm{d}t\right\|^2}{\int_0^{T_{\mathrm{sc}}}|u(t-\tau_l)|^2\mathrm{d}t+\frac{N_0}{\sigma_\beta^2}}$$

积分 $\int_0^{T_{\mathrm{sc}}}|u(t-\tau_l)|^2\mathrm{d}t$ 为一个常数，其值为 $P_u T_{\mathrm{sc}}$。基于全部观测值的对数似然函

数可以表示为

$$\Lambda(\tau_l;\boldsymbol{y}^{(l)})=-\frac{1}{2}IM_2M_1\ln\left(P_uT_{sc}+\frac{\sigma_\beta^2}{N_0}\right)+\frac{1}{N_0}\frac{1}{P_uT_{sc}+\frac{N_0}{\sigma_\beta^2}}\sum_{i,m_2,m_1}\left\|\int_0^{T_{sc}}u^*(t+t_{i,m_2,m_1}-\tau_l)y_{i,m_2,m_1}^{(l)}(t)\mathrm{d}t\right\|^2$$

略去常数项，得到

$$\Lambda(\tau_l;\boldsymbol{y}^{(l)})=\sum_{i,m_2,m_1}\left\|\int_0^{T_{sc}}u^*(t+t_{i,m_2,m_1}-\tau_l)y_{i,m_2,m_1}^{(l)}(t)\mathrm{d}t\right\|^2$$

对上式取最大值，我们可以得到 τ_l 的估计值为

$$\hat{\tau}_l^{(0)}=\arg\max_{\tau_l}\left\{\sum_{i,m_2,m_1}\left|\int_0^{T_{sc}}u^*(t+t_{i,m_2,m_1}-\tau_l)y_{i,m_2,m_1}^{(l)}(t)\mathrm{d}t\right|^2\right\}$$

2. 估计第 l 波的多普勒频移 ν_l

这里我们来估计第 l 波的多普勒频移。观察式(4.5.50)描述的信号模型，我们注意到与 τ_l 和 ν_l 无关的分量依赖于序号 m_2 和 m_1。这说明，当 m_2、m_1 以及所有 i 确定时，信号模型中的系数 β 是一个常数。所以，用于估计 ν_l 的信号模型可以表示为

$$\boldsymbol{y}_{m_2,m_1}^{(l)}(t)=\beta_{m_2,m_1}\cdot\boldsymbol{d}_{m_2,m_1}(t;\upsilon_l)+\boldsymbol{N}_{m_2,m_1}$$

其中，

$$\boldsymbol{y}_{m_2,m_1}^{(l)}(t)\doteq[y_{i,m_2,m_1}^{(l)}(t);i=1,\cdots,I]^{\mathrm{T}}$$

$$\boldsymbol{d}_{m_2,m_1}(t;\nu_l)\doteq[\exp\{\mathrm{j}2\pi\nu_lt_{i,m_2,m_1}u(t-\hat{\tau}_l^{(0)});i=1,\cdots,I\}]^{\mathrm{T}}$$

$$\boldsymbol{N}_{m_2,m_1}\doteq[N_{i,m_2,m_1},i=1,\cdots,I]^{\mathrm{T}}$$

与上一节的推导过程类似，当给定 ν_l 时，$\boldsymbol{y}^{(l)}$ 的概率可以由下式计算：

$$P(\boldsymbol{y}^{(l)};\nu_l)=\prod_{m_2,m_1}P(\boldsymbol{y}_{m_2,m_1}^{(l)};\nu_l)$$

应用与上一节相同的步骤，我们可以得到 ν_l 的对数似然函数为

$$\begin{aligned}\Lambda(\upsilon_l;\boldsymbol{y}^{(l)})&=\sum_{m_2,m_1}\Lambda(\nu_l;\boldsymbol{y}_{m_2,m_1}^{(l)})\\&=\sum_{m_2,m_1}\left[-\frac{1}{2}\ln\left[\sum_{i=1}^{I}\int_0^{T_{sc}}|\exp\{\mathrm{j}2\pi\nu_lt_{i,m_2,m_1}\}u(t-\hat{\tau}_l^{(0)})|^2\mathrm{d}t+\frac{N_0}{\sigma_\beta^2}\right]\right.\\&\quad\left.+\frac{1}{N_0}\frac{\left|\sum_{i=1}^{I}\exp\{-\mathrm{j}2\pi\nu_lt_{i,m_2,m_1}\}\int_0^{T_{sc}}u^*(t-\hat{\tau}_l^{(0)})y_{i,m_2,m_1}^{(l)}(t)\mathrm{d}t\right|^2}{\sum_{i=1}^{I}\int_0^{T_{sc}}|\exp\{\mathrm{j}2\pi\nu_lt_{i,m_2,m_1}\}u(t-\hat{\tau}_l^{(0)})|^2\mathrm{d}t+\frac{N_0}{\sigma_\beta^2}}\right]\end{aligned}\tag{4.5.52}$$

根据下面的等式，对于任意的 ν_l，式(4.5.52)中的项 $\sum_{i=1}^{I}\int_0^{T_{sc}}|\exp\{\mathrm{j}2\pi\nu_lt_{i,m_2,m_1}\}\cdot u(t-\hat{\tau}_l^{(0)})|^2\mathrm{d}t$ 为常数：

$$\sum_{i=1}^{I}\int_0^{T_{sc}}|\exp\{\mathrm{j}2\pi\nu_lt_{i,m_2,m_1}\}u(t-\hat{\tau}_l^{(0)})|^2\mathrm{d}t=IP_uT_{sc}$$

应用与估计 τ_l 相同的原理，我们略去与 ν_l 无关的常量，得到如下式的简化版对数似然函数：

$$\Lambda(\boldsymbol{y}^{(l)};\nu_l)=\sum_{m_2,m_1}\left|\sum_{i=1}^{I}\exp\{-\mathrm{j}2\pi\nu_l t_{i,m_2,m_1}\}\int_0^{T_{sc}}u(t-\hat{\tau}_l^{(0)})^* y_{i,m_2,m_1}^{(l)}(t)\mathrm{d}t\right|^2$$

这样,通过对对数似然函数取最大值,我们就可以得到 ν_l 的估计值:

$$\hat{\nu}_l^{(0)}=\arg\max_{\nu_l}\left\{\sum_{m_2,m_1}\left|\sum_{i=1}^{I}\exp\{-\mathrm{j}2\pi\nu_l t_{i,m_2,m_1}\}\int_0^{T_{sc}}u(t-\hat{\tau}_l^{(0)})^* y_{i,m_2,m_1}^{(l)}(t)\mathrm{d}t\right|^2\right\}$$

3. 估计第 l 波的波达方向 $\boldsymbol{\Omega}_{2,l}$

第 l 波中的 $\boldsymbol{s}(t;\boldsymbol{\theta}_l)$ 可以重写为

$$s_{i,m_2,m_1}(t;\boldsymbol{\Omega}_{2,l})=\sum_{p_2=1}^{2}\beta_{m_1,p_2}c_{2,m_2,p_2}(\boldsymbol{\Omega}_{2,l})\exp\{\mathrm{j}2\pi\hat{\nu}_l^{(0)}t_{i,m_2,m_1}\}u(t-\hat{\tau}_l^{(0)})$$

(4.5.53)

其中,$\beta_{m_1,p_2}\doteq\sum_{p_1=1}^{2}\alpha_{l,p_2,p_1}c_{1,m_1,p_1}(\boldsymbol{\Omega}_{1,l})(p_2=1,2)$ 为服从同一分布 $N(0,\sigma_\beta^2)$ 的互相独立的随机变量。从 β_{m_1,p_2} 的表达式中我们可以发现,$\beta_{m_1,p_2}(p_2=1,2)$ 仅依赖于 m_1。所以,式(4.5.50)中的信号可以表示为

$$\boldsymbol{s}_{m_1}(t;\boldsymbol{\Omega}_{2,l})=[\beta_{m_1,1}\boldsymbol{d}_{2,1,m_1}(\boldsymbol{\Omega}_{2,l})+\beta_{m_1,2}\boldsymbol{d}_{2,2,m_1}(\boldsymbol{\Omega}_{2,l})]u(t-\hat{\tau}_l^{(0)})$$

其中,$\boldsymbol{d}_{2,p_2,m_1}(\boldsymbol{\Omega}_{2,l})(p_2=1,2)$ 定义为

$$\boldsymbol{d}_{2,p_2,m_1}(\boldsymbol{\Omega}_{2,l})\doteq[c_{2,m_2,p_2}(\boldsymbol{\Omega}_{2,l})\exp\{\mathrm{j}2\pi\hat{\nu}_l^{(0)}t_{i,m_2,m_1}\};i=1,\cdots,I;m_2=1,\cdots,M_2]^{\mathrm{T}}$$

式(4.5.48)中的信号模型可以改写为

$$\boldsymbol{y}_{m_1}(t;\boldsymbol{\Omega}_{2,l})=\boldsymbol{s}_{m_1}(t;\beta_{m_1,1},\beta_{m_1,2},\boldsymbol{\Omega}_{2,l})+\boldsymbol{N}_{m_1}$$

为了简化如下描述,我们去掉 $\boldsymbol{y}_{m_1}(t;\boldsymbol{\Omega}_{2,l})$ 中的 $(t;\boldsymbol{\Omega}_{2,l})$。在给定 $\boldsymbol{\Omega}_{2,l}$ 的取值时,$\boldsymbol{y}_{m_1}$ 的概率密度函数可以表示为

$$p(\boldsymbol{y}_{m_1};\boldsymbol{\Omega}_{2,l})=\iint p(\boldsymbol{y}_{m_1};\beta_{m_1,1},\beta_{m_1,2},\boldsymbol{\Omega}_{2,l})p(\beta_{m_1,1})p(\beta_{m_1,2})\mathrm{d}\beta_{m_1,1}\mathrm{d}\beta_{m_1,2}$$

若定义

$$\boldsymbol{c}'_{2,1}(\boldsymbol{\Omega})\doteq\frac{1}{\sqrt{\left\|\boldsymbol{c}_{2,1}(\boldsymbol{\Omega})+\dfrac{N_0}{\sigma_\beta^2P_u}\right\|^2}}\boldsymbol{c}_{2,1}(\boldsymbol{\Omega})$$

$$\boldsymbol{c}'_{2,2}(\boldsymbol{\Omega})\doteq\frac{1}{\sqrt{\left\|\boldsymbol{c}_{2,2}(\boldsymbol{\Omega})+\dfrac{N_0}{\sigma_\beta^2P_u}\right\|^2}}\boldsymbol{c}_{2,2}(\boldsymbol{\Omega})$$

则在给定 $\boldsymbol{y}^{(l)}$ 的情况下,$\boldsymbol{\Omega}_{2,l}$ 的对数似然函数可以用下式计算:

$$\begin{aligned}\Lambda(\boldsymbol{\Omega}_{2,l};\boldsymbol{y}^{(l)})&=\sum_{m_1=1}^{M_1}\Lambda(\boldsymbol{\Omega}_{2,l};\boldsymbol{y}_{m_1}^{(l)})\\&=-\frac{M_1}{2}\ln\left[\left(\|\boldsymbol{c}_{2,1}(\boldsymbol{\Omega}_{2,l})\|^2+\frac{N_0}{\sigma_\beta^2P_u}\right)\left(\|\boldsymbol{c}_{2,2}(\boldsymbol{\Omega}_{2,l})\|^2+\frac{N_0}{\sigma_\beta^2P_u}\right)\right.\\&\quad\left.\cdot(1-|\langle\boldsymbol{c}'_{2,2}(\boldsymbol{\Omega}_{2,l})\mid\boldsymbol{c}'_{2,1}(\boldsymbol{\Omega}_{2,l})\rangle|^2)\right]+\frac{1}{N_0P_u}\sum_{m_1=1}^{M_1}\sum_{p_2=1}^{2}\\&\quad\left|\sum_{i=1}^{I}\sum_{m_2=1}^{M_2}\zeta_{m_2,p_2}^*(\boldsymbol{\Omega}_{2,l})\exp\{-\mathrm{j}2\pi\hat{\nu}_l^{(0)}t_{i,m_2,m_1}\}\int_0^{T_{sc}}y_{i,m_2,m_1}^{(l)}(t)u^*(t-\hat{\tau}_l^{(0)})\mathrm{d}t\right|^2\end{aligned}$$

其中,$\zeta_{m_2,p_2}(\boldsymbol{\Omega}_{2,l})$ 是向量 $\boldsymbol{\zeta}_{p_2}(\boldsymbol{\Omega}_{2,l})\doteq[\zeta_{m_2,p_2}(\boldsymbol{\Omega}_{2,l});m_2=1,2,\cdots,M_2]$ 中的元素,该向量

对于 $p_2=1$ 和 $p_2=2$ 定义分别如下：

$$\zeta_1(\boldsymbol{\Omega}_{2,l}) \doteq \boldsymbol{c}'_{2,1}(\boldsymbol{\Omega}_{2,l})$$

$$\zeta_2(\boldsymbol{\Omega}_{2,l}) \doteq \frac{1}{\sqrt{1-|\langle \boldsymbol{c}'_{2,2}(\boldsymbol{\Omega}_{2,l})|\boldsymbol{c}'_{2,1}(\boldsymbol{\Omega}_{2,l})\rangle|^2}}(\boldsymbol{c}'_{2,2}(\boldsymbol{\Omega}_{2,l}) - \langle \boldsymbol{c}'_{2,2}(\boldsymbol{\Omega}_{2,l})|\boldsymbol{c}'_{2,1}(\boldsymbol{\Omega}_{2,l})\rangle \boldsymbol{c}'_{2,1}(\boldsymbol{\Omega}_{2,l}))$$

考虑到当信噪比较高时，$\|\boldsymbol{c}_{2,p_2}(\boldsymbol{\Omega})\|^2(p_2=1,2)$近似与 $\boldsymbol{\Omega}$ 无关，且$\frac{N_0}{\sigma_\beta^2 P_u}$接近于 0，我们可以忽略对数项，这样上式可以简化为

$$\Lambda(\boldsymbol{\Omega}_{2,l};\boldsymbol{y}^{(l)}) = \sum_{m_1=1}^{M_1}\sum_{k=1}^{2}\left|\sum_{i=1}^{I}\sum_{m_2=1}^{M_2}\zeta^*_{m_2,k}(\boldsymbol{\Omega}_{2,l})\exp\{-\mathrm{j}2\pi\hat{\nu}_l^{(0)}t_{i,m_2,m_1}\} \cdot \int_0^{T_{sc}} y_{i,m_2,m_1}^{(l)}(t)u^*(t-\hat{\tau}_l^{(0)})\mathrm{d}t\right|^2$$

其中，引入归一化的 $\tilde{\boldsymbol{c}}_{2,1}(\boldsymbol{\Omega}) \doteq \frac{1}{\|\boldsymbol{c}_{2,1}(\boldsymbol{\Omega})\|}\boldsymbol{c}_{2,1}(\boldsymbol{\Omega})$ 与 $\tilde{\boldsymbol{c}}_{2,2}(\boldsymbol{\Omega}) \doteq \frac{1}{\|\boldsymbol{c}_{2,2}(\boldsymbol{\Omega})\|}\boldsymbol{c}_{2,2}(\boldsymbol{\Omega})$，$\zeta_1(\boldsymbol{\Omega})$与 $\zeta_2(\boldsymbol{\Omega})$重定义为

$$\zeta_1(\boldsymbol{\Omega}) \doteq \tilde{\boldsymbol{c}}_{2,1}(\boldsymbol{\Omega})$$

$$\zeta_2(\boldsymbol{\Omega}) \doteq \frac{1}{\sqrt{1-|\langle \tilde{\boldsymbol{c}}_{2,2}(\boldsymbol{\Omega}_{2,l})|\tilde{\boldsymbol{c}}_{2,1}(\boldsymbol{\Omega}_{2,l})\rangle|^2}}(\tilde{\boldsymbol{c}}_{2,2}(\boldsymbol{\Omega}_{2,l}) - \langle \tilde{\boldsymbol{c}}_{2,2}(\boldsymbol{\Omega}_{2,l})|\tilde{\boldsymbol{c}}_{2,1}(\boldsymbol{\Omega}_{2,l})\rangle \tilde{\boldsymbol{c}}_{2,1}(\boldsymbol{\Omega}_{2,l}))$$

4.6 RiMAX 算法概述

RiMAX(Ritcher's maximum-likelihood estimation mehtod)算法[30-32]可被视为基于镜像多径通用信道模型的 SAGE 算法[4]的扩展。该 RiMAX 算法可以用来联合估计镜面传播路径的参数特征和散射路径的分布色散特征。散射路径对接收信号的贡献，在 RiMAX 算法中被称为密集多径分量(dense multipath component，DMC)[34]，并采用单边指数衰减函数(one-sided exponential decaying function)对这些分量的功率延迟特征进行了表征。具体而言，该函数可以用三个参数来描述：密集多径分量的到达时间和延迟扩散，以及这些分量的平均功率。在 RiMAX 算法中，未知参数被分为两组：一组包含镜面路径的参数，另一组包含描述 DMC 的参数。在算法的最大化步骤中，采用了基于梯度的方法(gradient based method)，如高斯-牛顿(Gauss-Newton)或 Levenverg-Marquardt[34]算法来实现全局搜索。对于每个镜面路径，计算 Hessian 的近似值作为费希尔信息矩阵(Fisher information matrix，FIM)的参数估计值[32]。该矩阵逆的对角元素提供了参数方差的估计值。利用这些方差估计可以检测相应参数估计值的可靠性。当一个镜面路径的参数估计被认为是“不可靠”的[32]时，就会被丢弃。有关的详细信息，请读者参考文献[30-32]。

4.7 基于证据框架的算法

对于前述的信道参数估计方法，无论是基于谱分析的方法还是参数估计方法，都是基于表征瞬时信道组成成分的信号模型推导出来的。这些方法并没有考虑估计信道参

数的统计行为的假设。此外，在参数估计领域的其他相关问题，如模型选择（model selection）、模型阶次确定（model order determine）等，在上述的算法中也没有在信道参数估计的同时得到有效解决。近年来，基于证据框架（evidence framework，EF）的估计算法开始受到研究者的关注。该算法可以考虑整体的信道轮廓（profile）特征和参数分布的先验信息，对参数估计结果进行优化。例如，在文献[35]中提出的 EF-SAGE 算法将模型阶次估计合并到 SAGE 迭代方案中，允许同时估计路径数目和路径参数。在[36]中，利用两层 EF 的概念，迭代地提高了基于时延扩散先验信息的参数估计的合理性。这为今后参数估计方案的改进提供了一个新的方向。

在本节中，我们将系统地介绍基于多层证据框架的最大后验概率（maximum-aposterior，MAP）信道参数估计方法。与目前广泛使用的最大似然高分辨率参数估计方法相比，该算法的新颖之处在于它提供了三层推论（inferences）的估计，包含以下三种适用情况：① 单个信道分量的参数估计；② 确定的先验约束，即统计学概念中的“正则项”的参数估计；③ 描述信道分量的最佳方式的选择。

4.7.1 多层证据框架

拟解决的问题是估计信道中的多个分量的未知参数 $\boldsymbol{\theta}$，指定的三层证据框架 R 中的特征参数 β，以及确定用于描述信道分量的最合适方法 A。$\boldsymbol{\theta}$、β 和 A 的估计可以通过解决以下最大后验概率的优化问题来完成：

$$\hat{\boldsymbol{\theta}},\hat{\beta},\hat{A}=\arg\max_{\boldsymbol{\theta},\beta,A} p(\boldsymbol{\theta},\beta,A\,|\,\boldsymbol{D},R) \tag{4.7.1}$$

这里 $\boldsymbol{D}$ 代表多个信道观测快拍中的接收信号。由于计算量大，用式(4.7.1)直接解决问题在实际应用中是行不通的。作为代替方案，我们可以将优化 $p(\boldsymbol{\theta},\beta,A\,|\,\boldsymbol{D},R)$ 问题转化为多层 EF 的推理问题，然后应用边缘估算方法（marginal estimation method，MEM）来得到 MAP 估计的 $\boldsymbol{\theta}$、β 和 A 的近似值，三层证据框架的推导如下。首先，后验概率 $p(\boldsymbol{\theta},\beta,A\,|\,\boldsymbol{D},R)$ 被重写为

$$p(\boldsymbol{\theta},\beta,A\,|\,\boldsymbol{D},R)=p(\boldsymbol{\theta},\beta\,|\,\boldsymbol{D},A,R)\,p(A\,|\,\boldsymbol{D})=p(\boldsymbol{\theta}\,|\,\boldsymbol{D},A)\,p(\beta\,|\,R,\boldsymbol{\theta})\,p(A\,|\,\boldsymbol{D}) \tag{4.7.2}$$

这里 $p(\beta\,|\,R,\boldsymbol{\theta})$ 代表三层证据框架预定义的 β 先验概率，$p(\boldsymbol{\theta}\,|\,\boldsymbol{D},A)$ 表示在考虑观察值 $\boldsymbol{D}$ 和某种特定的表征方法 A 的情况下 $\boldsymbol{\theta}$ 的可能取值的概率，此外，$p(A\,|\,\boldsymbol{D})$ 是 A 的后验概率。通过贝叶斯理论，我们可以证明

$$p(A\,|\,\boldsymbol{D})\propto p(\boldsymbol{D}\,|\,A)\,p(A) \tag{4.7.3}$$

其中，$p(\boldsymbol{D}\mid A)=\int p(\boldsymbol{D}\mid A,\boldsymbol{\theta})\,p(\boldsymbol{\theta},A)\,\mathrm{d}\boldsymbol{\theta}$，为 A 的证据。我们进一步假设 $p(A)$ 对于任意 A 的概率是一致的。因此，$p(A\mid\boldsymbol{D})\propto p(\boldsymbol{D}\mid A)$ 保持不变，于是

$$p(\boldsymbol{\theta},\beta,A\,|\,\boldsymbol{D},R)\propto p(\boldsymbol{\theta}\,|\,\boldsymbol{D},A)\,p(\beta\,|\,R,\boldsymbol{\theta})\,p(\boldsymbol{D}\,|\,A) \tag{4.7.4}$$

式(4.7.4)右侧相乘的三个概率被称作我们感兴趣的事件的联合证据。然后，可以使用标准的 MEM 迭代最大化这三个证据，由此获得式(4.7.1)左侧 MAP 估计的近似值。值得一提的是，SAGE 算法也可以嵌入到 MEM 中，例如，在最大化 $p(\boldsymbol{\theta}\,|\,\boldsymbol{D},A)$ 和 $p(\beta\,|\,R,\boldsymbol{\theta})$ 的过程中，我们可以考虑嵌入其他的算法。

从式(4.7.4)中推导得出的多层证据框架允许在不同环境中估计信道特征。下面我们举两个案例来说明证据框架的应用。

在第一个案例中，EF 和 MEM 用于估计模型的阶次和模型参数。描述方法 A 已经固定在一个特定的通用模型上，模型的阶次作为一个未知的参数在估计中得到。

在第二个案例中，随机信道模型的参数直接由实测数据估计。值得一提的是，实际的信道测量活动通常是在发射端、接收端或散射体处于移动的时变环境中进行的，这样有利于海量数据的采集。但按照建模的惯例，每个快拍的信道参数估计与后期的基于海量快拍参数样本进行随机信道建模是完全独立的，即每个快拍的参数估计结果有可能成为最终建立的模型所不能描述的特殊样本(outlier)。为了减少这种传统方法带来的样本与模型之间的不一致性，我们在第二个案例中将 EF 指定为一个多层结构，其中，R 作为统计信道模型，其参数为 β，$\boldsymbol{\theta}$ 是需要估计的未知模型参数。在参数估计时，β 的估计与快拍级信道参数的估计一起执行。该方法提高了随机模型参数的精度。

值得提出的是，基于多层证据框架的算法也可以用于其他目的，例如，在表征单个信道分量的多个选项中选择一个参数模型。在这种情况下，可能的模型可能包括镜面路径模型、密集路径分量[31]，以及色散路径模型(dispersive-path model)[37]。

4.7.2 案例一：包含指数衰减的三层证据框架

在本小节中，我们将详细介绍一个应用三层 EF 进行信道参数估计的实例。考虑一个多路径场景，其中发射端和接收端分别配有 M_1 和 M_2 阵元天线阵列。我们假设在第 n 次快拍测量中，信道冲激响应由 L_n 分量组成。当第 m_1 个发射天线发射，第 m_2 个接收天线接收时，系统的基带输出信号 $y_{m_1,m_2,n}(t)$ 表示为

$$y_{m_1,m_2,n}(t)=\boldsymbol{w}_n^{\mathrm{T}}\boldsymbol{x}_{m_1,m_2}(t;\boldsymbol{\theta}_n)+z_{m_1,m_2,n}(t),\quad t\in[0,T) \tag{4.7.5}$$

其中，$\boldsymbol{w}_n=[w_{n,1}\quad\cdots\quad w_{n,L_n}]^{\mathrm{T}}$ 表示 L_n 分量所经历的传播衰减的大小，$[\cdot]^{\mathrm{T}}$ 代表转置操作，$\boldsymbol{x}_{m_1,m_2}(t;\boldsymbol{\theta}_n)\in\mathbf{C}^{L_n}$ 描述在传播衰减为 1 时的复值分量，$\boldsymbol{\theta}_n=(\boldsymbol{\theta}_{n,l};l=1,\cdots,L_n)$ 表示在第 n 个快拍中 L_n 分量的参数，$\boldsymbol{\theta}_{n,l}$ 表示第 l 个分量的参数，$z_{m_1,m_2,n}(t)$ 是频谱高度为 σ_z^2 时的高斯白噪声分量，T 表示一个测量快拍的观察范围。

我们假设信道分量的特征可以从由镜面路径模型和色散路径模型组成的集合中选择。

镜面路径模型中的 $\boldsymbol{\theta}_{n,l}$ 表示多个色散维的平面波参数，例如

$$\boldsymbol{\theta}_{n,l}=(\phi_{n,l},\tau_{n,l},\boldsymbol{\Omega}_{\mathrm{Tx},n,l},\boldsymbol{\Omega}_{\mathrm{Rx},n,l},\nu_{n,l}) \tag{4.7.6}$$

其中，$\phi_{n,l}$ 是传播衰减的相位，$\tau_{n,l}$ 表示延迟，$\boldsymbol{\Omega}_{\mathrm{Tx},n,l}$ 和 $\boldsymbol{\Omega}_{\mathrm{Rx},n,l}$ 分别表示波离方向和波达方向，$\nu_{n,l}$ 表示多普勒频移。当选择镜面路径模型时，在式(4.7.5)中，$\boldsymbol{x}_{m_1,m_2}(t;\boldsymbol{\theta}_n)$ 的第 l 个元素 $x_{m_1,m_2,l}(t)$ 可以被表示成

$$x_{m_1,m_2,l}(t)=s_{m_1,m_2}(t;\boldsymbol{\theta}_{n,l})=\exp\{\mathrm{j}\phi_{n,l}\}u(t-\tau_{n,l})\exp\{\mathrm{j}2\pi\nu_{n,l}t\}c_{m_1}(\boldsymbol{\Omega}_{\mathrm{Tx},n,l})c_{m_2}(\boldsymbol{\Omega}_{\mathrm{Rx},n,l}) \tag{4.7.7}$$

其中，$s_{m_1,m_2}(t;\boldsymbol{\theta}_{n,l})$ 代表传播衰减中具有单位大小的第 l 条镜路分量相位旋转，$u(t)$ 是发送信号，$\boldsymbol{c}_{m_1}(\cdot)$ 和 $\boldsymbol{c}_{m_2}(\cdot)$ 分别代表第 m_1 个接收天线和第 m_2 个发射天线的响应。

当色散路径模型，例如广义阵列流形(generalized array manifold，GAM)模型，被用来表示分量时，$x_{m_1,m_2,l}(t)$ 可以写为

$$x_{m_1,m_2,l}(t)=s_{m_1,m_2}(t;\boldsymbol{\theta}_{n,l})+\boldsymbol{\gamma}^{\mathrm{T}}s'_{m_1,m_2}(t;\boldsymbol{\theta})|_{\boldsymbol{\theta}=\boldsymbol{\theta}_{n,l}} \tag{4.7.8}$$

其中，$s'_{m_1,m_2}(t;\boldsymbol{\theta})=\left[\frac{\partial s_{m_1,m_2}(t;\boldsymbol{\theta}_{n,l})}{\partial\phi}\quad\cdots\quad\frac{\partial s_{m_1,m_2}(t;\boldsymbol{\theta}_{n,l})}{\partial\nu}\right]^{\mathrm{T}}$，$\boldsymbol{\gamma}$ 代表包含 $s'_{m_1,m_2}(t;\boldsymbol{\theta})$ 的

分量在 $x_{m_1,m_2,l}(t)$ 中的权重。

现在，我们试图建立一个三层证据框架来描述所有分量的共同行为。如文献[9]所述，传播引起的衰减随传播时间，或称电波的到达延迟，呈指数增长。在这个例子中，三层证据框架可以进行如下定义：幅值衰减量 $w_{n,l}$ 的形式应为

$$w_{n,l}=c^{-a+b_{n,l}}\tau_{n,l}^{-a+b_{n,l}} \tag{4.7.9}$$

这里，c 表示光速，a 代表指数衰减因子，$b_{n,l}$ 是一个均值为零、方差为 σ_b^2 的正态分布随机变量。引入 $b_{n,l}$ 基于以下考虑：在特定延迟时获得的信号功率是对数正态分布的[38]。此外，对于在特定环境中获得的 N 次测量快拍中观察到的所有路径，三级证据框架中的参数 a 和 σ_b^2 应该是相同的。

在这个例子中，式(4.7.2)中的后验概率 $p(\boldsymbol{\theta},\beta,A|\boldsymbol{D},R)$ 可以计算为

$$p(\boldsymbol{\theta},a,A\mid \boldsymbol{D},R)=(2\pi)^{-(N+L)/2}\sigma_z^{-N}\sigma_b^{-L}$$

$$\exp\left\{-\frac{1}{2\sigma_b^2}\sum_{n=1}^{N}\sum_{l=1}^{L_n}(\lg w_{n,l}-a\lg C-a\lg\tau_{n,l})^2-\frac{1}{2\sigma_z^2}\sum_{n=1}^{N}\parallel \boldsymbol{y}_n-\boldsymbol{w}_n^{\mathrm{T}}\boldsymbol{x}_{n,A}\parallel^2\right\}$$

其中，向量 $\boldsymbol{y}_n=[y_{m_1,m_2,n}(t);m_1=1,\cdots,M_1,m_2=1,\cdots,M_2,t\in[0,T)]$ 包含了第 n 次快拍中的观察值，$\boldsymbol{x}_{n,A}$ 则为包含 $\boldsymbol{x}_{m_1,m_2,n}(t)$ 的向量，它与 $\boldsymbol{y}_n$ 中的向量形式相同，$\boldsymbol{x}_{n,A}$ 中的下标 A 表明 $\boldsymbol{x}_{n,A}$ 是用表征法 A 计算的。

在仿真中设置 $a=2$，$\sigma_b=0.01$ 和 $L_n=20$。SAGE 算法和 EF-MEM 都可以用来估算 $\boldsymbol{\theta}$ 和 a。EF-MEM 也可以应用于确定合适的特征。需要注意的是，对于 SAGE 算法，a 的估计值计算为 $\hat{a}=L^{-1}\sum_{l=1}^{L}-\lg\hat{w}_l/(\lg c+\lg\hat{\tau}_l)$，其中，$\widehat{(\cdot)}$ 表示参数估计。

图 4-4(a)和(b)反映了在单一快拍中，使用 SAGE 算法和 EF-MEM 得到的路径的真实大小和路径延迟及其估计值之间的差异。此时的信噪比等于 20 dB。图 4-4(a)和(b)中的虚线表示噪声频谱高度。我们可以从图 4-4(a)中观察出，对于传统的 SAGE 算法，在 $\tau>20$ 时，返回了幅值没有明显下降趋势的路径。这些路径估计显然是虚假的，即为“伪路径”。而相比之下，EF-MEM 在 $\tau<20$ 时返回了路径，这些路径的估计功率都高于噪声频谱高度。而在 $\tau>20$ 时，EF-MEM 就不再得出有效的估计值了。EF-MEM 中使用的三层证据框架使得得出伪路径估计的概率得到明显降低。

图 4-5(a)描述了 500 次 Monte-Carlo 运行 SAGE 算法和 EF-MEM 得到的 a 的均方根估计误差(即 RMSEE(a))。从图 4-5(a)中可以看出，RMSEE(a)越小，算法的性能越好。对于相同级别的 RMSEE(a)，当使用 EF-MEM 时，可以获得超过 10 dB 的信噪比改进。图 4-5(b)描述了在使用镜面路径和色散路径模型时证据 $p(y|A)$ 的均值和标准差，图 4-5(b)中的竖线是在考虑信噪比的情况下$[\bar{p}_{y|A}+\sigma_1,\bar{p}_{y|A}-\sigma_2]$的范围，这里 $\bar{p}_{y|A}$ 表示 $p(y|A)$ 的平均值，σ_1，σ_2 分别表示证据大于或小于 $\bar{p}_{y|A}$ 的标准差。可以从图 4-5(b)中观察到，镜面路径模型中的 $\bar{p}_{y|A}$ 要高于色散路径模型中的数值。此外，对于镜面路径模型，当信噪比变高时，$\bar{p}_{y|A}$ 增加了，并且 σ_1，σ_2 减小。然而，对于基于 GAM 的色散路径模型，当信噪比增加时，$\bar{p}_{y|A}$ 保持不变，扩散 σ_1，σ_2 没有减小。这个结果清楚地表明，与使用基于 GAM 的色散路径模型相比，镜面路径模型更适合描述信道分量。

4.7.3 案例二：包含延迟扩散的双层证据框架

复合延迟扩散(composite delay spread)是信道建模的一个重要的统计特征参数。

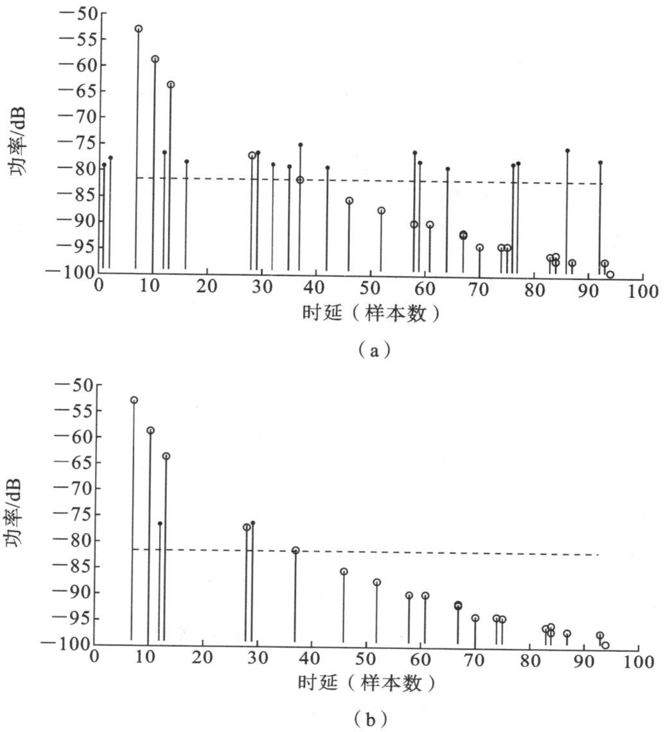

图 4-4 利用(a)传统的 SAGE 算法和(b)提出的 EF-MEM 对镜面路径进行参数估计。两幅图中用“◦”和“·”标记的路径分别表示真实路径和估计路径

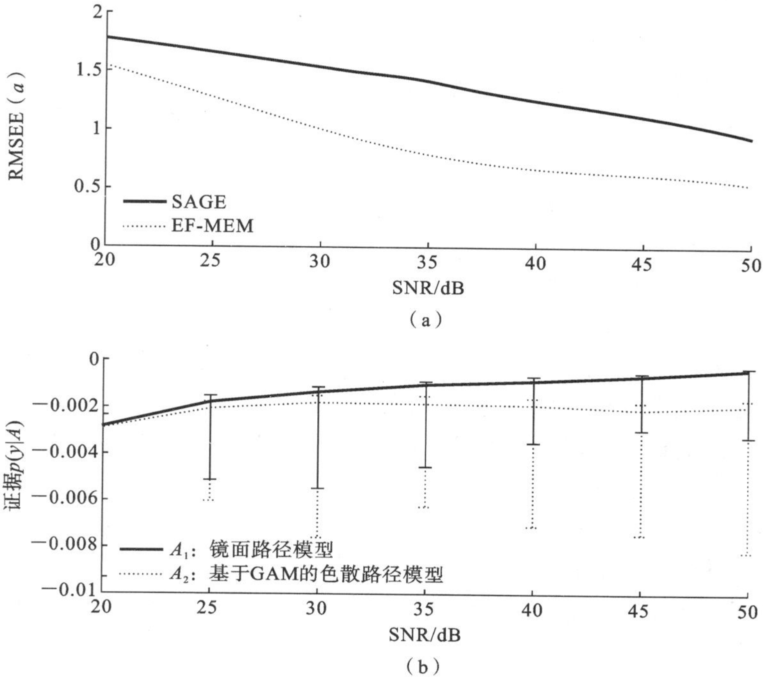

图 4-5 (a) 使用传统的 SAGE 算法以及提出的 EF-MEM 获得的 a 的 RMSEE；(b) 镜面路径模型和基于 GAM 的色散路径模型的证据的均值和扩散

对于传播信道的第 i 次快拍而言，信道的复合延迟扩散 $\sigma_{\tau,i}$ 被计算为信道[10]的功率延迟谱密度的二阶中心矩。根据 3GPP 标准[40,41]，以及 WINNER 报告[39]中广泛采用的信道模型，延迟扩散是一个服从对数正态分布 $LN(\bar{\sigma}_\tau, \kappa\sigma_\tau)$ 的随机变量，其中，$\bar{\sigma}_\tau$ 和 $\kappa\sigma_\tau$ 分别表示 $\lg\sigma_{\tau,i}$ 的均值和方差。在本文中，我们感兴趣的是推导一个算法来估计 $\tau_{i,l}(i=1,\cdots,I,l=1,\cdots,L_i)$ 来得到符合对数正态分布的复合延迟扩散。

多层证据框架可以被用来收集事件证据，在我们的例子中，这是感兴趣的信道参数的后验概率。在本次研究中，我们使用了一个双层的 EF，包含 L_1 层和 L_2 层，目的是提取信道参数的 MAP 估计值(max-a-posteriori (MAP) estimator)。对于 $L_i(i=1,2)$ 层，我们使用符号 H_i 表示预定义的通用模型，该模型属于先验信息，用 $\boldsymbol{\theta}_i$ 表示通用模型中的参数。模型参数 $\boldsymbol{\theta}=[\boldsymbol{\theta}_1,\boldsymbol{\theta}_2]$ 的 MAP 估计值可以通过最大化联合后验概率 $p(\boldsymbol{\theta}|Y,H_1,H_2)$ 获得。$p(\boldsymbol{\theta}|Y,H_1,H_2)$ 可以按照下式分解：

$$p(\boldsymbol{\theta}|Y,H_1,H_2)=p(\boldsymbol{\theta}_1|Y,H_1)p(\boldsymbol{\theta}_2|\boldsymbol{\theta}_1,H_2) \tag{4.7.10}$$

其中，Y 是接收信号的观测实现。通过迭代最大化 $p(\boldsymbol{\theta}_1|Y,H_1)$ 和 $p(\boldsymbol{\theta}_2|\boldsymbol{\theta}_1,H_2)$，可以得到 $p(\boldsymbol{\theta}|Y,H_1,H_2)$ 的最大值。

值得一提的是，SAGE 算法中的一些经验设置，比如要估计的路径数、路径功率的动态范围，都可以看作是通用模型的预定义参数，并包含在证据框架中。这些参数可以被视为镜面路径通用模型的一部分，并作为通用模型所在层中的条件呈现。

例如，路径数目 D 被认为是通用镜面路径模型的参数，第一层 L_1 可以定义为路径参数的证据，例如 $p(\boldsymbol{\theta}_1|Y,D,H_1)$。其中，$H_1$ 是镜面路径模型，$\boldsymbol{y}=[y_1(t),y_2(t),\cdots,y_I(t);\ t\in[0,T)]$ 包含总共 I 次测量快拍中的接收信号，每次快拍持续 T 秒，且未知参数向量

$$\boldsymbol{\theta}_1=[\alpha_{i,l},\tau_{i,l};l=1,\cdots,L_i,i=1,\cdots,I]$$

包含了时延 $\tau_{i,l}$ 和第 l 条路径复杂的振幅 $\alpha_{i,l}$。

最大化 $p(\boldsymbol{\theta}_1|Y,D,H_1)$ 可以通过使用最大似然估计方法的迭代近似来求解，例如 SAGE 算法[4]。

第二层的证据可以被写为

$$p(\bar{\sigma}_\tau,\kappa\sigma_\tau|\sigma_{\tau,i},i=1,\cdots,I,H_2)$$

其中，H_2 参考了延迟扩散通常遵循的对数正态分布的先验常识。在我们的例子中，L_2 层中的证据被定义为 $\sigma_{\tau,i},i=1,\cdots,I$ 的经验累积分布函数 $F(\sigma_\tau)$ 和 $LN(\bar{\sigma}_\tau,\kappa\sigma_\tau)$ 的 CDF 之间最大距离的倒数，其中，$(\bar{\sigma}_\tau,\kappa\sigma_\tau)$ 是能够保证 $LN(\bar{\sigma}_\tau,\kappa\sigma_\tau)$ 最佳拟合 $F(\sigma_\tau)$ 的参数。当对数正态分布更符合实际分布时，第二层的证据就会相应增加。在这个例子中，D 的值会影响每一层的证据。因此，$p(\boldsymbol{\theta}|Y,H_1,H_2)$ 需要对 D 进行最大化操作。

我们的仿真结果验证了该算法的有效性。当寻找 $\boldsymbol{\theta}$ 的最大后验概率时，路径数 D 是一个可调参数。在仿真中，本文给出了宽带平稳(WSS)信道脉冲响应的 100 次实现。我们发现真实的延迟扩散 $\sigma_{\tau,i},i=1,\cdots,I$ 确实遵循对数正态分布。在两层 EF 中，我们使用对数正态分布作为 L_2 中的先验信息。采用迭代算法的两层 EF 实现信道参数估计的步骤如下。

(1) 步骤 1，指定路径数 D 的初始值。

(2) 步骤 2，使用 SAGE 算法估计多个快拍中各个分量的参数。

(3) 步骤 3，计算延迟扩散并计算延迟扩散的经验 CDF。

(4) 步骤 4，对服从对数正态分布的延迟扩散进行假设检验，如果结果为假，改变 D 的值并且返回到步骤 2；如果为真，则输出最终的估计结果。

仿真结果如图 4-6 所示，对真实的延迟扩散的 CDF 与本文提出的算法所返回的 CDF，以及通过 $D=50$ 和 100 时分别得到的 CDF 进行了比较。可以观察到与使用预定义 D 的传统方法相比，本文提出的算法具有更好的估计延迟扩散 CDF 的能力，并且使用 EF-MEM 识别出的合适的路径数量为 295。

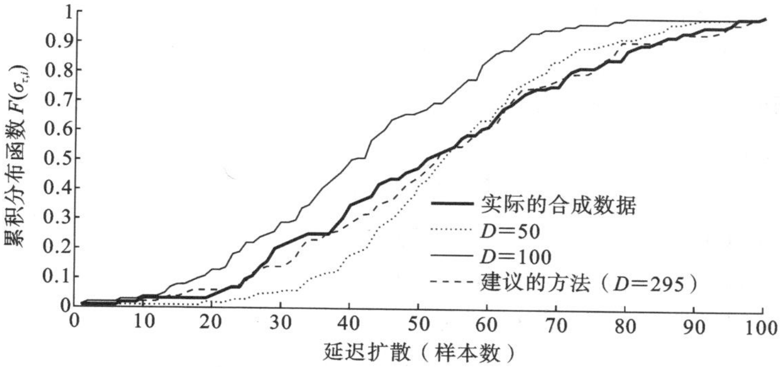

图 4-6　真实的和估计的延迟扩散的 CDF

4.8　小结

在本章中，我们较为全面地介绍了现阶段普遍使用的信道特征提取算法，包括基于谱分析的巴特莱特波束成形法、伪谱分析算法 MUSIC、能够采用解析方式得到参数估计的 ESPRIT 和 propagator 方法、基于最大似然原理推导出的参数估计方法及其迭代近似 SAGE 算法、适用于多层模型构建的基于证据框架的估计算法。本章重点介绍了能够对单个多径进行 14 维度(包含时延、多普勒频移、波达方向、波离方向，以及极化矩阵)参数估计的 SAGE 算法，详细阐述了 SAGE 算法的推导过程，讨论了不同方式的参数初始化算法，探究了如何选择系统响应以便对双极化矩阵进行估计等细节问题。本章所描述的方法，并不局限于书中所采用的先验模型。读者可以按照自身的需求，将本章介绍的算法应用到不同的场景，解决多种场景下的参数估计问题。

4.9　习题

(1) 简述基于谱分析的方法和参数估计方法之间的不同。

(2) 简述参数估计方法相比基于谱分析的方法的优势与劣势。

(3) 简述 Bartlett 波束成形法是基于何种优化考虑推导得出的。为什么说巴特莱特波束成形法得到的谱是“伪功率谱”？它和真实的功率谱之间有什么样的差别？

(4) 请阅读文献[3]深入了解 MUSIC 算法。尝试使用 Matlab 或你熟悉的编程语言，编写一个能够对 SIMO 测量系统得到的信号进行处理的 MUSIC 算法。尝试设定不同的真实传播环境，了解 MUSIC 算法能够达到的性能，包括可以估计的多径的数量、多径之间的分辨率是否存在极限、协方差矩阵估计准确度对多径参数估计的影响。

(5) 简述 ESPRIT 方法适用的前提条件有哪些。

(6) ESPRIT 和 propagator 方法与其他的基于子空间的方法相比有哪些优势？解释这些优势源自 ESPRIT 和 propagator 方法的哪些特征？

(7) 尝试使用 Matlab 或者其他编程语言，对 ESPRIT 方法进行实践，并和 MUSIC 算法进行对比，比较两者之间的估计性能的不同。

(8) 讨论 ESPRIT 方法所利用的平移不变性如果用在其他的观测域，比如时间域、频率域是否成立。如果考虑时间域，ESPRIT 方法该如何实践。如果考虑的是频率域，ESPRIT 方法又该如何实现？

(9) 简述最大似然估计方法的理论依据，以及似然函数表达式的推导过程。

(10) 简述采用非相关最大似然进行例如高精度算法 SAGE 中参数估计的初始化的基本原理是怎样的。相关与非相关的观测信号在似然计算中是如何结合在一起的？请考虑 MIMO 测量系统，针对如下场景进行说明：

① 所有参数未知的情况下，估计时延；

② 所有参数未知的情况下，估计多普勒频移；

③ 在已知时延的情况下，估计多普勒频移；

④ 在已知时延、未知多普勒频移的情况下，估计波离方向；

⑤ 在已知时延、未知多普勒频移的情况下，估计波达方向；

⑥ 在已知时延、已知多普勒频移的情况下，估计发射方向；

⑦ 在已知时延、已知多普勒频移、已知发射方向的情况下，估计波达方向。

(11) 简述 RiMAX 算法与 SAGE 算法的不同之处。

(12) 请阅读文献[30-32]，了解并简要描述 RiMAX 算法是如何利用 Hessian 的近似值作为费希尔信息矩阵的参数估计值，并用于判断参数估计不可靠的。

(13) 请思考如何在 SAGE 算法中增加利用 Hessian 的近似值判断参数估计不可靠的功能。

(14) 对于密集多径分量 DMC 的估计，RiMAX 是如何定义其参数描述的？如果我们想在 SAGE 中增加 DMC 的估计，应该采用何种方式进行？

(15) 已有的参数估计方法(例如 SAGE、最大似然估计等)存在哪些共性问题？用证据框架能否对它们在一定程度上进行改进？请简述改进的大致思路。

(16) 证据框架的优势是能够兼顾不同层面的特征的有效性。在统计模型构建中，我们希望得到的模型能够有效拟合实测的结果，例如 MIMO 系统的流数、MIMO 矩阵的秩的统计分布等。所以在模型的参数选取中，例如对多径簇数量和权重的选取中，我们需要能够从模型有效的角度来进行选择。请思考 cluster 模型构建过程中的可变参数，以及如何构建一个证据框架优化这些参数的选择。

(17) SAGE 程序的 Matlab 实现：通过对实测数据进行处理，实现 SAGE 程序的编译工作，可以选择的算法如下。

① 单音信号，在时变情况下采集的数据，编写能够估计单音多普勒频移的 SAGE 算法；

② 频域信号，采用 VNA 获得的宽带信号，编写能够估计时延域扩展的多径的 SAGE 算法；

③ 不同时刻采集的宽频信号，使用 SISO 系统，编写能够估计时延与多普勒频移域分布的多径分量的 SAGE 算法；

④ 提供 SIMO 系统采集的宽带信号，编写可以估计时延、DoA 域分布的多径 SAGE 算法；

⑤ 提供 MIMO 系统采集的宽带信号，编写可以估计时延、DoA 和 DoD 的多径 SAGE 算法；

⑥ 提供双极化 MIMO 采集信号，编写每个多径分量包含 14 个参数的 SAGE 算法。

参考文献

[1] H. Krim, M. Viberg. Two decades of array signal processing research: the parametric approach[J]. IEEE Signal Processing Magazine, 1996, 13(4): 67-94.

[2] M. S. Bartlett. Smoothing periodograms from time-series with continuous spectra [J]. Nature, 1948, 161(4096): 686-687.

[3] R. Schmidt. Multiple emitter location and signal parameters estimation[J]. IEEE Transactions on Antennas & Propagation, 1986, 34(3): 276-280.

[4] R. Roy, T. Kailath. ESPRIT-estimation of signal parameters via rotational invariance techniques[J]. IEEE Transactions on Acoustics Speech & Signal Processing, 1989, 37(7): 984-995.

[5] S. Marcos, A. Marsal, M. Benidir. Performances analysis of the propagator method for source bearing estimation[C]. Adelaide: IEEE, 1948.

[6] B. H. Fleury, M. Tschudin, R. Heddergott, et al. Channel parameter estimation in mobile radio environments using the SAGE algorithm[J]. IEEE Journal on Selected Areas in Communication, 1999, 17(3): 434-450.

[7] A. Ritcher, M. Landmann, R. S. Thoma. Maximum likelihood channel parameter estimation from multidimensional channel sounding measurements [C]. Jeju: IEEE, 2003.

[8] J. Capon. High-resolution frequency-wavenumber spectrum analysis[J]. Proceedings of the IEEE, 1969, 57(8): 1408-1418.

[9] P. Stoica. Introducation to spectral analysis[M]. New Jersey: Prentice Hall, 1997.

[10] S. Marcos, A. Marsal, M. Benidir. Performances analysis of the propagator method for source bearing estimation[C]. Adelaide: IEEE, 1994.

[11] S. Marcos, A. Marsal, M. Benidir. The propagator method for source bearing estimation[J]. Signal Processing, 1995, 42: 121-138.

[12] M. Haardt, J. A. Nossek. Unitary esprit: how to obtain increased estimation accuracy with a reduced computational burden[J]. IEEE Transactions on Signal Processing, 1995, 43(5): 1232-1242.

[13] M. Haardt, M. D. Zoltowski, C. P. Mathews, et al. 2D unitary ESPRIT for efficient 2D parameter estimation[C]. Detroit: IEEE, 1995.

[14] J. Fuhl, J. -P. Rossi, E. Bonek. High-resolution 3-D direction-of-arrival determination for urban mobile radio[J]. IEEE Transactions on Antennas and Propaga-

tion,1997,45(4):672-682.

[15] A. Richter, D. Hampicke, G. Sommerkorn and R. S. Thoma. Joint estimation of DoD, time-delay, and DoA for high-resolution channel sounding[C]. Tokyo: IEEE,2000.

[16] X. F. Yin, B. H. Fleury, P. Jourdan, et al. Polarization estimation of individual propagation paths using the SAGE algorithm[C] . Beijing: IEEE,2003.

[17] G. Bienvenu, L. Kopp. Optimality of high resolution array processing using the eigensystem approach[J]. IEEE Transactions on Acoustics, Speech, and Signal Processing,1983,31 (5):1235-1248.

[18] J. A. Fessler, A. O. Hero. Space-alternating generalized expectation-maximization algorithm[J]. IEEE Transactions on Signal Processing,1994,42(10):2664-2677.

[19] A. Kocian, B. Hu, C. Rom, et al. Iterative joint data detection and channel estimation of DS/CDMA signals in multipath fading using the SAGE algorithm[C]. Pacific Grove: IEEE,2003.

[20] B. Hu, I. Land, L. Rasmussen, R. Piton and B. H. Fleury. A divergence minimization approach to joint multiuser decoding for coded CDMA[J]. IEEE Journal on Selected Areas in Communication,2008,26(3):432-445.

[21] B. H. Fleury, X. F. Yin, K. G. Rohbrandt, et al. Performance of a high-resolution scheme for joint estimation of delay and bidirection dispersion in the radio channel[C]. Birmingham: IEEE,2002.

[22] B. H. Fleury, P. Jourdan, A. Stucki. High-resolution channel parameter estimation for MIMO applications using the SAGE algorithm[C]. Zurich: IEEE,2002.

[23] B. H. Fleury, X. F. Yin, P. Jourdan, et al. High-resolution channel parameter estimation for communication systems equipped with antenna arrays[C]. Rotterdam: ELSEVIER,2003.

[24] N. Czink. The random-cluster model-a stochastic MIMO channel model for broadband wireless communication systems of the 3rd Generation and beyond [D]. Vienna: Technology University of Vienna, Department of Electronics and Information Technologies,2007.

[25] A. Richter, R. S. Thoma. Joint maximum likelihood estimation of specular paths and distributed diffuse scattering[C]. Stockholm: IEEE,2005.

[26] A. Richter, M. Landmann, R. S. Thom. RIMAX—a flexible algorithm for channel parameter estimation from channel sounding measurements[R]. Athens, Greece: COST 273,2004.

[27] A. Richter, M. Enescu, V. Koivunen. State-space approach to propagation path parameter estimation and tracking[C]. New York: IEEE,2005.

[28] D. W. Marquardt. An algorithm for least-squares estimation of nonlinear parameters[J]. Journal of the Society for Industrial and Applied Mathematics,1963,11 (2):431-441.

[29] D. Shutin, G. Kubin, B. H. Fleury. Application of the evidence procedure to the

estimation of wireless channels[J]. EURASIP Journal on Advances in Signal Processing,2007(1):37-40.

[30] X. F. Yin, Y. D. Hu, Z. M. Zhong. Dynamic range selection for antenna-array gains in high-resolution channel parameter estimation [C]. Huangshan: IEEE,2012.

[31] X. F. Yin,T. Pedersen,N. Czink,et al. Parametric characterization and estimation of bi-azimuth dispersion path components[C]. Cannes:IEEE,2006.

[32] J. D. Parsons. The mobile radio propagation channel[M]. 2nd ed. New Jersey: John Wiley and Sons,2000.

[33] M. J. Kyösti,L. Hentilä,X. Zhao,et al. WINNER Ⅱ Channel Models[R]. European:European Commission,2007.

[34] 3GPP. Release 7 TR25. 996-2007 Spatial channel model for multiple input multiple output (MIMO) simulations[S]. Valbonne:3rd Generation Partnership Project,2007.

[35] 3GPP. Release 9 TR36. 814-2009 Further advancements for E-UTRA physical layer aspects[S]. Valbonne:3rd Generation Partnership Project,2009.

[36] M. R. J. A. E. Kwakkernaat, M. H. A. J. Herben. Analysis of clustered multipath estimates in physically nonstationary radio channels[C]. Athens:IEEE,2007.

[37] N. Czink,R. Y. Tian,S. Wyne,et al. Tracking time-variant cluster parameters in MIMO channel measurements[C]. Shanghai:IEEE,2007.

[38] J. Salmi,A. Richter, V. Koivunen. Enhanced tracking of radio propagation path parameters using state-space modeling[C]. Florence:IEEE,2006.

[39] A. Richter,M. Enescu, V. Koivunen. State-space approach to propagation path parameter estimation and tracking[C]. New York:IEEE,2005.

[40] P. J. Chung, J. F. Bohme. Recursive EM and SAGE-inspired algorithms with application to DOA estimation[J]. IEEE Transactions on Signal Processing,2005, 53(8):2664-2677.

[41] A. Richter,J. Salmi, V. Koivunen. An algorithm for estimation and tracking of distributed diffuse scattering in mobile radio channels[C]. Cannes:IEEE,2006.

[42] X. F. Yin,G. Steinbock,G. E. Kirkelund,et al. Tracking of time-variant radio propagation paths using particle filtering[C]. Beijing:IEEE,2008.

[43] S. Herman. A particle filtering approach to joint passive radar tracking and target classification[D]. Illinois,USA:University of Illinois,2002.

[44] X. F. Yin,T. Pedersen,N. Czink,et al. Parametric characterization and estimation of bi-azimuth and delay dispersion of individual path components[C]. Nice: IEEE,2006.

[45] D. Fox,W. Burgard,F. Dellaert,et al. Monte carlo localization:efficient position estimation for mobile robots[C]. Orlando:IEEE,1999.

[46] S. Lenser, M. Veloso. Sensor resetting localization for poorly modelled mobile robots[C]. San Francisco:IEEE,2000.

5

统计性信道参数估计

在第 4 章中，我们介绍了估计电波传播信道的多径确定性参数的不同算法。这些算法广泛用于处理信道测量数据，可针对典型场景中的传播情况进行参数化表征和统计建模。建立的信道模型基于其侧重描绘的不同信道特征可以分为两类，即确定性(deterministic)信道模型和统计(statistical)信道模型。确定性信道模型，如 3GPP 信道标准[1]中的时延线(time delayed line，TDL)模型，可以用作通信技术和系统的一致性测试的校准模型。而统计信道模型，则更适合为链路级、系统级的通信算法和系统以及设备的性能测试，随机生成海量的信道样本。构建统计信道模型，需要从测量得到的信道数据中提取信道的统计特征参数，例如信道的复合扩展参数，包括时延扩展、多普勒频移扩展。从各个信道快拍中估计瞬时存在的多径传播路径参数，从中提取出建模感兴趣的统计特征，最终形成能够用来重现信道样本的模型。本章中，我们将描述一些直接从测量数据中提取统计特征参数的估计方法[2-6]，它们不同于第 4 章中所介绍的确定性参数估计方法。这些直接从测量数据中估计统计信道参数的算法，相比于传统算法而言，可以降低操作过程中产生错误的可能性，例如，传统方法在单一快拍中提取多径的过程，以及从多径样本中提取统计特征的过程等。

5.1　色散参数的简要回顾

在电波的传播环境中，经常会存在具有一定几何扩展的散射体。在收发信机看来，这些散射体的扩展比较小，彼此之间相互分离。我们可以称之为扩展散射体或者(本地)散射体簇(clusters of local scatterer)。在这些情形下，来自每一个扩展散射体或散射体簇的信道分量贡献，可以看作是较小入射角度范围内的大量子路径(subpath)的叠加。从几何直观的角度看，这些子路径具有略微不同的到达方向。我们继续采用文献[7-9]中的术语，将一个扩展散射体或本地散射体簇称为单一“微分布散射体”(slightly distributed scatterer，SDS)。在本节我们将对 SDS 信号进行数学定义和描述，并使其服务于本章所侧重的建模和参数估计理念。值得注意的是，我们本章给出的 SDS 定义参考了文献[7-9]，其余的研究内容与文献[7-9]中的不尽相同。首先我们沿用了文献[9]中对 SDS 引起的对方向域信道色散的描述，即通过信号入射的中心方向和由此 SDS 贡献的信号的方向功率谱的扩展来联合表征。此外，为下文推导简化起见，我们将方向域的色散考虑为仅在水平角上的信道分量扩展。于是，在这种情况下，单一 SDS 引发的色散特征包括了中心水平角(nominal azimuth,NA)和水平角扩展(azimuth spread,AS)[7,10,11]。

传统的高分辨率信道参数估计方法[12-16]是基于环境中仅存在的镜面散射体(specular scatterer,SS)模型,简称 SS 模型,推导得出的。更具体些,在 SS 假设下,传播环境可以认为是由位于 Tx 和 Rx 天线阵列的远场里的多个完全分离的点散射体组成的[17]。与此同时,我们考虑"小尺度特征"(small-scale characterization)假设,即发射、接收时所利用的空间、时间和频段都比较小,使得观测到的信道特征在这些较小的观测口径里不会发生改变,此时每个镜面散射体对接收信号的贡献,可被建模为(类似于镜面反射所产生的)平面波。这些由 SS 推导出的参数估计方法并不适用于估计微分布散射体的中心水平角和水平角扩展。这是因为:① 这些算法并没有直接对 NA 和 AS 未知参数进行估计;② 由于模型与真实信号之间存在差异,即使可以采用镜面路径的估计参数结果进行 NA 和 AS 的计算,但由于模型不一致导致的误差可能仍然很大[18]。

近年来,信道研究人员已经提出了各种基于模型的方法来估计 SDS 的 NA 和 AS。这些估计方法可以分为两类,分别基于分布模型和基于线性近似模型。

基于分布模型的估计方法着重于表征单个 SDS 的水平角功率谱的概率分布的(可以用解析形式表示的)形状[10,19-26]。对于仅考虑水平传播的情况,已经提出的有均匀分布[19-21,23,27]、截断(truncated)高斯分布[10,20,21,24,25,27]、拉普拉斯(Laplacian)分布[27]和冯·米塞斯(Von-Mises)分布[9,22]。但由于以下两个原因,这些估计方法并不适用于分析实际信道测量数据。首先,这些算法所依赖的模型,并没有考虑实际传播场景中 SDS 引发的信号水平角功率谱的实际形状,即没有明确的先验信息和约束条件。其次,这些算法表现出较高的计算复杂性:算法的运行需要至少解决特定目标函数的一维优化问题,而待优化的目标函数通常以积分的形式表示。当天线阵列响应是非各向同性时,这样的积分计算是需要以数值方式进行的,这导致了较大的计算复杂度。近一段时间业内提出的此类算法的改进版本,则通过利用特定结构或通过对样本协方差矩阵的一系列扩展,实现了低计算复杂度的操作[23-26]。然而,当阵列是非线性的或阵列元素是非各向同性的时,允许样本协方差矩阵进行低复杂度的运算的前提假设不再成立,所以仍然难以达到实用的目的。因此,上述的这些基于分布模型的方法并不适合于我们所感兴趣的场景,尤其是移动通信所面对的富散射、多场景的传播环境。

另一类估计方法,是基于线性近似模型推导的估计方法,包括基于双镜面散射体(two-specular-scatterer)模型[7,28]、双 SDS 模型[11]、扩展阵列流形(generalized array manifold,GAM)模型等推导的算法[11,29-32]。其中,双镜面散射体模型的思想来自于在非相干式分布(incoherently distributed,ID)情况下,基于单个 SDS 的信道贡献所得到的信号协方差矩阵,可以由两个非相干镜面散射体产生的信号的协方差矩阵很好地近似。这类算法有一个统一的名称,即"Spread- F" 算法,其中,"F"表示的是某一种标准的估计算法,如根-MUSIC(root-MUSIC)算法、基于旋转不变技术的信号参数估计(ESPRIT)算法、方向估计方法(method of direction estimation,MODE)等。文献[7]中采用双镜面散射体模型推导出了这些方法。这些方法的统一思路是,将两个水平角估计的平均值作为单个 SDS 的中心水平角估计,而 AS 的估计值则定义为这两个水平角估计值之间距离的一半。注意到此类方法的缺点是,在多 SDS 场景中对应于同一个 SDS 的两个水平角估计的配对,是一个较为棘手的问题,特别是在多个 SDS 的贡献在水平角域上间隔很近的情况下。此外,文献[7]中提出,必须使用查表的方式来减少由于双镜面散射体模型和有效模型之间的差异而导致的 AS 估计偏差。在信道测量表现为非各向同性阵列响应的情况下，需要考虑更多的可变因素来生成这样的查找表格。即使天线阵列具有各向同性的响应，仍然需要考虑多维度建表，如在仅考虑水平传播的情况下，NA、AS 和信噪比均是查找表的条目。由此可见，这种附加的纠正方法涉及较高的复杂度，这限制了此类方法在我们所感兴趣的场景中的应用。

在文献[11,29,30]中，GAM 模型被用于推导针对 NA 和 AS 进行估计的算法。GAM 模型利用阵列响应的一阶泰勒级数展开来近似每个 SDS 对接收信号的有效影响。为描述简洁起见，我们使用 n 阶泰勒级数展开的方式来构建所谓的 n 阶 GAM 模型。现在我们来简要回顾一下这些方法。在文献[29]中提出的估计方法包括 MUSIC 算法和噪声子空间拟合算法。这些算法不适用于 SDS 的贡献为非相干的情形。此外，文献[11]中提出了 ESPRIT 方法，仅适用于天线阵列存在阵元辐射方向图高度一致的两组子天线阵列的情形[15]，并且两组子阵列中的每个匹配天线对中的两个天线（分属于不同的子阵列）之间的距离要远小于波长[11]。这样的要求非常严格。通常信道测量设备或平台所使用的天线阵列很难满足这样的条件。在文献[30]中，作者应用协方差拟合的原理，推导了 NA 和 AS 估计算法。这些估计算法存在的主要问题是，在计算 AS 估计值时，需要对阵列响应在角度域做二阶偏导计算。但是，实际使用的天线阵列在微波暗室校准测量时得到的响应数据，很可能存在一定的误差，尤其是在天线增益较低的角度域里，由此计算得到的高阶导数会存在显著的偏差。因此，出于这样的原因，相应的估计算法的性能也会降低。

5.2 微分布散射体的参数估计方法

在无线环境中，一个具有物理扩展的散射体对接收信号的贡献可以在时延、波离方向、波达方向、多普勒频移和极化中产生扩散。本节中，我们采用在文献[29]中提出的一阶扩展阵列流形模型，近似描述具有多个阵元的天线阵列接收到的来自多个微分布散射体的信号贡献。我们根据信号分量的协方差矩阵的两个最大的特征值，提出了 SDS 的新定义。并且，在此基础上，提出了一种能够定量评估近似程度的测度方法。据此，当分布式散射体的信号贡献与一阶 GAM 模型描述的非常接近时，此时的分布式散射体就可以称为 SDS。

本节考虑的 SDS 引起的信号在水平角度域的色散，可以用两个参数来具体表征，即中心水平角和水平角扩展。基于一阶 GAM 模型，NA 和 AS 的估计算法是由推导得出的确定性和随机性最大似然方法，以及传统的 MUSIC 算法衍生得出的。由于一阶 GAM 模型与有效信号模型之间存在差异，因此 AS 估计值存在偏差。可以通过使用多维查表的方式来减小偏差[7]，但是这在使用的天线是非各向同性时难以实施。近年来，相关研究提出了一种自适应地选择阵列孔径大小的经验技术以保证两个模型之间良好匹配。仿真结果表明，与先前发布的相关技术相比，这些方法实现了 NA 和 AS 估计性能的提升。

在本节中，我们还推导了在具有单个 SDS 的场景中，基于传统的镜面多径模型估计得到的最大似然水平角估计误差的近似概率分布。此结果可视为是针对相干微分布散射体场景得出的非相干微分布散射体场景的扩展[8]。结果表明，在相干微分布散射体场景下，通过考虑更多的观测样本，可以显著降低发生较大估计误差的概率。

5.2.1 有效信号模型

在不失一般性的前提下，当接收端配备的是天线阵列时，SDS 在接收端产生一定的水平角色散。我们引入一个模型来描述 SDS 对 Rx 阵列接收信号的有效贡献，并将此模型称为有效信号模型。注意，该模型经过修改可用来描述在发射端配置了天线阵列时，SDS 所引发的波离方向的色散现象，与此同时，本节推导得出的针对接收端的估计方法，也同样适用于当 Tx 配备了天线阵列时，对发射端波离方向的色散参数进行估计。

在具有单个 SDS 的传播场景中，Rx 阵列输出的信号被视为沿着波达方向有一定分布的多个子路径信号贡献的集成。为简单起见，我们仅考虑水平传播，并忽略除水平到达角以外的其他所有色散效应。考虑在 Rx 配备了与 M 个天线阵元一致的 M 个相关器(correlator)系统，在窄带场景中，即不考虑时延扩展的情况下，相关器在 t 时的输出矢量 $\boldsymbol{y}(t)\in\mathbf{C}^M$ 表示为

$$\boldsymbol{y}(t)=\sum_{l=1}^{L}a_l(t)\boldsymbol{c}(\bar{\phi}+\tilde{\phi}_l)+\boldsymbol{w}(t) \tag{5.2.1}$$

在式(5.2.1)中，假设源于 SDS 的子路径总数 L 很大，$a_l(t)$表示第 l 条子路径的复权重，$\boldsymbol{c}(\phi)\in\mathbf{C}^M$ 表示水平角为ϕ 时的阵列响应，也称作导向矢量。第 l 条子路径的水平角被分解为中心水平角 $\bar{\phi}$ 与以 $\bar{\phi}$ 为参考的偏差 $\tilde{\phi}_l$ 的总和。在本章的理论研究中，角度的范围以弧度表示为$[-\pi,\pi)$，以角度表示时为$[-180°,+180°)$。我们以这样的方式定义角度相加的结果，即结果同样需要取在这些范围内。在式(5.2.1)中，噪声分量$\boldsymbol{w}(t)$是圆对称的，且在空间和时间上是 M 维的高斯随机过程，其分量谱高度为 σ_w^2。我们假设共考虑 N 次观察样本，这些样本分别是在 $t_1,\cdots,t_N$，即 $t\in\{t_1,\cdots,t_N\}\subset\mathbf{R}$ 时刻收集的。

对于有效模型，我们做出如下假设。

(1) 水平角偏差 $\tilde{\phi}_l(l=1,\cdots,L)$是相互独立的，并且具有相同的零均值分布。子路径的水平方位角具有较高的概率在中心水平角 $\bar{\phi}$ 附近集中，即水平角偏差 $\tilde{\phi}_l(l=1,\cdots,L)$越小，概率越高。

(2) 子路径权重过程 $a_1(t),\cdots,a_L(t)$是非相关零均值复数圆对称(实部虚部对称)广义平稳过程，其自相关函数为

$$R_{a_l}(\tau)\doteq E[a_l(t)a_l^*(t+\tau)]$$

这里，$(\cdot)^*$ 表示复共轭。此外，子路径权重具有相等的方差，即 $R_{a_1}(0)=\cdots=R_{a_L}(0)$。

(3) 由水平角偏差和子路径权重组成的集合中的任意两个元素都是不相关的。

(4) 子路径权重的时间样本是不相关的，即 $R_{a_l}(t_n{}'-t_n)=0,n\neq n'$。

在一个具有 D 个 SDS 的场景中，式(5.2.1)可以扩展为

$$\boldsymbol{y}(t)=\sum_{d=1}^{D}\sum_{l=1}^{L_d}a_{d,l}(t)\boldsymbol{c}(\bar{\phi}_d+\tilde{\phi}_{d,l})+\boldsymbol{w}(t) \tag{5.2.2}$$

这里 L_d 表示源于第 d 个 SDS 的子路径的数量。

(5) 针对多个 SDS 的场景，我们做了另外的如下假设。表征 D 个 SDS 中的每一个贡献的信号的随机元素满足假设(1)～(4)。不同 SDS 的水平角偏差的概率分布可能不同。另外，任何两个不同的 SDS 是不相关的，更具体地来说，与不同的 SDS 有关的任何两个随机元素是不相关的。

事实上，假设(1)～(5)所对应的场景符合文献[11]中所描述的非相干式分布情况。

5.2.2 基于镜面散射体模型的估计算法

SS 模型广泛用于传统的高分辨率参数估计方法[12-15]。在本节中，我们将简要介绍 SS 模型和基于该模型提出的最大似然水平角估计算法。然后，我们在仅存在一个 SDS 的场景中应用此估计算法时，推导出该估计值的误差分布的近似值。在非相关分布(ID)情形下，我们考虑使用 $N(N>1)$独立观测样本。而 $N=1$ 的情况对应于相干分布(CD)的情形，相应的情况在文献[8]中得到了较为详细的讨论。

1. SS 模型和最大似然水平角估计算法

SS 模型假设点散射体重新将入射的电波辐射出去，并且 Rx 位于这些散射体的远场中，因此，在 Rx 产生的信号贡献可视为镜面波(平面波)。假设在有 D 个点散射体的场景中，输出信号矢量近似为

$$\boldsymbol{y}(t) \approx \boldsymbol{y}_{\mathrm{SS}}(t) \doteq \sum_{d=1}^{D} \alpha_d(t)\boldsymbol{c}(\bar{\phi}_d) + \boldsymbol{w}(t) = \boldsymbol{C}(\bar{\phi})\boldsymbol{\alpha}(t) + \boldsymbol{w}(t) \tag{5.2.3}$$

其中，$\boldsymbol{C}(\bar{\phi}) \doteq [\boldsymbol{c}(\bar{\phi}_1),\cdots,\boldsymbol{c}(\bar{\phi}_D)]$，$\boldsymbol{\alpha}(t) \doteq [\alpha_1(t),\cdots,\alpha_D(t)]^{\mathrm{T}}$。下标 SS 表示在近似散射体贡献的信号时使用了 SS 假设。基于 SS 模型派生的 $\bar{\phi}$ 的确定性 ML 估计算法(简称 SS-ML)的推导过程可参阅文献[33,34]。

$$\hat{\bar{\phi}}_{\mathrm{SS\text{-}ML}} = \arg\max_{\bar{\phi}}\{\mathrm{tr}[\Pi_{\boldsymbol{C}(\bar{\phi})}\hat{\boldsymbol{\Sigma}}_y]\} \tag{5.2.4}$$

其中，$\mathrm{tr}[\cdot]$表示矩阵的迹，$\Pi_{\boldsymbol{C}(\bar{\phi})} \doteq \boldsymbol{C}(\bar{\phi})\boldsymbol{C}(\bar{\phi})^{\dagger}$ 是在 $\boldsymbol{C}(\bar{\phi})$列空间的投影操作，$\boldsymbol{C}(\bar{\phi})^{\dagger} \doteq [\boldsymbol{C}(\bar{\phi})^{\mathrm{H}}\boldsymbol{C}(\bar{\phi})]^{-1}\boldsymbol{C}(\bar{\phi})^{\mathrm{H}}$ 是 $\boldsymbol{C}(\bar{\phi})$的伪逆变换，$\hat{\boldsymbol{\Sigma}}_y = \frac{1}{N}\sum_{t=t_1}^{t_N}\boldsymbol{y}(t)\boldsymbol{y}(t)^{\mathrm{H}}$ 是样本方差矩阵。这里的$[\cdot]^{\mathrm{H}}$ 表示 Hermitian 变换。

2. 估计误差的分布

方位角估计值$\hat{\bar{\phi}}_{\mathrm{SS\text{-}ML}}$的概率密度函数受有效信号模型(式(5.2.2))和 SS 模型(式(5.2.3))之间的差异的影响。在无噪声的单个 SDS 场景中，NA 估计误差$\breve{\phi} \doteq \hat{\bar{\phi}}_{\mathrm{SS\text{-}ML}} - \bar{\phi}$可以近似为

$$\breve{\phi} \approx \frac{\sum_{t=t_1}^{t_N} |\alpha(t)|^2 \mathrm{Re}\left\{\frac{\beta(t)}{\alpha(t)}\right\}}{\sum_{t=t_1}^{t_N} |\alpha(t)|^2} \tag{5.2.5}$$

其中，$\alpha(t) \doteq \sum_{l=1}^{L} a_l(t)$，$\beta(t) \doteq \sum_{l=1}^{L}\tilde{\phi}_l a_l(t)$，由 $a_l(t)$ 和 $\tilde{\phi}_l$ 的真实值计算得到，$\mathrm{Re}\{\cdot\}$表示参数的实部。利用第 5.2.1 节中提到的假设(2) 和(3)，并使用中心极限定理[35]，$\alpha(t)$ 和 $\beta(t)$ 可以近似为非相关复数圆对称(实部虚部对称)高斯随机过程。基于这个假设，可以计算得到式(5.2.5) 右侧的 PDF(推导过程见附录)。此 PDF 提供了有关 PDF 中$\breve{\phi}$的近似值：

$$f_{\breve{\phi}}(\phi) \approx \frac{\Gamma\left(N+\frac{1}{2}\right)}{\sqrt{\pi}\Gamma(N)} \cdot \frac{1}{\sigma_{\tilde{\phi}}} \cdot \frac{1}{\left(1+\frac{\phi^2}{\sigma_{\tilde{\phi}}^2}\right)^{\left(N+\frac{1}{2}\right)}} \tag{5.2.6}$$

其中，$\Gamma(\cdot)$是 Gamma 函数。式(5.2.6)右侧的 PDF 可以用来计算$\breve{\phi}$的矩的近似值：

$$\mathrm{Var}[\breve{\phi}] \approx \frac{\Gamma(N-1)}{2\Gamma(N)} \cdot \sigma_{\tilde{\phi}}^2 \tag{5.2.7}$$

$$E[|\breve{\phi}|] \approx \frac{\Gamma\left(N-\frac{1}{2}\right)}{\sqrt{\pi}\Gamma(N)} \cdot \sigma_{\tilde{\phi}} \tag{5.2.8}$$

对于 $N=1$，式(5.2.7)右侧的取值为无限大，这是因为式(5.2.6)右侧的 PDF 有着较为明显的“拖尾”，如同[8]中所述。实际上，$\breve{\phi}$的方差总是有限的，因为 NA 的估计误差$\breve{\phi}$被限制在$[-\pi,\pi)$内。但是，式(5.2.7)右侧取值理论上可以为无穷大，这一事实表明，$\breve{\phi}$的方差很大。作为结果，会有较高的概率出现较大的估计误差。当 $N>1$ 时，式(5.2.7)右侧取值是有限的，且随着 N 的增加而减小。因此，在非相关分布情形下，通过考虑更多的观测样本，可以降低大估计误差产生的概率。

5.2.3 一阶 GAM 模型估计方法

在本节中，我们引入了一阶 GAM 模型，并使用标准的确定性和随机性最大似然方法，以及一种新颖的 MUSIC 算法推导出模型参数的估计值。此外，本节提出了基于这些参数估计结果计算 AS 估计值的方法。

1. 一阶 GAM 模型

GAM 模型[29]利用了偏差 $\tilde{\phi}_{d,l}$很小且概率很大的事实。在一阶 GAM 模型中，阵列响应的一阶泰勒级数展开被用于近似 SDS 对接收信号的有效影响。当分布式散射体对 Rx 的输出信号的贡献与使用一阶 GAM 模型描述的非常接近时，我们将分布式散射体视为 SDS。

我们首先考虑单个 SDS 的场景。式(5.2.1)中的函数 $\boldsymbol{c}(\bar{\phi}+\tilde{\phi}_l)$可以通过其在 $\bar{\phi}$ 处的一阶泰勒级数展开近似。在式(5.2.1)中，为每个 $\boldsymbol{c}(\bar{\phi}+\tilde{\phi}_l)$插入此近似值得到一阶 GAM 模型[29]：

$$\begin{aligned}\boldsymbol{y}(t) \approx \boldsymbol{y}_{\mathrm{GAM}}(t) &\doteq \sum_{l=1}^{L} a_l(t)[\boldsymbol{c}(\bar{\phi}) + \tilde{\phi}_l \boldsymbol{c}'(\bar{\phi})] + \boldsymbol{w}(t) \\ &= \alpha(t)\boldsymbol{c}(\bar{\phi}) + \beta(t)\boldsymbol{c}'(\bar{\phi}) + \boldsymbol{w}(t)\end{aligned} \tag{5.2.9}$$

其中，$\boldsymbol{c}'(\bar{\phi}) \doteq \left.\frac{\mathrm{d}\boldsymbol{c}(\phi)}{\mathrm{d}\phi}\right|_{\phi=\bar{\phi}}$，用矩阵表示，式(5.2.9)可以写作

$$\boldsymbol{y}_{\mathrm{GAM}}(t) = \boldsymbol{F}(\bar{\phi})\boldsymbol{\xi}(t) + \boldsymbol{w}(t) \tag{5.2.10}$$

其中，$\boldsymbol{F}(\bar{\phi}) \doteq [\boldsymbol{c}(\bar{\phi})\boldsymbol{c}'(\bar{\phi})]$，$\boldsymbol{\xi}(t) \doteq [\alpha(t),\beta(t)]^{\mathrm{T}}$。$\alpha(t)$、$\beta(t)$的自相关函数可以分别由下式计算：

$$\begin{aligned} R_\alpha(\tau) &\doteq E[\alpha(t)\alpha^*(t+\tau)] = \sum_{l=1}^{L} R_{a_l}(\tau) \\ R_\beta(\tau) &\doteq E[\beta(t)\beta^*(t+\tau)] = \sigma_{\tilde{\phi}}^2 \cdot R_\alpha(\tau)\end{aligned} \tag{5.2.11}$$

其中，$\sigma_{\tilde{\phi}}^2 \doteq E[\tilde{\phi}_l^2]$，注意，根据第 5.2.1 节中提到的假设(1)，$E[\tilde{\phi}_l]=0$，可以看到参数 $\sigma_{\tilde{\phi}}^2$ 即为水平角偏差的二阶中心矩。σ_α^2 和 σ_β^2 分别表示 $\alpha(t)$ 和 $\beta(t)$ 的方差。于是由式(5.2.11)可得

$$\sigma_\beta^2 = \sigma_{\tilde{\phi}}^2 \cdot \sigma_\alpha^2 \tag{5.2.12}$$

使用文献[11]中的公式(49)～(51)给出的结果，也可以得出这个等式。我们将参数 $\sigma_{\tilde{\phi}}$ 称为 SDS 的 AS。请注意，如文献[9]所示，方向扩展是表征方向色散的本征属性。但是，在仅考虑水平传播的小的水平角偏差的场景下，以弧度表示的方向扩展可以用 $\sigma_{\tilde{\phi}}$ 来近似表示[9]。例如，在相同场景下，归一化 SDS 的水平角功率谱与冯・米塞斯概率密度函数的形式相同[36]：

$$f_{\tilde{\phi}_l}(\phi)=\frac{1}{2\pi I_0(\kappa)}\exp\{\kappa\cos(\phi-\bar{\phi})\} \tag{5.2.13}$$

这里的 κ 表示比例系数，$I_0(\cdot)$ 表示 0 阶第一类贝塞尔函数。当 $\kappa\geqslant 7$ 时，近似为 $\sigma_{\tilde{\phi}}\leqslant 10°$[9]。

在有 D 个 SDS 的场景中，式(5.2.9)可扩展为

$$\begin{aligned}\boldsymbol{y}(t) &\approx \boldsymbol{y}_{\text{GAM}}(t) \doteq \Big[\sum_{d=1}^{D}\alpha_d(t)\boldsymbol{c}(\bar{\phi}_d)+\beta_d(t)\boldsymbol{c}'(\bar{\phi}_d)\Big]+\boldsymbol{w}(t)\\ &=\boldsymbol{B}(\bar{\phi})\boldsymbol{\gamma}(t)+\boldsymbol{w}(t)\end{aligned} \tag{5.2.14}$$

其中，$\boldsymbol{B}(\bar{\phi})\doteq[\boldsymbol{c}(\bar{\phi}_1),\boldsymbol{c}'(\bar{\phi}_1),\cdots,\boldsymbol{c}(\bar{\phi}_D),\boldsymbol{c}'(\bar{\phi}_D)]$，$\boldsymbol{\gamma}(t)\doteq[\alpha_1(t),\beta_1(t),\cdots,\alpha_D(t),\beta_D(t)]^{\mathrm{T}}$。在第 5.2.1 节中提到的假设(3)～(5)成立的前提下，矢量 $\boldsymbol{\gamma}(t)$ 中的元素是不相关的。

2. 中心水平角估计算法

1）基于确定性最大似然方法的中心水平角估计

基于一阶 GAM 模型的确定性最大似然(deterministic maximum likelihood, DML)中心水平角估计算法的推导与 SS-ML 中心水平角估计算法的类似。假设式(5.2.14)中的权重样本 $\alpha_d(t)$ 和 $\beta_d(t)(t=t_1,\cdots,t_N;d=1,\cdots,D)$ 是确定性的。$\bar{\phi}$ 的最大似然估计值可以由下式得出[34]：

$$\bar{\phi}_{\text{DML}}=\arg\max_{\bar{\phi}}\{\operatorname{tr}[\Pi_{B(\bar{\phi})}\hat{\boldsymbol{\Sigma}}_{\boldsymbol{y}}]\} \tag{5.2.15}$$

参数 $\gamma(t)(t=t_1,\cdots,t_N)$ 可以估计为

$$(\widehat{\gamma(t)})_{\text{DML}}=\boldsymbol{B}(\hat{\bar{\phi}}_{\text{DML}})^{\dagger}\boldsymbol{y}(t),\quad t=t_1,\cdots,t_N \tag{5.2.16}$$

2）基于随机性最大似然方法的中心水平角估计

[37]中提出了基于 SS 模型的随机性最大似然(stochastic maximum likelihood, SML)中心水平角估计算法。我们以相同的方法得出了基于一阶 GAM 模型的随机性最大似然中心水平角估计算法。在第 5.2.1 节中提到的假设(1)～(5)成立的前提下，利用中心极限定理，权重样本 $\alpha_d(t)$ 和 $\beta_d(t)(t=t_1,\cdots,t_N;d=1,\cdots,D)$ 是非相关复数圆对称(实部虚部对称)的高斯随机过程，其方差分别为 $\sigma_{\alpha_d}^2$ 和 $\sigma_{\beta_d}^2$。设 $\boldsymbol{\Omega}$ 是包含要估计的参数的向量：

$$\boldsymbol{\Omega}\doteq[\sigma_w^2,\bar{\phi}_d,\sigma_{\alpha_d}^2,\sigma_{\beta_d}^2;d=1,\cdots,D] \tag{5.2.17}$$

$\boldsymbol{\Omega}$ 的最大似然估计值是最大化问题的一个解[34]。

$$\hat{\boldsymbol{\Omega}}_{\text{SML}}=\arg\max_{\Omega}\{-\ln[|\boldsymbol{\Sigma}_{\boldsymbol{y}_{\text{GAM}}}|]-\operatorname{tr}[(\boldsymbol{\Sigma}_{\boldsymbol{y}_{\text{GAM}}})^{-1}\hat{\boldsymbol{\Sigma}}_{\boldsymbol{y}}]\} \tag{5.2.18}$$

这里的 $\boldsymbol{\Sigma}_{\boldsymbol{y}_{\text{GAM}}}$ 是式(5.2.14)中 $\boldsymbol{y}_{\text{GAM}}(t)$ 的协方差矩阵：

$$\boldsymbol{\Sigma}_{\boldsymbol{y}_{\text{GAM}}}=\boldsymbol{B}(\bar{\phi})\boldsymbol{R}_{\gamma}\boldsymbol{B}(\bar{\phi})^{\mathrm{H}}+\sigma_w^2\boldsymbol{I}_M \tag{5.2.19}$$

在这里，$\boldsymbol{I}_M$ 表示 $M\times M$ 的单位矩阵，$\boldsymbol{R}_{\gamma}=\operatorname{diag}(\sigma_{\alpha_1}^2,\sigma_{\beta_1}^2,\cdots,\sigma_{\alpha_D}^2,\sigma_{\beta_D}^2)$ 是 $\boldsymbol{\gamma}(t)$ 的协方差矩阵。其中，diag(・)表示参数列于对角线的对角矩阵。式(5.2.15)和式(5.2.18)的最大化运算需要分别进行 D 维和$(3D+1)$维的搜索。这些搜索步骤的高计算复杂度限制

了$\hat{\hat{\phi}}_{DML}$和$\hat{\boldsymbol{\Omega}}_{SML}$在实际应用中的实现。作为一种新的选择，SAGE算法[13,38]可以为这些最大似然估计算法提供一种低复杂度的近似计算。

3）基于MUSIC的中心水平角估计

标准的MUSIC算法[14]伪谱是基于SS模型(见式(5.2.3))得到的：

$$f_{\mathrm{MUSIC}}(\phi)=\frac{\|\boldsymbol{c}(\phi)\|_{\mathrm{F}}^{2}}{\|\boldsymbol{c}(\phi)^{\mathrm{H}}\boldsymbol{E}_{w}\|_{\mathrm{F}}^{2}} \tag{5.2.20}$$

此处的$\|\cdot\|_{\mathrm{F}}$表示Frobenius(F-)范数，$\boldsymbol{E}_w$是所估计的噪声子空间中的一个标准正交基，可以从$\hat{\boldsymbol{\Sigma}}_y$经过特征值分解计算得到。环境中存在的$D$个散射体的水平角，即为与$D$个最高峰相对应的伪谱的参数值。

基于一阶GAM模型，我们提出了SDS的NA估计算法。这是对标准MUSIC算法的自然扩展。扩展的伪谱的具体形式如式(5.2.21)所示：

$$f_{\mathrm{MUSIC}}(\phi)=\frac{1}{\|\widetilde{\boldsymbol{F}}(\phi)^{\mathrm{H}}\boldsymbol{E}_{w}\|_{\mathrm{F}}^{2}} \tag{5.2.21}$$

在式(5.2.21)的右侧，$\widetilde{\boldsymbol{F}}(\phi)$是$\boldsymbol{F}(\phi)$列向量所描述的向量空间的一个标准正交基。$D$个SDS的水平角估计值是与$D$个$f_{\mathrm{MUSIC}}(\phi)$最高峰相对应的伪谱参数值。标准的MUSIC算法和所提出的扩展算法都依赖相同的原则，即通过最小化单个散射体的信号贡献所描述的子空间与由样本协方差矩阵计算得到的该子空间估计值之间的距离来获得参数估计结果。在SS场景下，由SS引起的信号子空间可以用导向矢量$\boldsymbol{c}(\phi)$描述，而在SDS场景中，由SDS引起的信号子空间可以用$\boldsymbol{F}(\phi)$的所有的列向量描述。从这个意义上讲，后一种算法是前者的自然延伸。根据文献[39]，由$\boldsymbol{F}(\phi)$的列向量所描述的子空间与估计的信号子空间之间的距离，与两个子空间的投影矩阵之间的差异的F-范数一致。可以证明，该距离与一个子空间投影到另一个子空间的零空间上的F-范数成比例，在这里即为$\|\widetilde{\boldsymbol{F}}(\phi)^{\mathrm{H}}\boldsymbol{E}_w\|_{\mathrm{F}}^{2}$。因此，伪谱(式(5.2.21))的逆提供了对$\boldsymbol{F}(\phi)$列所涵盖的信号子空间与估计的信号子空间之间的距离的度量。

3. MUSIC扩展算法与标准MUSIC的扩展算法的关系

伪谱(5.2.21)所提出的MUSIC算法可以推广至一个分量(例如散射体)贡献的信号具有多维度子空间的场景。在这种情况下，$\widetilde{\boldsymbol{F}}(\phi)$是信号子空间的一个标准正交基，$\widetilde{\boldsymbol{F}}(\phi)$中的参数$\phi$同样也可能是多维度的。注意，使用该算法不需要推导出一个封闭形式的表达式将$\widetilde{\boldsymbol{F}}(\phi)$与$\phi$联系起来。例如，在使用PDF来表征一个SDS的水平角色散的情况下，$\widetilde{\boldsymbol{F}}(\phi)$可以通过对由此PDF计算得到的协方差矩阵进行特征值分解来获得。

我们使用信号子空间之间的主角(principal angle)，或称为特征角来对提出的MUSIC算法做另一种解释，这样也可以与文献[40]中发表的MUSIC衍生算法进行对比。如同文献[39]中所述，最小化两个信号子空间之间的距离等价于最小化向量$\sin(\boldsymbol{\theta})$的范数。这里的$\boldsymbol{\theta}$包含所有信号子空间两两之间的特征角的矢量，$\sin(\cdot)$用于面向$\boldsymbol{\theta}$中每一个单元进行计算。因此，在我们的算法中，通过最大化伪谱来得出NA估计值实际上是最小化$\|\sin(\boldsymbol{\theta})\|$，这里的$\boldsymbol{\theta}$是$\boldsymbol{F}(\phi)$的列向量所描述的子空间和由样本协方差矩阵所估计得到的信号子空间之间的特征角。

相比之下，文献[29]中所提出的MUSIC算法是通过最大化最小的$\boldsymbol{F}(\phi)$列所包含的二维子空间和估计的信号子空间之间的特征角，来计算NA估计值的。这里的最大化实际上等同于对目标函数$\lambda_{\min}^{-1}(\boldsymbol{F}(\phi)^{\mathrm{H}}\boldsymbol{E}_w\boldsymbol{E}_w^{\mathrm{H}}\boldsymbol{F}(\phi))$的最大化，其中，$\lambda_{\min}(\cdot)$表示矩阵

的最小特征值。如在文献[41]中描述过的，上述方法可用于计算 NA 的估计值。值得一提的是，对于相干扩散分布的场景，当由一个 SDS 引起子空间的维度等于 1 时，得到的算法也同样适用。

注意到式(5.2.21)可以被重写为

$$f_{\mathrm{MUSIC}}(\phi)=\frac{1}{\mathrm{tr}\{\boldsymbol{E}_w^{\mathrm{H}}\boldsymbol{F}(\phi)\boldsymbol{W}(\phi)\boldsymbol{F}(\phi)^{\mathrm{H}}\boldsymbol{E}_w\}} \tag{5.2.22}$$

其中，$\boldsymbol{W}(\phi)$是水平角依赖加权矩阵，可以定义为

$$\boldsymbol{W}(\phi)\doteq\boldsymbol{F}(\phi)^{\dagger}\widetilde{\boldsymbol{F}}(\phi)\widetilde{\boldsymbol{F}}(\phi)^{\mathrm{H}}(\boldsymbol{F}(\phi)^{\dagger})^{\mathrm{H}} \tag{5.2.23}$$

表面上看，式(5.2.23)中的表达式似乎类似于 MUSIC 算法中的伪谱[34]。但是该 MUSIC 算法与标准的 MUSIC 算法有着根本的不同。首先，像加权(weighted)MUSIC 算法一样精确地重构伪谱是不可能的。进一步来说，加权 MUSIC 算法的权重矩阵插入 $\boldsymbol{E}_w$ 和 $\boldsymbol{E}_w^{\mathrm{H}}$ 之间，而这里提出的 MUSIC 算法中，加权矩阵则位于 $\boldsymbol{F}(\phi)$和 $\boldsymbol{F}(\phi)^{\mathrm{H}}$ 之间。另外，选择加权矩阵的标准也有着根本的不同。在标准的 MUSIC 算法[34]中，加权矩阵由特征值计算得到，且样本协方差矩阵$\hat{\boldsymbol{\Sigma}}_y$ 的特征值是常量。相比之下，式(5.2.22)中的加权矩阵被明确计算为 $\widetilde{\boldsymbol{F}}(\phi)$的函数，因此，矩阵的具体取值取决于要估计的参数。

从表面看，式(5.2.21)类似于伪子空间拟合(pseudo-subspace fitting，PSF)方法[42]中需要最大化的目标函数。但是，此方法和提出的 MUSIC 之间有一个根本性的不同，即这里提出的 MUSIC 算法是通过“扫描”多维信号子空间(在我们考虑的场景中，这些信号子空间都是由单个 SDS 引起的)与估计的子空间之间的距离的量度来计算 NA 估计值的，而在 PSF 方法中，NA 估计值是在估计的信号子空间和所有信号所涵盖的子空间之间达到最佳“拟合”时的值。因此，在提出的 MUSIC 算法中需要进行一个一维的搜索，而在 PSF 方法中则需要一个多维的搜索。只有在单个 SDS 的场景中，提出的 MUSIC 算法中伪谱的表达式才等同于 PSF 方法中最大化的目标函数。

文献[40]提出了另一种标准 MUSIC 算法的扩展算法，其出发点是将 $\boldsymbol{F}(\phi)$的列向量投影到 $\boldsymbol{E}_w$。这个方法的伪谱为

$$\frac{\|\boldsymbol{F}(\phi)\|_{\mathrm{F}}^2}{\|\boldsymbol{F}(\phi)^{\mathrm{H}}\boldsymbol{E}_w\|_{\mathrm{F}}^2} \tag{5.2.24}$$

当且仅当 $\boldsymbol{F}(\phi)$的列向量对于任意的 ϕ 值都是正交的时，伪谱(式(5.2.24))的逆才准确对应于 $\boldsymbol{F}(\phi)$的列向量所描述的多维子空间与信号子空间之间的距离。但在实际应用中这个条件通常不满足。仿真结果还表明，根据式(5.2.21)推导出的 NA 估计值优于从式(5.2.24)中得到的 NA 估计值，式(5.2.21)的优势体现在均方根估计误差较低。

对于由每个单独信号分量引起的子空间是多维的情况，根据式(5.2.21)表述的 MUSIC 扩展算法确实是标准 MUSIC 算法的自然扩展。相关的应用示例之一是 SDS 场景下的非相干分布特征估计，另一个例子是针对具有谐波结构的信号进行基频估计[40]。

4. 水平角扩展估计算法

基于式(5.2.12)给出的 SDS 的 AS 估计值如下：

$$\widehat{\sigma_{\tilde{\phi}}}=\sqrt{\widehat{\sigma_\beta^2}/\widehat{\sigma_\alpha^2}} \tag{5.2.25}$$

当使用 SML 估计方法时，可以直接从式(5.2.18)中获取 D 个 SDS 中每一个 SDS 的$\widehat{\sigma_\beta^2}$和$\widehat{\sigma_\alpha^2}$，或者通过如下方式计算：

$$\widehat{\sigma_{\beta}^{2}}=\frac{1}{N}\sum_{t=t_1}^{t_N}|\hat{\beta}(t)-\langle\hat{\beta}(t)\rangle|^2$$
$$\widehat{\sigma_{\alpha}^{2}}=\frac{1}{N}\sum_{t=t_1}^{t_N}|\hat{\alpha}(t)-\langle\hat{\alpha}(t)\rangle|^2 \tag{5.2.26}$$

当使用 DML 估计方法时，式(5.2.26)中的 $\hat{\beta}(t)$ 和 $\hat{\alpha}(t)$ $(t=t_1,\cdots,t_N)$ 可以由式(5.2.16)计算得到，式中的〈·〉表示平均。当应用本文提出的 MUSIC 算法(式(5.2.21))时，$\widehat{\sigma_{\beta}^{2}}$ 和 $\widehat{\sigma_{\alpha}^{2}}$ 可以通过采用后面提到的最小二乘协方差矩阵拟合方法[43]得到。

首先我们重写式(5.2.19)中的协方差矩阵 $\boldsymbol{\Sigma}_{\mathbf{y}_{\mathrm{GAM}}}$：

$$\mathrm{vec}(\boldsymbol{\Sigma}_{\mathbf{y}_{\mathrm{GAM}}})=\boldsymbol{D}(\bar{\phi})\boldsymbol{e} \tag{5.2.27}$$

其中，vec(·)表示矢量化操作[44]，矩阵 $\boldsymbol{D}(\bar{\phi})$ 定义如下：

$$\boldsymbol{D}(\bar{\phi})\doteq[\boldsymbol{c}(\bar{\phi}_1)\otimes\boldsymbol{c}(\bar{\phi}_1)^*,\boldsymbol{c}'(\bar{\phi}_1)\otimes\boldsymbol{c}'(\bar{\phi}_1)^*,\cdots,\boldsymbol{c}(\bar{\phi}_D)\otimes\boldsymbol{c}(\bar{\phi}_D)^*,\boldsymbol{c}'(\bar{\phi}_D)\otimes\boldsymbol{c}'(\bar{\phi}_D)^*,\mathrm{vec}(\boldsymbol{I}_M)]$$

这里的⊗表示克罗内克积，而

$$\boldsymbol{e}\doteq[\sigma_{\alpha_1}^2,\sigma_{\beta_1}^2,\sigma_{\alpha_2}^2,\sigma_{\beta_2}^2,\cdots,\sigma_{w}^2]^{\mathrm{T}}$$

根据协方差矩阵拟合方法，式(5.2.17)中的 $\boldsymbol{\Omega}$ 的估计值 $\hat{\boldsymbol{\Omega}}$ 是 $\hat{\boldsymbol{\Sigma}}_{\mathbf{y}}$ 和 $\boldsymbol{\Sigma}_{\mathbf{y}_{\mathrm{GAM}}}$ 之间的欧氏距离的最小值。因此有下式：

$$\left.\frac{\partial\|\hat{\boldsymbol{\Sigma}}_{\mathbf{y}}-\boldsymbol{\Sigma}_{\mathbf{y}_{\mathrm{GAM}}}\|_{\mathrm{F}}^2}{\partial\boldsymbol{e}^{\mathrm{H}}}\right|_{\boldsymbol{e}=\hat{\boldsymbol{e}}}=0 \tag{5.2.28}$$

令 $\boldsymbol{\Omega}=\hat{\boldsymbol{\Omega}}$，求解式(5.2.28)得到解 $\hat{\boldsymbol{e}}$ 的近似形式为

$$\hat{\boldsymbol{e}}=\boldsymbol{D}(\hat{\bar{\phi}})^{\dagger}\mathrm{vec}(\hat{\boldsymbol{\Sigma}}_{\mathbf{y}}) \tag{5.2.29}$$

值得一提的是，对于式(5.2.25)描述的 AS 估计算法，不需要知道水平角偏差的 PDF。在以参数化模型的形式对 PDF 进行某些假设的情况下，AS 估计值可用于计算模型参数。在文献[30,39-43]中，AS$\sigma_{\tilde{\phi}}$ 与决定截断高斯分布、拉普拉斯分布和受限均匀分布(confined uniform distribution)的扩散参数有关。此外，当使用 von-Mises 的 PDF[45]时，可以证明 AS 与该 PDF 的分布参数 κ 之间的关系为 $\sigma_{\tilde{\phi}}\approx\sqrt{1-|I_1(\kappa)/I_0(\kappa)|^2}$。

5.2.4 仿真研究

在本章节中，我们通过蒙特卡洛仿真方法来评估所提出的参数估计方法的性能。考虑如下的仿真场景，每个 SDS 由 $L=50$ 条子路径组成。根据第 5.2.1 节中提到的假设(1)～(5)随机生成对应于 NA 的每个 SDS 的子路径权重和水平角偏差。水平角偏差是根据以零水平角为中心的 von-Mises 分布生成的。Rx 天线是 8 元均匀线阵列(uniform linear array，ULA)天线，相邻阵元间距为半个波长。下文提到的 MUSIC 估计算法使用了本文推荐的伪谱的方法。

1. 基于 SS 模型的最大似然水平角估计算法的估计误差

我们首先在无噪声($\sigma_w^2=0$)场景中研究式(5.2.6)中近似分布的准确性。图 5-1(a)和图 5-1(b)分别展示了样本的互补累积分布函数(CCDF)的经验(估计)和近似的归一化绝对估计误差 $\phi\doteq|\check{\phi}|/\sigma_{\tilde{\phi}}$，两张图分别以 AS$\sigma_{\tilde{\phi}}$ 和观察样本数 N 作为可变参量。根据式(5.2.6)，ϕ 的 PDF 可以近似为

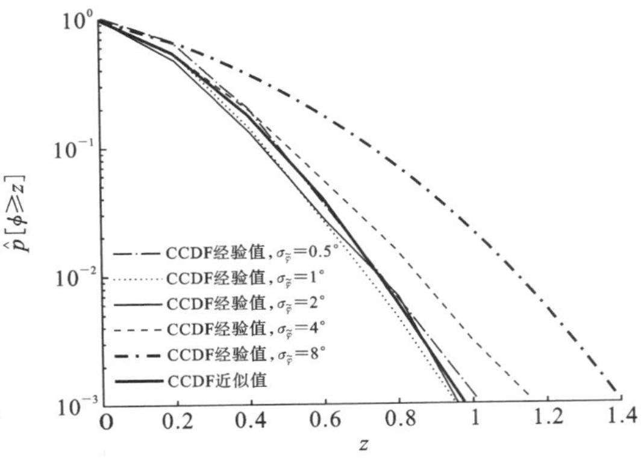

(a)

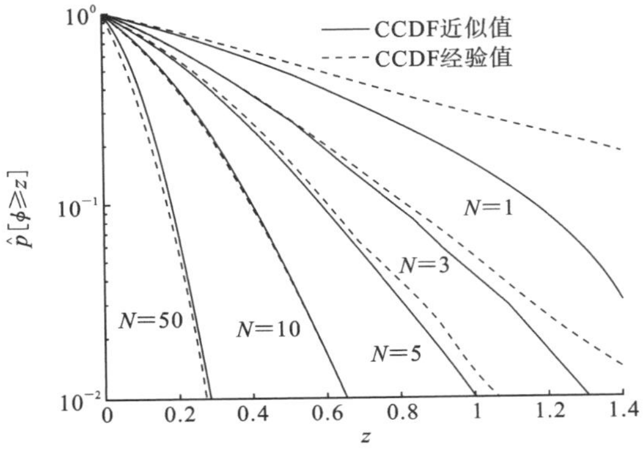

(b)

图 5-1 采用 SS-ML 水平角估计算法得到的归一化绝对估计误差的经验值和近似值。仿真环境考虑单个 SDS，图(a)以 $\sigma_{\tilde{\phi}}$ 为可变参量，$N=10$；图(b)以 N 为可变参量，$\sigma_{\tilde{\phi}}=2°$

$$f_{\phi}(z)\approx\frac{2\Gamma\left(N+\frac{1}{2}\right)}{\sqrt{\pi}\Gamma(N)}\cdot(1+z^2)^{-\left(N+\frac{1}{2}\right)} \tag{5.2.30}$$

注意到式(5.2.30)中的 PDF 的右侧独立于 $\sigma_{\tilde{\phi}}$，因此由该 PDF 计算的 CCDF 也是如此，在此可以认为根据式(5.2.30)计算得到的 CCDF 是其真实 CCDF 的近似。在下文中，我们称其为“近似 CCDF”。图 5-1(a)和图 5-1(b)中展示的结果是设置参数为 $\bar{\phi}=0°$，$\sigma_{\tilde{\phi}}\in[0.5°,8°]$，$N=10$ 和 $\bar{\phi}=0°$，$\sigma_{\tilde{\phi}}=2°$，$N\in[1,\cdots,50]$时分别得到的。

可以观察到，在图 5-1(a)中，当 $\sigma_{\tilde{\phi}}<4°$时，经验 CCDF 接近于近似 CCDF。而在图 5-1(b)中，当 $\phi<0.5$ 时，经验 CCDF 接近于近似 CCDF。以上通过实验观察到的结果与由式(5.2.6)推导得到的结果相吻合，即经验 CCDF 接近于近似 CCDF 只有在$\breve{\phi}$较小时才成立。此外，从图 5-1(b)中可以看出，当观测样本 N 增加时，CCDF 会减小。这表明在非相关情况下，可以通过增加观测样本的数量来减小 SS-ML 水平角估计产生大估计误差的概率。

2. 对中心水平角的估计

图 5-2 描述了 NA 估计结果的归一化绝对估计误差 ϕ 的经验 CCDF。为了方便对比，图中还绘制了 SS-ML 水平角估计值的 CCDF。参数设置为 $N=10$，$\sigma_{\tilde{\phi}}=2°$，$\gamma=25$ dB。从图中可以观察到，SML 和 DML 估计算法的性能相近，且优于 MUSIC 算法和

SS-ML 估计算法。而 MUSIC 算法优于 SS-ML 估计算法。结果还表明，与传统的 SS-ML 估计算法相比，其他算法得到的 NA 估计值出现大估计误差的概率较低。

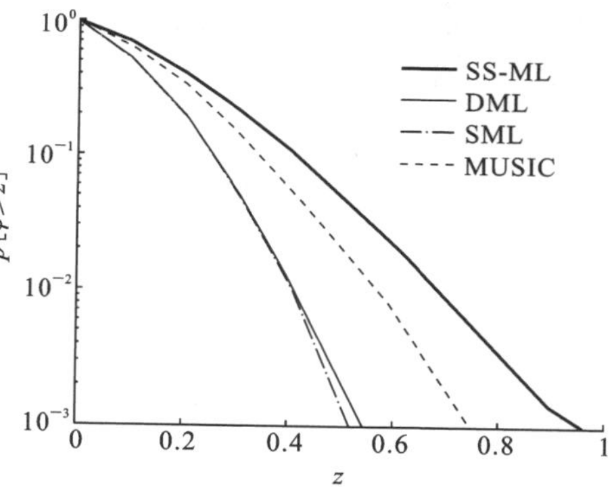

图 5-2 NA 估计算法得到的归一化绝对估计误差经验 CCDF，$\sigma_{\tilde{\phi}}=2°$，$\gamma=25$ dB，$N=10$

图 5-3 和图 5-4 展示了 NA 估计值的均方根估计误差（RMSEE）分别与输入 SNRγ 和 AS 的关系。图 5-3 中参数设置为 $\bar{\phi}=0°$，$N=50$，$\sigma_{\tilde{\phi}}=3°$，$\gamma\in[-10\text{ dB},25\text{ dB}]$。图 5-4 中参数设置为 $\bar{\phi}=0°$，$N=50$，$\sigma_{\tilde{\phi}}\in[0.1°,10°]$，$\gamma=10$ dB。为了进行比较，图中增加了文献[22]中用于估计 NA 的克拉梅隆界（CRLB）的平方根（$\sqrt{\text{CRLB}(\bar{\phi})}$）。可以观察出，SML 估计算法优于所有其他的估计算法。对于较小的 AS（$\sigma_{\tilde{\phi}}<3°$），此估计算法的 RMSEE 非常接近 CRLB 的平方根。当 SNR 和 AS 很大时，所有 NA 估计算法都优于 SS-ML 估计算法。

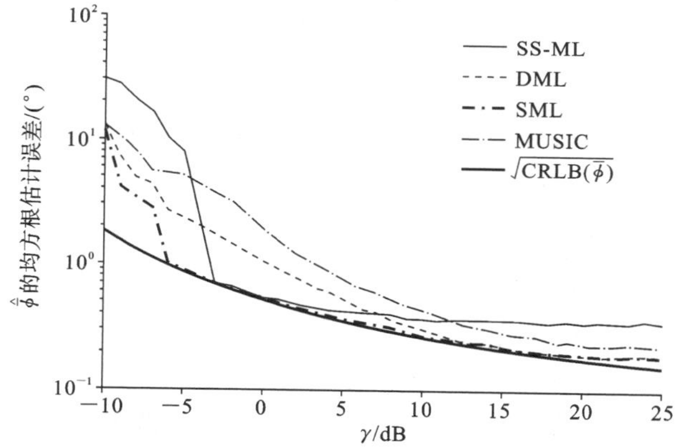

图 5-3 NA 估计值的 RMSEE 作为输入 SNRγ 的参数，$\sigma_{\tilde{\phi}}=3°$，$N=50$

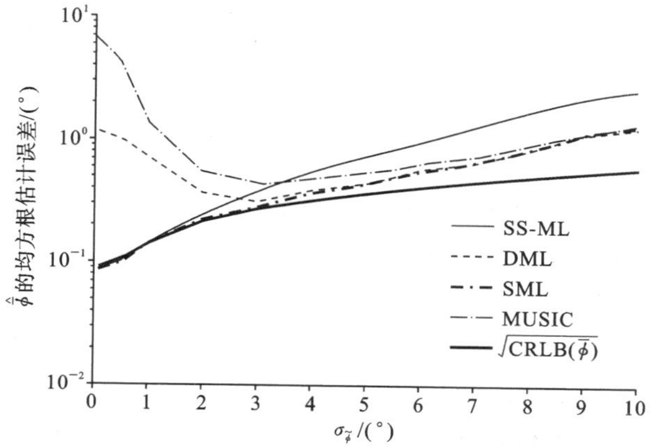

图 5-4 NA 估计值的 RMSEE 作为真实 AS 的参数，$\gamma=10$ dB，$N=50$

3. AS 估计结果的性能分析

图 5-5(a)和图 5-5(b)展示了 AS 估计算法的性能，仿真使用的参数设置与用于获

得图 5-4 所示结果的参数设置相同。在图 5-5(b)中,也绘制了 $\sigma_{\tilde{\phi}}$ 的 CRLB 的平方根($\sqrt{\mathrm{CRLB}(\sigma_{\tilde{\phi}})}$)。

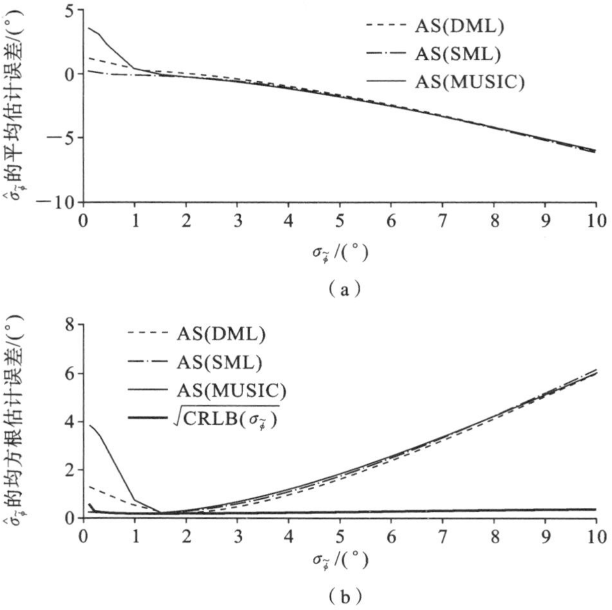

图 5-5 AS 估计值的(a) AEE 和(b) RMSEE,以真实 AS$\sigma_{\tilde{\phi}}$ 作为可变参数,天线阵列与仿真设置为 $M=8$,$N=50$,$\gamma=10$ dB

可以观察到,随着 AS 在 $\sigma_{\tilde{\phi}}>2°$ 范围内增加,估计值表现出负的平均估计误差(AEE),且幅度越来越大。这种效应是由于有效信号模型(式(5.2.1))和一阶 GAM 模型(式(5.2.9))之间的差异造成的。对于较大的 AS,由分布式散射体贡献的真实信号子空间的有效秩大于 2,具有很高的概率。在这种情况下,一阶 GAM 模型仅捕获真实信号的一部分。因此,AS 估计值小于真实值。当 AS 增加时,模型差异变得更加显著,因此 AEE 的绝对值也随之增加。

我们还可从图 5-5 中观察到,对于 $\sigma_{\tilde{\phi}}<2°$,AS(MUSIC)估计值的 AEE 随着 AS 的减小而明显增大。这是由估计值 $\hat{\sigma}_\beta^2$ 和 $\hat{\sigma}_\alpha^2$ 的正偏差引起的,且在 σ_β^2 趋于零时变得更加明显。这同样也导致 AS(DML)估计算法的正偏差的类似特征。AS(SML)估计算法没有表现出这种行为,因为在这种情况下,两个估计算法的 $\hat{\sigma}_\beta^2$ 和 $\hat{\sigma}_\alpha^2$ 是无偏的。

4. 在双 SDS 场景中 NA 和 AS 估计算法的性能

本节研究涉及两个 SDS 的场景。我们假设 SDS 的数量是已知的,即在这种情况下是 2。参数设置选择如下:$\bar{\phi}_1$ 和 $\bar{\phi}_2$ 关于阵列轴线的正交方向对称,并具有一定的 NA 间距 $\Delta\bar{\phi}$,$\sigma_{\tilde{\phi}_1}=\sigma_{\tilde{\phi}_2}=3°$,$N=50$。第一个 SDS 表示为 1-SDS,第二个 SDS 表示为 2-SDS,它们的输入信噪比分别为 19 dB 和 10 dB。我们考虑一种具有 SDS 功率不平衡的情况,即相差为 9 dB。计算 NA 估计结果对中的每个元素,写作$(\hat{\bar{\phi}}',\hat{\bar{\phi}}'')$,根据下式分配给两个 SDS 之一:

$$(\hat{\bar{\phi}}_1,\hat{\bar{\phi}}_2)=\arg\min_{\substack{(\phi',\phi'')\in\\ \{(\hat{\bar{\phi}}',\hat{\bar{\phi}}''),(\hat{\bar{\phi}}'',\hat{\bar{\phi}}')\}}}\|(\phi',\phi'')-(\bar{\phi}_1,\bar{\phi}_2)\|$$

NA 和 AS 估计结果如图 5-6 所示。NA 估计值的 RMSEE 与 NA 间距的关系描述在图 5-6(a)和图 5-6(b)中。图 5-6(c)和图 5-6(d)描述了 AS 估计值的 RMSEE 与 NA 间距的关系。可以观察到，SML 的 NA 估计结果在所有估计算法中表现出最低的 RMSEE。当 $\Delta\bar{\phi}>28°$时，使用 NA 估计算法产生的 RMSEE 低于 1°。同时我们也注意到，$\Delta\bar{\phi}=28°$大约等于所使用的 8 元 ULA 的固有水平角分辨率的两倍[13]。可以观察到

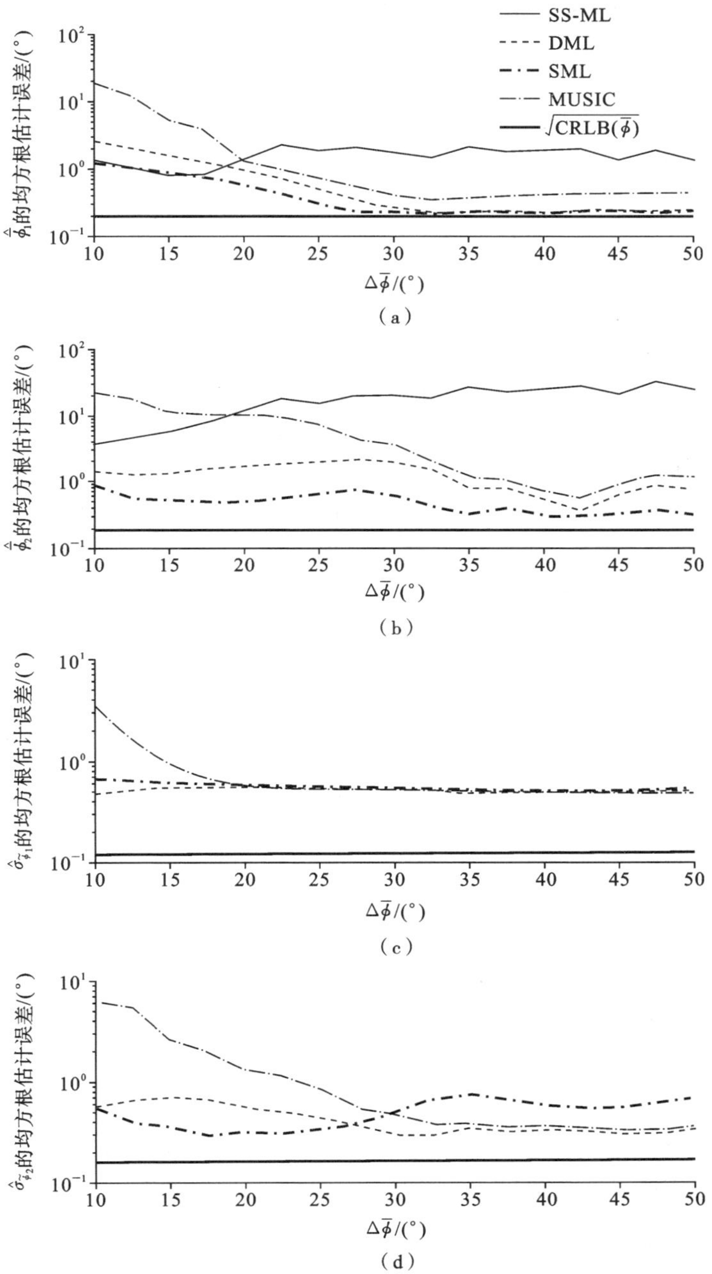

图 5-6 (a),(b) NA 和(c),(d) AS 估计结果的 RMSEE 曲线，其中，NA 间隔为可变参数。仿真考虑的是双 SDS 场景。参数设置为 $N=50$，$\sigma_{\bar{\phi}_1}=\sigma_{\bar{\phi}_1}=3°$，$\gamma_1=19$ dB，$\gamma_2=10$ dB。图(a)中的图标解释同样用于其他的图

在双 SDS 场景中，即使两个 SDS 是完全分开的，其 SS-ML 水平角估计值的 RMSEE 仍在不断增加。这表明该估计算法不具备在低 SNR 下准确估计较弱 SDS 的 NA 的能力。上文中，图 5-1 和图 5-2 中的每一个结果（点）均由 2000 次仿真运行计算得出，而在图 5-3 和图 5-6 中展示的结果则是从 500 次仿真运行中计算得到的。

5.3 基于 PSD 的色散估计算法

除了依靠接收信号的阵列流形，通过 GAM 模型对信道色散参数进行估计之外，还可以使用归一化功率谱密度（PSD）参数估计方法，通过对满足 WSS 假设的信道多次观测数据进行处理来估计传播信道的色散参数。

近年来，公开文献已经提出了多种算法用于估计信道冲激响应中各个扩散分量的特征[10,21,22,46]。这些算法能够用以估计信道内的每个扩散分量的功率谱密度。在真实的传播环境中，一个信道内分量的功率谱密度是不规则的。因此，通常采用依赖于某些统计特征参数的描述，例如采用所谓的重心（center of gravity）和 PSD 的扩展（spread）。相关文献中提出的多种算法，通常用特定的概率密度函数来近似归一化后的分量功率谱密度，进而估计这些特征参数。如在文献[10,21,22]中描述的波达方位角，以及[46]中的 AoA 和 AoD 等参数域的分量扩散。使用这些算法获得的参数估计值的准确度取决于所选的 PDF。但是，上述文献并没有对选定某些具体形式的 PDF 背后的理由进行陈述。此外，这些 PDF 在表征信道分量的 PSD 中的适用性，以及推导得到的估计算法的性能，尚未用实际测量数据进行研究和验证。

在文献[2,3,6,47]中，作者提出了应用最大熵（maximum-entropy，ME）原理[48]来选择或推导能够表征信道内分量功率分布的 PSD。这个基本原理假设每个扩散分量都有一个固定的重心和扩展，除此以外，没有其他的关于 PSD 的任何假设。重心和分量功率谱密度的扩展，则是利用功率分布的一阶矩和二阶矩来对应表述的。使用 ME 原理，我们推导出一个具有固定一阶矩和二阶矩，同时具有最大熵的 PSD。采用“最大熵”谱密度模型估计得到的一阶矩、二阶矩参数值，具有“最安全”的特点，即对于采用了不符合实际情况的限定条件而得到的估计值，其准确度将劣于“最大熵”PSD 模型所得到的一阶矩和二阶矩估计值。基于这个基本原理，文献[47]推出了 ME-PSD 来表征 AoA 和 AoD 的分量功率分布，文献[2,3]推导了表征仰俯角和方位角分量的功率分布，表征到达方位角、离开方位角和时延分量的功率分布在文献[6]中得到描述。这些“最大熵”PSD 的解析形式实际上分别与双变量的 von-Mises-Fisher 分布的 PDF[49]、Fisher-Bingham-5（FB_5）分布的 PDF[50]，以及扩展多维度的 von-Mises-Fisher 分布的 PDF[49]相一致。文献中对于将推导得到的 PSD 用于测量信道数据处理的结果给予了详细的介绍，初步表明了这些特征适用于真实环境中的信道功率谱估计。

5.3.1 双向时延多普勒频移功率谱密度估计

在本书第 2.5 节，我们已经提出了用通用的 PSD 模型来表征双向信道在六个维度的功率谱密度的特征。在单个信道分量的 PSD 均具有固定的重心、特定的扩展，以及确定的扩展在双向、时延和多普勒频移域之间的依赖关系的限定下，第 2.5 节介绍的

PSD 能够使得熵达到最大。与此同时，我们也介绍了信道整体的功率谱(PS)能够被建模为分量功率谱密度乘以分量平均功率的叠加。

在本节中，我们将使用第 2.5 节中描述的接收信号模型来导出 PSD 的参数估计方法，并采用该节介绍的最大熵 PSD 模型作为单个信道分量的 PSD 通用模型。另外，在式(2.5.52)中，分量功率谱密度 $f_d(\boldsymbol{\Omega}_1,\boldsymbol{\Omega}_2,\tau,\nu)$ 被认为是式(2.5.54)中的 $f_{\text{MaxEnt}}(\boldsymbol{\Omega}_1,\boldsymbol{\Omega}_2,\tau,\nu;\boldsymbol{\theta}_d)$。这里的 $\boldsymbol{\theta}_d$ 表示特定分量(第 d 个分量)的 PSD 参数：

$$\begin{aligned}\boldsymbol{\theta}_d \triangleq [&\mu_{\phi_{1,d}},\mu_{\theta_{1,d}},\mu_{\phi_{2,d}},\mu_{\theta_{2,d}},\mu_{\tau_d},\mu_{\nu_d},\sigma_{\phi_{1,d}},\sigma_{\theta_{1,d}},\sigma_{\phi_{2,d}},\sigma_{\theta_{2,d}},\sigma_{\tau_d},\sigma_{\nu_d},\rho_{\phi_1\tau,d},\rho_{\phi_1\theta_1,d},\rho_{\phi_1\phi_2,d},\\ &\rho_{\phi_1\theta_2,d},\rho_{\phi_1\tau,d},\rho_{\phi_1\nu,d},\rho_{\theta_1\phi_2,d},\rho_{\theta_1\theta_2,d},\rho_{\theta_1\tau,d},\rho_{\theta_1\nu,d},\rho_{\phi_2\theta_2,d},\rho_{\phi_2\tau,d},\rho_{\phi_2\nu,d},\rho_{\tau\nu,d}]\end{aligned} \tag{5.3.1}$$

在信道响应由 D 个分量组成的场景中，将信道的功率谱密度 $\boldsymbol{P}(\boldsymbol{\Omega}_1,\boldsymbol{\Omega}_2,\tau,\nu)$ 如式(2.5.56)那样由 $\boldsymbol{\Theta}=(\boldsymbol{\Theta}_1,\boldsymbol{\Theta}_2,\cdots,\boldsymbol{\Theta}_D)$ 参数化。这里的 $\boldsymbol{\Theta}_d=(\boldsymbol{P}_d,\boldsymbol{\theta}_d)$ 表示第 d 个分量的参数。使用此参数化方法，$\boldsymbol{P}(\boldsymbol{\Omega}_1,\boldsymbol{\Omega}_2,\tau,\nu)$ 的估计等价于参数 $\boldsymbol{\Theta}$ 的估计。接下来，我们推导一个可利用 MIMO 系统的接收阵列输出信号来估计信道功率谱未知参数的算法。该 MIMO 架构所产生的接收信号模型如第 2.5 节中的式(2.5.39)所示。

5.3.2 信道功率谱估计算法

由信号模型(式(2.5.42))可以导出 $\boldsymbol{\Theta}$ 的最大似然估计方法[34]。然而，由于这种估计的计算需要求解 $21D$ 维最大化问题(其中，D 是扩散分量的总数)，因此，较高的复杂度阻碍了在实际应用中实现 ML 估计。SAGE 框架算法[51]可用于以较低的计算复杂度得到 $\boldsymbol{\Theta}$ 的 ML 估计值的近似值。

正如前面章节中已经讨论的那样，在文献[13]中介绍的 SAGE 框架已被应用于估计传播信道中的镜面反射分量的参数。若使用 SAGE 框架推导参数估计方法，我们需要指定可观测数据(observable data)和可采隐含(隐含意味着不可观测)数据(admissible hidden data)。在我们考虑的场景下，接收信号是多个分量的叠加，可以观测到的数据是接收信号，隐含数据的一种可能的选择是各个分量的信号贡献。SAGE 算法通过期望步骤(E-step)和最大化步骤(M-step)以迭代方式更新可采隐含数据的参数估计。该迭代持续进行直到达到收敛准则。

1. 可采隐含数据

在第 l 次迭代中更新子集中的参数 $\boldsymbol{\Theta}_d$，这里的 d 为

$$d=l\,\mathrm{mod}(D)+1 \tag{5.3.2}$$

我们考虑隐含数据 $\boldsymbol{X}_d$ 为

$$\boldsymbol{X}_d \triangleq \boldsymbol{S}_d+\boldsymbol{W}' \tag{5.3.3}$$

其中，$\boldsymbol{W}'\in\mathbf{C}^{M_2M_1N}$，代表一个复数圆对称(实部虚部对称)的高斯噪声分量，其谱密度高度为 $\beta\cdot N(0\leqslant\beta\leqslant1)$，注意参数 β 已知。当选择较大的 β 时，参数估计的收敛性会增加。然而，我们从仿真研究中获得的经验表明，当两个分量的 PSD 十分接近时，较小的 β 会产生更好的估计结果。实际上，β 是控制在可采隐含数据的估计中考虑的干扰量的一个“调节”因素。该干扰是当从接收信号中减去其他分量时获得的剩余部分。在分量间隔较为紧密的情况下，估计误差可能较显著，尤其是在前几次 SAGE 迭代中。较小的 β 可以限制由于估计误差而造成的干扰。

2. E-步骤

在期望步骤中，计算了目标函数：

$$Q(\boldsymbol{\Theta}_d|\boldsymbol{\Theta}^{[l-1]})=E[\Lambda(\boldsymbol{\Theta}_d;\boldsymbol{X}_d)|y_1,\cdots,y_I,\boldsymbol{\Theta}^{[l-1]}] \tag{5.3.4}$$

这里，$\boldsymbol{\Theta}^{[l]}$表示第 l 次迭代中的 $\boldsymbol{\Theta}$ 的估计，$\Lambda(\boldsymbol{\Theta}_d;\boldsymbol{X}_d)$表示 $\boldsymbol{\Theta}_d$ 的对数似然函数，y_I 中的下标 I 是测量周期的总数。可以证明 $Q(\boldsymbol{\Theta}_d|\boldsymbol{\Theta}^{[l-1]})$为

$$Q(\boldsymbol{\Theta}_d|\boldsymbol{\Theta}^{[l-1]})=-\ln|\boldsymbol{\Sigma}(\boldsymbol{\Theta}_d)|-\mathrm{tr}[\boldsymbol{\Sigma}(\boldsymbol{\Theta}_d)^{-1}\boldsymbol{\Sigma}_{\boldsymbol{X}_d}^{[l-1]}] \tag{5.3.5}$$

这里，$|\cdot|$和 $\mathrm{tr}[\cdot]$分别表示矩阵的行列式和迹，协方差矩阵 $\boldsymbol{\Sigma}(\boldsymbol{\Theta}_d)$计算为

$$\begin{aligned}\boldsymbol{\Sigma}(\boldsymbol{\Theta}_d) = &\sum_{p_1=1}^{2}\sum_{p_2=1}^{2}P_{d,p_1,p_2}\int_0^{+\pi}\int_{-\pi}^{+\pi}\int_0^{+\pi}\int_{-\pi}^{+\pi}\int_{-\infty}^{+\infty}\int_{-\infty}^{+\infty}[\boldsymbol{\zeta}_{p_1}(\tau,\nu,\phi_1,\theta_1)\boldsymbol{\zeta}_{p_1}(\tau,\nu,\phi_1,\theta_1)^{\mathrm{H}}]\\ &\otimes \boldsymbol{c}_{2,p_2}(\phi_2,\theta_2)\boldsymbol{c}_{2,p_2}(\phi_2,\theta_2)^{\mathrm{H}}f(\phi_1,\theta_1,\phi_2,\theta_2,\tau,\nu;\boldsymbol{\theta}_d)\mathrm{d}\tau\mathrm{d}\nu\mathrm{d}\phi_1\mathrm{d}\theta_1\mathrm{d}\phi_2\mathrm{d}\theta_2\\ &+\beta\cdot NI_{M_2M_1N}\end{aligned} \tag{5.3.6}$$

这里，$(\cdot)^{\mathrm{H}}$ 表述复共轭变换，$\otimes$表示克罗内克积，且式中的 $\boldsymbol{\zeta}_{p_1}(\tau,\nu,\phi_1,\theta_1)$为

$$\boldsymbol{\zeta}_{p_1}(\tau,\nu,\phi_1,\theta_1)\triangleq s(\nu)\otimes r(\tau)\otimes \boldsymbol{c}_{1,p_1}(\phi,\theta) \tag{5.3.7}$$

其中，

$$\begin{aligned}s(\nu)&\triangleq[\exp(\mathrm{j}2\pi\nu t'_1),\cdots,\exp(\mathrm{j}2\pi\nu t'_{M_1M_2})]^{\mathrm{T}}\\ r(\tau)&\triangleq[r(\tau-t_1),\cdots,r(\tau-t_N)]^{\mathrm{T}}\\ r(\tau)&=\int_{-\infty}^{+\infty}u(t)u(t-\tau)^*\,\mathrm{d}t\end{aligned} \tag{5.3.8}$$

这里，$t'_1,\cdots,t'_{M_1M_2}$ 表示一个周期中子信道的起始时刻。式(5.3.5)中的矩阵 $\boldsymbol{\Sigma}_{\boldsymbol{X}_d}^{[l-1]}$是 $\boldsymbol{X}_d$ 的条件协方差矩阵。给定观测量 $y_1,y_2,\cdots,y_I$ 并假设 $\boldsymbol{\Theta}=\boldsymbol{\Theta}^{[l-1]}$，可以证明：

$$\begin{aligned}\boldsymbol{\Sigma}_{\boldsymbol{X}_d}^{[l-1]}=&\boldsymbol{\Sigma}(\boldsymbol{\Theta}_d^{[l-1]})-\boldsymbol{\Sigma}(\boldsymbol{\Theta}_d^{[l-1]})\boldsymbol{\Sigma}_{\boldsymbol{Y}|\boldsymbol{\Theta}^{[l-1]}}^{-1}\boldsymbol{\Sigma}(\boldsymbol{\Theta}_d^{[l-1]})\\ &+\boldsymbol{\Sigma}(\boldsymbol{\Theta}_d^{[l-1]})\boldsymbol{\Sigma}_{\boldsymbol{Y}|\boldsymbol{\Theta}^{[l-1]}}^{-1}\hat{\boldsymbol{\Sigma}}_Y\boldsymbol{\Sigma}_{\boldsymbol{Y}|\boldsymbol{\Theta}^{[l-1]}}^{-1}\boldsymbol{\Sigma}(\boldsymbol{\Theta}_d^{[l-1]})\end{aligned} \tag{5.3.9}$$

其中，$\hat{\boldsymbol{\Sigma}}_Y$ 和 $\boldsymbol{\Sigma}_{\boldsymbol{Y}|\boldsymbol{\Theta}^{[l-1]}}$ 分别计算为

$$\hat{\boldsymbol{\Sigma}}_Y=\frac{1}{I}\sum_{i=1}^{I}y_iy_i^{\mathrm{H}} \tag{5.3.10}$$

$$\boldsymbol{\Sigma}_{\boldsymbol{Y}|\boldsymbol{\Theta}^{[l-1]}}=\sum_{d=1}^{D}\boldsymbol{\Sigma}(\boldsymbol{\Theta}_d^{[l-1]})+(1-D\beta)N\cdot I_{M_2M_1N} \tag{5.3.11}$$

3. M-步骤

在最大化步骤中，计算了：

$$\boldsymbol{\Theta}_d^{[l]}=\arg\max_{\boldsymbol{\Theta}_d}Q(\boldsymbol{\Theta}_d|\boldsymbol{\Theta}^{[l-1]}) \tag{5.3.12}$$

通过应用类似于文献[13]中使用的坐标态更新过程，可以将所需的多维最大化问题简化为多个一维最大化问题。可以看出，这个坐标态更新仍然保持在 SAGE 的迭代框架内，并且继续使用在式(5.3.3)中给出的可采隐含数据。

图 5-7 显示了更新特定参数估计值的流程图。用于更新参数估计值的所有更新程序均具有图 5-7 中所示的类似结构。值得一提的是，为了使计算量尽可能小，估计范围在所谓的“局部”迭代中进行调整。“寻找最大值”的状态用于确定计算是否应该继续，通过检查候选值的最大位置和间距来更新此状态。当最大值的位置不等于估计范围的边界，并且候选值的间距小于等于指定的最小间距时，“寻找最大值”的状态修改为 1，终止此程序中的操作。

参数估计范围的确定在不同参数维度下是不同的。

(1) 对于线性特征的参数，例如时延，参数估计范围需要在整个估算范围内设定。

(2) 对于圆特征的参数，例如水平角，参数估计范围应在圆中连续，并与记录天线响应的步长的角度值一致。

(3) 对于扩散参数，参数估计范围不应包含零和负值。

(4) 对于耦合系数，我们需要将候选值保持在[−1,1]的范围内。由于多维空间中的扩散的协方差矩阵应该是半正定的，一旦得到了一些耦合系数的估计值，其他耦合系数可能无法估计在[−1,1]的整个范围内。所以应当在包含耦合系数的更新程序中考虑此情况。

更新单一分量在多维域中的重心的特定参数估计值的流程图如图 5-7 所示。

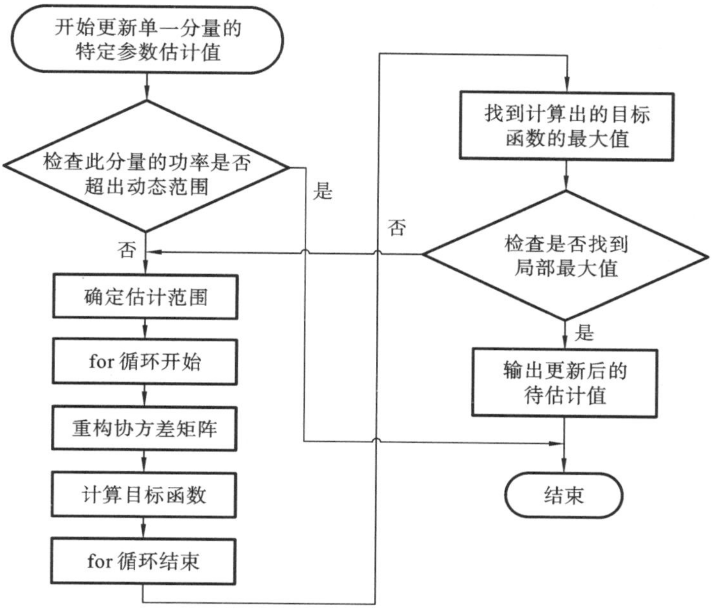

图 5-7 更新单一分量在多维域中的重心的特定参数估计值的流程图

5.3.3 初始化步骤

在分量功率谱密度的初步估计中应用了巴特莱特波束成形法[52]和串行干扰消除方法。对于第 d 个分量功率谱密度，执行以下步骤。

(1) 使用 E-步骤中的式(5.3.9)计算第 d 个分量的样本协方差矩阵的估计值$\hat{\boldsymbol{\Sigma}}_{\boldsymbol{X}_d}$。注意，对于 $d=1$，可认为$\hat{\boldsymbol{\Sigma}}_{\boldsymbol{X}_1}=\hat{\boldsymbol{\Sigma}}_y$。

(2) 计算$\hat{\boldsymbol{\Sigma}}_{\boldsymbol{X}_d}$有着指定时延 $\tau\in[\tau_1,\cdots,\tau_N]$和多普勒频移的双向巴特莱特谱，其中，$N$ 表示时延采样的总数。级联这些谱以构建六维双向时延多普勒频谱的估计。然后，确定这个六维巴特莱特谱的最大值。这个最大值在双向、时延、多普勒频移中的位置被用作第 d 个分量功率谱密度的重心的初始估计。

(3) 使用估计的重心附近的六维巴特莱特谱的一部分计算扩散的初始估计。可以指定一个阈值，例如，比最大值低 3 dB，以选择频谱。计算巴特莱特谱的所选部分的二阶中心矩，并将其用作该分量的扩散的初始估计。

(4) 平均功率估计等于重心处的谱高。耦合系数设置为零。

使用巴特莱特波束成形法来计算信道的六维功率谱的估计值。这六个维度包括延

迟 τ、波离水平角 ϕ_1、波离仰俯角 θ_1、波达水平角 ϕ_2、波达仰俯角 θ_2 和多普勒频移 ν。如果我们使用 $\boldsymbol{\omega}=(\tau,\phi_1,\theta_1,\phi_2,\theta_2,\nu)$ 来表示变量矢量，则功率谱估计值为

$$p(\boldsymbol{\omega})=\frac{c(\boldsymbol{\omega})^{\mathrm{H}}\boldsymbol{\Sigma}_y c(\boldsymbol{\omega})}{c(\boldsymbol{\omega})^{\mathrm{H}}c(\boldsymbol{\omega})} \tag{5.3.13}$$

这里的 $\boldsymbol{\Sigma}_y$ 表示测量的样本协方差矩阵。

使用巴特莱特波束成形法进行参数估计的初始化的缺点是，估计的功率谱可能受到天线阵列的非各向同性辐射方向图的影响。此外，谱中出现的旁瓣，可能会导致估计错误。以下方法可作为各个分量的参数估计的初始化的替代方法。

(1) 使用基于镜面反射路径模型的 SAGE 算法来估计镜面反射路径的参数。估计结果可以用作各个扩散分量的重心。该方法的缺点是可能发生估计的路径属于相同扩散分量的情况。在这种情况下，单个扩散分量被估计为多个离散镜面反射路径。当用这些镜面反射路径参数估计初始化重心参数时，将一个扩散分量分成多个较小扩散分量的风险很高。

(2) 计算完整的巴特莱特功率谱估计并将局部最大值的位置作为扩散分量的重心的初始估计。该方法的优点是计算负载易于处理，因为不需要迭代。然而，由于巴特莱特功率谱估计的分辨率低，一些局部最大值可能对应于强功率分量的旁瓣。

1. 收敛准则

当满足以下条件时，认为 SAGE 算法达到收敛：参数更新与先前的更新相同。实际上，当从连续迭代获得的估计值之间的差异小于某些预定值时，这些差异可忽略，则可认为达到了收敛要求。功率谱估计中多个步骤的伪代码描述如图 5-8 所示。

初始化

-使用巴特莱特波束成形法计算功率谱的估计值：

-根据第 5.3.2 节初始化估计量 $\boldsymbol{\Theta}^{[0]}$。

SAGE 迭代

for $l=1,2,3,\cdots$, do

-使用式(5.3.2)计算参数子集的索引 d。

-期望步骤：根据式(5.3.5)计算 $Q(\boldsymbol{\Theta}_d|\boldsymbol{\Theta}^{[l-1]})$ 的值。

$$Q(\boldsymbol{\Theta}_d|\boldsymbol{\Theta}^{[l-1]})=-\ln|\boldsymbol{\Sigma}(\boldsymbol{\Theta}_d)|-\mathrm{tr}[\boldsymbol{\Sigma}(\boldsymbol{\Theta}_d)^{-1}\boldsymbol{\Sigma}_{X_d}^{[l-1]}]$$

-最大化步骤：根据式(5.3.12)计算 $\boldsymbol{\Theta}_d^{[l]}$ 的值。

$$\boldsymbol{\Theta}_d^{[l]}=\arg\max_{\boldsymbol{\Theta}_d} Q(\boldsymbol{\Theta}_d|\boldsymbol{\Theta}^{[l-1]})$$

-更新剩余估计量集合。

$$\boldsymbol{\Theta}_{d'}^{[l]}=\boldsymbol{\Theta}_{d'}^{[l-1]},\quad d'\neq d$$

-根据第 5.3.3 节中的准则，判断是否已达到收敛标准。

end for

图 5-8 功率谱估计中多个步骤的伪代码描述

2. 样本协方差矩阵的秩

对分量功率谱的参数进行估计时，要求观测到的样本协方差矩阵具有足够的秩，其数值应该大于要估计的参数的数量。观测到的样本协方差矩阵的秩，取决于可以获得的信道独立观测的数量。例如，在要估计 5 个分量且每个分量的特征有 20 个参数的情况下，我们将需要 100 次该信道的独立观测。但有时，为 WSSUS 信道收集大量独立快

拍数据是不现实的。因此,当使用 PSD-SAGE 算法准确估计信道功率谱时可能会出现问题。

放宽大量观测要求的一种可行方法依赖于以下假设:在一个快拍中以不同时延观测到的接收信号可以视为是对不同分量的独立观测。因此,独立观测的最小所需数量减少到一个分量的参数数量。在估计中是否可以应用该假设,取决于可采数据的定义。

3. 测量系统的内在分辨率

PSD-SAGE 算法依赖于测量设备提供的正交的信号观测空间。当观察时间跨度、空间孔径、频率、带宽有限时,系统无法分辨多个分量之间的细微差别。此属性限制了 PSD-SAGE 算法的分辨率。首先,我们需要足够数量的独立观测,即数据样本提供足够的信息来估计一个分量的多个参数。另外,我们需要系统能够区分分量内的细节,从而可以估计分量的扩展和形状。众所周知,对于时延域,系统不能将具有小于 1 个时延样本的时延差的两个分量分开。因此,当扩散分量具有小于 1 个时延样本时,我们将无法准确估计其时延大小。类似地,在角度域中,天线阵列的内在分辨率是有限的。对于大于内在分辨率的分量,PSD-SAGE 算法可以得出合理的结果。文献[13]中的仿真显示,SAGE 算法可以估计间隔很小的分量,甚至是时延差为 1/5 的内在分辨率或角度差为 1/10 的内在分辨率。这可以被理解为插值的效果,即用精细网格测量的阵列响应,以及在任意频率处内插的频率响应。PSD-SAGE 算法在分离扩散分量中的经验分辨率尚需更多的研究。

5.3.4 测量数据评估

我们使用 PSD-SAGE 算法对 ETRI(韩国电子与电信研究所)的信道测深仪——rBECS 系统收集到的测量数据进行了处理。具有相同广义稳态特征的信道观测快拍,可以用于计算样本的协方差矩阵。图 5-9 描述了从 16 个观测快拍中获得的平均功率时延谱。可以观察到,当时延等于 250 个样本采样点时,信道冲激响应(CIR)得到显现。值得一提的是,对比实际场景,观察到 CIR 的主要部分出现在较大的时延区域,即时延大于 250 个采样点之后,这可能是由于信道测量系统的接收端与发射端不同步产生的系统延迟。可以看到平均功率时延谱(PDP)的最大功率为−11.61 dB。我们选择路径功率的有效动态范围为 12 dB,于是预设的最小功率为−23.61 dB。由图可见,功

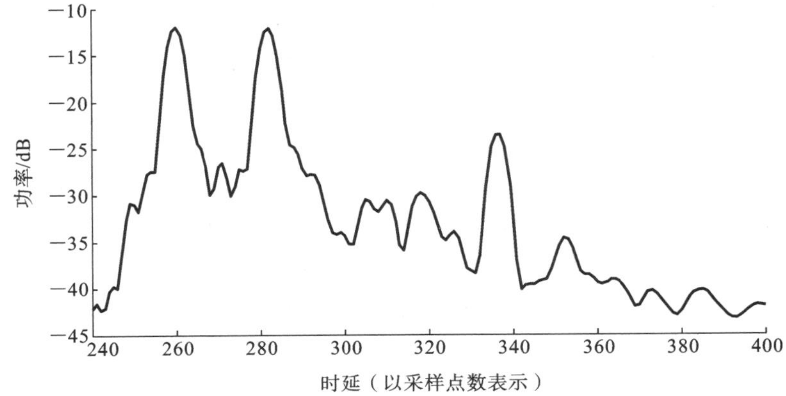

图 5-9 16 个观测快拍计算得到的平均功率时延谱

率在[−11.61,−23.61]dB 范围内的 PDP 的时延范围是[256,287]。我们使用此范围内的 CIR 数据来评估 PSD-SAGE 算法的性能。

PSD 参数估计算法使用样本协方差矩阵，其维数为$(N\times M_{Tx}\times M_{Rx})\times(N\times M_{Tx}\times M_{Rx})$，其中，$N$、$M_{Tx}$和 M_{Rx}分别表示时延样本的数量、Tx 天线的数量和 Rx 天线的数量。实际上，尺度较大的矩阵需要占用大量内存。因此，有必要将延迟范围划分为多个区间，称其为“延迟区间”。对于单独的延迟区间，可以在执行估计算法期间，预先确定和更新用于估计的扩散分量的数量。用于估计一个分量的 PSD 的样本协方差矩阵可以使用在指定的延迟区间中观测到的 CIR 的一部分来计算。考虑到实际时间消耗的限制，应该设置区间宽度使其不能太大，当然也不能太小，因为窄延迟范围内观测到的可能只是扩散分量的一部分。在这里考虑的测试场景中，我们指定延迟区间宽度接近发送的 PN 序列的自相关函数的主瓣的跨度，即两个码片的宽度。由于接收端中的过采样率为 4，因此，延迟区间宽度设置为 8 个单位时延样本间隔。

在所考虑的测试场景中，使用延迟区间的概念的参数估计如下。

(1) 步骤 1：选择适当的时延范围。在此范围内，信道功率总是大于信道时延谱的最大值减去预定义的动态范围。如图 5-10 所示，可能会出现选择 PDP 的多个片段的情况，图中描绘了 PDP 的多个部分的功率在 12 dB 动态范围内。

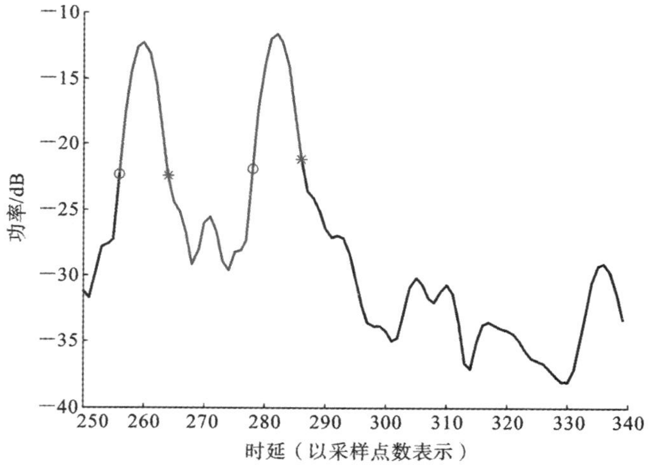

图 5-10 信道的实验功率谱

(2) 步骤 2：检测信道 PDP 的选定部分的最大值和最小值。延迟区间可以在 PDP 的局部最小值位置开始，并在 PDP 的下一个最小值处结束。对于图 5-10 所示的 PDP 的中断，这是由步骤 1 中的截断引起的，可将这些断点视为最小值。

(3)步骤 3：重新调整区间的宽度。步骤 2 中确定的区间可能仅包含一个或两个单位时延。在这种情况下，有必要将区间宽度增大到例如 8 个单位时延。这是因为只有足够大的样本协方差矩阵才能为 PSD 的参数提供可接受的数据。

需注意，E-步骤中的操作应避免区间搜索(bin-search)方法所造成的影响。可以以小延迟区间宽度重建各个分量的协方差矩阵，例如，最多 8 个单位时延。然而，所有信号的重建协方差矩阵，即 $\hat{\boldsymbol{\Sigma}}_y(\hat{\boldsymbol{\Theta}})$，需要通过考虑所有分量的贡献来计算，而不仅仅是在同一个延迟区间内估计。

对于此处的初步研究，我们用 PSD-SAGE 算法估计每个延迟区间的 2 个扩散分量。第一个区间具有[1,8]相对时延范围。巴特莱特波束成形法用于初始化步骤，以估计多个扩散分量的 PSD 的重心。对于每个时延点，计算波离方向功率谱。确定这些 Delay-DoD 功率谱的最大值。最大时延和 DoD 的位置被认为是延迟区间中第一主要扩散分量的 PSD 的时延重心和 DoD 重心的估计位置。利用得到的 DoD 估计值，再次应用巴特莱特波束成形法计算时延的波达方向功率谱。然后，通过找到 DoA 功率谱的最大值来确定同一个扩散分量的 DoA 估计值。在本次测量中，由于环境和测量设备保持固定，因此假设信道分量的多普勒频移为零并已知。在估计了一个扩散分量的时延、DoD 和 DoA 重心之后，再提取表征 PSD 形状的参数。为简单起见，在该评估中不估计 PSD 模型的相关系数。因此，假设在这种情况下估计的扩散分量的 PSD 在参数空间中是非倾斜的。

在初始化步骤中，在估计分量之后，使用连续干扰消除(successive interference cancellation，SIC)方法获得下一个分量的预期样本协方差矩阵。基于 PSD 的通用模型(式(5.3.6))重建估计分量对样本协方差矩阵的贡献，并通过式(5.3.9)计算剩余样本协方差矩阵。

在所提出的 PSD-SAGE 算法中，根据候选 PSD 参数计算和最小化样本协方差矩阵与基于模型重构的协方差矩阵之间的欧氏距离。作为候选参数的函数的欧氏距离的特征可用于评估估计参数的可行性或模糊性。

表 5-1 展示了迭代 10 次得到的扩散分量参数的最终估计。图 5-11 描述了根据原始信道和重构信道计算的信道的功率时延谱。通过取每个时延的协方差矩阵的对角线的平均值来计算后者，其基于所获得的估计结果来计算。从图 5-11 中可以看出，在延迟区间所在的范围内，重构的信道与原始信道类似。我们还可以观察到这两个 PDP 之间的差异。造成这些差异的主要原因是没有为这些区域分配延迟区间。通过进一步扩大用于估计的延迟范围，可以完整全面地了解信道。

表 5-1 迭代 10 次得到的扩散分量参数的最终估计

分量	$\bar{\tau}$(时延采样次数)	$\bar{\phi}_1/(°)$	$\bar{\phi}_2/(°)$	$\bar{\theta}_1/(°)$	$\bar{\theta}_2/(°)$
1	259.81	356.00	359.38	−7.50	−6.00
2	260.75	149.25	1.75	−12.00	−6.75
3	281.44	334.75	24.50	−2.00	8.25
4	282.94	334.00	27.00	−28.00	9.00
分量	σ_τ(时延采样次数)	$\sigma_{\phi_1}/(°)$	$\sigma_{\phi_2}/(°)$	$\sigma_{\theta_1}/(°)$	$\sigma_{\theta_2}/(°)$
1	0.50	0.72	1.41	0.81	0.71
2	0.50	0.78	6.94	6.00	4.25
3	0.50	3.00	0.99	2.87	2.75
4	0.67	0.93	0.80	6.25	0.50
分量	p_{vv}	p_{vh}	p_{hv}	p_{hh}	
1	3.72e-001	1.54e-020	7.87e-002	3.10e-001	
2	1.56e-020	7.62e-003	1.27e-017	2.57e-003	
3	2.60e-019	2.96e-020	2.18e-018	1.51e-001	
4	1.87e-020	3.07e-020	7.27e-020	1.08e-001	

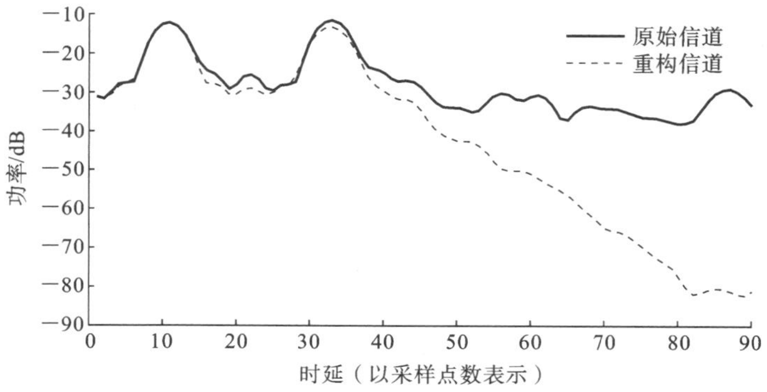

图 5-11 观察到的功率时延谱与采用估计得到的扩散分量参数重构得到的协方差矩阵计算得出的功率时延谱对比

图 5-12 和图 5-13 分别描绘了针对时延区间 1、基于原始观测的信道数据、基于估计得到的信道参数计算得到的样本协方差矩阵重建的重构信道数据，以及两种数据之间的差异，即剩余信号的 DoD 功率谱和 DoA 功率谱之间的比较。从图中可以观察到剩余信号功率谱的最高峰值与原始信号功率谱的峰值相比明显降低。这表明在这些时延区间里，估计得到的 PSD 是准确的。图 5-14 和图 5-15 描述了时延区间 2 中对应的 DoA 和 DoD 功率谱，与在时延区间 1 中获得的观察结果类似。

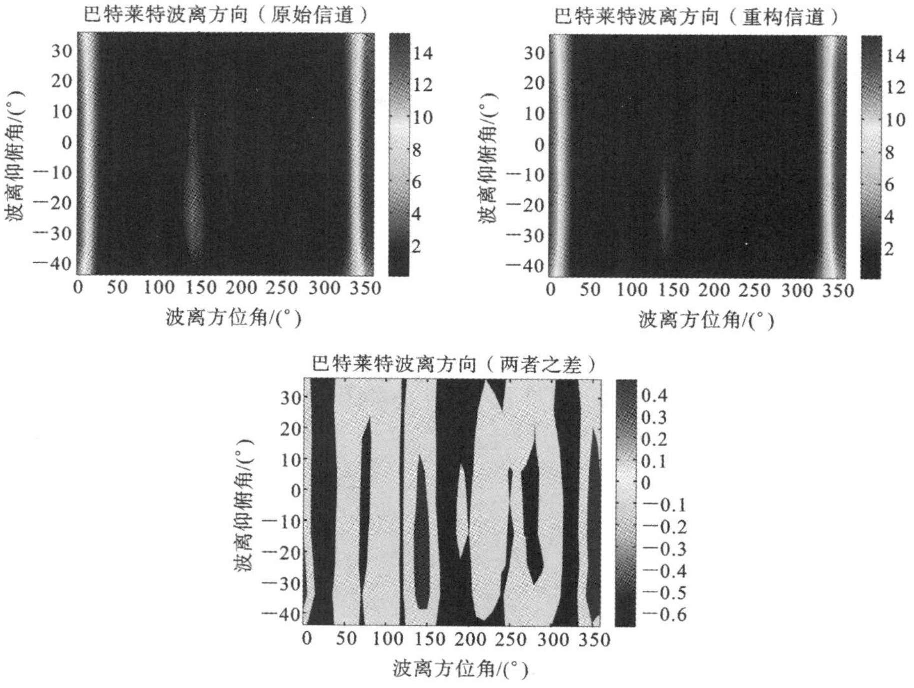

图 5-12 针对时延区间 1 的信道数据计算得到的原始 DoD 巴特莱特功率谱与利用估计得到的参数重构得到的谱之间的对比，以及两者之间的差异

图 5-16 描述了在波达水平角和波离水平角参数域中，由 PSD-SAGE 算法估计得到的扩散分量分布图。其中，椭圆的轮廓代表的是分量功率谱的最大值降低了 3 dB 后

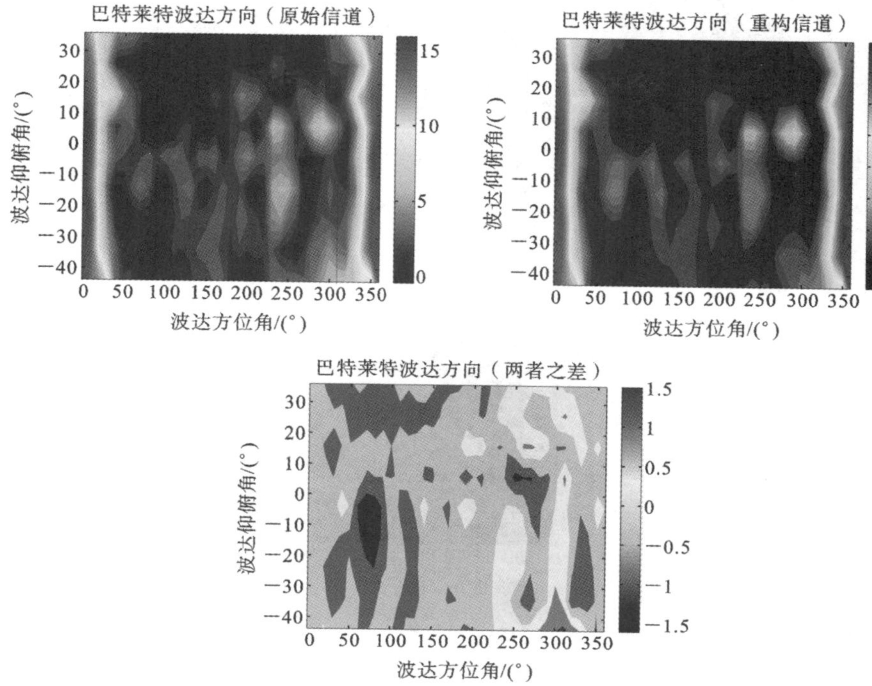

图 5-13　针对时延区间 1 的信道数据计算得到的原始 DoA 巴特莱特功率谱与利用估计得到的参数重构得到的谱之间的对比，以及两者之间的差异

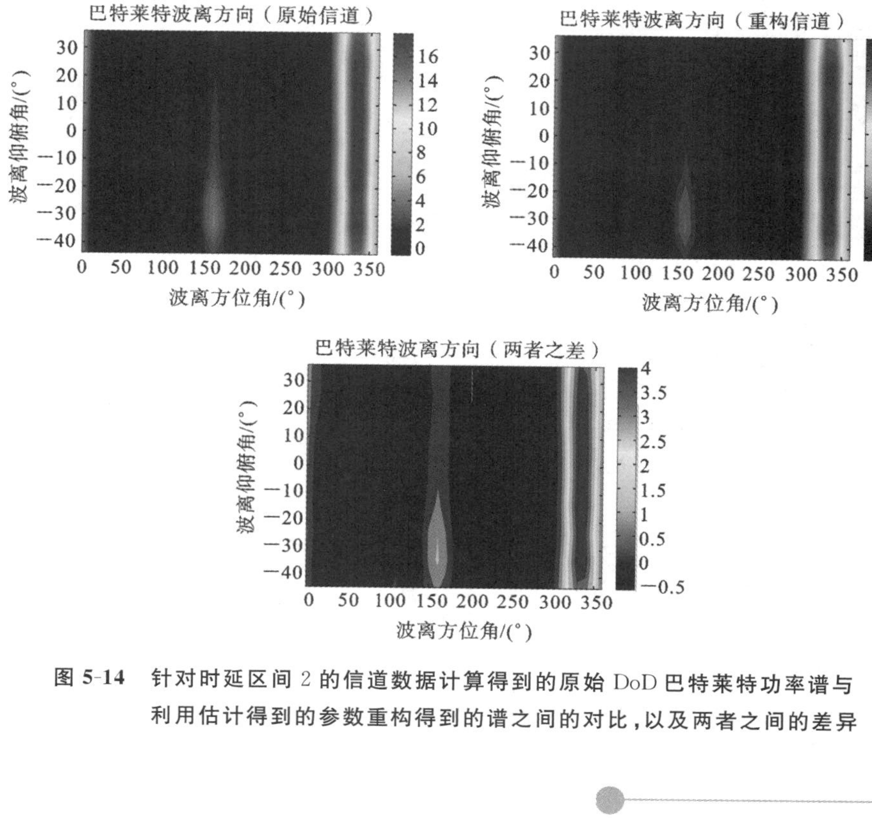

图 5-14　针对时延区间 2 的信道数据计算得到的原始 DoD 巴特莱特功率谱与利用估计得到的参数重构得到的谱之间的对比，以及两者之间的差异

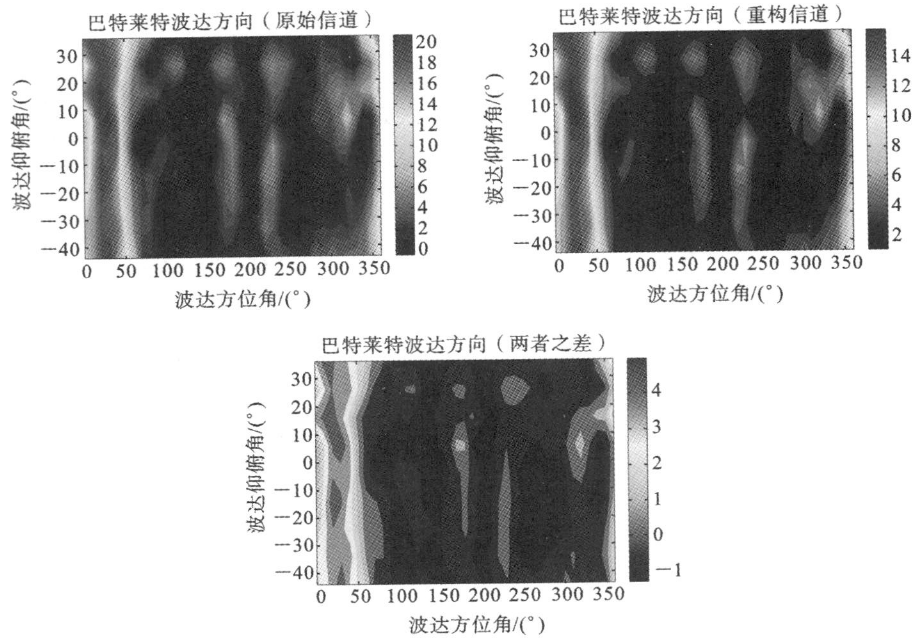

图 5-15　针对时延区间 2 的信道数据计算得到的原始 DoA 巴特莱特功率谱与利用估计得到的参数重构得到的谱之间的对比，以及两者之间的差异

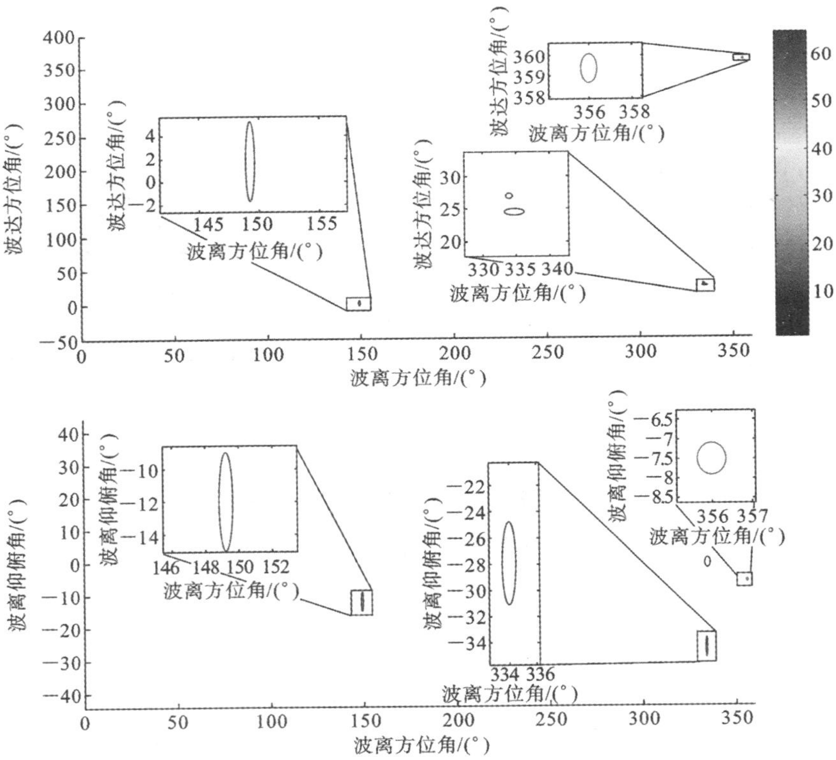

图 5-16　通过采用 PSD-SAGE 算法估计得到的扩散分量在波达水平角和波离水平角参数域中的分布

得到的谱等高线。从图 5-16 中可以看出，估计得到的扩散分量功率都较为集中。图中显示的 4 个扩散分量的波达水平角扩展分别为0.72°，0.78°，3.00°和0.93°；波离水平角扩展分别为1.41°，6.94°，0.99°和0.80°。这些水平角度扩展值大部分都在 1°左右，这和本章前面部分所阐述的 PSD-SAGE 算法不能返回小于设备分辨率的扩展相吻合。从估计到的信道扩散分量的水平角扩展都较小的结果来看，此处分析的实际信道内的每个扩散分量在水平角度域内较为集中。

从图 5-16 中可以看出，这些分量的仰俯角接近 0°，并且这些分量的仰俯角扩展大于水平角扩展。这种效应可能是由于测量设备在仰俯角度域中的内在分辨率低于在水平角度域中的内在分辨率造成的。

上述实验评估结果说明了如下几点。

(1) 采用多个时延区间进行搜索的方法对于处理实际测量数据是具有一定的可行性的。该方法能够在降低计算复杂度的同时，不显著降低算法估计的性能。

(2) 与基于平面波镜面反射路径的传统 SAGE 算法不同，PSD-SAGE 算法可以估计每个区间中少量的扩散分量。基于估计得到的参数结果计算而来的重构信道的功率谱，与测量的功率谱是一致的。

5.4 小结

在本章中，我们首先回顾了自 21 世纪初以来，信道研究领域对具有本地扩散特征的信道传播多径参数进行估计的方法，包括利用接收信号协方差矩阵进行矩阵拟合而进行的参数估计，以及利用先验模型进行扩展分量参数估计的方法。此后，本章重点对信道本地扩散分量的标准描述通过泰勒展开进行近似，进而得到多流形的先验模型，该模型能够有效地对描述本地扩展的二阶统计量直接进行参数估计。其后，本章从功率谱密度的角度，对多径分量的谱模型参数进行估计。我们推导了针对这两种具有不同模型架构的先验模型的高精度参数估计 SAGE 算法，并将它们用于实际信道测量数据的处理，通过实测结果对算法性能进行展示和分析。本章为直接从测量数据中提取信道二阶统计量提供了方法和算法细节的讨论，既可以作为现阶段统计建模样本获取方式的补充，也可以从减少后处理误差角度出发，优化宽带模型对信道统计特征的描述准确度。

5.5 习题

(1) 确定性信道模型和统计信道模型的用途是什么？

(2) 统计信道模型中的参数获取方式有哪些？

(3) 何谓“小尺度特征”假设？

(4) 单一 SDS 引发的色散特征包括中心水平角 NA 和水平角扩展 AS。请简要描述估计这两个参数的方法。

(5) 采用 SS 模型进行单一 SDS 的 NA 和 AS 估计的优缺点都有哪些？基于分布模型和基于线性近似模型进行 NA 和 AS 估计的优缺点都有哪些？

参考文献

[1] 3GPP. Spatial channel model for multiple input multiple output (MIMO) simulation[S],2012.

[2] X. F. Yin,L. Liu,D. Nielsen,et al. Characterization of the azimuth-elevation power spectrum of individual path components[C]. Vienna:ITG,1998.

[3] X. F. Yin,L. Liu,D. K. Nielsen,et al. A SAGE algorithm for estimation of the direction power spectrum of individual path components[C]. Washington D. C.: IEEE. 2007.

[4] X. F. Yin,L. Liu,T. Pedersen,et al. Modeling and estimation of the direction-delay power spectrum of the propagation channel[C]. St Julians:IEEE,2008.

[5] X. F. Yin,Q. Zuo,Z. Zhong,et al. Delay-Doppler frequency power spectrum estimation for vehicular propagation channels[C]. Rome:IEEE,2011.

[6] X. F. Yin,T. Pedersen,N. Czink,et al. Parametric characterization and estimation of bi-azimuth and delay dispersion of individual path components[C]. Nice:IEEE, 2006.

[7] M. Bengtsson, B. Ottersten. Low-complexity estimators for distributed sources [J]. IEEE Transactions on Signal Processing,2000,48(8):2185-2194.

[8] D. Astely, B. Ottersten. The effects of local scattering on direction of arrival estimation with MUSIC[J]. IEEE Transactions on Signal Processing,1999,47(12): 3220-3234.

[9] B. H. Fleury. First- and second-order characterization of direction dispersion and space selectivity in the radio channel[J]. IEEE Transactions on Information Theory,2000,46(6):2027-2044.

[10] T. Trump, B. Ottersten. Estimation of nominal direction of arrival and angular spread using an array of sensors[J]. Signal Processing,1996,50(1-2):57-69.

[11] S. Shahbazpanahi,S. Valaee, M. H. Bastani. Distributed source localization using ESPRIT algorithm[J]. IEEE Transactions on Signal Processing,2001,49(10): 2169-2178.

[12] Y. Bresler,A. Macovski. Exact maximum likelihood parameter estimation of superimposed exponential signals in noise[J]. Acoustics Speech & IEEE Transactions on Signal Processing,1985,34(5):1081-1089.

[13] B. H. Fleury,M. Tschudin,R Heddergott,et al. Channel parameter estimation in mobile radio environments using the SAGE algorithm[J]. IEEE Journal on Selected Areas in Communications,1999,17(3):434-450.

[14] R. Schmidt. Multiple emitter location and signal parameter estimation[J]. Transactions on Antennas & Propagation,1986,34(3):276-280.

[15] R. Roy,T. Kailath. ESPRIT-estimation of signal parameters via rotational invari-

ance techniques[J]. IEEE Transactions on Acoustics, Speech, and Signal Processing, 1989, 37(7): 984-995.

[16] M. Viberg, B. Ottersten. Sensor array processing based on subspace fitting[J]. IEEE Trans Signal Process, 1991, 39(5): 1110-1121.

[17] D. J. Y. Lee, C. Xu. Mechanical antenna downtilt and its impact on system design [C]. Phoenix: IEEE, 1997.

[18] M. Bengtsson, B. Volcker. On the estimation of azimuth distributions and azimuth spectra[C]. Atlantic City: IEEE, 2001.

[19] S. Valaee, B. Champagne, et al. Parametric localization of distributed sources [J]. IEEE Transactions on Signal Processing, 1995, 43(9): 2144-2153.

[20] Y. Meng, P. Stoica, K. M. Wong. Estimation of direction of arrival of spatially dispersed signals in array processing[J]. IEE Proceedings - Radar, Sonar and Navigation, 1996, 143(1): 1-0.

[21] O. Besson, P. Stoica. Decoupled estimation of DOA and angular spread for spatially distributed sources[J]. IEE Proceedings Radar Sonar & Navigation, 1996, 143(1): 1-9.

[22] C. B. Ribeiro, E. Ollila, V. Koivunen. Stochastic maximum likelihood method for propagation parameter estimation[C]. Barcelona: IEEE, 2004.

[23] A. Zoubir, Y. Wang, P. Charge. Spatially distributed sources localization with a subspace based estimator without eigendecomposition [C]. Honolulu: IEEE, 2007.

[24] Y. Wang, A. Zoubir. Some new techniques of localization of spatially distributed sources[C]. Pacific Grove: IEEE, 2007.

[25] L. Qiang, L. Zhishun. A new independent distributed sources model and DOA estimator[C]. Glasgow: IEEE, 2007.

[26] Y. Han, J. Wang, S. Xin. A low complexity robust parameter estimator for distributed source[C]. Hong Kong: IEEE, 2007.

[27] B. T. Sieskul, S. Jitapunkul. An asymptotic maximum likelihood for estimating the nominal angle of a spatially distributed source[C]. Sapporo: IEEE, 2006.

[28] M. Souden, S. Affes, J. Benesty. A two-stage approach to estimate the angles of arrival and the angular spreads of locally scattered sources[J]. IEEE Transactions on Signal Processing, 2008, 56(5): 1968-1983.

[29] D. Asztely, B. Ottersten, A. L. Swindlehurst. A generalized array manifold model for local scattering in wireless communications[C]. Munich: IEEE, 1997.

[30] S. Shahbazpanahi, S. Valaee, A. B. Gershman. A covariance fitting approach to parametric localization of multiple incoherently distributed sources [J]. IEEE Transactions on Signal Processing, 2004, 52(3): 592-600.

[31] J. S. Jeong, K. Sakaguchi, J. Takada, et al. Performance analysis of MUSIC and

ESPRIT using extended array mode vector in multiple scattering environment [C]. Aalborg: IEEE, 2001.

[32] C. Tan, M. Beach, A. R. Nix, Enhanced-SAGE algorithm for use in distributed-source environments[J]. Electronics Letters, 2003, 39(8): 697-698.

[33] J. Bohme. Estimation of source parameters by maximum likelihood and nonlinear regression[C]. San Diego: IEEE, 1984.

[34] H. Krim, M. Viberg. Two decades of array signal processing research: the parametric approach[J]. Signal Processing Magazine, 1996, 13: 67-94.

[35] K. S. Shanmugan, A. M. Breipohl. Random signals, detection, estimation and data analysis[M]. New York: John Wiley & Sons, 1988.

[36] K. V. Mardia. Statistics of directional data[J]. Journal of the Royal Statal Society, 1975, 37(3): 349-393.

[37] A. G. Jaffer. Maximum likelihood direction finding of stochastic sources: a separable solution[C]. New York: IEEE, 1988.

[38] X. Yin, B. H. Fleury. Nominal direction estimation for slightly distributed scatterers using the SAGE algorithm[C]. Washington D. C.: IEEE, 2005.

[39] A. Edelman, T. A. Arias, S. T. Smith. The geometry of algorithms with orthogonality constraints[J]. SIAM Journal on Matrix Analysis and Applications, 1998, 20(2).

[40] M. G. Christensen, S. H. Jensen, S. V. Andersen, et al. Subspace-based fundamental frequency estimation[C]. Vienna: IEEE, 2004.

[41] Z. Drmaĉ. On principal angles between subspaces of Euclidean space[J]. Siam. j. matrix Anal. & Appl, 2000, 20(2): 173-194.

[42] M. Bengtsson. Antenna array signal processing for high rank data models[D]. Stockholm: Royal Institution of Technology, 1999.

[43] D. H. Johnson, D. E. Dudgeon. Array signal processing: concepts and techniques [M]. London: PTR Prentice Hall, 1992.

[44] T. P. Minka. Old and new matrix algebra useful for statistics[J/ON]. 1999, Media Lab, http://www.media.mit.edu/~tpminka/papers/matrix.html.

[45] Ribeiro, Richter, Koivunen. Stochastic maximum likelihood estimation of angle-and delay-domain propagation parameters[C]. Berlin: IEEE, 2005.

[46] T. Betlehem, T. Abhayapala, T. Lamahewa. Space-time MIMO channel modelling using angular power distributions[C]. Perth: IEEE, 2006.

[47] X. Yin, T. Pedersen, N. Czink, et al. Fleury. Parametric characterization and estimation of bi-azimuth dispersion path components[C]. Cannes: IEEE, 2006.

[48] E. T. Jaynes. Probability theory[J]. Cambridge University Press, 2013, 27(2): 727.

[49] K. V. Mardia, J. T. Kent, J. M. Bibby. Multivariate analysis[J]. Mathematical

Gazette,1979,37(1):123-131.

[50] J. T. Kent. The Fisher-Bingham distribution on the sphere[J]. Journal of the Royal Statistical Society,1982,44(1):71-80.

[51] J. A. Fessler, A. O. Hero. Space-alternating generalized expectation-maximization algorithm[J]. IEEE Trans Signal Processing,1994,42(10):2664-2677.

[52] M. S. Bartlett. Smoothing Periodograms from Time-Series with Continuous Spectra[J]. Nature,1948,161(4096):686-687.

6

基于测量的统计信道建模

与基于电磁波传播理论，或基于该理论的近似形式进行仿真，从而进行信道建模的方法相比，基于实际测量得到的随机信道建模(stochastic channel modeling)的优点是，测量过程中所获得的信道观测样本，更加接近于真实的用户设备在实际应用场景中所经历的信道。然而，通过实测得到具有良好统计特征的随机模型，仍需要满足多种条件。例如，被测的传播环境的选择，应当具有“典型”性，即所选取的测量地点和环境能够代表建模所关心的、在实际应用中具有代表性的传播场景。此外，为了建立一个能够涵盖所有可能的随机状态的随机模型，建议要测量多个典型环境和场景，即尽可能保证低概率发生的现象能够在实测中观察到，以使模型满足统计遍历性(ergodicity)。

此外，与很多实际使用的无线通信设备相比，宽带信道测量中使用的信号发送和接收设备，通常配置有更先进的仪表，例如具有更宽的基带信号带宽、具有较大孔径的天线阵列，可以用于提取接收端或发射端，或者两者兼备的方向域信道特征。为了做到准确估计信道分量参数，需要尽可能减小测量所使用的设备的影响、测量参数设置的影响，以及测量方式和规范所带来的影响。此外，对于不准确、不正确的估计结果，诸如虚假估计路径，有必要将其识别，并将其从用于随机信道建模的信道观测样本集合中排除。在建模的过程中，为了降低所建立的模型的复杂度，有必要考虑一些合理的简化方法，例如使用函数解析式、相对标准的分布函数进行统计曲线拟合，同时需要考虑这些函数解析式中的参数数量要尽可能少，或者将信道分量聚类成数量更少的组，以免发生过度拟合而造成预测准确度下降。

在本章第 6.1 节中，我们首先简要介绍信道建模的通用过程。第 6.2 节详细阐述了用于对镜面反射路径进行分组的聚类算法。第 6.3 节描述了将观测样本分为多个不同平稳性段所使用的方法。最后，在第 6.4 节中，对关于信道模型和协作多点信道模型的一些初步想法和建模结果进行了介绍和讨论。

6.1 统计信道模型构建过程

基于测量的随机信道建模通常按照图 6-1 来进行，这与在文献[13]上最初介绍的相似。图中的第一个模块表示信道测量，通常称为信道探测，它在接收端收集从发射端发射来的携带有信号的电波。信道测量的目的是研究在特定环境或媒介中电波传播的具体过程，并最终以预先假设的模型形式，来确定模型中的参数值、分布状态等。当然，测量得到的数据还可用于评估已建模型的适用性，进一步解释一些现象级的传播特征等。从图 6-1 中可以看到，信道测量模块包含测量活动规划、测量设备校准和实施测量三部分。测量活动规划需要以测量目的为根据确定测量设备的必要配置和技术参数，例如，是否是为某种特定的传播场景构建具有预先假设形态的参数化模型、是建立确定性的回放模型还是建立准备用于系统仿真的随机模型。对测量设备进行校准的操作是非常有必要的。例如，按照测量的环境的大小，通过校准确定实际测量时需要发射的最大信号功率，以获得足够大的动态接收信号；需要对测量使用的射频设备进行调整，以保证能够对感兴趣的区域进行有效覆盖。此外，校准还具有另一个目的，即充分了解测量设备本身的特征，例如测量设备自身的系统响应，系统随着时间、温度的变化是否存在稳定性问题，发射与接收信道前端设备的响应是否随着开关机变化、发射端和接收端振荡器之间的同步是否能够保持等，这些信息都需要包含在校准测量的信道观测样本中。实际上，实际测量中的接收信号是系统和传播响应的混合体，因此将测量设备的影响和接收信号的原始特征进行分离或者“去嵌入”是非常必要的。

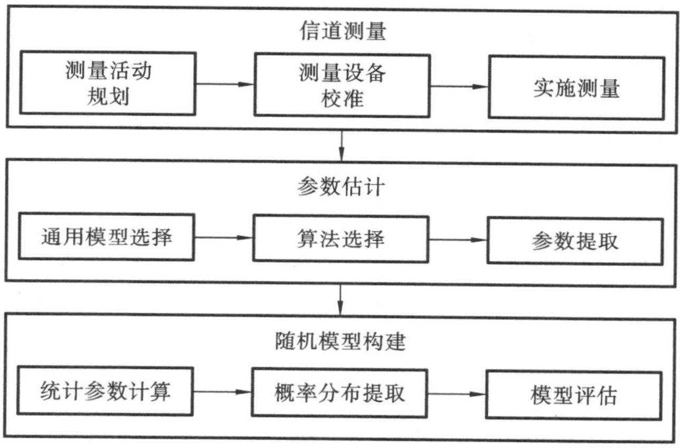

图 6-1　信道建模流程图

根据信道测量目标的不同，需要对测量系统在不同方面进行相应的校准。例如，如果我们感兴趣的是传播信道的扩展特征，希望据此提取信道在不同维度的宽带特征，则有必要对测量设备做出以下响应。

(1) 发射和接收天线的响应。在以天线为中心的整个球体上，需要有一个较为完整的天线辐射方向图(注意到通常天线的生产厂家仅仅提供 E 面和 H 面上的幅值响应曲线)。因为在信道多径参数估计的过程中，我们需要利用天线阵列中每个天线输出信号的相位差，所以在暗室里测量得到的天线辐射方向图需要同时有幅值和相位信息。此外，如果通过实体天线阵列发送或接收测量信号，则天线阵元的响应应当需要包含阵列单元之间的耦合效应。

(2) 发射和接收前端射频器件的响应。当使用射频开关来控制天线发送或接收信号时，射频器件需要和开关一起进行校准。此外，用来将前端射频器件与开关端口相连的电缆，也应视为射频链路的一部分进行校准测量。

(3) 当采用多个天线的实体阵列连接多个通道，进行并行信道测量时，需要测量多个基带通道和射频前端结合在一起的通道响应。同时也需要将多个通道之间的同步状态、是否存在固定的相偏或者频偏等因素考虑其中。

图 6-2 描述了包含基带、射频、空中接口的传输通道中的分量。从图中可以看出，整体通道实际上包括了多个具有特定响应的部分。降低系统响应的影响对于信道特征估计是非常必要的。

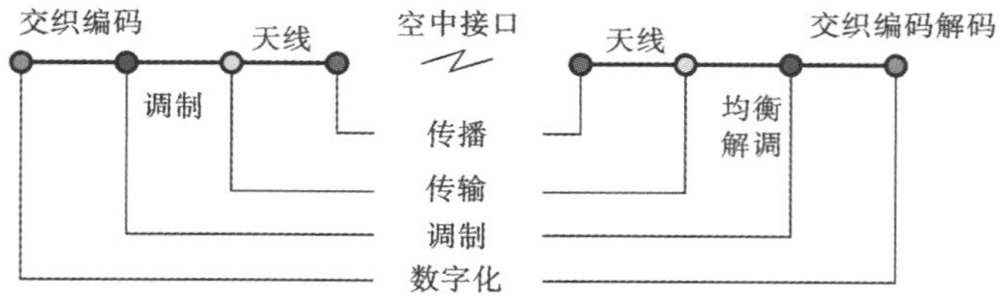

图 6-2 基带、射频信道中所包含的不同阶段

图 6-1 中的第二个模块是参数估计。我们可以将信道参数分为三类，即窄带参数(包括衰落系数)、信道的宽带谱特征(包括时间域上的信道脉冲响应和空间域上的响应)，以及包括为信道响应中单个分量定义的高分辨率的信道参数。参数估计模块由三个步骤组成，即通用模型选择、算法选择和参数提取。

通用模型包含本书第 2 章中所描述的模型。现阶段常用的模型是镜面路径模型，它将信道脉冲响应描述成许多镜面路径分量的叠加。对于传播环境存在时变的情况，有必要使用随时间演化的多径模型。对于数据样本数量较少的情况，为了能够减少提取统计参数出现的错误，可以考虑使用描述信号一阶矩、二阶矩的功率谱密度模型。

考虑到数据处理的时间消耗、信道参数的维度，以及建模的特定目的，可以从本书第 4 章和第 5 章中选择算法。目前较为流行的方法之一是用基于波束成形技术的非参数方法来计算信道功率谱密度。此外，基于空间迭代广义期望最大化算法——SAGE 或基于最大似然原理推导的其他形式的参数估计方法，也是现阶段应用较广、基于通用模型的参数提取方法。这里的参数也包含了统计通用模型所定义的功率谱密度的参数。因为估计算法被应用于处理多个测量数据快拍，所以执行该步骤通常较为耗时。图 6-3 展示了一个信道时延功率谱的例子，该功率谱由中心频点为 28 GHz、带宽为 500 MHz 的信道测量获得，其中的多径分量是采用 SAGE 算法提取的。接收端采用了虚拟天线阵列，信道数据通过在 0°～360°的方位角度域上按照 10°步长旋转定向天线 36 次获得。这里所使用的定向天线的半功率波束宽度为 10°。从图 6-3 中可以观察到，采用参数化模型估计得到的多径分量，比根据原始采集到的数据计算得到的功率延迟分布，更能详细刻画信道内部分量的扩散现象。此外，我们还可以从图 6-3(b)中观察到，波达水平角度域、时延域上的路径存在成簇的现象，该现象较难从图 6-3(a)所示的连续功率时延谱中直观看到。

在流程图的第三个模块——随机模型构建中，首先需要利用第二个模块的输出，即由多次快拍数据分析得到的信道分量估计参数，计算随机信道模型中所包含的参数。随机信道模型参数通常包括大尺度参数和小尺度参数。大尺度参数包括路径损耗、K 因子、多输入多输出信道的相关矩阵、极化参数(比如交叉极化辨别和共极化功率比)、混合信道参数(比如延迟扩散、角扩散、多普勒频移扩散)，以及用于描述信道分量集中度的延迟比例因子等。小尺度参数能够描述单个路径或多个路径形成的多径簇的特征，即在时延、多普勒频移和方向域中的分布。这里的多径簇通常由具有相近几何参数

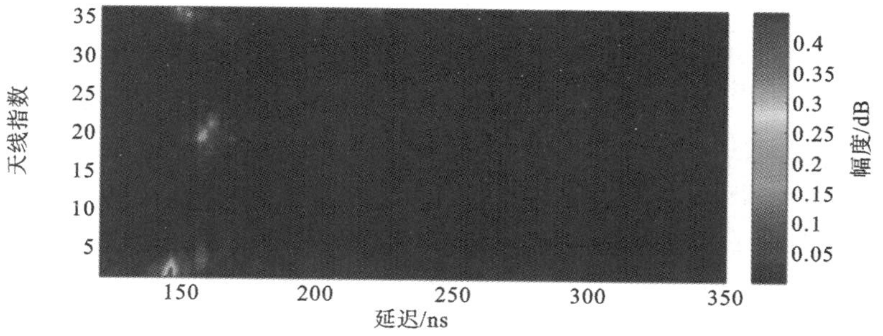

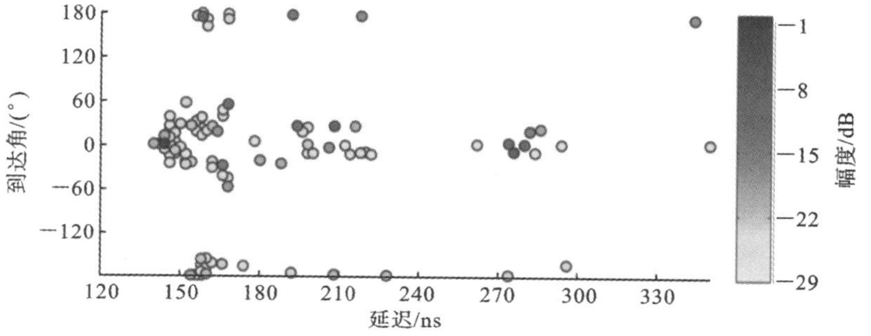

图 6-3 (a) 在 LoS 场景中以 28 GHz 为中心频点测量得到的连续功率时延谱;(b) 使用 SAGE 算法和镜面多径模型估计得到的多径分量在波达水平角度域、时延域的分布散点图。该测量数据通过固定发射端天线,在波达水平角上旋转定向接收端天线 36 次采集得到

的路径集合而成。在第 6.2 节中我们将对路径的聚类方法给出更多的解释。小尺度参数通常包含簇内和簇间参数。在不同的标准信道模型中,多径簇参数的名称略有不同。IEEE 802.11ad 标准中定义的簇内参数示例如图 6-4[10]所示,图中的模型是 SV 原始信道模型的拓展[17]。从 802.11ad 标准中的多径簇模型中可以看出,一个多径簇中有一条中心时延线(或时延分量),它与簇中功率最大的时延线一致,其他的时延线可以称为标记前和标记后时延线。这些时延线整体构成的簇的参数,包含了时延线的平均功率、时延线的数量和到达率。

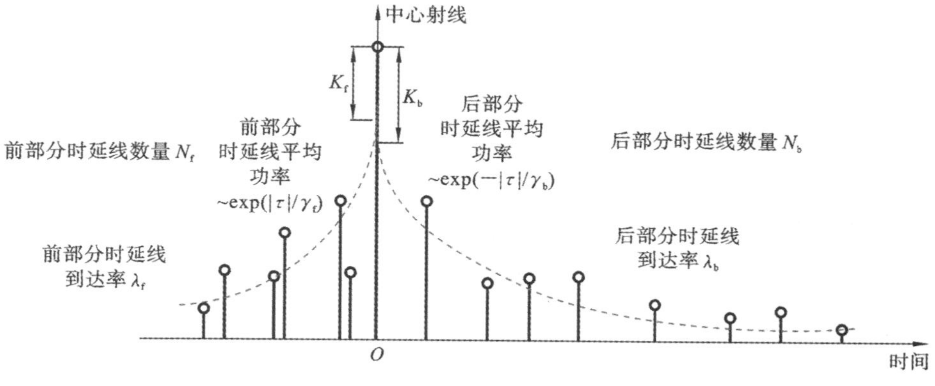

图 6-4 IEEE 802.11ad 标准中采用的时延域簇模型

对于参数分布在多维空间中的情况，多径分量组成的多径簇的参数，包括了多径簇在多维度上的扩散，以及这些扩散之间的相互关联[8]。此外，在时变的情况下，通过增加时间域的行为描述，多径簇也能被用于描述信道随着时间发生演变的特征[9]。例如，多径以及多径簇随着时间的生灭特征、不同多径簇参数之间的依赖性，均被认为是模型构建时所关注的要素[9,29]。而且，近期随着同时存在的多链路信道特征变得越来越重要，两个或更多个信道的大尺度和小尺度参数之间的相关系数，也成了构建多链路模型的重要组成部分[14,27,28]。

在建模过程的第一步——统计参数计算中，多个信道快拍参数构成了模型构建所依赖的样本集。需要注意的是，多次瞬时测量得到的信道快拍，可能难以使被测信道始终保持稳态，所以有必要运用数据分割技术来确定数据源于同一组观测样本的广义平稳信道。在建模过程的第二个环节——概率分布提取中，首先计算得到模型所关注的参数的实际发生频率(empirical occurrence frequency，EOF)曲线，然后利用已有的解析式或函数去拟合实际的曲线。评估拟合得到的概率密度函数是否与实际 EOF 一致是非常重要的。可能的评估方法包括基于 Akaike 信息准则的方法[3]、最小描述长度(MDL)的方法[16]、Kolmogorov-Smirnov 测试[15]和基于 Kullback-leibler 距离的评估技术[25]。通常我们应当尽量避免使用混合的概率密度函数来匹配实际数据。为了实现采用单一概率密度函数进行匹配和拟合，有必要先确定快拍和观测样本是否来源于同一场景和同一类型的环境。

在建模过程的第三步——模型评估中，我们对所建模型的适用性进行评估，可以通过利用所建立的模型产生的样本是否符合在相同类型的场景中实际采集到的数据特征来完成。经过这些步骤，我们可以将最终的输出模型视为随机统计信道模型。业内已有的标准统计信道模型，均针对某些明确定义的移动通信场景，且具有明确的、统一的参数描述，例如 3GPP 的 TR25. 996[21]空间信道模型(spatial channel models，SCM)、WINNER(无线世界新空口)倡议的信道模型(SCMs Enhanced，SCME)[13]，以及 IMT-Advanced 信道模型[19]等。

6.2 基于镜面反射路径模型的聚类算法

如第 6.1 节所示，宽带信道建模的一个重要步骤是将多径分量根据其参数估计的结果集合到相应的多个多径簇中，进而通过提取多径簇的重心和扩散的统计特征，来建立随机信道的统计模型。在本节中，我们首先在第 6.2.1 小节中介绍广泛使用的信道建模聚类方法。然后，第 6.2.2 小节提供多路分量分簇聚类算法的一些细节，并描述一些基于测量数据分析得到的聚类结果。

6.2.1 基于多径簇的随机信道建模

1. 多径簇的定义及其在信道建模中的应用

基于多径簇的随机信道模型，是基于一个信道可以被分解成多个多径分量的簇的基本假设建立的。多径簇的参数可以被视为随机变量，其概率密度函数由从测量数据中分析得到的样本中提取而来。根据文献[6]中的定义，具有相似几何参数的一组路径可以称为一个多径簇。通过采用合适的聚类算法，就可以将信道中的大量路径分离成一定数量的簇，进而支撑后续的模型构建工作。

“多路径分量簇”的概念由来已久。如传统的多径簇延迟线(CDL)模型，就是一种典型的多径簇信道模型。该模型利用“簇”来表示在延迟中扩散的信道分量之间的差别。又如 3GPP 空间信道模型将多径簇从时延域扩展到更多的维度，特别是由波离方向和波达方向共同表示的空间域。

无线世界新空口(WINNER)倡议的信道模型 SCME 也同样利用了基于多径簇的概念。为了尽可能扩大模型的适用度，在保持模型构建要素不变的情况下，SCME 多径簇模型还针对不同的场景给出了具体的模型简化的形式和取值。如多径簇在时延和角度域的扩散，被用于在某些场景下针对信道的小尺度特征建立模型。这些场景包括 A1 indoor office(室内办公室)、A2 indoor-to-outdoor(室内到室外)、B1 urban microcell(城市微蜂窝)、D1 rural macro-cell(乡村宏蜂窝)。但对于 C1 suburban macro-cell(郊区宏蜂窝)而言，零时延扩散多径簇(zero-delay-spread cluster，ZDSC)模型则更为适合。这里的“零时延多径簇”是指仅在方向域具有扩散特征的信道多径簇，在时延域中该簇的所有路径都具有一个一致的时延取值。对于诸如 C2 urban macro-cell(城市宏蜂窝)这样的场景而言，路径抽头，即 tap，取代了多径簇，被用于建立模型。此外，在 B2，B3，B4 outdoor to indoor(室外到室内)、B5 stationary feeder(静态漏缆)、C3 bad urban macro-cell(密集城市宏蜂窝)场景中，多径簇也在信道模型中未加考虑，更多地采用单路径抽头的方式来构建模型。

利用多径簇来建立随机分簇模型(random cluster model，RCM)在文献[7]中具有相当详细的阐述。感兴趣的读者可以参考该文献。在本章的后续部分，我们会简要介绍 RCM 方案的特点，并讨论其与传统方案之间的差别。

2. 密集多径分量

文献[7]中介绍的 RCM 的一个较为新颖之处就是将密集多径分量(dense multipath components，DMC)融入了统计信道模型构建中，之前 DMC 没有在传统的基于多径簇的信道模型中考虑。DMC 的存在会显著影响信道的多样性以及不同维度里的信道自由度(degree of freedom)，因此，随着大规模天线阵列传输技术在通信系统中的采用，在信道建模中将 DMC 考虑进去是非常必要的。在文献[7]的 RCM 中，DMC 被认为只存在于时延域中。在后续的研究中，DMC 的特征并没有在方向域和多普勒频域中得到关注。显然，将空间域 DMC 纳入几何随机模型[13]或 RCM[7]的前提条件是能够找到有效的空间域 DMC 参数的特征描述方法。据了解，迄今为止还没有一个有效的方式可用于描述空间域的 DMC 特征，因此，如何提取 DMC 参数、建立融合多维度扩展的 DMC 的统计多径簇模型，还需要更深入的研究。

3. 多径簇的存在时长

在时变环境中，信道中的多径簇存在生灭现象。为了描述信道内多径簇的生灭现象，按照文献[7]中的建模思路，RCM 模型可使用两个时间参量来定义多径簇的生灭：信道观测的最小间隔(或采样间隔)和多径簇的存在时长。后者可以是前者的整数倍。通常的假设是新生的多径簇可能会逐渐出现，而即将灭亡的多径簇则需要平稳地随着时间消失。

4. 分簇方法

通常采用的分簇方法包括如下四种：层次树分簇、K-power-mean 分簇、高斯混合(GM)分簇、直接从信道的脉冲响应中估计多径簇。在这些方法中，高斯混合分簇假设所有的多径簇都符合相同的多径分布，即符合高斯分布，确切地说是一个簇里的多径在中心处呈现的密度比在簇外围的高。对于多径分簇的情况，我们可以把路径的相对功率理解为密度，这样就可以用高斯分布的概率密度函数来描述簇内的功率分布。但我们发现这样的高斯假设难以适用于复杂的实测信道，因此采用高斯分布来进行聚类分簇可能会得到不稳定的非唯一的结果。此外，第 5.3 节描述的针对扩散路径功率谱进行统计参数估计，也可以被看作是第四种方法。在这种情况下，每个扩散路径可以被视为由许多不可分离的路径组成，类似于多径簇的定义。

文献[7]中提出的 RCM 方案还包含了通过四个方面来对信道估计结果进行评估：互信息(mutual information)、信道多样性、多输入多输出信道的 Demmel 条件数，以及直接比较信道中离散传播路径的环境表征度量(environment characterization metric, ECM)。

6.2.2 基于多径分量距离的聚类算法

1. 多径分量距离的定义

多径分量距离(multipath-component distance，MCD)用来量化两条传播路径之间的差异[7]。它采用特定的缩放方法，来统一不同维度中两个路径参数之间的差异。因此需要将参数差用相同的单位来表示，进而可以结合在一起。该 MCD 首次在文献[18]中被介绍，用于量化无线信道的全多径间隔(complete multipath separation)。文献[7]中所介绍的 MCD，考虑了角度和时延域的情况。在角度域中，第 i 个多径分量和第 j 个多径分量的波达方向分别用 $\boldsymbol{\Omega}_i$ 和 $\boldsymbol{\Omega}_j$ 来表示，这两个方向之间的间隔定义为

$$\mathrm{MCD}_{\mathrm{AoA/AoD},ij}=\frac{1}{2}\left|\boldsymbol{\Omega}_i-\boldsymbol{\Omega}_j\right| \tag{6.2.1}$$

其值的范围是[0,1]。该计算方法也同样适用于波离方向。

第 i 个多径分量和第 j 个多径分量的时延分别用 Γ_i 和 Γ_j 来表示。时延域中两条路径之间的 MCD 定义为

$$\mathrm{MCD}_{\Gamma,ij}=\zeta_\Gamma\cdot\frac{\left|\Gamma_i-\Gamma_j\right|}{\Delta\Gamma_{\max}}\cdot\frac{\Gamma_{\mathrm{std}}}{\Delta\Gamma_{\max}} \tag{6.2.2}$$

其中，$\Delta\Gamma_{\max}=\max\limits_{i,j}\{\left|\Gamma_i-\Gamma_j\right|\}$，$\Gamma_{\mathrm{std}}$ 是延迟的标准误差，ζ_Γ 是一个缩放比例因子，改变该因子的数值，可以改变某一个域中多径距离的权重。在文献[7]中，作者根据实际测量数据分析得到的建议是选择 $\zeta_\Gamma=8$，此时能够得到较为合理的分簇结果。

最终，分布在波达方向 $\boldsymbol{\Omega}_{\mathrm{Rx}}$、波离方向 $\boldsymbol{\Omega}_{\mathrm{Tx}}$ 和时延三个维度的第 i 和 j 个多径分量间的距离可综合计算为

$$\mathrm{MCD}_{i,j}=\sqrt{\left\|\mathrm{MCD}_{\boldsymbol{\Omega}_{\mathrm{Tx},ij}}\right\|^2+\left\|\mathrm{MCD}_{\boldsymbol{\Omega}_{\mathrm{Rx},ij}}\right\|^2+\mathrm{MCD}_{\Gamma,ij}^2} \tag{6.2.3}$$

MCD 的计算方式可以扩展至包括其他参数维度，例如考虑时变场景中的传播路径的多普勒频移。类似于时延域中的 MCD 计算，多普勒频域中的 MCD 可表示为

$$\mathrm{MCD}_{\nu,ij}=\zeta_{\nu}\cdot\frac{|\nu_i-\nu_j|}{\Delta\nu_{\max}}\cdot\frac{\nu_{\mathrm{std}}}{\Delta\nu_{\max}} \tag{6.2.4}$$

其中，ζ_{ν} 是针对多普勒频移域的缩放比例因子，用于对 MCD 在多普勒频移域中的差异赋予不同的“重要性”。

2. 无加权因子的 MCD 计算方法

文献[7]中定义的 MCD 计算方法的缺点在于，它非常依赖于不同维度中的重要性的加权因子，该因子可以改变不同维度的参数差异在整体 MCD 中的权重。这些因子的相对取值通常是根据实际经验提出的，不具有普适性。为了避免使用这样的不确定取值的因子，我们可以定义一种新的多径分量距离的计算方法，该方法采用不同路径所带来的对基带接收信号的实际扰动之间的差异来定义 MCD。在这个方法里，多径的各个参数将引起信号综合相位的改变，通过将多个参数综合产生的相位累加在两个多径之间进行比较，就可以将延迟所引起的相位差与多普勒频移或方向引起的相位差很容易地结合在一起。这样做的优点是不再需要使用不确定的预设置来指定不同维度下各个参数距离所代表的重要性值，因此具有更广泛的适用性。

3. 路径聚类的实验结果

本文给出了一个多路径分簇的实例。利用 SAGE 算法，即空间迭代广义期望最大化算法，对在芬兰奥卢(Oulu)大学采用信道测量平台 Elektrobit PROPSound 采集的信道测量数据进行处理，进而用得到的多径估计结果进行分簇。首先我们需要确定一段广义平稳的信道观测样本，它由三组连续的信道测量组成。我们采用基于 MCD 的 K-power-mean 分簇方法来生成多径簇。

文献[7]中推荐应该将 MCD 的重要性加权因子 ζ 的取值定为 5。我们较为感兴趣的是加权因子 ζ 如果采用不同的值，会对分簇算法的性能产生什么样的影响。我们选择了文献[7]中附件所描述的“宏蜂窝、郊区、行人路线 1”场景数据，并选取不同的 ζ_{τ}，ζ_{ν} 值来分别表示 MCD 延迟和多普勒频移中的加权因子。

表 6-1 显示了用于处理数据的 SAGE 算法的设定参数。图 6-5 表明了路径的星群散点图以及$\zeta_{\tau}=\zeta_{\nu}=1,5$ 时的聚类结果。从图 6-5 中可以看出，相对于$\zeta_{\tau}=\zeta_{\nu}=1$ 的情况，当采用$\zeta_{\tau}=\zeta_{\nu}=5$ 的时候，在波达仰俯角-波达水平角域中，更能很好地将路径分离，形成多个多径簇。这些簇也同样合理地在多普勒频移域和时延域中被分开。同时我们也看到，由于算法中选择的多径簇数量有限，一些多径簇在波达仰俯角-波达水平角域中表现出合理的、较大的扩散。在 K-power-mean 分簇过程中，经过五次迭代后，可以观察到多径簇扩散在多个维度上，接近收敛。这些结果表明 K-power-mean 分簇方法适用于对所考虑的测量数据中的多径分量进行聚类操作。

表 6-1 SAGE 算法和聚类算法中的参数设置

路径数量	20
迭代次数	5
动态范围	10 dB
一个数据段中的扩散数	3
聚类数量	6

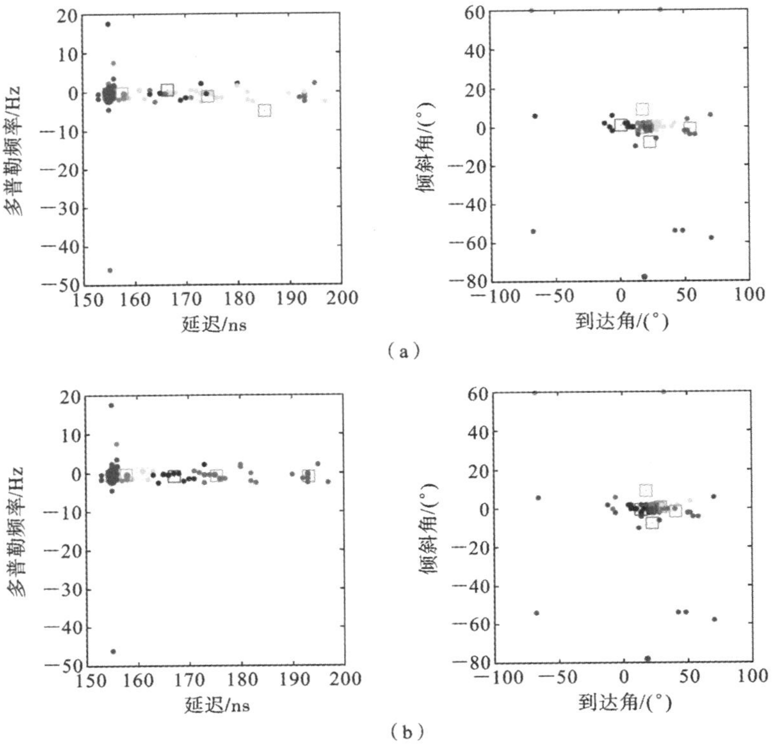

图 6-5　取不同的加权因子时得到的多径簇结果。(a) $\zeta_{\tau}=\zeta_{\nu}=1$；(b) $\zeta_{i}=\zeta_{\nu}=5$

6.3　广义稳态观测数据长度的选择

为了提取信道特征的统计特征，需要对统计独立、广义平稳的信道进行多次观察，形成海量数据集。此外，为了提高提取小尺度参数时的信噪比，采取参数估计方法如 SAGE 算法对连续接收到的独立数据段进行处理时，也需要尽可能在相干距离、相干时间内收集足够多的观测样本。具有统计遍历性的数据集，能够有效地支撑分簇结果的准确度和统计有效性。为了能够在每个采集的数据段中保持信道的统计平稳性，正确决定观测数据段的长度非常重要。这里的数据段长度可以表示为包含多个独立观测样本的数据组的数量。

此外，许多实际的信道测量活动是在时变的环境中进行的。随着时间发生演变的行为是由发射端或接收端的移动或者人们在测量环境中走动引起的。为了提取适用于描述相同或相似环境下典型信道统计数据的模型参数分布，保持信道的平稳性就显得更加重要了。在本节中，我们将讨论在一个数据段内所包含的数据组的数量对多径簇的行为所产生的影响。确定一个数据段中数据组的数量需要考虑信道平稳性和提取信道特征所需的足够样本之间的权衡。此外，环境的不确定性和快速变化性使得选择过程变得更加复杂。由于存在这些不确定性，应用理论解很难得到一个闭式分析结果。于是，我们建议采用两种实践方式来解决这个问题。

6.3.1 基于最小扩散变化的数据分割方法

这个方法基于的事实是：当观察到信道平稳时，随着观测数据集中的数据组的数量的增加，扩展参数的改变将会减小。因此，可不断提高数据集中的样本数量，当观察到扩散参数的变化减小到最小时，就可以确定一个合适的数据段中所应该包含的数据组的合适数量。

我们常用σ_n来表示一个数据段中 n 个数据组的扩散。所提出的方法可以简单地写为

$$\hat{n}=\arg\min_{n}|\sigma_{n-1}-\sigma_n| \tag{6.3.1}$$

这种方法的缺点是忽略了信道内多径分量在时延域以及其他类似的参数域上的路径分布情况。此外，该方法的性能还高度依赖于所采用的分簇算法的性能。

6.3.2 基于 Kolmogorov-Smirnov 假设检验的数据分割方法

这种方法通过假设检验来确定从不同数据组设置中观察到的样本是否属于相同的分布。其中，假设检验可以使用 Kolmogorov-Smirnov 检验方法来进行。

在本章中，我们将讨论信道观测样本是否可以归入同一个稳态信道的问题。该问题可采用 Kolmogorov-Smirnov 假设检验来解决，具体操作流程如下。

(1) 第一步，计算经过 SAGE 算法处理后的单个数据组中多个路径的延迟、多普勒频移、波达水平角和波离水平角的实际累积分布函数(CDF)，即 $F_n(\Gamma)$、$F_n(\nu)$、$F_n(\phi_{\text{AoA}})$、$F_n(\phi_{\text{AoD}})$，其中，$n=1,\cdots,N$，是数据组的序号。我们考虑将计算出来的第一个数据组路径参数的 CDF 作为参考 CDF，分别标注为 $F'(\Gamma)$、$F'(\nu)$、$F'(\phi_{\text{AoA}})$、$F'(\phi_{\text{AoD}})$。

(2) 第二步，计算第 n 个($n>1$)数据组对应的估计参数 CDF 与参考 CDF 之间的间隔，得到 D_{stat}的具体数值：

$$D_{\text{stat}}=\arg\max_{\alpha}=\Gamma,\nu,\phi_{\text{AoA}},\phi_{\text{AoD}}\{|F_n(\alpha)-F'(\alpha)|\} \tag{6.3.2}$$

(3) 第三步，通过比较置信水平为 5% 的 D_{stat} 和临界值 $D_{\text{stat,critical}}$ 来验证假设，即两个分布是相同的分布的假设是否成立。这里临界值 $D_{\text{stat,critical}}$可计算为

$$D_{\text{stat,critical}}=1.36\times\sqrt{\frac{M_n+M'}{M_nM'}} \tag{6.3.3}$$

其中，M_n表示第 n 个数据组所估计的多径数量，M'表示从参考数据组中估计得到的多径数量。当置信水平为 5% 时，当$D_{\text{stat}}<D_{\text{stat,critical}}$，零假设为真，即从第 n 个数据组中获得的路径估计与从参考数据组中估计的路径具有相同的分布。

如果关于第 n 个数据组的零假设是正确的，那么我们则认为该数据组和参考数据组的信道是广义平稳的。然后，回到第三步，并令 $n=n+1$，继续考虑下一个数据组。

如果零假设不成立，则认为第 n 个数据组是一个不同于参考数据组的信道。于是，从参考数据组开始一直到第 n 个数据组的所有数据组，共同构成一个完整的周期，在这个周期内，信道是广义平稳信道。接下来执行第四步。

(4) 第四步，我们将从第 n 个数据组中所获得的路径参数的 CDF 作为新的参考 CDF。设 $n=n+1$，返回执行第三步。

对所有数据组执行上述步骤后，我们可以获得多个数据段，每个数据段由一定数量

的数据组组成。对于单个数据段，信道都满足广义平稳的条件。然后将分簇算法应用于估计的路径去生成多径簇。

6.3.3 实际测量数据分析实例

我们利用在室内环境中采集到的信道测量数据，检验所提出的方法的实际可操作性与性能。测量数据组总量为 200 个。从每个数据组中，首先利用 SAGE 算法估计得到 20 条传播路径的延迟、多普勒频移、波达方向和波离方向等参数。上述基于假设检验的分段方法被用来决定平稳信道周期里所包含的数据组数量，即数据长度。图 6-6 显示了统计量D_{stat}，即参考 CDF 与数据组 CDF 之间间隔的最大值，其中，直线显示的是临界值$D_{stat,critical}$。当D_{stat}位于直线之上时，之前的数据段所表示的平稳信道不再存在，并且一个新的平稳信道即将产生。利用提出的分段方法，对于这 200 个数据组，我们一共可以得到 53 个数据段，即 53 个不同的平稳信道周期。

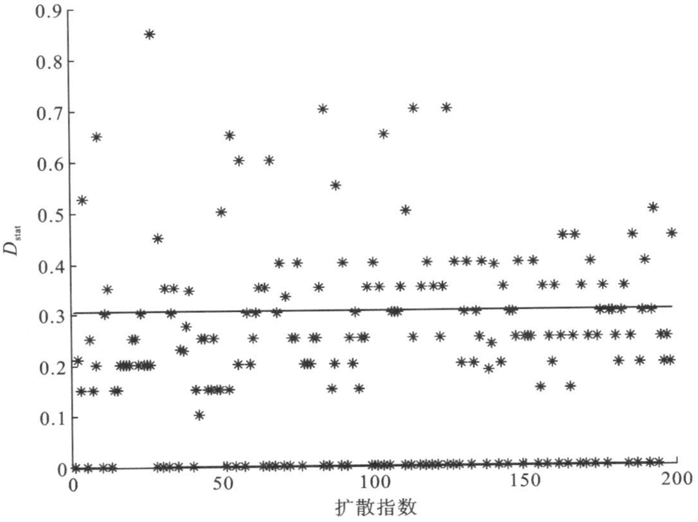

图 6-6 D_{stat} **随扩散指数的变化（当使用 KS 检测时，直线表示置信水平为 5% 时的** D_{stat} **值）**

图 6-7 描述了每个数据段中数据组数量的直方图，同时也给出了最符合实际概率分布的对数正态概率密度函数。对于该对数正态概率密度函数，$\mu=0.50$，$\sigma=0.214$。此外，对数正态概率密度函数的期望值为 3.4。值得一提的是，一个平稳数据段中数据组的数量遵循对数正态分布，这个现象本身也可以作为所建立的模型的一部分，用来决定时变信道中具有平稳特征的连续观测快拍的数量。

6.3.4 结论

在本节中，我们探究了确定平稳信道观测数据包含的数据段长度的方法。具体而言，即采用基于 Kolmogorov-Smirnov 假设检验的方法去检查单个数据组估计的路径分布是否一致，具有相同分布的数据组可以看作是满足广义平稳假设的同一信道的观测样本。我们使用实际测量的信道数据对该方法的有效性进行了评估。实测研究表明，平稳信道观测所包含的数据段数量遵循对数正态分布，其期望值也接近于根据发射

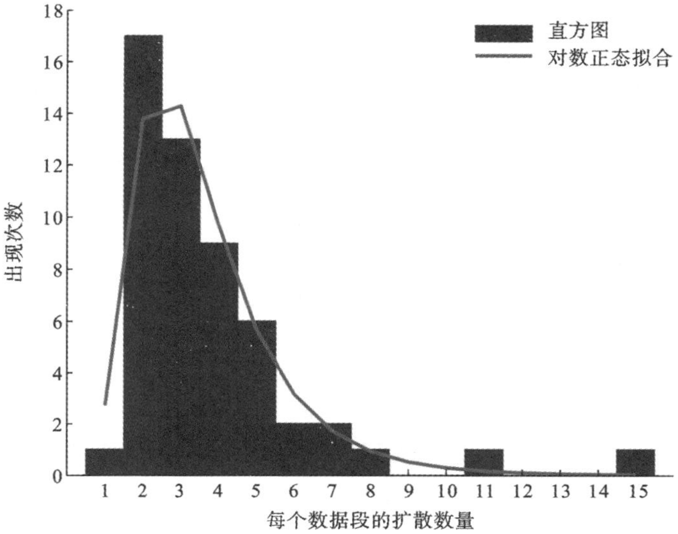

图 6-7 每个数据段的扩散数量

端和接收端的运动，以及信道相干时间得出的理论值。上述方法可以作为动态场景信道建模的必要工具，在实践过程中得到的信息也可以作为模型的一部分在信道样本产生中应用。

6.4 中继和协作多点信道建模

本节中，我们探讨如何对同时存在的多个传输信道的小尺度衰落(small-scale fading, SSF)之间的互相关性进行随机模型构建。为了能够更加形象地展示建模思路，我们选用在韩国的城市利用 ETRI(electronics and telecommunications research institute)研发的中继信道测量仪系统采集到的信道测量数据，对建模理论进行了实践。模型定义了六个双通道几何参数，这些参数作为互相关模型中的变量，从不同方面表征了由基站、中继站和移动站组成的三节点协作中继系统的几何特征。本节中，我们分析了 SSF 互相关系数分布对不同几何变量的敏感性，最终通过实测结果确认了三个能够用于建立选择性模型的敏感变量。

6.4.1 背景介绍

协作通信技术已经在无线通信系统中广泛应用，如长期演进技术升级版(LTE-A)系统[1,2]和 WiMAX 标准[20]。协作通信技术包括协作中继[4]、协调波束成形和联合处理算法等[5]，能够利用宏观空间分集增益来增强容量和减少干扰。多无线信道之间的互相关行为，对于协作通信的算法设计、性能提升和适应性优化都至关重要。

实际信道测量表明，传播环境可以在许多方面产生高度互相关的信道，如窄带衰落[32,33]和复合扩散参数[26,24]。如根据文献[32-33]中的描述，衰落的互相关可能归因于共同存在的两个信道中的直视路径和较为主要的非直视路径所引起的确定性信道分量。当前可用的信道模型，如无线世界新空口倡议Ⅱ中的增强型空间信道模型(SCME)[13]和高级国际移动通信信道模型(IMT-Advanced)，主要侧重于用一个发射端和接收端来表征单连接信道，后者可能配备多个天线。迄今为止，对于多个共存信道的相关特征还没有深入的研究。近年来，大尺度信道参数的相关性建模[12,23]、复合信道参数[31]和窄带衰落系数[32,33]得到了广泛关注。但信道小尺度特征的相关性研究还相对空白。考虑到协作通信技术已逐步应用于宽带通信环境，特别是其在5G eMBB密集基站部署的场景中将会得到更为广泛的实践，因此研究实际传播环境中典型协作通信应用场景下的信道小尺度相关建模，显得尤为重要。

在本节中，我们对基于测量的中继站(relay station，RS)和移动站(mobile station，MS)之间信道小尺度衰落的互相关建模展开讨论。结合实际场景，利用三个宽带信道测量系统同时对两个共存信道进行数据采集，进行建模实践。研究表明，对于多链路相关模型所关注的SSF互相关系数的变化，在一定程度上可以进行几何建模，它的变化规律可以表征为三节点协同中继系统几何特征的几何变量函数。

本节的结构如下：首先定义SSF互相关系数，而后阐述所采用的建模方法，随后描述实际测量中使用的设备、指标、模型提取步骤，以及SSF相关性模型的获取过程。

6.4.2 SSF 互相关与建模方法

本节中，我们重点关注两个宽带信道在特定的时延段内的衰落互相关特征。信道脉冲响应(CIR)用 $h(\tau)$ 表示，τ 表示接收信道的时间延迟。SSF被称为特定 τ 处 $h(\tau)$ 的波动。延迟τ_i时，用$h_{\mathrm{b}}(\tau_i)$表示基站和移动站之间信道中的SSF，用$h_{\mathrm{r}}(\tau_j)$表示中继站和移动站之间信道在时延τ_j的SSF。$h_{\mathrm{b}}(\tau_i)$与$h_{\mathrm{r}}(\tau_j)$之间的互相关计算如下：

$$C_{\mathrm{br}}(\tau_i,\tau_j)=R\{E[(h_{\mathrm{b}}(\tau_i)-\bar{h}_{\mathrm{b}}(\tau_i))((h_{\mathrm{r}}(\tau_j)-\bar{h}_{\mathrm{r}}(\tau_j))^*)]\} \tag{6.4.1}$$

其中，$\bar{h}_{\mathrm{b/r}}(\tau_{i/j})=E[h_{\mathrm{b/r}}(\tau_{i/j})]$，$(\cdot)^*$ 表示复共轭，$R\{\cdot\}$表示给定方程的实数部分，$\tau_i\in[0,T_{\mathrm{b}}]$，$\tau_j\in[0,T_{\mathrm{r}}]$，$T_{\mathrm{b}}$和$T_{\mathrm{r}}$分别代表了基站和移动站以及中继站和移动站之间信道的最大延迟。经过归一化后的互相关系数计算如下：

$$c_{\mathrm{br}}(\tau_i,\tau_j)=C_{\mathrm{br}}(\tau_i,\tau_j)\cdot(E[|h_{\mathrm{b}}(\tau_i)-\bar{h}_{\mathrm{b}}(\tau_i)|^2]E[|h_{\mathrm{r}}(\tau_j)-\bar{h}_{\mathrm{b}}(\tau_j)|^2])^{-\frac{1}{2}} \tag{6.4.2}$$

为了减小信道中存在的高斯白噪声对SSF互相关的影响，可以指定功率的动态范围，并用于建模时选择考虑的 $h(\tau)$部分。

为了便于用符号表示，我们在后续中将使用c_{br}来表示$c_{\mathrm{br}}(\tau_i,\tau_j)$，$\tau_i\in[0,T_{\mathrm{b}}]$，$\tau_j\in[0,T_{\mathrm{r}}]$的值。$c_{\mathrm{br}}(\tau_i,\tau_j)$的分布以及与三节点协作中继器系统几何参数有关的分布变化是有意义的，其中，$\tau_i\in[0,T_{\mathrm{b}}]$，$\tau_j\in[0,T_{\mathrm{r}}]$。无线环境中的中继站-基站-移动站中继系统示意图如图6-8所示。

打算采用以下六个参数作为模型几何变量的候选值：

(1) 分离角(angle of separation)θ，其定义为

$$\theta=\arccos\{(2d_{\mathrm{rm}}d_{\mathrm{bm}})^{-1}(d_{\mathrm{rm}}^2+d_{\mathrm{bm}}^2-d_{\mathrm{br}}^2)\} \tag{6.4.3}$$

这里的d_{rm}、d_{br}和d_{bm}分别表示中继站和移动站之间、基站和中继站之间，以及基站和移动站之间的距离。

(2) 平均基站和移动站之间以及中继站和移动站之间的距离 $\bar{d}$，定义为

$$\bar{d}=(d_{\mathrm{bm}}+d_{\mathrm{rm}})/2 \tag{6.4.4}$$

(3) 基站和移动站之间以及中继站和移动站之间距离的比例 $\tilde{d}$，定义为

$$\tilde{d}=d_{\mathrm{bm}}/d_{\mathrm{rm}} \tag{6.4.5}$$

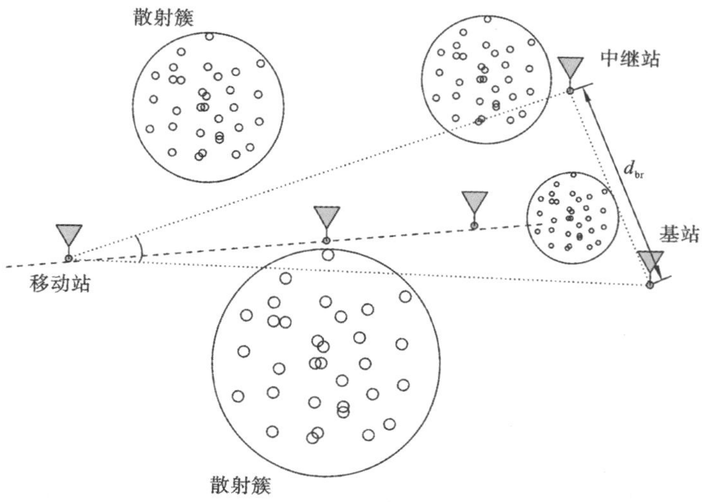

图 6-8 协作中继系统多链路建模所考虑的场景:包括一个移动站、一个基站和一个中继站

(4) 基站和移动站之间以及中继站和移动站之间连接的总长度与中继器和基站之间距离的比例 $\breve{d}$,定义为

$$\breve{d}=(d_{\mathrm{bm}}+d_{\mathrm{rm}})/d_{\mathrm{rb}} \tag{6.4.6}$$

(5) RS-BS-MS 连线之间形成的三角区域的面积 S,定义为

$$S=\sqrt{p(p-d_{\mathrm{bm}})(p-d_{\mathrm{rm}})(p-d_{\mathrm{rb}})} \tag{6.4.7}$$

(6) 复合参数θ_{d},定义为

$$\theta_{\mathrm{d}}=\theta/\breve{d} \tag{6.4.8}$$

我们在如下分析中使用向量 $\boldsymbol{\theta}=(\theta,\bar{d},\tilde{d},\breve{d},S,\theta_{\mathrm{d}})$统一表示这些几何变量。

在这项研究中,我们感兴趣的是对c_{br}的实际概率密度函数进行建模,研究该函数对于 $\boldsymbol{\theta}$ 中的单个元素的依赖性,评估 PDF 对这些变量的敏感性。为了简化建模过程,我们首先用解析参数曲线拟合实际 PDF。获得的参数将被用作建模对象。诸如后面的实验结果所示,我们发现:① 无论 $\boldsymbol{\theta}$ 如何,c_{br}的平均值接近于 0;② 实际 PDF 用 $p(c_{\mathrm{br}})$表示,相对于$c_{\mathrm{br}}=0$ 是对称的;③ 一阶回归线与 PDF 的两个对称片段非常吻合。图6-9 表明了实际的 PDF 与拟合的回归线之间的吻合情况。从图中可以观察到,拟合 PDF 的回归线斜率 s 的绝对值可以作为表征 $p(c_{\mathrm{br}})$形状的特征参数。此外,我们还选择了c_{br}的标准差$c_{\mathrm{br,std}}$作为建模的另一个关注参数。

6.4.3 中继信道特征的测量

实际信道测量数据是通过 ETRI 设计的中继信道测量器(rBEC)系统收集的。该设备可用于测量多个共存信道的响应,适用于协作中继通信情况下多链路并存的信道测量。每个 rBECS 系统可以灵活配置为发射端或者接收端。在本文所考虑的测量中,我们采用两个 rBECS 系统分别用作基站和中继站的发射端。采用第三个 rBECS 系统作为移动站的接收端。接收端可以同时获取两个发射端发送的信号。在测量过程中,载波频率为 3.705 GHz,有效带宽为 100 MHz。这两个发射端均采用了类似的 2×4 的平板阵列,接收端则采用了一个双环的 16 阵元的圆形天线阵列[25]。测量活动在韩

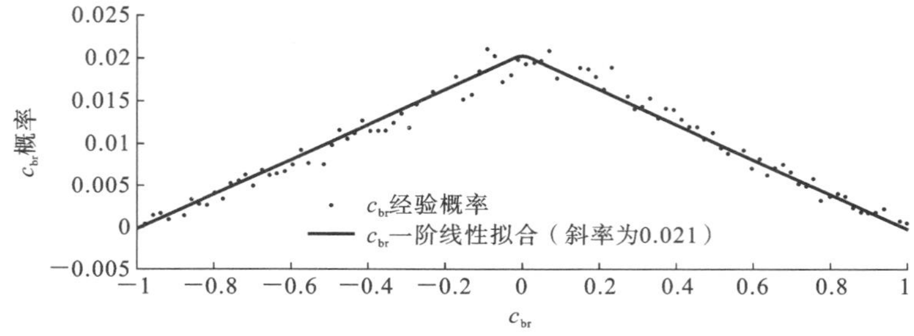

(a)

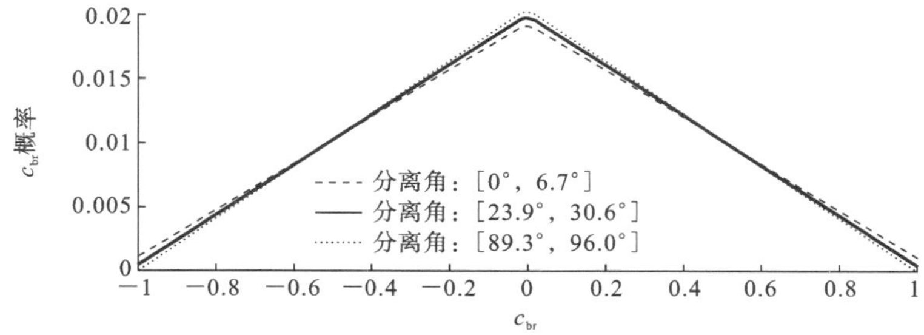

(b)

图 6-9　(a)实测得到的c_{br}的概率密度函数以及(b)拟合得到的线性模型

国高阳市东部的居民区进行。图 6-10(a)展示了三个测量点的环境。在每个测量点中，中继站-移动站和基站-移动站信道的测量与移动站沿预定路线移动同时进行。图 6-10(b)描述了接收端移动路径的一些示例，这些移动路径用不同线条标记，并且测量点用符号 R1，… ，R6 标记。

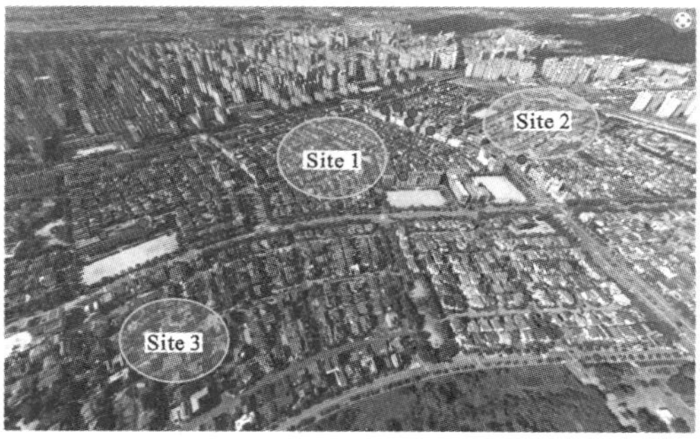

(a)

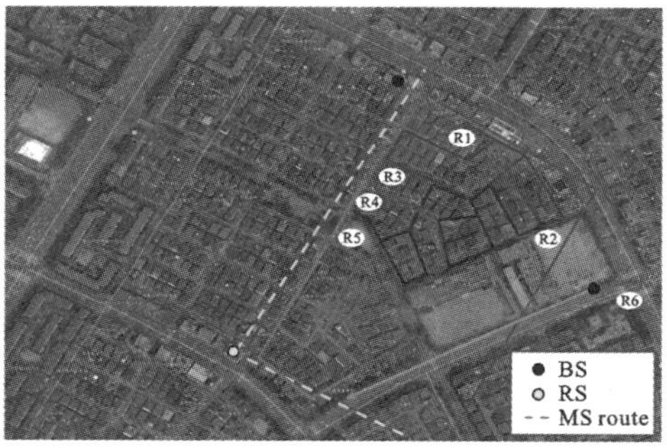

(b)

图 6-10　(a) 测量所在的室外居民区环境；(b) 测量路线示例

当移动站沿着 143 条测量路径移动时，在三个测量点上获得的信道测量数据将被用于研究实际 SSF 的互相关。一条单独的测量路线提供了大约 30 条有关中继站-移动站和基站-移动站信道快拍的观测样本。在每一个快拍中，10 个连续帧时间内，记录了中继站-移动站和基站-移动站两个信道总共 8×16＝128 个空间子信道的信道冲激响应。

6.4.4　模型提取

SSF 互相关系数可以直接根据相关算法计算出的信道冲激响应来进一步计算得到。然而，考虑到系统响应、发射端和接收端前端链的相位噪声以及非各向同性天线响应都会影响信道冲激响应计算的准确性，所获得的信道冲激响应可能与真实的对应结果不一致。为了消除测量系统响应对信道冲激响应的影响，采用高分辨率信道参数估计方法——空间迭代广义期望最大化算法——SAGE[11]去获得多镜面反射路径的参数估计。这些参数估计用于重建信道冲激响应。在本研究中，30 条路径的参数，即延迟、多普勒频移、波达方向(即方位角和高度)、波离方向和极化矩阵，都是根据在每帧中获得的数据进行估计的。通过对时延域[11]中的信道扩散函数与 100 MHz 带宽的传播伪噪声序列的自相关函数进行卷积，从而得到重建的信道冲激响应。

模型提取过程包括以下四个步骤。

(1) 第一步，$\boldsymbol{\theta}$ 中元素的范围是从测量中记录的基站、中继站和移动站的位置信息获得的。将这些变量的范围均分为 N 个网格。

(2) 第二步，对于每个网格，$C_{\mathrm{br}}(\tau_i,\tau_j)$ 是基于 $h_{\mathrm{b}}(\tau_i)$ 以及 $h_{\mathrm{r}}(\tau_j)$($\tau_i\in[0,T_{\mathrm{b}})$，$\tau_j\in[0,T_{\mathrm{r}})$)计算的，该数值是基于使用特定 $\boldsymbol{\theta}$ 值进行测量而计算得到的。c_{br} 的每一个实现都是通过对一定数量的信道冲激响应进行计算而得到，这些信道冲激响应是由在信道相干距离内观测到的信道样本重建获得的。

(3) 第三步，生成 c_{br} 的实际概率密度函数。回归线用于拟合概率密度函数，得到回归线的斜率。基于各网格中所有 c_{br} 样本，计算出 c_{br} 的标准差。

(4) 第四步，为了得到相对于 $\boldsymbol{\theta}$，描述 s 和 $c_{\mathrm{br,std}}$ 的实际模型的解析表达式，采用两种曲线来拟合实际样本。这些曲线的形式是 $y=a\times x+b$ 和 $y=c\times \lg 10^{x}+b$，其中，$x\in\boldsymbol{\theta}$，$y\in(s,c_{\mathrm{br,std}})$，$a$、$b$、$c$、$d$ 是模型中的参数。通过搜索拟合曲线与实际样本之间最小欧几里得距离(Euclidean distance)的参数，得到 a、b、c、d 最合适的值。此外，选择最合适的曲线作为实际模型，该曲线与实际样本曲线之间具有最小的欧几里得距离。

图 6-9(a)描述了 θ 在特定范围内 c_{br} 的实际分布，图 6-9(b)比较了拟合回归线与 c_{br} 的实际概率密度函数。可以看出，回归线与 c_{br} 的实际概率密度函数拟合良好。此外，拟合回归线的斜率绝对值随着 θ 值的增大而增大，说明了当分离角增大时，各分量之间相关性趋于变小。

图 6-11 描述了 c_{br} 实际概率密度函数与 $\boldsymbol{\theta}$ 在 $N=100$ 时的取值的等值线图。从图 6-11 中可以清楚地观察到，当 θ，$|\lg 10^{\tilde{d}}|$，或 S 增大时，概率密度函数的扩散减小。图 6-12 至图 6-17 分别描述了当 $N=20$ 时拟合到实际概率密度函数 $p(c_{\mathrm{br}})$ 的一阶回归线的斜率 s 的绝对值的散点图和 c_{br} 的标准差 $c_{\mathrm{br,std}}$ 与 $\boldsymbol{\theta}$ 中单个元素的散点图。从这些图中也能看出，斜率 s 的绝对值和 c_{br} 的标准差显示出与六个变量中的四个变量(即 θ、$|\lg 10^{\tilde{d}}|$、$\breve{d}$ 和 S)存在确定性变化趋势。

更具体地说，从图 6-12 中可以观察到，随着分离角 θ 的增大，$|s|$ 在增大，但 $c_{\mathrm{br,std}}$ 在减小。这是合理的，因为当移动站向中继站和基站所在区域移动时，θ 可能会增大。在这种情况下，从移动站到中继站和基站的传播信道就会变得更加不同，因此，两个信道中的 SSF 相关性变小。

我们从图 6-14 中观察到，$|s|$ 和 $c_{\mathrm{br,std}}$ 相对于 $\lg 10^{\tilde{d}}=0$ 呈现出对称行为。特别是当 $|\lg 10^{\tilde{d}}|$ 增大时，$|s|$ 也增大，但标准差在减小。需要注意的是，当移动站靠近基站而非中继站，或者接近中继站而非基站时，$|\lg 10^{\tilde{d}}|$ 的值会增大，图 6-14 表明，在以上情况下，对比移动站和基站或移动站和中继站之间的距离相等的情况，两个信道中 SSF 的相关性要小。

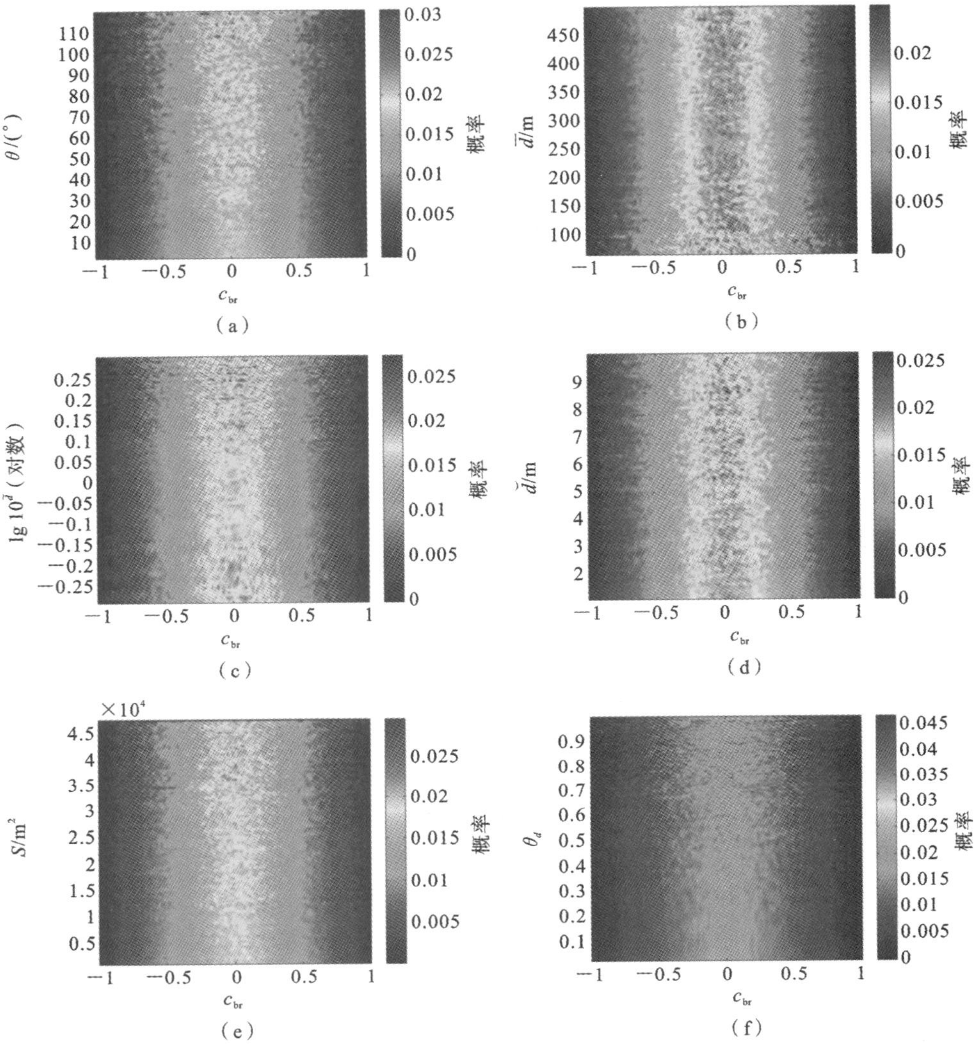

图 6-11 SSF 互相关系数的实际 PDF 随着不同几何变量的取值变化而变化的实测结果。(a) $p(c_{br})$与 θ;(b) $p(c_{br})$与 $\bar{d}$;(c) $p(c_{br})$与 $\tilde{d}$;(d) $p(c_{br})$与$\breve{d}$;(e) $p(c_{br})$与 S;(f) $p(c_{br})$与 θ_d

从图 6-15 中可以进一步观察到,随着比例 $\breve{d}$ 的增大,$|s|$减小,但$c_{br,std}$增大,这意味着当移动站的位置远离基站和中继站时,两个信道中的 SSF 更加相关。从图 6-16 中可以明显看出,$|s|$增大,$c_{br,std}$随着面积 S 减小。这意味着当三个节点以较大的距离分开时,两个信道中的 SSF 将变得不那么相关。对于参数 $\bar{d}$ 和θ_d,我们从图 6-13 和图 6-17 中观察到,s 和$c_{br,std}$的实际样本扩散范围均小于在其他图中观察到的情况。此外,与其他变量的情况相比,实际 s 和$c_{br,std}$没有表现出关于 $\bar{d}$ 和θ_d明显的确定性变化趋势。

综上所述,上述结果表明,根据建模变量 θ、lg $10^{\tilde{d}}$、$\breve{d}$ 和 S,两个信道的 SSF 互相关遵循均值为零且方差单调递增或递减的概率密度函数。此外,$p(c_{br})$的形状可以用两条与$c_{br}=0$ 对称的回归线来描述。直线斜率的绝对值相对于上述几何变量也是单调递增或单调递减的。

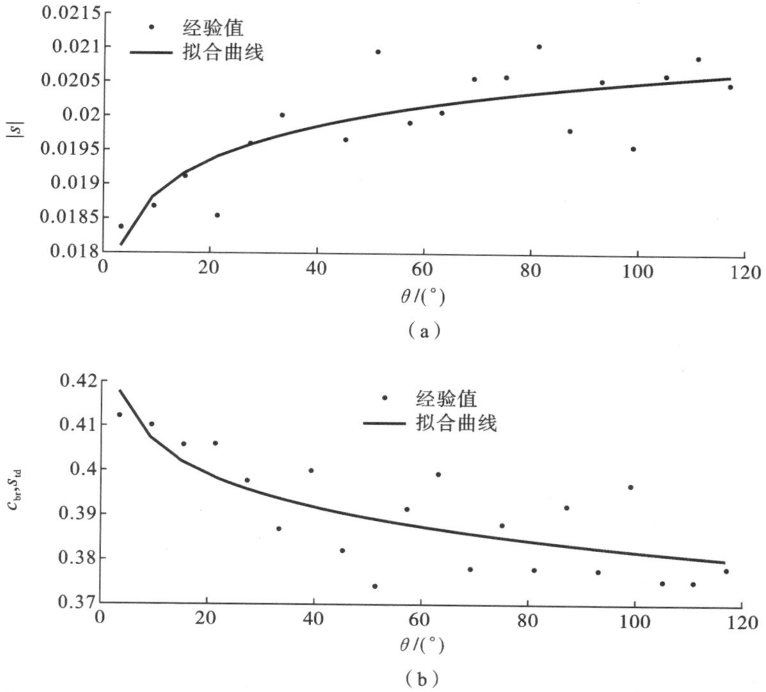

图 6-12　拟合 $p(c_{br})$的(a)一阶回归线斜率 s 绝对值和(b)c_{br} 的标准差 $c_{br,std}$与分离角 θ 之间的关系

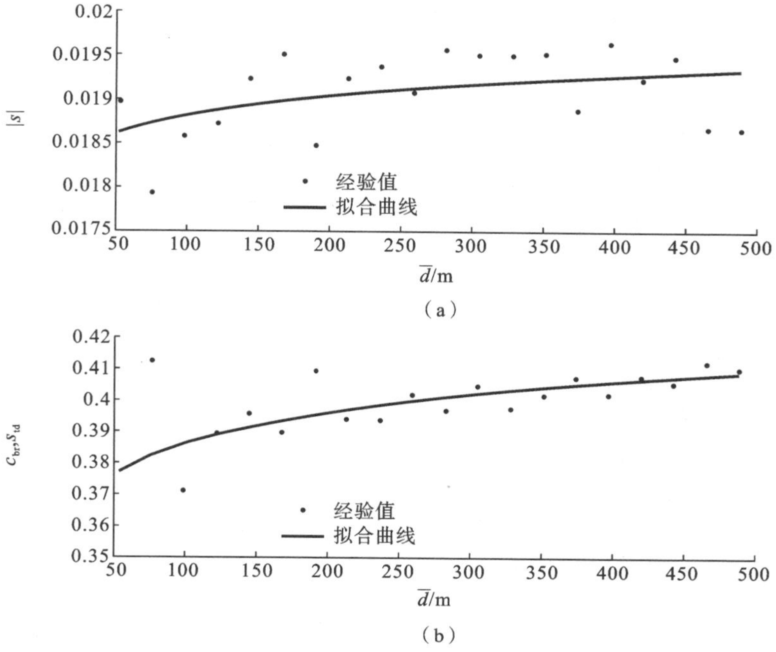

图 6-13　拟合 $p(c_{br})$的(a)一阶回归线斜率 s 绝对值和(b)c_{br}的标准差$c_{br,std}$与平均基站和移动站之间以及中继站和移动站之间的距离 $\bar{d}$ 的关系

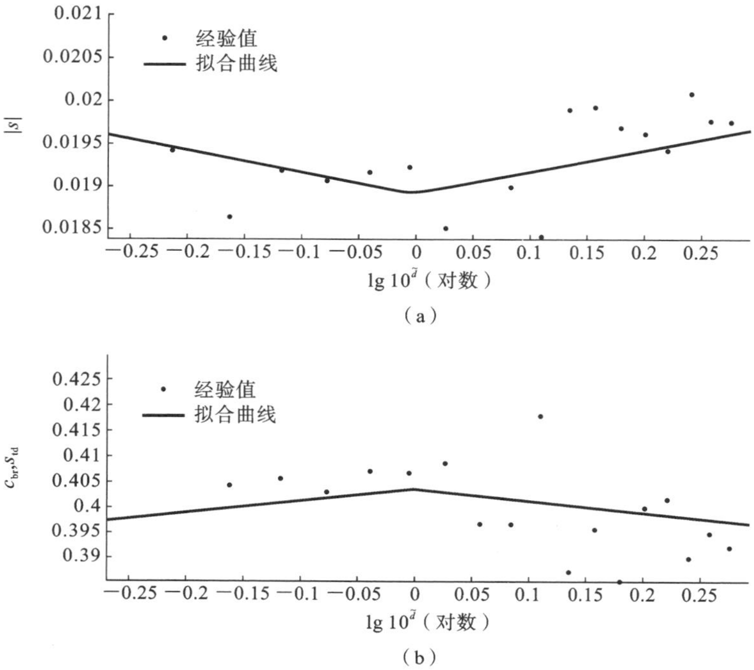

图 6-14　拟合 $p(c_{\rm br})$的(a)一阶回归线斜率 s 绝对值和(b)$c_{\rm br}$的标准差$c_{\rm br,std}$与基站和移动站之间以及中继站和移动站之间距离的比例 $\tilde{d}$ 的关系

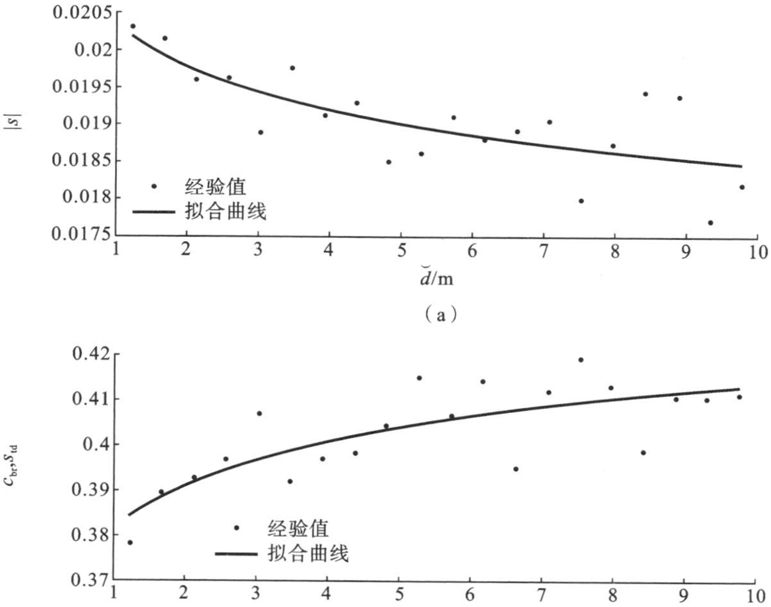

图 6-15　拟合 $p(c_{\rm br})$的(a)一阶回归线斜率 s 绝对值和(b)$c_{\rm br}$的标准差$c_{\rm br,std}$与基站和移动站之间以及中继站和移动站之间连接的总长度与中继器和基站之间距离的比例$\breve{d}$的关系

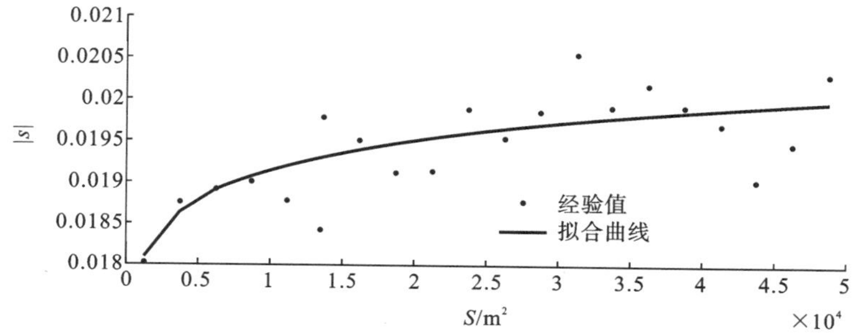

(a)

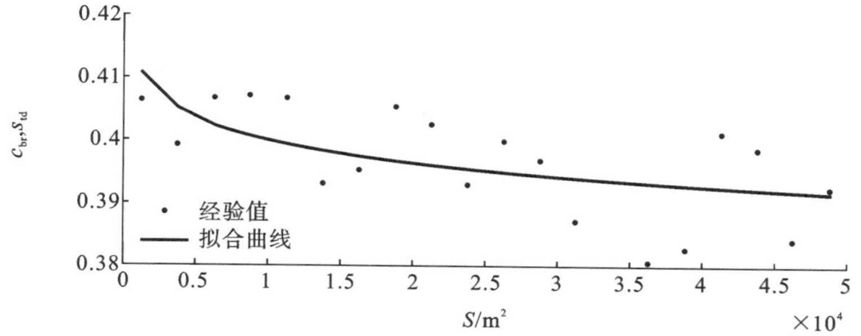

(b)

图 6-16 拟合 $p(c_{br})$的(a)一阶回归线斜率 s 绝对值和(b)c_{br}的标准差$c_{br,std}$与RS-BS-MS 连线之间形成的三角区域的面积 S 的关系

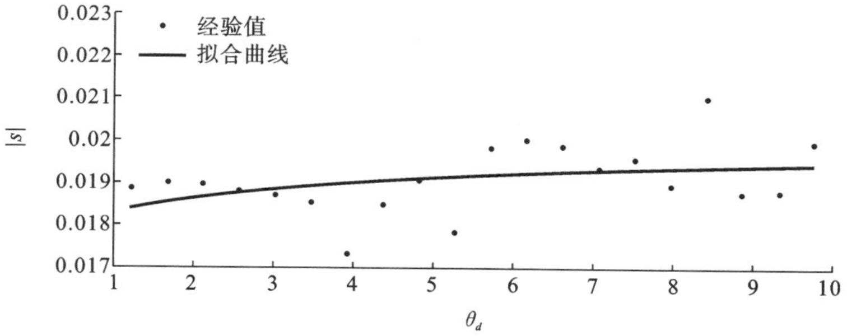

(a)

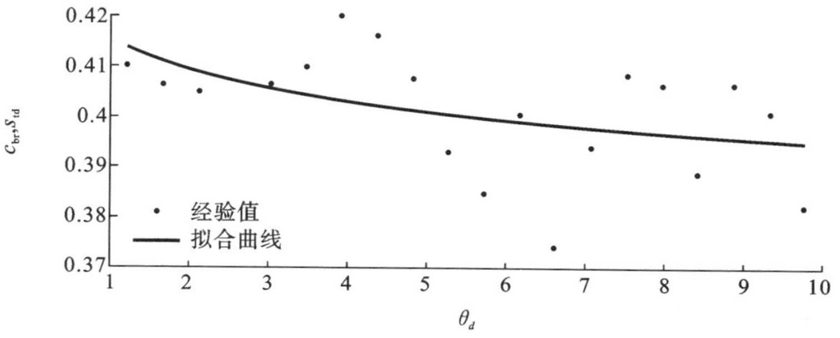

(b)

图 6-17 拟合 $p(c_{br})$的(a)一阶回归线斜率 s 绝对值和(b)c_{br}的标准差$c_{br,std}$与复合参数θ_d的关系

6.5 小结

在本章中，我们详细描述了基于信道测量的统计多径簇形式的信道建模整个流程。多径簇随机信道模型的构建基于海量的多径参数估计结果。对多径的特征进行统计特征的提取，一方面降低模型的复杂度，一方面保持模型的适用度，选择合适的围绕“簇”的统计特征表述方法。为了能够定量地描述信道内多径之间的距离，采用了所谓的径间距离 MCD(multipath component distance)。将 MCD 的概念与传统的 K-power-mean 分簇方法相结合，进而得到适用于信道特征描述的多径分簇理论。此外，为了能够在实际信道研究中应用该分簇理论，我们还需要对稳态信道的观测长度进行选择，为此提出了检验假设方法，对测量快拍分属于不同的稳态信道的观测段落的情况进行分析。通过实际数据分析，验证了本章提出的分段方法的有效性。最后，本章针对逐渐得到关注的多链路之间的相关性特征建模需求，提出了采用几何变量来描述多链路信道之间的关联，并建立参数化的模型。我们用实测数据对这样的建模方法进行了验证，据此提出了面向多链路信道实测建模的可能方法。

6.6 习题

(1) 请简要描述在统计模型构建中，信道测量模块可能包含的内容。

(2) 请简要阐述如何有效规划信道测量活动，如何对测量设备进行校准。

(3) 为什么说将测量设备的影响和接收信号的原始特征进行分离或者“去嵌入”是非常必要的？

(4) 请简要陈述如何对信道测量设备的射频部分进行校准。

(5) 请简要描述参数估计的主要目的，信道的窄带参数、宽带参数分别指的是哪些参数。

(6) 请描述如何在“算法选择”环节，对不同的算法进行选择。

(7) 请简述多径簇模型的特点，并举出几个标准模型的多径簇描述。

(8) 请简述 SV 模型中的多径簇的参数描述方式。

(9) 如何采用多径对时变信道的演变行为进行描述？

(10) 请简要陈述如何对信道模型的适用性进行评估。

(11) 阅读 SCME 的相关文献，对 SCME 的场景设置进行描述。

(12) 请简要描述信道建模中的多径分簇方法有哪些，分别有什么样的特点。

(13) 请详细描述如何采用 K-power-mean 方法对信道多径进行分簇。

(14) 请介绍一下随机分簇模型的特点。

(15) 什么是密集多径分量？该分量如何在信道模型中得到描述？

(16) 请描述多径簇在时变场景中的存在方式。

(17) 什么是环境表征度量 ECM？在 RCM 中，ECM 是如何定义的？

(18) 什么是多径距离 MCD？如何计算多个维度里分布的信道多径之间的距离？

(19) 采用加权因子对不同维度上的信道多径之间的距离进行融合的思路，有何缺陷？有没有解决该问题的方法？

(20) 为什么要对稳态信道的观测进行数据分段操作？采用什么样的方式可以对时变场景中观察到的多个数据进行平稳信道周期的判定？

(21) 如何采用 Kolgomorov-Smirnov 假设检验对信道观测数据进行分割？

(22) 为什么说对多链路信道相关性进行建模是必要的？在何种场景中，这样的模型更具有参考价值？

(23) 什么是小尺度信道相关性？如何定义时延域中的小尺度信道相关性？方向域中的小尺度信道相关性呢？

(24) 简述对小尺度信道相关性采用几何方式进行建模的思路。在两条链路并存的情况下，如何定义模型的变量？在多条链路并存的情况下，如何扩展模型？

参考文献

[1] 3GPP. TR36.814 v9.0.0-2009 Further Advancements for Evolved Universal Terrestrial Radio Access (EUTRA) Physical Layer Aspects (Release 9)[S]. 2009. 3rd Generation Partnership Project: 2009.

[2] 3GPP. TS36.300 v8.7.0-2008 Evolved Universal Terrestrial Radio Access (EUTRA) and Evolved Universal Terrestrial Radio Access Network (EUTRAN)[S]. 3rd Generation Partnership Project: 2008.

[3] H. Akaike. A new look at the statistical model identification[J]. IEEE Transactions on Automatic Control, 1974, 19(6): 716-723.

[4] E. Beres, R. Adve. Selection cooperation in multi-source cooperative networks[J]. IEEE Transactions on Wireless Communications, 2008, 7(1): 118-127.

[5] B. C. Boldi, F. Boccardi, V. Damico, et al. Wireless World Initiative New Radio (WINNER+)[R]. Germany: EU research results, 2009.

[6] C. Nicolai. The Random-Cluster Model; a stochastic MIMO channel model for broadband wireless communication systems of the 3rd generation and beyond[D]. PhD thesis Technology University of Vienna: apartment of Electronics and Information Technologies, 2007a, 1-188.

[7] C. Nicolai. The Random-Cluster Model; a stochastic MIMO channel model for broadband wireless communication systems of the 3rd generation and beyond[D]. PhD thesis Technology University of Vienna, Department of Electronics and Information Technologies, 2007b, 1-188.

[8] N. Czink, P. Cera, J. Salo, et al. A Framework for Automatic Clustering of Parametric MIMO Channel Data Including Path Powers[C]. Montreal: IEEE, 2006.

[9] N. Czink. Tracking Time-Variant Cluster Parameters in MIMO Channel Measurements[C]. Shanghai: IEEE, 2007.

[10] V. Erceg, P. Soma, D. S. Baum, et al. Multiple-input multiple-output fixed wireless radio channel measurements and modeling using dual-polarized antennas at 2.5 GHz[J]. IEEE Transactions on Wireless Communications, 2004, 3(6): 2288-2298.

[11] B. H Fleury, X. Yin, K. G. Rohbrandt, et al. High-resolution bidirection estimation based on the sage algorithm: Experience gathered from field experiments [C]. Maastricht: URSI, 2002.

[12] L. Jiang, L. Thiele, V. Jungnickel. Modeling and Measurement of MIMO Relay Channels[C]. Singapore: IEEE, 2008.

[13] M. J. Kyosti, Hentila L, Zhao X. WINNER Ⅱ Channel Models[R]. European Commission, 2007.

[14] K. M. Park, M. D. Kim, Yin X, et al. Measurement-based stochastic cross-correlation models of a multilink channel in cooperative communication environments [J]. ETRI Journal on Wired and Wireless Telecommunication Technologies, 2012, 34(6): 858-868.

[15] J. A. Peacock. Two-dimensional goodness-of-fit testing in astronomy[J]. Monthly Notices of the Royal Astronomical Society, 1983, 202(3): 615-627.

[16] J. Rissanen. Modeling by shortest data description[J]. Automatica, 1978, 14: 465-471.

[17] A. A. M. Saleh, R. Valenzuela. A Statistical Model for Indoor Multipath Propagation[J]. IEEE Journal on Selected Areas in Communications, 1987, 5(2): 128-137.

[18] M. Steinbauer, H. Ozcelik, H. Hofstetter. How to quantify multipath separation [J]. IEICE Transactions on Electronics, 2002, E85-C (3): 552-557.

[19] Guidelines for evaluation of radio interface technologies for IMT-Advanced[R]. ITU publications, 2008.

[20] IEEE 802. 16′s Relay Task Group: IEEE 802. 16j proposals[R]. IEEE 802. 16′s Relay Task Group: IEEE 802. 16j proposals, 2009.

[21] 3GPP. TR25. 996 v6. 0. 0-2007 Spatial channel model for Multiple Input Multiple Output (MIMO) simulations [S]. 3rd Generation Partnership Project: 2007.

[22] L. Tian, X. F. Yin, S. X. Lu. Automatic data segmentation based on statistical hypothesis testing for stochastic channel modeling[C]. Instanbul: IEEE, 2010.

[23] H. X. Wang, X Ge, X. Cheng, et al. Thompson, Cooperative MIMO channel models: A survey[J]. Communications Magazine, 2010, 48(2): 80-87.

[24] X. F. Yin, Y. Y. Fu, M. D. Kim. Investigation of large- and small-scale fading cross-correlation using propagation graphs[C]. Jeju: IEICE, 2001a.

[25] X. F. Yin, Y. Hu, Z. Zhong. Dynamic range selection for antenna-array gains in high-resolution channel parameter estimation[C]. Huangshan: IEEE, 2012.

[26] X. F. Yin, Y. Fu, M. D. Kim, et al. Preliminary study on angular small-scale cross-correlation of channels in nlos scenarios using propagation graphs[C]. Beijing, China, 2011b.

[27] X. F. Yin. Measurement-based stochastic modeling for co-existing propagation channels in cooperative relay scenarios[C]. Berlin: IEEE, 2012.

[28] X. F. Yin. Measurement-based stochastic models for the cross-correlation of

multi-link small-scale fading in cooperative relay environments[C]. Prague: IEEE,2012.

[29] X. F. Yin,C. Ling, M. D. Kim. Experimental Multipath-Cluster Characteristics of 28-GHz Propagation Channel[J]. IEEE Access,2016,3:3138-3150.

[30] X. F. Yin,Z. Zeng,X. Cheng,et al. Empirical modeling of cross-correlation for spatial-polarimetric channels in indoor scenarios[C]. Sydney:IEEE,2012.

[31] J. Zhang,D. Dong,Y. Liang,et al. Propagation Characteristics of Wideband Relay Channels in Urban Micro-Cell Environment[J]. IEEE Antennas and Wireless Propagation Letters,2010,9:657-661.

[32] X. Zhou,X. F. Yin,B. J. Kwak,et al. Experimental investigation of impact of antenna locations on the capacity of wideband distributed antenna systems in indoor environments[C]. Rome:IEEE,2011.

[33] X. F. Yin,Z. C. Zeng, B. J. Kwak. Spatial correlation characteristics of cooperative multi-point channels in indoor environments[C]. Suzhou:IEEE,2010.

7

移动场景下的信道特征提取

7.1 研究现状

在高铁、地铁、无人机、车车等场景中的大带宽、低时延、可靠的通信是车联网满足工作、娱乐需求以及实现智能化交通的基本保证。对于这些场景下的无线传播信道的认知和准确的建模对通信系统的设计和验证起着至关重要的作用。与传统的蜂窝通信场景如宏小区、微小区和微微小区等不同，这些新兴移动场景下的信道建模工作依然处于较为初始的阶段。

7.1.1 高铁信道特征研究

近年来，高铁运输在国际上越来越普及[1]。人们对于高铁上宽带无线通信所提供的商务和娱乐服务提出了更高的要求[2]。为了提升高铁通信服务的速率和稳定性，各种先进技术，如多输入多输出传输、协作中继(cooperative relay)、智能天线(smart antenna)应运而生[1-3]。在这些技术的应用过程中，精确的高铁信道模型历来对无线通信技术设计以及性能评估非常重要。然而，现有的一些随机信道模型如理论几何模型[5-7]、3GPP 空间信道模型(spatial channel model，SCM)[8]、增强型的 WINNER Ⅱ SCM 模型[9]，以及欧洲科学技术合作研究所(cooperative for scientific and technical research，COST)[10]提出的一系列模型更多地关注微站(micro cellular)和宏站(macro cellular)场景，对于高铁场景没有太多考虑。另一方面，一些针对高速移动状态下通信的时变信道模型[11-15]也相继诞生。但是作为移动状态下的信道之一的高铁信道，其模型因轨道类型多而变得复杂，比如常见的高铁环境有下沉式场景、高架桥(viaduct)场景、隧道(tunnel)场景。另外，用户设备的高速移动特征又使得其与之前的蜂窝信道模型有着不同的信道特征，如多普勒频移和场景的快速变换[16]，这又为高铁信道测量与建模带来挑战。因此，高铁信道建模研究在近年来引起了学术界与工业界的共同关注。

近几十年里，人们基于理论和测量对传统的高铁信道进行了研究。文献[17-18]提出了一种基于射线追踪对高铁隧道和室外环境进行建模的方式。由此得到的基于射线追踪的模型仅仅适用于具有特定几何特征的场景，并不能适应于高铁信道中随机变化的多种场景。基于正弦求和(sum-of-sinusoid)方法的随机几何信道模型也被应用于高铁传播场景中的 MIMO 信道建模[19-21]。这些随机几何信道模型基于一些特定的假设，即高铁周围的散射体随机分布在合理的位置，其散射体的分布范围遵循着一定的形状，如一个或者两个椭圆环形。上述的理论模型给人们提供了一些启发，如信道特征和几何参数（包括但不限于列车速度和列车相对于基站间的位置）之间的关系，然而，针对这些模型的实测验证一直没有得到有效执行。

基于实测的高铁信道研究主要集中于窄带衰落现象和复合信道参数特征等方面，例如在视距路径情况下高铁信道衰落服从莱斯分布[22-23]；在高铁隧道场景中阴影衰落和 K 因子等能够使用"双指数"衰减模型来拟合[24-26]，并且它们的时变特征可以用马尔科夫链来描述[27]；同时[28]也对高架桥和下沉式场景中的路径损耗和多径衰落进行了研究。总体来说，这些结果对描述高铁信道在不同场景下的多个域，如时延域和多普勒域中的宽带特征比较有限。

7.1.2 地铁信道特征研究

现如今，地铁、轻轨等城市公共轨道交通工具在人们的日常生活中扮演着十分重要的角色。列车控制与个人服务都亟需高质量的宽带通信，如高质量的实时视频功能[29]。与地上环境相比，由于空间的限制和隧道中的波导效应，地铁环境中的无线信道十分特殊。地下无线通信面临的挑战很多，如站与站之间的无缝覆盖、稳定的服务质量、低时延的无线控制、快速信号交接、频谱部署等[30]。分布式天线和远程无线单元的引入替代了泄波电缆等传统的覆盖解决方案[31]，但是也带来了传播信道的特殊性。真实地铁、轻轨环境以及系统配置下的无线电波传播信道模型，是优化传输设计以及对无线通信系统和技术进行准确性能评估的根据。

对于地铁环境下的信道特征的描述，一般来讲其通过基于理论或者实测两种方式实现。例如，在[32-35]中，通过解麦克斯韦方程组，解决了在地下环境，尤其是隧道中波长尺度下的传播预测问题。在[36-40]中，基于波导的方法被应用于信道特征的预测，例如接收信号强度和在不同隧道、不同频率下的路径损耗。然而，波导模型只在形状规则的中空隧道里适用。文献[41]则使用射线追踪研究隧道弯曲程度对路径损耗的影响。在[42]中，作者观察到隧道中使用射线追踪得到的功率时延谱与实测得到的功率时延谱一致。在[43-45]中，射线追踪技术被应用于研究信道的宽带特征，包括信道在时延域的扩散，以及这些特征对隧道中多发多收系统的影响。虽然以上的数值研究工作的确得出了一些具有启发性的结果，但是由于计算复杂度限制而采用的过于简单的环境描述使得最终得到的模型可行性较低。对地铁环境基于测量的信道特征研究也有很多。这些研究使用了精密的信道测量器或示波器，对功率衰减、阴影效应、K 因子、信道扩展参数等进行了分析。明确来讲，隧道中的路径损耗指数根据实际测量的频段、环境和设备不同也有所差异：[46]发现路径损耗指数在 920 MHz、2.4 GHz 和 5.7 GHz 和 5.7 GHz 频段时为 0.9～5.5 的范围内，[31]和[47]则明确路径损耗指数在 2.4 GHz 频段时为 1～2 和 5～7 范围内。此外，在 900 MHz 和 1.8 GHz 频段时路径损耗指数为 1.5～4.5[48]，在 5.7 GHz 时为 1～2[49]。从 400 MHz 到 6 GHz 频段的两段式路径损耗模型[49-50]和四斜率路径损耗模型[52]也被提出。K 因子在[47]中为 15～19 dB，并且阴影衰弱大致为 5～7 dB[31]。[29]、[31]、[37]、[53]、[54]中的结果表明均方根时延扩展大约为 100 纳秒。在[55]中，作者详细分析了在地铁站中的长时延路径簇。总体来说，这些测量环境或是没有列车的隧道，或是隧道中没有乘客的列车，如此得到的信道特征与存在正常用户情况下的信道特征很不一致。并且,隧道通常是较短的(实验)隧道,因此,观察到的信道特征遍历性较低而不能够代表各种情况下的信道场景,例如列车通过车站/站台大厅时和列车停靠在有很多行人的站台时的各种错综复杂的场景。此外,这些测量研究也没有考虑确切的通信系统配置对信道的影响。

7.1.3 无人机信道特征研究

近来,无人机在很多的实际应用中,例如视频监视、搜索及营救、精准耕种、野生动物看护等中,变得越来越重要,并且由于无人机的低成本和高灵活性,它们也将在第五代移动通信中为建立全方位的信号覆盖扮演重要的角色。此外,多发多收和毫米波技术也能够进一步提高无人机通信系统的性能[56-57]。

虽然对无人机信道的理解对无人机通信系统和技术的设计以及性能评估有着至关重要的作用,但并没有很多文章对其进行测量和建模,而且这其中大多数的研究是有关空地信道的。Matolak 等人[58-59]研究了 968 MHz 和 5.06 GHz 频带下的不同场景(例如郊区、丘陵、近城区、沙漠、高山地区和海面上空)中的空地信道特征。在他们的研究中,飞行器飞行高度为 500～2000 米,模型主要基于地铁曲面双射线(curved earth two ray)假设建立,详细分析了传播路径损耗、时延扩展、多普勒、小尺度衰落、多径和机身阴影衰落等信道特征。另一个高空空地信道建模使用的信号频率为 970 MHz[60],它在包含小山和大片森林地区的场景下研究了接收信号强度、功率和地面多径的持续时间。[61-65]研究了低空空地信道建模的情形。[61]的作者分析了城市空地链路衰落统计特征,提出了一个时间序列生成器对接收信号强度进行动态建模。[62]在开放区域和大学校园里研究了无人机高度和天线方向性对接收信号强度和 802.11a 系统吞吐率的影响。除此之外,时域有限差分法(finite difference time domain,FDTD)在[63]中被应用于无人机与海上船只之间信道的建模;物理光学(physics optics,PO)理论在[64]中被应用于分析树冠对于接收信号强度变化的影响;并且在[65]中射线追踪技术被应用于研究在城市区域中不同高度下 0.8～6 GHz 频带范围内的空地路径损耗和信号覆盖范围。[66]研究了空空信道,讨论了路径损耗和地面反射对信号接收强度的影响。值得注意的是,在其他通信场景中应用广泛的理论建模技术,如射线跟踪[67]、图论[68]和基于几何的随机建模[69],还没有在无人机信道建模中被有效使用。

7.1.4 车车信道特征研究

对不同场景下的车车传播信道的理解对于车车系统的设计和分析具有重要的意义。然而,由于车车传播信道与传统蜂窝网络传播信道具有巨大的差异,对于传统蜂窝网络传播信道的认知不能直接应用于车车传播信道。为了研究不同应用场景下的车车传播信道,一些测量活动已经进行或者正在进行。如表 7-1 所示,我们根据载波频率、天线、频率选择性、收发端运动方向、环境和信道特征对这些工作进行了简要的综述和分类。

1. 载波频率

在 IEEE 802.11p 标准[76]提出以前,测量活动在短程专用通信(dedicated short-range communications,DSRC)的 5.9 GHz 频带以外展开。[70]和[71]的作者在 2.4 GHz 即 IEEE 802.11 b/g 频带展开了车车信道测量。也有一些测量活动在 IEEE 802.11a 频带

表 7-1 重要的车车信道测量

测量	载波频率	天线	频率选择性	收发端运动方向	环境	信道特征
Ref. [70]	2.4 GHz	SISO	宽带	相同	SS/EW(Pico) LVTD	PDP、DD 功率谱
Ref. [71]	2.4 GHz	MIMO	宽带	相同	UC/EW(Pico) LVTD	STF、CF、LCR、SDF、PSD
Ref. [72]	5 GHz	SISO	宽带	相同	UC/SS/EW (Micro/Pico) H(L)VTD	幅度 PDF、频率 CF、PDP
Ref. [73]	5.2 GHz	MIMO	宽带	相反	EW(Pico) LVTD	PL、PDP、DD 功率谱
Ref. [74]	5.9 GHz	SISO	窄带	相同	SS,(Micro/Pico) LVTD	PL、CT、幅度 PDF、多普勒 PSD
Ref. [75]	5.9 GHz	SISO	宽带	相同+相反	UC/SS/EW (Micro/Pico) LVTD	幅度 PDF、DD 功率谱

SS:郊区街道;EW:高速公路;UC:城市峡谷;Micro:宏小区;Pico:微微小区;H(L)VTD:高(低)车流量;PDP:功率时延谱;DD:多普勒-时延;PSD:功率谱密度;STF:空间-时间-频率;CF:相关函数;LCR:水平交叉率;PDF:概率密度函数;PL:路径衰落;CT 相关时间。

附近展开,例如 5 GHz[72] 和 5.2 GHz[73] 测量活动。[74]和[75]分别做了载波频率为 5.9 GHz 的窄带和宽带车车信道测量。通过这些测量我们可以发现,相似环境下的不同频率下的信道传播特征差别显著。因此,进行更多的 IEEE 802.11p 频带,即 5.9 GHz 频带下的车车信道测量对于更好地设计车车系统的安全方面的应用(如紧急刹车)是不可或缺的。

2. 频率选择性以及天线

1999 年,美国联邦通信委员会分配了 75 MHz 的授权频谱用于专用短程通信,包括 7 个具有 10 MHz 瞬时带宽的信道。这样的车车信道通常是频率选择性信道(宽带信道)。基于测量结果的窄带衰落特征化信道模型(例如 Cheng 等人发表的工作[74])对于这样的宽带信道应用是不够充分的。因此,宽带信道测量[70-73],[75]对于理解车车信道的频率选择特征和设计高性能的车车系统是至关重要的。

迄今为止,大部分的车车测量活动关注于单输入单输出系统的应用,即单天线情形[70,72,74,75]。在未来的通信网络中,收发端都具有多个天线的多输入多输出系统是具有潜力的待选技术,其在 IEEE 802.11 标准中获取了重要的关注。由于多天线很容易放置在大车体表面,多输入多输出技术对于车车系统来说同样具有吸引力。然而,只有很少的测量活动针对车车多输入多输出信道[71,73],因此,为了促进车车系统的发展,我们需要更多的多输入多输出信道测量活动。

3. 环境和收发端运动方向

类似传统蜂窝网络,根据收发端的间隔,车车场景可以分为大空间尺度(LSS)、中等空间尺度(MSS)和小空间尺度(SSS)场景。在LSS或者MSS场景中,收发端的距离一般在1千米以上或者在300米到1千米之间,车车系统主要用于广播或者“地域群播”,即地理广播[77]。在SSS场景中,收发端距离一般小于300米,车车系统可以应用于广播、地域群播和单播。由于大部分的应用都发生在MSS和SSS场景中,因此它们获得了越来越多的关注,一些测量活动[70-75]也是针对它们展开的。然而,还是有少数的应用需要发生在距离超过1千米的车体之间,例如在分散式环境通知应用中,一定区域范围内的车辆或者司机之间共享交通事件和路况信息。由于这些应用还没有获得广泛的关注,因此业界还没有可用的LSS场景下的车车信道测量结果。

车车场景也可以根据道路所处环境和路边建筑物、树木、停留的车辆等分为城市峡谷、郊区树林和高速场景。为了研究多种不同类型道路环境下的车车信道特征,很多测量活动为此展开[70-72,75]。由于车车环境的特殊性,车流量(VTD)对于信道的影响是非常显著的,特别是在MSS和SSS场景中。一般来讲,收发端之间的距离越小,车流量密度对信道特征的影响越显著。除了在高车流密度情形下,车车信道一般具有非各向同性散射的特征。据作者所知,只有[72]在高速公路场景下做了车流量对车车信道的影响的研究测量活动。

收发端车辆的运动方向(通常体现在信道的多普勒效应中)同样影响车车信道的统计特征。很多的测量活动(例如[70-72]和[74]中提到的活动)关注收发端车辆同向而行情况下的信道特征。一些测量活动(例如[73]和[75]中提到的活动)关注收发端车辆异向而行情况下的信道特征。

综上所述,在MSS和SSS场景下,针对不同的车流量,展开更多的车辆同向和异向而行情形下的车车信道测量具有重要的意义。此外,针对大范围车车通信应用的LSS场景下的信道测量也是不可或缺的。

4. 信道特征

如表7-1所示,最近的测量活动研究了许多不同的信道特征[70-75]。这里,我们着重关注两个重要的特征:幅度分布和多普勒功率谱密度。

业界报告了有关幅度分布的特征[72,74,75]。[75]的作者使用瑞利或者莱斯分布来建模接收信号的幅值概率密度分布。[74]的作者发现在5.9 GHz专用短程通信系统中,随着车辆间距的增大,信号幅度分布从接近莱斯分布逐渐转变为瑞利分布。当视距路径由于距离过大被中断时,信道衰落变得比瑞利分布更为严重。同样的结论也在[72]中被发现,其中,作者采用韦伯(Weilbull)分布来建模信号幅值的概率密度分布。高速运动状态下的多径的快速演变、收发天线的低高度,以及快速运动的散射体[78]导致了这种比瑞利分布更为严重的衰落分布。

多个研究小组[70-71,73-75]研究了车车信道的多普勒功率谱密度。[70]、[73]和[75]分别报告了在2.4 GHz、5.2 GHz和5.9 GHz下的测量活动,研究了宽带车车信道的时延-多普勒联合特征。在宽带车车信道中,不同时间和时延下的多普勒功率谱变化显著。[74]分析了窄带车车信道的多普勒扩展、相关时间以及它们和车体速度和车体距离的相关性。近年来,[71]和[73]研究了空间多普勒功率谱密度,即空间-时间相关函数的时间傅里叶变换。值得关注的是,车车信道的多普勒功率谱密度和传统固定-移动信道的U形谱有很大的不同。

总体来说,填补高铁、地铁、无人机、车车等移动场景下有效的和具有针对性的信道模型研究的空白和不足对于设计和开发相应通信系统和技术以及性能评估是至关重要的。本章的剩余部分将主要介绍针对这些移动场景的基于测量的信道建模技术和工作，如应用在高铁、地铁和无人机（地对空）信道研究中的被动信道测量技术和相关实测建模工作，以及应用在车车场景下的基于哈夫变换的路径跟踪技术等。

7.2 基于扩展卡尔曼滤波器的信道参数跟踪估计算法

7.2.1 概览

传播路径的时域特征对时变信道的特征化建模非常重要[79-80]。路径参数的时变特征被认为是多径簇静态特征之外的新维度，业内已经用实际测量验证了路径簇在动态场景中的演变[80]。在这些工作中，路径及路径簇的演变特征，是从独立观测中路径参数估计值的非连续变化间接获取的。在这些研究中利用的估计算法，如在[80]中使用的空间迭代广义期望最大化(SAGE)算法和在[79]中使用的 Unitary ESPRIT 方法，都基于如下假设：不同观测中的路径参数都是独立的，即在时刻上没有相关性。这个并不现实的假设会导致在估计路径参数在时间域里的演变特征时获得的信息量减少。此外，由于这些算法中模型参数在不同快拍间的不一致，如路径数量的大小，以及过于固定的动态范围设定，导致在一些连续的观测中，时变的路径可能被强路径遮蔽，很难被提取到。所以，一条时变的路径可能会被错误捕捉为若干条路径。这些因素都会影响到后期分簇算法的性能和建立的信道模型的有效性。因此，有必要推导和使用更为合适的算法来直接估计传播路径连续变化的时域特征。

对于传播多径时变特征的估计，一个普遍采用的方法是扩展卡尔曼滤波器(extended Kalman filter, EKF)算法[81]。EKF 算法原来用于解决非线性特征估计和跟踪的问题。经典的 EKF 算法依赖于非线性信号模型的线性化。当对于时间域而言，观察中的参数变化接近线性近似时，线性化带来的误差可以忽略不计。如在文献[81]和[82]中，扩展卡尔曼滤波器算法用于时变路径的时延、波达角度、波离角度和复振幅的跟踪。此外，还有一些方法用来跟踪多输入多输出信道测量中的时变路径[81,83-84]。有的文献(如[83])使用了递归的期望最大化算法和空间迭代广义期望最大化算法，对路径的波达水平角进行时域跟踪。

7.2.2 EKF 的结构

本节中，我们利用状态-空间模型来表征传播路径的时变行为，利用观察模型来形容接收天线阵列的输出信号，结合这两个模型来对 EKF 算法进行推导。此外，我们还将在存在模型失配、未知初始相位、具有不同观测次数、具有不同路径参数变化率等的场景中评估 EKF 算法的跟踪性能。

1. 状态模型

为简单起见，我们认为一条时变传播路径由水平到达角度 ϕ、垂直到达角度 θ、时延 τ，以及上述参数的变化率 $\Delta(\cdot)$ 和复振幅 α 来刻画。所推导的 EKF 算法很容易推广，可以包含更多的参数。第 k 个观察的状态矢量 $\boldsymbol{\theta}_k$ 可定义为

$$\boldsymbol{\theta}_k=[\phi_k,\Delta\phi_k,\theta_k,\Delta\theta_k,\tau_k,\Delta\tau_k,|\alpha_k|,\angle\alpha_k]^{\mathrm{T}}\in\mathbf{R}^9 \tag{7.2.1}$$

状态的改变描述为

$$\boldsymbol{\theta}_{k+1}=\boldsymbol{F}_k\boldsymbol{\theta}_k+\boldsymbol{n}_k \tag{7.2.2}$$

$\boldsymbol{F}_k$ 是转换矩阵，即

$$\boldsymbol{F}_k=\begin{pmatrix}1&1&0&0&0&0&0&0\\0&1&0&0&0&0&0&0\\0&0&1&1&0&0&0&0\\0&0&0&1&0&0&0&0\\0&0&0&0&1&1&0&0\\0&0&0&0&0&1&0&0\\0&0&0&0&0&0&1&0\\0&0&0&0&0&0&0&1\end{pmatrix} \tag{7.2.3}$$

噪声矢量 $\boldsymbol{n}_k$ 表示为

$$\boldsymbol{n}_k=[n_{\phi,k},n_{\Delta\phi,k},n_{\theta,k},n_{\Delta\theta,k},n_{\tau,k},n_{\Delta\tau,k},0,0]^{\mathrm{T}} \tag{7.2.4}$$

其中，$n_{x,k}(x\in\{\phi,\Delta\phi,\theta,\Delta\theta,\tau,\Delta\tau\})$表示参数 x 的噪声。

位置参数的动态变化，通常被认为是由环境中散射体的移动，发射器和/或接收器的移动、旋转、姿态改变，以及其内在的随机扰动共同形成的。对于信道多径而言，参数的动态变化还可能是由不同观测中发射和接收的观察方位发生微小变化，导致漫散射表面被照亮的部分不同而造成的，或散射体的无线电横截面(RCS)在幅度和相位上发生了显著的改变。当从一个观察快拍到下一个快拍时，位置参数近似的路径也可以变得完全不相干。基于上述考虑，我们假设这些噪声分量是高斯分布和相互不相关的。此外，为了进一步简化推导，我们假设 $\boldsymbol{n}_k$ 的协方差矩阵 $\boldsymbol{\Sigma}_{n,k}$ 已知，即可从经验或者测量过程中得到初始设定。

2. 观察模型

接收天线阵列输出的接收信号可以写为

$$\boldsymbol{y}_{k+1}(t)=\boldsymbol{y}_{\mathrm{tg}}(t;\boldsymbol{\theta}_{k+1})+\boldsymbol{w}_{k+1}(t) \tag{7.2.5}$$

其中，单路径环境中的 $\boldsymbol{y}_{\mathrm{tg}}(t;\boldsymbol{\theta}_k)$可以写为

$$\boldsymbol{y}_{\mathrm{tg}}(t;\boldsymbol{\theta}_k)=\alpha_k u(t-\tau_k)\exp\{-\mathrm{j}2\pi\Delta\tau_k T_{\mathrm{s}}^{-1}f_{\mathrm{c}}t\}\boldsymbol{c}(\boldsymbol{\Omega}_k) \tag{7.2.6}$$

这里，T_{s} 表示两个信道快拍之间的时间间隔，假设天线阵列 $\boldsymbol{c}(\boldsymbol{\Omega}_k)$的各个阵列元素具有全向的天线方向图，即

$$\boldsymbol{c}(\boldsymbol{\Omega})=\exp\{\mathrm{j}2\pi\lambda^{-1}\boldsymbol{R}^{\mathrm{T}}\boldsymbol{\Omega}\} \tag{7.2.7}$$

上式中，$\boldsymbol{R}=[\boldsymbol{r}_1,\boldsymbol{r}_2,\cdots,\boldsymbol{r}_M]$，$\boldsymbol{r}_m\in\mathbf{C}^{3\times1}$决定了在笛卡儿坐标系中第 m 个天线的位置。

在式(7.2.5)中，$\boldsymbol{w}_{k+1}(t)$为标准复高斯白噪声，其协方差矩阵是 $\boldsymbol{\Sigma}_{w,k+1}=\boldsymbol{I}\sigma_w^2$，$\boldsymbol{I}$ 是对角标准矩阵。

3. 扩展卡尔曼滤波器

为了简化推导过程，我们先考虑单路径场景。利用式(7.2.2)的状态模型和式(7.2.5)的观察模型，当第$(k+1)$个观察有效时，EKF 包括以下步骤。

(1) 状态预测：

$$\hat{\boldsymbol{\theta}}_{k+1|k}=\boldsymbol{F}_k\hat{\boldsymbol{\theta}}_k \tag{7.2.8}$$

其中，$(\cdot)_{k+1|k}$表示给定参数的预测值。

（2）状态协方差矩阵预测：

$$\boldsymbol{P}_{k+1|k}=\boldsymbol{F}_k\boldsymbol{P}_k\boldsymbol{F}_k^{\mathrm{H}}+\boldsymbol{\Sigma}_{n,k} \tag{7.2.9}$$

（3）卡尔曼增益矩阵计算：

$$\boldsymbol{K}_{k+1}=\boldsymbol{P}_{k+1|k}\boldsymbol{H}(\boldsymbol{\theta}_{k+1|k})^{\mathrm{H}}(\boldsymbol{H}_{k+1}\boldsymbol{P}_{k+1|k}\boldsymbol{H}(\boldsymbol{\theta}_{k+1|k})^{\mathrm{H}}+\boldsymbol{\Sigma}_{w,k+1})^{-1} \tag{7.2.10}$$

（4）状态估计更新：

$$\hat{\boldsymbol{\theta}}_{k+1}=\hat{\boldsymbol{\theta}}_{k+1|k}+\boldsymbol{K}_{k+1}(\boldsymbol{y}_{k+1}-\boldsymbol{y}_{\mathrm{tg}}(\hat{\boldsymbol{\theta}}_{k+1|k})) \tag{7.2.11}$$

（5）状态协方差矩阵更新：

$$\boldsymbol{P}_{k+1}=(\boldsymbol{I}-\boldsymbol{K}_{k+1}\boldsymbol{H}\hat{\boldsymbol{\theta}}_{k+1})\boldsymbol{P}_{k+1|k} \tag{7.2.12}$$

式(7.2.11)中的接收信号 $\boldsymbol{y}_{k+1}$ 可以写为

$$\boldsymbol{y}=[y_1(t_1),y_2(t_1),\cdots,y_M(t_1),y_1(t_2),y_2(t_2),\cdots,y_M(t_2),y_1(t_3),\cdots,y_M(t_N)]^{\mathrm{T}}$$

此外，式(7.2.11)中的 $\boldsymbol{y}_{\mathrm{tg}}(\hat{\boldsymbol{\theta}}_{k+1|k})$ 具有与 $\boldsymbol{y}$ 相似的结构。

在式(7.2.9)之后，EKF 也可以通过如下的替代形式进行操作。

（1）针对参数 $\boldsymbol{\theta}$ 的对数似然的偏导数方程的计算：

$$\boldsymbol{J}(\hat{\boldsymbol{\theta}}_{k+1|k})=2R\{\boldsymbol{H}(\hat{\boldsymbol{\theta}}_{k+1|k})^{\mathrm{H}}\boldsymbol{\Sigma}_{w,k+1}^{-1}\boldsymbol{H}(\hat{\boldsymbol{\theta}}_{k+1|k})\} \tag{7.2.13}$$

（2）误差协方差矩阵的更新：

$$\boldsymbol{P}_{k+1|k+1}=(\boldsymbol{P}_{k+1|k}^{-1}+\boldsymbol{J}(\hat{\boldsymbol{\theta}}_{k+1|k}))^{-1} \tag{7.2.14}$$

（3）参数估计中校正的计算：

$$\Delta\hat{\boldsymbol{\theta}}=\boldsymbol{P}_{k+1|k}(\boldsymbol{I}-\boldsymbol{J}(\hat{\boldsymbol{\theta}}_{k+1|k})\boldsymbol{P}_{k+1|k+1})2R\{\boldsymbol{H}(\hat{\boldsymbol{\theta}}_{k+1|k})^{\mathrm{H}}\boldsymbol{\Sigma}_{w,k+1}^{-1}(\boldsymbol{y}_{k+1}-\boldsymbol{y}_{\mathrm{tg}}(\hat{\boldsymbol{\theta}}_{k+1|k}))\} \tag{7.2.15}$$

（4）参数估计值的更新：

$$\hat{\boldsymbol{\theta}}_{k+1|k+1}=\hat{\boldsymbol{\theta}}_{k+1|k}+\Delta\hat{\boldsymbol{\theta}} \tag{7.2.16}$$

其中，$\boldsymbol{H}(\boldsymbol{\theta})$为雅克比矩阵，包含了 $\boldsymbol{y}_{\mathrm{tg}}(t;\boldsymbol{\theta})$，$t=t_1,\cdots,t_N$ 对 $\boldsymbol{\theta}$ 的偏微分导数：

$$\boldsymbol{H}(\boldsymbol{\theta})=\begin{bmatrix}\dfrac{\partial\boldsymbol{y}_{\mathrm{tg}}(t_1;\boldsymbol{\theta})}{\partial\phi} & \dfrac{\partial\boldsymbol{y}_{\mathrm{tg}}(t_1;\boldsymbol{\theta})}{\partial\Delta\phi} & \cdots & \dfrac{\partial\boldsymbol{y}_{\mathrm{tg}}(t_1;\boldsymbol{\theta})}{\partial\angle\alpha}\\ \dfrac{\partial\boldsymbol{y}_{\mathrm{tg}}(t_2;\boldsymbol{\theta})}{\partial\phi} & \dfrac{\partial\boldsymbol{y}_{\mathrm{tg}}(t_2;\boldsymbol{\theta})}{\partial\Delta\phi} & \cdots & \dfrac{\partial\boldsymbol{y}_{\mathrm{tg}}(t_2;\boldsymbol{\theta})}{\partial\angle\alpha}\\ \vdots & \vdots & \ddots & \vdots\\ \dfrac{\partial\boldsymbol{y}_{\mathrm{tg}}(t_N;\boldsymbol{\theta})}{\partial\phi} & \dfrac{\partial\boldsymbol{y}_{\mathrm{tg}}(t_N;\boldsymbol{\theta})}{\partial\Delta\phi} & \cdots & \dfrac{\partial\boldsymbol{y}_{\mathrm{tg}}(t_N;\boldsymbol{\theta})}{\partial\angle\alpha}\end{bmatrix}$$

矩阵中的各项表达式如下：

$$\frac{\partial\boldsymbol{y}_{\mathrm{tg}}(t;\boldsymbol{\theta})}{\partial\phi}=\alpha\cdot u(t-\tau)\exp\{-\mathrm{j}2\pi\Delta\tau_k T_{\mathrm{s}}^{-1}f_{\mathrm{c}}t\}\frac{\partial\boldsymbol{c}(\boldsymbol{\Omega})}{\partial\phi} \tag{7.2.17}$$

$$\frac{\partial\boldsymbol{y}_{\mathrm{tg}}(t;\boldsymbol{\theta})}{\partial\theta}=\alpha\cdot u(t-\tau)\exp\{-\mathrm{j}2\pi\Delta\tau_k T_{\mathrm{s}}^{-1}f_{\mathrm{c}}t\}\frac{\partial\boldsymbol{c}(\boldsymbol{\Omega})}{\partial\theta} \tag{7.2.18}$$

$$\frac{\partial\boldsymbol{y}_{\mathrm{tg}}(t;\boldsymbol{\theta})}{\partial\tau}=-\mathrm{j}2\pi\alpha\cdot\exp\{-\mathrm{j}2\pi\Delta\tau T_{\mathrm{s}}^{-1}f_{\mathrm{c}}t\}\boldsymbol{c}(\boldsymbol{\Omega})\int U(f)\exp\{-\mathrm{j}2\pi f\tau\}f\exp\{\mathrm{j}2\pi ft\}\mathrm{d}f \tag{7.2.19}$$

$$\frac{\partial\boldsymbol{y}_{\mathrm{tg}}(t;\boldsymbol{\theta})}{\partial\Delta\tau}=-\mathrm{j}2\pi\alpha f_{\mathrm{c}}T_{\mathrm{s}}^{-1}t\cdot u(t-\tau)\exp\{-\mathrm{j}2\pi\Delta\tau T_{\mathrm{s}}^{-1}f_{\mathrm{c}}t\}\boldsymbol{c}(\boldsymbol{\Omega}) \tag{7.2.20}$$

$$\frac{\partial\boldsymbol{y}_{\mathrm{tg}}(t;\boldsymbol{\theta})}{\partial|\alpha|}=\exp\{\mathrm{j}\angle\alpha\}\exp\{-\mathrm{j}2\pi\Delta\tau_k T_{\mathrm{s}}^{-1}f_{\mathrm{c}}t\}\boldsymbol{c}(\boldsymbol{\Omega})\cdot u(t-\tau) \tag{7.2.21}$$

$$\frac{\partial \boldsymbol{y}_{\mathrm{tg}}(t;\boldsymbol{\theta})}{\partial \angle \alpha}=\mathrm{j}\cdot\alpha\cdot u(t-\tau)\exp\{-\mathrm{j}2\pi\Delta\tau_k T_s^{-1} f_c t\}\boldsymbol{c}(\boldsymbol{\Omega}) \tag{7.2.22}$$

在式(7.2.17)中，如果阵列元素具有全向辐射方向图，则偏微分$\partial \boldsymbol{c}(\boldsymbol{\Omega})/\partial\phi$可以计算为

$$\frac{\partial \boldsymbol{c}(\boldsymbol{\Omega})}{\partial\phi}=\mathrm{j}2\pi\lambda^{-1}\exp\{\mathrm{j}2\pi\lambda^{-1}\boldsymbol{R}^{\mathrm{T}}\boldsymbol{\Omega}\}\boldsymbol{R}^{\mathrm{T}}\frac{\partial\boldsymbol{\Omega}}{\partial\phi} \tag{7.2.23}$$

其中，$\partial\boldsymbol{\Omega}/\partial\phi=[-\sin(\theta)\sin(\phi),\sin(\theta)\cos(\phi),0]^{\mathrm{T}}$。同样，式(7.2.18)中的$\partial\boldsymbol{c}(\boldsymbol{\Omega})/\partial\theta$可以计算为

$$\frac{\partial \boldsymbol{c}(\boldsymbol{\Omega})}{\partial\theta}=\mathrm{j}2\pi\lambda^{-1}\exp\{\mathrm{j}2\pi\lambda^{-1}\boldsymbol{R}^{\mathrm{T}}\boldsymbol{\Omega}\}\boldsymbol{R}^{\mathrm{T}}\frac{\partial\boldsymbol{\Omega}}{\partial\theta} \tag{7.2.24}$$

其中，$\partial\boldsymbol{\Omega}/\partial\theta=[\cos(\theta)\cos(\phi),\cos(\theta)\sin(\phi),-\sin(\theta)]^{\mathrm{T}}$。此外，式(7.2.19)中的$U(f)$表示$u(t)$的傅里叶变换。另外需要明确的是，$\boldsymbol{y}_{\mathrm{tg}}(t;\boldsymbol{\theta})$对$\Delta\phi$和$\Delta\theta$的偏微分均为零向量。

7.2.3 线性近似带来的模型失配

推导 EKF 时使用的模型可能与真正的有效模型不同。模型失配可以归因于使用了泰勒级数展开对非线性模型进行线性近似，或者推导 EKF 时的模型简化忽略了真实环境中的某些扰动效应。后者可能在以下情况下发生：EKF 中使用的模型中未考虑或错误估计了由于时变环境导致的接收信号相位变化。本节中，我们将推导 EKF 中的真实信号和由模型计算的信号之间的误差的解析式。误差由如下因素导致：① 真实模型与泰勒级数展开式在数值上的偏差；② 有限的观测样本空间，例如采集信号的时刻数量以及空间采样的数量；③ 由于环境的时变性导致的信号初始相位的估计误差。为了简单起见，我们考虑传播路径仅由其多普勒频移表征，并假设观察在无噪声情况下进行。

本节考虑的有效接收信号可以表述为

$$y(t)=\alpha\exp\{\mathrm{j}(2\pi\nu t+\phi)\} \tag{7.2.25}$$

其中，ν表示多普勒频移，ϕ指初始相位，α表示复振幅(假设α在观测期间内不发生改变)，$t\in[0,T]$是在观察间隔T内观察的时间。不失一般性，在以下的推导中我们假设$\alpha=1$。

利用在$\nu=\nu'$处$\exp\{\mathrm{j}2\pi\nu t\}$的一阶泰勒展开来近似$y(t)$，可以得到近似的线性模型：

$$\tilde{y}(t)=\exp\{\mathrm{j}\hat{\phi}\}\cdot[\exp\{\mathrm{j}2\pi\nu' t\}+\mathrm{j}2\pi(\nu-\nu')t\exp\{\mathrm{j}2\pi\nu' t\}] \tag{7.2.26}$$

其中，$\hat{\phi}$为ϕ的估计值，该数值可能由于上一个观察中未对非零多普勒频移进行准确估计而导致存在相位累计误差。值得注意的是，在文献[81]和[82]中，EKF 所使用的观察模型中忽略了路径非零多普勒频移引起的相位累计，这样会导致 EKF 的预测误差增大。

通过计算$y(t)$和$\tilde{y}(t)$的归一化误差：

$$\Delta\doteq\frac{\int_0^T|y(t)-\tilde{y}(t)|^2\mathrm{d}t}{\int_0^T|y(t)|^2\mathrm{d}t}=T^{-1}\int_0^T|y(t)-\tilde{y}(t)|^2\mathrm{d}t \tag{7.2.27}$$

可以看出

$$\Delta=2+\frac{4}{3}\pi^2T^2\Delta\nu^2+2\cos(\Delta\phi+\Delta\nu2\pi T)+4T\pi\Delta\nu\cdot\sin(\Delta\phi)\mathrm{sinc}^2(\Delta\nu T)-4\cos(\Delta\phi)\mathrm{sinc}(\Delta\nu2T)\tag{7.2.28}$$

其中，$\Delta\nu=\nu-\nu'$，$\Delta\phi=\phi-\hat{\phi}$。很明显，$\Delta$ 是 T、$\Delta\nu$ 和 $\Delta\phi$ 的方程。假设 $\Delta\phi=0$，式(7.2.28)变为

$$\Delta=2+\frac{4}{3}\pi^2T^2\Delta\nu^2+2\cos(\Delta\nu2\pi T)-4\mathrm{sinc}(\Delta\nu2T)\tag{7.2.29}$$

如果 $\Delta\nu=0$，式(7.2.28)则简化为

$$\Delta=2+2\cos(\Delta\phi)\tag{7.2.30}$$

图 7-1 显示了分别针对 $\Delta\nu$、$\Delta\phi$ 和 T 的 Δ 曲线，其中的两个参数保持不变。在图 7-1(c) 中，$\Delta\nu=1$ Hz、$\nu'=10$ Hz、$\Delta\phi=5°$，采样率是 300 Hz。可以观察到，当 $\Delta\nu/\nu'>0.1$ 或者 $\Delta\phi>12°$时，近似值和真实值之间误差显著。此外，当 $\Delta\nu/\nu'$和 $\Delta\phi$ 都很小时，平方误差也会相对于观察样本的数量呈指数增加。

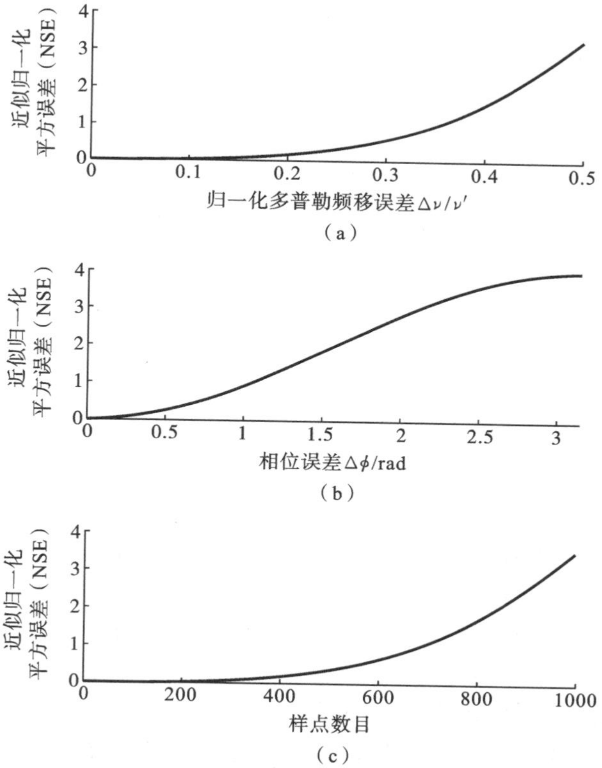

图 7-1　$T=1$ 时，针对(a)归一化多普勒频移误差，(b)相位误差和(c)样点数目的有效信号模型的近似归一化平方误差(NSE)的一阶泰勒展开

7.2.4　初始相位误差对 EKF 性能的影响

本节利用仿真来研究在 EKF 使用的观测模型中未考虑非零多普勒导致的相位累加的情况下，使用 EKF 对多普勒频移和波达水平角进行估计和跟踪的性能。

(1) 情况 1：单路径多普勒频移跟踪。

该场景下的空间状态模型可以写为

$$\nu_{k+1}=\nu_k+w_k \tag{7.2.31}$$

其中，w_k 表示方差为 σ_w^2 的实数高斯噪声分量。观察模型所描述的为接收到的窄带信号：

$$\boldsymbol{y}_{k+1}(t)=\alpha\exp\{\mathrm{j}2\pi\nu_{k+1}t+\psi_{k+1}\}+\boldsymbol{n}_{k+1}(t) \tag{7.2.32}$$

为不失一般性，假设复振幅 α 为 1。用 ψ_{k+1} 来表示非零多普勒频移所带来的相位变化：

$$\psi_{k+1}=\psi_k+2\pi\nu_{k+1}T \tag{7.2.33}$$

其中，T 表示两个连续的观察之间的时间间隔。

用于估计并跟踪多普勒频移的 EKF 算法具有以下计算环节。

① 状态预测：

$$\hat{\nu}_{k+1|k}=\hat{\nu}_k \tag{7.2.34}$$

② 状态方差的预测：

$$P_{k+1|k}=P_k+\sigma_\nu^2 \tag{7.2.35}$$

③ 针对 ν 的对数似然函数的微分计算：

$$J(\hat{\nu}_{k+1|k})=2R\{\boldsymbol{h}(\hat{\nu}_{k+1|k})^{\mathrm{H}}\sigma_w^{-2}\boldsymbol{h}(\hat{\nu}_{k+1|k})\} \tag{7.2.36}$$

④ 误差方差的更新：

$$P_{k+1|k+1}=[P_{k+1|k}^{-1}+J(\hat{\nu}_{k+1|k})]^{-1} \tag{7.2.37}$$

⑤ 更新增量的计算：

$$\Delta\hat{\nu}=P_{k+1|k}(1-J(\hat{\nu}_{k+1|k})P_{k+1|k+1})2R\{\boldsymbol{h}(\hat{\nu}_{k+1|k})^{\mathrm{H}}\sigma_w^{-2}(\boldsymbol{y}_{k+1}-\hat{y}(\hat{\nu}_{k+1|k}))\} \tag{7.2.38}$$

⑥ 参数估计更新：

$$\hat{\nu}_{k+1|k+1}=\hat{\nu}_{k+1|k}+\Delta\hat{\nu} \tag{7.2.39}$$

图 7-2 比较了两个 EKF 算法在跟踪传播路径的多普勒频移时的性能。多普勒频移的轨迹可以表示为

$$\nu_n=\nu_1+0.01\cdot n^2+\nu_n \tag{7.2.40}$$

其中，ν_n 是指在第 n 个观察中以 Hz 为单位的多普勒频移，ν_n 符合均值为 0、方差为 1×10^{-3} 的高斯随机过程。对比操作中，其中一个 EKF 考虑了由于多普勒频移引起的相位变化，另一个 EKF 则没有考虑该相位的变化。每个观察共由 20 个连续快拍构成。两个连续观察的间隔是 0.05 s，即对应着 25 个样本的总长度。图 7-2 表示多普勒频移的原始轨迹和使用这两个 EKF 后获得的估计结果。可以明显看到，考虑相位变化的 EKF 执行时比不考虑相位变化的 EKF 具有更好的跟踪效果。图 7-2(b) 显示了两个 EKF 的绝对估计误差。

(2) 情况 2：单个路径波达水平角的跟踪。

此时的空间状态模型式(7.2.31)可以修正为

$$\phi_{k+1}=\phi_k+w_k \tag{7.2.41}$$

我们考虑 M 个阵元的均匀线性阵列，阵元间隔等于半波长。用于描述接收信号的观察模型可以写为

$$\boldsymbol{y}_{k+1}=\alpha\boldsymbol{c}(\phi_{k+1})\exp\{\mathrm{j}\psi_{k+1}\}+\boldsymbol{n}_{k+1} \tag{7.2.42}$$

其中，$\psi_{k+1}=\psi_k+2\pi\nu_{k+1}T$ 表示 $(k+1)$ 个观察中多普勒频移带来的相位，$\boldsymbol{c}(\phi)=$

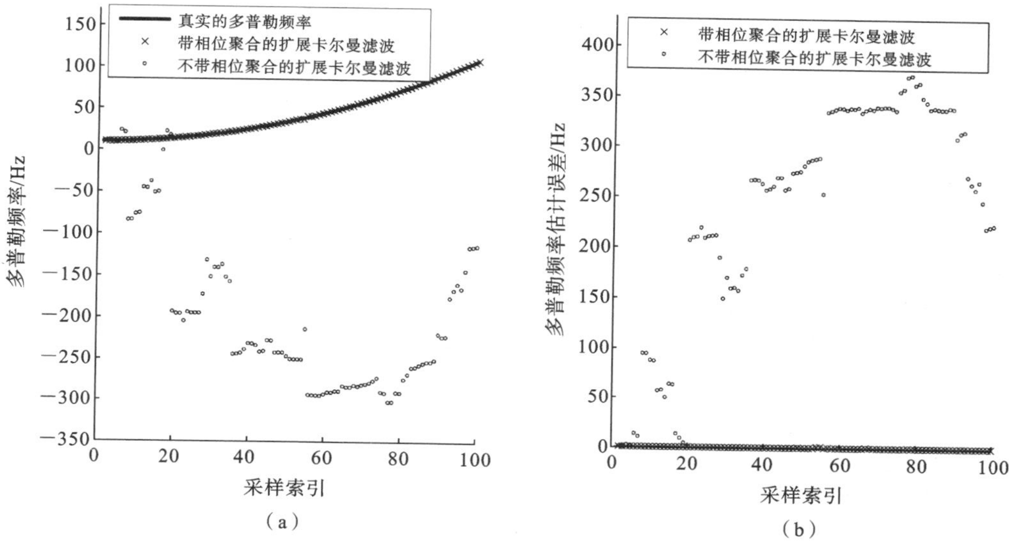

图 7-2 扩展卡尔曼滤波的性能比较:(a) 跟踪每个观察中的多普勒频移轨迹;(b) 使用扩展卡尔曼滤波并且考虑由于非零多普勒频移引起的相位聚合而获得的估计误差

$[c_1(\phi),\cdots,c_m(\phi),\cdots,c_M(\phi)]^{\mathrm{T}}$ 代表天线阵列对 AoAϕ 的响应。在假设天线阵元均为全向天线的情况下,导向矢量 $\boldsymbol{c}(\phi)$ 里的 $c_m(\phi)$ 可以表示为 $c_m(\phi)=\exp\{\mathrm{j}\pi(m-1)\cos(\phi)\}$。

用于跟踪 AoA 的 EKF 算法具有以下方程。

① 状态预测:

$$\hat{\boldsymbol{\phi}}_{k+1|k}=\hat{\boldsymbol{\phi}}_k \tag{7.2.43}$$

② 状态方差的预测:

$$P_{k+1|k}=P_k+\sigma_\nu^2 \tag{7.2.44}$$

③ 针对 ϕ 的对数正态函数的微分计算:

$$J(\hat{\boldsymbol{\phi}}_{k+1|k})=2R\{\boldsymbol{h}(\hat{\boldsymbol{\phi}}_{k+1|k})^{\mathrm{H}}\sigma_w^{-2}\boldsymbol{h}(\hat{\boldsymbol{\phi}}_{k+1|k})\} \tag{7.2.45}$$

④ 误差方差的更新:

$$P_{k+1|k+1}=[P_{k+1|k}^{-1}+J(\hat{\boldsymbol{\phi}}_{k+1|k})]^{-1} \tag{7.2.46}$$

⑤ 更新增量的计算:

$$\Delta\hat{\boldsymbol{\phi}}=P_{k+1|k}(1-J(\hat{\boldsymbol{\phi}}_{k+1|k})P_{k+1|k+1})2R\{\boldsymbol{h}(\hat{\boldsymbol{\phi}}_{k+1|k})^{\mathrm{H}}\sigma_w^{-2}(\boldsymbol{y}_{k+1}-\hat{y}(\hat{\boldsymbol{\phi}}_{k+1|k}))\} \tag{7.2.47}$$

⑥ 参数估计更新:

$$\hat{\boldsymbol{\phi}}_{k+1|k+1}=\hat{\boldsymbol{\phi}}_{k+1|k}+\Delta\hat{\boldsymbol{\phi}} \tag{7.2.48}$$

在仿真研究中,假设接收器为 8 个阵元均为全向天线的线性阵列,元件间隔是半波长,输入信噪比为 30 dB,由于目标移动引起的相位变化被限制在 0°~6°,AoA 和多普勒频移的轨迹分别由

$$\phi_n=\phi_1+0.01\cdot n^2+w_n \tag{7.2.49}$$

和式(7.2.40)获得。其中,ϕ_n 表示在第 n 个观察中的 AoA,w_n 代表均值为 0、方差为 1×10^{-3} 的高斯随机过程。图 7-3 展示了仿真结果,可以明显看到校正初始相位的 EKF 表现出比没有校正初始相位的 EKF 较小的估计误差。后者几乎不能跟踪 AoA 的

变化。

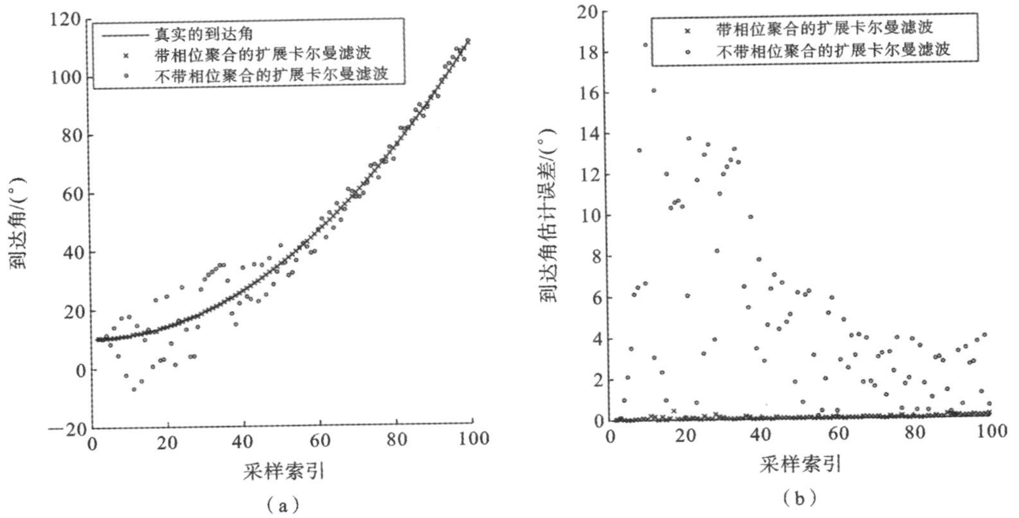

图 7-3　扩展卡尔曼滤波的性能比较：(a)跟踪每个观察中的到达轨迹的方位角；(b)使用扩展卡尔曼滤波而获得的估计误差，包括考虑和没有考虑由于非零多普勒频移引起的相位聚合

7.3　基于粒子滤波的跟踪算法

在前面的部分已经描述了，在路径参数剧烈波动的情况下，基于泰勒级数展开的线性近似明显不准确，可能发生“轨迹丢失”错误。因此，基于 EKF 的跟踪算法可能无法正常工作。此外，基于 EKF 的算法中的参数更新步骤需要相对于路径参数计算接收信号的二阶导数。在信道测量中，使用从校准测量收集的系统响应，通过数值方法计算这些导数。在校准误差的存在下，这些导数可能是错误的并且会导致显著的性能损失。

在本章节，我们描述最初在[85]中提出的用于跟踪多输入多输出无线电信道中的时变传播路径的参数的低复杂度粒子滤波(PF)算法。与 EKF、递归 EM 和 SAGE 算法不同，当观测模型是非线性的时，PF 仍然可以应用。此外，它不需要微分求导运算，避免了由于无法微分或者微分近似不准确所带来的问题。在本节中，我们依然采用状态空间模型用于描述延迟中的路径演化、波达方位角、波离方位角、多普勒频移和复振幅。所提出的粒子滤波器具有专门为宽带 MIMO 信道测量设计的附加重采样步骤，其中，路径状态的后验概率密度函数通常高度集中在多维状态空间中。使用测量数据的初步调查表明，所提出的 PF 可以用少量粒子(例如每路径 5 个)稳定地跟踪路径，即使在路径未被常规 SAGE 算法检测到的情况下。

我们首先简要介绍描述时间演化路径参数的状态空间模型，再讨论在测量设备的 Rx 中接收信号的观测模型。为了简单表述，在讨论这些模型时考虑单路径场景。本章节推导的算法可以直接扩展到多路径的场景。

1. 状态空间模型

我们考虑包含时变镜面反射传播的单路径场景。该传播路径的参数包括时延 τ、AoDϕ_1、AoAϕ_2、多普勒频移 ν，以及这些参数的变化率，即 $\Delta\tau$、$\Delta\phi_1$、$\Delta\phi_2$ 和 $\Delta\nu$，还有复振

幅 α。状态矢量的第 k 个观察定义为

$$\boldsymbol{\Omega}_k = [\boldsymbol{P}_k^{\mathrm{T}}, \boldsymbol{\alpha}_k^{\mathrm{T}}, \boldsymbol{\Delta}_k^{\mathrm{T}}]^{\mathrm{T}} \tag{7.3.1}$$

其中，$[\cdot]^{\mathrm{T}}$ 是指转置运算，$\boldsymbol{P}_k \doteq [\tau_k, \phi_{1,k}, \phi_{2,k}, \nu_k]^{\mathrm{T}}$ 表示参数矢量的位置，$\boldsymbol{\Delta}_k \doteq [\Delta\tau_k, \Delta\phi_{1,k}, \Delta\phi_{2,k}, \Delta\nu_k]^{\mathrm{T}}$ 表示变化率参数，$\boldsymbol{\alpha}_k \doteq [|\alpha_k|, \arg(\alpha_k)]^{\mathrm{T}}$ 表示复振幅，其中，$|\alpha_k|$ 和 $\arg(\alpha_k)$ 分别是指 α_k 的振幅和相位。用马尔可夫过程来为状态矢量建模，即

$$p(\boldsymbol{\Omega}_k | \boldsymbol{\Omega}_{1:k-1}) = p(\boldsymbol{\Omega}_k | \boldsymbol{\Omega}_{k-1}), \quad k \in [1, \cdots, K] \tag{7.3.2}$$

其中，$\boldsymbol{\Omega}_{1:k-1} \doteq \{\boldsymbol{\Omega}_1, \cdots, \boldsymbol{\Omega}_{k-1}\}$是从第 1 个到第 $k-1$ 个观察的状态序列，K 是指总的观察的数目。$\boldsymbol{\Omega}_k$ 的变化过程按照以下方式建模：

$$\underbrace{\begin{pmatrix} \boldsymbol{P}_k \\ \boldsymbol{\alpha}_k \\ \boldsymbol{\Delta}_k \end{pmatrix}}_{\boldsymbol{\Omega}_k} = \underbrace{\begin{pmatrix} \boldsymbol{I}_4 & \boldsymbol{0}_{4\times 2} & T_k \boldsymbol{I}_4 \\ \boldsymbol{J}_k & \boldsymbol{I}_2 & \boldsymbol{0}_{2\times 4} \\ \boldsymbol{0}_{4\times 4} & \boldsymbol{0}_{4\times 2} & \boldsymbol{I}_4 \end{pmatrix}}_{\boldsymbol{F}_k \doteq} \underbrace{\begin{pmatrix} \boldsymbol{P}_{k-1} \\ \boldsymbol{\alpha}_{k-1} \\ \boldsymbol{\Delta}_{k-1} \end{pmatrix}}_{\boldsymbol{\Omega}_{k-1}} + \underbrace{\begin{pmatrix} \boldsymbol{0}_{4\times 1} \\ \boldsymbol{v}_{\boldsymbol{\alpha},k} \\ \boldsymbol{v}_{\boldsymbol{\Delta},k} \end{pmatrix}}_{\boldsymbol{v}_k \doteq} \tag{7.3.3}$$

其中，$\boldsymbol{I}_n$ 表示 $n\times n$ 的单位矩阵，$\boldsymbol{0}_{b\times c}$是 $b\times c$ 的零矩阵，

$$\boldsymbol{J}_k = \begin{pmatrix} 0 & 0 & 0 & 0 \\ 0 & 0 & 0 & 2\pi T_k \end{pmatrix} \tag{7.3.4}$$

和 T_k 表示第 $k-1$ 个和第 k 个观察之间的间隔。式(7.3.3)中的向量 $\boldsymbol{v}_k$ 包含了振幅矢量的驱动过程

$$\boldsymbol{v}_{\boldsymbol{\alpha},k} \doteq [\nu_{|\alpha|,k}, \nu_{\arg(\alpha),k}]^{\mathrm{T}} \tag{7.3.5}$$

以及参数矢量的变化率

$$\boldsymbol{v}_{\boldsymbol{\Delta},k} \doteq [\nu_{\Delta\tau,k}, \nu_{\Delta\phi_1,k}, \nu_{\Delta\phi_2,k}, \nu_{\Delta\nu,k}]^{\mathrm{T}} \tag{7.3.6}$$

式(7.3.5)和式(7.3.6)中的元素 $\boldsymbol{v}_{(\cdot),k}$是独立的高斯随机变量 $\boldsymbol{v}_{(\cdot),k} \sim N(0, \sigma_{(\cdot)}^2)$。

在这里的研究中，我们认为 $T_k = T, k \in [1, \cdots, K]$。为了符号简洁，以下我们省去 $\boldsymbol{F}_k$ 的下标 k。

2. 观察模型

在第 k 个观察周期中，第 m_1 个 Tx 天线发射、第 m_2 个 Rx 天线接收的离散时间信号可以写为

$$\begin{aligned} & y_{k,m_1,m_2}(t) = x_{k,m_1,m_2}(t;\boldsymbol{\Omega}_k) + n_{k,m_1,m_2}(t), \quad t \in [t_{k,m_1,m_2}, t_{k,m_1,m_2} + T) \\ & m_1 = 1, \cdots, M_1, m_2 = 1, \cdots, M_2 \end{aligned} \tag{7.3.7}$$

其中，t_{k,m_1,m_2} 表示 m_1 个 Tx 天线发射、第 m_2 个 Rx 天线接收的时间点，T 是指每个 Rx 天线的测量时间段，M_1 和 M_2 分别表示 Tx 和 Rx 天线的总的个数。信号贡献 $x_{k,m_1,m_2}(t;\boldsymbol{\Omega}_k)$可以写为

$$x_{k,m_1,m_2}(t;\boldsymbol{\Omega}_k) = \alpha_k \exp(\mathrm{j}2\pi\nu_k t) \boldsymbol{c}_{1,m_1}(\phi_{k,1}) \boldsymbol{c}_{2,m_2}(\phi_{k,2}) \cdot u(t-\tau_k) \tag{7.3.8}$$

这里 $\boldsymbol{c}_{1,m_1}(\phi)$和 $\boldsymbol{c}_{2,m_2}(\phi)$分别表示第 m_1 个 Tx 天线的水平角度的响应和第 m_2 个 Rx 天线的水平角度的响应，$u(t-\tau_k)$表示时延是 τ_k 的发射信号。式(7.3.7)中的噪声 $n_{k,m_1,m_2}(t)$是均值为 0、谱高度为 σ_n^2 的高斯过程。为了表述方便，我们利用矢量 $\boldsymbol{y}_k$ 来表示第 k 个观察周期中接收的所有样本，$\boldsymbol{y}_{1:k} \doteq \{\boldsymbol{y}_1, \boldsymbol{y}_2, \cdots, \boldsymbol{y}_k\}$表示观察的序列。

7.3.1 低复杂度的粒子滤波算法

从式(7.3.2)和式(7.3.7)中，我们可以看出接收信号 $\boldsymbol{y}_k$ 仅仅与当前状态 $\boldsymbol{\Omega}_k$ 相关，

并且对于别的状态 $\boldsymbol{\Omega}_k$ 是条件相关的。利用这一性质，粒子滤波算法可以用于顺序估计后验概率密度函数[86,175]。

在这里考虑的参数化信道表述中，多径所在的参数空间是多维的①。通常在宽带 MIMO 信道特征研究中，为了实现高分辨率和高 SNR，测量时间和空间上的观察长度和样本数量均远远大于多径数量，这为使用粒子滤波带来了挑战。直接导致的问题是后验 PDF $p(\boldsymbol{\Omega}_{1:k}|\boldsymbol{y}_{1:k})$ 在参数空间里极为稀疏，即本地最高通常积聚在非常狭小的参数空间里，很难将粒子集合转移或分配到概率较高的区域。本节中提到的 PF 算法则克服了此问题，该算法也是为解决稀疏性问题专门设计的。在本节中，我们首先介绍考虑单路径场景的算法，然后再将其扩展到用于跟踪多个路径的场景中。

1. 粒子状态的初始化

我们通过使用常规 SAGE 算法所获取的参数估计来初始化粒子状态[87]。如前所述，该 SAGE 算法基于不同观察的路径参数之间是统计独立的假设，来对每个观察独立进行参数提取。利用 SAGE 的估计结果，我们从第 3 个观察周期开始利用 PF 来跟踪 $\boldsymbol{\Omega}_k$。具体的粒子状态初始化如下：第 i 个粒子的矢量 $\boldsymbol{\Omega}_k^i$ 的初始状态为 $\boldsymbol{\Omega}_2^i$。其中的位置参数矢量 $\boldsymbol{P}_2^i$ 和第 2 个观察中通过 SAGE 算法得到的参数估计的结果相同。此外，可利用 SAGE 结果中第 1 个和第 2 个观察的估计值的差异来计算参数的变化率。

2. 粒子滤波算法的框架

当一个新的观察，即 $\boldsymbol{y}_k$ 可用时，PF 包含以下步骤。

(1) 步骤 1：粒子状态的预测和重要权重的计算。前一次观察的输出为集合 $\{\boldsymbol{\Omega}_{k-1}^i, w_{k-1}^i\}$，其中，$w_{k-1}^i$ 表示第 i 个粒子的重要权重。我们首先为第 k 个观察周期预测所有粒子的状态。参数矢量的变化率 $\boldsymbol{\Delta}_k^i$ 可以更新为

$$\boldsymbol{\Delta}_k^i = \boldsymbol{\Delta}_{k-1}^i + \boldsymbol{\Delta w}_k^i, \quad i=1,\cdots,I \tag{7.3.9}$$

其中，I 表示粒子的总的数目，矢量 $\boldsymbol{\Delta w}_k^i$ 从 $N(0,\boldsymbol{\Sigma}_w)$ 分布中得到。对角线的协方差矩阵 $\boldsymbol{\Sigma}_w$ 可以写为

$$\boldsymbol{\Sigma}_w = \mathrm{diag}(\sigma_{\Delta\tau}^2, \sigma_{\Delta\phi_1}^2, \sigma_{\Delta\phi_2}^2, \sigma_{\Delta\nu}^2) \tag{7.3.10}$$

提前确定好对角线元素的值 $\sigma_{\Delta(\cdot)}^2$，其中，$(\cdot)$ 用 τ、ϕ_1、ϕ_2 和 ν 代替。

位置向量 $\boldsymbol{P}_k^i$ 计算为

$$\boldsymbol{P}_k^i = \boldsymbol{P}_{k-1}^i + \boldsymbol{\Delta}_k^i \tag{7.3.11}$$

复振幅 α_k^i 解析地计算为

$$\alpha_k^i = \frac{(\boldsymbol{s}_k^i)^{\mathrm{H}} \boldsymbol{y}_k}{\|\boldsymbol{s}_k^i\|^2} \tag{7.3.12}$$

其中，$(\cdot)^{\mathrm{H}}$ 表示厄米转置，$\|\cdot\|$ 表示给定的向量的欧几里得范数，矢量 $\boldsymbol{s}_k^i$ 包含元素

$$s_{k,m_1,m_2}^i(t;\boldsymbol{P}_k^i) = \exp(\mathrm{j}2\pi\nu_k^i t)c_{1,m_1}(\phi_{1,k}^i)c_{2,m_2}(\phi_{2,k}^i)u(t-\tau_k^i), t\in[t_{k,m_1,m_2}, t_{k,m_1,m_2}+T) \tag{7.3.13}$$

粒子的重要权重计算为

$$w_k^i = \frac{w_{k-1}^i p(\boldsymbol{y}_k \mid \boldsymbol{\Omega}_k^i)}{\sum_{i=1}^{I} w_{k-1}^i p(\boldsymbol{y}_k \mid \boldsymbol{\Omega}_k^i)}, \quad i=1,\cdots,I \tag{7.3.14}$$

---

① 在镜面反射的路径场景中，参数空间具有 14 个维度[87]，而在分散的路径场景中，具有多达 28 个维度[88]。

其中，

$$p(\boldsymbol{y}_k|\boldsymbol{\Omega}_k^i)\propto\exp\left(-\frac{1}{2\sigma_n^2}\|\boldsymbol{y}_k-\alpha_k^i\boldsymbol{s}_k^i\|^2\right) \tag{7.3.15}$$

(2) 步骤 2:附加重采样。在宽带 MIMO 信道测量中,时空空间样本量在一个观察期内通常较大。然后,后验 PDF$p(\boldsymbol{\Omega}_{1:k}|\boldsymbol{y}_{1:k})$中数值较高的部分总是聚集在 PDF 本地极值点附近。由于路径参数随着时间演化,具有预测状态的粒子被分配到 PDF 的低谷中的概率很高。一个直接的解决方案是使用大量的颗粒。但是由于其操作复杂度过高,很难在这里使用。类似的问题也出现在基于视觉的机器人定位和跟踪中,解决方法是采用必要的先验假设,如设定比真实值高的噪声方差,或者粒子仅仅分布在参数空间特定的子集内[89],或采用基于多假设的方法[90]。尽管这些方法能够降低复杂度,但是它们的缺点是具有加权的颗粒,不具有接近真实的后验 PDF$p(\boldsymbol{\Omega}_{1:k}|\boldsymbol{y}_{1:k})$,因而,估计结果可能由于过多的人为设定而发生错误。在本研究中,我们设计了一个附加的重采样步骤,能够保证粒子分布仍能按照后验 PDF 的真实情况来操作。

当从式(7.3.14)获得的粒子重要权重可以忽略时,重采样步骤被激活。该步骤可以使用两种技术。第一种是利用观察的一部分样本 $\tilde{\boldsymbol{y}}_k$ 来计算重要权重。由于 $\tilde{\boldsymbol{y}}_k$ 中的观察样本数目少于 $\boldsymbol{y}_k$ 中的,原始的 PDF$p(\boldsymbol{\Omega}_k|\boldsymbol{y}_{1:k})$比后验 PDF$p(\boldsymbol{\Omega}_k|\tilde{\boldsymbol{y}}_k,\boldsymbol{y}_{1:k-1})$更集中。因此,粒子具有更高的概率,以获得更为显著的重要权重。

第二种是改变计算重要权重的方法,即:

$$\tilde{w}_k^i\propto\lg p(\boldsymbol{y}_k|\boldsymbol{\Omega}_k^i)+\lg w_{k-1}^i \tag{7.3.16}$$

所获得的集合$\{\boldsymbol{\Omega}_k^i,\tilde{w}_k^i\}$是函数 $\lg p(\boldsymbol{\Omega}_{1:k}|\boldsymbol{y}_{1:k})$的一个估计。这个函数和 $p(\boldsymbol{\Omega}_{1:k}|\boldsymbol{y}_{1:k})$具有相同的极值点位置,并且在极值点位置附近具有更宽的曲率。因此,获得较高重要权重的概率会增大。

基于这两种方法,我们提出了一个额外的重采样步骤,其可以根据以下伪代码执行。

for $n=1$ to N

步骤 2.1:选择 $\tilde{\boldsymbol{y}}_k^n\in\boldsymbol{y}_k$。

步骤 2.2:计算重要权重 $\tilde{w}_k^i(i=1,\cdots,I)$。

if $\{\tilde{w}_k^i\}$包含非重要的值,如,包含的值小于 $\max\{\tilde{w}_k^i\}-3$,then

步骤 2.3:找到具有较大重要权重的粒子的索引 $\boldsymbol{A}=\{i^s\}$。令 D 是具有非显著权重的粒子的数目。

步骤 2.4:产生 D 个新粒子,其状态从 $p(\boldsymbol{\Omega}_k|\boldsymbol{\Omega}_{k-1}^{j(\boldsymbol{A}_d)})(d=1,\cdots,D)$中得出。这里,$\boldsymbol{A}_d$ 表示 $\boldsymbol{A}$ 中第 d 个元素,$j(\boldsymbol{A}_d)$是第$(k-1)$个观察粒子的索引值,从而第 k 个观察的第 $\boldsymbol{A}_d$ 个粒子可以产生。使用新的粒子更换具有非显著权重的粒子。

步骤 2.5:更新重要权重 w_{k-1}^i,如

$$w_{k-1}^i=J(i)^{-1}w_{k-1}^{j(i)},\quad i=1,\cdots,I \tag{7.3.17}$$

其中,$J(i)$表示利用第 $k-1$ 个观察中的第 $j(i)$个粒子所产生的新粒子的总数目。回到步骤 2.2。

end if

end for

(3) 步骤 3:正常的重采样本。步骤中,重要权重 $\tilde{w}_k^i$ 被 w_k^i 替代,观察 $\tilde{\boldsymbol{y}}_k^n$ 被 $\boldsymbol{y}_k$ 替

代，除此之外，本步骤中的操作和步骤 2 中的循环相似。

(4) 步骤 4：估计后验 PDF。后验 PDF 的估计值可以用粒子状态和重要权重来近似：

$$\hat{p}(\boldsymbol{\Omega}_k \mid \boldsymbol{y}_{1:k}) = \sum_{i=1}^{I} w_k^i \delta(\boldsymbol{\Omega}_k - \boldsymbol{\Omega}_k^i) \tag{7.3.18}$$

所估计的 PDF 可以用来估计 $\boldsymbol{\Omega}_k$ 的函数的期望。比如，在单路径环境中，路径的状态矢量 $\boldsymbol{\Omega}_k$ 可以估计为

$$\hat{\boldsymbol{\Omega}}_k = \sum_{i=1}^{I} \boldsymbol{\Omega}_k^i w_k^i \tag{7.3.19}$$

3. 扩展到多路径环境

由于多个路径分布在多维空间中，不同路径的状态不会同时具有高概率。因此，需要通过单独利用 PF 来分别跟踪路径。每个 PF 中粒子的状态由特定的路径的参数估计值来初始化。在下面介绍的实际测量验证中，这种方法被用于在实际测量中跟踪多条路径。

7.3.2 实测算法性能验证

我们利用 Propsound 信道测量仪来收集测量数据。采集方式使用“burst”的模式，每个 burst 具有 16 个测量周期(cycle)。在[88]、[177]的表 1 中明确了当时测量的设备配置。Tx 和 Rx 都装有相同的 9 个阵子的圆形阵列。文献[88]中的图 2 展示了该天线阵列的图片。

测量是在狭长的走廊场景中进行的。图 7-4 描绘了测量环境，以及 Tx 和 Rx 周围的情况。Rx 在测量中保持静止，位于地图“⊗”标记的位置。Tx 向 Rx 方向以恒定速

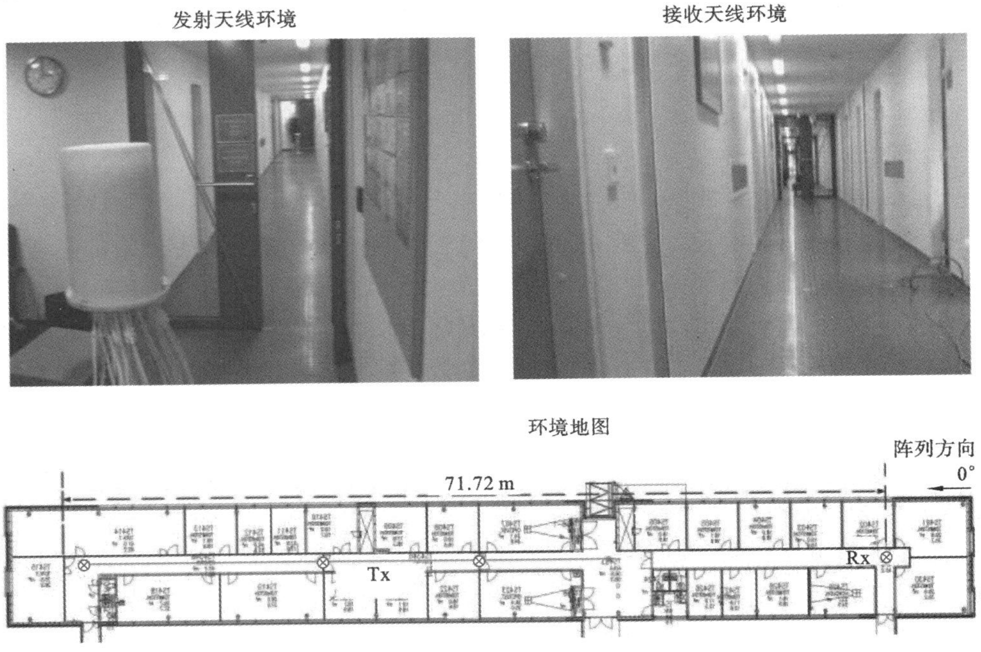

图 7-4 研究环境的照片和地图

度沿着直线移动。Rx 则位于加固的玻璃门后。该场景中存在具有一定阻挡的直视路径。测试期间没有人或物体移动。

我们考虑了 100 个连续 burst 数据包收集的测量数据,总时间跨度为 26.93 s。在此期间,Tx 速度约为 0.5 m/s,共移动了 13.5 m。路径参数的时间演化行为可以从不同 burst 的接收信号的功率时延谱(PDP)的变化明显观察到。图 7-5 展示了 50 个连续的数据包得到的接收信号的平均 PDP,可以看到 PDP 的一些尖峰具有不断增加的时延,而另一些则具有不断减少的时延。

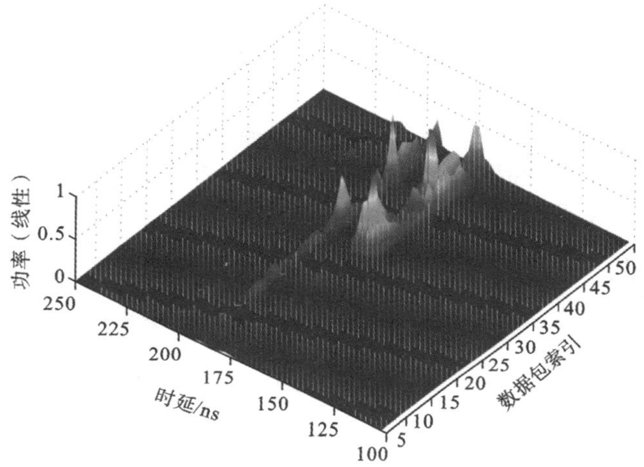

图 7-5 50 个 burst 得到的平均功率时延谱

利用所设计的粒子滤波算法来跟踪三条路径。首先用 SAGE 算法获得的三个路径的参数估计结果初始化粒子的状态。而后对 PF 的每条路径分配 5 个粒子来进行跟踪,其中,$\sigma_{\Delta\tau}=1.5$ ns,$\sigma_{\Delta\phi_1}=\sigma_{\Delta\phi_2}=4°$,$\sigma_{\Delta\nu}=5$ Hz。注意,在实际操作过程中,$\sigma_{\Delta\tau}$、$\sigma_{\Delta\phi_1}$、$\sigma_{\Delta\phi_2}$ 和 $\sigma_{\Delta\nu}$ 均是未知的,这些参数虽然可以使用基于射线的追踪技术来估计,但是为简单起见,我们直接设定这些参数来对 PF 进行性能的初步验证。注意到这些设定的数值很可能大于其真实参数值。

图 7-6 描绘了使用 PF 估计的三个路径的参数的轨迹。在图 7-6(a)中,路径时延的轨迹为 100 个 burst 计算的 PDP 重叠。可以看到估计的时延轨迹与峰值随着时间变化的规律一致。图 7-6 (b)~(f)展示了使用常规 SAGE 获得的 3 个路径的参数估计值。可以观察到 PF 估计的轨迹基本匹配大多数 burst 的 SAGE 估计。但是,在 SAGE 算法不能检测到路径的情况下,粒子滤波仍然可以跟踪到路径,比如在 burst 82~100 期间,SAGE 算法无法捕捉到路径 3,但是 PF 仍然可以成功地检测到该路径。

从图 7-6 (b)中可以观察到,在 burst 间隔 80~90 中,路径 3 的时延轨迹发生显著波动。此外,与 SAGE 估计相比,多普勒频移轨迹也表现出大幅波动。这些效果可能是由于以下原因导致的。首先,我们采用 PF 跟踪单个路径。在这种情况下,如果一个路径接近参数空间中的其他路径,粒子可能由于干扰而被导向到错误的位置。观察到轨迹中的显著波动也可能是由于方差参数 $\sigma^2_{\Delta(\cdot)}$ 设置不当造成的。比如,多普勒频移的标准差 $\sigma_{\Delta\nu}$ 被设定为 5 Hz。然而,对于所有跟踪路径,这个数字实际上会远大于真实值。此外,轨迹的波动可能是由于 PF 只使用了 5 个粒子来跟踪每个路径造成的。粒子数

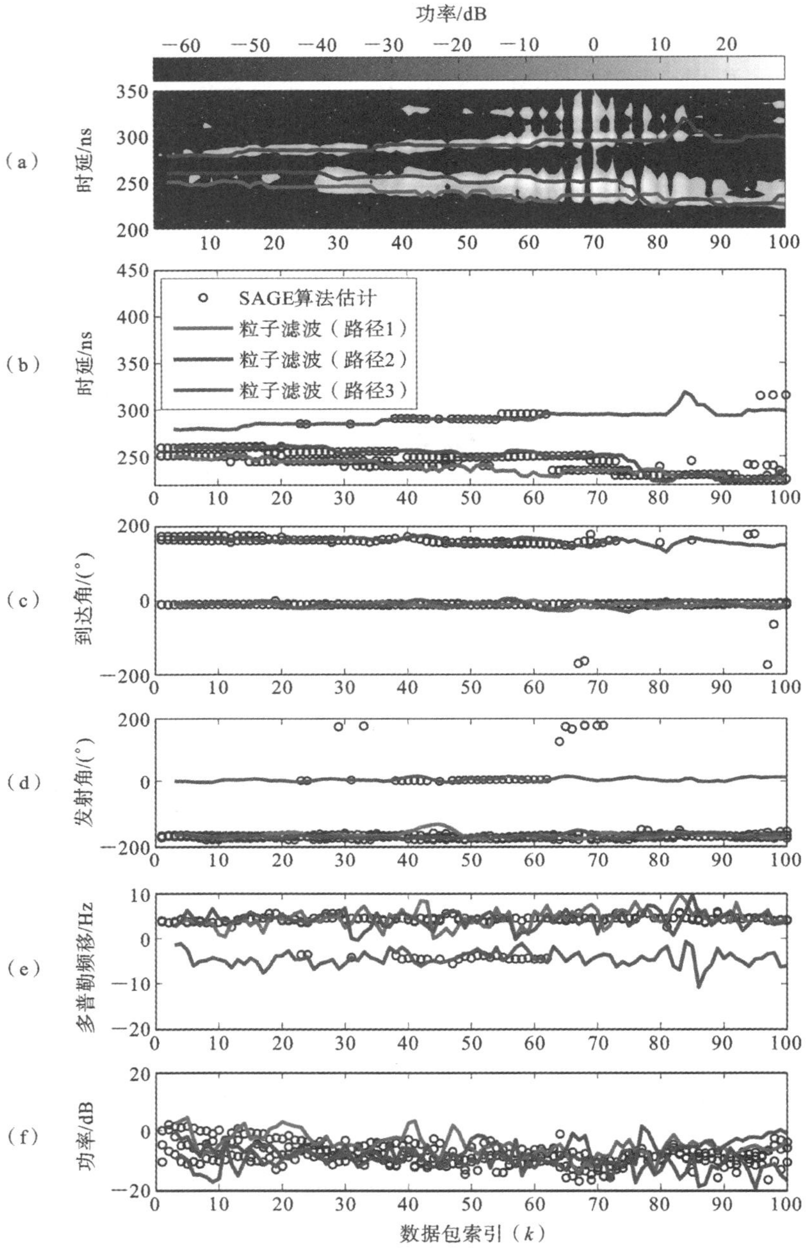

图 7-6　跟踪三条时变路径的粒子滤波性能。(b)中给出的图例适用于(a)～(f)。在(a)中，100 个 burst 中，信号的 PDP 显示在背景中

量少，导致不能准确捕捉估计后验 PDF 的峰值。

为了检查由 PF 估计的路径演变，我们在图 7-7 中绘制了一个粗略的草图环境，并重建三个可能传播路径的近似。图 7-7 中附加的表格列出了这些路径的一些集合特征。我们观察到 PF 跟踪路径表现出类似于图 7-7 所示的路径时间演化特征。这表明提出的 PF 适用于描述传播路径的时变特征。

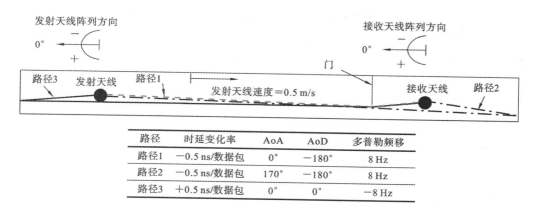

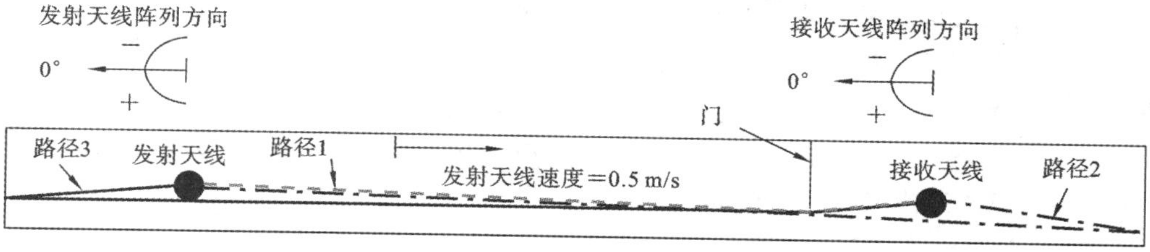

路径	时延变化率	AoA	AoD	多普勒频移
路径1	−0.5 ns/数据包	0°	−180°	8 Hz
路径2	−0.5 ns/数据包	170°	−180°	8 Hz
路径3	+0.5 ns/数据包	0°	0°	−8 Hz

图 7-7 在测量环境中重建的传播路径的几何特征，从几何图片中计算出的 AoA、AoD 和多普勒频移近似值在表中报告

7.4 小结

在本章中，我们重点描述了如何对移动场景下的信道特征进行参数化描述，并通过多种方法进行提取。由于高速时变信道中存在快速移动的物体，信道特征将发生明显的时变特征。采用传统的静态信道建模方法已经不能完整地描述信道之间的转变。并且考虑到转变程度依赖于实际环境中的散射体分布、散射体相对位置的改变、角度旋转等，有必要采用跟踪算法对多径的参数变化进行跟踪。在本章中，我们首先对时变信道的特征按照不同的变化场景，如高铁、地铁、无人机和车车场景进行了初步分类，对当今这几个典型的时变场景下的特征研究现状，进行了详尽的文献综述和分析。之后，详细给出了移动场景中的两个跟踪算法，即扩展卡尔曼滤波和粒子滤波算法。这两个算法分别针对高斯假设、任意分布假设情况，能够满足不同时变状态下的多径参数跟踪。我们对基本的先验参数模型及其实现步骤的推导，以及将这些方法用于实测数据处理时的实际效果，进行了细致地描述，为读者提供了较为完整的参考。利用由这些跟踪算法得到的信道参数估计结果，我们可以构建更为准确的随时间演变的信道时变模型。

7.5 习题

（1）请简述高速移动场景下的信道特征与静止、低速变化的场景下的有什么不同。

（2）请阅读相关文献，并简要描述如何采用射线追踪的方法来对高铁隧道信道进行建模。

（3）请简要描述如何采用正弦求和的方法来建立适用于高铁传播场景的随机几何信道模型。

（4）请简要描述如何采用马尔科夫链对信道的时变特征进行描述和建模。

（5）什么是双指数衰减信道模型？阅读文献并给出合理解释。

（6）请简述地铁信道与其他轨道交通场景下的信道有何不同。为什么可以采用两段式或者多斜率对路径损耗进行建模？

（7）请简述无人机空对地信道和传统的时变场景下的信道有什么样不同。

(8) 无人机信道测量为什么通常强调地形地貌，如城市、开阔地？

(9) 车车信道的特征是什么？为什么说车车传播信道与传统蜂窝网络传播信道具有巨大的差异？

(10) 车车信道的多普勒功率谱密度和传统固定-移动信道的U形谱有很大的不同，请尝试解释为什么会有这样的不同。

(11) 请简要陈述对传播多径时变特征进行参数估计的常用方法。

(12) 请简述卡尔曼滤波器算法和扩展卡尔曼滤波器算法之间的不同。

(13) 请描述EKF采用何种状态-空间模型来表征传播路径的时变行为。

(14) 如何理解"参数的动态变化可能是由不同观测中发射和接收的观察方位发生微小变化造成的"？这样的假设在现实环境中是否成立？有没有其他的原因导致信道多径参数随着时间发生动态变化？

(15) 请简要描述EKF在信道参数估计中所采用的观察模型。

(16) 请写出EKF的运行步骤，并解释每步的具体含义。

(17) 请描述什么是雅克比矩阵，该矩阵在EKF中的主要作用是什么？

(18) 请简要阐述EKF用于信道参数估计时的缺点。

(19) 什么是线性近似带来的模型失配？如何衡量这样的失配？

(20) EKF要求的初相连续意味着什么？如何在信道估计中理解并做到"初相连续"？

(21) 什么是粒子滤波？为什么粒子滤波能够用于无线信道的参数估计？

(22) 请简述本章中采用的粒子滤波算法所采用的状态空间模型。

(23) 如何理解本章中提到的"低复杂度"粒子滤波算法？如何做到"低复杂度"？

(24) 简述本章中介绍的粒子滤波用于单一路径参数估计时的步骤与实现过程。

参考文献

[1] B. Ai, X. Cheng, T. Kürner, et al. Challenges toward wireless communications for high-speed railway[J]. IEEE transactions on intelligent transportation systems, 2014, 15(5): 2143-2158.

[2] X. Cheng, X. Y. Hu, L. Q. Yang, et al. Electrified vehicles and the smart grid: the ITS perspective[J]. IEEE Transactions on Intelligent Transportation Systems, 2014, 15(4): 1388-1404.

[3] H. A. Hou, H. H. Wang. Analysis of distributed antenna system over high-speed railway communication[C]. Sydney: IEEE, 2012.

[4] X. Cheng, Y. Li, B. Ai, et al. Device-to-device channel measurements and models: a survey[J]. IET Communications, 2015, 9(3): 312-325.

[5] X. Cheng, C. X. Wang, H. M. Wang, et al. Cooperative MIMO channel modeling and multi-link spatial correlation properties[J]. IEEE Journal on Selected Areas in Communications, 2012, 30(2): 388-396.

[6] X. Cheng, B. Yu, L. Q. Yang, et al. Communicating in the real world: 3D MIMO [J]. IEEE Wireless Communications, 2014, 21(4): 136-144.

[7] 3GPP. TR 25.996 spatial channel model for multiple input multiple output (MIMO) simulations[R]. 3rd Generation Partnership Project,2003.

[8] P. Kyösti,J. Meinilä,L. Hentilä,et al. WINNER Ⅱ channel models D1.1.2 V1.1 [R]. European Commission,Deliverable IST-WINNER D,2007.

[9] L. F. Liu,C. Oestges,J. Poutanen,et al. The COST 2100 MIMO channel model [J]. IEEE Wireless Communications,2012,19(6):92-99.

[10] X. Cheng,C. X. Wang,D. I. Laurenson,et al. An adaptive geometry-based stochastic model for non-isotropic MIMO mobile-to-mobile channels[J]. IEEE Transactions on Wireless Communications,2009,8(9):4824-4835.

[11] X. Cheng,Q. Yao,C. X. Wang,et al. An improved parameter computation method for a MIMO V2V Rayleigh fading channel simulator under non-isotropic scattering environments[J]. IEEE Communications Letters,2013,17(2):265-268.

[12] X. Cheng,Q. Yao,M. W. Wen,et al. Wideband channel modeling and intercarrier interference cancellation for vehicle-to-vehicle communication systems[J]. IEEE Journal on Selected Areas in Communications,2013,31(9):434-448.

[13] X. Cheng,C. X. Wang,B. Ai,et al. Envelope level crossing rate and average fade duration of nonisotropic vehicle-to-vehicle Ricean fading channels[J]. IEEE Transactions on Intelligent Transportation Systems,2014,15(1):62-72.

[14] H. Tavakoli,M. Ahmadian,Z. Zarei,et al. Doppler effect in high speed[C]. Damascus:IEEE,2008.

[15] D. J. Cichon,T. Zwick, W. Wiesbeck. Radio link simulations in high-speed railway tunnels[C]. Eindhoven:IET,1995.

[16] K. Guan,Z. D. Zhong,B. Ai,et al. Deterministic propagation modeling for the realistic highspeed railway environment[C]. Dresden:IEEE,2013.

[17] T. Zhou,C. Tao,L. Liu,et al. A semi-empirical MIMO channel model for high-speed railway viaduct scenarios[C]. Sydney:IEEE,2014.

[18] A. Ghazal,C. X. Wang,H. Haas,et al. A non-stationary MIMO channel model for high-speed train communication systems[C]. Yokohama:IEEE,2012.

[19] B. H. Chen, Z. D. Zhong. Geometry-based stochastic modeling for MIMO channel in high-speed mobile scenario[J]. International Journal of Antennas and Propagation,2012,2012:1-6.

[20] M. Goller. Application of GSM in high speed trains:measurements and simulations[C]. London:IET,1995.

[21] F. Abrishamkar, J. Irvine. Comparison of current solutions for the provision of voice services to passengers on high speed trains[C]. Boston:IEEE,2000.

[22] P. Aikio,R. Gruber, P. Vainikainen. Wideband radio channel measurements for train tunnels[C]. Ottawa:IEEE,1998.

[23] Y. Feng,R. T. Xu, Z. D. Zhong. Channel estimation and ICI cancellation for LTE downlink in high-speed railway environment[C]. Beijing:IEEE,2012.

[24] L. Liu,C. Tao,J. H. Qiu,et al. Position-based modeling for wireless channel on

high-speed railway under a viaduct at 2.35 GHz[J]. IEEE Journal on Selected Areas in Communications,2012,30(4):834-845.

[25] M. Li,M. C. Yang,G. Lv. Three-state semi-Markov channel model for HAP-high speed train communication link[C]. Harbin:IEEE,2011.

[26] R. S. He,Z. D. Zhong,B. Ai,J. W. Ding,et al. Short-term fading behavior in high-speed railway cutting scenario: measurements, analysis, and statistical models [J]. IEEE Transactions on Antennas and Propagation,2012,61(4):2209-2222.

[27] R. S. He,Z. D. Zhong,B. Ai,et al. Propagation channel measurements and analysis at 2.4 GHz in subway tunnels[J]. IET Microwaves, Antennas & Propagation,2013,7(11):934-941.

[28] J. Calle-Sánchez,M. Molina-García,J. I. Alonso. Fernández-Durán. Long term evolution in high speed railway environments: feasibility and challenges[J]. Bell Labs Technical Journal,2013,18(2):237-253.

[29] K. Guan,Z. D. Zhong,J. I. Alonso,et al. Measurement of distributed antenna systems at 2.4 GHz in a realistic subway tunnel environment[J]. IEEE Transactions on Vehicular Technology,2011,61(2):834-837.

[30] M. M. Rana, A. S. Mohan. Segmented-locally-one-dimensional-FDTD method for EM propagation inside large complex tunnel environments[J]. IEEE transactions on magnetics,2012,48(2):223-226.

[31] R. Martelly, R. Janaswamy. An ADI-PE approach for modeling radio transmission loss in tunnels[J]. IEEE Transactions on Antennas and Propagation,2009, 57(6):1759-1770.

[32] P. Bernardi,D. Caratelli,R. Cicchetti,et al. A numerical scheme for the solution of the vector parabolic equation governing the radio wave propagation in straight and curved rectangular tunnels[J]. IEEE transactions on antennas and propagation,2009,57(10):3249-3257.

[33] A. V. Popov,V. A. Vinogradov,N. Y. Zhu,et al. 3D parabolic equation model of EM wave propagation in tunnels[J]. Electronics Letters,1999,35(11):880-882.

[34] K. Guan,Z. D. Zhong,B. Ai,et al. Briso-Rodríguez. Complete propagation model in tunnels [J]. IEEE Antennas and Wireless Propagation Letters, 2013, 12: 741-744.

[35] C. Briso-Rodríguez,J. M. Cruz, J. I. Alonso. Measurements and modeling of distributed antenna systems in railway tunnels[J]. IEEE Transactions on Vehicular Technology,2007,56(5):2870-2879.

[36] Y. Huo,Z. Xu,H. D. Zheng. Characteristics of multimode propagation in rectangular tunnels[J]. Chinese Journal of Radio Science. 2010,25(6):1225-1230.

[37] S. F. Mahmoud. On modal propagation of high frequency electromagnetic waves in straight and curved tunnels[C]. Monterey:IEEE,2004.

[38] Y. P. Zhang,Y. Hwang, P. C. Ching. Characterization of UHF radio propagation channel in curved tunnels[C]. Taipei:IEEE,1996.

[39] B. Ai, K. Guan, Z. D. Zhong, et al. Measurement and analysis of extra propagation loss of tunnel curve[J]. IEEE Transactions on Vehicular Technology, 2016, 65(4): 1847-1858.

[40] R. Lanzo, M. Petra, L. Stola. Ray tracing model for propagation channel estimation in tunnels and parameters tuning with measurements[C]. The Hague: IEEE, 2014.

[41] J. Molina-Garcia-Pardo, M. Lienard, P. Stefanut, et al. Modeling and understanding MIMO propagation in tunnels[J]. Journal of Communications, 2009, 4(4): 241-247.

[42] F. M. Pallares, F. J. P. Juan, L. Juan-Llacer. Analysis of path loss and delay spread at 900 MHz and 2.1 GHz while entering tunnels[J]. IEEE Transactions on Vehicular Technology, 2001, 50(3): 767-776.

[43] M. H. Kermani, M. Kamarei. A ray-tracing method for predicting delay spread in tunnel environments[C]. Hyderabad: IEEE, 2000.

[44] K. Guan, B. Ai, Z. D. Zhong, et al. Measurements and analysis of large-scale fading characteristics in curved subway tunnels at 920 MHz, 2400 MHz, and 5705 MHz[J]. IEEE Transactions on Intelligent Transportation Systems, 2015, 16(5): 2393-2405.

[45] J. X. Li, Y. P. Zhao, J. Zhang, et al. Radio channel measurement and characterization for wireless communications in tunnels[C]. Shanghai: IEEE, 2015.

[46] Y. P. Zhang, Y. Hwang. Characterization of UHF radio propagation channels in tunnel environments for microcellular and personal communications[J]. IEEE Transactions on Vehicular Technology, 1998, 47(1): 283-296.

[47] Y. P. Zhang. Novel model for propagation loss prediction in tunnels[J]. IEEE Transactions on Vehicular Technology, 2001, 52(5): 1308-1314.

[48] E. Masson, Y. Cocheril, P. Combeau, et al. Radio wave propagation in curved rectangular tunnels at 5.8 GHz for metro applications[C]. St. Petersburg: IEEE, 2011.

[49] T. Klemenschits, E. Bonek. Radio coverage of road tunnels at 900 and 1800 MHz by discrete antennas[C]. The Hague: IEEE, 1994.

[50] A. Hrovat, G. Kandus, T. Javornik. Four-slope channel model for path loss prediction in tunnels at 400 MHz[J]. IET Microwaves Antennas & Propagation, 2010, 4(5): 571-582.

[51] L. Zhang, J. R. Fernandez, C. Briso-Rodríguez, et al. Broadband radio communications in subway stations and tunnels[C]. Lisbon: IEEE, 2015.

[52] D. G. Dudley, M. Lienard, S. F. Mahmoud, et al. Wireless propagation in tunnels[J]. IEEE Antennas and Propagation Magazine, 2007, 49(2): 11-26.

[53] R. S. He, Z. D. Zhong, C. Briso-Rodríguez. Broadband channel long delay cluster measurements and analysis at 2.4 GHz in subway tunnels[C]. Yokohama: IEEE, 2011.

[54] Y. Zeng, R. Zhang, T. J. Lim. Wireless communications with unmanned aerial vehicles: opportunities and challenges[J]. IEEE Communications Magazine, 2016, 54(5): 36-42.

[55] Z. Y. Xiao, P. F. Xia, X. G. Xia. Enabling UAV cellular with millimeter-wave communication: potentials and approaches[J]. IEEE Communications Magazine, 2016, 54(5): 66-73.

[56] D. W. Matolak, R. Y. Sun. Air-ground channels for UAS: summary of measurements and models for L- and C-bands[C]. Herndon: IEEE, 2016.

[57] D. W. Matolak, R. Y. Sun. Unmanned aircraft systems: air-ground channel characterization for future applications[J]. IEEE Vehicular Technology Magazine, 2015, 10(2): 79-85.

[58] N. Schneckenburger, T. Jost, D. Shutin, et al. Line of sight power variation in the air to ground channel[C]. Davos: IEEE, 2016.

[59] M. Simunek, F. P. Fontán, P. Pechac. The UAV low elevation propagation channel in urban areas: statistical analysis and time-series generator[J]. IEEE Transactions on Antennas & Propagation, 2013, 61(7): 3850-3858.

[60] E. Yanmaz, R. Kuschnig, C. Bettstetter. Channel measurements over 802.11a-based UAV-to-ground links[C]. Houston: IEEE, 2011.

[61] Z. Y. Shi, P. Xia, Z. B. Gao, et al. Modeling of wireless channel between UAV and vessel using the FDTD method[C]. Beijing: IET, 2014.

[62] M. Kvicera, F. Pérez-Fontán, J. Israel, et al. Modeling scattering from tree canopies for UAV scenarios[C]. Davos: IEEE, 2016.

[63] K. Daniel, M. Putzke, B. Dusza, et al. Three dimensional channel characterization for low altitude aerial vehicles[C]. New York: IEEE, 2010.

[64] N. Goddemeier, C. Wietfeld. Investigation of air-to-air channel characteristics and a UAV specific extension to the Rice model[C]. San Diego: IEEE, 2015.

[65] V. Degli-Esposti, F. Fuschini, E. M. Vitucci, et al. Ray-tracing-based mm-wave beamforming assessment[J]. IEEE Access, 2014, 2: 1314-1325.

[66] L. Tian, V. Degli-Esposti, E. M. Vitucci, et al. Semi-deterministic radio channel modeling based on graph theory and ray-tracing[J]. IEEE Transactions on Antennas & Propagation, 2016, 64(6): 2475-2486.

[67] G. Acosta, K. Tokuda, M. Ingram. Measured joint Doppler-delay power profiles for vehicle-to-vehicle communications at 2.4 GHz[C]. Dallas: IEEE, 2004.

[68] A. G. Zajic, G. L. Stuber, T. G. Pratt, et al. Wideband MIMO mobile-to-mobile channels: geometry-based statistical modeling with experimental verification [J]. IEEE Transactions on Vehicular Technology, 2009, 58(2): 517-534.

[69] I. Sen, D. W. Matolak. Vehicle-vehicle channel models for the 5-GHz band[J]. IEEE Transactions on Intelligent Transportation Systems, 2008, 9(2): 235-245.

[70] A. Paier, J. Karedal, N. Czink, et al. Characterization of vehicle-to-vehicle radio channels from measurements at 5.2 GHz[J]. Wireless Personal Communica-

tions,2009,50(1):19-32.

[71] L. Cheng,B. E. Henty,D. D. Stancil,et al. Mobile vehicle-to-vehicle narrow-band channel measurement and characterization of the 5.9 GHz dedicated short range communication (DSRC) frequency band[J]. IEEE Journal on Selected Areas in Communications,2007,25(8):1501-1516.

[72] G. Acosta-Marum, M. A. Ingram. Six time- and frequency- selective empirical channel models for vehicular wireless LANs[J]. IEEE Vehicular Technology Magazine,2007,2(4):4-11.

[73] IEEE P802.11p/D2.01. Standard for wireless local area networks providing wireless communications while in vehicular environment[S]. IEEE,2007.

[74] T. Kosch, W. Franz. Technical concept and prerequisites of car-to-car communication[C]. Hannover:AET,2005.

[75] D. W. Matolak. Channel modeling for vehicle-to-vehicle communications[J]. IEEE Communications Magazine,2008,46(5):76-83.

[76] M. Kwakkernaat, M. Herben. Analysis of clustered multipath estimates in physically nonstationary radio channels[C]. Athens:IEEE,2007.

[77] N. Czink,R. Y. Tian,S. Wyne,et al. Tracking time-variant cluster parameters in MIMO channel measurements[C]. Shanghai:IEEE,2007.

[78] J. Salmi,A. Richter, V. Koivunen. Enhanced tracking of radio propagation path parameters using state-space modeling[C]. Florence:IEEE,2006.

[79] A. Richter,M. Enescu, V. Koivunen. State-space approach to propagation path parameter estimation and tracking[C]. New York:IEEE,2005.

[80] P. J. Chung, J. F. Böhme. Recursive EM and SAGE-inspired algorithms with application to DOA estimation[J]. IEEE Transactions on Signal Processing,2005, 53(8):2664-2677.

[81] A. Richter,J. Salmi, V. Koivunen. An algorithm for estimation and tracking of distributed diffuse scattering in mobile radio channels[C]. Cannes:IEEE,2006.

[82] X. F. Yin,G. Steinbock,G. E. Kirkelund,et al. Tracking of time-variant radio propagation paths using particle filtering[C]. Beijing:IEEE,2008.

[83] S. Herman. A particle filtering approach to joint passive radar tracking and target classification[D]. Champaign-Urbana:University of Illinois,2002.

[84] B. H. Fleury,X. F. Yin,P. Jourdan,et al. High-resolution channel parameter estimation for communication systems equipped with antenna arrays[J]. IFAC Proceedings Volumes,2003,36(16):97-102.

[85] X. F. Yin,T. Pedersen,N. Czink,et al. Parametric characterization and estimation of bi-azimuth and delay dispersion of individual path components[C]. Nice: IEEE,2006.

[86] D. Fox,W. Burgard,F. Dellaert,et al. Monte Carlo localization:efficient position estimation for mobile robots[C]. Orlando:AAAI,1999.

8

被动信道测量系统

利用已有的基站，例如3G、4G、5G网络中的基站作为信号的发射端，通过自行假设的信号采集设备收集所谓的系统下行信号，并对信号进行分析，提取其中的信道信息。这样的测量方式，我们定义为“被动”测量，旨在强调测量本身并没有特别设计发射端。被动测量的优势是能够在系统覆盖的任何地方进行信号采集，从而得到遍历性较好的信道特征样本，这对于检查特定通信网络的信道情况具有重要的意义。在这一章里，我们将介绍如何针对UMTS，即第三代移动通信，以及LTE，即第四代移动通信的下行信号进行分析从而得到信道特征的计算流程，而后，利用这些方法对高铁、地铁、无人机进行被动信道测量，得到路径损耗模型、基于几何的随机路径簇模型等。这些模型充分反映了环境和系统对传播信道特征的综合影响，从而开辟了面向移动终端、具有特别价值的信道模型构建的研究。

8.1 被动信道测量技术与系统

一般情况下，信道测量要求操作者自主搭建信道测量设备，即发射端和接收端。我们将这种自己搭建发射和接收设备、自行设计激励信号的信道测量方式称为“主动测量”。主动测量方法的优点是能够准确地测量系统所包含的各个部件自身的响应，进而可以在接收到的信号中有效均衡系统所带来的扰动。但是主动测量也具有一定的局限性，如通常实际应用的场景相比主动测量所考虑的场景更为多样、更加复杂，特别是针对高速的时变场景，如高速铁路、高速公路、城市的轨道交通等，很难重复性地测量信道，因此得到的数据非常有限，难以支撑统计信道模型的有效提取。此外，从信道模型应用的角度而言，信道模型能够用于系统设计时的算法推导、性能评估。当实际的无线系统已经部署，其性能的下降与运行时所在的传播环境有较大关联时，运营商希望能够及时对已部署系统的信道冲激响应进行测量。主动测量难以准确模拟实际的场景，无法有效重现实际系统所经历的无线传播信道。

如今，随着移动通信系统的不断发展，各种具有不同带宽的通信基础设施（如3.84 MHz的UMTS系统、18 MHz的LTE系统，以及100 MHz的5G NR系统）投入使用，测量者可以直接利用这些系统中的基站，甚至终端设备，以及手机设备作为信号的发射端，只需要自主搭建接收端即可以完成多种场景，如移动到固定（vehicle-to-fix，V2F）、移动到移动场景的信道测量。本节将介绍基于通用软件无线电外设（universal software-defined radio peripheral,USRP)设备,利用第三代和第四代移动通信系统实现的被动信道测量系统,它们已经被应用于蜂窝网络[81]、高铁[82]、地铁[83]和无人机地对空信道[84]的研究之中。

8.1.1 软件无线电外设设备介绍

一个被动信道测量系统主要是由接收机等相关设备构成的。我们采用软件无线电外设设备来构建无线信号接收器,具体可以包含下列测量设备。

(1) 通用软件无线电外设,可以由 GNU radio、Matlab 或 LabView 等软件驱动,能够灵活地设置采样率、中心频点等参数,可以调整射频设备的工作状态。

(2) 一台能够连接 USRP 并能对 USRP 进行必要控制的主机,如便携式计算机或者台式计算机,同时该主机也充当着存储设备,用来存储接收到的实时时域 I/Q 数据。

(3) 其他附件,例如天线(工作在 UMTS 或 LTE 频段,以及 5G 相关频段)、电源、GPS 驯服时钟(提供精确的参考频率)等。

被动信道测量系统记录实时的通信系统下行信号的时域基带数据,利用特殊的下行信号从接收数据中提取(估计)信道的冲激响应。

图 8-1 展示了一款 Ettus 生产的 USRP,该设备具有 25 MHz 的最大复数采样率(可以满足 UMTS 和 LTE 系统下的测量带宽要求),其配有两个端口,可以实现最多两个通道数据的同时接收。随着 USRP 产品的不断升级,根据被动测量所针对的系统带宽的不同,也可以选择具有更大带宽和端口的 USRP 设备[85]。

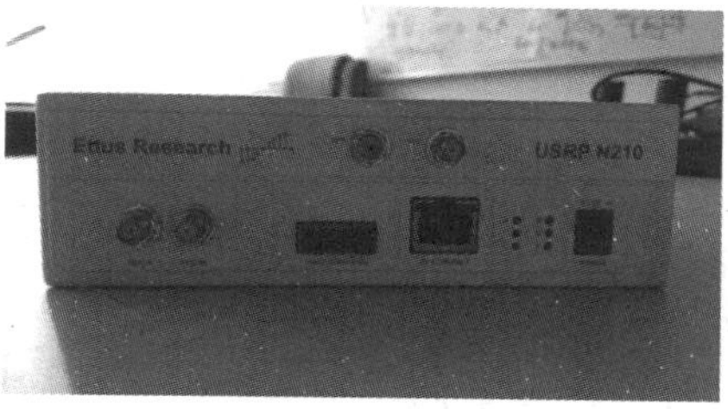

图 8-1 Ettus **生产的软件无线电外设设备**

图 8-2 展示了用来驱动 USRP 的 GNU radio 软件界面。通过参数表可以合理设置接收的中心频点、采样率、USRP 增益、I/Q 数据存储格式、是否使用外部时钟晶振等参数,以达到最佳接收效果。

部分 USRP 产品的内部本地晶振的精确度可能较差,频率会出现大幅度偏差,导致产品性能下降,这是不可忽视的一个问题。一般情况下,USRP 通电之后一定时间内,由于环境(如温度)变化不大,这个偏差量可以认为是比较稳定的。USRP 采样率以及中心频点的产生依赖晶振产生的参考频率,晶振自身的不精确性一方面导致不准确的采样,致使测量到的时延和真实时延之间有偏差,另一方面,导致中心频点发生改变,使得接收数据中包含了多余的相位旋转,带来“虚假”的多普勒频移。

假设期望达到的采样率是 f_s,而由于频偏导致的不准确的采样率是 f'_s,那么采样率偏移 $\Delta f_s = f'_s - f_s$。如果仍然认为 USRP 的采样率为 f_s,据此计算出来的 USRP 采样点的时刻和这一采样点的真实时刻之间的差距 $\Delta\tau$,可以用下式计算:

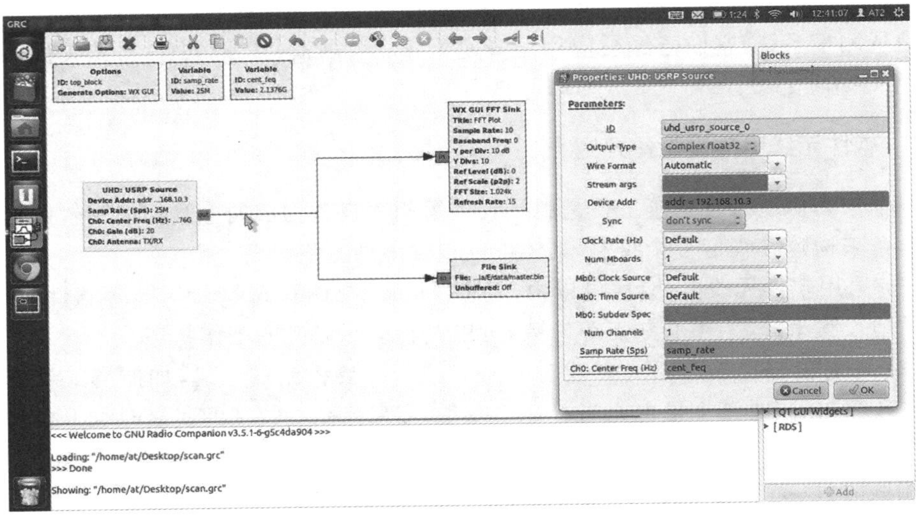

图 8-2 GNU radio **软件界面**

$$\Delta\tau(t)=\left(\frac{f_{\mathrm{s}}}{f_{\mathrm{s}}}-\frac{f_{\mathrm{s}}}{f'_{\mathrm{s}}}\right)\frac{t}{\dfrac{f_{\mathrm{s}}}{f'_{\mathrm{s}}}}=\frac{\Delta f_{\mathrm{s}}}{f_{\mathrm{s}}}t \tag{8.1.1}$$

其中，t 表示测量持续的时间。与此同时，假设期望达到的中心频点是 f_{c}，而由于频偏导致的不准确的中心频点是 f'_{c}，即中心频点偏移 Δf_{c}，为 $f'_{\mathrm{c}}-f_{\mathrm{c}}$，那么在接收信号中引入的相位旋转为

$$\phi(t)=\mathrm{e}^{-\mathrm{j}2\pi\Delta f_{\mathrm{c}}t} \tag{8.1.2}$$

此外，由于采样率和中心频点参考同一个参考频率产生，因此有

$$\frac{\Delta f_{\mathrm{c}}}{f_{\mathrm{c}}}=\frac{\Delta f_{\mathrm{s}}}{f_{\mathrm{s}}} \tag{8.1.3}$$

为了解决这一问题，可以采用如下两个方案：① 外接精确的参考频率，如 GPS 驯服时钟产生的 10 MHz 参考频率；② 通过观察静止状态下的信道的时延偏移量或者多普勒频移，通过公式对系统进行校准。

8.1.2 信道冲激响应在 UMTS 中的提取

本节中我们针对 3G UMTS 通信系统来阐述提取系统下行信号所经历的信道冲激响应的步骤。

(1) 第一步，滤波。通常情况下，接收端可能接收到多个 UMTS 频带的信号，它们具有不同的中心频率，每个频带的宽度是 3.84 MHz。将具有不同中心频率的 UMTS 基带信号记为 $r_c(t)(c=1,2,\cdots,n)$。在这一步骤执行之后，通过滤波我们得到基带信号 $r_c(t)(c=1,2,\cdots,n)$。

(2) 第二步，同步。通过将 $r_c(t)$ 与调制后的主同步码做相关运算并且搜索输出的相关序列的功率谱中的主要峰值，可以确定多个基站下行同步信道中的每一个时隙的起始位置(每个峰值可能对应于一个小区的时隙起始位置)。此外，公共导频信道中每个时间帧的起始时间 t_0 以及所使用的扰码索引 i 可以通过解决以下最优问题获取：

$$(\hat{t}_0,\hat{i}) = \arg\max_{t_0,i}\left|\int_0^T r_c(t)[c_s^i(t-t_0)]^* \mathrm{d}t\right|^2, \quad c=1,2,\cdots,n \tag{8.1.4}$$

其中，$c_s^i(t)$，$i\in[1,2,\cdots,64]$，由 15 个辅同步码构成，这些辅同步码是根据在[86]中预先定义的第 i 个序列产生的。$T=10$ ms 是一个公共导频信道数据帧的长度，$(\cdot)^*$ 则表示给定数值的复数共轭。

(3) 第三步，扰码检测。由于分配给每个小区的扰码信息是未知的，因此有必要进行扰码检测。用于调制公共导频信道的扰码索引 j 可以通过如下方式得到：

$$\hat{j} = \arg\max_{j\in \boldsymbol{J}_{\hat{i}}}\left|\int_{\hat{t}_0}^{\hat{t}_0+T} r_c(t)s_j^*(t-\hat{t}_0)\mathrm{d}t\right|^2, \quad c=1,2,3 \tag{8.1.5}$$

其中，向量 $\boldsymbol{J}_{\hat{i}}=(\hat{i}-1)\times 8+[1,2,\cdots,8]$包含 8 个在第 $\hat{i}$ 组中的扰码索引，$s_j(t)$表示第 j 个扰码。

(4) 第四步，信道冲激响应提取。对于识别出的使用第 $\hat{j}$ 个扰码、载波序号为 c 的小区信道，在第 k 个公共导频信道的数据帧中的信道 $h_{c,k}(\tau)$的估计 $\hat{h}_{c,k}(\tau)$可以通过下式获取：

$$\hat{h}_{c,k}(\tau) = \int_{\hat{t}_0}^{\hat{t}_0+T} r_c(t+kT)s_{\hat{j}}^*(t-\tau)\mathrm{d}t \tag{8.1.6}$$

8.1.3 信道冲激响应在 LTE 系统中的提取

长期演进(LTE)系统具有两种数据帧，即时分复用(time division duplexing，TDD)和频分复用(frequency division duplexing，FDD)系统，同时也具有六种有效带宽，即 18 MHz、13.5 MHz、9 MHz、4.5 MHz、2.7 MHz、1.08 MHz，分别对应 1200 个、900 个、600 个、300 个、180 个、72 个子载波(除直流子载波之外的子载波)。主同步信号(primary synchronization signal)、辅同步信号(secondary synchronization signal)和小区参考信号(cell-specific reference signal)以一定的规律在时频资源网格上分布。

频域上，主同步信号和辅同步信号占据了直流子载波两侧各 36 个子载波，而小区参考信号以每六个频点占据一个频点的方式贯穿整个有效带宽。

时域上，一个数据帧包含 20 个时隙(slot)，每个时隙持续 0.5 ms，在普通循环前缀(normal cyclic prefix，NCP)情况下，每个时隙含有 7 个正交频分复用(orthogonal frequency division multiplexing，OFDM)符号，在延长循环前缀(extended cyclic prefix，ECP)情况下，每个时隙含有 6 个 OFDM 符号，并且每两个时隙构成一个子帧(subframe)。主同步信号的位置是由数据帧格式(时分或者频分)决定的，即主同步信号在 FDD 数据帧中位于第 1 个和第 11 个时隙的最后的 OFDM 符号上，在 TDD 数据帧中位于第 1 个和第 7 个子帧的第 3 个 OFDM 符号上；辅同步信号在数据帧中的位置也是由多种因素(例如循环前缀类型、数据帧类型(时分或者频分)等)决定的；物理小区识别号(physical cell identity，PCI)由主同步信号和辅同步信号决定，它和循环前缀类型、数据帧类型等决定了小区参考信号的信息。详细的配置信息读者可以参考[87]。

综上所述，我们可以借助主同步信号和辅同步信号来检测小区号和循环前缀类型，并确定发送的小区参考信号的信息，从而在接收到的下行信号中的小区参考信号中估计或者提取信道的冲激响应。接下来我们以 TDD 数据帧为例，介绍信道冲激响应的提取步骤。图 8-3 和图 8-4 分别示意了具有普通循环前缀的 TDD 数据帧的同步信号和小区参考信号的位置。

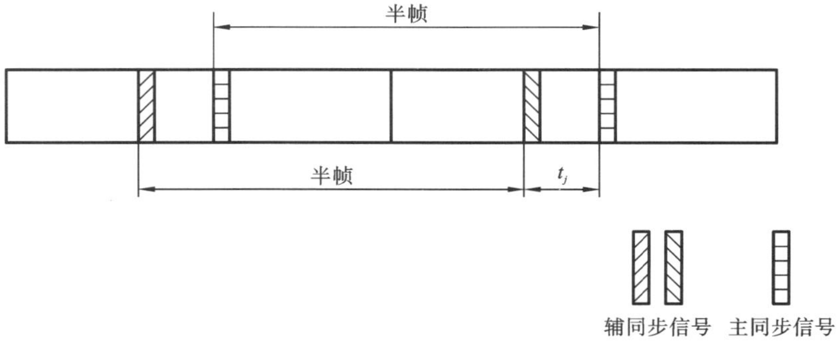

图 8-3 同步信号在数据帧中的位置

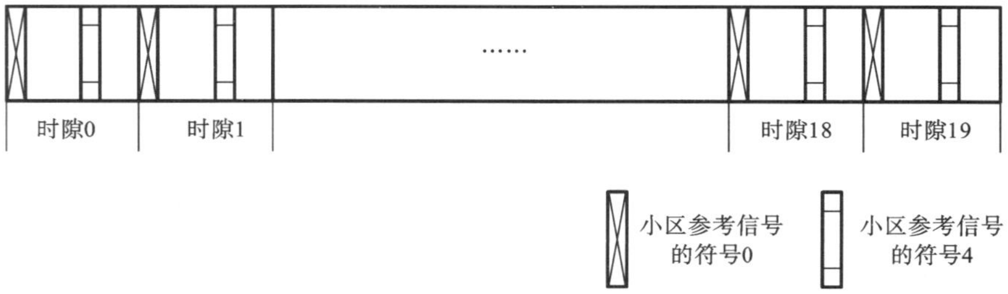

图 8-4 小区参考信号在数据帧中的位置

与从 3G UMTS 通信系统中提取下行信道冲激响应的步骤相似，对于 LTE 系统主要采用如下步骤。

(1) 步骤 1，滤波。滤波得到 LTE 信号有效带宽内的基带信号 $r(t)$。

(2) 步骤 2，主同步信号检测。如图 8-3 所示，在一个数据帧中包含两个主同步信号，它们在原始数据中的位置 t_0 和索引 i 可以通过解决如下最大化问题检测：

$$(\hat{t}_0,\hat{i}) = \arg\max_{t_0,i}\left|\int_0^T r(t)p_i^*(t-t_0)\mathrm{d}t\right|^2,\quad i=0,1,2 \tag{8.1.7}$$

其中，$p_i(t)$，$i\in[0,1,2]$，表示三种不包含循环前缀的主同步信号，它们由频域的 Zadoff-Chu 序列通过傅里叶逆变换产生[87]；$T=5$ ms 表示半帧的长度，$(\cdot)^*$ 表示给定数值的复数共轭。另外，在实际有噪声和阴影衰落的信道中，可以借助公式使得$(\hat{t}_0,\hat{i})$的检测更加稳定：

$$(\hat{t}_0,\hat{i}) = \arg\max_{t_0,i}\frac{1}{N}\sum_{n=0}^{N-1}\left|\int_0^T r(t+nT)p_i^*(t-t_0)\mathrm{d}t\right|^2 \tag{8.1.8}$$

(3) 步骤 3，辅同步信号检测。如图 8-3 所示，每个数据帧包含两个辅同步信号。在同一个半帧中，辅同步和主同步信号的时间间隔 t_j 和循环前缀的类型 j 有关。而且一个数据帧内的两个辅同步信号不同，两者的索引相差 168，这意味着同一种辅同步信号在数据流中相隔一个数据帧的长度。循环前缀类型 j 和辅同步信号索引 k 可以通过解决如下最大化问题得到：

$$(\hat{j},\hat{k}) = \arg\max_{j,k}\frac{1}{N}\sum_{n=0}^{N-1}\left|\int_{\hat{t}_0+t_j}^{\hat{t}_0+t_j+T_s} r(t+2nT)s_k^*(t-\hat{t}_0-t_j)\mathrm{d}t\right|^2 \tag{8.1.9}$$

其中，$T_s=1/15$ ms 是一个不包含循环前缀的辅同步信号符号的时间长度，t_j，$j\in[0,1]$，表示在同一半帧中，普通循环前缀和延长循环前缀情况下的相邻辅同步和主同步信号起始位置的时间差，s_k，$k\in[0,1,\cdots,335]$，表示336种去除循环前缀的辅同步信号。需要注意的是，如果检测到的 $\hat{k}\in[0,1,\cdots,167]$，那么检测到的辅同步信号在第一个半帧内，反之就在第二个半帧内，由此可以决定一个数据帧在数据流中的起始位置。物理小区识别号 $N_{\mathrm{id}}^{\mathrm{cell}}$ 可以通过下式得到：

$$N_{\mathrm{id}}^{\mathrm{cell}}=\hat{i}+3\times(\hat{k}\,\mathrm{mod}168) \tag{8.1.10}$$

其中，$(\cdot)\mathrm{mod}(\cdot)$ 表示前者除以后者得到的余数。

(4) 步骤4，信道冲激响应提取。根据物理小区识别号以及循环前缀类型，我们可以明确获得每个数据帧中发送的小区参考信号的信息，由此根据下式估计信道的冲激响应 h_τ：

$$\widehat{h_\tau}=F^{-1}\frac{C_{\mathrm{r}}(f_{\mathrm{s}})}{C_{\mathrm{t}}(f_{\mathrm{s}})} \tag{8.1.11}$$

其中，C_{r} 表示频域上接收到的小区参考信号，C_{t} 表示频域上的本地小区参考信号，f_{s} 表示小区参考信号所占据的OFDM子载波位置，$F^{-1}(\cdot)$ 表示给定成分的傅里叶逆变换。除了某些参数，如 t_j，$j\in[0,1]$，的候选值与TDD情况下有差别之外，FDD数据帧的信道冲激响应估计方法与TDD情况下的步骤一样。

8.2 基于UMTS测量的高铁信道模型

本节将介绍一个针对上海到北京之间运行的高铁(high-speed-train，HST)的信道测试活动，其中，高铁沿线布置了通用移动陆地UMTS系统。我们从接收到的公共导频信道(common pilot channels，CPICH)信号数据中提取出了信道冲击响应(channel impulse responses，CIR)。在1318千米的路程内，共检测到了144个基站，同时对从CIR中估计出的多径分量(multipath component，MPC)进行了联合和聚类。结果表明，由于受到3.84 MHz带宽的限制，在大多数情况下，信道都包含一个视距路径簇，在其他情况下，信道则是由两个或者多个由分布式天线、泄漏电缆或者是享用相同CPICH的基站所产生的两个或者多个LoS路径簇构成的。根据路径簇在时域和多普勒域的行为，建立了一种新的几何随机路径簇模型。与传统模型不同的是，路径簇的时变特征由随机的几何参数(例如基站到高铁的相对位置和列车速度等)来表征。这些几何参数的分布和每个路径簇的路径损耗、阴影衰落、时延扩展和多普勒扩展都从测量数据中被提取出来。

本节接下来的内容包括四个部分：测量设备、环境、流程和后处理；几何随机簇模型的结构和传播场景的分类；轨迹的几何参数估计；几何参数的统计特征和每个路径簇的随机信道特征。

8.2.1 测量设备、环境、流程和后处理

在主动测量系统中，由于存在一些实际问题，特别是当接收端或者发射端具有很高的运行速度时，信道测量和宽带模型的建立都会遇到一定的困难。当高铁以300千米/小时或者更高的速度行驶时，由于只有一些特定位置范围(发射端固定的位置范围)的少量测试数据能够被记录下来，这些有限的数据样本并不足以构建有效的随机信道模型，因此我们建议使用被动测量的方式来代替之前的主动测量的方式，即将部署在高铁

铁路周围公共无线通信系统中的通信信号用于本实验中的信道测量。这种被动测量方法有以下几个优点，一是高铁沿线地区的商用无线通信网络覆盖比较广泛，我们可以获取大量的测量数据；二是采用这种测量方式所得到的信道特征和用户在车厢内所经历的信道特征一致。事实上，在过去的几十年里，研究者已经使用第二代无线通信系统的数百 kHz 带宽的信号进行被动信道测量，用来分析信道窄带衰落特征和与通信性能有关的参数，例如信道外干扰[88,89]。如今，利用部署在高铁附近的带宽为 3.84 MHz 的通用移动陆地系统信号或带宽为 20 MHz 的长期演进系统信号，我们可以详细分析信道的宽带特征[90]。

为此，在本节中，基于详细设计的被动信道测量，我们提出了一种新颖的高铁信道模型。主要创新和贡献可以概括如下。

(1) 这使被动测量技术第一次应用于真实的高铁信道场景中。该被动测量技术利用放置在高铁内部的软件无线电外设设备来接收上海和北京之间的 UMTS 高铁公共导频信道的下行信号。整个测试距离超过一千千米，从 144 个部署在高铁周围的基站中获取了信道的冲激响应。

(2) 基于从 CIR 中提取的多径分量参数(即时延、多普勒频移和复衰减系数)，提出了一种新的基于几何的随机路径簇模型(geometry-based random-cluster model, GRCM)，用来描述不同的高铁传播信道。不同于传统的信道模型，该信道模型不仅包括用于重现路径簇确定性时延和多普勒轨迹的几何参数的经验分布，而且还包括各个路径簇的随机特征，包括路径损耗、阴影衰落、时延和多普勒扩展。

(3) 首次发现了一些新的信道性质，例如铁路沿线部署分布式天线产生的多个下行链路共存的现象和在基站中使用定向天线导致的特定衰落现象，并建立相应的模型。

图 8-5 展示了利用 UMTS 网络信号进行数据采集、数据处理和信道建模的流程图。测试过程中用于接收信号的设备由以下部分组成：一个由计算机通过自由无线电软件(GNU① radio software)控制的型号为 N210 的通用软件无线电外设[91]，一个存储磁盘和一个工作在 2～3 GHz 频带的全向天线。这样就可以实现在移动高铁场景中实时接收信号。数据的复数采样率为 25 MHz (即 25 MHz 的有效带宽)，采样中心频率为 2.1476 GHz，被保存为多个每次持续 1 分钟的片段。

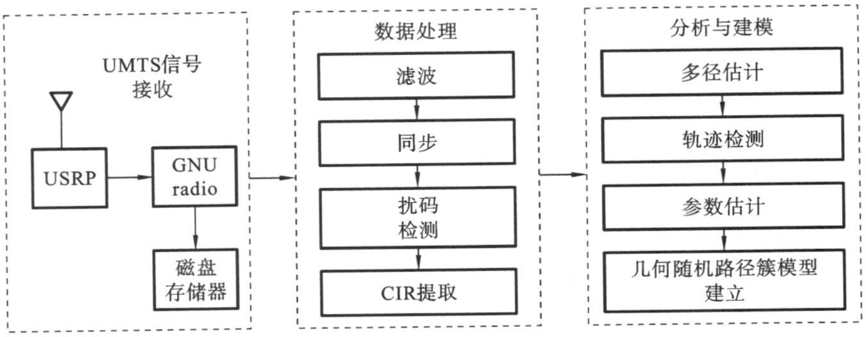

图 8-5　HST 信道的数据采集、数据处理和信道建模流程图

① GNU 是 GNU 项目开发的类 Unix 的操作系统，由自由软件构成，期望成为一个“完全兼容 Unix 的软件系统”。

测试是在 2014 年 1 月从北京到上海的高铁车厢内进行的。高铁从北京到上海历时五小时，总距离为 1318 千米。除了始发车站，高铁运行期间共经过五站。高铁平均速度为 300 千米/小时。图 8-6 显示了北京到上海的铁路卫星视图。图 8-6 中标记了路径中的停车站。传播环境可以分为以下几类：城市、郊区、农村和丘陵场景，如图 8-7 所示。此外，铁路的不同构造情况也会产生多种不同电波传播场景。在我们的例子中，传播场景被分为隧道、开放区域、V 形通道场景。在隧道场景下，分布式天线系统或泄漏电缆会产生具有多个链路的复合信道。在 V 形通道场景下，接收天线低于地面，铁路两侧的沉降式钢筋混凝土墙会产生明显的散射成分[18]。

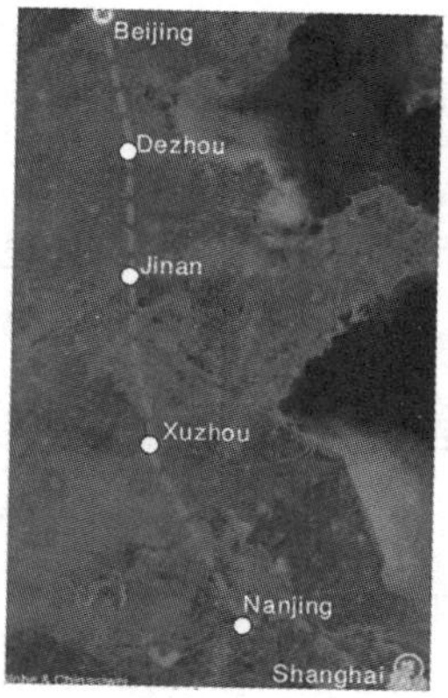

图 8-6 北京到上海的铁路卫星视图

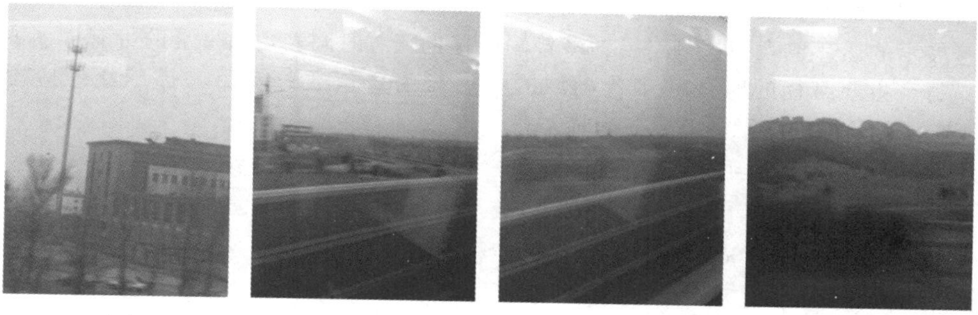

(a) (b) (c) (d)

图 8-7 高铁运行过程中在车厢内拍摄的不同场景照片。(a) 城市场景；(b) 郊区场景；(c) 农村场景；(d) 丘陵场景

在使用第 8.1.2 节中的步骤从原始接收数据中获取了信道的冲激响应以后，我们使用和[92]中提到的算法类似的 SAGE 算法从中估计信道的多径参数。SAGE 算法中所使用的信道扩散函数的通用模型[93]如下：

$$h(t;\tau,\nu)=\sum_{m=1}^{M}\alpha_m(t)\delta(\tau-\tau_m(t))\delta(\nu-\nu_m(t)) \tag{8.2.1}$$

其中，M 是路径的总数，$\alpha_m(t)$ 表示在 t 时刻信道快拍下第 m 条路径的复数衰减，$\delta(\cdot)$ 表示狄拉克函数，$\tau_m(t)$ 和 $\nu_m(t)$ 分别表示在 t 时刻信道快拍下第 m 条路径的时延和多普勒频移。式中要估计的参数是 $\boldsymbol{\Omega}=[\alpha_m(t),\tau_m(t),\nu_m(t);m=1,2,\cdots,M,t=t_1,t_2,\cdots,t_N]$，其中，$N$ 是在一次测量中快拍的个数。感兴趣的读者可以了解[92]中有关 SAGE 算法的详细步骤。在我们的实际操作中，我们将 15 个快拍作为一个观察，认为在此期间内信道的参数保持不变。一个观察的总时间跨度为 10 ms。此外，由于快拍的间隔为 2/3 ms，多普勒频移估计范围可以计算出为[−750,750] Hz。在高铁场景中，列车运行的平均速度为 300 千米/小时，UMTS 信号调制在 2.1476 GHz 的载波频率上，绝对多普勒频移最高可达约 600 Hz，仍然可以通过上述设置的 SAGE 算法进行估计。此外，值得一提的是，在 10 ms 的观察期间内，列车可以行使最多 0.83 米的距离（在速度为 300 千米/小时的情况下）。考虑到基站天线、散射体和车厢内部的接收装置之间的距离都远大于 0.83 米，我们有理由假设信道是保持平稳的，并没有重要的多径分量在这一过程中发生相当程度的改变。这样我们就可以使用 SAGE 算法估计主径的参数。在本次高铁场景中，我们使用路径数 $M=10$ 和 15 次迭代对每次观察进行估计，在大多数情况下，原始信号减去由估计的多径参数所重构的信号后所得到的剩余分量的功率接近噪声功率，也就是说 SAGE 有效提取了信道中的多径分量。每次观察所得到的估计结果认为是此次观察中 15 个信道快拍的中心快拍的多径参数估计。

8.2.2 几何随机簇模型的结构和传播场景的分类

图 8-8(a)和图 8-8(b)展示了两个功率时延谱示例。从 PDP 中可以观察到主要路径时延轨迹的变化规律。对于每一个确定的轨迹，时延先减小，当它达到最低值时再增加。这与火车先接近基站，然后经过它到最后离开的过程是一致的。此外，我们还观察到轨迹上明显的幅度变化，这可能是由于路径损耗、阴影衰落和多径衰落的联合效应引起的。此外，通过仔细观察图片，我们也可以观察到信道在时延上的扩展。我们猜测这是由于有限的 UMTS 信号带宽所不能分辨的大量多径导致的。此外，由于空间限制而没有展示的图片也表明这些路径的多普勒频移也随着时间表现出平滑的带有扩展的轨迹。每个主要路径的时延和多普勒域的扩展行为可以通过使用已被广泛地应用在 3GPP SCME 中的路径簇的概念来描述。

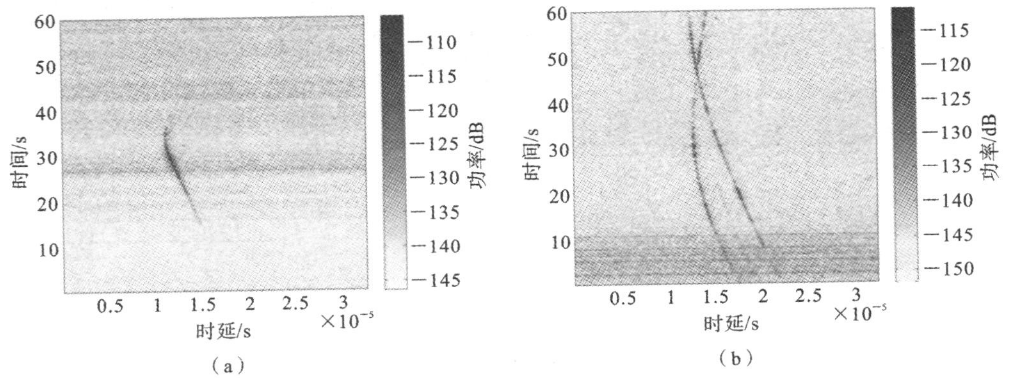

图 8-8 从一个基站中接收到 CPICH 数据所得 PDP 实例。(a) 单径场景；(b) 多径场景

从图 8-8 中所观察到的高铁信道和传统的基于路径簇描述的宏小区和微小区通信信道有以下几个方面的不同。首先，在一个单一的快拍中，UMTS 信号所经历的高铁信道较蜂窝场景包含更少的路径簇。其次，时延-多普勒随时间变化的轨迹更加平滑，因此与蜂窝场景的信道相比其更容易预测。此外，在图 8-8(b)所示的包含多个路径簇的信道中，路径簇的功率关于时延的衰减并不服从来由同一个天线所激发的路径簇的功率衰减趋势。我们认为在这些场景下，沿着高铁铁轨的多个发射端的公共导频信道共享同一个扰码。根据 UMTS 协议[86]，这会发生在三种情况下，即使用泄漏电缆来提高隧道覆盖、一定数量的分布式天线应用于丘陵地区(山区)或者多个相邻的基站组成一个虚拟基站以减少切换操作。

高铁环境下的信道和典型蜂窝场景的信道显著不同表明，我们需要使用不同的传统空间信道模型(SCM 和 SCME)建模方法来描述高铁信道。我们提出了一种新颖的基于几何的随机路径簇模型(GRCM)来描述高铁信道的时间演变和离散行为。所建立的 GRCM 包括用于生成路径簇的时延和多普勒轨迹的几何参数的分布以及路径簇本身的随机信道特征。图 8-8(a)展示了包含视距路径信道的功率时延谱，这个信道只包含了一个主要的时变路径簇，该路径簇可以认为是一个视距路径簇。图 8-8(b)展示了一个包含多个路径簇的信道的功率时延谱，每个来自于不同基站(共享同一个扰码，组成同一个小区)的路径簇都可以认为是一个视距路径簇。因此，决定路径簇时延和多普勒轨迹的参数包含列车速度、接收端和基站之间的中心频率偏移以及列车和基站之间的最短距离。实际上，在多个基站共享相同的扰码，或者是采用分布式天线系统或者泄漏电缆的情况下，多基站、分布式天线或者泄漏电缆端口的相对位置也要在建模中被考虑到。本节中建立的 GRCM 所描述的路径簇随机特征，包含了每个路径簇的统计特征，如单一簇的路径损耗和阴影效应、时延和多普勒扩展。

8.2.3 轨迹的几何参数估计

首先我们来讨论时延和多普勒频移估计。数据处理结果显示，路径簇通常有着光滑的时延和多普勒轨迹。在铁道是近似直线、列车的速度为常数的假设下，我们使用最小二乘法来估计路径簇轨迹的几何参数，这些参数可以用来重构路径簇的时延-多普勒轨迹。

图 8-9 所示的是视距情况下基站和列车的几何位置关系示意图。图中，v 表示列车速度，d_m 表示第 m 个位置情况下基站和列车之间的最短距离，$\theta(t)$表示行车方向和视距路径之间的角度(关于时间 t 的函数)。列车穿过基站的时刻，也就是当列车和基站之间的距离为 d_m 的时刻，我们用 t_0 表示。图 8-9 同样可以用来描述有多个共享扰码的基站、分布式天线系统或者泄漏电缆的情况。这样的情况下，可以用 $d_{m,l}$、$t_{0,l}$和 $\theta_l(t)$来表示第 l 个基站、分布式天线系统中的第 l 个天线或者泄漏电缆的第 l 个泄漏端口的几何参数。

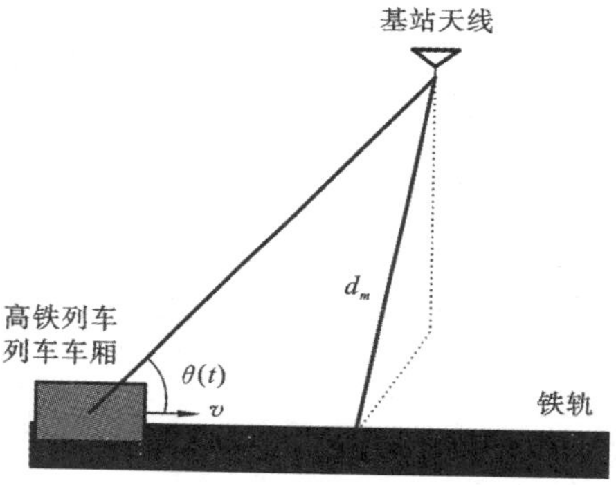

图 8-9 运行列车与基站天线几何位置示意图

对于第 l 个独立传输天线或者泄漏端口，其视距路径簇的多普勒轨迹 $\nu_{\text{LoS},l}(t)$由如下公式计算：

$$\nu_{\text{LoS},l}(t)=\frac{v}{c}\cdot\cos\theta_l(t)\cdot f_c+\nu_{e,l} \tag{8.2.2}$$

其中，f_c 是载频频率，c 代表光速，$\nu_{e,l}$是接收设备与第 l 个传输单元之间的频率偏移，$\cos\theta_l(t)$由下面的公式计算：

$$\cos\theta_l(t)=\frac{v\cdot(t_{0,l}-t)}{\sqrt{(v\cdot(t-t_{0,l}))^2+d_{m,l}^2}} \tag{8.2.3}$$

我们用 $\boldsymbol{\Omega}_l=[v,d_{m,l},t_{0,l},\nu_{e,l}]$来表示模型中的未知参数，$\boldsymbol{\Omega}_l$ 的估计值$\hat{\boldsymbol{\Omega}}_l$ 可以用如下式子得到①：

$$\hat{\boldsymbol{\Omega}}_l=\arg\min_{\boldsymbol{\Omega}_l}\sum_{t=t_1}^{t_N}|\hat{\nu}_{\text{LoS},l}(t)-\nu_{\text{LoS},l}(t;\boldsymbol{\Omega}_l)|^2 \tag{8.2.4}$$

其中，$\hat{\nu}_{\text{LoS},l}(t)$表示第 l 个视距路径簇的基于测量结果的多普勒轨迹。在这种情况下，需要通过以下步骤来计算 $\hat{\nu}_{\text{LoS},l}(t)$。

---

① 在计算 LS 问题时，我们使用到了 Matlab 中的函数“lsqcurvefit”。

基于 SAGE 算法得到的多径时延、多普勒、复数衰减估计值，使用[94]中的分簇方法对多径进行分簇；并且通过使用标准的卡尔曼滤波方法[95]在连续的信道快拍（观察）中关联这些路径簇。由于路径簇可能在 1 分钟内的某个时间段内并不存在，我们使用类似于[96]中提到的方法检测簇的产生和消失。基于这样的操作方法，在每 1 分钟的测量数据中，我们都可以得到一定数量的时变路径簇。最后，第 l 个簇的 $\hat{\nu}_{\mathrm{LoS},l}(t)$ 等于路径簇的多普勒功率谱的一阶统计。

以图 8-10 为例，我们展示了对图 8-8 中的信道利用 SAGE 算法估计的多径的多普勒频移的变化。我们只识别出了一个时变路径簇。通过解决最小二乘问题，所得估计结果为 $\hat{v}_1=71.1\ \mathrm{m/s}$，$\hat{d}_{m,1}=446\ \mathrm{m}$，$\hat{\nu}_{e,1}=-240\ \mathrm{Hz}$。图 8-10 中也展示了根据这些几何参数重构出来的多普勒频移随时间变化的曲线。图中，$\hat{\nu}_{\mathrm{LoS},1}(t)$ 和实测多普勒轨迹 $\nu_{\mathrm{LoS},1}(t)$ 的吻合表明最小二乘法可以很好地应用于几何参数的估计。

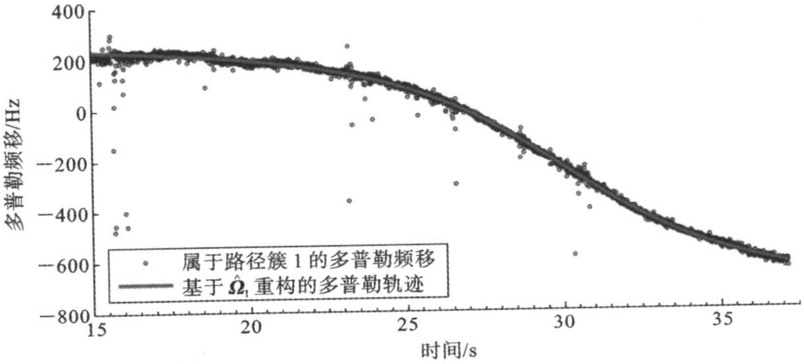

图 8-10 同一个簇的多普勒频移以及根据估计参数重构的多普勒轨迹

图 8-11 展示了双簇情况的多普勒轨迹。通过解决应用中的最优化问题，得到两条多普勒轨迹，对应的几何参数 $\boldsymbol{\Omega}_1$ 和 $\boldsymbol{\Omega}_2$ 的估计值为 $\hat{\boldsymbol{\Omega}}_1=[69.1\ \mathrm{m/s}, 1664\ \mathrm{m}, 2346, 182.9\ \mathrm{Hz}]$，$\hat{\boldsymbol{\Omega}}_2=[69.1\ \mathrm{m/s}, 1664\ \mathrm{m}, 2346, 182.9\ \mathrm{Hz}]$。在图 8-11 中可以看到，用这些估计参数重构出来的曲线很好地拟合了实测的数据。同时从这个例子还可以得知，两个发射端沿着轨道路径相隔了 1648 m，并且接收端和两个发射端的频率偏移是相同

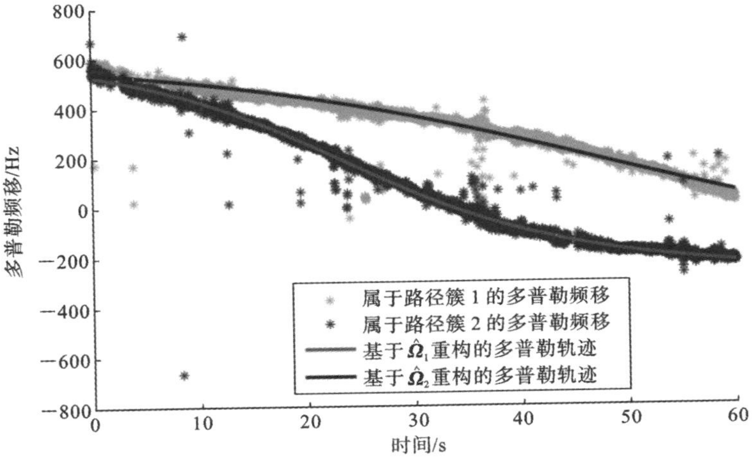

图 8-11 双簇的多普勒频移以及根据估计参数重构的多普勒轨迹

的。后者表明，两个天线连接着同一个基站的分布式天线系统。

图 8-12 展示了具有多个路径簇信道的累积功率时延谱。这些路径簇的存活时间短并且在列车行驶的过程中相继出现。这一数据是在列车通过隧道的时候采集的。可以推断此时隧道内使用了连接至同一个基站的分布式天线系统或者泄漏电缆，当列车经过规律排列的分布式天线或者泄漏端口时，会相继出现对应的主要路径簇。根据图 8-13 所示的多普勒轨迹，我们用最小二乘法估计出来的这些簇的参数 $\hat{\boldsymbol{\Omega}}$ 分别为[28.6 m/s，0.7 m，407，214 Hz]、[28.7 m/s，1.0 m，1062，238 Hz]、[29.1 m/s，0.9 m，1701，263 Hz]和[29.2 m/s，0.87 m，2335，286 Hz]，从结果可以得到天线/端口与接收端的距离大致为 1 m。这个结果十分合理，因为当列车在隧道中行进的时候，接收端位于列车窗户附近。此外，列车此时的运行速度大概为 100 千米/时，比 300 千米/时的速度要低得多，这与列车进入隧道以后为了保证安全而降低速度的实际情况是相符合的。另外，根据我们估计出来的 t_0 可以知道，相邻天线或者端口之间的平均间隔为 186 m。

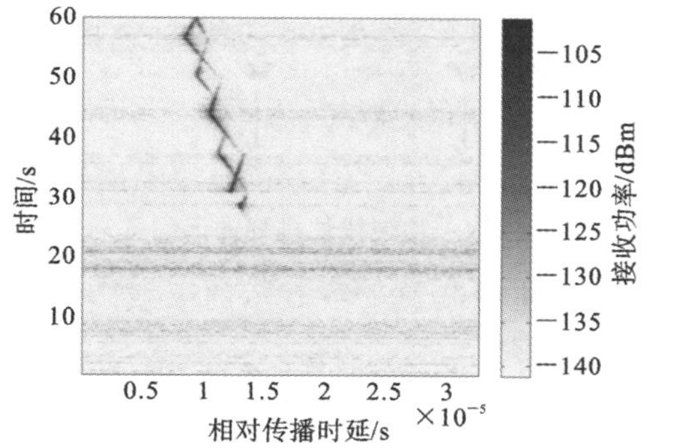

图 8-12 当列车穿过隧道时，根据接收信号计算出来的累积信道

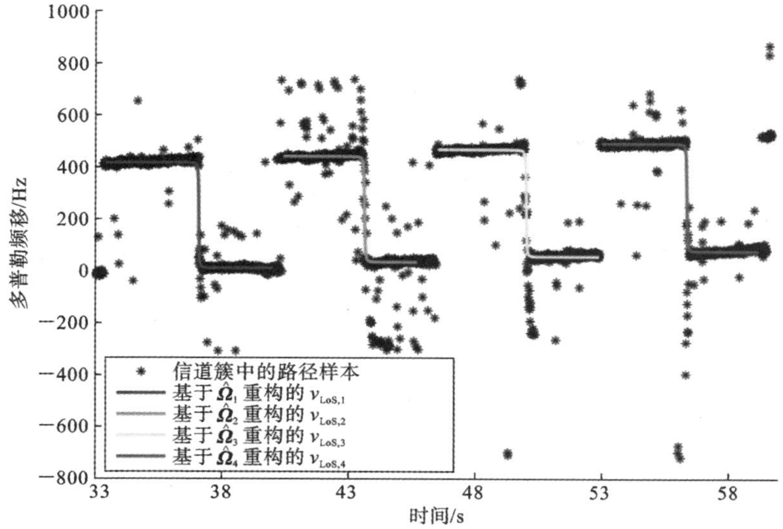

图 8-13 根据图 8-12 估计出来的四个簇的路径和其用估计参数 $\boldsymbol{\Omega}$ 重构的多普勒轨迹

除了可以估计时延和多普勒频移以外，我们还可以利用高铁移动速度在一段时间内恒定的假设来建立虚拟天线阵列，并由此进行下行信号达到接收端的角度，即波达角度的估计。

首先简要阐述一下利用线性天线阵列进行波达角度估计的原理。图 8-14 展示了均匀线性排列的天线阵列(ULA)。基于平面波假设,发射信号 $s(t)$ 在第 $m(m=1,2,\cdots,M)$ 个接收天线,且波达角度为 ψ_l 时的贡献为

$$s_{m,l}(t)=\alpha'_l s(t-\tau_l-\tau_{m,l})\exp\{j2\pi f_c(t-\tau_l-\tau_{m,l})\} \tag{8.2.5}$$

式中,α_l'、τ_l 和 $\tau_{m,l}$ 分别表示具有 ψ_l 的路径的复数衰减、到达第一个天线时的绝对时延,以及第 m 个接收天线的时延相对于第一个天线的相对时延差,即 $c^{-1}d_l(m-1)$。

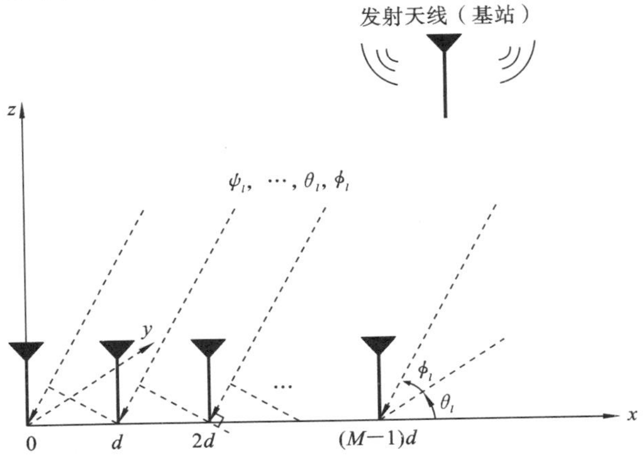

图 8-14 均匀线性排列的天线阵列

在窄带假设下[106],即当使用波长个数表示的天线阵列的物理尺寸远小于 f_c/B 时,$s_{m,l}(t)$ 可以写成如下形式:

$$s_{m,l}(t)=\alpha_l s(t-\tau_l)\exp\{-j2\pi f_c\tau_{m,l}\} \tag{8.2.6}$$

其中,

$$\alpha_l=\alpha_{l'}\exp\{j2\pi f_c(t-\tau_l)\} \tag{8.2.7}$$

因此,考虑所有 L_A 条路径,阵列的输出具有如下的矢量形式:

$$\boldsymbol{S}(t)=\sum_{l=1}^{L_A}\alpha_l s(t-\tau_l)\boldsymbol{a}(\psi_l) \tag{8.2.8}$$

其中,所谓的第 l 条路径的导向矢量 $\boldsymbol{a}(\psi_l)$ 为

$$\boldsymbol{a}(\psi_l)=\exp\{-j2\pi f_c c^{-1}d_l[0,\cdots,(M-1)]^{\mathrm{T}}\} \tag{8.2.9}$$

然而,我们在高铁测试时使用的是单天线而不是天线阵列。尽管如此,由于列车具有非常稳定的速度,我们可以将处于不同时刻的单天线组成一个虚拟阵列,并重新推导信号模型来进行角度估计。参考图 8-9 和图 8-14,两个虚拟天线之间的距离可以表示为 $d=\hat{v}t_s$。对于从 ψ_l 方向,即水平角为 θ_l 和仰俯角为 ϕ_l 方向到达的第 l 条路径,相邻天线的传播路径差 d_l 为

$$d_l=-\hat{v}t_s\cos(\phi_l)\cos(\theta_l) \tag{8.2.10}$$

考虑到用户与基站之间的频率偏移会导致相位偏移,我们将方向矢量修正为

$$\boldsymbol{a}(\psi_l)=\exp\{j2\pi(\hat{\nu}_e t_s-f_c c^{-1}d_l)[0,\cdots,(M-1)]^{\mathrm{T}}\} \tag{8.2.11}$$

类似的,波达角度可以通过 SAGE 算法以及式(8.2.8)、式(8.2.9)、式(8.2.11)估计。在实际应用过程中,我们使用连续的 15 个时隙的天线(即 $t_s=2/3$ ms)①构成一个

---

① 计算表明,高铁在正常速度下形成的虚拟阵列孔径远远小于 f_c/B,符合窄带假设。此外,相邻虚拟天线的间隔 d 大致为 0.7 倍的半波长,能较好地避免方向角估计的模糊性。

虚拟天线阵列，将路径数目 L_A 设为 15 以充分提取信道在角度域的多径。

示例如图 8-15 所示。观察图 8-15 可以发现，主要路径的水平角随着列车接近基站而不断增加，并在经过基站时达到 90°，之后随着列车向前继续增加。与此同时，主要路径的仰俯角先增加至接近 90°，当列车经过基站后，逐渐减小到接近 0°。这与图8-9

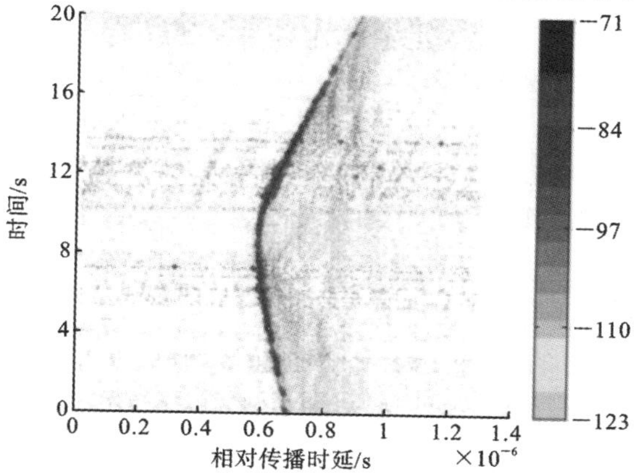

(a)

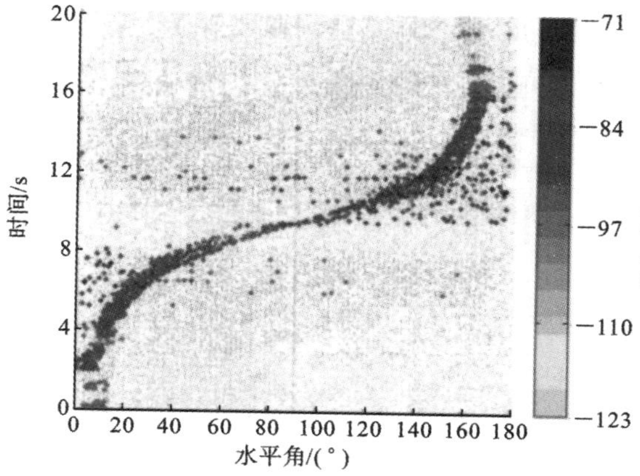

(b)

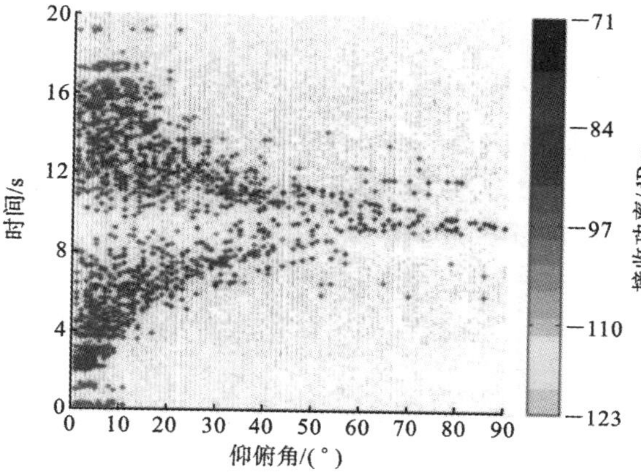

(c)

图 8-15 (a) 在时延域上的估计结果；(b) 在水平角度域上的估计结果；(c) 在竖直角度域上的估计结果

中的几何模型的实际情况一致，即基站天线具有一定的高度并且相对于铁轨的水平距离较小。除此之外，我们还可以观察到，由于散射体是均匀分布的，所有路径也均匀分布在整个角度域中。

通过上述尝试，我们可以看到利用高铁被动信道测量数据，将处于不同时刻的天线组成虚拟阵列，对高铁信道进行波达角度估计的方法是合理且实际可行的。得到的估计结果也可以用于统计信道模型的构建。但考虑到在本次测量中我们对天线的方向图尚未进行准确的暗室校准，所以估计得到的角度信道不具有较高的准确度，于是并没有对角度方面的特征进行建模的操作。但是此处对于角度估计可行性的研究，为基于被动测量在更多维度进行信道建模打下了理论基础。

8.2.4 几何参数的统计特征和每个路径簇的随机信道特征

在 1318 千米的五小时的测量过程中，我们共检测到 144 个下行公共导频信道，它们对应于不同载波、基站位置和扰码。基站的位置是均匀分布在铁轨沿线的。基于从公共导频信道中获取的传播信道估计和路径分簇结果看，共有 137 个公共导频信道对应的传播信道包含一个时变路径簇，其余的则包含两个甚至更多的簇。基于几何的随机路径簇模型由这些路径簇的几何参数和单簇参数构成。单簇参数包括每个独立簇经历的路径损耗随接收端和基站之间距离的变化、阴影衰落以及每个簇的时延和多普勒扩展。值得一提的是，在农村、郊区、城市甚至隧道环境下观测到的单簇或多簇场景中提取到的单簇特征并没有显著差异。这一现象是合理的，因为带宽为 3.84 MHz 的 UMTS 信号的有限时延分辨率模糊了不同环境下观测到的信道的细微区别，因此，在 UMTS 网络下接收端无法区分不同环境下的信道。基于上述原因，在本节中我们将 144 个信道测量的所有时变簇作为模型提取的完整集合。

1. Ω 中参数的统计特征

图 8-16 展示了参数 v_l、$d_{m,l}$ 和 $\nu_{e,l}$ 的经验累积分布函数（cumulative distribution function，CDF）。由图 8-16 可知，高铁速度为 60～85 米/秒，其 CDF 与高斯分布 $N(74.9,7.2)$ 相拟合，其中，74.9 和 7.2 分别代表该分布的期望和标准差。本文中，我们采用 Kolmogorov-Smirnov 检验来评估经验分布和拟合分布之间的一致性。$d_{m,l}$ 的分布范围为[100，700] m，其 CDF 与高斯分布 $N(345,171)$ 相拟合。另外，接收端和基站间的频偏 $\nu_{e,l}$ 的变化范围为[－250，250] Hz，符合高斯分布 $N(-2.5,148)$。

2. 路径簇单斜线路径损耗

如在之前的几何随机簇模型的结构和传播场景的分类中所述，由测量信道识别到的路径簇可以被认为是视距路径簇。因此，簇功率的大尺度变化可以通过路径损耗描述，该路径损耗是用户设备（UE）和基站（BS）间距离的函数。基于估计簇的时变特征，下文将提出两种类型的路径损耗模型。

需要注意的是，由于测量中基站天线高度和基站发射功率未知，因此很难建立 Hata 路径损耗模型或者 COST 231 路径损耗模型[97]。为实现路径损耗模型的构建，本文采用简化的路径损耗模型架构，其中，路径损耗可以表示为[97]

$$P_{\mathrm{L}}=-10\gamma\cdot\lg d+b \tag{8.2.12}$$

其中，γ 表示路径损耗系数（path-loss exponent，PLE），d 表示基站和用户设备间的距

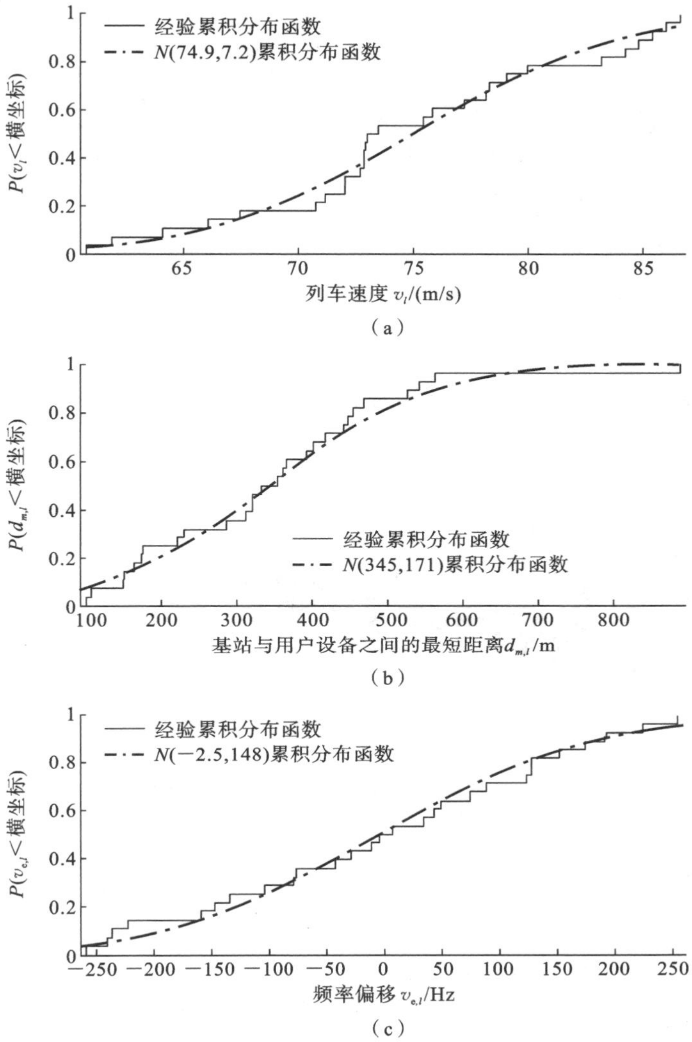

图 8-16　几何参数 v_l、$d_{m,l}$ 和 $\nu_{e,l}$ 的实测经验累积分布函数和解析表达式的拟合曲线。(a) 列车速度的累积分布函数；(b) 基站与用户设备之间的最短距离的累积分布函数；(c) 接收端和基站间频率偏移的累积分布函数

离，其单位为米，可以通过时间 t，估计值 $\hat{d}_{m,l}$、$\hat{t}_{0,l}$ 和 $\hat{v}$ 计算得到，其表达式如下：

$$d(t)=\sqrt{\hat{d}_{m,l}^2+(t-\hat{t}_{0,l})^2\hat{v}^2} \tag{8.2.13}$$

此外，公式中的截距参数 b 表示当 $d=1$ m 时的路径损耗。

图 8-17 举例展示了一个时变簇的信道增益的变化。横坐标为时间，单位为秒，正负分别表示高铁经过基站之前和经过基站之后。由图 8-17 可知，当高铁到基站的距离减小时，信道增益增加。图 8-18 则描述了图 8-17 所示场景下时变簇的路径损耗随基站与用户设备间的距离 d 发生变化而产生的变化，该路径损耗是通过求几十个时隙的簇增益平均值得到的。从图 8-18 中可以观察到，路径损耗随由对数表示的 d 的变化而变化的散点图可以用一条直线很好地拟合。该场景中路径损耗系数 γ 和截距 b 分别为 6 和 -111 dB。

通过拟合公式和路径损耗的经验散点图，我们可以得到单斜线路径损耗的所有 γ。

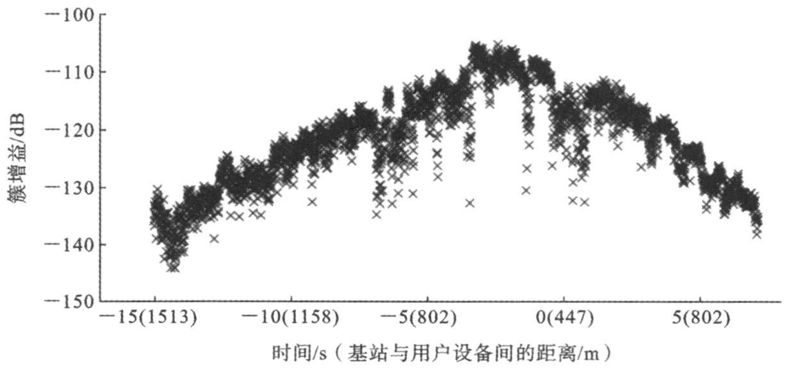

图 8-17　簇增益随相对时间(基站与用户设备间的距离)变化而变化

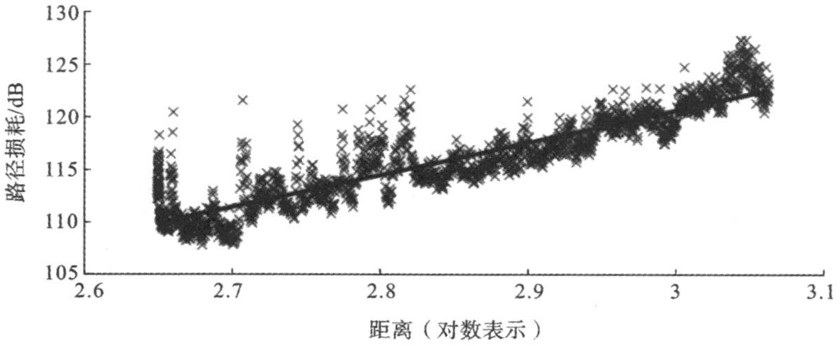

图 8-18　簇路径损耗随基站与用户设备间的距离变化而变化

图 8-19 展示了 γ 的 CDF，γ 的均值为 4.6。如图 8-19 所示，γ 符合对数正态分布 $LN(1.53,0.11)$。图 8-20 则展示了截距参数 b 的 CDF，其分布与正态分布 $N(-92.7,91.2)$ 相拟合。

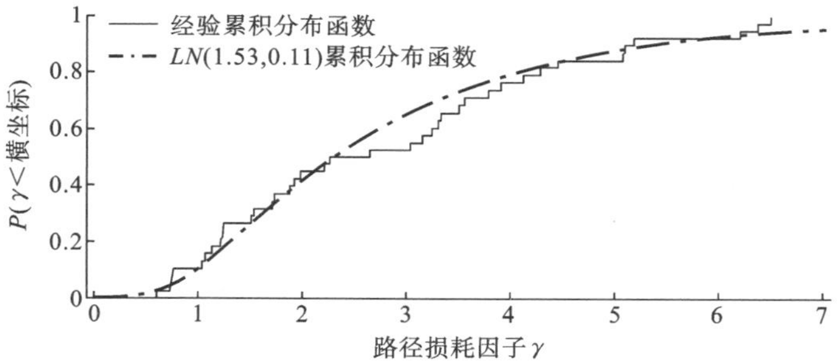

图 8-19　路径损耗因子 γ 的经验累积分布函数和对数正态分布拟合曲线

3. 路径簇双斜线路径损耗

在一些测量中，当基站与接收端之间的距离减小时，簇增益并不是单调递增的。图 8-21 展示了一个这样的例子。由图可知，当高铁持续接近基站至图 8-21 所示的区域 1 时，LoS 簇的信道增益降低。我们猜测，在这种情况下，基站天线具有定向辐射方向图，具有较大增益的波束朝向区域 2，而具有较小增益的波束则覆盖区域 1。当接收端在区域 1 内移动时，由于发射天线提供的增益较低，因此接收信号的衰减较高。因此，簇增益随距离的变化会呈现出如图 8-21 所示的“M”形变化。该变化显示了高铁以最小距

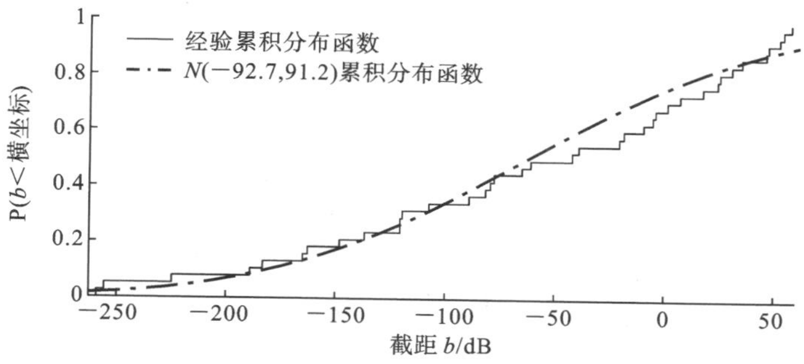

图 8-20 截距 b 的经验累积分布函数和对数正态分布拟合曲线

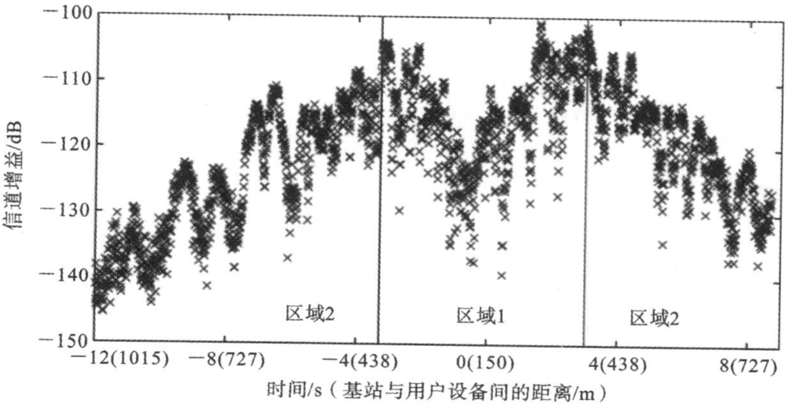

图 8-21 簇增益随时间随基站与用户设备间的距离变化而呈"M"形变化

离经过基站时的位置对称。这一现象在[98]中的基站采用定向天线的高铁场景中也被观察到。

值得一提的是，在本次测量活动中，仅有不到 5%的时变簇具有"M"形变化的簇增益，因此该变化不是高铁场景中的典型特征。然而，这种"M"形增益变化严重恶化了通信的可靠性[98]，因此有必要找到一种解析模型来描述这一现象。我们可以采用双斜率线性函数来拟合图 8-21 中的对称"M"形路径损耗，即

$$P_{\mathrm{L}}(d)=\begin{cases}10\gamma_1\lg d+b_1 & \text{for } d>e\cdot d_m\\ -10\gamma_2\lg d+b_2 & \text{for } d\leqslant e\cdot d_m\end{cases}\tag{8.2.14}$$

其中，γ_1 和 γ_2 分别表示当 d 小于和大于阈值 $e\cdot d_m$ 时的路径损耗系数，e 为常数，由测量结果得到。b_1 和 b_2 分别表示两条直线的截距参数。图 8-22 显示了双斜率线和图 8-21 所示的信道的路径损耗经验散点图的拟合。由拟合结果可知，模型参数分别为 $\gamma_1=6,\gamma_2=4,b_1=-100$ dB，$b_2=148$ dB 和 $e\approx2$。

4. 单簇阴影衰落

通过从一个路径簇的测量增益中减去由解析路径损耗模型预测的路径损耗，并在相邻的快拍间对残差做平均，我们就可以得到第 l 个 LoS 簇的阴影衰落 $P_{s,l}$。在本文中，采用 15 个连续时隙做取平均操作。计算结果显示单簇阴影衰落 $P_{s,l}$（单位为 dB）的分布符合正态分布，其均值为 0 dB。图 8-23 描述了每个簇阴影衰落 P_s（单位为 dB）的标准差的 CDF。该 CDF 与正态分布 $N(4.97,1.68)$相拟合。

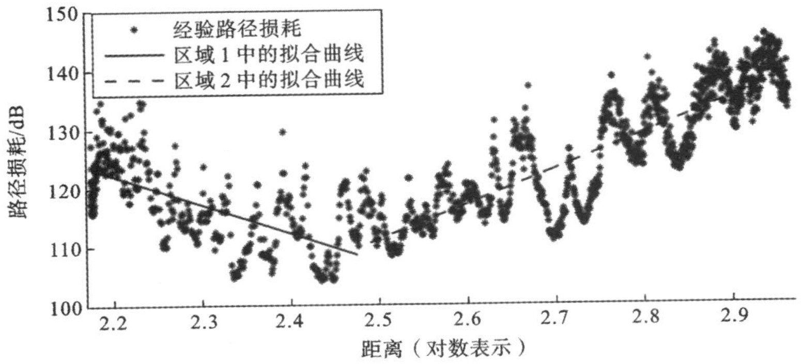

图 8-22　经验路径损耗随基站与用户设备间的距离变化而变化，通过双斜率线性函数拟合

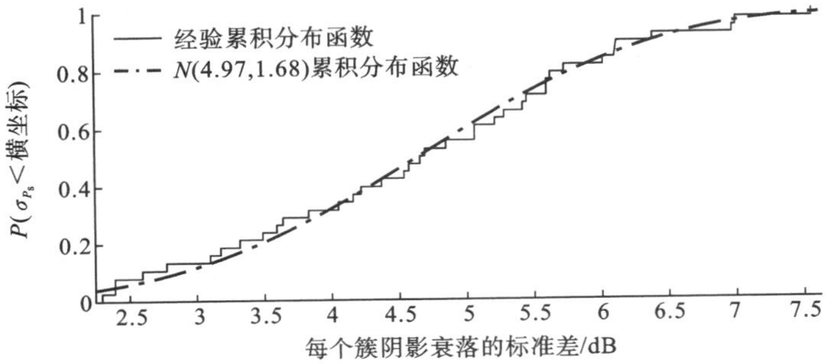

图 8-23　σ_{P_s} 的累积分布函数和正态分拟合曲线

5. 路径簇的时延扩展和多普勒扩展

在基于几何的随机路径簇模型中，对每个路径簇在时延域和多普域的统计特征进行研究是非常有必要的，从测试结果中我们发现，估计得到的路径簇可以被分成两类，一类路径簇具有高度集中的功率谱密度，另一类路径簇的功率谱密度则有较宽的扩展。

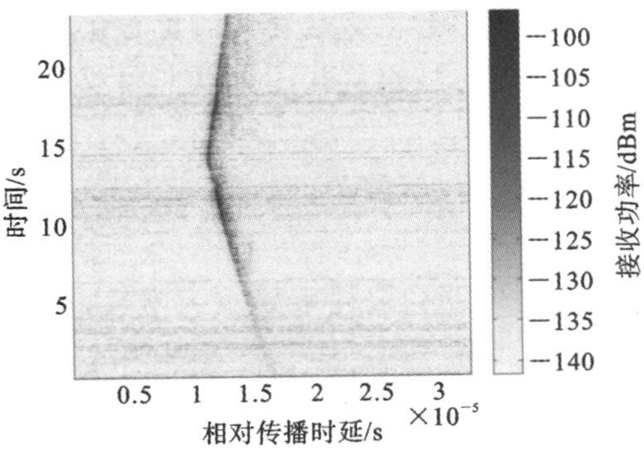

图 8-24　丘陵场景中得到的 PDP 示例

前一类路径簇通常在用户设备和基站之间的视距路径环境中被发现。这种环境包括了典型的农村和郊区区域，这些区域通常配置了较高的基站天线。第二个分类中，路径簇通常展现出更加分散的时延和多普勒的功率谱密度。这种现象则经常在丘陵地形或者铁路隧道中出现。在这些环境中，视距路径被铁路周边密布的植被或者自然阻挡物所阻挡。图 8-24 展示了一个时变路径簇示例，可以观察到该路径簇在时延域有明显的扩展。为了表示方便，属于上述两类的路径簇分别称为 CLoS(clear-line-of-sight)和 OLoS(obstructed-line-of-sight)路径簇。从测量结果中可以看出，在农村和郊区场景中发生 CLoS 路径簇的概率高于其他场景，OLoS 则在丘陵和高架桥场景中出现的概率更高。CLoS 或者 OLoS 路径簇在不同的地形环境中没有显著的特征差异。

这里我们采用了路径簇的时延和多普勒扩展来描述每个路径簇的扩展特征。按照文献[9]，一个随机参数的扩展是通过计算该参数的功率谱密度的均方根得到的。因此，在本文中，第 n 个路径簇的功率谱密度是由该路径簇的 L_n 个多径分量来表示的，路径簇的时延扩展可以由下式计算：

$$\sigma_\tau = \sqrt{\overline{\tau^2} - \bar{\tau}^2} \tag{8.2.15}$$

其中，$\overline{\tau^2}$ 和 $\bar{\tau}^2$ 可以分别表示为

$$\bar{\tau}^2 = P^{-1}\sum_{l=1}^{L_n} |\alpha_{n,l}|^2 \tau_{n,l}^2, \quad \bar{\tau} = P^{-1}\sum_{l=1}^{L_n} |\alpha_{n,l}|^2 \tau_{n,l} \tag{8.2.16}$$

其中，$P=\sum_{l=1}^{L_n}|\alpha_{n,l}|^2$ 是路径簇多径分量的总功率。$\alpha_{n,l}$ 和 $\tau_{n,l}$ 分别代表第 n 个路径簇中第 l 条路径的复衰减和时延。路径簇的多普勒扩展 σ_ν 的计算方法为将式(8.2.15)中的变量 τ 替换成 ν。

图 8-25(a)描述了 σ_τ 在 CLoS 和 OLoS 路径簇中的经验累积分布函数。对数正态

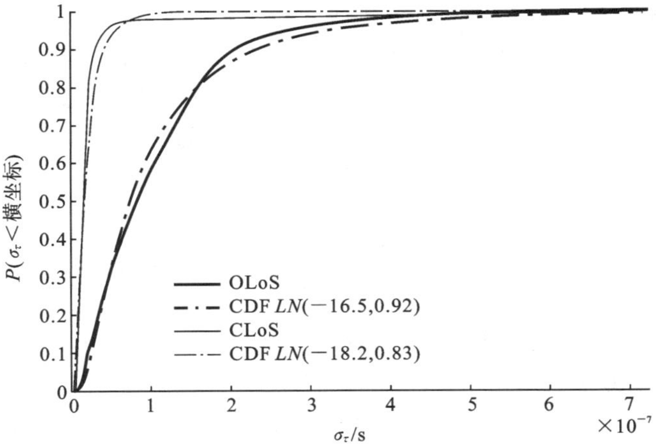

(a)

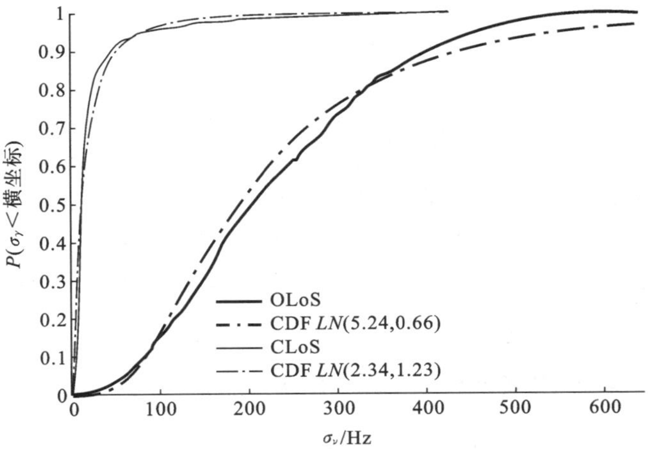

(b)

图 8-25 (a) CLoS 和 OLoS 路径簇时延扩展的累积分布函数；(b) CLoS 和 OLoS 路径簇多普勒扩展的累积分布函数

分布 $LN(-18.2,0.83)$ 和 $LN(-16.5,0.92)$ 被发现分别和 CLoS 和 OLoS 路径簇的 σ_τ 的经验概率拟合得很好。这些对数正太分布的累积分布函数也在图 8-25(a)中展示了。图 8-25(b)描述了多普勒扩展的累积分布函数以及 CLoS 和 OLoS 的拟合对数正太分布函数 $LN(2.34,1.23)$ 和 $LN(5.24,0.66)$。通过计算我们可以发现，对于 CLoS 的路径簇，路径簇的平均时延扩展和平均多普勒扩展是 12 ns 和 22 Hz，它们大概是 OLoS 路径簇场景中对应值的十分之一。OLoS 路径簇场景的时延扩展和多普勒扩展分别是 102 ns 和 226 Hz。

8.2.5　小结

在本节中，我们详细介绍了基于被动测量的信道测量活动在高铁环境中的实现过程。北京至上海 1318 千米的高铁沿线公共 UMTS 系统下的 144 个基站发射的下行信号被测量和收集，并且经过处理后得到信道的冲激响应。多径分量则通过使用 SAGE 算法在每个信道冲激响应中提取得到，并且分组成在时延和多普勒域具有一定扩展的时变路径簇。基于这个结果，一个基于几何的随机路径簇模型被构建出来。在该模型中，我们使用基站、移动高铁车厢和铁路的几何参数的统计特征对路径簇的时延和多普勒轨迹进行建模。除此之外，分析了不同信道传播场景中的多种路径簇特征，包括路径损耗、阴影衰落、时延和多普勒扩展。具有特定解析式的线性函数以及概率密度函数构成了本节所提出的基于几何的随机路径簇模型，其和测量结果拟合的效果良好。

8.3　UMTS 地铁环境中的多链路信道模型

本小节中，我们将介绍一个为特征化地铁传播信道而在上海的地铁场景中开展的信道测量。此次测量活动采集了 34 千米长的地铁沿线部署的 46 个通用移动通信系统小区的下行链路信号。公共导频信道被用来提取信道的冲激响应。基于子空间迭代广义期望最大化原理的高精度参数提取算法被用来从这些信道冲激响应中提取多径的参数。在地铁信道中，我们观察到了随时间演变的路径簇，每个簇都代表一个从基站的远程无线电单元到接收器的信道。由于在站台场景和隧道场景中观察到的信道在许多方面有着独特的特征，尤其是簇的轨迹变化方面，因此基于一共 98 个时间演变簇对二者分别进行了建模。我们研究了簇内特征参数（如簇时延、多普勒频移扩展、K 因子）以及这些参数之间的依赖性。对于站台场景我们研究了共存簇数目，相邻路径簇的时延偏移、功率偏移和互相关等簇间参数。此外还建立了隧道场景的路径损耗模型。

本节接下来的内容包括：测量设备、环境、数据采集规范和后处理；信道的描述和传播机制的解释；时变簇识别方法；站台场景下的随机簇模型；隧道场景下的随机簇模型；信道模型的验证。

8.3.1　测量设备、环境、数据采集规范和后处理

为了在地铁中对复杂的传播场景进行测量并且获取实际的信道模型，有效的方法是进行被动测量，利用部署在地铁场景中的公共无线通信系统所传送的通信信号作为测量信号。在地铁场景中采用被动信道测量方法的优点有如下两点。一是如今在地铁环境中广泛存在的通信网络使得被动测量可以方便、大规模地进行；二是被动测量直接

在正常运作的列车上进行，所以观察到的信道特征非常符合用户所经历的真实信道。过去，已经有人使用 GSM 蜂窝网络进行被动测量[109-110]，但由于信道带宽有限，这些研究只关注窄带信道特征。现在，随着 UMTS 和 LTE 系统被广泛部署，在这些系统中使用了宽带信号，提升了信道探测的时延分辨率，允许研究者分析信道更为精细的信道特征。已经有人对蜂窝场景中的 GSM 信号进行了被动测量活动[109-110]。但由于信号带宽有限，这些研究只关注窄带信道特征。此外，在基站位置已知的情况下，可以更精确地理解观察到的传播机制。有了这些优点，基于被动测量的信道建模开始吸引大家更多的注意。本章前几节也正是利用高速列车环境的 UMTS、LTE 系统，基于被动信道测量来构造统计信道模型的。

下面将介绍基于被动测量的地铁场景测量活动，分析在地铁的特定配置下的 UMTS 网络中观察到的复杂信道特征，介绍新的宽带随机时变信道模型。本节的主要贡献和创新性如下。

(1) 在中国上海的 11 号线地铁上开展了新的被动信道测量。在列车正常工作时，使用软件定义无线电设备收集公共 UMTS 网络的公共导频信道中的下行链路信号。提取信道脉冲响应，并用于估计多径分量的时延、多普勒频移和复衰减系数。当列车经过由相同 UMTS 基站覆盖的区域时，对多径分量进行了联合，获得了多个时间演变路径簇。簇内和簇间特征的统计特征构成了地铁环境的随机簇模型。

(2) 考虑实际系统配置，使用新的信道分类策略来建立模型，也就是说，信道事实上是由应用在基站中的每个远程无线电单元激发的多个信道的组合。这样的多链路信道特征与在应用于构建标准模型(如[111]中的空间信道模型)的传统传播场景中观察到的信道特征有很大不同。例如，我们观察到站台中的簇功率不一定同在 3GPP 空间信道模型[111]中描述的一样，随着时延的增大而下降[111]。

(3) 基于对 46 个地铁小区的信道观测，建立的模型分别提供了地铁站台和隧道的信道的综合描述。模型详细分析了路径簇时延扩展的簇内行为和簇互相关特征的簇间行为等。引入了类似 3GPP 的模型方法来生成站台和隧道场景中的随机信道。

在 11 号线从桃浦新村站到上海游泳馆站的区域中，我们在地铁车厢内部进行了被动测量。该测试区域包含两条相向平行的地铁隧道，总长度达到 34 km(单向距离 17 km)，并包含了 24 个地铁停靠站。列车共有十节车厢，在地下隧道中以 60 km/h 的速度匀速前进，并且在每个停靠站停留 40～60 s。实验人员坐在列车的第五节车厢，使用携带的接收端采集通用移动陆地系统网络中的实时信号。在公共导频信道中传送的信号用来获得信道冲激响应。该发射信号的频率为 2.1376 GHz，带宽为 3.84 MHz，并且一般情况下具有 4.3 dBm 的恒定传播功率。此外，应用于 CPICH 的码片序列根据标准[112]生成。下面列出了这次测试所用到的设备：一台由软件 GNU radio 控制的型号为 N210[91]的通用软件无线电外设，一个由恒温晶体振荡器产生的高精确度的 10 MHz 的参考时钟，一块存储硬盘，以及一个工作在 2～3 GHz 频段的具有 15 dBi 增益的全向天线。被动测量设备以 25 MHz 的复采样率和 2.1376 GHz 的中心频率采集公共导频信道的数据。

图 8-26 展示了部署在站台和站台连接的左右隧道中的一个典型的远程射频单元配置，该信息由中国联通提供。从图 8-26 中可以观察到，共用 135 号扰码的四个远程射频单元用于覆盖站台区域和隧道内部区域。此外，在那些又长又弯曲的隧道中间，采

用了两个无显著重叠范围的远程射频单元来分别覆盖两端的隧道。在以上描述的环境及配置因素下，用户设备所经历的信道特征具有广泛的代表性，对此进行模型构建具有重要的现实意义。

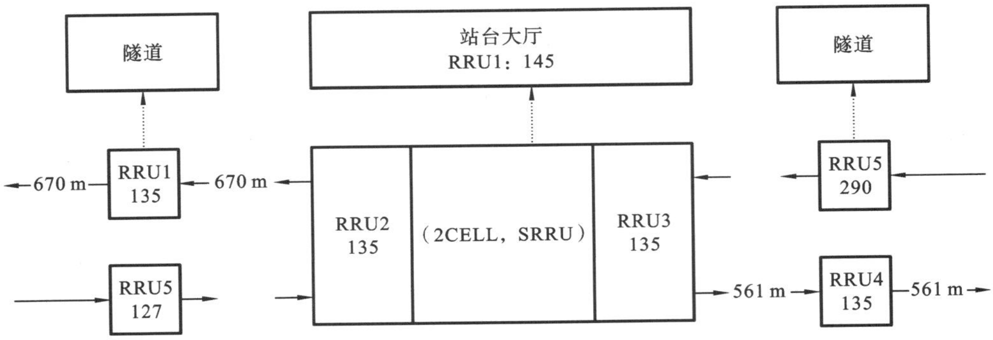

图 8-26 上海 UMTS 网络下地铁典型射频单元配置

为了全面理解地铁隧道的信道特征，我们把测试期间采集到的原始数据进行了以下五个步骤的后处理，即滤波、同步、扰码检测、信道冲激响应提取[104]和使用 SAGE 算法进行多径提取。在本节的 SAGE 算法中，信道冲激响应的通用模型可表示为

$$\boldsymbol{h}(\tau,t)=\sum_{l=1}^{L}\alpha_l(t)\delta(\tau-\tau_l(t))\exp\left\{\mathrm{j}2\pi\int_0^t\nu_l(t)\mathrm{d}t\right\} \tag{8.3.1}$$

其中，L 表示在一个信道快拍中观察到的总路径数，$\alpha_l(t)$、$\tau_l(t)$，以及 $\nu_l(t)$ 分别代表第 l 条路径的复衰减系数、时延及多普勒频移，$\delta(\cdot)$ 表示的是狄拉克函数。我们所要估计的参数包括 $\boldsymbol{\Theta}=[\alpha_l(t),\tau_l(t),\nu_l(t);l=1,\cdots,L,t=t_1,\cdots,t_N]$，$N$ 代表一次信道测量过程中包含的快拍数量。如果想要了解更多关于 SAGE 算法的细节，读者们可以参考文献[113]。在 15 个连续时隙的时间内，我们观察到信道的主要多径状态是稳定的，因此在应用 SAGE 算法的过程中，我们把 15 个连续时隙作为信道的一个快拍。此外，对于每个信道快拍，我们使用了 15 次迭代来估计 10 条路径中 $\boldsymbol{\Theta}$ 所包含的参数。当包含 N 个快拍的测量数据时，针对每个快拍估计出来的 L 条多径的时延、多普勒频移和复衰减系数以行的形式分别存储在矩阵 $\hat{\boldsymbol{\Theta}}_\tau\in\mathbf{R}^{N\times L}$、$\hat{\boldsymbol{\Theta}}_\nu\in\mathbf{R}^{N\times L}$，以及 $\hat{\boldsymbol{\Theta}}_\alpha\in\mathbf{C}^{N\times L}$ 中。

8.3.2 信道的描述和传播机制的解释

图 8-27(a)给出了一个小区的 160 s 的信道累积功率时延谱，这个小区覆盖了一个站台和连接站台两端的隧道，也就是说，在这 160 s 内，地铁由一端隧道穿过站台并重新进入另一端隧道。图 8-27(b)表示的是 90 s 内地铁穿过单个隧道的信道累积功率时延谱。需要注意的是，由于被动测量系统的缺陷，接收端和发射端无法进行时间同步，因此图 8-27(a)和图 8-27(b)的横轴所描述的是相对时延而不是绝对时延。在图8-27(a)和图 8-27(b)中我们能够观察到信道的多径分量具有十分光滑和清晰的时间-时延轨迹。此外，观察图 8-27(a)上的单独的 PDP 的局部放大图，可以清晰地看到主要路径分量在时延上都具有一定宽度的扩展，这表明它可能包含了多径而不仅仅是一条路径。由于 3.84 MHz 的带宽有限，且在地铁场景中散射体较多，在大带宽主动测量[113]中能观察到的分散开的路径在被动测量中难以分辨。此外，我们无法获知的基站的系统响应也会导致单径具有一定的扩展，从而模糊了信道。但可以肯定的是，用户设备在实际

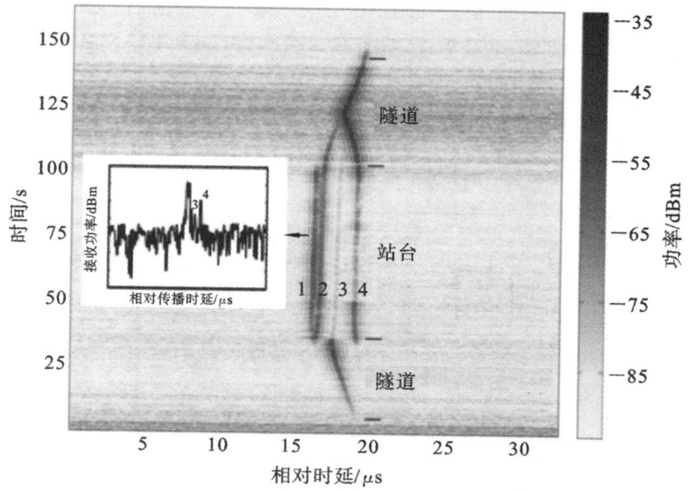

（a）

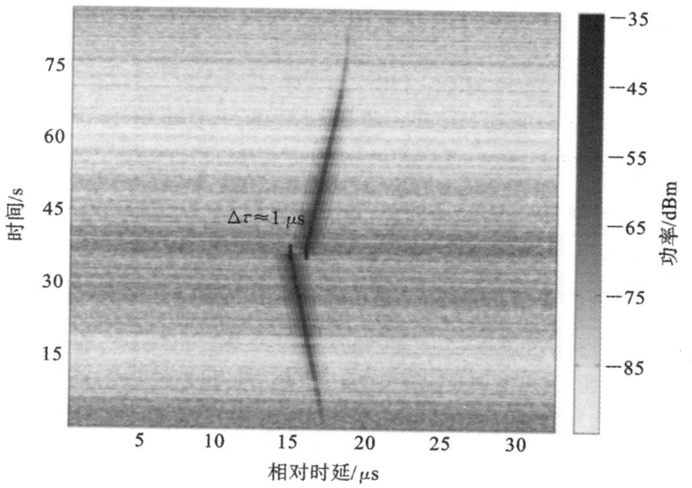

（b）

图 8-27　在两种场景下基于接收信号得出的累积功率时延谱。(a) 站台内观察到的累积功率时延谱；(b) 隧道内观察到的累积功率时延谱

通信网络中经历的信道与在主动测量中观测到的信道有着显著的区别。

图 8-27(a)所示的轨迹变化可以分成三个阶段。0～37 s 是阶段一，描述了地铁从隧道进入站台的过程；37～100 s 是阶段二，在该阶段地铁在站台稍作停留；然后进入隧道朝着下个站台前行，即 100 s 之后的阶段三。图 8-28 展示了这三个阶段，同时图中也标注出了编号为 1、2、3、4 的四个射频拉远单元，依次从隧道左端排到隧道右端。图 8-27(a)中标注为 1 的轨迹表示从 RRU 1 到位于地铁车厢的接收天线的链路，轨迹 2 和轨迹 3 分别对应源自 RRU 2 和 RRU 3 的链路，同理，轨迹 4 表示由 RRU 4 发出的通信链路。从图 8-27(a)中可以看到，所有的轨迹都经历从生成到消亡的过程，它们在各自的阶段占据主导地位，功率因物体的阻挡、阴影效应和多径衰落效应等而产生波动。此外，图 8-27(a)中观察到的呈“<”形的时延轨迹 4 与地铁先开向 RRU 4，经过

它,然后继续前行的运动轨迹十分一致。从图 8-27(b)中也可以看到“<”形的时延轨迹。但是在该图中,“<”的两撇没有连接在一起,两撇的两端时延偏差约为 1 μs。我们认为当一个隧道存在两个靠得很近的 RRU 分别覆盖隧道的前后段,并且它们的同步没有做到非常严格时,大约具有约 1 μs 的偏差。在其他的测量样本中也观察到了类似的现象。

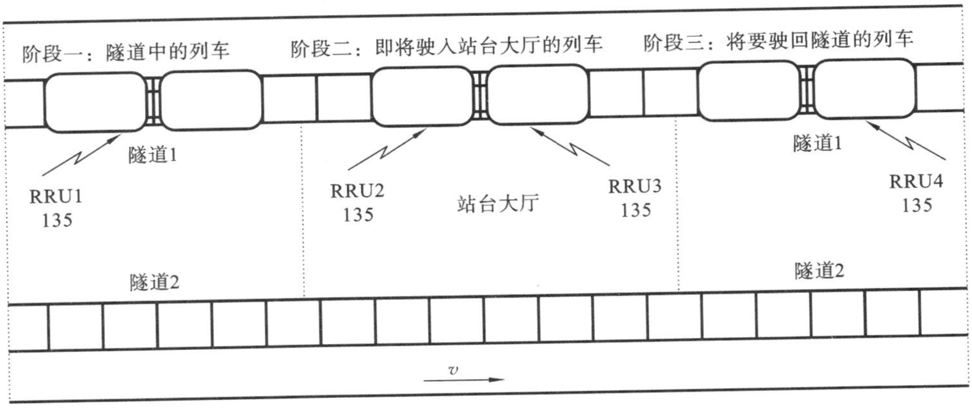

图 8-28 累积功率时延谱变化的三个阶段

值得一提的是,基于本次测量结果,我们观察到一个通道中的 MPC 的功率不一定相对于延迟指数衰减。图 8-27(a)中的小图是该现象的典型例子,该图给出了 75 s 时信道的 PDP。其中,时延较长的 MPC no. 4 要比时延较短的 MPC no. 3 强得多。这可能是由 RRU 之间的时延偏移和路径损耗不同导致的。

测量结果有力地证明了在每个区间配置多个 RRU 观察到的地铁传播场景信道与常规宏蜂窝和微蜂窝通信场景中观察到的信道有着显著的区别。主要差异如下:① 信道包含几个清楚的轨迹,每个轨迹对应每个 RRU 和接收器之间的链路,因此观察到的信道是多个单 RRU 信道的合成;② 具有较长延迟的 MPC 的功率不一定小于具有较短延迟的 MPC 的功率;③ 在同一区间中部署的多个 RRU 之间存在延迟偏移。这些差异使得原本就十分具有挑战性的信道特征化过程更加复杂。在本章中,将利用类 3GPP 建模方法[111]对站台场景和隧道场景下的时变多径分量簇的特征进行彻底分析。所提取的簇内和簇间统计参数将构成随机簇模型,应用于再现真实地铁环境中用户设备经历的多链路信道。

8.3.3 时变簇识别方法

文献[111]、[114]中对于时延路径簇的经典定义是具有相近延迟的路径集合,其他定义可参考[115]、[116]、[117]。考虑到地铁信道通常能观察到几条清楚的轨迹,且每个轨迹通常由一组时延相近的 MPC 表示,我们将这样的 MPC 集合称为时间簇。

为构建基于路径簇的信道模型,我们需要将 SAGE 算法提取出的 MPC 分组成簇。图 8-29 给出了基于图 8-27(a)所示信道的 PDP 所提取的多个快拍估计的 MPC 在时延上分布的散点图,点的深浅不同表示所估路径的功率不同。对比图 8-27(a)和图 8-29,可以看出 SAGE 算法能够提取出信道的主要分量。为了进一步了解路径的时变行为,我们使用改良的关联性聚类方法[118]来联合 MPC 为时变路径簇。该方法分两步实现：步骤 1，联合 MPC，找到各条轨迹的多个片段；步骤 2，连接这些片段以形成更长的(完整的)时间演变簇的轨迹。这两个步骤的具体操作如下。

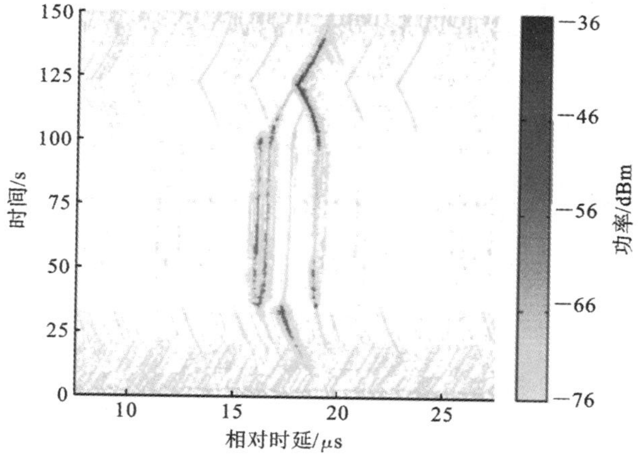

图 8-29　通过 SAGE 算法估计出的时延

步骤 1，从具有最高功率的多径分量入手。通过定位 $\hat{\boldsymbol{\Theta}}_{\alpha}$ 的最大绝对值找出该分量的下标。相应的时延可从对应的 $\hat{\boldsymbol{\Theta}}_{\tau}$ 中获取。以具有最高功率的多径分量为参考，将临近时间内估计所得的满足以下两个条件的多径分量与之关联成一个片段。条件①：该 MPC 的时延与参考 MPC 的时延之差不超过 $1/B$，B 指代一个带宽，如本文中的测量频率 3.84 MHz。条件②：该 MPC 与参考 MPC 的观察时间之差小于阈值 d_{t1}(表示簇由于多径衰落等因素可能暂时消失的最大时间段)，此处设为连续 6 个快拍的持续时间。执行这种简单的关联方法，直到找不到符合条件的 MPC 为止。之后，在剩余的未与其他片段关联的 MPC 中使用相同方法继续搜索下一片段。当所有的 MPC 均关联成簇，组成轨迹的各个片段后，停止操作。图 8-30 给出了从图 8-29 所示 MPC 中提取出的轨迹片段。

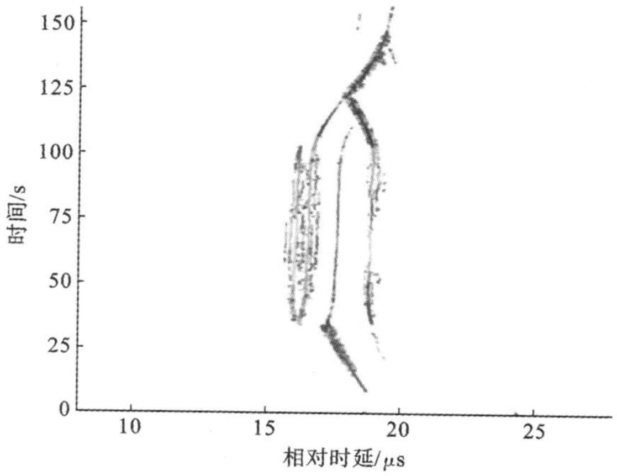

图 8-30　提取的轨迹片段

时变路径簇的轨迹会因为阻挡而分解成多个片段，因此，在步骤 2 中，我们将时间

差小于 d_{t2}，且预测的轨迹的时延足够接近的两个片段联合成新的轨迹。此处，d_{t2} 设为 1 s，对应的是 100 帧持续时间。图 8-31 给出了最终的时变路径簇提取结果。我们将

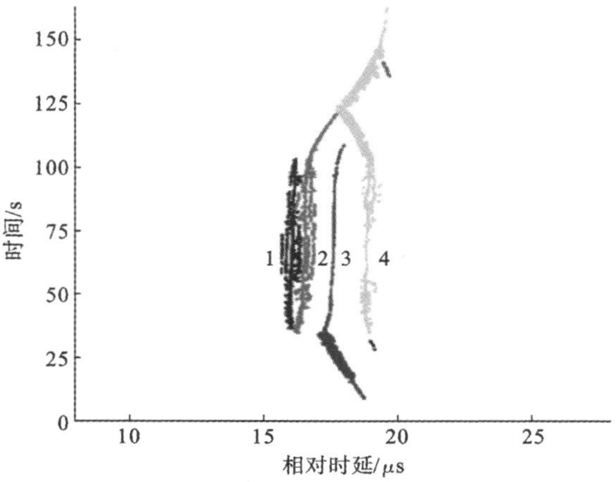

图 8-31 时变路径簇

这些路径簇叫作“RRU 簇”，一个 RRU 簇指代从特定 RRU 发出的所有路径的集合，从图中可看出，它们在时延上被很好地分开了。由于地铁场景中信号带宽小且地铁空间封闭，因此很难进一步了解每个 RRU 簇的行为。这也是为什么其他的聚类算法，如仅依赖于多径分量的 K-means 算法[119]，在本次测量分析中不适用的原因。因为这些方法将导致大量的时间周期很短的时变路径簇，这显著增加了信道建模的复杂性。在本次测量中，使用提出的基于 RRU 分类的聚类算法，从地铁途经的 46 个区间的测量中共识别出 98 个时变路径簇。

8.3.4 站台场景下的随机簇模型

基于 SAGE 参数估计和分簇结果，簇中几个参数可以表示为 $\boldsymbol{\Omega}=[\bar{\tau},\bar{\nu},\sigma_\tau,\sigma_\nu,P,K]$，其中，$\bar{\tau}$、$\bar{\nu}$、$\sigma_\tau$、$\sigma_\nu$、$P$ 和 K 分别代表簇的平均时延、平均多普勒频移、均方根时延扩展、均方根多普勒扩展、功率和莱斯因子。这一节主要描述站台场景下的信道特征。可以通过观察簇的轨迹的波动来区分站台和隧道场景。主要研究的特征包括单簇参数，例如簇时延、多普勒扩展、莱斯因子和相关系数等。此外还有簇与簇之间的参数，包括簇的数量、簇时延偏移、簇功率偏移和簇之间的相关系数。

1. 单簇特征

1）簇的时延和多普勒扩展

基于 SAGE 参数估计和簇分析结果，簇的时延和多普勒扩展通过簇的功率时延谱和簇的多普勒功率谱的平方根表示。当簇由多径成分构成时①，簇的时延扩展具体可以由下面公式计算[115]：

$$\sigma_\tau=\sqrt{\overline{\tau^2}-\bar{\tau}^2} \tag{8.3.2}$$

① 这里，在信道包含多个路径簇的情况下，$M\leqslant L$ 成立。

其中，

$$\overline{\tau^2}=\frac{\sum_{m=0}^{M-1}|\alpha_m|^2\tau_m^2}{\sum_{m=0}^{M-1}|\alpha_m|^2} \tag{8.3.3}$$

$$\bar{\tau}=\frac{\sum_{m=0}^{M-1}|\alpha_m|^2\tau_m}{\sum_{m=0}^{M-1}|\alpha_m|^2} \tag{8.3.4}$$

同样，簇的多普勒扩展可以通过将 τ 替换成 ν 计算。

图 8-32 描述了基于 98 个簇的站台片段计算得到的以 lg([s])表示的簇时延扩展的概率累积分布，可以最好地用正态分布 $N(-7.90,0.49)$的概率累积分布①来拟合图 8-32。观测到的均方根时延扩展的中值大约为 20 ns，和[44]中给出的数值近似。然而，比[19]、[37]、[43]中提到的 100 ns 小很多。我们推测本节场景下的时延扩展偏小的原因是接收端位于车厢里，时延大、强度弱的路径由于车厢的阻挡不能被观测到。另外一个原因是，我们计算时延扩展是基于提取的多径参数的，而不是利用功率时延谱[19,37,43]。

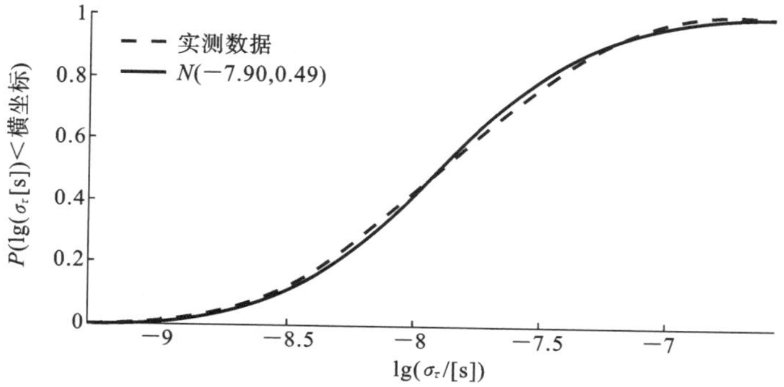

图 8-32 站台场景下簇的时延扩展和拟合的正态分布

图 8-33 描述了簇的多普勒概率累积分布，以lg([Hz])表示。用正态分布的概率累积分布 $N(-0.24,0.38)$可以拟合得很好。这是合理的，由于地铁在站台场景下的速度接近于 0，因此观测到的所有多径的多普勒数值都很小，整体的扩展也很小。

2）簇的莱斯因子

莱斯因子定义为直达路径或主径的功率与非直达路径或其他路径的功率的比值[120]。莱斯分布描述了接收信号强度的统计分布。结果表明，莱斯分布可以很好地刻画地铁信道的快衰落特征。莱斯因子可通过基于窄带信道参数的矩来计算[121]。在本小节中，对于由 $M(M\leqslant L)$条路径构成的簇的莱斯因子，我们使用由 SAGE 算法提取的多径簇成分计算：

$$K/\mathrm{dB}=10\cdot\lg\left(\frac{|\alpha_0|^2}{\sum_{m=1}^{M-1}|\alpha_m|^2}\right) \tag{8.3.5}$$

① 在本节的正态分布 $N(\mu,\sigma)$中，μ 和 σ 分别代表期望和标准差。

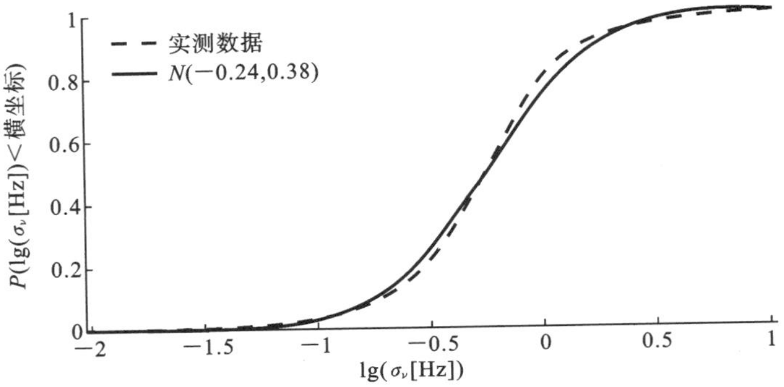

图 8-33 站台场景下簇的多普勒扩展和拟合的正态分布

其中，α_0 表示簇的主径成分。图 8-34 描述了站台场景下，簇的莱斯因子的概率累积分布和用来拟合的正态分布 $N(15.9,5.3)$。可以从图 8-34 中观察到簇的莱斯因子均值大于 15 dB，因此我们可以推断由于站台中的弱阻挡，这些簇可以认为是视距路径簇。这对于来自于不同远程射频单元的路径簇是普遍的。相同的结果可以在[37]中观察到。

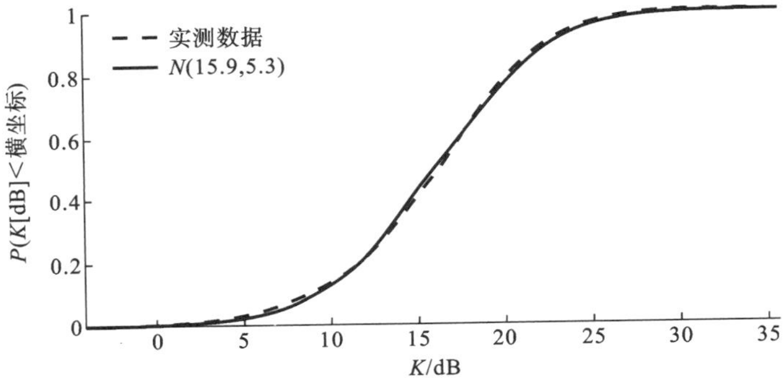

图 8-34 站台场景下簇的莱斯因子和拟合的正态分布

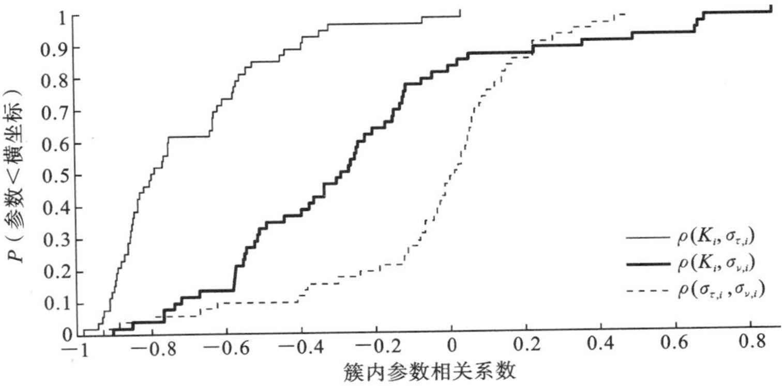

图 8-35 站台场景下簇的相关特征

3）簇内部参数的相关性

为了产生一个随机簇，同一个簇的不同参数之间的相关特征需要考虑。图 8-35 描述了一些相关系数的概率累积分布，其中，$\rho(a,b)$表示相关系数，a，b 代表 $\boldsymbol{\Omega}$ 中的参数。

可以观察到，绝大多数的 $\rho(K_i, \sigma_{\tau,i})$ 是负数，莱斯因子和时延扩展变化相反。这是合理的，因为当路径簇的功率时延谱变得集中时，它的时延扩展减小，莱斯因子相应增大。类似的分布可以从 $\rho(K_i, \sigma_{\nu,i})$ 中观察到。然而，K_i 和 $\sigma_{\nu,i}$ 相关系数与 $\rho(K_i, \sigma_{\tau,i})$ 相比要小。这是由于在站台时，车速近似于 0，簇的多普勒频移减小甚至消失，因此其和簇的莱斯因子的相关性减小。此外，90％的 $\rho(\sigma_{\tau,i}, \sigma_{\nu,i})$ 集中在[－0.3，0.3]的范围内。这表明在站台场景下，$\sigma_{\tau,i}$ 和 $\sigma_{\nu,i}$ 并不相关。

2. 相邻路径簇间的特征

同一个信道中路径簇间的参数关系可以用于产生 Saleh-Valenzuela (SV)[114] 信道模型等。这里我们主要研究了相邻簇的数量、簇的时延偏移、簇的功率偏移、簇间参数相关性。

1）相邻簇的数量

图 8-36 描述了同一站台簇的数量 N 的概率累积分布，正态分布 $N(1.93, 0.83)$ 可以拟合得很好。可以观测到，在站台场景下，观察到的信号是从 2～3 个远程射频单元中接收到的。4 个簇同时存在一个信道中的概率很低，这是由于远程射频单元通常分布的间隔较大，正如图 8-26 所示，站台大厅里有 2 个远程射频单元，很难观察到 4 个远程射频单元同时出现在同一个信道里。此外，由于站台中的弱阻挡，绝大多数情况下都能观察到不止 1 个簇。需要说明的是，在产生随机的路径簇的数目时，对于正态分布输出的数值，我们需要使用距离其最近的在[1，4]区间内的整数。

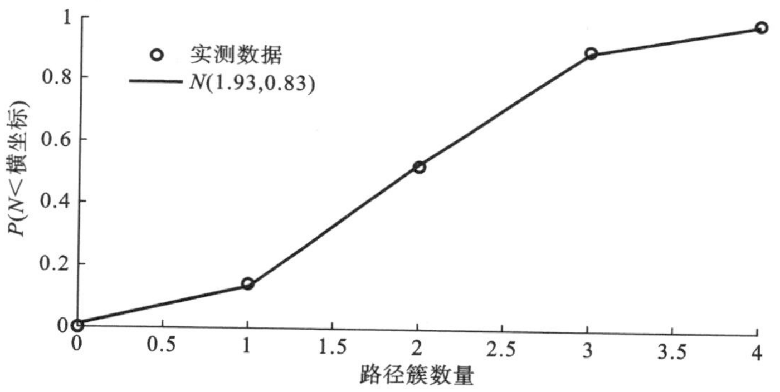

图 8-36 站台场景下簇的数量和拟合的正态分布

2）簇的时延偏移

对信道中观察到的 N 个簇的时延升序排列，即 $\overline{\tau_n}$ $(n=0,1,2,\cdots,N-1)$，则时延偏移 $\Delta\bar{\tau}$ 定义为 $\bar{\tau}_n-\bar{\tau}_{n-1}$ $(n=1,2,\cdots,N-1)$。图 8-37 描述了簇的时延偏移的概率累积分布，其中，时延偏移 $\Delta\bar{\tau}$ 以lg([s])计算。可以发现 $\Delta\bar{\tau}$ 服从多模分布。为了简化，基于最小二乘法，我们估计出利用两个叠加的正态分布 $0.89N(-6.17, 0.32)+0.11N(-4.94, 0.16)$ 可以很好地去拟合。由这种 $\Delta\bar{\tau}$ 可能服从两模分布的现象，我们推测造成时延偏移的因素有两个。第一，远程射频单元分布在几百米外，导致了簇的时延偏移在1 μs 左右。第二，如图 8-27(b)所示的一样，远程射频单元并没有严格同步，可能导致最大的时延偏移能够达到大于 10 μs。

3）簇的功率偏移

图 8-38 描述了以分贝为单位的簇的功率偏移的概率累积分布，利用正态分布

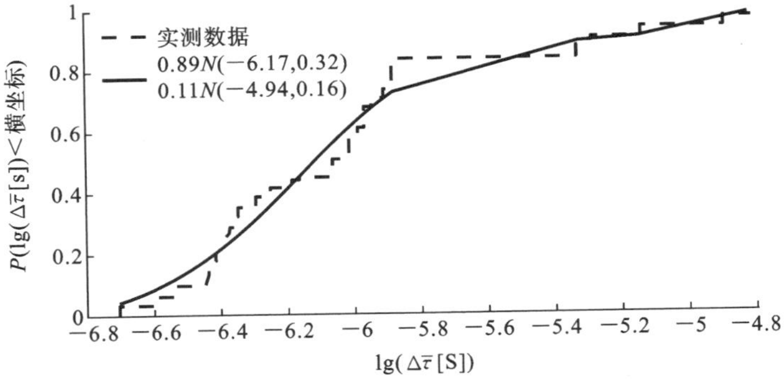

图 8-37 站台场景下相邻簇之间的时延偏移和拟合的混合正态分布

$N(-3.0,15.8)$来拟合。和 $\Delta\bar{\tau}$ 类似，ΔP 定义为 $10\lg(P_n/P_{n-1})$。从图 8-38 中可以观察到，ΔP 是负值的概率更高，这是由于绝大多数簇时延较大，而时延较大的簇功率较低。然而，我们从图 8-38 中还可以发现，也存在时延较大的簇功率较高的情况，功率偏移大约 10 dB。一个可能的原因是来自不同射频单元的信道链路具有不同的路径损耗，另一个可能的原因是远程射频单元之间的非同步问题使得真实的时延产生了偏移。观察到的信道特征实际上是传播环境和系统配置共同作用的结果，这与传统的模型例如 3GPP SCM[111] 中描述的时延较大的簇功率较低是不同的。

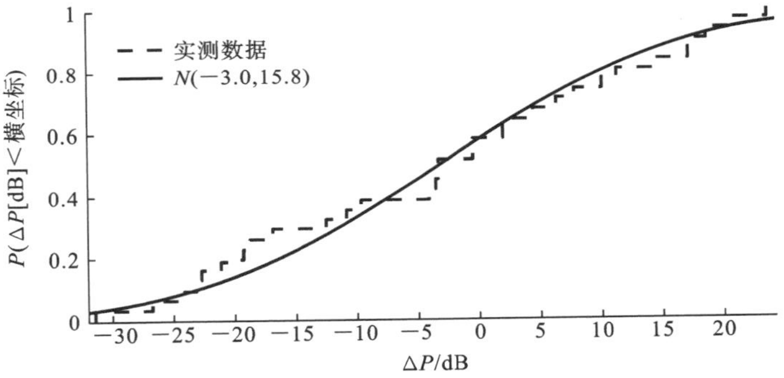

图 8-38 站台场景下相邻簇之间的功率偏移和拟合的混合正态分布

4）簇间参数相关性

时延域上相邻簇之间的相关性分析主要通过计算 $\boldsymbol{\Omega}_i$ 中的参数 a 和 $\boldsymbol{\Omega}_j$ 中的参数 b $(i\neq j)$的相关系数 $\rho(a,b)$来体现。图 8-39 描述了 $\rho(a,b)$的概率累积分布。观察发现，这些累积分布相对集中，而且大致关于 $\rho(a,b)=0$ 对称，依赖于不同的(a,b)具有不同的扩展。多普勒频移的相关系数 $\rho(\sigma_{\nu,i},\sigma_{\nu,j})$绝大多数是正数，然而簇的时延扩展可以认为并不相关。我们推断这是由于物体(例如站台里离接收端天线很近的行人)的移动会导致各个链路的多普勒(或者多普勒扩展)同时发生变化，而时延(或者时延扩展)却可以认为不变(相对于系统带宽所能达到的分辨率)。对于簇在时延、多普勒、功率和莱斯因子之间的不相关特征，我们推断这是由于产生每个路径簇的远程射频单元链路具有不同的散射体分布导致的。它们所经历的阴影衰落、车体阻挡和其他环境的影响都不相同，而导致不同远程射频单元链路信道的小尺度特征的相关性很低。

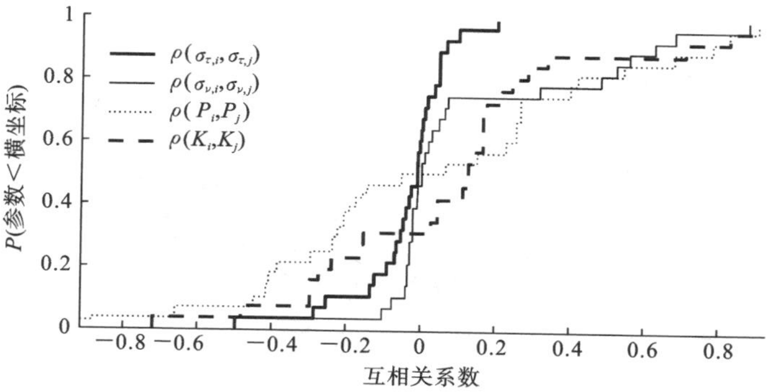

图 8-39 站台情景下共存簇的互相关性

8.3.5 隧道场景下的随机簇模型

通过观察隧道中的测量结果，我们发现，绝大多数情况下只能观察到一个簇。尽管有时能同时观察到来自不同远程射频单元的两个簇，但是由于这两个远程射频单元之间的距离很大，其中一个路径簇的功率相对于另外一个路径簇来说很弱。因此，这里我们将讨论隧道中单个路径的簇的路径损耗和阴影衰落、簇时延和多普勒频移扩展、簇的莱斯因子、簇间参数的相关性。

1. 簇的路径损耗和阴影衰落

隧道中簇的时延关于时间的轨迹呈现出两种形态，一种是连续的"<"形状，另一种是由两个距离很近的两个远程射频单元产生的断开的"<"形状。簇功率的大尺度变化可以描述为发射端到接收端路径损耗和阴影衰落的叠加。值得注意的是，我们的被动测量活动获得的是信道的相对时延，因此，为了建立一个合理的模型，根据隧道的尺寸大小，我们假设"<"的最低时延处所对应的传播路径距离为 3 米，其他时刻的绝对传播距离都参考这一最小时延点进行计算。尽管 3 米的假设和真实情况存在一个确定的偏差，但是根据隧道真实环境，它的可靠性可以保持在 3 米偏移范围内，因此它对路径损耗模型的估计的影响是可以忽略不计的。此外，在实际测量中，天线高度是未知的，所以很难建立与 Hata 模型或者 COST 231 模型类似的路径损耗模型[120]。因此，我们可利用[122]中的闭合自由空间衰落模型(close-in free path loss model)：

$$P_{\mathrm{L}}[\mathrm{dB}]=P_{\mathrm{L}}(d_0)+10\gamma\cdot\lg\left(\frac{d}{d_0}\right) \tag{8.3.6}$$

其中，γ 表示路径损耗系数，d_0 表示参考距离(这是设定为 1 米)，d 是发射端到接收端的距离。[122]中的结果表明这个模型相比于 3GPP[123] 中采用的经典的 4 个参数构成的路径损耗模型更加稳定。读者可以参阅[122]进行深入了解。如此，功率随着距离下降的变化可以表述为[120]

$$P_{\mathrm{F}}[\mathrm{dB}]=P_{\mathrm{L}}[\mathrm{dB}]+\psi[\mathrm{dB}] \tag{8.3.7}$$

其中，ψ 代表服从高斯随机变量分布的阴影衰落，均值为 0，方差为 σ_{ψ}^2。

图 8-40 描述了测量得到的功率随着发射端与接收端的距离变化而发生的变化。我们发现隧道中所有的簇都呈现双斜坡功率波动。绝大多数情况下，截断距离位置大

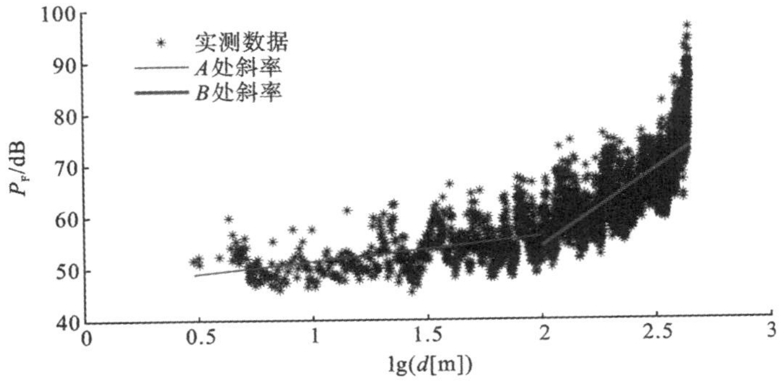

图 8-40　发射端与接收端的间距与功率的关系

约为 100 米。为了有效地描述这种现象，我们利用一个简化的双斜坡函数去拟合功率随着距离的波动：

$$P_L[\mathrm{dB}]=\begin{cases} b+10\gamma_1\cdot \lg d & \text{for } d<100\ \mathrm{m} \\ b+20\gamma_1+10\gamma_2\lg d & \text{for } d\geqslant 100\ \mathrm{m}\end{cases} \tag{8.3.8}$$

其中，b 代表 1 米处的路径损耗，也就是 $P_L(d_0)$，$d_0=1$ m，γ_1 和 γ_2 分别代表 A 处和 B 处的路径损耗系数。图 8-41 描述了 γ_1、γ_2 和 b 的概率累积分布。此外，可以分别用正态分布 $N(0.32,0.49)$、$N(3.98,0.97)$ 和 $N(46.43,8.83)$ 来进行最好的拟合。从统计意义上来讲，我们发现在近距离区域($d<100$ m)，簇的功率几乎不衰减，然而在远距离区域($d\geqslant 100$ m)，簇的功率衰减得很快，测量得到的平均路径损耗系数大约为 3.98。我们推断这种现象是由于当地铁靠近一个远程射频单元的时候，多径成分变得稀疏以及波导效应使功率衰减变弱造成的，然而，当地铁远离远程射频单元时，多径叠加会导致功率波动，就像两射线模型或者十射线模型[120]描述的那样。此外，当地铁在隧道中远离发射端时，车厢的墙和窗户衰减使信号衰减严重。图 8-42 描述了近距离范围和远距离范围下的阴影衰落。通过拟合这些概率累积分布，可得到这两处的方差分别为3.5 dB 和 5.1 dB。这与我们假设的一致，地铁远离射频单元的时候阻挡更强，导致更严重的阴影衰落。

2. 簇时延和多普勒频移扩展

图 8-43 描述了簇时延扩展 σ_τ 的经验概率累积分布，并使用参数为 $N(-7.89,0.33)$ 的正态分布拟合。簇时延扩展的均值约为 20 ns，这与 2.4 GHz 隧道环境下的观察相似[124]。此外，由于观察到在近区域和远区域的簇时延扩展相似，我们对其应用相同的分布。出现这种现象的一个原因是，即使是在远区域中，由于隧道宽度是有限的，多个路径传播距离的差距也很小，另一个原因是，由于视距路径的主导，非视距路径分量对簇时延扩展贡献很小。此外，隧道场景中的簇时延扩展的方差小于在站台场景中观察到的时延扩展的方差。这是合理的，因为站台的尺寸大于隧道的尺寸。然而，与近区域相比，在远区域中观察到的多普勒频移扩展稍小。这种现象是直观的，因为列车沿着 Tx 至 Rx 传播链路行驶的速度随着距离的增大而增加。然而，由于较快的速度和很小的 Tx 至 Rx 的最短垂直距离，速度投影可以在非常短的时间内达到最大值。因此，我们仍然将两个区域的 σ_ν 表征为一个随机变量。隧道场景中，簇多普勒扩展的经验

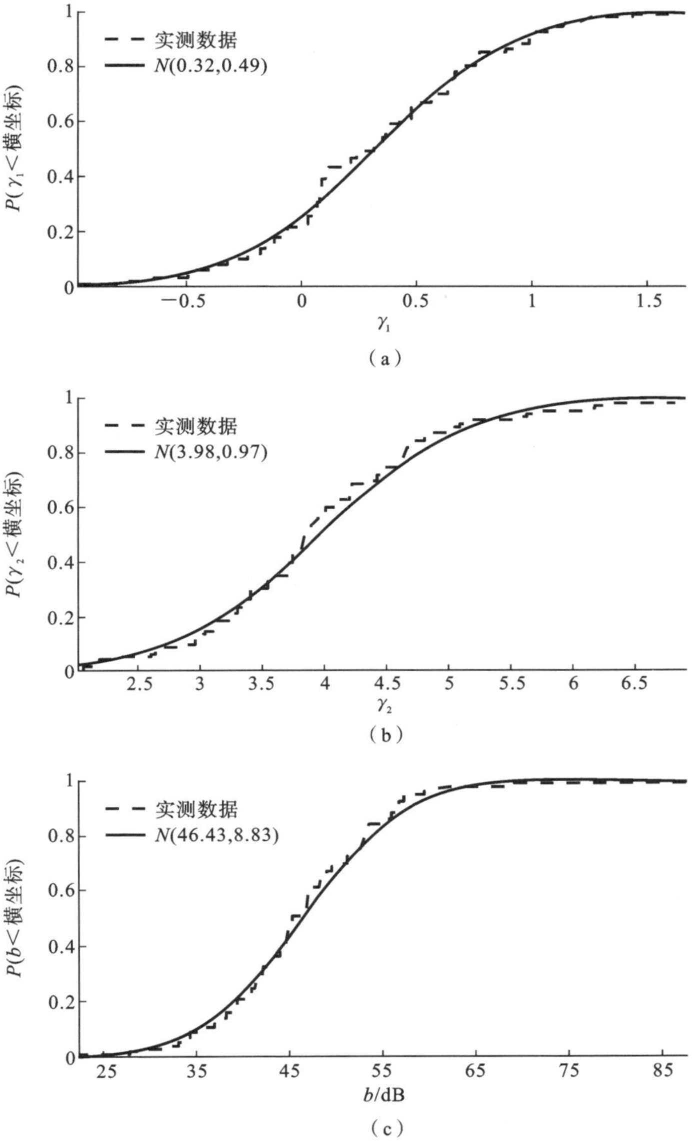

图 8-41 (a) A 处路径损耗系数的实测概率累积分布；(b) B 处路径损耗系数的实测概率累积分布；(c) 1 m 处损耗的实测概率累积分布

CDF 和正态分布拟合的 CDF 如图 8-44 所示。

3. 簇的莱斯因子

图 8-45 描述了基于隧道中簇结果的簇的莱斯因子 K 的概率累积分布，其可以使用正态分布 $N(11.5,5.4)$ 来拟合至最佳。我们还观察到，隧道场景中的 K 小于在站台场景中观察到的 K。这是合理的，因为车厢壁和窗的阻挡在隧道中更显著。

4. 簇间参数的相关性

图 8-46 展示了在隧道场景中单簇相关系数的经验概率累积分布的一些例子。可以发现，$\sigma_{\tau,i}$ 和 $\sigma_{\nu,i}$ 均与 K_i 呈现负相关。这是容易理解的，因为大的 K 发生在集中的簇功率时延谱和功率多普勒频移谱中。然而，K 与距离(τ)不相关。我们推测这是因为当

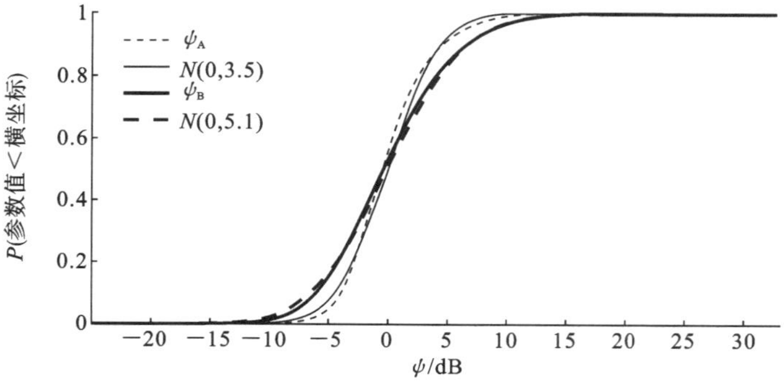

图 8-42　A 处和 B 处阴影衰落的实测概率累积分布

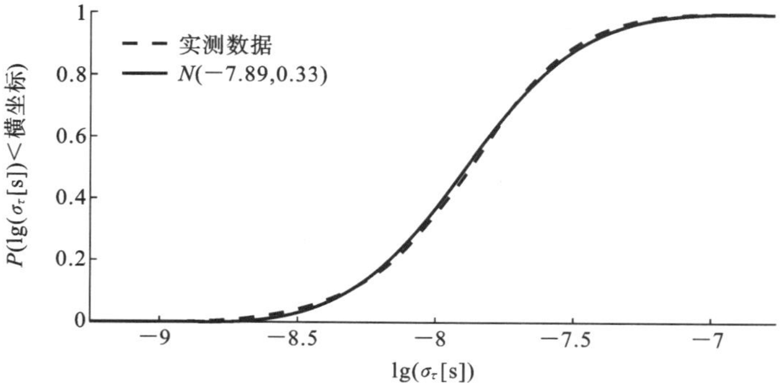

图 8-43　隧道场景中，簇时延扩展的经验 CDF 和正态分布拟合的 CDF

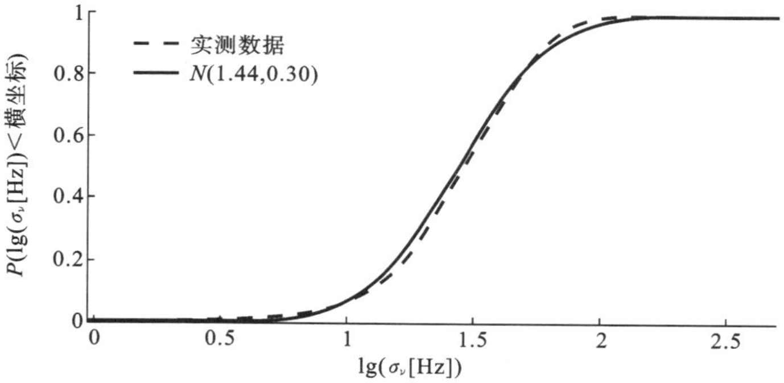

图 8-44　隧道场景中，簇多普勒扩展的经验 CDF 和正态分布拟合的 CDF

火车在狭窄的隧道中移动时，具有不同相位的多径分量快速且随机地改变造成的。此外，可以观察到，$\rho(\sigma_{\tau,i},\sigma_{\nu,i})$是正的，表明簇时延扩展和多普勒频移扩展变化在大多数情况下具相同的趋势。这与普遍的看法一致：即较大的时延扩展是由 Tx 或 Rx 或两端的散射体广泛分布引起的，当链路端的任一侧移动时，会导致较大的多普勒频移扩展。

8.3.6　信道模型的验证

表 8-1 和表 8-2 分别报告了站台和隧道场景中信道参数的均值和方差，在高速列车环境下[82]获得的结果为清晰和明显阻挡视距路径簇的时延扩展分别为 12 ns 和 68 ns，地铁环境中的路径簇时延扩展为 20 ns。此外，在高速列车场景中，平均簇多普勒扩

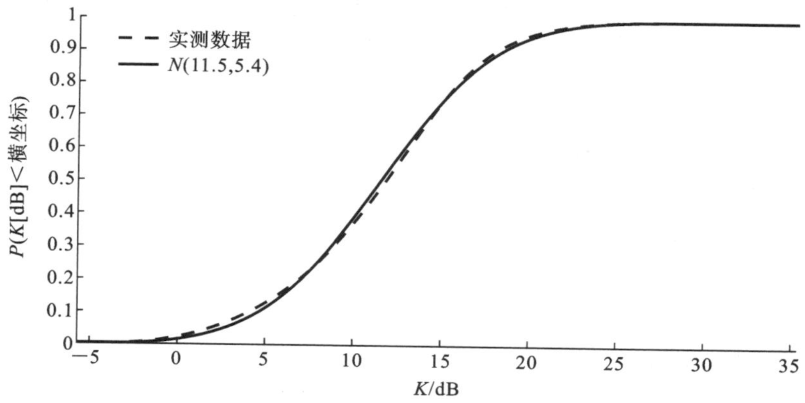

图 8-45 隧道场景中，簇的莱斯因子的经验 CDF 和正态分布拟合的 CDF

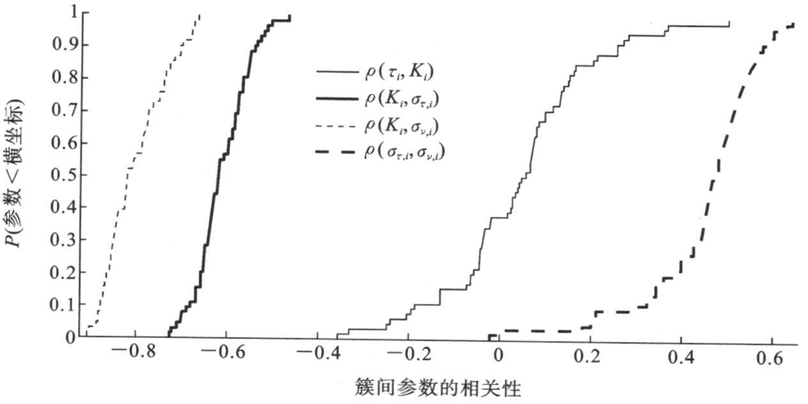

图 8-46 隧道场景中簇间参数的相关性

展分别为 10 Hz 和 188 Hz，而在地铁场景中，路径簇多普勒频移扩展约为 28 Hz。很明显，在地铁场景中观察到的簇更接近在高铁清晰视距路径场景中观察到的路径簇，且具有稍大的时延和多普勒扩展。

借助表 8-1 和表 8-2 中所示的站台和隧道场景的参数，可以直接使用类 3GPP 的方法来重现一个具有特定的簇时延和多普勒扩展[111]、莱斯因子[111]，以及参数相关系数[111]的远程射频单元路径簇。此外，对于具有多个簇的站台场景，也应考虑簇间特征

表 8-1 站台场景提取的经验簇特征

簇内特征		簇间特征	
参　　数	（均值，方差）	参　　数	（均值，方差）
σ_τ[lg([s])]	(−7.90,0.49)	N	(2.5,1.0)
σ_ν[lg([Hz])]	(−0.24,0.38)	$\Delta\bar{\tau}$[lg([s])]	(−6.17/4.94,0.32/0.16)
K[dB]	(15.9,5.3)	ΔP[dB]	(−3.0,15.8)
$\rho(K_i,\sigma_{\tau,i})$	(−0.70,0.22)	$\rho(\sigma_{\tau,i},\sigma_{\tau,j})$	(−0.04,0.13)
$\rho(K_i,\sigma_{\nu,i})$	(−0.24,0.40)	$\rho(\sigma_{\nu,i},\sigma_{\nu,j})$	(0.12,0.30)
$\rho(\sigma_{\tau,i},\sigma_{\nu,i})$	(−0.04,0.30)	$\rho(K_i,K_j)$	(0.08,0.37)

表 8-2 隧道场景提取的经验簇特征

参 数	(均值,方差)	参 数	(均值,方差)
γ_1	(0.32,0.49)	$\sigma_\tau[\lg([\mathrm{s}])]$	(−7.89,0.33)
γ_2	(3.98,0.97)	$\sigma_\nu[\lg([\mathrm{Hz}])]$	(1.44,0.30)
b[dB]	(46.43,8.83)	$\rho(\tau_i, K_i)$	(0.03,0.16)
ψ_A[dB]	(0,3.5)	$\rho(K_i, \sigma_{\nu,i})$	(−0.80,0.06)
ψ_B[dB]	(0,5.1)	$\rho(K_i, \sigma_{\tau,i})$	(−0.61,0.05)
K[dB]	(11.5,5.4)	$\rho(\sigma_{\tau,i}, \sigma_{\nu,i})$	(0.44,0.13)

以再现现实信道。为了验证所建立的模型,对隧道信道进行模拟,步骤如下。

(1) 步骤 1,基于表 8-2 中给出的分布,确定时延扩展、多普勒频移扩展和 K。它们之间的相关行为可以通过[111]中的方法保证。

(2) 步骤 2,根据[111]中的步骤 4 确定 M 个多径分量的随机时延。这里,M 和 r_{DS} 分别设置为 6 和 1.5。

(3) 步骤 3,根据[111]确定各个多径分量的随机平均功率。根据[111]考虑视距路径模型,即 K。

(4) 步骤 4,根据[111]中步骤 4 中的方法,产生多径分量的随机变量 $f'_{D,m}$,其中,分别使用 σ_ν 和 r_{DoS} 代替 σ_τ 和 r_{DS}。r_{DoS} 设置为 2.0。第 m 条路径的多普勒频移 $f_{D,m}$ 设置为 $f'_{D,m} - f'_{D,1} + f_{D,LoS}$,其中,$f_{D,LoS}$ 是视距路径的多普勒频移,由中心频率和车速共同决定。这里,在中心频率是 2.1376 GHz,车速是 60 km/h 的情况下,$f_{D,LoS}$ 为 120 Hz。

(5) 步骤 5,生成的 M 个路径具有在[0°,360°)中均匀分布的随机相位。应用路径损耗模型和阴影衰落模型。各个路径的复衰减系数由此可以生成。

实施这些步骤以针对隧道场景生成单个随机簇。表 8-3 展示了在模型验证中用于产生随机路径簇的参数输入和获取结果的对比。使用总共 2000 次信道快拍,我们发现输入和输出的参数统计特征一致,这证实了建立的模型和提出的随机路径簇生成步骤的有效性。

表 8-3 隧道场景仿真中的输入和输出

参 数	输 入	输 出
$\sigma_\tau[\lg([\mathrm{s}])]$(Mean,Std.)	(−7.89,0.33)	(−8.10,0.36)
$\sigma_\nu[\lg([\mathrm{Hz}])]$(Mean,Std.)	(1.44,0.30)	(1.42,0.39)
K[dB]	(11.5,5.4)	(11.5,5.4)
$\rho(K_i, \sigma_{\tau,i})$	−0.61	−0.55
$\rho(K_i, \sigma_{\nu,i})$	−0.80	−0.63
$\rho(\sigma_{\tau,i}, \sigma_{\nu,i})$	0.44	0.31

8.3.7 小结

本研究介绍了地铁正常运行时在地铁车厢中进行的被动信道测量活动。沿着 34 千米地铁路线部署的服务中通用移动地面系统网络中的下行链路信号被收集和处理以提取无线电信道的脉冲响应。对站台场景中共存的 1 到 4 不相关的簇进行参数模型的提取。所识别的时间簇可以被视为由各个远程射频单元激发的视距簇。簇时延偏移有 1 μs，甚至在很少的情况下，由于不同的远程射频单元位置和非同步，可以达到 10 μs 的差距。同样的原因，簇功率不服从有关时延指数衰减规则。簇时延扩展和 K 在簇内水平上是相关的，分别约为 20 ns 和 15 dB。此外，簇多普勒频移扩展接近于零。我们还提取了在隧道场景中观察到的路径簇参数的统计。具有 100 米的断点的双斜率路径损耗模型适用于簇功率变化。簇具有与站台簇相似的时延扩展，以及更小的 K 和更大的多普勒频移扩展。此外，这三个参数彼此高度相关。

8.4 UMTS 地铁场景中的隧道站台转变信道模型

本节继续针对近期所做的 UMTS 地铁场景中的信道测量活动进行讨论。从之前的分析结果中我们可以观察到，在地铁从站台驶入地下轨道的过程中信道有着明显的转变过程，为此有必要对参数的时变统计特征模型构建进行研究。本节依次介绍测量信息、信道特征参数（如时延扩展、多普勒频移扩展、复合信道增益与路径数）和建立的隧道站台转变信道模型。

本次信道测量地点为上海市轨道交通 11 号线自浦三路站至李子园站之间，全程在地下。车辆的平均运行速度约为 100 km/h。11 号线沿线部署的 UMTS 网络下行链路的信号载频为 2.1326 GHz，在接收端 USRP 以 25 MHz 有效带宽进行接收。数据的采集过程在车辆启动和停止的瞬间手动开始和停止，那么就测量得到了各个车站之间不同路段上的接收信号，此次测量总共得到了 14 段连续的接收信号，由于站间距的不同，每段数据的时长为 60～240 s。每一段数据的开头与结尾部分的信道特征用来建立转变模型。

这 14 段连续的接收信号经过了如下两个步骤的处理。① 基本处理，包括时钟同步、扰码检测与信道响应提取，其中，信道响应的提取需要接收数据与调制后的扰码进行互相关。② 采用 SAGE 算法对多径传播参数进行提取。对下行链路的导频中每个帧的 15 个连续的时隙进行了一次多径传播参数的提取，通过 SAGE 算法估计得到了第 l 条传播路径的时延 τ_l、多普勒频移 ν_l 与复振幅 α_l，其中，$l=1,2,3,\cdots,L$，代表多径的序号。根据 SAGE 算法估计得到的这些结果，通过计算时延功率谱与多普勒频移功率谱的二阶中心距，可以分别计算得到时延扩展与多普勒扩展。如果我们假设功率谱是由 L 条传播路径构成的，那么根据[115]中的定义，时延扩展可以计算为

$$\sigma_\tau = \sqrt{\overline{\tau^2} - \bar{\tau}^2} \tag{8.3.9}$$

其中，

$$\overline{\tau^2} = \frac{\sum_{l=1}^{L} |\alpha_l|^2 \tau_l^2}{\sum_{l=1}^{L} |\alpha_l|^2} \tag{8.3.10}$$

$$\bar{\tau} = \frac{\sum_{l=1}^{L} |\alpha_l|^2 \tau_l}{\sum_{l=1}^{L} |\alpha_l|^2} \tag{8.3.11}$$

同样，多普勒扩展的计算过程只需把式(8.3.9)～式(8.3.11)中的 τ 替换为 ν。在通过 SAGE 算法得到的 L 条传播路径中，功率大于 15 dB 动态范围的传播路径数 N 定义为有效传播路径数。信道增益 G 可计算为

$$G=\sum_{l=1}^{L}\alpha_l \tag{8.3.12}$$

图 8-47(a)～(e)分别展示了时变时延功率谱、SAGE 算法估计结果、复合时延扩展、复合多普勒扩展与传播路径数。通过对比图 8-47(a)与(b)可以发现，信道中的主要传播分量都能够被 SAGE 算法有效地提取。

从图 8-47(a)中可以观察发现，车辆在从站台驶入隧道的过程中，PDP 有着三个不同阶段的特征。在站台阶段，车辆开始启动，我们可以看到明显分离的各个传播路径，而且由于站台场景通常比较杂乱，这个阶段的信道的时延扩展比较大，而多普勒扩展比较小。在站台-隧道阶段(P2T)，随着车辆进入隧道，多径分量的时延有一个非常激烈的变化，来自隧道的分量开始逐步占据主导。在隧道阶段，车辆完全进入了隧道，隧道的结构为一个非常狭长的空腔，于是传播路径变得难以分辨，相比于站台场景时延扩展也变得很小，而多普勒扩展则略微增加。

篇幅所限，更多数据段的结果不再赘述，在大多数情况下，我们可以发现信道特征的转变有以下几种特点：① 当车辆在站台内运行时，我们可以看到多径分量在时延域明显地分离；② 当车辆行驶经过隧道连接处时，多径分量的时延发生漂移；③ 车辆完全进入隧道后，信道转变为一个密集多径分量；④ 在转变过程中，时延扩展明显增大而多普勒扩展只有小幅度增加，即使车辆在进入隧道时提速很快。

传播场景的切换点可以通过查验时延扩展激烈变化的时间而得知。例如，从图 8-47(c)中可以发现，两部分(站台场景与隧道场景)时延扩展在第 1250 个帧处发生了剧烈变化，那么对应的，信道特征就可以划分为两组，分别为站台场景与隧道场景。从测量得到的十四段信道响应中的十二段中都可以观察到清晰的切换过程，上述提到的所有信道参数都经过了分组计算，进而基于所计算得到的信道参数进行统计性分析建立切换模型。

1. 切换过程中的时延扩展变化

图 8-48 中曲线分别为站台场景与隧道场景中时延扩展(lg[s])的实测累积发生频率(ECOF)，我们用正态分布的累积分布函数来拟合这些实测 ECOF，结果表明，正态分布 N(−6.29,0.14)与 N(−7.51,0.18)分别与上述两个场景的 ECOF 吻合。计算得到各场景的实验扩展均值为 51 ns，这与 WINNER Ⅱ信道模型给出的 LoS 场景的值是吻合的，差不多为[125]、[126]中数值(约 90 ns)的一半。此外，站台场景的时延扩展数值远大于隧道场景的数值。站台-隧道场景中切换前后的平均时延扩展比的实测累积发生频率见图 8-49，从该图中可以看到，在大多数情况下，站台场景的时延扩展甚至要比隧道场景的大 4 倍。

2. 切换过程中的多普勒频移扩展变化

图 8-50 中的曲线分别为站台场景与隧道场景中多普勒频移扩展的实测累积发生频率。可以发现，多数情况下，隧道场景中的多普勒扩展要比站台场景中的略微大一些。站台-隧道场景中切换前后的平均多普勒扩展比的实测累积发生频率见图 8-49，可

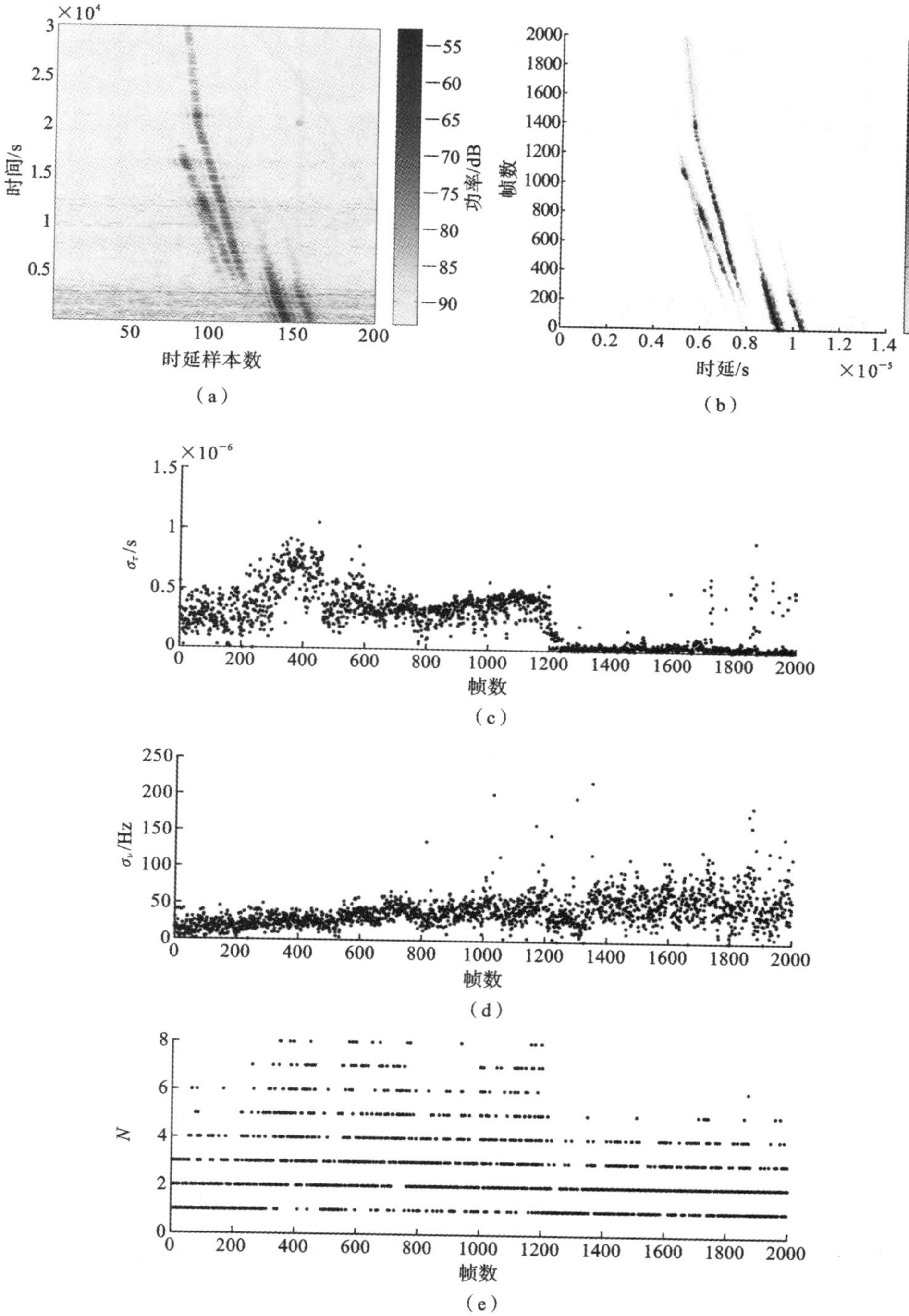

图 8-47 (a)～(e)分别展示了时变时延功率谱、SAGE 算法估计结果、复合时延扩展、复合多普勒扩展与传播路径数

以观察到，当场景切换时，多普勒扩展几乎以相同的概率增大或者减小。按常理推断，一般在多径丰富的情况下，当列车加速时，多普勒扩展会迅速增加，然而事实并非如此。造成列车进入隧道以后多普勒频移反而减小的情况可能是由于在站台场景下，列车速

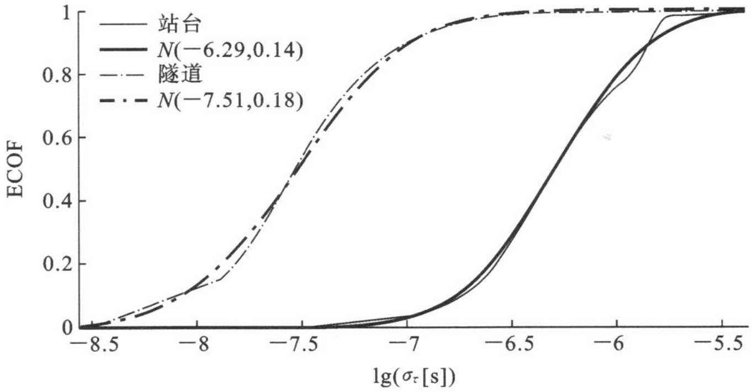

图 8-48　站台场景与隧道场景中时延扩展的实测累积发生频率

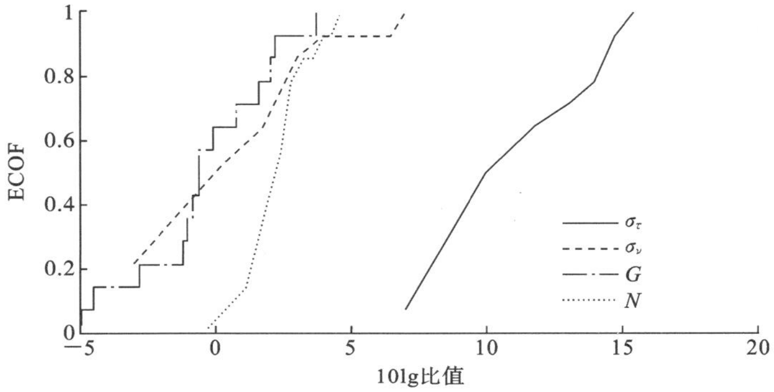

图 8-49　站台-隧道场景中切换前后的参数比的 ECOF

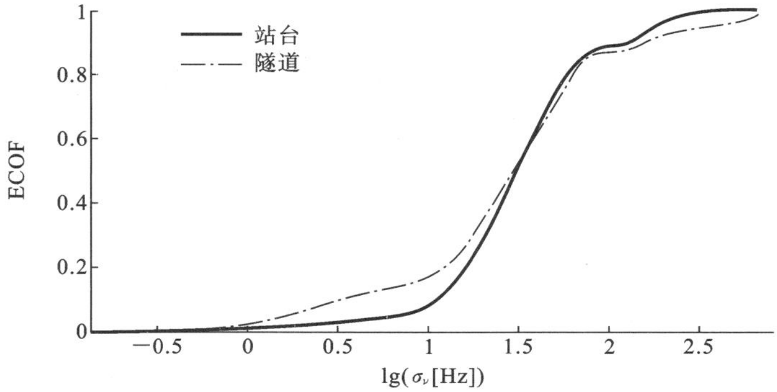

图 8-50　站台场景与隧道场景中多普勒频移扩展的实测累积发生频率

度不高，存在由站台上杂乱的环境造成的丰富的传播路径，具有速度的物体(如行人)会贡献多普勒扩展。而在隧道场景下，列车速度虽然很高，但是由于隧道的空腔结构使得多径数量减少，在某些情况下会抑制总体的多普勒扩展。

3. 切换过程中的复合信道增益(幅值)变化

图 8-49 中同样展示了站台-隧道场景中切换前后的平均复合信道增益比的实测累积发生频率，根据图 8-49 可以发现，G 在列车自站台驶入隧道的过程中会略微增大。图 8-51 为站台场景与隧道场景中复合信道增益的实测累积发生频率，正态分布 $N(-3.70, 0.44)$很好地拟合了 ECOF，结果也与[127]中的数据一致。

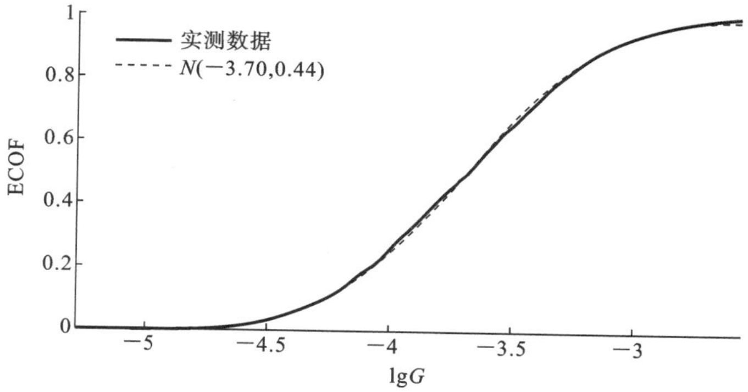

图 8-51 站台场景与隧道场景中复合信道增益的实测累积发生频率

4. 切换过程中的路径数变化

正如图 8-45(e)中所示的那样，站台场景相比于隧道场景存在更多的传播路径，具体来说，站台场景中信道往往同时有多于 3 个分散的密集多径分量，而隧道中一般只有 1 个。图 8-52 展示了站台场景与隧道场景中信道的传播路径数的实测累积发生频率，图中，隧道场景的曲线中点小于 2，而站台场景的大于 3。站台-隧道场景中切换前后的平均路径数比的实测累积发生频率见图 8-49，可以观察到，站台场景中信道中的路径数大致为隧道场景中的 1.7 倍。

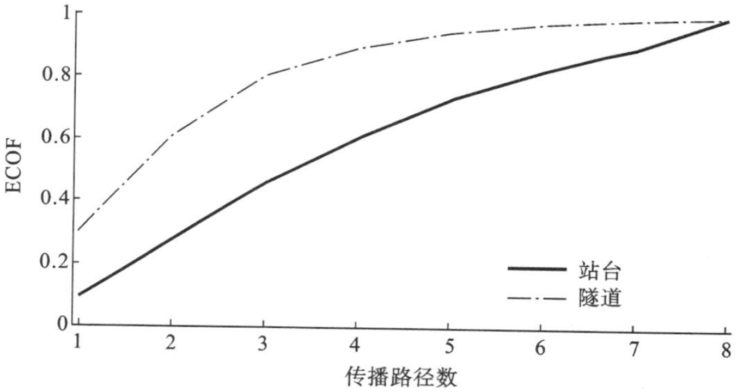

图 8-52 站台场景与隧道场景中信道的传播路径数的实测累积发生频率

表 8-4 总结了切换模型中各信道参数的统计特征，其中，LN 表示对数正态分布。

本节详细探索了一些信道特征参数的转变过程，并得到了如下的一些实验结果。在站台上信道往往有至少 3 个密集多径分量，而在隧道中一般只有 1 个。站台场景中时延扩展数值较大，其中值为 580 ns，是隧道场景时延扩展中值的 10 倍。对两个场景

表 8-4 站台场景与隧道场景的参数对比

参　　数	σ_τ/s	σ_ν/Hz	G	N
拟合的分布(P)	LN(−6.29,0.14)	—	LN	—
拟合的分布(T)	LN(−7.51,0.18)	—	LN	—
中位数(P)	5.8×10^{-7}	30	—	>3
中位数(T)	3.1×10^{-8}	30	—	<2
中位数比值(P2T)	10.0	1.0	1.0	1.8

的时延扩展实测累积发生频率都用了对数正态分布函数进行了拟合，并得到了良好的结果。但是，由于站台场景中列车行驶速度较低，同时隧道场景中多径分量较少，多普勒扩展变化不甚明显。此外，复合信道增益的大幅度变化并没有在测量中发现，列车进入隧道的过程中，传播路径的时延有大幅度漂移的现象。

8.5 LTE 系统下的高铁信道路径损耗模型

本节详细介绍 LTE 系统下的基于两个信道大尺度参数——路径损耗和阴影衰落的高铁信道模型的构建。测量活动采用被动的方式在从北京出发驶往上海的高铁列车车厢中开展：由天线接收铁路轨道两边部署的 LTE 系统发射的 18 MHz 的下行信号。列车总里程为 1318 千米，耗时约 5 小时。

我们使用第 8.1 节中介绍的被动信道测量方法，搭建一套 LTE 系统下的被动信道测量设备。利用这套被动测量设备接收来自 LTE 系统的下行小区参考信号(cell-specific reference signal，CRS)，并将其下变频至基带后保存于本地，以供后续分析。这套设备包含一个通用软件无线电外设、一个工作在 LTE 频段的全向天线、一个控制外设的电脑和存储基带数据的大容量硬盘、一台为软件无线电外设提供精确参考频率的由全球定位系统(global positioning system，GPS) 驯服的晶振时钟。本次测量的参数如表 8-5 所示。

表 8-5　高铁环境下的 LTE 被动信道测量的技术参数

参　　数	值
中心频点/MHz	1890
信号带宽/MHz	18
复数采样带宽/MHz	25
接收天线类型	全向
接收天线增益/dBi	20
列车平均速度/(km/h)	238

对基带数据进行第 8.1 节中所述的信道冲激响应提取，进而得到功率时延谱，即对信道冲激响应的幅值进行平方操作。功率时延谱反映了信号功率在时延域上的变化。图 8-53 中，由 LTE 系统基站的一个物理小区得到的连续功率时延谱展示了一个在高铁信道环境中测量得到的持续 40 秒的连续功率时延谱(concatenated PDP，CPDP)。从图中可以看到，实测的连续功率时延谱中包含一条“<”形的时延轨迹(delay trajectory)。实际上，这能够与列车在基站覆盖区域的行驶过程相对应：时延减小对应列车上的接收天线渐渐靠近基站；然后，时延减小至某个转折点，这个转折点对应了接收天线与基站距离最近的情况；随后，经过转折点后，时延开始增大，对应列车渐渐离开基站。基站与接收天线之间的视距路径随着列车从靠近基站到远离基站的运行过程而变化，这造成了时延轨迹呈“<”形的现象，也可以说，这条视距路径的时延是时间的函数。

我们假设当图 8-53 中的时延轨迹出现时，在这段时间内，高铁轨道被近似为直线，

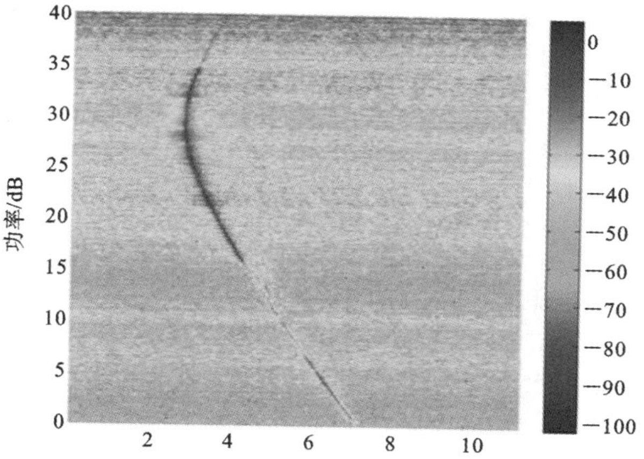

图 8-53 由 LTE 系统基站的一个物理小区得到的连续功率时延谱

并且列车以恒定的速度运行。这是个合理的假设，因为高铁轨道被尽可能地设计成直线，并且除了起步和减速阶段，列车在其他时间段内均稳定运行。因此，列车运行 t 时刻的视距路径的时延 τ_t 可以表示为

$$\tau_t=\frac{d_t}{c}+\tau_{\mathrm{e}} \tag{8.3.13}$$

并有

$$d_t=\sqrt{d_{\mathrm{m}}^2+(v\cdot(t-t_{\mathrm{m}}))^2} \tag{8.3.14}$$

其中，v、d_{m}、t_{m}、τ_{e} 分别表示列车运行速度、基站与接收天线间的最小距离、达到这一最小距离的时刻、被动测量系统中由于收发端无法获取时间同步而引入的相对时延，将这些参数表示为一个参数集 $\boldsymbol{\Theta}=[v,d_{\mathrm{m}},t_{\mathrm{m}},\tau_{\mathrm{e}}]$。常数 c 表示光在真空中传播的速度，为 3×10^8 m/s。那么可以得到，t 时刻视距路径的时延 τ_t 是包含参数集 $\boldsymbol{\Theta}$ 的表达式，如下所示：

$$\tau_t(\boldsymbol{\Theta})=\frac{\sqrt{d_{\mathrm{m}}^2+(v\cdot(t-t_{\mathrm{m}}))^2}}{c}+\tau_{\mathrm{e}} \tag{8.3.15}$$

$\boldsymbol{\Theta}$ 的估计值 $\hat{\boldsymbol{\Theta}}$ 可以通过解决如下最优问题获取：

$$\hat{\boldsymbol{\Theta}}=\arg\min_{\boldsymbol{\Theta}}\sum_{t=t_1}^{t_N}\left|\tau(t)-\hat{\tau}(t;\boldsymbol{\Theta})\right|^2 \tag{8.3.16}$$

其中，$\tau(t)$表示从功率时延谱中获取的视距路径的时延轨迹（我们假设视距路径具有最高的功率，这在绝大多数情况下是成立的），$\hat{\tau}(t;\boldsymbol{\Theta})$表示基于估计的参数集 $\hat{\boldsymbol{\Theta}}$ 所重构的时延轨迹。$t=[t_1,\cdots,t_N]$表示观测时间。

图 8-54 所示的为基于测量得到的视距路径时延轨迹和基于 $\hat{\boldsymbol{\Theta}}$ 估计值计算得到的视距路径时延轨迹。其中，散点代表由图 8-53 中所示的连续功率时延谱计算得到的时延。通过求解式(8.3.16)，可以得到 $\hat{\boldsymbol{\Theta}}=[\hat{v},\hat{d}_{\mathrm{m}},\hat{t}_{\mathrm{m}},\hat{\tau}_{\mathrm{e}}]$，在此例中，$\hat{v}=51.76$ m/s、$\hat{d}_{\mathrm{m}}=351.69$ m、$\hat{t}_{\mathrm{m}}=26.38$ s、$\hat{\tau}_{\mathrm{e}}=-0.54$ μs。基于这些参数，可以重构一条时延轨迹，如图 8-54 中所示的黑色实线。

在全部的测量数据中，可以找到大量的呈“<”形的时延轨迹。通过估计每条轨迹的参数 v 和 d_{m}，我们可以基于整个测量数据得到它们的累积分布函数。图 8-55(a)展

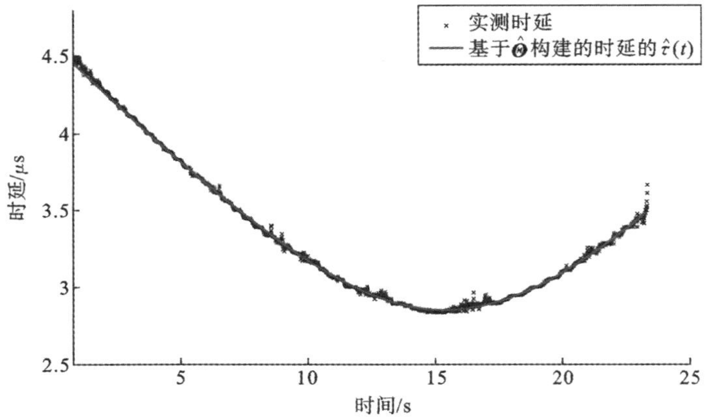

图 8-54 基于测量得到的视距路径时延轨迹和基于 $\hat{\Theta}$ 估计值计算得到的视距路径时延轨迹

示了实测列车速度 v 的累积分布函数,并且发现 $N(1.8,0.073^2)$分布能最好地拟合该累积分布函数。类似地,图 8-55(b)展示了实测基站与接收天线间的最小距离 d_m 的累积分布函数,并且发现 $N(2.17,0.41^2)$能最好地拟合累积分布函数。这里,我们使用 Kolmogorov-Smirnov 测试去检验分布拟合。

可以使用线性模型来拟合平均路径损耗[97]:

$$P_L=-10\gamma\cdot\lg(d)+b \tag{8.3.17}$$

其中,d 表示基站与接收端(接收天线)间的距离,γ 是路径损耗因子,截距 b 表示 $d=1$ m 时的路径损耗。在这个例子中,列车上接收天线在 $t=t_1,\cdots,t_N$ 这些时刻与基站的距离可以由下式得到:

$$d(t)=\sqrt{\hat{d}_m^2+(\hat{v}\cdot(t-\hat{t}_m))^2},\quad t=t_1,\cdots,t_N \tag{8.3.18}$$

此时,接收功率可以从功率时延谱上直接得到。需要注意的是,该功率是相对路径损耗,因为发射功率未知。图 8-56 展示了相对路径损耗和基站与接收天线间距离 d 的关系。从图 8-56 中可以看到,相对路径损耗随着 d 的增加而上升,表明此时列车上的接收天线渐渐离开基站。使用式(8.3.17),基于大量的测量数据,得到拟合后的路径损耗因子 γ 和截距 b 分别为 1.897 和−156.47。

与得到参数 v 和 d_m 的累积分布函数方式类似,图 8-57 和图 8-58 分别展示了实测的路径损耗因子 γ 和截距 b 的累积分布函数,$LN(1.45,0.25)$和 $N(-81,57.56)$能最好地拟合分布。

阴影衰落是另一个重要的大尺度信道参数,它主要来自于发射端和接收端之间的路径受到物体的阻挡而产生的信号衰落。从接收的信号增益中减去路径损耗模型所预测的路径损耗,并在相邻的时间范围内做平均,我们即可获得信道的阴影衰落。研究发现,同一个信道的阴影衰落符合零均值的高斯分布。图 8-59 展示了所有信道的阴影衰落标准差 σ_s 的累积分布函数,$N(4.3,1.69)$可以最好地拟合分布。

我们利用 UMTS 在相同高铁环境下得到了时延轨迹的路径损耗和阴影衰落标准差的累积分布函数。表 8-6 比较了本节中 LTE 系统和[92]中 UTMS 得到的结果。从表中可以看到,LTE 系统和 UMTS 得到的路径损耗因子和阴影衰落标准差的统计分布相近,LTE 系统的统计分布的平均值均略微小于 UMTS 的。

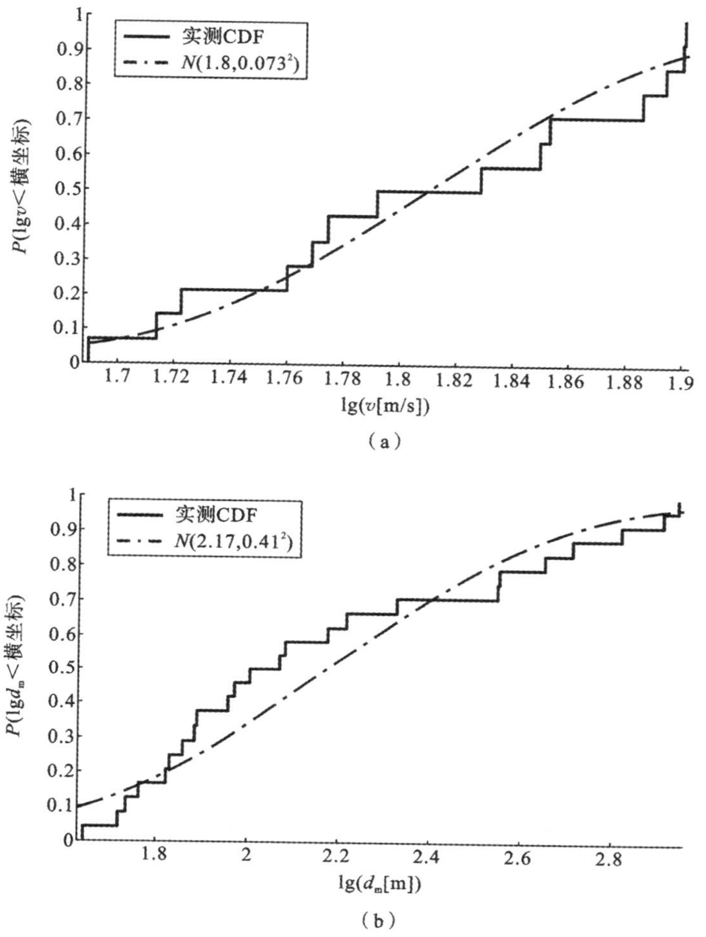

图 8-55　基于实测数据的(a)列车速度 v 和(b)基站与接收天线间的最小距离 d_m 的累积分布函数

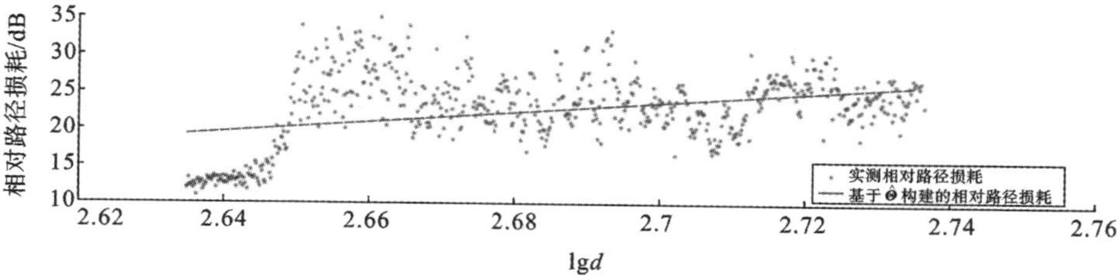

图 8-56　一个拟合相对路径损耗的实例

表 8-6　比较 UMTS 和 LTE 系统的高铁信道模型

参　　数	UMTS	LTE
单载波带宽/MHz	3.84	18
路径损耗因子	$LN(1.53,0.11)$	$LN(1.45,0.25)$
阴影衰落标准差/dB	$N(4.97,2.82)$	$N(4.3,1.69)$

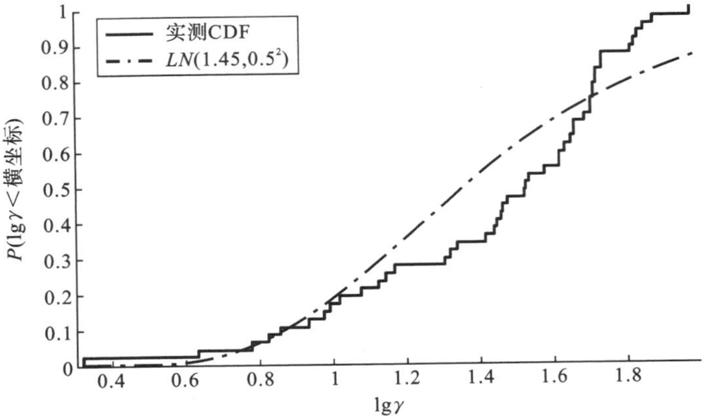

图 8-57　路径损耗因子 γ 的累积分布函数

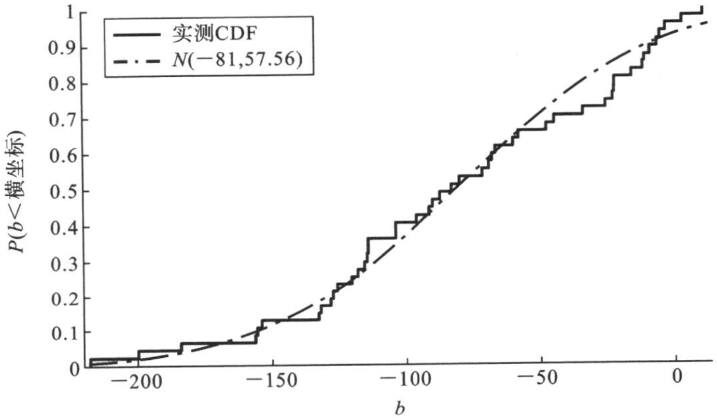

图 8-58　截距 b 的累积分布函数

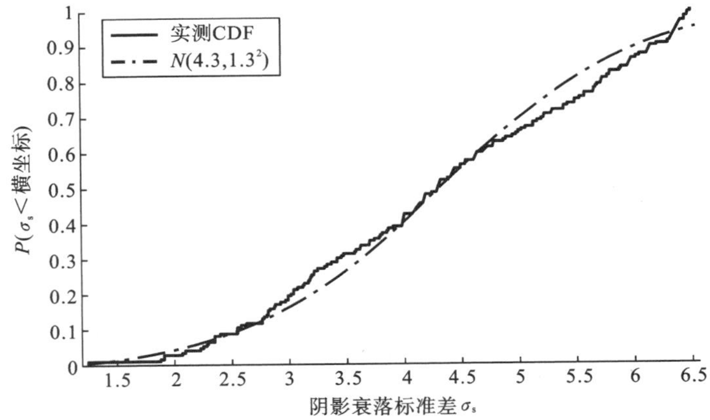

图 8-59　阴影衰落标准差 σ_s 的累积分布函数

8.6　LTE 系统下高铁隧道和非隧道场景信道模型

在本小节中，我们基于第 8.5 节中的高铁信道测量数据，继续介绍两个小尺度信道参数——均方根时延扩展和莱斯因子，并且分析和比较高铁隧道和非隧道场景的信道模型。高铁非隧道场景包括平原、高架桥、山区等。图 8-60 展示了一个高铁非隧道场景的卫星图的例子。从图中可以看到，高铁轨道旁有少数建筑楼宇和大量田野区域，处于城市郊区环境。图 8-61 所示的泄漏电缆(leaky cable)通常被部署在隧道内充当基站，用来保证 LTE 系统在隧道内的网络覆盖。

图 8-60　高铁非隧道场景的卫星图

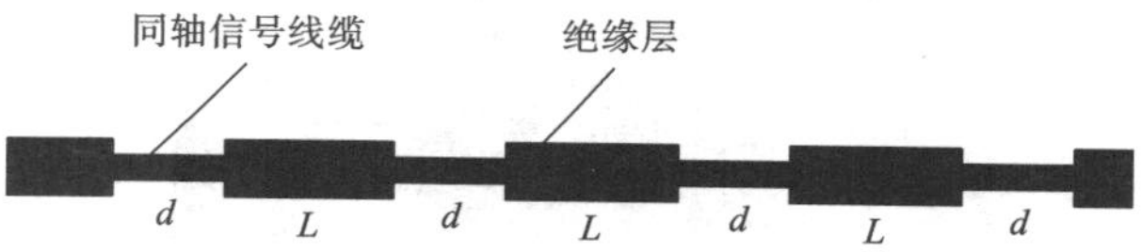

图 8-61　泄漏电缆

隧道和非隧道场景的基站位置的分布和环境特征不同，造成了信号与物体作用的方式不同，致使隧道和非隧道信道模型存在很大区别。下文建立了高铁隧道和非隧道场景下，均方根时延扩展和莱斯因子的信道模型，并进行了比较。

图 8-62(a)和(b)分别展示了在非隧道和隧道场景中测量得到的连续功率时延谱。

从图 8-62(a)中观察到，非隧道场景下的信道特征包含一条“<”形的时延轨迹。出现这种特征的原因已在前文第一个信道模型例子中提及，即是由列车上的接收天线和基站之间的视距路径随时间的变化而导致的。图 8-62(b)展示了隧道场景的连续功率时延谱，其中包含多条“<”形的时延轨迹。我们推测出现这种现象的原因和隧道内泄漏电缆的配置有关，相比隧道外相邻基站间距，泄漏电缆上相邻两个信号漏出点(一个漏出点可以作为一个基站发射端)的间距较小，在相同时间内，接收天线在隧道内经过了更多的信号发射端，这样就导致了在连续功率时延谱中出现更多的“<”形时延轨迹。除此之外，由于隧道环境密闭狭小，每条时延轨迹的时延转折点显得更锋利和突出，一条完整的“<”形时延轨迹相比非隧道场景下的时延轨迹，持续时间更短。

均方根时延描述了多径在时延域的扩展特征，决定了信道的相干带宽的大小。根据[107]中的定义，在此例中，第 m 个信道快拍的均方根时延扩展 $\sigma_{\tau,m}$ 由第 m 个信道快拍的有效归一化功率时延谱 $p_m(\tau)$ 的二阶中心距计算得到：

$$\sigma_{\tau,m}=\sqrt{\int(\tau-\bar{\tau}_m)^2 p_m(\tau)\mathrm{d}\tau},\quad m=1,\cdots,M \tag{8.3.19}$$

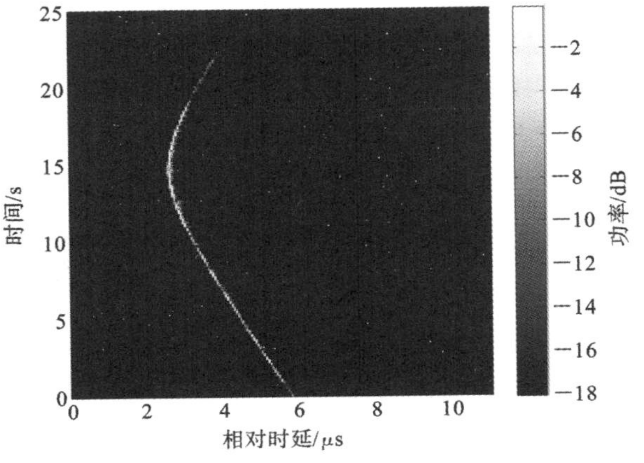

(a)

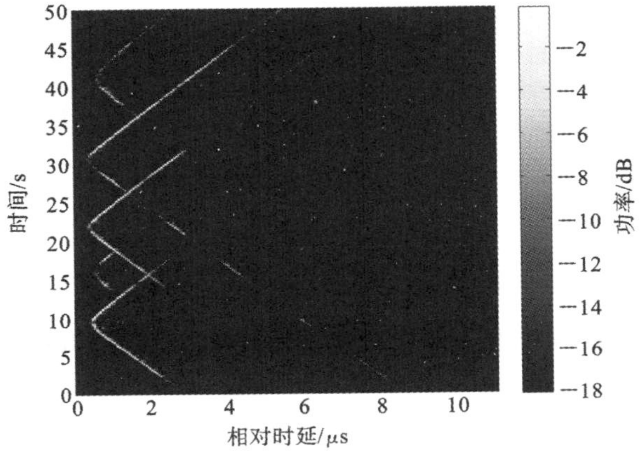

(b)

图 8-62 (a)非隧道(持续 25 秒)和(b)隧道(持续 50 秒)场景的连续功率时延谱

并有

$$\bar{\tau}_m = \int \tau p_m(\tau)\mathrm{d}\tau \tag{8.3.20}$$

第 m 个快拍的归一化功率时延谱 $p_m(\tau)$ 可以用下式计算：

$$p_m(\tau) = \frac{|h_m(\tau)|^2}{\int |h_m(\tau')|^2 \mathrm{d}\tau'} \tag{8.3.21}$$

其中，$h_m(\tau)$ 是第 m 个快拍的复信道冲激响应。

基于整个测量数据可以得到隧道和非隧道场景下的均方根时延扩展的累积分布函数，如图 8-63 所示。正态分布的累积分布函数能够最好地拟合实测的隧道和非隧道场景下的均方根时延扩展的累积分布函数。隧道和非隧道场景的平均时延扩展分别是 0.166 μs 和 0.346 μs。这个结果是合理的，因为在宽阔的、存在丰富散射体的复杂非隧道环境中，信道中包含了不同时延的多径。然而，在隧道场景中，由于空间的狭窄性，多径的传播距离差较小，即多径在时延上靠得很近，相比于非隧道场景导致了更小的时延扩展。

莱斯因子作为一个重要的信道参数，被定义为信道中确定性成分和散射成分的比

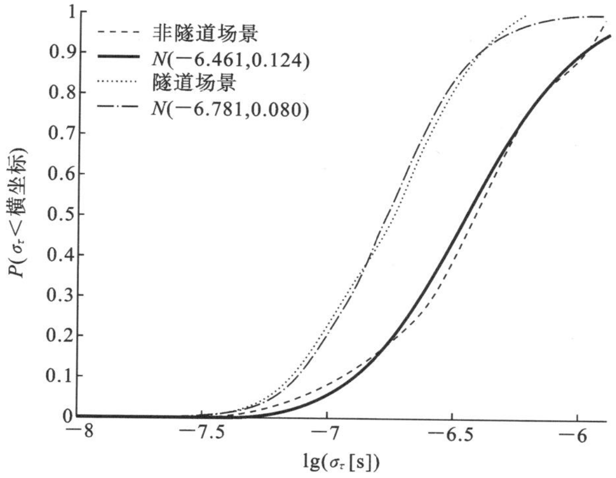

图 8-63 均方根时延扩展的累积分布函数

值[108]。莱斯因子一般通过观察多个连续的信道快拍获取，在关注 M 个连续快拍的信道冲激响应的情况下，确定性成分响应 h_{det} 通过对这些快拍中的信道冲激响应 h_m 进行平均操作得到，散射成分响应 $h_{\text{sca},m}$ 通过从这些快拍中的信道冲激响应里面减去确定性成分响应得到，莱斯因子由下式计算获得：

$$K = 10 \cdot \lg\left\{ | h_{\text{det}} |^2 \left(\frac{1}{M} \sum_{m=1}^{M} \left| h_{\text{sca},m} \right|^2 \right)^{-1} \right\} \tag{8.3.22}$$

其中，h_{det} 和 $h_{\text{sca},m}$，$m=1,\cdots,M$，分别代表确定性成分和不确定性（散射）成分的窄带响应。

图 8-64 展示了隧道场景和非隧道场景的莱斯因子的累积分布函数。

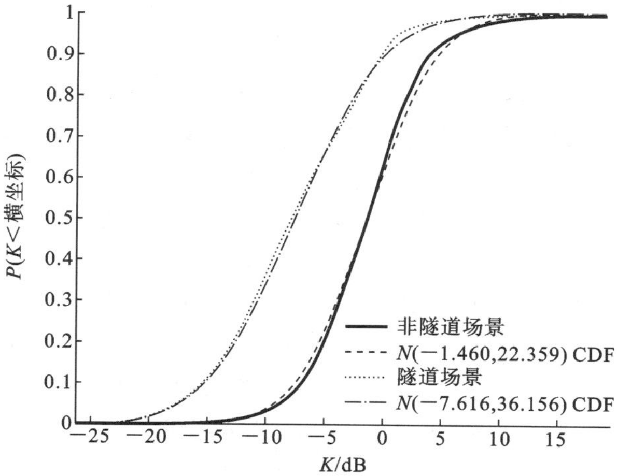

图 8-64 莱斯因子 K 的累积分布函数

同样，可以使用正态分布最好地拟合这两个累积分布函数。可以观察到，隧道场景和非隧道场景的平均莱斯因子分别是 −7.6 dB 和 −1.5 dB。我们推测出现这种情况的原因如下。在非隧道场景中，虽然信道具有更多的散射体，可产生更多的多径，但同时也导致信道就非视距路径而言的随机性较高，然而确定性的视距路径存在的概率很高;而在隧道环境中,由于发射天线距离列车很近,视距路径很容易被车体阻挡,信道在大多数情况下由随机性较高的非视距路径构成,因此导致隧道场景具有更小的莱斯因子。

综上所述,我们可以认为由于基站模式和环境不同,高铁隧道和非隧道场景下的信道特征具有显著区别。

8.7 LTE 无人机地对空信道模型

本小节中,我们将介绍有关无人机地对空信道在 1.8171 GHz 的中心频点处,利用 LTE 商用系统进行的宽带信道测量,并分析路径损耗、K、功率时延谱、多径分量,以及时延扩展等信道特征。

图 8-65 所示的卫星视图是测量场景,环境中包含(金属)集装箱、建筑物等。测量活动考虑三种不同的飞行路线,即在 P0 位置从 0～50 米的垂直起飞,在 20 米高度处从 P1 到 P2 的水平飞行,以及在 30 米高度处从 P1 到 P2 的水平飞行。此外,P1 与 P2 水平距离为 210 米。

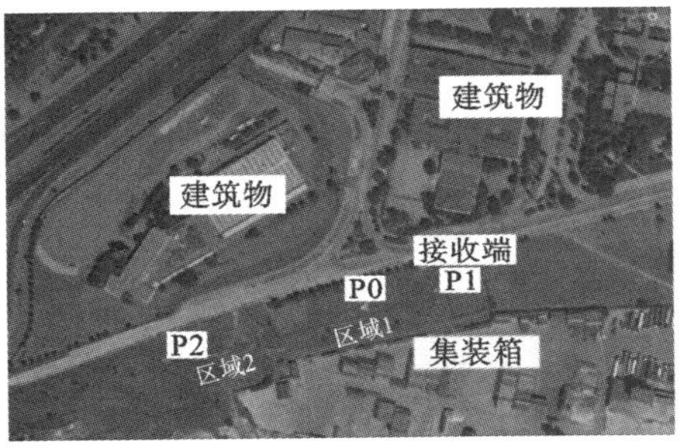

图 8-65 测量场景

被动测量利用从频分双工 LTE 基站到无人机(UAV)的下行链路信号作为测量信号。载波频率为 1.8171 GHz,带宽为 13.5 MHz。基于 USRP 搭建的接收端[128]共同固定在无人机下方。接收天线安装在无人机螺旋桨的下方,以大约 $-45°$的仰俯角指向地面。如图 8-65 所示,无人机在 35 秒内在位置 P1 处从地面垂直起飞至 50 米,LTE 基站几乎一直在接收端的视野(LoS)中。在 Tx 和 Rx 之间的区域内存在着一些金属集装箱和高大建筑物。接收的数据存储在每个持续 15 秒的片段中。

原始数据处理:LTE 信号结构可以从原始数据中提取信道脉冲响应。简而言之,通过获得发送的和接收的小区参考信号,可以计算无人机无线信道的频率响应,然后通过逆傅里叶变换可以很容易地获取 CIR。CIR 输出速率为 2000 个/秒。应用基于空间迭代广义期望最大化原理推导出的高精度参数估计方法来估计多径的时延和多普勒频移,在所使用的 SAGE 算法中,接收信号的一般模型表示为

$$r(t,\tau) = \sum_{l=1}^{L(t)} \alpha_l(t) s(t-\tau_l(t)) \exp\left\{ j2\pi \int_t^{t+\tau_l(t)} \nu_l(\lambda) d\lambda \right\} \qquad (8.3.23)$$

其中,r 和 s 分别表示接收的和发送的信号,L 是路径数,α_l、τ_l 和 ν_l 分别代表第 l 条路径的复衰减、时延和多普勒频移,t 表示信道快拍所在的时刻。读者可以参考[113]了解 SAGE 算法的细节。在我们的操作中,我们将 4 个连续 CIR 视为一个 SAGE 快拍,在

该快拍期间观察到的多径参数是恒定的。SAGE 算法配置每个快拍的 $L=18$,使用 6 次迭代①。表 8-7 总结了宽带测量的主要参数。

表 8-7 无人机无线信道宽带测量的主要参数

信道测量主要参数	参数说明
测量信号	下行 LTE-FDD 信号
载频	1.8171 GHz
带宽	13.5 MHz
接收天线	苜蓿叶形天线,在无人机上圆形极化,2.15 dBi 增益
复采样率	30.72 MHz
飞行路线	垂直
SAGE 路径数	18
SAGE 实现时间	2 ms
SAGE 时延搜索间隔	7.41 ns

信道特征:图 8-66 给出了一个无人机从地面起至飞到空中的 15 秒内的累积 PDP。注意,在被动测量中,时延是相对的[83]。我们使用低空(LH)信道和高空(HH)信道来区分观察到的 7.5 秒前后的不同信道。图 8-67 给出了在两个信道时延域中的 SAGE 估计结果。我们可以从图 8-66 和图 8-67 中观察到 LH 信道具有多个轨迹,更接近"反射"型信道。我们的猜测是,当飞行高度低于集装箱高度时,无人机只能接收到 LoS 信号和从更高的建筑反射的信号,以及集装箱侧壁的反射信号。然而,当 UAV 在集装箱和房屋上方高处飞行时,从屋顶反射/散射的信号能到达 UAV,这导致 HH 信道处于"散射"状态。此外,我们还可以观察到 HH 信道的接收信号功率更强。这可能是由于在空中 HH 信道相比于 LH 信道所受到的阻挡更弱。

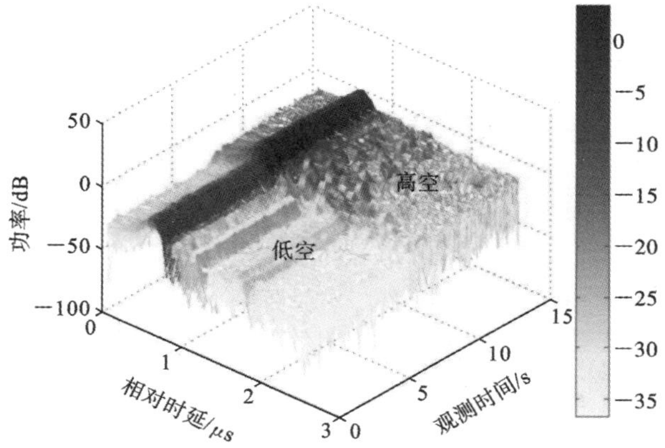

图 8-66 当无人机从地面飞向空中时,15 秒的累积 PDP

信道的 RMS 时延扩展可以通过计算信道 PDP 的二阶中心矩的平方根得到[120]。

① 一个 SAGE 快拍(4 个连续的 CIR)的持续时间是 2 ms。基于 CIR 的计算显示,无人机无线信道的相干时间远大于 2 ms。路径数和迭代次数的选取保证了充分提取多径分量以及迭代收敛。

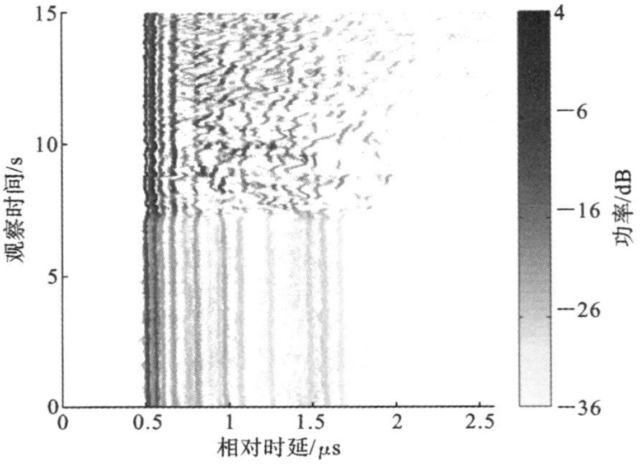

图 8-67　图 8-66 展示的信道的时延域 SAGE 估计结果

在信道由估计到的 L 个多径分量表示的情况下，时延扩展计算如下：

$$\sigma_\tau = \sqrt{\overline{\tau^2} - \bar{\tau}^2} \tag{8.3.24}$$

其中，

$$\overline{\tau^2} = \frac{\sum_{l=1}^{L} |\alpha_l|^2 \tau_l^2}{\sum_{l=1}^{L} |\alpha_l|^2} \tag{8.3.25}$$

$$\bar{\tau} = \frac{\sum_{l=1}^{L} |\alpha_l|^2 \tau_l}{\sum_{l=1}^{L} |\alpha_l|^2} \tag{8.3.26}$$

图 8-68 分别给出了 LH 与 HH 场景下时延扩展的累积分布函数。直观地，由于在 HH 信道观察到了更多的多径分量，HH 信道的时延扩展的方差和最大值都大于 LH 信道的。然而，也可以观察到 HH 信道时延扩展的最小值较小。可能的原因是“散

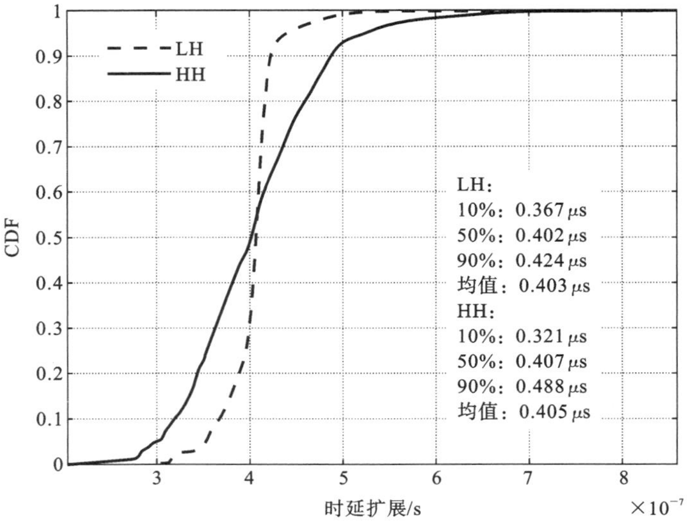

图 8-68　LH 与 HH 场景下时延扩展的 CDF

射"型的 HH 信道比较随机和扩散，但是在某些情况下，散射路径又可能都比较接近 LoS，而 LH 信道比较稳定，一些路径(其中也包含大时延路径)一直存在。此外，两种情况下的时延扩展基本上都遵循对数正态分布。

8.8 小结

被动信道测量采用非特意为信道测量而设计的信号发送设备，通过被动接收信号来提取电波传播信道特征，其因能够在更为广泛的场景中进行样本采集，从而得到适用度和可扩展能力更高的统计信道模型，被动测量已经逐渐成为一种人们普遍接受的实测信道建模新方法。本章中，我们详细介绍了被动信道测量技术、接收系统搭建、在 UMTS 和 LTE 等系统里提取下行信道冲激响应的算法设计，以及在不同场景下如何根据得到的信道参数构建信道模型不同层面的内容，并描述了众多细节。在已经架设了大量 UMTS、LTE 基站的区域，特别是针对高铁、地铁、城市轨道交通的场景，被动测量的优势得到了充分的显现。我们在本章中充分展示了在上述场景，以及无人机场景中采用被动测量进行信号采集的全过程，通过得到的海量、具有较好遍历性的信道特征样本，得到了路径损耗模型、几何多径的时变模型、不同场景变换过程中的信道转化模型等。这些模型充分反映了实际运行的商业系统中，环境和基站对传播信道特征的综合影响，能够在系统性能优化和覆盖评估、复杂场景建模、高速移动场景建模等方面，起到主动信道测量建模不可替代的重要作用。

8.9 习题

(1) USRP 产品由于内部本地晶振的精确度问题而导致存在频率偏差，请简述如何解决这一问题。

(2) 请简述采用被动测量进行高铁信道测量的优缺点。

(3) 请描述采用虚拟阵列，利用高铁采集到的数据，进行方向域角度估计的基本原理。

(4) 请简要描述如何通过"视距多径簇"来进行路径损耗模型的搭建。

(5) 在高铁被动信道测量建模中发现，当基站与接收端的距离减小时，簇增益并不是单调递增的，这种现象可能的解释是怎样的？如果这种现象是普遍的，该采用何种方式建模？

(6) 请简要描述 LoS 路径簇进一步被区分为 CLoS 和 OLoS 的原理。这两种不同的 LoS 路径簇的特征有何不同。

(7) 请简要描述在 UMTS 被动信道测量中，对原始数据进行处理的五个步骤。

(8) 请简述如何从 LTE 的下行信号中提取信道的冲激响应。

(9) 在地铁信道建模中提出了基于 RRU 分类的聚类算法。请描述采用这样的分簇方法的优势。

(10) 请简述在从站台到隧道转换的信道模型中可以采用哪些特征参数或者分布。

(11) 在 LTE 被动高铁测量中，隧道和非隧道的均方根时延扩展的累积分布函数存在差别，请讨论该结果的合理性。

（12）在 LTE 被动高铁测量中，隧道和非隧道的莱斯因子的累积分布函数存在差别，请讨论该结果的合理性。

（13）在无人机被动测量中，低空与高空场景下的时延扩展的 CDF 有较大的不同，请讨论该现象的合理性。

参考文献

[1] X. Cheng, C. X. Wang, D. Laurenson, et al. An adaptive geometry-based stochastic model for non-isotropic MIMO mobile-to-mobile channels[J]. IEEE Transactions on Wireless Communications, 2009, 8(9): 4824-4835.

[2] X. Cheng, Q. Yao, C. X. Wang, et al. An improved parameter computation method for a MIMO V2V rayleigh fading channel simulator under non-isotropic scattering environments[J]. IEEE Communications Letters, 2019, 17(2): 265-268.

[3] X. Cheng, Q. Yao, M. Wen, et al. Wideband channel modeling and intercarrier interference cancellation for vehicle-to-vehicle communication systems[J]. IEEE Journal on Selected Areas in Communications, 2013, 31(9): 434-448.

[4] X. Cheng, Q. Yao, C. X. Wang, et al. An improved parameter computation method for a MIMO V2V rayleigh fading channel simulator under non-isotropic scattering environments[J]. IEEE Communications Letters, 2013, 17(2): 265-268.

[5] X. Cheng, C. X. Wang, B. Ai, et al. Envelope level crossing rate and average fade duration of nonisotropic vehicle-to-vehicle ricean fading channels[J]. IEEE Transactions on Intelligent Transportation Systems, 2014, 15(1): 62-72.

[6] H. Tavakoli, M. Ahmadian, Z. Zarei, et al. Doppler effect in high speed[C]. Damascus: IEEE, 2008.

[7] D. Cichon, T. Zwick, W. Wiesbeck. Radio link simulations in high-speed railway tunnels[C]. Eindhoven: IET, 1995.

[8] K. Guan, Z. Zhong, B. Ai, et al. Deterministic propagation modeling for the realistic highspeed railway environment[C]. Dresden: IEEE, 2013.

[9] T. Zhou, C. Tao, L. Liu, et al. A semi-empirical MIMO channel model for high-speed railway viaduct scenarios[C]. Sydney: IEEE, 2014.

[10] A. Ghazal, C. X. Wang, H. Haas, et al. A non-stationary MIMO channel model for high-speed train communication systems[C]. Yokohama: IEEE, 2012.

[11] B. Chen, Z. Zhong. Geometry-based stochastic modeling for MIMO channel in high-speed mobile scenario[J]. International Journal of Antennas and Propagation, 2012, 2012(6): 1-6.

[12] M. Goller. Application of GSM in high speed trains: measurements and simulations[C]. London: IET, 1995.

[13] F. Abrishamkar, J. Irvine. Comparison of current solutions for the provision of voice services to passengers on high speed trains[C]. Boston: IEEE, 2000.

[14] P. Aikio, R. Gruber, P. Vainikainen. Wideband radio channel measurements for

train tunnels[C]. Ottawa:IEEE,1998.

[15] Y. Feng, R. Xu, Z. Zhong. Channel estimation and ICI cancellation for LTE downlink in highspeed railway environment[C]. Beijing:IEEE,2012.

[16] L. Liu,C. Tao,J. Qiu,et al. Position-based modeling for wireless channel on high-speed railway under a viaduct at 2.35 GHz[J]. IEEE Journal on Selected Areas in Communications,2012,30(4):834-845.

[17] M. Li,M. Yang,G. Lv,et al. Three-state semi-Markov channel model for HAP-high speed train communication link[C]. Harbin:IEEE,2011.

[18] R. He,Z. Zhong,B. Ai,et al. Short-term fading behavior in highspeed railway cutting scenario:Measurements,analysis,and statistical models[J]. IEEE Transactions on Antennas and Propagation,2013,61(4):2209-2222.

[19] R. He,Z. Zhong,B. Ai,et al. Propagation channel measurements and analysis at 2.4 GHz in subway tunnels[J]. IET Microwaves,Antennas Propagation,2013,7(11):934-941.

[20] J. C. Sanchez,M. M. Garcia,J. I. Alonso,et al. Long term evolution in high speed railway environments:Feasibility and challenges[J]. Bell Labs Technical Journal,2013,18(2):237-253.

[21] K. Guan,Z. Zhong,J. Alonso,et al. Measurement of distributed antenna systems at 2.4 GHz in a realistic subway tunnel environment[J]. IEEE Transactions on Vehicular Technology,2012,61(2):834-837.

[22] M. Rana, A. Mohan. Segmented-locally-one-dimensional-FDTD method for EM propagation inside large complex tunnel environments[J]. IEEE Transactions on Magnetics,2012,48(2):223-226.

[23] R. Martelly, R. Janaswamy. An ADI-PE approach for modeling radio transmission loss in tunnels[J]. IEEE Transactions on Antennas and Propagation,2009,57(6):1759-1770.

[24] P. Bernardi,D. Caratelli,R. Cicchetti,et al. A numerical scheme for the solution of the vector parabolic equation governing the radio wave propagation in straight and curved rectangular tunnels[J]. IEEE Transactions on Antennas and Propagation,2009,57(10):3249-3257.

[25] A. Popov,V. Vinogradov,N. Zhu,et al. 3D parabolic equation model of EM wave propagation in tunnels[J]. Electronics Letters,1999,35(11):880-882.

[26] K. Guan,Z. Zhong,B. Ai,et al. Complete Propagation Model in Tunnels[J]. IEEE Antennas and Wireless Propagation Letters,2013,12:741-744.

[27] C. B. Rodriguez,J. M. Cruz, J. I. Alonso. Measurements and Modeling of Distributed Antenna Systems in Railway Tunnels[J]. IEEE Transactions on Vehicular Technology,2007,56(5):2870-2879.

[28] H. Yu. Characteristics of multimode propagation in rectangular tunnels[J]. Chinese Journal of Radio Science,2010,25(6):1225-1230.

[29] S. Mahmoud. On modal propagation of high frequency electromagnetic waves in

straight and curved tunnels[C]. Monterey:IEEE,2004.

[30] Y. Zhang, Y. Hwang, P. Ching. Characterization of UHF radio propagation channel in curved tunnels[C]. Taipei:IEEE,1996.

[31] B. Ai, K. Guan, Z. Zhong, et al. Measurement and Analysis of Extra Propagation Loss of Tunnel Curve[J]. IEEE Transactions on Vehicular Technology, 2016, 65(4):1847-1858.

[32] R. Lanzo, M. Petra, L. Stola. Ray tracing model for propagation channel estimation in tunnels and parameters tuning with measurements[C]. The Hague: IEEE, 2014.

[33] M. L. P. D. J. M. G. Pardo, A. Nasr, L. J. Llacer. Modeling and understanding MIMO propagation in tunnels[J]. Journal of Communications, 2009, 4(4): 241-247.

[34] F. Pallares, F. Juan, L. J. Llacer. Analysis of path loss and delay spread at 900 MHz and 2.1 GHz while entering tunnels[J]. IEEE Transactions on Vehicular Technology, 2001, 50(3):767-776.

[35] M. Kermani, M. Kamarei. A ray-tracing method for predicting delay spread in tunnel environments[C]. Hyderabad:IEEE,2000.

[36] K. Guan, B. Ai, Z. Zhong, et al. Measurements and analysis of large-scale fading characteristics in curved subway tunnels at 920 MHz, 2400 MHz, and 5705 MHz [J]. IEEE Transactions on Intelligent Transportation Systems, 2015, 16(5): 2393-2405.

[37] J. Li, Y. Zhao, J. Zhang, et al. Radio channel measurement and characterization for wireless communications in tunnels[C]. Shanghai:IEEE,2014.

[38] Y. Zhang, Y. Hwang. Characterization of UHF radio propagation channels in tunnel environments for microcellular and personal communications[J]. IEEE Transactions on Vehicular Technology, 1998, 47(1):283-296.

[39] Y. Zhang. Novel model for propagation loss prediction in tunnels[J]. IEEE Transactions on Vehicular Technology, 2003, 52(5):1308-1314.

[40] E. Masson, Y. Cocheril, P. Combeau, et al. Radio wave propagation in curved rectangular tunnels at 5.8 GHz for metro applications[C]. St. Petersburg: IEEE, 2011.

[41] T. Klemenschits, E. Bonek. Radio coverage of road tunnels at 900 and 1800 MHz by discrete antennas[C]. The Hague:IEEE,1994.

[42] A. Hrovat, G. Kandus, T. Javornik. Four-slope channel model for path loss prediction in tunnels at 400 MHz[J]. IET Microwaves, Antennas and Propagation, 2010, 4(5):571-582.

[43] L. Zhang, J. Fernandez, C. B. Rodriguez, et al. Broadband radio communications in subway stations and tunnels[C]. Lisbon:IEEE,2015.

[44] D. Dudley, M. Lienard, S. Mahmoud, et al. Wireless propagation in tunnels[J]. IEEE Antennas and Propagation Magazine, 2007, 49(2):11-26.

[45] R. He,Z. Zhong, C. Briso. Broadband channel long delay cluster measurements and analysis at 2. 4 GHz in subway tunnels[C]. Yokohama:IEEE,2011.
[46] Y. Zeng,R. Zhang, T. J. Lim. Wireless communications with unmanned aerial vehicles:opportunities and challenges[J]. IEEE Communications Magazine,2016,54(5):36-42.
[47] Z. Xiao,P. Xia, X. g. Xia. Enabling UAV cellular with millimeter-wave communication:potentials and approaches[J]. IEEE Communications Magazine,2016,54(5):66-73.
[48] D. W. Matolak, R. Sun. Air-ground channels for UAS:Summary of measurements and models for L- and C-bands[C]. Herndon:IEEE,2016.
[49] D. W. Matolak, R. Sun. Unmanned aircraft systems:Air-ground channel characterization for future applications[J]. IEEE Vehicular Technology Magazine,2015,10(2):79-85.
[50] N. Schneckenburger,T. Jost,D. Shutin,et al. Line of sight power variation in the air to ground channel[C]. Davos:IEEE,2016.
[51] M. Simunek,F. P. Fontan, P. Pechac. The UAV low elevation propagation channel in urban areas:Statistical analysis and time-series generator[J]. IEEE Transactions on Antennas and Propagation,2013,61(7):3850-3858.
[52] E. Yanmaz,R. Kuschnig, C. Bettstetter. Channel measurements over 802. 11a-based UAV-toground links[C]. Houston:IEEE,2011.
[53] Z. Shi,P. Xia,Z. Gao,et al. Modeling of wireless channel between UAV and vessel using the FDTD method[C]. Beijing:IET,2014.
[54] M. Kvicera,F. P. Fontan,J. Israel,et al. Modeling scattering from tree canopies for UAV scenarios[C]. Davos:IEEE,2016.
[55] K. Daniel,M. Putzke,B. Dusza,et al. Three dimensional channel characterization for low altitude aerial vehicles[C]. York:IEEE,2010.
[56] N. Goddemeier, C. Wietfeld. Investigation of air-to-air channel characteristics and a UAV specific extension to the rice model[C]. San Diego:IEEE,2015.
[57] V. D. Esposti,F. Fuschini,E. M. Vitucci,et al. Ray-tracing-based mm-wave beamforming assessment[J]. IEEE Access,2014,2:1314-1325.
[58] L. Tian,V. D. Esposti,E. M. Vitucci,et al. Semi-deterministic radio channel modeling based on graph theory and ray-tracing. IEEE Transactions on Antennas and Propagation[J]. 2016,64(6):2475-2486.
[59] X. Cheng,Q. Yao,C. X. Wang,et al. An improved parameter computation method for a MIMO V2V rayleigh fading channel simulator under non-isotropic scattering environments[J]. IEEE Communications Letters,2013,17(2):265-268.
[60] G. Acosta,K. Tokuda, M. Ingram. Measured joint Doppler-delay power profiles for vehicleto-vehicle communications at 2. 4 GHz[C]. Dallas:IEEE,2004.
[61] A. Zajic,G. Stuber,T. Pratt,et al. Wideband MIMO mobile-to-mobile channels: geometry-based statistical modeling with experimental verification. IEEE Trans-

actions on Vehicular Technology[J] ,2009,58(2):517-534.

[62] I. Sen, D. Matolak. Vehicle-Vehicle Channel Models for the 5-GHz Band[J]. IEEE Transactions on Intelligent Transportation Systems,2008,9(2):235-245.

[63] A. Paier,J. Karedal,N. Czink,et al. Characterization of vehicle-to-vehicle radio channels from measurements at 5. 2 GHz[J]. Wireless personal communications, 2009,50(1):19-32.

[64] L. Cheng,B. Henty,D. Stancil,et al. Mobile vehicle-to-vehicle narrow-band channel measurement and characterization of the 5. 9 GHz dedicated short range communication (dsrc) frequency band[J]. IEEE Journal on Selected Areas in Communications,2007,25(8):1501-1516.

[65] G. Acosta-Marum, M. A. Ingram. Six time- and frequency- selective empirical channel models for vehicular wireless lans[J]. IEEE Vehicular Technology Magazine,2007,2(4):4-11.

[66] Standard for Wireless Local Area Networks Providing Wireless Communications while in Vehicular Environment,IEEE P802. 11p/D2. 01 Std. ,Mar 2007.

[67] T. Kosch, W. Franz. Technical concept and prerequisites of car-to-car communication[C]. Vancouver:IEEE,2005.

[68] D. Matolak. Channel modeling for vehicle-to-vehicle communications[J]. IEEE Communications Magazine,2008,46(5):76-83.

[69] M. Kwakkernaat, M. Herben. Analysis of clustered multipath estimates in physically nonstationary radio channels[C]. Athens:IEEE,2007.

[70] N. Czink,R. Tian,S. Wyne,et al. Tracking time-variant cluster parameters in mimo channel measurements[C]. Shanghai:IEEE,2007.

[71] J. Salmi,A. Richter, V. Koivunen. Enhanced tracking of radio propagation path parameters using state-space modeling[C]. Florence:IEEE,2006.

[72] A. Richter,M. Enescu, V. Koivunen. State-space approach to propagation path parameter estimation and tracking[C]. New York:IEEE,2005,510-514.

[73] P. Chung, J. F. Böhme. Recursive EM and SAGE-inspired algorithms with application to DOA estimation[J]. IEEE Transactions on Signal Processing,2005,53(8):2664-2677.

[74] A. Richter,J. Salmi, V. Koivunen. An algorithm for estimation and tracking of distributed diffuse scattering in mobile radio channels[C]. Cannes:IEEE,2006.

[75] X. F. Yin,G. Steinbock,G. Kirkelund,et al. Tracking of time-variant radio propagation paths using particle filtering[C]. Beijing:IEEE,2008.

[76] S. Herman. A particle filtering approach to joint passive radar tracking and target classification[D]. Illinois,University of Illinois,2002.

[77] B. H. Fleury,X. F. Yin,P. Jourdan,et al. High-resolution channel parameter estimation for communication systems equipped with antenna arrays[C]. Rotterdam: IEEE,2003.

[78] X. F. Yin,T. Pedersen,N. Czink,et al. Parametric characterization and estimation

of bi-azimuth and delay dispersion of individual path components[C]. Nice: IEEE,2006.

[79] D. Fox,W. Burgard,F. Dellaert,et al. Monte carlo localization: efficient position estimation for mobile robots[C]. Orlando: IEEE,1999.

[80] S. Lenser, M. Veloso. Sensor resetting localization for poorly modeled mobile robots[C]. San Francisco: IEEE,2000.

[81] X. F. Yin,M. Tian,L. Ouyang,et al. Modeling city-canyon pedestrian radio channels based on passive sounding in in-service networks[J]. IEEE Transactions on Vehicular Technology,2016,65(10):7931-7943.

[82] X. F. Yin,X. Cai,X. Cheng,J. Chen,et al. Empirical geometry-based random-cluster model for high-speed-train channels in UMTS networks[J]. IEEE Transactions on Intelligent Transportation Systems,2015,16(5):2850-2861.

[83] X. S. Cai,X. F. Yin,X. Cheng,et al. An empirical random-cluster model for subway channels based on passive measurements in umts[J]. IEEE Transactions on Communications,2016,64(8):3563-3575.

[84] X. S. Cai,A. Gonzalez-Plaza,D. Alonso,et al. Low altitude uav propagation channel modelling[C]. Prais: IEEE,2017.

[85] Ettus Reasearch Homepage. Tech. Rep. [Online]. Available: https://www. ettus. com/

[86] 3GPP,TS 25. 211,V9. 2. 0,2010-09. Technical Specification Group Radio Access Network; Physical channels and mapping of transport channelsonto physical channels (FDD)(Release 9)[S]. 3rd Generation Partnership Project Std: 2009.

[87] 3GPP,TS 136. 211,Version 12. 5. 0 Release 12,2015. LTE; Evolved Universal Terrestrial Radio Access (EUTRA); Physical channels and modulation[S]. 3rd Generation Partnership Project (3GPP),Tech. Rep. ,Apr. 2015.

[88] K. Pentikousis, M. Palola, M. Jurvansuu, et al. Active goodput measurements from a public 3G/UMTS network[J]. IEEE Communications Letters, 2005, 9(9):802-804.

[89] J. Potman, F. W. Hoeksema, C. H. Slump. Adjacent channel interference in UMTS networks[C]. Veldhoven: IEEE,2006.

[90] J. Chen,X. F. Yin,L. Tian,et al. Measurement-based LoS/NLoS channel modeling for hot-spot urban scenarios in UMTS networks[J]. International Journal of Antennas and Propagation,2014(4549760).

[91] "USRP N210 Datasheet," Tech. Rep. [Online]. Available: https://www. ettus. com/product/details/UN210-KIT

[92] B. H. Fleury,M. Tschudin,R. Heddergott,et al. Channel parameter estimation in mobile radio environments using the SAGE algorithm[J]. 1999,17(3):434-450.

[93] B. H. Fleury. First- and second-order characterization of direction dispersion and space selectivity in the radio channel[J]. IEEE Transactions on Information Theory,2000,46(6):2027-2044.

[94] N. Czink. The random-cluster model—a stochastic MIMO channel model for broadband wireless communication systems of the 3rd generation and beyond [D]. Ph. D. Vienna, Technology University of Vienna, Department of Electronics and Information Technologies, 2007.

[95] N. Czink, R. Tian, S. Wyne, et al. Tracking time-variant cluster parameters in MIMO channel measurements[C]. Shanghai: IEEE, 2007.

[96] N. Czink, R. Tian, S. Wyne, et al. Molisch. Cluster parameters for time-variant MIMO channel models[C]. Edinburgh: IEEE, 2007.

[97] A. Goldsmith, Wireless communicaitons[M]. Cambridge University Press, 2005.

[98] R. He, A. F. Molisch, Z. Zhong, et al. Measurement based channel modeling with directional antennas for high-speed railways[C]. Edinburgh: IEEE, 2013.

[99] A. Ghazal, C. X. Wang, B. Ai, et al. Haas, A non-stationary wideband MIMO channel model for high-mobility intelligent transportation systems[J]. Intelligent Transportation Systems, IEEE Transactions, 2015, 16(2): 885-897.

[100] L. Tian, X. F. Yin, Q. Zuo, et al. Channel modeling based on random propagation graphs for high speed railway scenarios[C], Sydney: IEEE, 2012.

[101] X. Xiang, M. Wu, R. Zhao, et al. Research on high-speed railway model for train-ground mimo channel[C]. Sydney: IEEE, 2014.

[102] R. Zhao, M. Wu, X. Xiang, et al. Measurement and modeling of the LTE train-ground channel for high-speed railway in viaduct scenario [C]. Vancouver: IEEE, 2014.

[103] F. Kaltenberger, A. Byiringiro, G. Arvanitakis, et al. Broadband wireless channel measurements for high speed trains[C]. London: IEEE, 2015.

[104] X. F. Yin, X. S. Cai, X. Cheng, et al. Empirical geometry-based random-cluster model for high-speed-train channels in UMTS networks[J]. IEEE Transactions on Intelligent Transportation Systems, 2015, 16(5): 2850-2861.

[105] B. Fleury, M. Tschudin, R. Heddergott, et al. Channel parameter estimation in mobile radio environments using the SAGE algorithm[J]. IEEE Journal on Selected Areas in Communications, 1999, 17(3): 434-450.

[106] H. Krim, M. Viberg. Two decades of array signal processing research: the parametric approach[J]. IEEE Signal Processing Magazine, 1996, 13(4): 67-94.

[107] H. Hashemi, D. Tholl. Statistical modeling and simulation of the RMS delay spread of indoor radio propagation channels[J]. IEEE Transactions on Vehicular Technology, 1994, 43(1): 110-120.

[108] A. F. Molisch. Wireless Communications[M]. A John Wiley and Sons, 2011.

[109] K. Pentikousis, M. Palola, M. Jurvansuu, et al. Active, Goodput measurements from a public 3G/UMTS network[J]. IEEE Communications Letters, 2005, 9(9): 802-804.

[110] J. Potman, F. W. Hoeksema, C. H. Slump. Adjacent channel interference in UMTS networks[C]. Proceedins of ProRISC, 17th Annual Workshop on Cir-

cuits,Systems and Signal Processing,2006,165-170.

[111] 3GPP,TR 25. 996,V13. 0. 0,2015. Spatial channel model for multiple input multiple output (MIMO) simulations[S]. Tech. Rep,2015.

[112] 3GPP,TS 25. 211,V13. 0. 0 (2015-12). Technical Specification Group Radio Access Network; Physical channels and mapping of transport channelsonto physical channels (FDD)[S]. 3rd Generation Partnership Project Std.

[113] B. Fleury,M. Tschudin,R. Heddergott,et al. Channel parameter estimation in mobile radio environments using the SAGE algorithm[J]. IEEE Journal on Selected Areas in Communications,1999,17(3):434-450.

[114] A. A. Saleh,R. Valenzuela. A statistical model for indoor multipath propagation [J]. IEEE Journal on Selected Areas in Communications,1987,5(2),128-137.

[115] P. Kyosti,J. Meinila,L. Hentila,et al,"Winner II channel models," European Commission,Deliverable IST-WINNER D,vol. 1.

[116] M. Samimi,K. Wang,Y. Azar,et al. 28 GHz angle of arrival and angle of departure analysis for outdoor cellular communications using steerable beam antennas in new york city[C]. Dresden:IEEE,2013.

[117] M. Samimi, T. Rappaport. Statistical channel model with multi-frequency and arbitrary antenna beamwidth for millimeter-wave outdoor communications[C]. ISan Diego:IEEE,2015.

[118] F. Murtagh, P. Contreras. Methods of hierarchical clustering[M]. Wiley-Interscience,2011.

[119] L. Tian,X. F. Yin, S. Lu. Automatic data segmentation based on statistical hypothesis testing for stochastic channel modeling[C]. Instanbul:IEEE,2010.

[120] A. Goldsmith. Wireless communications [M]. London: Cambridge university press,2005.

[121] L. J. Greenstein,D. G. Michelson, V. Erceg. Moment-method estimation of the Ricean K-factor[J]. IEEE Communications Letters,1999,3(6):175-176.

[122] S. Sun,T. S. Rappaport,T. A. Thomas,et al. Investigation of prediction accuracy,sensitivity,and parameter stability of largescale propagation path loss models for 5G wireless communications[J]. IEEE Transactions on Vehicular Technology,2016,65(5):2843-2860.

[123] 3GPP TR 36. 873 V12. 2. 0. Study on 3D channel model for LTE[S]. Tech. Rep. ,Jul. 2015.

[124] L. Zhang,C. Briso,J. R. O. Fernandez,et al. Delay Spread and Electromagnetic Reverberation in Subway Tunnels and Stations[J]. IEEE Antennas and Wireless Propagation Letters,2016,15:585-588.

[125] J. Li,Y. Zhao,J. Zhang,et al. Radio channel measurement and characterization for wireless communications in tunnels[C]. Shanghai:IEEE,2014.

[126] R. He,Z. Zhong,B. Ai,et al. Propagation channel measurements and analysis at 2. 4 GHz in subway tunnels[J]. Microwaves, Antennas Propagation, 2013, 7

(11):934-941.

[127] Y. P. Zhang, Y. Hwang. Characterization of UHF radio propagation channels in tunnel environments for microcellular and personal communications[J]. IEEE Transactions on Vehicular Technology,1998,47(1):283-296.

[128] "USRP B210 Datasheet," Tech. Rep. [Online]. Available:https://www. ettus. com/product/details/ UB210-KIT

[129] 3GPP,TS 36. 211,V13. 2. 0,2016. Technical Specification Group Radio Access Network; Evolved Universal Terrestrial Radio Access (E-UTRA); Physical channels and modulation,3rd Generation Partnership Project.

9

基于传播图论的信道仿真

传统的无线信道仿真方法有射线追踪(ray-tracing)和散射叠加(sum of sinusoid)。近年来,业内提出采用图论来模拟无线电波传播环境中的散射体分布,以及电波在发射端、散射体、接收端之间的传播状态的变化,这种方法称为传播图论信道建模(propagation graph channel modeling)。本章中我们将介绍传播图论信道仿真的基本原理,展示如何借助图论对电波传播信道的传递函数进行仿真计算,描述近一段时间来图论在模拟散射、衍射等不同传播机制方面的改进。此外,我们还采用实测信道数据对图论和射线追踪在模拟真实场景中信道冲激响应的性能做了对比。随着图论能够以低复杂度复现富散射环境中的电波传播信道特征,这些工作对于加强图论作为信道模拟新工具的合理性,为其将来在各种场景中的使用提供了理论基础并为模型构建及算法优化提供依据。

9.1 传播图论简介

传播图论信道建模结合了确定性建模和统计建模两方面的思路。2006 年 Troels Pedersen 与 Bernard H. Fleury 在文献[1]中,首先提出了基于传播图论的无线信道模型构建方法,随后在文献[2]中将之前的工作扩展到 MIMO 信道模型中,并提出了闭合的计算信道转移函数的数学表达式。这种仿真建模方法通过针对无线传播环境建立的“传播图”拓扑结构,结合图中的节点之间可能发生的传播状态改变,构建在所研究的环境中无线信号随着多径传播的段落数量增加而发生的状态转移矩阵。之后,通过矩阵迭代运算的方式得到对直射到达(line-of-sight),以及一次、二次、多次折射到达接收端的信道冲激响应,通过叠加完成对整体信道的冲激响应的计算。作为信道空间、时间、频率上的确定性、统计性特征研究的基础,图论具有非常广泛的用途。

9.1.1 图论推导过程

1. 传播图

传播图理论把真实环境的无线传播通道模拟成一张由“点(V)”与“边(或称为线,ε)”构成的“传播图(G)”。其中,“点”表示的是发射端、接收端和散射体,“V”代表的是点的集合,而“边(或称为线)”表示各点之间的传播状态(可以用 $\varepsilon=V\times V$ 表示),ε 则代表了“边/线”的集合。传播图中的任意边 $e_{(v',v)}\in\varepsilon$ 表示从起始点 v 到终点 v' 的传播方程,其可以简化为导致电波传播状态改变的复数表示的乘性因子。

图 9-1 描述了一张包含 4 个发射端、3 个接收端以及 6 个散射体的传播图简例。数字地图中的点集 V 可由 $V_T \cup V_R \cup V_S$ 三部分来表示，其中，$V_T=\{Tx1,\cdots,TxN_t\}$ 表示发射端集合，$V_R=\{Rx1,\cdots,RxN_r\}$ 表示接收端集合，$V_S=\{Sx1,\cdots,SxN_s\}$ 表示散射体集合。发射端集合被模拟成数字地图中的“源”，只被当作无线电传播的起点而不会被当作是终点。同样，接收端集合只被模拟成“终”，即无线电信号的接收点。而散射体集合既被模拟成“终”又被模拟成“源”。据此，数字地图中的线集 ε 可以分成四个部分，即 $\varepsilon_d=\varepsilon \cap (V_t \times V_r)$ 表示发射端接收端集合，$\varepsilon_t=\varepsilon \cap (V_t \times V_s)$ 表示发射端散射体集合，$\varepsilon_r=\varepsilon \cap (V_s \times V_r)$ 表示散射端接收端集合，$\varepsilon_s=\varepsilon \cap (V_s \times V_s)$ 表示散射体散射体集合。图中只描绘了真实环境中可见的部分线集，即考虑各“点”之间的视觉可见性，真实环境中 ε_d 只有 $\{(Tx1,Rx1),(Tx2,Rx1),(Tx3,Rx1)\}$ 这三条路径可传播，其他的传播方程均为零。同样地，ε_t、ε_r 和 ε_s 中也只描绘了可传播的线集。

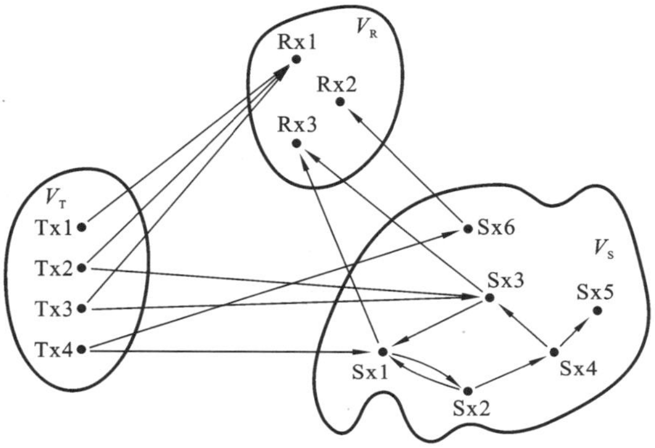

$\varepsilon_d=\{(Tx1,Rx1),(Tx2,Rx1),(Tx3,Rx1)\}$

$\varepsilon_t=\{(Tx2,Sx3),(Tx3,Sx3),(Tx4,Sx6),(Tx4,Sx1)\}$

$\varepsilon_r=\{(Sx1,Rx3),(Sx3,Rx3),(Sx6,Rx2)\}$

$\varepsilon_s=\{(Sx1,Sx2),(Sx2,Sx1),(Sx3,Sx1),(Sx2,Sx4),(Sx4,Sx3),(Sx4,Sx5)\}$

图 9-1　传播图简例(包含 4 个发射端、3 个接收端以及 6 个散射体)

2. 传播矩阵

借用传播图的示意图，我们可以简单地描述信号从发射端到接收端的传播过程。首先信号从每个发射端节点发出，沿着所有存在的“线”在图上传播，依次经过与前者可见的散射体节点，最终到达接收端。接收信号即为所有通过连线到达接收端的信号之和。在该过程中到达接收端的信号不再继续传播，而散射体能够接收到所有入射连线的信号，又把接收到的信号之和沿出射连线发射出去。信号经过一条连线或是与一个散射节点相互作用，都可以看作是经历了一个与连线长度或者散射点的特征有关的传播过程。在此我们可以用 k 来表示信号传播的跳数(bouncing order)，即信号经过传播图中的 k 条线上的传播后到达接收端。因此，传播图论仿真中需要计算两个重要的矩阵，即“点”所代表的状态矩阵 $[\boldsymbol{X}(f),\boldsymbol{Y}(f),\boldsymbol{Z}(f)]^T$ 以及“线”所代表的传播函数矩阵 $\boldsymbol{A}(f)$。

状态矩阵 $[\boldsymbol{X}(f),\boldsymbol{Y}(f),\boldsymbol{Z}(f)]$ 表示传播图中各“点”的无线电信号状态，其中，$\boldsymbol{X}(f)=[X_1(f),\cdots,X_{N_t}(f)]^T$ 表示发射端的发射信号，$\boldsymbol{Y}(f)=[Y_1(f),\cdots,Y_{N_r}(f)]^T$ 表示接收端的接收信号，$\boldsymbol{Z}(f)=[Z_1(f),\cdots,Z_{N_s}(f)]^T$ 表示各散射体的信号状态。这

些信号状态通常包括能量与相位，可以用一个复数来表示。

传播函数矩阵 $\boldsymbol{A}(f)$表示信号在传播图的“线”上一次传播后状态矢量的变化，可以表示成如下形式：

$$\boldsymbol{A}(f)=\begin{bmatrix} \boldsymbol{0} & \boldsymbol{0} & \boldsymbol{0} \\ \boldsymbol{D}(f) & \boldsymbol{0} & \boldsymbol{R}(f) \\ \boldsymbol{T}(f) & \boldsymbol{0} & \boldsymbol{B}(f) \end{bmatrix}_{(N_r+N_t+N_s)*(N_r+N_t+N_s)} \tag{9.1.1}$$

其中，第一行的三个子矩阵分别表示信号从发射端、接收端和散射体出发到达发射端的传播矩阵。第二行的三个子矩阵分别表示信号从发射端、接收端和散射体出发到达接收端的传播矩阵。第三行的三个子矩阵分别表示信号从发射端、接收端和散射体出发到达散射体的传播矩阵。矩阵中，$\boldsymbol{D}(f)\in\mathbf{C}^{N_r\times N_t}$表示从发射端到接收端的传播矩阵，$\boldsymbol{R}(f)\in\mathbf{C}^{N_r\times N_s}$表示散射体到接收端的传播矩阵，$\boldsymbol{T}(f)\in\mathbf{C}^{N_s\times N_t}$表示发射端到散射体的传播矩阵，$\boldsymbol{B}(f)\in\mathbf{C}^{N_s\times N_s}$表示散射体之间的传播矩阵，此外，各零矩阵 $\boldsymbol{0}$ 具有相应的阶数。传播矩阵中的任意元素 $\boldsymbol{A}_{(v,v')}(f)$可以通过以下公式计算：

$$\boldsymbol{A}_{(v,v')}(f)=g_{(v,v')}(f)\cdot\exp(-\mathrm{j}2\pi\tau_{(v,v')}f) \tag{9.1.2}$$

其中，$g_{(v',v)}(f)$是传播系数，ϕ 代表[0,2π)之间的随机相位，$\tau_{(v',v)}$代表时延，可以用光速 c 与传播距离 $d_{(v,v')}$的商表示。

3. 信道传递函数

根据前面描述的传播图结构及其状态矩阵和传播函数矩阵，传播图中无线电信号经历 k 次跳数作用后的状态 $\boldsymbol{C}_k(f)=[X_k(f),Y_k(f),Z_k(f)]^{\mathrm{T}}$ 在频域上可以用状态矩阵与传播函数矩阵的乘积来表示，以下列出了其具体计算方式。

(1) 初始状态：

$$\boldsymbol{C}_0(f)=\begin{bmatrix} \boldsymbol{X}(f) \\ \boldsymbol{Y}(f) \\ \boldsymbol{Z}(f) \end{bmatrix} \tag{9.1.3}$$

(2) 一次跳数状态：

$$\boldsymbol{C}_1(f)=\begin{bmatrix} \boldsymbol{0} & \boldsymbol{0} & \boldsymbol{0} \\ \boldsymbol{D}(f) & \boldsymbol{0} & \boldsymbol{R}(f) \\ \boldsymbol{T}(f) & \boldsymbol{0} & \boldsymbol{B}(f) \end{bmatrix}\cdot\boldsymbol{C}_0(f)=\begin{bmatrix} \boldsymbol{0} & \boldsymbol{0} & \boldsymbol{0} \\ \boldsymbol{D}(f) & \boldsymbol{0} & \boldsymbol{R}(f) \\ \boldsymbol{T}(f) & \boldsymbol{0} & \boldsymbol{B}(f) \end{bmatrix}\cdot\begin{bmatrix} \boldsymbol{X}(f) \\ \boldsymbol{Y}(f) \\ \boldsymbol{Z}(f) \end{bmatrix} \tag{9.1.4}$$

(3)两次跳数状态：

$$\boldsymbol{C}_2(f)=\begin{bmatrix} \boldsymbol{0} & \boldsymbol{0} & \boldsymbol{0} \\ \boldsymbol{D}(f) & \boldsymbol{0} & \boldsymbol{R}(f) \\ \boldsymbol{T}(f) & \boldsymbol{0} & \boldsymbol{B}(f) \end{bmatrix}\cdot\boldsymbol{C}_1(f)=\begin{bmatrix} \boldsymbol{0} & \boldsymbol{0} & \boldsymbol{0} \\ \boldsymbol{R}(f)\boldsymbol{T}(f) & \boldsymbol{0} & \boldsymbol{R}(f)\boldsymbol{B}(f) \\ \boldsymbol{B}(f)\boldsymbol{T}(f) & \boldsymbol{0} & \boldsymbol{B}^2(f) \end{bmatrix}\cdot\begin{bmatrix} \boldsymbol{X}(f) \\ \boldsymbol{Y}(f) \\ \boldsymbol{Z}(f) \end{bmatrix} \tag{9.1.5}$$

(4) k 次跳数状态($k\geqslant 2$)：

$$\begin{aligned}\boldsymbol{C}_k(f)&=\begin{bmatrix} \boldsymbol{0} & \boldsymbol{0} & \boldsymbol{0} \\ \boldsymbol{D}(f) & \boldsymbol{0} & \boldsymbol{R}(f) \\ \boldsymbol{T}(f) & \boldsymbol{0} & \boldsymbol{B}(f) \end{bmatrix}\cdot\boldsymbol{C}_{(k-1)}(f)\\&=\begin{bmatrix} \boldsymbol{0} & \boldsymbol{0} & \boldsymbol{0} \\ \boldsymbol{R}(f)\boldsymbol{B}^{k-2}(f)\boldsymbol{T}(f) & \boldsymbol{0} & \boldsymbol{R}(f)\boldsymbol{B}^{k-1}(f) \\ \boldsymbol{B}^{k-1}(f)\boldsymbol{T}(f) & \boldsymbol{0} & \boldsymbol{B}^k(f) \end{bmatrix}\cdot\begin{bmatrix} \boldsymbol{X}(f) \\ \boldsymbol{Y}(f) \\ \boldsymbol{Z}(f) \end{bmatrix}\end{aligned} \tag{9.1.6}$$

接收端接收到的信号为所有跳数下信号的叠加，可以表示成：

$$\boldsymbol{Y}(f)=\boldsymbol{D}(f)\boldsymbol{X}(f)+\sum_{k=2}^{\infty}\boldsymbol{R}(f)\boldsymbol{B}^{k-2}(f)\boldsymbol{T}(f)\boldsymbol{X}(f) \tag{9.1.7}$$

无线电传播信道的频谱转移函数 $\boldsymbol{H}(f)=\dfrac{\boldsymbol{Y}(f)}{\boldsymbol{X}(f)}$ 可以通过计算表示成如下形式：

$$\boldsymbol{H}(f)=\boldsymbol{D}(f)+\boldsymbol{R}(f)(\boldsymbol{I}+\boldsymbol{B}(f)+\boldsymbol{B}(f)^2+\cdots)\boldsymbol{T}(f)=\boldsymbol{D}(f)+\boldsymbol{R}(f)[\boldsymbol{I}-\boldsymbol{B}(f)]^{-1}\boldsymbol{T}(f) \tag{9.1.8}$$

同时，时域上的无线电传播信道脉冲响应 $\boldsymbol{H}(\tau)$ 可以通过傅里叶逆变换得到，如采用快速傅里叶逆变换(IFFT)：

$$\boldsymbol{H}(\tau)=\mathrm{IFFT}(\boldsymbol{H}(f)) \tag{9.1.9}$$

9.1.2 传播图论的优势及不足

通过上一节介绍的传播图论推导过程可以看到，传播图论是一种基于传播环境的几何特征模拟确定性的电磁传播状态的信道仿真算法。虽然传播图理论与射线追踪理论一样需要对环境进行数字化地图建模，但是其对数字地图的精确性要求较低。射线追踪法把波前近似为粒子，用一些简单的几何方法来替代复杂的麦克斯韦方程。它是通过镜像的计算方式来寻找信号传播路径的，在用高维的镜像法计算传播路径时会引入很高的计算复杂度，同时通过计算电磁学计算完整传播路径的模式需要精确定义各传播边界的电磁特征，这使其难以用来模拟信道的混响(多次乃至无穷多次的折返传播)。为了确保射线追踪仿真算法的准确性，其数字地图需要定义传播环境中所有物体的实际位置、几何形状、方向、电磁特征、表面粗糙度等。传播图论的数字地图只需要用“点”的概念来描述环境，比如把一堵墙面用数个均匀分布的“点”来描述，把一棵树用数个随机分布的“点”来描述。在计算复杂度上，传播图论相比射线追踪也具有很大的优势。图论仿真一旦确定了数字地图后，只需要用简单的模型来计算传播图中任意两“点”间的传播函数，从而得到传播矩阵，并用“扫频”的仿真方式得到信道的频谱转移方程。从图论推导中我们可知，模拟信号在数字地图中无限次散射的矩阵运算是闭合的，这意味着传播图论能够以较低的计算复杂度模拟信号在高时延处的混响[3]。

Pedersen 等提出传播图论之后，在文献[4]中使用随机图论模型模拟封闭房间的信道，得到类似声腔回响的信道模型，可清晰观测到多径时延和多次反射之后呈负指数衰减的幅值。用图论中传播矩阵循环相乘的方式得到的功率时延谱能很好地解释实际测量中出现的多径的指数衰减。传播图论的信道仿真建模方法具有新颖性、优越性，这使其得到了众多学者的研究兴趣。文献[5][6]把传播图论应用到了毫米波、大规模阵列天线、高铁动态场景等多种场景中，展现了基于图论的传播信道建模方法具备广泛的应用前景。虽然传播图论的计算架构简明、计算复杂度低，并且具备模拟信号在高时延处的混响效应，但传统的传播图论仍然存在一些局限性。

(1) 传播图中把各类障碍物建模成相同的“点”，而实际上各类障碍物有着不同的介电常数、表面光滑度等。

(2) 传播图中各路径的传播系数计算方法是值得商榷的，且其未考虑传播路径是否受其他障碍物的阻挡。

(3) 图论模型中未综合考虑无线电的多种传播机制，只涵盖了单一的散射模型。

为了完善图论仿真模型，文献[7]、[8]、[9]均对传播图论进行了优化。在文献[7]中，作者提出了一种混合模型。作者以射线追踪为主，加以图论模型（graph model，GM）来进行仿真，得到信道呈指数衰落的功率时延谱 PDP。在完成射线追踪的仿真之后，为了不增加建模的复杂度，图论中散射点的来源均使用射线追踪的数据。这两者的结合中，图论部分能使仿真结果与实测结果中的多径扩展的 PDP 一致。同年，在[8]中，作者提出一种半确定性的图论模型。该方法在图论的基础上结合射线追踪中反射路径的补偿来对信道进行仿真。

混合模型和半确定性模型的准确性都相较于传统图论模型有了一定的提升，说明了对传播机制的丰富和改进的可行性。与此同时，这两种模型都有一个共同的缺点，引入射线追踪模型提高了准确性却丧失了时间上的有效性。因此，进一步在图论中完善传播机制变得更加有必要。比如，在文献[9]中，作者提出了一种图论算法的改进，将散射点分成光滑散射点和粗糙散射点两类，不同散射点的散射系数和密集程度不同，并引入了信号的传播角度模型，在保持较好的时间计算复杂度上与实测结果相比更加精确。但是这些对于图论的优化工作均未综合考虑无线电的多种传播机制，未形成一个完善的图论仿真体系。本章节中，我们拟通过测量及仿真，在传播图论中逐步丰富无线电的传播机制。

9.1.3 图论仿真的一般化流程

之前我们已经详细地介绍了传统图论模型的推导过程。在实际应用中，基于传播图论的信道仿真建模流程包含以及几个步骤。

（1）根据拟分析的无线电传播环境建立其数字地图，包括发射端、接收端的位置，传播环境中典型障碍物的位置、电磁特征以及时变特征，如发射端与接收端以及障碍物的移动速度等。

（2）将每个障碍物离散成许多散射点，其中，每个散射点可以代表障碍物上的一块散射体，其特征可以包括散射体的位置、面积大小，必要时也可以包含表面的粗糙度和朝向。通过这样的离散化处理，得到传播图上所有节点的信息。

（3）再者，计算任意两节点之间的距离，并判断这两个节点是否存在直视可见的路径。构建一个表征包含“点”之间是否存在非零增益的“边”的完整传播图。

（4）接下来，根据预定义的传播模型，理论上可以使用 Friis 公式计算得出自由空间的损耗，并结合相位的旋转，计算每条“边”的传播衰减系数（简称“传播系数”）$g_e(f)$，并通过将多个“边”组合为矩阵的方式，计算得到随着载频变化的传播矩阵 $\boldsymbol{D}(f)$、$\boldsymbol{T}(f)$、$\boldsymbol{R}(f)$、$\boldsymbol{B}(f)$。

（5）为了考虑实际的通信系统对传播的影响，我们可以考虑系统的响应。例如，考虑发射端和接收端所使用的天线并非全向天线，而是具有方向性辐射特征的天线，我们可以通过天线与各节点的位置关系，确定天线与散射点之间的波离方向、波达方向，然后在传播矩阵 $\boldsymbol{D}(f)$、$\boldsymbol{T}(f)$、$\boldsymbol{R}(f)$ 中添加天线响应。

（6）在定义好各个传播矩阵后，根据公式 $\boldsymbol{H}(f)=\boldsymbol{D}(f)+\boldsymbol{R}(f)(\boldsymbol{I}-\boldsymbol{B}(f))^{-1}\boldsymbol{T}(f)$ 计算得出信道转移函数（即频域的信道响应），进而通过傅里叶逆变换得到一个只与收发端和散射体位置、移动性有关的信道在时延域的脉冲响应仿真结果；此外，也可以通过改变发射天线和接收天线在不同时刻的不同放置位置，来计算得到一系列信道脉冲响应，进而得到信道随着观测位置、观测时间变化的非稳态响应。

(7) 对仿真得到的信道脉冲响应进行特征提取、参数估计，进而进行统计建模，最终得到基于模拟典型环境的图论仿真统计模型。

9.2 图论信道仿真和射线追踪信道仿真之间的对比分析

作为传统的信道仿真技术，射线追踪在描述确定性信道特征方面已有非常广泛的应用，目前已有多个商用软件能够采用射线追踪对指定的环境进行全面的模型构建。基于传播图论的信道仿真理论在2006年被提出以后，在近几年也得到了较快的发展。随着图论构建工具、散射点位置选取、转移矩阵计算方式的逐渐完善，实现技术的不断提出，信道特征仿真的准确度也得到了较大的提升。得益于信道模拟时较低的计算复杂度、显著降低的结果输出时间，以及在多维、统计特征上图论信道仿真体现出的灵活、实用和高效的优点，图论信道仿真大有成为新型信道仿真核心技术之一的趋势。本节就图论仿真和射线追踪仿真技术的优劣首先从定性角度进行对比，然后通过对一个特定室内场景中的测量结果进行模拟，对比两者得到的信道模型和实测结果的吻合度，定量地展示两种方法的性能差异。

9.2.1 图论仿真对比射线追踪的优势

射线追踪对确定性环境中的信道特征模拟效果较大程度上依赖于对环境内物体的几何分布、物体表面材料的电磁参数、波长相当的物理细节的精确描述。在上述信息能够准确获得的情况下，射线追踪得到的信道特征和电波传播的实际效果较为契合。

在现实的无线环境中，移动终端所在的环境具有较大的随机性。城市环境中楼宇的外观、街道周边的设施细节，以及场景中随机出现的移动性物体，植物、树木、草地的精细化结构，乃至自然界普遍存在的自然现象(如风、雨、雪、霜等)这些细节，都难以准确地刻画，因此使用射线追踪在这些场景中模拟电波传播时，很难非常精确地描述信道特征。特别是在信道的宽带特征上，如信道在时延域的功率衰落、在空间方向域的谱分布，以及在时变情况下多普勒域的扩展等方面，都具有较大的仿真局限性。

除此之外，射线追踪的计算过程也较为复杂。建立多径信道的过程包括从接收端方向搜索来自发射端的有效路径的复杂步骤。为了能够找到合理的传播路径，需要采用近似遍历的操作方式。随着环境中存在的物体数量的增加，搜索的复杂度也将呈现指数级增加。此外，射线追踪的复杂度也将随着电波传播过程中与散射体之间的互动次数，即通常所说的 bouncing 次数的增加，呈现指数级的增加。为此，在实际操作中，射线追踪能够模拟的单个路径折返次数被限制在较小的范围内(如一或二次)。这样的简化操作会导致人为建立的信道在多个参数域的扩展失真，例如在时延域上，由于仅限于模拟一次和二次折返的路径，其到达接收端的时延普遍较小，这样射线追踪仿真得到的时延功率谱通常缺少较大时延的分量，人为地减少了信道的时延扩展，导致相关带宽的增加，得到过于乐观的信道频率选择性判断。再如，在方向域上同样由于多次折返路径没有有效模拟的原因，方向域上射线追踪的模拟结果，仅能体现功率分布和环境中较少数量散射体之间的对应关系，很难在方向域功率谱的扩展性上给予充分的描述，这在一定程度上夸大了信道的稀疏性，难以得到准确的角度扩展。对于5G毫米波信道的研究，射线追踪在方向域的局限性，降低了其在波束跟踪、波束切换，以及空间域 massive MIMO 预编码上提供准确的信道特征仿真的可行性。

相对于射线追踪而言，传播图论采用了不同的方式来进行传播的模拟。

(1) 首先，图论对环境中对信道传播有影响的散射体的位置进行一定的假设。基于这些假设，得到了从发射端到接收端的以线段和 bouncing 点为构成元素的“传播图”。这里的位置假设可以采用多种方式获得。如对于室外场景，可以将不规则的物体表面、物体的边缘与端点作为能够影响传播的散射点，对于树木、灌木、草地，可以对其轮廓进行描述，然后利用随机方式在轮廓所限定的区域内“撒点”，对于具有一定内部结构的物体，如具有一定深度的树冠，可以采用多层的方式进行布点。这种布点方法，在一定程度上也许并不能代表某一个瞬间的实际传播情况，但是从大量统计意义上来看，每一次布点都可以认为是一个随机的信道实现，通过大量模拟，能够重现近乎现实的统计特征。

(2) 其次，图论信道仿真能够根据传播路径上发生的响应类型，将散射点之间可能发生的多种传播机制包含到模拟过程中去。如，对于散射机制，某一个点的入射和出射线段上的复增益，可以视为统计独立，而对于反射机制，某一个点的入射和出射线段则需要作为一个整体来考虑，即该线段实际上可以视为具有折线的形式，同样，对于衍射机制，某一个点的入射和出射线段则可以通过它们之间的角度相互关系，以及基于端点的特征，引入衍射经验公式进行计算。这种采用“直线”来描述散射，采用在直线中嵌入“折线”来表示反射的方式，使图论能够模拟实际发生的传播现象。即在位置假设的基础上，增加一定的“作用”假设，则可以有效地模拟一个特点环境中的传播。

(3) 再者，图论采用通过矩阵多次相乘来表示传播过程的回响机制的方法，不仅忠实于实际的电波传播本质，而且能够在数学上快速模拟电波多次，乃至无穷次折返回响的效果。这种计算方法和射线追踪中寻找有限的射线的方式完全不同。正是由于图论描述的是电波在不同点之间的转移状态，而不是一个特定路线从发射端到接收端的响应，我们才能够通过多个线段之间的组合，形成无穷多数量的射线线段，从而不仅在时延上能够得到较大时延分量，还能够在多普勒频移域上得到较大多普勒分量，并可以在空域上准确描述一个方向范围内的宽带信道特征。这些优势的获得并不需要增加计算量，仅需要保证矩阵定义的合理性和其与现实之间的匹配性，就能够较为直接地获得。

基于上述信道模拟理念而构建的图论模拟和射线追踪相比具有如下优势。

① 能够模拟较大时延分量，即模拟得到的信道功率时延谱，具有从镜面反射路径(包括直射路径、强反射路径)的独立出现，到漫散射分量，即呈现平缓衰落趋势的过渡现象。能够描述从分离多径到不可分离连续分量的过渡的能力，使图论具有描述信道全局的优势，这对于多链路之间的信道相似性、互干扰性具有特别的用途。

② 能够模拟空间信道分布特征。对于物理轮廓采用随机散射点分布进行外形描述，能够有限弥补射线追踪中只能收集有限数量的射线的缺点。通过多层散射点云的设计，能够有效描述空域的功率变化的平滑性和连续性，这是射线追踪很难做到的。

③ 具有明显的低复杂度。这源于其采用传播矩阵之间的相乘计算状态转移，从而避免了不同路径中存在相同线段时的重复计算，具有较高的计算效率。

④ 具有明显的灵活性。根据实测得到的每一个环境中能够明显参与传播的物体物理分布，可以合理地应用到其他环境中，通过在图中快速布置该物体，能够在较短的

时间内形成对一个环境的图论描述，进而通过模拟得到发射端和接收端在任意假设位置下的信道响应。

⑤ 具有对复杂环境、复杂传播结构场景进行描绘的能力。图论的一个较为普遍的用途是，采用分离多图的方式，对嵌入式传播、分布式传播、并行传播、多级传播进行描述。如室内到室外场景、车内到车外场景、房间到走廊或开阔地场景、大厅到另一个相对分离的环境的场景等。通过类似多个匙孔的串行或者并行链接，就能够有效得到具有复杂结构的信道。在这点上，图论具有极大的灵活性。

⑥ 具有将射线追踪嵌入图论中的能力。图论的状态转移理念使得它不仅能够依赖简单的假设进行工作，也可以将射线追踪中复杂准确的传播描述用嵌套的方式放入图论运算中。

随着研究不断深入，图论所具有的优势已经通过仿真、实测数据结果逐步得到了验证。未来图论能够在一定程度上用在实时通信中，通过带外信息的输入、环境信息的输入，迅速得到信道在时延域、方向域、多普勒域的状态预测，并且通过引入学习、识别等智能算法，得到更为广泛的使用。

9.2.2 实测验证——图论工作的数学表达

沿用传统传播图论信道建模的基本思路，本节里我们将在图论中考虑无线电波的散射、反射、衍射等机制，提出一种嵌入式的传播图论模型。在该嵌入式图论模型中，环境中的障碍物被分为两类(即散射体与反射体)，并且各障碍物的边缘被模拟成衍射边缘。散射体对信道的贡献用传统图论中基于散射模型计算的传播矩阵来表示，反射体对信道的贡献按照第 9.1 节的推导被嵌入在传统图论中的四个传播矩阵中，而衍射边缘对信道的贡献则用一个新的矩阵 $\boldsymbol{D}_{\mathrm{dif}}(f)$ 来表示。图 9-2 描述了嵌入式图论的传播图示例。嵌入式图论模型可以表示成：

$$\begin{aligned}\boldsymbol{H}(f)&=\boldsymbol{D}_{\mathrm{dif}}(f)+\boldsymbol{D}(f)+\boldsymbol{R}(f)(\boldsymbol{I}+\boldsymbol{B}(f)+\boldsymbol{B}(f)^2+\cdots)\boldsymbol{T}(f)\\&=\boldsymbol{D}_{\mathrm{dif}}(f)+\boldsymbol{D}(f)+\boldsymbol{R}(f)[\boldsymbol{I}-\boldsymbol{B}(f)]^{-1}\boldsymbol{T}(f)\end{aligned}\tag{9.2.1}$$

其中，$\boldsymbol{D}(f)$、$\boldsymbol{T}(f)$、$\boldsymbol{B}(f)$、$\boldsymbol{R}(f)$分别表示从发射端到接收机端、从发射端到散射体、从散射体到散射体以及从散射体到接收端的传播矩阵，这些矩阵中的传播函数不仅考虑了

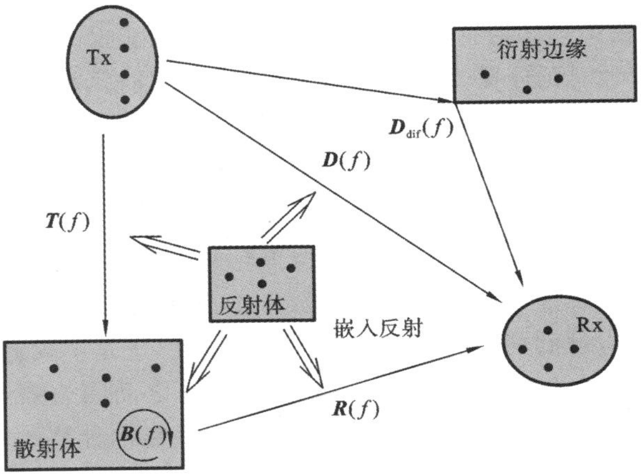

图 9-2 嵌入式图论传播图示例

“点”到“点”的直接传播路径，还涵盖了经反射体一次反射的传播路径。新添的矩阵 $\boldsymbol{D}_{\mathrm{dif}}(f)$ 表示从发射端到衍射边缘再到接收端的传播矩阵。各矩阵中的传播函数计算方式将在第 9.3 节中进一步详细说明。

下面我们用该嵌入式图论模型仿真一室内办公室场景的无线通信信道，并把仿真结果与测量结果、传统图论仿真结果以及射线追踪仿真结果进行对比。拟通过该测量仿真工作评估嵌入式图论模型的性能。

9.2.3 信道测量环境

该测量活动是在马德里理工大学南校区的一间研究生工作室内展开的。工作室位于建筑三楼的最侧边，在落地窗外约 41.5 m 处有一栋金属外墙的楼。工作室照片如图 9-3 所示，主要包括桌子、椅子、书架、金属柜等物体。为了更加明了地表示该测量场景，我们使用三维画图软件 Sketch Up 绘制了该环境模型（如图 9-4 所示）。工作室的内部尺寸为 7.1 m×5.6 m×2.6 m。图中我们用五种材料（即玻璃、木板、瓷砖、金属和石膏板）对建筑墙面及工作室内物体进行了标记。本次测量主要使用的测量工具是型号为 R&S ZVL 的网络矢量分析仪。测量使用的天线为两个宽带线性单极子天线（MGRM-WHF，1.7～6 GHz）。测量过程中，我们关闭了所有的门窗，打开了窗帘，并把收发天线分别垂直固定在图 9-4 中的 Rx 与 Tx 标记处。我们使用无线遥控的方式控制测量设备，确保测量过程中不受到人为因素干扰。为了达到最大可能的动态范围，网络矢量分析仪的发射功率为 20 dBm。本次测量的中心频率为 3 GHz，带宽为 400 MHz，并且选择了 1001 个频点。测量活动的具体参数如表 9-1 所示。

图 9-3 测量场景照片

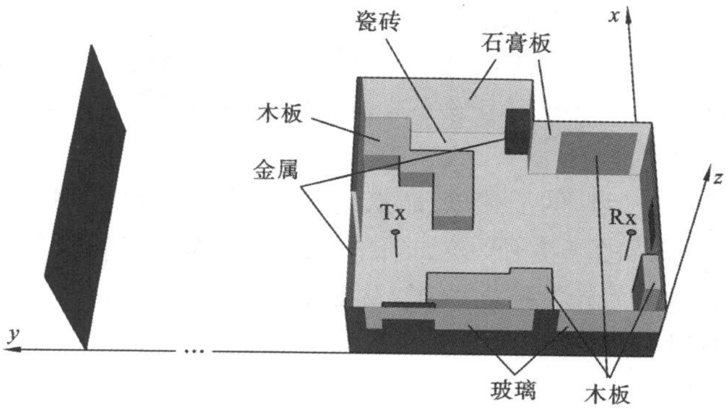

图 9-4 测量场景三维模型

表 9-1　仿真参数

参　　数	配　　置
载频	3 GHz
带宽	400 MHz
测量频点数	1001
天线类型	MGRM-WHF
极化方式	垂直极化
发射功率	20 dBm

9.2.4　图论与射线追踪仿真流程

本小节中我们将介绍针对该测量场景展开的传统图论仿真、嵌入式图论仿真和射线追踪仿真的仿真流程。传统图论模型无差别地用散射体来表示环境中的所有物体，并用单一的散射模型计算传播矩阵。其仿真的一般化流程已经在之前的章节中介绍，在此我们不再重述。嵌入式图论模型把环境中的物体分为反射体、散射体以及衍射边缘，其仿真流程在传统图论仿真流程的基础上有些改变。我们将在本节介绍该场景下的具体仿真流程。此外，射线追踪作为较为成熟的信道仿真工具，其仿真流程也将在本节加以介绍。

1. 嵌入式图论仿真流程

室内场景的通信信道嵌入式图论仿真的具体流程如下。

(1) 建立三维数字地图。

根据实际测量场景，确定环境中所有物体(包括墙壁、桌子、金属柜、窗户、书架、白板等)的位置信息。根据物体的表面粗糙度及其电磁性质，把上述物体分为散射体和反射体两类，其中，反射体包括白板、金属柜和金属外墙，散射体包括室内墙壁、地面、桌子和书架。我们把窗户模拟成可以被信号穿透的障碍，同时其表面存在部分信号的反射。于是可以得到一张类似图 9-4 的三维数字地图。最后，我们把三维地图中的面离散化成小单位面，并在数字地图中确定收发天线的位置。

(2) 确定可见性。

基于以上对物体的分类，发射端、接收端以及散射体被模拟成了传播图中的“点”，在此我们需要确定这些“点”之间的视觉可见性。由于嵌入式图论模型中不仅考虑了“点”与“点”之间的直接传播路径，还考虑了经过各反射体一次反射后的传播路径，因此我们在确定可见性的时候也分别考虑了这两类传播路径。

(3) 确定传播图。

通过对传播环境中“点”的描述以及“点”与“点”之间可见性的计算，我们可以得到该传播环境的传播图(如图 9-5 所示)。图中用灰度较深的点来表示粗糙的散射体，用灰度较浅的点来表示更为光滑的散射体，发射端与接收端的位置分别由圆点标记。在该传播图中，我们还用虚线标记了部分一次散射的传播路径。

(4) 计算传播矩阵。

在计算传播矩阵之前，我们需要确定传播图中各反射体在 3 GHz 时的介电常数，

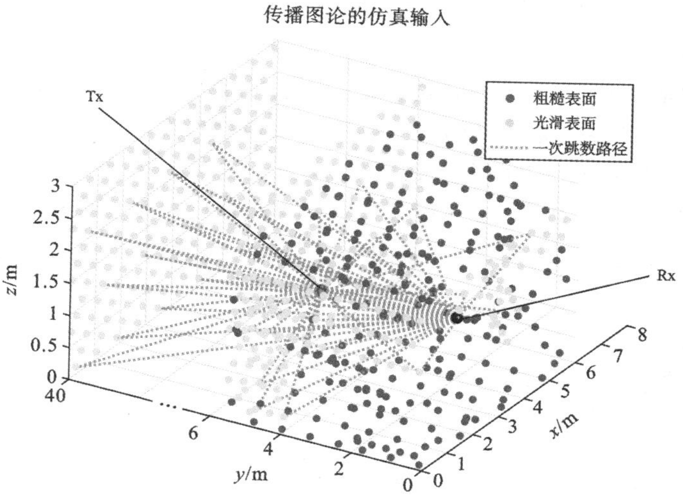

图 9-5 根据实际环境构建的散射体分布图

以及散射体的散射损耗系数。工作工程中我们通过文献[10]确定了该场景下反射体的介电常数，介电常数用于计算反射系数。玻璃窗户的介电常数选择 3.0，金属外墙及白板的介电常数选择 7.9。并通过把仿真结果和测量结果的差异最小化的方式来调整散射系数 ρ，取值为 0.8。

有了这些参量之后，我们按照式(9.3.16)计算嵌入反射后的传播系数，并结合各条路径的传播距离计算传播矩阵。为了考虑经室外金属外墙反射后穿透玻璃窗户穿回来的信号，我们在确定其可见性的时候标记了“点”与“点”之间的障碍物穿透数量，并在计算传播函数的时候给这些穿透障碍物的路径增加了额外的衰减。考虑了穿透机制后的传播系数可以更新为

$$g_e^2 \leftarrow g_e^2 * 10^{nT_a/20} \tag{9.2.2}$$

其中，n 表示穿透障碍物的数量，T_a 表示穿透一障碍物的能量(穿透)损耗常数(单位为 dB)。在我们的测量频带，信号经过水泥墙、木门、玻璃窗户的穿透损耗常数已经在文献[11]～[13]中测得。玻璃窗户的穿透损耗常数为 6～10 dB，水泥墙的穿透损耗常数为 15～20 dB。

(5) 计算信道的频谱转移函数。

在传播矩阵中嵌入收发天线的天线响应，并根据图论模型的矩阵运算方式计算信道的频谱传递函数。

2. 射线追踪仿真流程

射线追踪仿真能够在实际环境中找到完整的无线电传播路径，并计算这些传播路径的响应，依此模拟传播环境中各种物体对信道的贡献。我们使用了北京交通大学提供的射线追踪仿真工具[14]进行该场景的信道仿真。该射线追踪仿真软件能够在给定传播环境的三维模型的基础上，考虑无线电的反射、衍射等传播机制，计算得到信道的多径特征。其仿真流程如下。

(1) 建立三维地图模型。

实际测量场景的三维地图模型已经在图 9-4 中提及，模型中包含了墙壁、地面、桌

子、书架、金属柜，以及隔壁建筑楼的金属外墙。

该三维地图模型采用 Sketch Up 软件绘制。完成三维地图绘制后我们在 Sketch Up 中给所有对象上色，用不同的颜色标记不同材质的物体，以便在 RT 仿真工具中确定不同材质物体的电磁参数。然后把三维地图模型导出成三角形数据，即整个模型中的所有物体都由用一个个三角形组成的平面构成。这样做的好处是三角形的三点能确定一个平面，在 Matlab 中可以通过读取该三角形的颜色数据来对应模型中各种材质的电磁参数。最后确定 Tx 和 Rx 在三维地图模型中的位置情况，RT 仿真软件通过几何镜像的方式来寻找 Tx 到镜像点再到 Rx 的路径。

(2) 配置射线追踪仿真参数。

仿真具体参数配置如表 9-2 所示，Tx 和 Rx 都设置为垂直极化。仿真过程中同时考虑了反射路径与衍射路径，并设置信号的最大跳数为 3。

表 9-2 仿真参数设定

参　数	配　置
载频	3 GHz
带宽	400 MHz
Tx、Rx 天线类型	全向天线(型号为 MGRM-WHF)
发射功率	20 dBm
极化方式	垂直极化
Tx 天线位置	(2.50,4.82,1.36)
Rx 天线位置	(2.66,0.96,1.50)
反射跳数	1～4

(3) 计算信道多径。

设置好射线追踪仿真的参数后，我们使用北京交通大学提供的软件计算仿真信道的多径信息。软件计算得到的多径如图 9-6 所示，可以很直观地看到信号的传播路径。图中用不同线条表示衍射路径和反射路径，可以观察到大部分传播路径是室内物体贡献的，但也存在穿透玻璃窗户后经隔壁建筑外墙反射回来的传播路径。

9.2.5 结果对比

在完成了信道测量工作后，我们按照以上工具及流程，对室内信道进行了传统图论模型仿真、嵌入式图论模型仿真以及射线追踪模型仿真。测量仿真结果如图 9-7 和图 9-8 所示。

图 9-7 中给出了基于测量得到的信道脉冲响应计算得到的功率时延谱，以及基于传统图论模型、嵌入式图论模型和射线追踪模型仿真得到的功率时延谱。由于这三种仿真方式中都有跳数的概念，我们在图中针对一到四的跳数下的仿真结果进行了独立的对比分析。我们可以看到测量数据中接收信号功率的动态范围约为 55 dB，并且其尾部的接收功率接近于－120 dB 的噪声功率。

我们可以从图中观察到一些在时延域上具有规律性的 PDP 包络(即功率相对集中的区域)，这种现象可以用 Saleh Valenzuela (SV)模型[15]来解释。第一个包络是信号

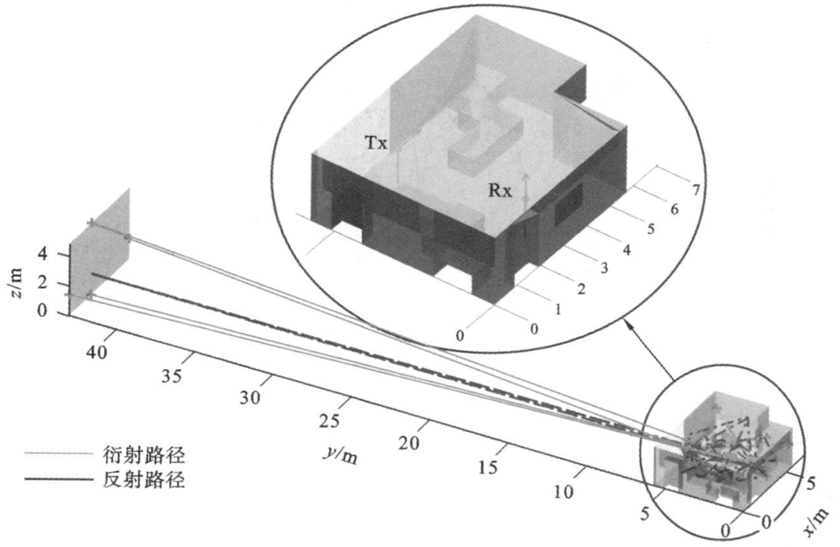

图 9-6 射线追踪仿真设置的传播路径

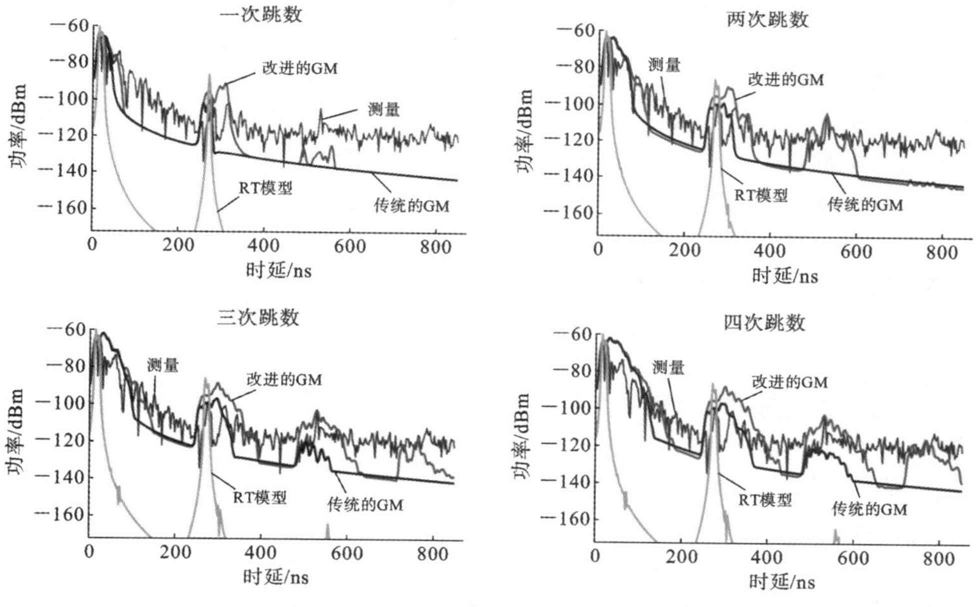

图 9-7 测量及三种仿真方式得到的功率时延谱(仿真中分别考虑信号的四种跳数)

从发射端发出经室内物体作用后到达接收端的成分。第二个包络是从室内发射端发出的信号穿透玻璃窗户后受到对面建筑外墙的反射作用,再次穿透玻璃窗户返回室内接收端的成分。之后的包络则是信号经过对面建筑外墙与工作室所在建筑外墙之间的多次反射后回到室内接收端的信号成分。信号穿透玻璃窗户会有额外的功率衰减,第一个包络与第二个包络之间的功率衰减差值比其他相邻包络之间的功率衰减差值要大得多。另外,在同一个能量包络中,信号在时延域的扩展主要是由信号在室内的混响效应造成的。通过比较测量结果与图论模型仿真结果,我们可以观察到传统图论模型与嵌入式图论模型都能较准确地得到前两个能量包络,并且嵌入式图论模型能够较准确地

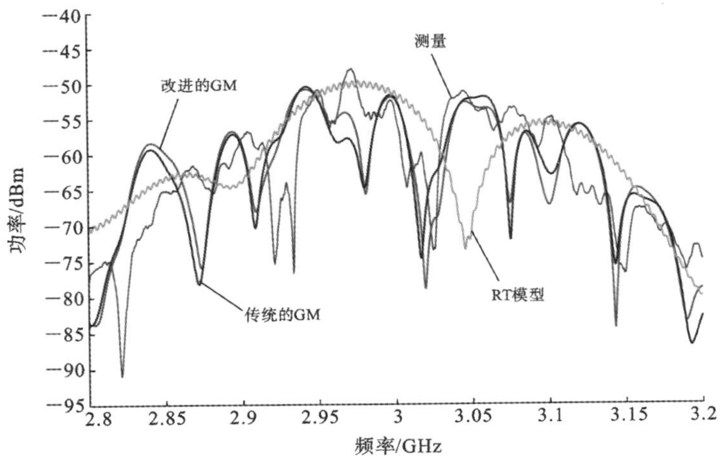

图 9-8　信道传递函数对比

得到第三、四个能量包络。

观察基于传统图论模型仿真得到的 PDP，我们可以看到其在时延域上的功率衰减速率比实际测量的功率衰减速率大得多。这是因为传统图论模型中只考虑了无线电散射机制，其使用的 Lambertian 散射模型认为信号的能量是被散射体接收后重新发射的。这种基于纯散射模型的传播函数计算方式会引入较大的传播衰减，并且该衰减不能够通过调整散射系数 ρ 得以消除：如果我们想要通过调整传统图论模型中的散射系数来匹配第三个能量包络，ρ 的值需要大于 1，这明显违反了散射功率守恒定律。此外，即使第三个能量包络得以跟测量数据相匹配，其第二个包络也会因为 ρ 值的增大而失去匹配。

观察射线追踪的仿真结果，我们可以看到其前两个包络与测量结果非常相似。但是通过射线追踪仿真得到的信道路径是有限的，在时延域上表现得比较离散。这也从侧面说明了射线追踪算法在仿真信号室内混响效应时的能力不足。

图 9-8 描述了跳数为四时测量与仿真信道在频域的传递函数。我们可以看到传统图论仿真的信道传递函数(CTF)与嵌入式图论仿真的 CTF 极其相似，这是因为两种图论模型仿真得到的 PDP 的第一个包络非常一致，而该包络是频域传递函数功率的主要贡献者(其他包络的影响不大)。第一个包络表示的是信号在室内的传播，这说明了室内的白板、金属柜等反射体对信道的实际贡献不太明显。相比射线追踪模型仿真得到的 CTF，我们可以看到图论模型的仿真结果在频率域更加敏感，在细节上能够更好地吻合实测数据。在本次实测验证考虑的 2.98～3.20 GHz 的频率范围内，图论的仿真结果相比射线追踪技术而言更加接近实测结果。

9.3　图论模拟传播机制的验证

在上一节中，我们通过对一个室内场景进行信道测量，验证了嵌入式图论模型的优越性。嵌入式图论弥补了传统图论模型不能仿真反射路径的缺陷，也弥补了射线追踪模型中不能仿真散射现象及簇内混响效应的缺陷。在时延域与频率域，嵌入式图论模型都体现了更加准确的仿真能力。本节中我们将继续针对图论对散射、反射和衍射机制的模拟准确度进行实测研究，进一步思考如何增强图论对多种传播机制的算法支撑。

9.3.1　图论中的散射模型验证

散射理论描述粗糙的墙面、不规则的障碍物、杂乱的树木等对无线电传播的影响。这些物体没有统一的电磁性质，也没有均匀的表面，所以对散射机制建模是一个相当困难的问题。文献[16]、[17]均提及了一种基于表面有效粗糙度的散射模型，该模型忽略了无线电信号的入射方向，使用 Lambertian 散射模型模拟无线电信号的散射机制。图 9-9 描述了该散射模型的示意图，其中，dS 表示障碍物表面的一单位小平面，z 轴为该小平面的法线方向。r_i、r_s 分别表示入射波与散射波，θ_i、θ_s 分别表示信号的入射角与散射角。虚线椭圆描述了 Lambertian 散射模型中的散射强度分布，可以用公式 $E_s=E_{s0}\sqrt{\cos(\theta_s)}$ 描述，其中，E_{s0} 表示法线方向上的散射场强。

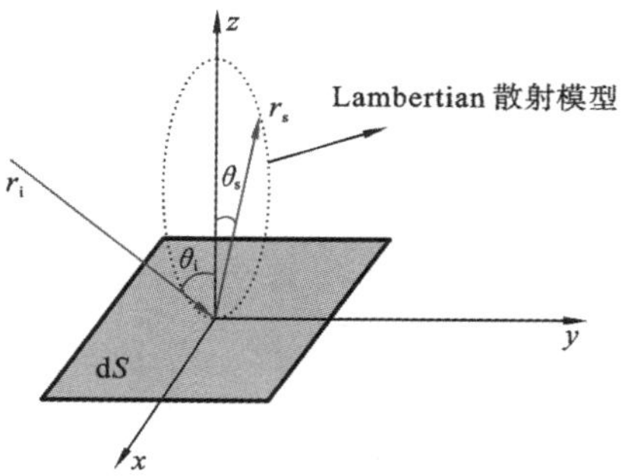

图 9-9　Lambertian 散射模型示意图

Lambertian 散射模型认为在散射体的法线方向上取到散射波瓣的最大值。结合电波散射过程中的功率守恒公式可以计算任意方向散射波的强度，到达单位面积散射体的入射波经一定损耗后的功率等于其辐射的散射波功率，数学表达式如下[18]：

$$S^2\cdot|\overline{E_i}|^2\cdot d\Omega_i\cdot r_i^2=\int_{2\pi}|\overline{E_s}|^2 d\Omega_s\cdot r_s^2 \tag{9.3.1}$$

$$=\int_0^{\pi/2}\int_0^{2\pi}|\overline{E_s}|^2\cdot r_s^2\cdot\sin\theta_s d\theta_s d\phi_s \tag{9.3.2}$$

其中，$S=\dfrac{|\overline{E_s}|}{|\overline{E_i}|}$表示散射系数，$|\overline{E_i}|$、$|\overline{E_s}|$分别表示入射波与散射波的强度，$d\Omega_i$、$r_i$ 分别表示入射波的立体角和入射源到散射平面的距离，$d\Omega_s$、r_s 分别表示散射波的立体角和接收点到散射平面的距离。因此可以计算得到$\overline{E_s}$如下：

$$|\overline{E_s}|^2=\left(\frac{K\cdot S}{r_i\cdot r_s}\right)^2\cdot\frac{\cos\theta_i\cdot\cos\theta_s}{\pi}dS \tag{9.3.3}$$

其中，K 是一个与入射波振幅相关的常数[17]。

通过以上散射模型及散射波强度计算方式，文献[8]基于 Lambertian 散射模型推导了图论模型中的传播损耗计算方式：

$$g_e^2=\begin{cases}G_tG_r\left(\dfrac{\lambda}{4\pi r_d}\right)^2 & e\in\varepsilon_d\\ G_t\dfrac{\Delta S}{4\pi}\dfrac{\cos(\theta_i)}{r_i^2} & e\in\varepsilon_t\\ \dfrac{\Delta S\rho^2}{\pi}\dfrac{\cos(\phi_s)\cos(\theta_s)}{r_s^2} & e\in\varepsilon_s\\ G_r\dfrac{\rho^2}{\pi}\dfrac{\cos(\phi_j)}{r_j^2}\dfrac{\lambda^2}{4\pi} & e\in\varepsilon_r\end{cases} \tag{9.3.4}$$

其中，ε_d、ε_t、r_j、ε_r 分别表示从发射端到接收端、从发射端到散射体、从散射体到散射体以及从散射体到接收端的传播方式，ΔS 表示散射体的有效面积，ρ 表示散射系数，λ 表示电波波长，G_t、G_r 分别表示发射天线与接收天线的天线方向图，θ_i、θ_s 分别表示发射天线到散射体的传播入射角以及散射体到另一散射体的传播入射角，ϕ_s、ϕ_j 分别表示散射体到另一散射体的出射角以及散射体到接收端的出射角，r_i、r_s、r_j 分别表示发射端到散射体、散射体到另一散射体，以及散射体到接收端的距离。图 9-10 对上述几何参量进行了标记示意。

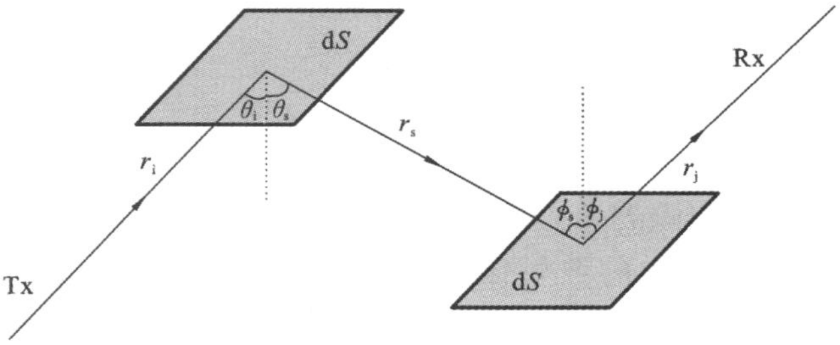

图 9-10　图论散射示意图

为了检验传播图论中的散射模型，我们在同济大学电信楼五楼走廊进行了相关信道测量。考虑到毫米波通信中漫散射是主要的传播成分，测量工作在 39 GHz 波段展开。测量环境如图 9-11 所示，走廊中以墙面与玻璃窗户为主，还有少量金属物及两株盆栽。测量设备如图 9-12(a)所示，采用型号为“N5227A”的网络矢量分析仪作为信号的发射端及接收端。为了降低信号在射频线上的传播损耗，网络矢量分析仪发射并接收 6～8 GHz 的低频信号，同时采用一组上下变频模块把发射的低频信号转化为 38～40 GHz 的高频信号，再从天线发射信号，并把接收天线接收到的高频信号转化为 6～8 GHz 的低频信号输入到网络矢量分析仪的接收端。通过直连校准等工作可以消除网络矢量分析仪内部响应以及上下变频设备的系统响应，得到纯净的毫米波信道响应。测量过程如图 9-12(b)所示，Tx 固定在 1.5 m 高的三角架上，固定在手推车上的 Rx 以缓慢的速度沿着轨迹移动。

图 9-11　39 GHz **走廊信道测量场景照片**

走廊场景的数字地图如图 9-13 所示，数字地图中的墙面、玻璃窗户、柱子、金属等物体都被离散化成了小单元散射体。图论模型适用于多天线同时仿真，所以我们可以通过在接收端移动轨迹上放置多个天线的接收点的方式一次完成整个测量过程的仿真

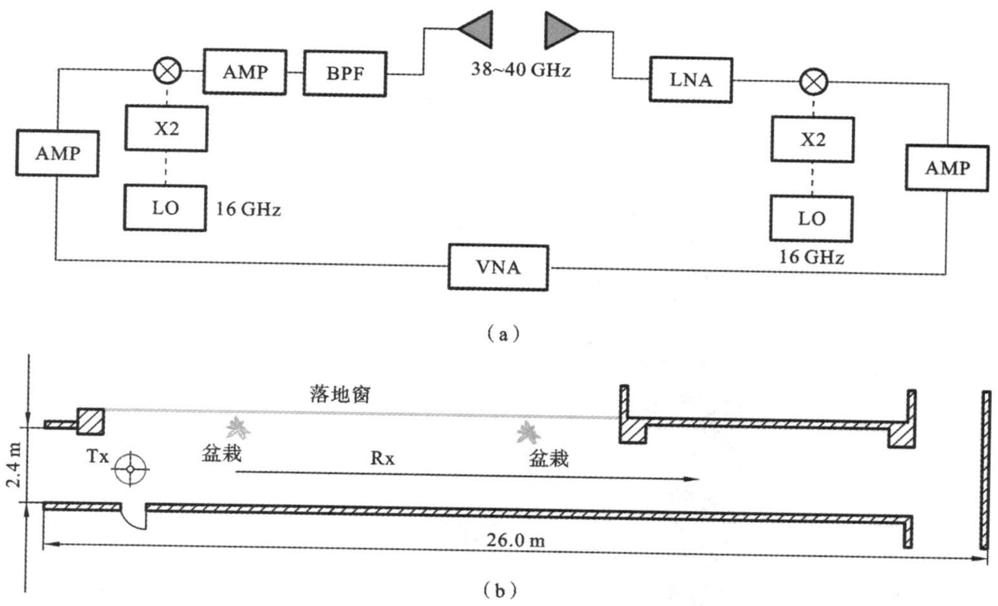

图 9-12 (a) 测量设备框图;(b) 测量方式示意图

计算。

我们使用传统的纯散射图论模型对以上场景进行了仿真。测量仿真结果如图9-14所示,其中,(a)为 PDP 测量结果,(b)为 PDP 仿真结果。从测量数据中可以看出,当接收端与发射端位置比较接近时,信道的多径现象比较明显,随着接收端的远离,多径之间的时延差越来越小,当接收端远离到最远处时,信道的多径在时延上聚集得很紧密。我们也可以在纯散射图论模型的仿真结果中观察到该现象。但是由于 Lambertian 散射模型忽略了到达散射体信号的入射角,其并没有较理想地把各多径区别开来。

9.3.2 图论中的反射模型验证

当信号从发射端出发,在介质边缘经一次反射后到达接收端时,其总传播距离为 d_1+d_2,接收信号功率可以描述为

$$P_r=P_tG_tG_r\left(\frac{\lambda R}{4\pi(d_1+d_2)}\right)^2 \tag{9.3.5}$$

其中,P_t 表示发射功率,G_t、G_r 分别表示发射端与接收端在对应角度上的增益,λ 表示波长。反射损耗系数可以表示成

$$R=\frac{\sin\theta-Z}{\sin\theta+Z} \tag{9.3.6}$$

其中,θ 表示入射角,Z 可以写成

$$Z=\begin{cases}\sqrt{\varepsilon_r-\cos\theta^2}/\varepsilon_r & \text{垂直极化}\\ \sqrt{\varepsilon_r-\cos\theta^2} & \text{水平极化}\end{cases} \tag{9.3.7}$$

其中,ε_r 表示介电常数。

传播图论是通过状态矩阵与传播函数矩阵的迭代相乘来计算信道的脉冲响应的,这要求传播函数矩阵中的各元素是相互独立的,在此基础上信号经多次作用后的状态

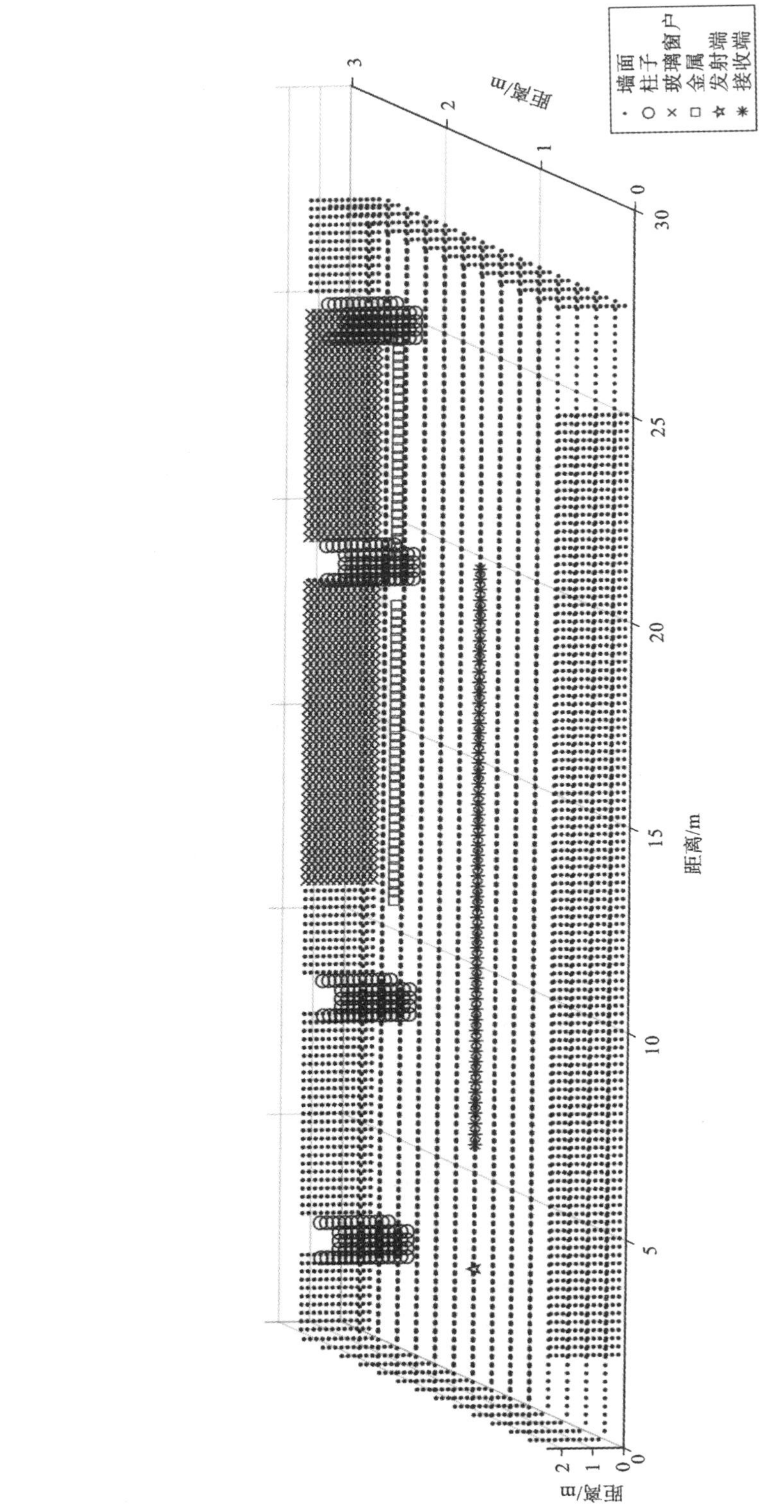

图 9-13 走廊场景的数字地图

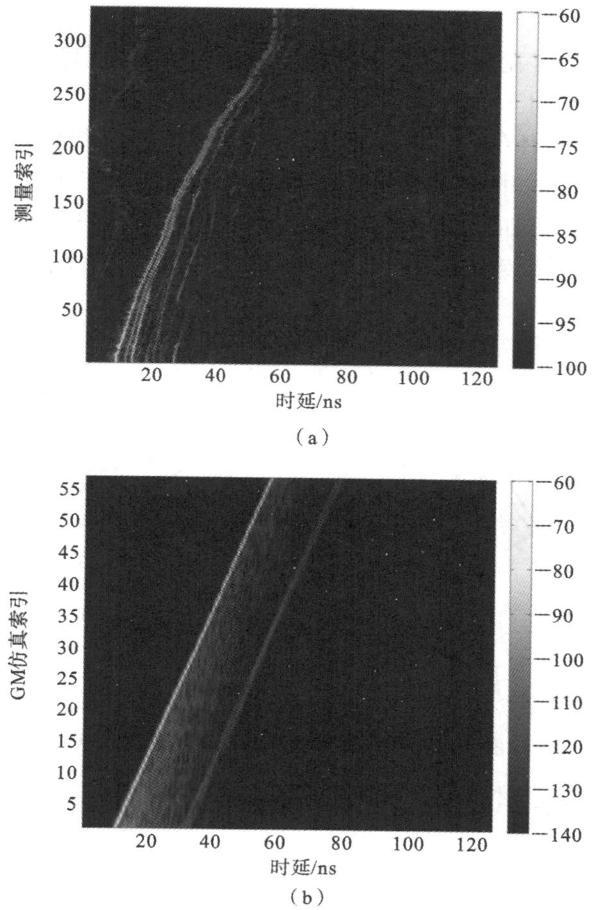

图 9-14　测量仿真结果。(a) PDP **测量结果；**(b) PDP **仿真结果**

才可以表示成 $\boldsymbol{A}^k(f)\cdot\boldsymbol{C}_0(f)$。因此，在图论模型中考虑无线电反射机制时也需要确保传播矩阵中元素的独立性。我们已经知道无线电信号经过反射体的反射作用的损耗与其入射路径和反射路径的总长度 d_1+d_2 相关，这导致其不能通过因式分解的方式表达成两个独立部分的乘积。所以环境中的反射体不能用传播图中的“点”来表示。

在优化的传播图论中，我们把反射体对信道的作用嵌入传统图论传播图的“边”中。传播图中嵌入反射体的方式如图 9-15 所示，“点”与“点”之间的传播函数不仅考虑了直接的传播方式，还考虑了经过各个反射体一次反射作用的传播方式。从 v 到 v' 的传播函数 $A'_{(v',v)}(f)$ 也可以更新为

$$A'_{(v',v)}(f)=g_l(f)\exp(-\mathrm{j}2\pi\tau_l f+\mathrm{j}\phi)+\sum_{n=1}^{N}g_{rn}(f)\exp(-\mathrm{j}2\pi\tau_{rn}f+\mathrm{j}\phi) \tag{9.3.8}$$

其中，N 表示反射面数量，g_l 和 τ_l 分别是散射路径的增益和传播时延。g_{rn} 和 τ_{rn} 分别对应第 n 个反射面引起的反射路径的增益与时延。

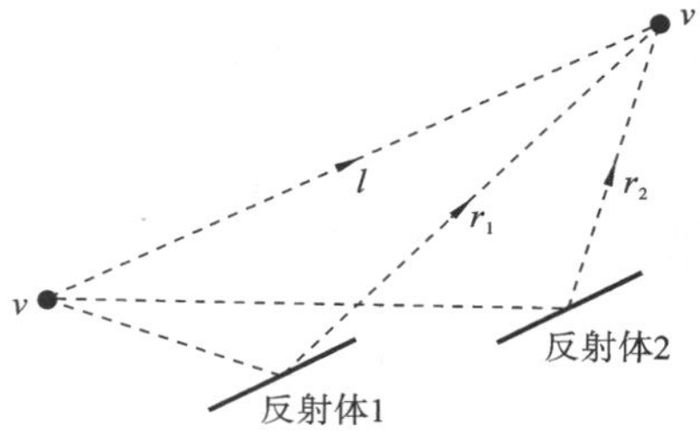

图 9-15　反射体嵌入示意图

1. 一次散射体的作用

图 9-16 描述了信号在嵌入了反射的传播图论中的传播示意图。图中描述信号从 Tx 出发，经历散射体(DC1)的作用，再到达 Rx 的传播过程。在每一个传播过程中，都考虑了环境中所有反射体(SC1,SC2,…,SCn)的影响。可以很明显看出，Tx、散射体，以及 Rx 仍然用传统图论中的"点"来表示，而反射体被嵌入在了各组"点"与"点"所组成的"边"中。这种嵌入式的反射体表述方式，只是对传统图论传播矩阵中的元素起到了修正作用，并不会改变传播矩阵的维度，所以后续的计算复杂度不会明显增加。

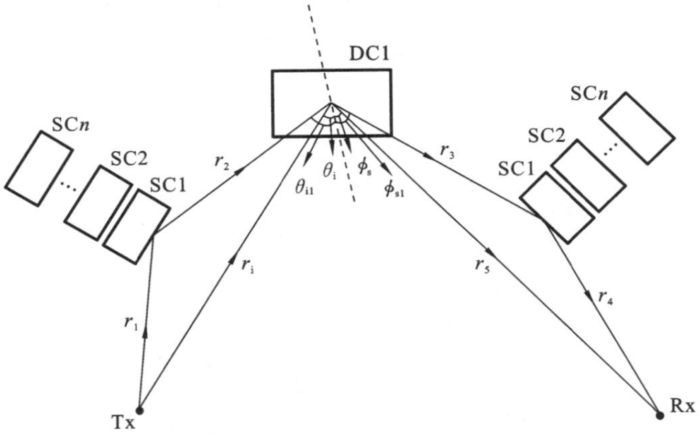

图 9-16 嵌入反射机制的传播示意图(1)

根据 Lambertian 散射模型及散射体 DC1 表面的散射功率守恒定律，我们可以得到：

$$\rho^2 E_i^2 \Delta S\cos(\theta_i) + (\rho^2 E_{i1}^2 \Delta S\cos(\theta_{i1}) + \cdots) = \int_0^{\frac{\pi}{2}}\int_0^{2\pi} E_s^2 r_s^2 \sin(\phi_s)\,\mathrm{d}\beta \mathrm{d}\phi_s$$
$$= \pi E_{s0}^2 r_s^2 \tag{9.3.9}$$

式中，下标 i 和 i1 分别表示直接的散射路径与经过散射体 1 一次反射作用的路径，ρ 表示散射损耗常数。ΔS 表示散射体 DC1 的有效面积，θ_i，θ_{i1}，…，表示入射信号与散射体表面法线的夹角，E_i，E_{i1}，…，表示入射波的电场强度。ϕ_s 表示散射波的出射角，E_s 表示散射波的电场强度。$\int_0^{\frac{\pi}{2}}\int_0^{2\pi} \cdot \,\mathrm{d}\beta \mathrm{d}\phi_s$ 表示对散射体 DC1 的半球面做积分。E_{s0} 表示沿着散射体表面的法线方向与其相距 r_s 处的散射波电场强度。这个公式意味着从散射体散射出的信号功率之和等于其从各入射路径接收到的信号功率受到 ρ^2 损耗后的和。

简化以上方程，可以得到 Rx 处接收到的散射信号功率为

$$E_s^2 = E_{s0}^2 \cos\theta_s = \frac{\Delta S}{4\pi} \cdot \left(\frac{\cos(\theta_i)}{r_i^2} + \frac{\cos(\theta_{i1})}{r_{i1}^2} + \cdots\right) \cdot \frac{\rho^2 \cos\phi_s}{\pi r_s^2} \tag{9.3.10}$$

同理，我们可以计算得到从 DC1 处发出的散射信号经反射体 SC1 一次作用后到达接收端的信号功率为

$$E_{s1}^2 = E_{s1}^2 \cos\phi_{s1} R^2 \left(\frac{r_3}{r_3 + r_4}\right)^2 = \frac{\Delta S}{4\pi} \cdot \left(\frac{\cos(\theta_i)}{r_i^2} + \frac{\cos(\theta_{i1})}{r_{i1}^2} + \cdots\right) \cdot \frac{\rho^2 R^2 \cos\phi_{s1}}{\pi r_{s1}^2} \tag{9.3.11}$$

其中，下标 s1 表示第一个反射体的信道贡献，$r_{s1} = r_3 + r_4$ 表示第一条反射路径的总长

度，R 表示反射系数。

假设 Tx 的发射功率为 1 W，各向同性天线的有效面积为$\frac{\lambda^2}{4\pi}$，我们可以把散射路径的贡献与反射路径的贡献相加，计算得到信号经过一次作用后被 Rx 接收的功率为

$$
\begin{aligned}
P_r &= (E_s^2 + E_{s1}^2 + \cdots) \cdot \frac{\lambda^2}{4\pi} \\
&= \frac{\Delta S}{4\pi} \cdot \left(\frac{\cos(\theta_i)}{r_i^2} + \frac{\cos(\theta_{i1})}{r_{i1}^2} + \cdots \right) \cdot \left(\frac{\rho^2 \cos\varphi_s}{\pi r_s^2} + \frac{\rho^2 R^2 \cos\varphi_{s1}}{\pi r_{s1}^2} + \cdots \right) \cdot \frac{\lambda^2}{4\pi}
\end{aligned}
\tag{9.3.12}
$$

2. 两次散射体的作用

接下来我们计算跳数为 2 时 Rx 的接收功率。图 9-17 描述了信号从 Tx 出发，经历两个散射体(DC1 与 DC2)的作用，再到达 Rx 的传播过程。同样，在每一个传播过程中都考虑了环境中所有反射体(SC1，SC1，…，SCn)的影响。

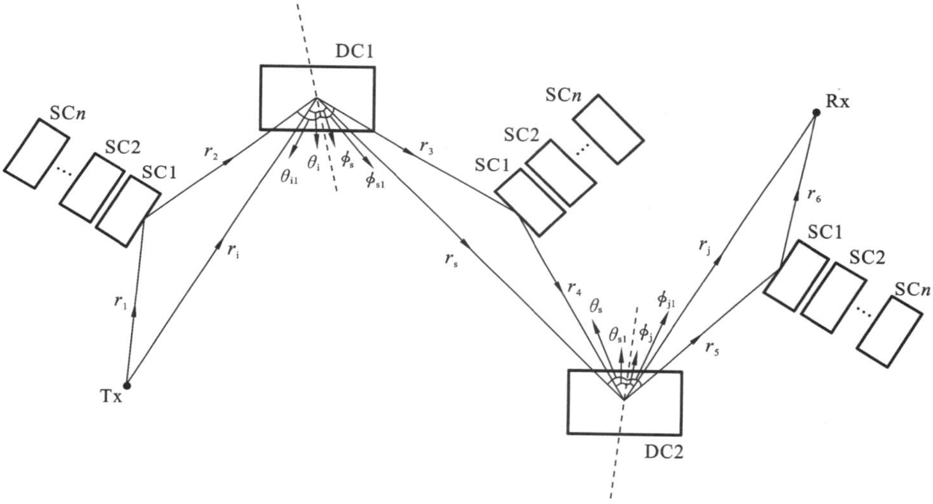

图 9-17 嵌入反射机制的传播示意图(2)

根据一次散射体作用下接收端的接收功率公式，我们可以得到信号经过散射体 DC1 作用后到达散射体 DC2 的功率如下：

$$
\begin{aligned}
E_s^2 = \frac{\Delta S}{4\pi} &\cdot \left(\frac{\cos(\theta_i)}{r_i^2} + \frac{R^2 \cos(\theta_{i1})}{r_{i1}^2} + \cdots \right) \\
&\cdot \left[\frac{\rho^2}{\pi} \cdot \left(\frac{\cos(\theta_s)\cos(\phi_s)}{r_s^2} + \frac{R^2 \cos(\theta_{s1})\cos(\phi_{s1})}{r_{s1}^2} + \cdots \right) \right]
\end{aligned}
\tag{9.3.13}
$$

这个公式表示功率 E_s 等于散射体 DC1 接收到的总功率经 ρ^2 损耗后由各出射路径传播到达散射体 DC2 的功率总和。在 DC2 表面我们再次使用散射功率守恒定律，即 DC2 的接收功率(经 ρ^2 损耗)等于其散射信号的功率之和，可以得到：

$$
\rho^2 E_s^2 \Delta S \cos(\theta_s^2) + \sum_{n=1}^{N} \rho^2 E_{sn}^2 \Delta S \cos(\theta_{sn}^2) = \pi E_{s0}^2 r_s^2 \tag{9.3.14}
$$

其中，E_s 表示散射路径到达的信号功率，E_{sn} 表示第 n 条反射路径到达的信号功率。

同样假设 Tx 的发射功率为 1 W，各向同性天线的有效面积为$\frac{\lambda^2}{4\pi}$，我们计算得到信

号经过两次作用后被 Rx 接收的功率为

$$
\begin{aligned}
P_{\mathrm{r}} &= (E_{\mathrm{s}}^2 + E_{\mathrm{s1}}^2 + \cdots)\cos(\phi_{\mathrm{j}}) \cdot \frac{\lambda^2}{4\pi} \\
&= \left[\frac{\Delta S}{4\pi} \cdot \left(\frac{\cos(\theta_{\mathrm{i}})}{r_{\mathrm{i}}^2} + \frac{R^2\cos(\theta_{\mathrm{i1}})}{r_{\mathrm{i1}}^2} + \cdots\right)\right] \\
&\quad \cdot \left[\frac{\rho^2}{\pi} \cdot \left(\frac{\Delta S\cos(\theta_{\mathrm{s}})\cos(\phi_{\mathrm{s}})}{r_{\mathrm{s}}^2} + \frac{R^2\Delta S\cos(\theta_{\mathrm{s1}})\cos(\phi_{\mathrm{s1}})}{r_{\mathrm{s1}}^2} + \cdots\right)\right] \\
&\quad \cdot \left(\frac{\rho^2\cos(\phi_{\mathrm{j}})}{\pi r_{\mathrm{j}}^2} + \frac{\rho^2 R^2\cos(\phi_{\mathrm{j1}})}{\pi r_{\mathrm{j1}}^2}\right) \cdot \frac{\lambda^2}{4\pi}
\end{aligned}
\tag{9.3.15}
$$

基于以上分析，嵌入了反射体之后，各个传播方式下的传播系数可以表示成如下形式：

$$
e \in \varepsilon_{\mathrm{d}} \quad g_{\mathrm{e}}^2 = \begin{cases} G_{\mathrm{t}}G_{\mathrm{r}}\left(\dfrac{\lambda}{4\pi r_{\mathrm{d}}}\right)^2 & n=0 \\ G_{\mathrm{t}}G_{\mathrm{r}}\left(\dfrac{R\lambda}{4\pi r_{\mathrm{d}n}}\right)^2 & n=1,2,\cdots,N \end{cases}
$$

$$
e \in \varepsilon_{\mathrm{t}} \quad g_{\mathrm{e}}^2 = \begin{cases} G_{\mathrm{t}}\dfrac{\Delta S}{4\pi}\dfrac{\cos(\theta_{\mathrm{i}})}{r_{\mathrm{i}}^2} & n=0 \\ G_{\mathrm{t}}\dfrac{\Delta S}{4\pi}\dfrac{R^2\cos(\theta_{\mathrm{i}n})}{r_{\mathrm{i}n}^2} + \cdots & n=1,2,\cdots,N \end{cases}
$$

$$
e \in \varepsilon_{\mathrm{s}} \quad g_{\mathrm{e}}^2 = \begin{cases} \dfrac{\Delta S\rho^2}{\pi}\dfrac{\cos(\phi_{\mathrm{s}})\cos(\theta_{\mathrm{s}})}{r_{\mathrm{s}}^2} & n=0 \\ \dfrac{\Delta S\rho^2}{\pi}\dfrac{R^2\cos(\phi_{\mathrm{s}n})\cos(\theta_{\mathrm{s}n})}{r_{\mathrm{s}n}^2} & n=1,2,\cdots,N \end{cases}
$$

$$
e \in \varepsilon_{\mathrm{r}} \quad g_{\mathrm{e}}^2 = \begin{cases} G_{\mathrm{r}}\dfrac{\rho^2}{\pi}\dfrac{\cos(\phi_{\mathrm{j}})}{r_{\mathrm{j}}^2}\dfrac{\lambda^2}{4\pi} & n=0 \\ G_{\mathrm{r}}\dfrac{\rho^2}{\pi}\dfrac{R^2\cos(\phi_{\mathrm{j}n})}{r_{\mathrm{j}n}^2}\dfrac{\lambda^2}{4\pi} & n=1,2,\cdots,N \end{cases}
\tag{9.3.16}
$$

其中，n、ε_{t}、ε_{s}、ε_{r} 分别表示从发射端到接收端、从发射端到散射体、从散射体到散射体以及从散射体到接收端的传播方式。四种传播系数中，附加条件 n 表示相应信号的传播方式：$n=0$ 表示“点”与“点”之间的直接传播方式，$n=1,2,\cdots,N$ 表示经过第 n 个反射体的一次反射作用的传播方式。N 为所考虑的所有反射面的数量。R 表示各个反射体表面的反射系数。ΔS 为传播“边”接收端散射体的有效面积，ρ 为其发射端的能效效率。雷达有效散射截面的面积 σ 可以表示成 $\Delta S\rho^2$。与图 9-17 相一致，θ_{i} 与 θ_{s} 分别表示 ε_{t} 与 ε_{s} 中的信号入射角，r_{i} 与 r_{s} 分别表示 ε_{t} 与 ε_{s} 中信号传播的总长度，它们的下标 n 均表示与第 n 个反射面相对应。相似地，ϕ_{s} 与 ϕ_{j} 分别表示 ε_{s} 与 ε_{r} 中的信号离开角，r_{j} 表示 ε_{r} 中信号传播的总长度，其中下标 n 也表示与第 n 个反射面相对应。

传统的传播图论通过以上计算模式得到了更新，在更新的传播图论中，“点”到“点”的传播函数不仅涵盖了直连的路径，还包括了历经一次散射作用或衍射作用后额外的传播路径。该修正方式会对传统传播图论中的传播矩阵起到拓展修正的作用。在实际的测量场景中，该传播矩阵修正方式更完善地描述了信号从发射端到接收端的真实传播方式。

为了验证优化的图论模型对无线电信号反射的仿真能力，我们在同济大学嘉定校区图书馆的墙角进行了相关测量，用于后续对比分析。测量环境如图 9-18(a)所示。本次测量采用型号为“N5227A”的网络矢量分析仪作为信号的发射端及接收端，收发天线分别固定在两辆测试推车上，为了减小地面等杂乱障碍物对信道测量的影响，收发天线都通过伸缩长杆固定在了离地 3 米的位置，同时还在发射端连接了一块高功率同轴功率放大器(型号为 PE15A5017，增益为 43 dB，工作频带为 700 MHz～6 GHz)。信号从网络矢量分析仪的输出口(Port1)输出，经过射频放大器后到达发射天线，再经过无线信道传播后到达连接在网络矢量分析仪输入口(Port2)上的接收天线。

测量过程示意图如图 9-18(b)所示，我们拟研究单一墙面及地面对无线电信道的影响，并通过该测量工作来验证在传统传播图论中考虑无线电反射的必要性。测量过程中，发射端固定在 3 m 高的支架上，方向如图 9-18(a)所示，始终对着图书馆的墙面；接收端沿着地标直线从左至右移动，但其喇叭口天线朝向始终不变。在该测量过程中，网络分析仪一共测得了 150 组数据。考虑到网络分析仪的测量数据存储速度并不稳定，手推车的移动速度也不完全固定，各个测量数据之间的位置间隔并非完全一致的。

(a)

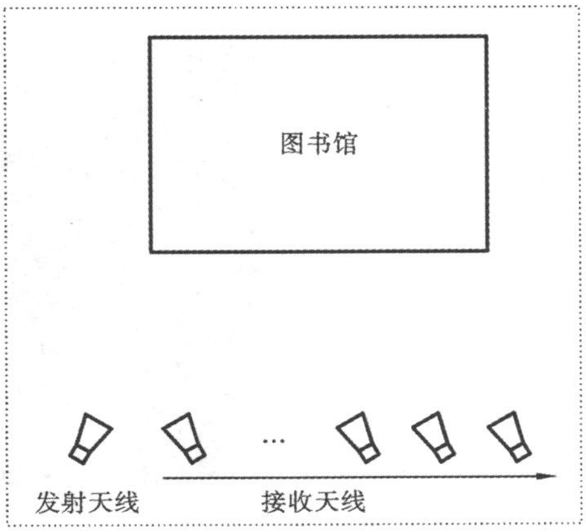

(b)

图 9-18 (a) 测量环境照片；(b) 反射测量示意图

我们用如图 9-19 所示的数字地图描述上述图书馆墙面反射测量场景。由于该阶段的研究重点是模拟墙面及地面对无线电信号的响应，因此我们只考虑地面及图书馆的两面墙，忽略远处的地面、建筑及树木。在该数字地图中，地面与图书馆墙面都被分

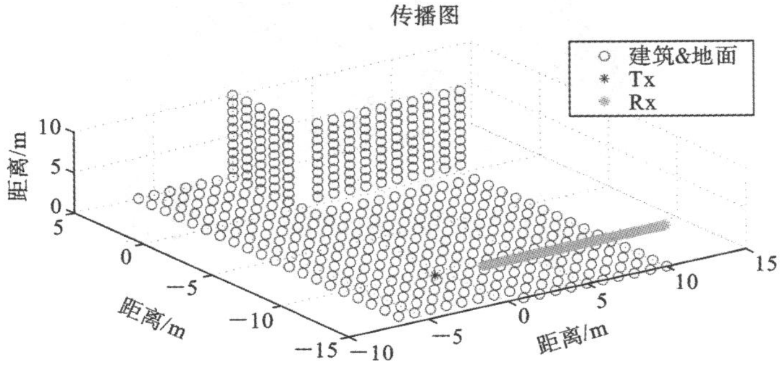

图 9-19 反射场景数字地图

割成了小单位模块(带有位置、大小及方向信息)。

通过以上的模型优化,我们对图书馆墙面反射场景进行了仿真。测量仿真结果如图 9-20 所示,其中,图(a)为测量数据的 PDP,图(b)为使用传统图论仿真的 PDP,图(c)

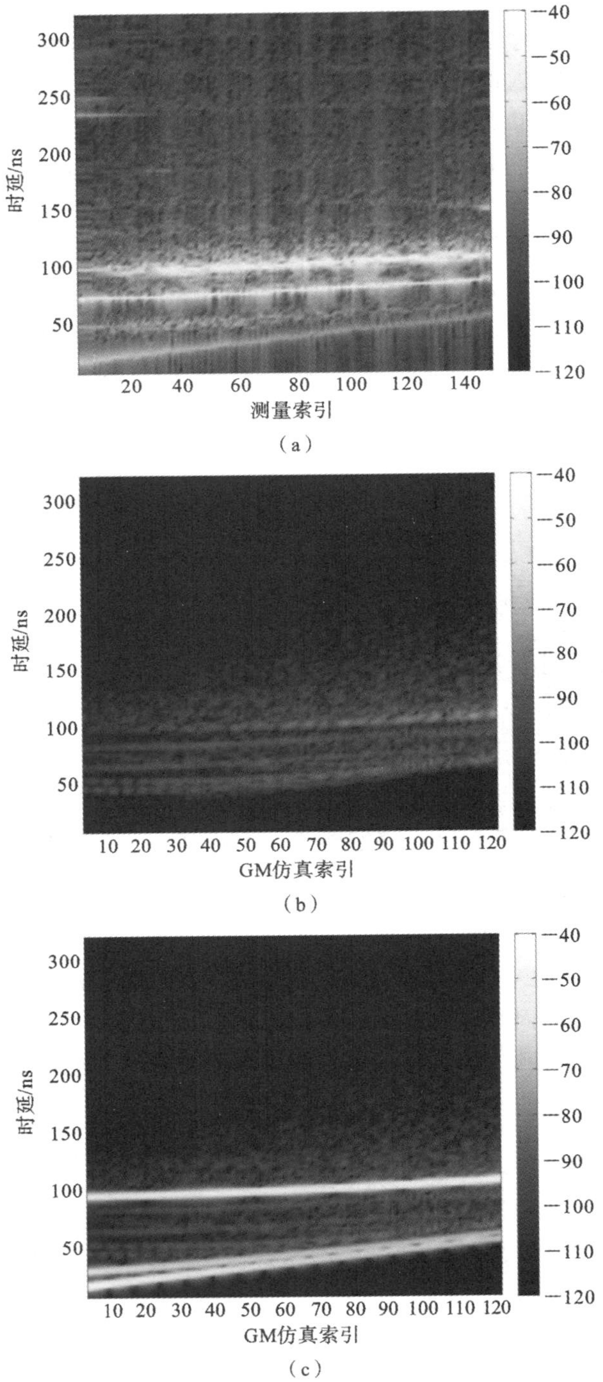

图 9-20 测量仿真结果。(a) 测量数据的 PDP;(b) 使用传统图论仿真的 PDP;(c) 使用考虑了反射机制的图论的 PDP

为使用考虑了反射机制的图论的 PDP。在测量数据中，时延 100 ns 处较明显的传播路径对应无线电实际传播距离的墙面反射路径，时延在 50 ns 内的两条亮线分别表示发射端到接收端的 LoS 传播路径以及经地面反射后的传播路径。此外，在测量数据的 PDP 中还存在一条时延大概为 75 ns 的传播路径，其很可能是图书馆前高出的花坛的反射造成的。由图 9-20(a)所示的纯散射图论仿真结果，可以粗略地重构信道的 PDP，但是欠缺重构以上四条比较明显的反射路径的能力。从图 9-20(b)中可以看出，嵌入了反射机制后的图论模型不仅能够粗略重构信道的散射路径，还能较准确地重构出反射路径。由于这里构建的数字地图忽略了花坛对信道的影响，在仿真结果中没有得到更多的反射路径。

9.3.3 图论中的衍射模型验证

当信号传播遇到障碍物边缘时，会发生传播链路弯曲的衍射现象。衍射是由许多现象引起的，包括地球的曲面、丘陵等不规则地形，以及建筑的边缘等。楔形衍射模型是一种简洁地描述信号绕射机理的模型，其假设衍射对象是楔形，而不是更一般的形状，其原理如图 9-21 所示，信号从 Tx 出发经过楔形边缘衍射到达 Rx，接收信号能够表示成以下形式：

$$P_r = P_t G_t G_r L^2(v) \tag{9.3.17}$$

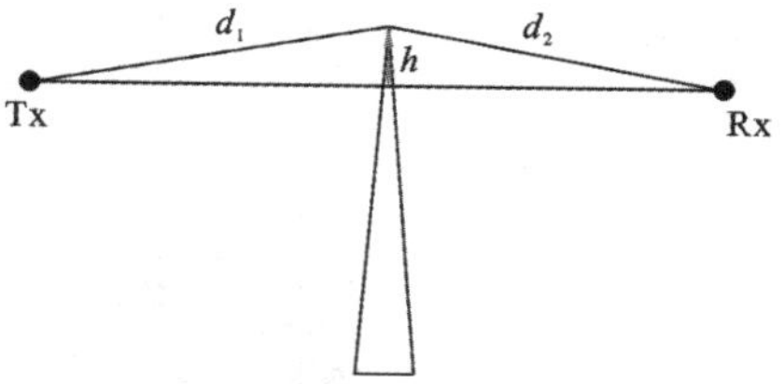

图 9-21 楔形衍射模型

其中，P_t 表示信号发射功率，G_t、G_r 分别表示发射天线与接收天线的天线方向图，$v = h\sqrt{\dfrac{2(d_1+d_2)}{\lambda d_1 d_2}}$ 为楔形衍射常数。楔形边缘衍射的额外路径损耗(相比 LoS 传播的额外损耗)是一个关于楔形衍射常数的函数。准确计算该损耗比较复杂，一种近似的表达方式如下：

$$L(v) = \begin{cases} 20\lg(0.5-0.62v) & -0.8 \leqslant v < 0 \\ 20\lg(0.5\mathrm{e}^{-0.95v}) & 0 \leqslant v < 1 \\ 20\lg\left[0.4-\sqrt{0.1184-(0.38-0.1v)^2}\right] & 1 \leqslant v < 2.4 \\ 20\lg(0.225/v) & v \geqslant 2.4 \end{cases} \tag{9.3.18}$$

在优化的传播图论中，我们考虑了从发射端到衍射边缘再到接收端的信号传播方式。因此引入了一个额外的传播矩阵 $\boldsymbol{D}_{\mathrm{dif}}(f)$，频谱转移函数可以更新为

$$\begin{aligned} \boldsymbol{H}(f) &= \boldsymbol{D}_{\mathrm{dif}}(f) + \boldsymbol{D}(f) + \boldsymbol{R}(f)(\boldsymbol{I} + \boldsymbol{B}(f) + \boldsymbol{B}(f)^2 + \cdots)\boldsymbol{T}(f) \\ &= \boldsymbol{D}_{\mathrm{dif}}(f) + \boldsymbol{D}(f) + \boldsymbol{R}(f)[\boldsymbol{I} - \boldsymbol{B}(f)]^{-1}\boldsymbol{T}(f) \end{aligned} \tag{9.3.19}$$

其中，$\boldsymbol{D}(f) \in \mathbf{C}^{N_r \times N_t}$ 表示从发射端到接收端的传播矩阵，$\boldsymbol{R}(f) \in \mathbf{C}^{N_r \times N_s}$ 表示从散射体到接收端的传播矩阵，$\boldsymbol{T}(f) \in \mathbf{C}^{N_s \times N_t}$ 表示从发射端到散射体的传播矩阵，$\boldsymbol{B}(f) \in \mathbf{C}^{N_s \times N_s}$ 表示散射体之间的传播矩阵，$\boldsymbol{D}_{\mathrm{dif}} \in \mathbf{C}^{N_r \times N_d \times N_t}$ 表示从发射端到衍射边缘再到接收端的传播矩阵。传播矩阵中的任意元素 $A_{(v,v')}(f)$ 可以通过以下公式计算：

$$A_{(v,v')}(f) = g_{(v,v')}(f)\exp(-\mathrm{j}2\pi\tau_{(v,v')}f) \tag{9.3.20}$$

其中，$g_{(v',v)}(f)$ 是传播系数，$\tau_{(v',v)}$ 代表时延，ϕ 代表$[0,2\pi)$间的随机相位。

为了验证优化的图论模型对无线电信号衍射的仿真能力，我们在同济大学嘉定校区图书馆的墙角进行了相关测量，用于后续对比分析。测量环境如图 9-22 所示。测量

设备及参数与前面的一致。如图 9-23 所示，我们进行两种场景的衍射测量。场景一中，发射端被固定在图书馆的右侧，其采用的定向喇叭口天线方向对准墙角；固定在推车上的接收端沿着轨迹从左到右连续接收信号，但天线朝向始终一致。测量过程中收发天线都固定在离地 3 m 的高度上。测量一开始，收发喇叭口天线处于 LoS 状态，但朝向并非严格匹配；随着喇叭口接收天线向右移动，收发天线的朝向越来越匹配；最后由于建筑的阻挡，收发天线处于 NLoS 状态。场景二中，发射端以同样的方式固定在图书馆右侧；接收端以墙角为中心做圆周运动，且喇叭口天线始终朝着墙角。该过程中，收发喇叭口天线一开始处于 LoS 状态，随着接收天线的移动而进入 NLoS 状态。

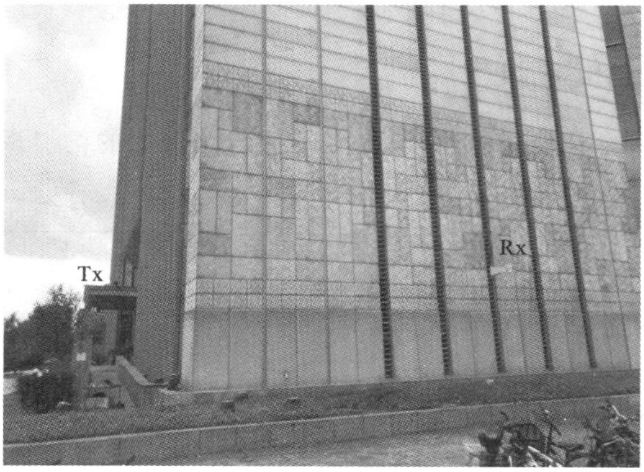

图 9-22　衍射测量环境照片

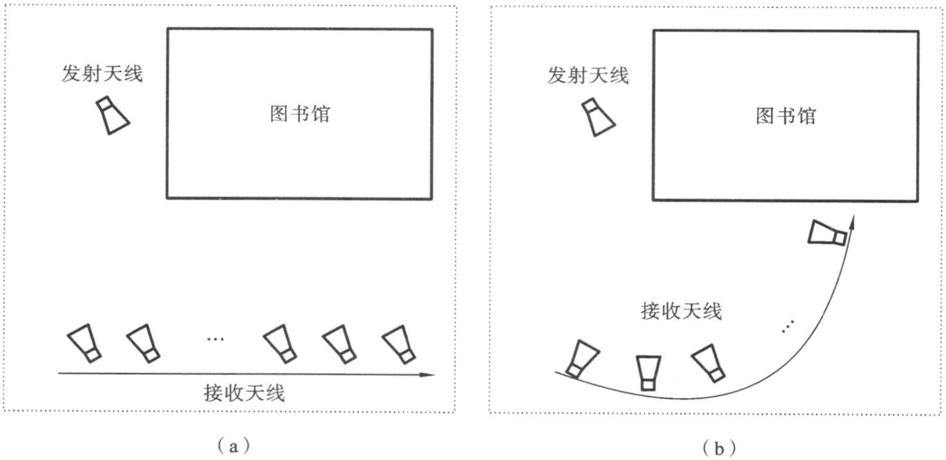

图 9-23　衍射测量示意图。(a) 场景一；(b) 场景二

在两种测量场景中，接收端都从一开始的 LoS 状态转移到 NLoS 状态。在 NLoS 状态下，接收端接收到的信号主要来自于图书馆边缘的衍射。我们计划通过该测量工作来验证在传统传播图论中考虑无线电衍射的必要性。

图书馆墙角衍射场景如图 9-24 所示。由于该阶段研究的重点是模拟无线电信号在墙角边缘的衍射效应，我们考虑了地面、图书馆的墙面以及墙角边缘，忽略了远处的地面、建筑及树木。在该数字地图中，地面与图书馆墙面同样被分隔成了小单位模块。

通过以上的模型优化，我们对图书馆墙角衍射场景进行了仿真。场景一的测量仿

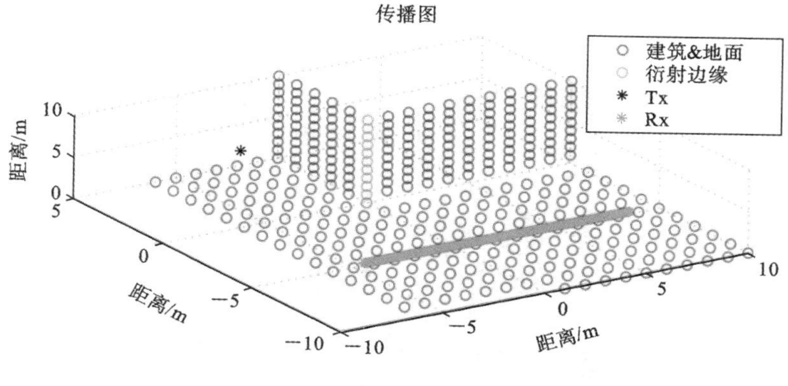

(a)

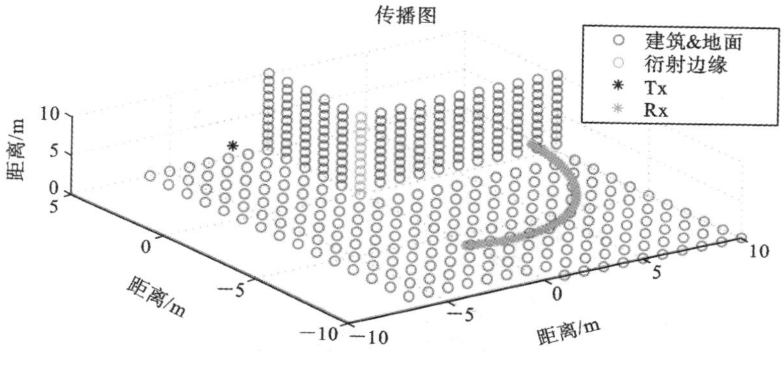

(b)

图 9-24 衍射场景传播图。(a) 场景一;(b) 场景二

真结果如图 9-25 所示,其中,图(a)为测量数据的 PDP,图(b)为使用传统图论仿真的 PDP,图(c)为使用考虑了衍射机制的图论的 PDP。可以看到测量数据的接收信号在时延上较宽,而两种仿真结果在时延上较窄,这是由于在仿真过程中只考虑了地面与图书馆墙面,而忽略了较远处障碍物对无线电信号传播的影响。观察测量数据的 PDP,我们有理由通过接收功率确定第 60 组测量后发射端端与接收端完全失去了 LoS 路径。由于数字地图中发射端与接收端分布在图书馆墙角的两侧,传统图论模型认定两者穿透图书馆墙面进行通信会有较大的损耗,所以在图 9-25(b)中第 110 组之后的仿真中产生了接收功率的断崖式衰减。经过该种衰减后的接收功率仿真结果显然与实际测量的接收功率不符。通过在传播图论中嵌入信号传播的衍射机制,图论把从发射端出发,经过墙角楔形衍射,再到接收端的传播路径考虑在内。从图 9-25(c)中可以比较明显地看出改进效果。为了更加明了地展现嵌入衍射机制后的图论模型的仿真能力,图 9-26 中展示了三个确切位置的测量仿真结果(图(a)、(b)、(c)分别取自测量的开始位置、中间位置和结束位置)。可以看到图 9-26(a)、(b)中两种图论模型的仿真结果较为相似,这是由于模型通过发射端、接收端以及衍射边缘的位置确定该两种情况下不会发生楔形衍射。从图 9-26(c)中可以明显地看到传统图论仿真的有效性欠缺,而嵌入衍射模型的图论能够较准确地重构信道。此外,可以看到图 9-26(a)中图论仿真结果与实测数据存在差异,这很可能是由天线的响应造成的。由于暂时没有该组天线的方向图,在图论仿

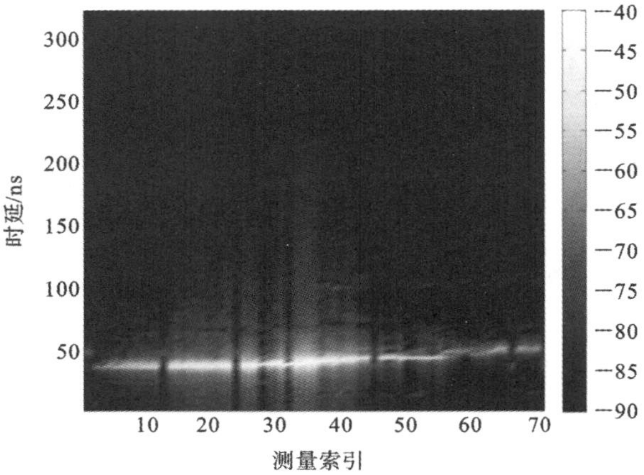

(a)

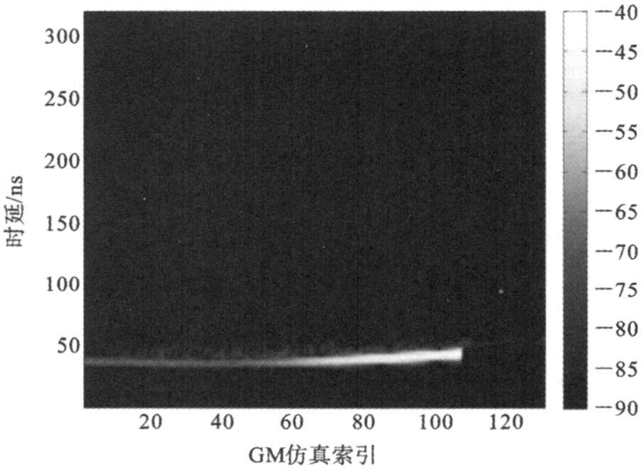

(b)

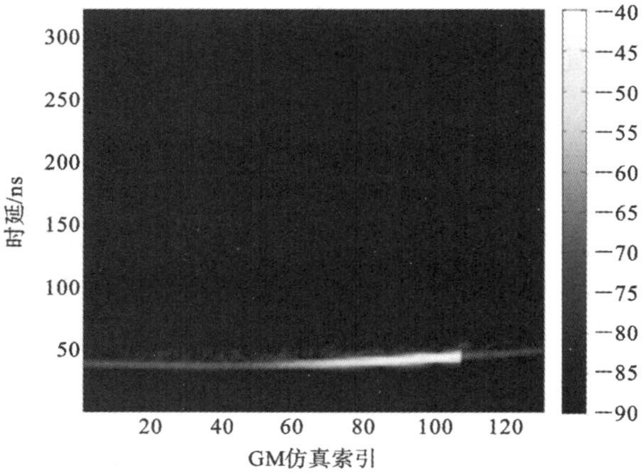

(c)

图 9-25　场景一的测量仿真结果。(a) **测量数据的** PDP;(b) **使用传统图论仿真的** PDP;(c) **使用考虑了衍射机制的图论的** PDP

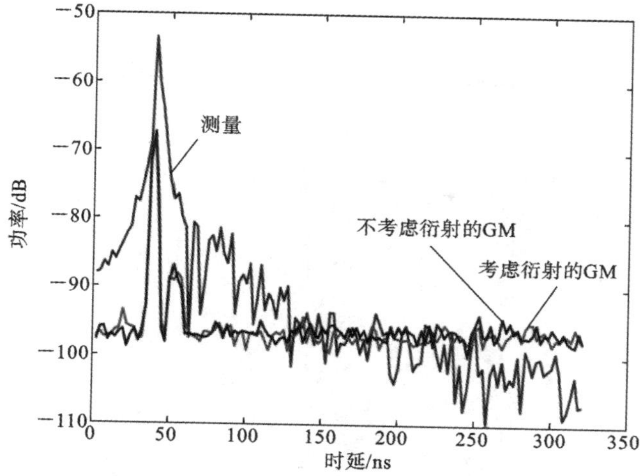

(a)

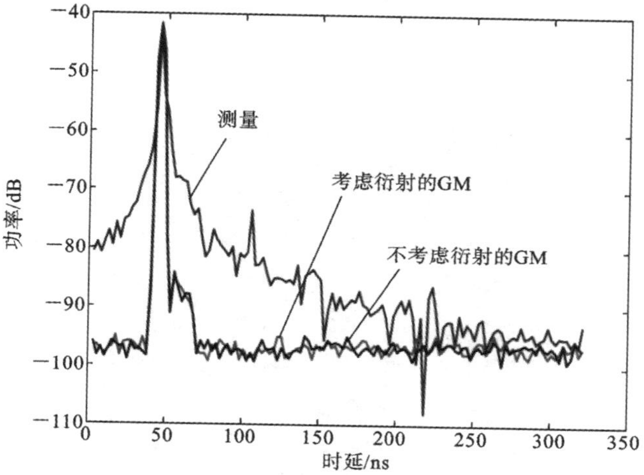

(b)

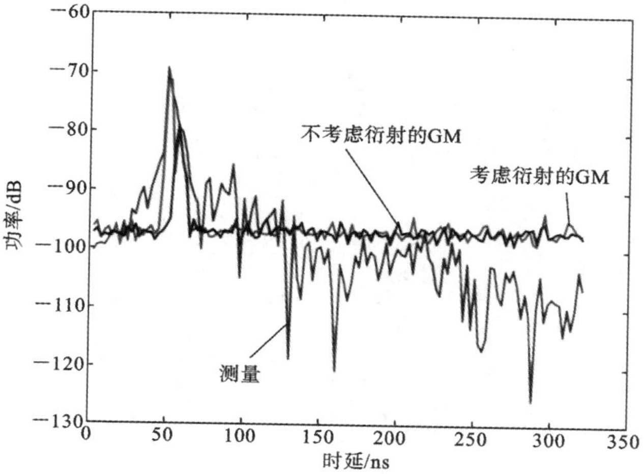

(c)

图 9-26　场景一的实测、仿真 PDP 对比。(a) **开始位置**;(b) **中间位置**;(c) **结束位置**

真中我们使用一个单波瓣的天线方向图。从图 9-25 中的 PDP 功率变化可以看出，仿真结果的接收功率随着收发端角度的逐渐匹配而增大，而该现象在实际测量数据中并不明显。

场景二的测量仿真结果如图 9-27 所示，同样，图(a)为测量数据的 PDP，图(b)为使

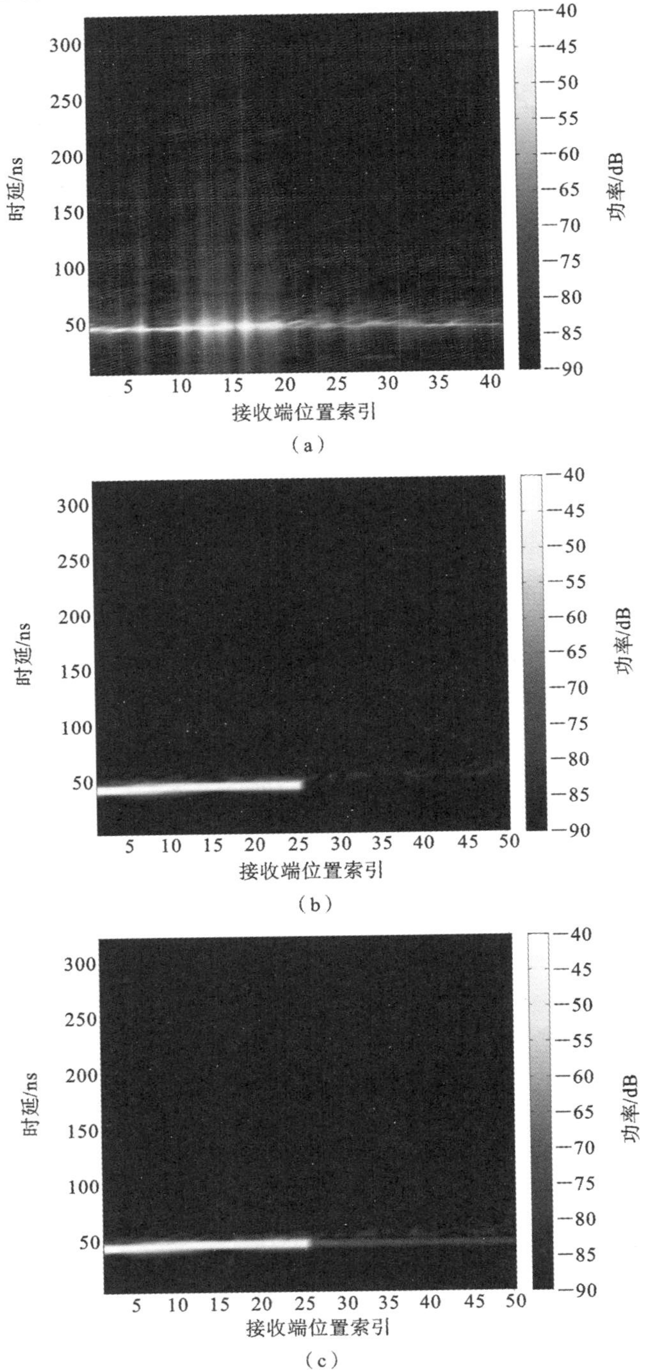

图 9-27　场景二的测量仿真结果。(a) **测量数据的** PDP；(b) **使用传统图论仿真的** PDP；(c) **使用考虑了衍射机制的图论的** PDP

用传统图论仿真的 PDP，图(c)为使用考虑了衍射机制的图论的 PDP。从测量数据中我们可以看到接收功率在第 20 组数据后发生快速衰减，同样，接收功率快速衰减的现象发生在第 25 组仿真数据后。与场景一相似，由于传统的图论忽略了无线电的衍射，其仿真结果在收发端被墙角阻挡的情况下很不理想。而嵌入了衍射机制的图论模型从一定意义上弥补了这个缺陷。同样在图 9-28 中展示了三个确切位置的测量仿真结果。可见图(a)中收发端处于 LoS 情况下，图(b)、(c)中收发天线之间被图书馆墙角阻挡。由于仿真中考虑的天线方向图不理想，仿真结果与测量结果存在一定差异。但是可以很明显地看到，在 NLoS 情况下，嵌入了衍射模型的图论能够重构出楔形衍射路径，使得仿真结果更加符合测量结果。

为了更加明确地显示整个过程中接收端的接收功率变化，我们在图 9-29 中展示了测量及仿真的接收功率。两种图论模型的仿真结果在两个测量场景中主要表现在 NLoS 情况下。嵌入衍射机制的方式拉高了 NLoS 情况下的接收功率，使其更接近测

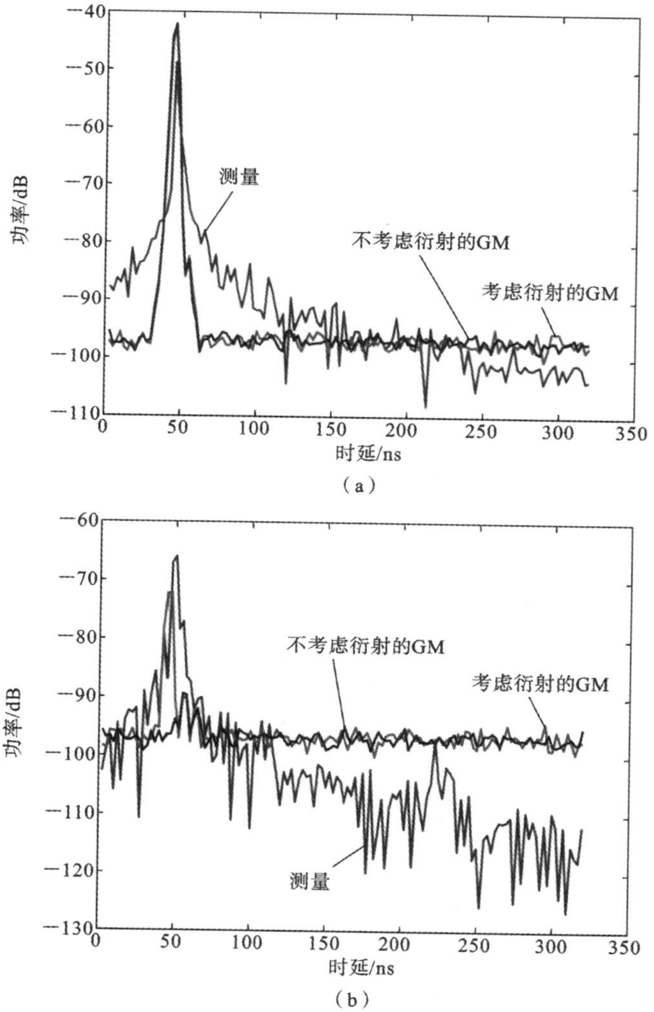

图 9-28　场景二的测量仿真结果。(a) 收发端处于 LoS 情况下；(b)，(c) 收发天线被图书馆墙角阻挡

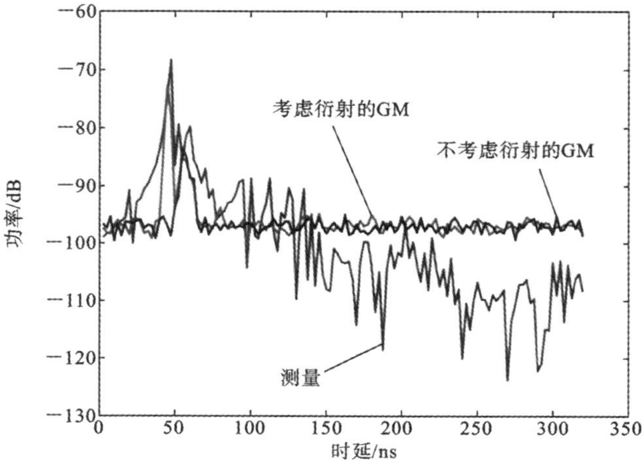

(c)

续图 9-28

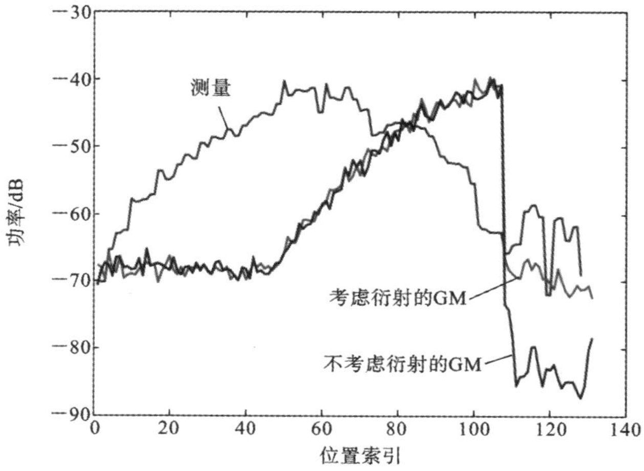

(a)

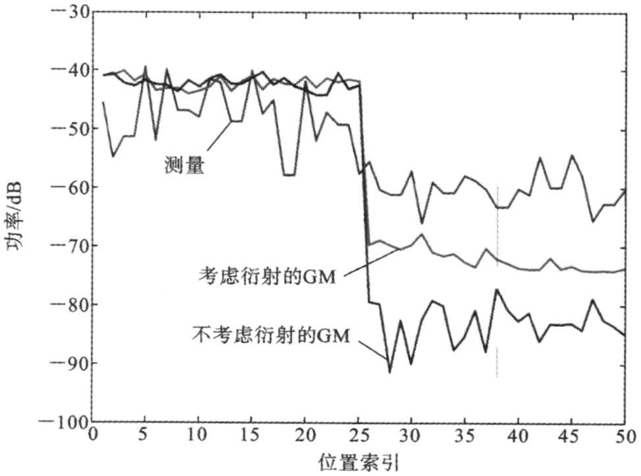

(b)

图 9-29　随着接收端位置变化的接收功率。(a) **场景一**;(b) **场景二**

量值。同时我们可以看到测量结果与仿真结果的差异。如图(a)中，LoS 情况下，测量接收功率先增大后缓慢减小，而仿真数据先平稳，后增大，再断崖式减小，这种不匹配现象同样可以用实际天线响应的差异来解释。另外，在图 9-29(a)、(b)中，NLoS 情况下的仿真接收功率均小于实际接收功率，这很可能是楔形衍射模型的不理想因素导致的，此外，仿真中未考虑信号的极化特征可能也会导致与实际测量结果之间的差异。

9.4 小结

本章中，我们详细介绍了一种新型的信道仿真工具——基于传播图论的信道仿真。在简单陈述了传统图论模拟的理念，介绍了图论仿真的实践流程后，我们重点介绍了近期新提出的“嵌入式”图论的新方法。这种方法充分利用了图论采用状态转移来描述传播的优势，将电波和障碍物发生反射、衍射等传播机制情况隐含在图论中，从而达到更为准确地模拟真实信道特征的目的。本章通过一系列真实场景中的实测数据，采用传统图论、新型图论对信道特征进行模拟，并和经典的射线追踪得到的结果进行对比，验证了这些改进的有效性。图论作为一种灵活、具有低实现复杂度，以及能够快速模拟实际传播环境的仿真工具，将会在实际信道特征研究、统计模型构建、确定性信道预测中得到越来越广泛的应用。

9.5 习题

(1) 请简述传播图论的拓扑图构建原理。

(2) 在图论中，采用了“点”和“边”来描述具体环境中的电波传播状态改变。请简要描述点的集合所包含的种类。

(3) 请尝试构建 2 个发射端、3 个散射体，以及 2 个接收端之间的传播图拓扑。假设所有“点”之间均符合“可见”条件。

(4) 请简述与射线追踪相比，传播图论的缺点和优点分别是什么。

(5) 请简述图论能够模拟多次折返传播的原理。

(6) 阅读相关文献，讨论如何将图论与射线追踪进行融合，以提高信道仿真的准确度。

(7) 请简述你认为现阶段图论需要进一步改进的方向。

(8) 射线追踪从接收端方向搜索来自发射端的有效路径，并对这些多径进行模拟。请简要分析这样做的优缺点。

(9) 在图论信道仿真中，可以通过多次撒“点”的方式来体现信道的随机性。请简述你对此方法的理解，并思考是否存在其他的方式可模拟信道随机性的出现。

(10) 图论可以通过嵌入式的方式将反射、衍射机制融入图论转移矩阵，请简述这种嵌入方式是如何实现的。通过图之间的嵌入，如何增强对实际场景的仿真真实度？

(11) 如何理解图论通过转移状态的转换，就可以模拟无穷多数量的传播射线？

(12) 如何理解图论相对于射线追踪而言，更能够对互干扰特征进行模拟？

(13) 如何理解图论具有对复杂环境、复杂传播结构场景进行描绘的能力？

(14) 请简要描述将射线追踪与图论相结合来进行信道仿真的方式方法。

（15）如何将图论和实测活动得到的信道特征结合在一起？请举例说明。

（16）请简要陈述基于 Lambertian 散射模型推导得出的图论传播损耗计算公式，解释其中的参数的物理含义。

（17）请说明如何在传播图中的“点”到“点”之间“嵌入”一次或多次反射，从而利用这种“嵌入”图论实现对反射的模拟。

（18）请讨论是否可以通过“嵌入”的思路来模拟漫散射分量的响应。

参考文献

[1] T. Pedersen, B. H. Fleury. A realistic radio channel model based in stochastic propagation graphs[C]. Vienna:Vienna University of Technology,2006.

[2] T. Pedersen, B. H. Fleury. Radio channel modelling using stochastic propagation graphs[C]. Glasgow:IEEE,2007.

[3] T. Pedersen,G. Steinböck, B. H. Fleury. Modeling of outdoor-to-indoor radio channels via propagation graphs[C]. Beijing:IEEE,2014.

[4] T. Pedersen,G. Steinböck, B. H. Fleury. Modeling of reverberant radio channels using propagation graphs[J]. IEEE Transactions on Antennas and Propagation, 2012,60(12):5978-5988.

[5] L. Tian,X. F. Yin,Q. Zuo,et al. Channel modeling based on random propagation graphs for high speed railway scenarios[C]. Sydney:IEEE,2012.

[6] R. N. Zhang,X. F. Lu,Z. M. Zhong,et al. A study on spatial-temporal dynamics properties of indoor wireless channels[C]. Chengdu:WASA,2011.

[7] G. Steinböck,M. Gan,P. Meissner,et al. Hybrid model for reverberant indoor radio channels using rays and graphs[J]. IEEE Transactions on Antennas and Propagation,2016,64(9):4036-4048.

[8] L. Tian,V. D. Esposti,E. M. Vitucci,et al. Semi-deterministic radio channel modeling based on graph theory and ray-tracing[J]. IEEE Transactions on Antennas and Propagation,2016,64(6):2475-2486.

[9] J. J. Chen,X. F. Yin,L. Tian,et al. Millimeter-wave channel modeling based on a unified propagation graph theory[J]. IEEE Communications Letters,2017,21(2): 246-249.

[10] J. R. B. Jarvis,M. D. Janezic. Measuring the permittivity and permeability of lossy materials:Solids,liquids,metals,and negative-index materials[J]. NIST Technical Note,2005,4(13):27-78.

[11] C. R. Anderson,T. S. Rappaport,K. Bae,et al. In-building wideband multipath characteristics at 2.5 and 60 GHz[C]. Vancouver:IEEE,2012.

[12] L. H. Gonsioroski, L. D. S. Mello. Preliminary results of measurements of penetration losses through buildings at 2.5 GHz[C]. Rio de Janeiro:IEEE,2013.

[13] Y. Du,C. Cao,X. Zou,et al. Measurement and modeling of penetration loss in the range from 2 GHz to 74 GHz[C]. Washington:IEEE,2017.

[14] L. H. Wang, K. Guan, B. Ai, et al. An accelerated algorithm for ray tracing simulation based on high-performance computation[C]. Guilin: IEEE, 2017.

[15] A. A. M. Saleh, R. A. Valenzuela. A statistical model for indoor multipath propagation[J]. IEEE Journal on Selected Areas in Communications, 1987, 5(2): 128-137.

[16] V. D. Esposti, H. L. Bertoni. Evaluation of the role of diffuse scattering in urban microcellular propagation[C]. Amsterdam: IEEE, 1999.

[17] V. D. Esposti. A diffuse scattering model for urban propagation prediction[J]. IEEE Transactions on Antennas and Propagation, 2001, 49(7): 1111-1113.

[18] V. D. Esposti, F. Fuschini, E. M. Vitucci, et al. Measurement and modelling of scattering from buildings[J]. IEEE Transactions on Antennas and Propagation, 2007, 55(1): 143-153.

附　　录

A.1　在测量中忽略多普勒频移的影响

式(3.6.6)描述的是在假设所有的参数都已知，仅有多普勒频移未知的情况下目标函数的具体形式。在推导该表达式的过程中没有考虑由于非零多普勒频移的存在而导致的在测量时间段 T_{sc} 内可能存在的相位噪声的变化。在本附录中，我们将证明，忽略了多普勒频移所引起的相位改变，会导致后处理过程中信噪比的下降，并且信噪比下降的具体数值可以写成多普勒频移的具体函数表达。此外，本附录还证明了当采样率和切换速率足够快的时候，SNR 的下降可以忽略不计，即对参数估计所产生的影响可以忽略。

此处的信道测试信号 $u(t)$ 可以采用如下模型来表示：

$$u(t)=\sum_{k=0}^{K-1}a_{k_p}(t-kT_p) \tag{A.1.1}$$

这里，$a_k(k=0,\cdots,K-1)$ 代表复数取值、长度为 K 的测试信号序列。设 $p(t)$ 表示具体的赋形函数，该函数的时间跨度 T_p 和信号包(Burst)的长度 T_a 之间的关系为 $T_a=KT_p$。每一个赋形函数通过采样率 N_s 进行采样。于是，赋予信号的形状可以表示为

$$p(t)=\sum_{s=0}^{N_s-1}p_s h(t-sT_s) \tag{A.1.2}$$

这里，T_s 表示的是每一个采样的长度。最终，我们可以把 $u(t)$ 表示为

$$u(t)=\sum_{k=0}^{K-1}\sum_{s=0}^{N_s-1}a_k p_s h(t-kT_p-sT_s) \tag{A.1.3}$$

通过该表达式，我们可以看到 $u(t)$ 一共由 KN_s 个采样点构成。为了简单起见，我们把 $u(t)$ 进一步写成

$$u(t)=\sum_{n=1}^{KN_s}u(t_n) \tag{A.1.4}$$

这里，$u(t_n)$ 表示的是 $t_n(t_n=(n-1)\cdot T_s,n=1,\cdots,KN_s)$ 时刻发射信号的包络。将式(A.1.1)代入式(3.6.6)，可以将积分的操作重新写成离散采样的求和形式，即

$$\begin{aligned}z(\nu;y)=&\sum_{m_2=1}^{M_2}\sum_{m_1=1}^{M_1}\tilde{c}_{1,m_1}(\boldsymbol{\Omega}'_1)^*\tilde{c}_{2,m_2}(\boldsymbol{\Omega}'_2)^*\sum_{i=1}^{I}\exp\{-j2\pi\nu t_{i,m_2,m_1}\}\\&\cdot\sum_{n=1}^{KN_s}u(t_n-\tau)^*y(t_{i,m_2,m_1}+t_n)\end{aligned} \tag{A.1.5}$$

此处的信号 $u(t)$ 的功率为 P_u。观测信号 $y(t)$ 在时刻 $t=t_{i,m_2,m_1}+t_n$ 的具体形式可以描述成

$$\begin{aligned}y(t_{i,m_2,m_1}+t_n)=&\alpha_l\tilde{c}_{1,m_1}(\boldsymbol{\Omega}'_1)\tilde{c}_{2,m_2}(\boldsymbol{\Omega}'_2)\exp\{j2\pi\nu' t_{i,m_2,m_1}+t_n\}u(t_n-\tau)\\&+\sqrt{\frac{N_0}{2}}q_2(t_n+t_{i,m_2,m_1})W(t_n+t_{i,m_2,m_1})\end{aligned}$$

这里，ν' 代表的是传播路径的真实的多普勒频移数值。将上述表达式代入式(A.1.5)可

以得到

$$z(\nu;y)=\sum_{m_2=1}^{M_2}\sum_{m_1=1}^{M_1}\alpha_l\tilde{c}_{1,m_1}(\boldsymbol{\Omega}'_1)^*\tilde{c}_{1,m_1}(\boldsymbol{\Omega}'_1)^*\tilde{c}_{2,m_2}(\boldsymbol{\Omega}'_2)^*\tilde{c}_{2,m_2}(\boldsymbol{\Omega}'_2)\sum_{i=1}^{I}\exp\{-\mathrm{j}2\pi\nu t_{i,m_2,m_1}\}$$
$$\cdot\sum_{n=1}^{KN_s}\exp\{\mathrm{j}2\pi\nu'\cdot(t_{i,m_2,m_1}+t_n)\}\underbrace{u(t_n-\tau)^*u(t_n-\tau)}_{=P_u}$$
$$+\sum_{m_2=1}^{M_2}\sum_{m_1=1}^{M_1}\tilde{c}_{1,m_1}(\boldsymbol{\Omega}'_1)^*\tilde{c}_{2,m_2}(\boldsymbol{\Omega}'_2)^*\sum_{i=1}^{I}\exp\{-\mathrm{j}2\pi\nu t_{i,m_2,m_1}\}$$
$$\cdot\sum_{n=1}^{KN_s}u(t_n-\tau)^*\sqrt{\frac{N_0}{2}}q_2(t_n+t_{i,m_2,m_1})W(t_n+t_{i,m_2,m_1})$$

将式中的 $\tilde{c}_1,m_1(\boldsymbol{\Omega}'_1)$用 $\|\boldsymbol{c}_1(\boldsymbol{\Omega}'_1)\|\tilde{c}_{1,m_1}(\boldsymbol{\Omega}'_1)$，$\tilde{c}_{2,m_2}(\boldsymbol{\Omega}'_2)$用 $\|\boldsymbol{c}_2(\boldsymbol{\Omega}'_2)\|\tilde{c}_{2,m_2}(\boldsymbol{\Omega}'_2)$代替，可以得到

$$z(\nu;y)=\|\boldsymbol{c}_1(\boldsymbol{\Omega}'_1)\|\|\boldsymbol{c}_2(\boldsymbol{\Omega}'_2)\|\alpha_l\sum_{i=1}^{I}\sum_{m_2=1}^{M_2}\sum_{m_1=1}^{M_1}|\tilde{c}_{1,m_1}(\boldsymbol{\Omega}'_1)^*|^2|\tilde{c}_{2,m_2}(\boldsymbol{\Omega}'_2)^*|^2$$
$$\cdot\exp\{-\mathrm{j}2\pi\nu t_{i,m_2,m_1}\}\sum_{n=1}^{KN_s}\exp\{\mathrm{j}2\pi\nu'\cdot(t_{i,m_2,m_1}+t_n)\}P_u$$
$$+\sqrt{\frac{N_0}{2}}\sum_{m_2=1}^{M_2}\sum_{m_1=1}^{M_1}\tilde{c}_{1,m_1}(\boldsymbol{\Omega}'_1)^*\tilde{c}_{2,m_2}(\boldsymbol{\Omega}'_2)^*\cdot\sum_{i=1}^{I}\exp\{-\mathrm{j}2\pi\nu t_{i,m_2,m_1}\}$$
$$\cdot\sum_{n=1}^{KN_s}u(t_n-\tau)^*W(t_n+t_{i,m_2,m_1})$$

在第 3.6.2 小节的(1)假设下，即发射端和接收端的多天线方向图分别在波离方向 $\boldsymbol{\Omega}'_1$ 和波达方向 $\boldsymbol{\Omega}'_2$ 上保持一致，则天线的方向增益$|\tilde{c}_{1,m_1}(\boldsymbol{\Omega}'_1)^*|^2$与$|\tilde{c}_{2,m_2}(\boldsymbol{\Omega}'_2)^*|^2$可以被分别计算为 $1/\|\boldsymbol{c}_1(\boldsymbol{\Omega}'_1)\|^2$ 和 $1/\|\boldsymbol{c}_2(\boldsymbol{\Omega}'_2)\|^2$，采用上述结果，我们可以得到

$$z(\nu;y)=\frac{\alpha_l}{\|\boldsymbol{c}_1(\boldsymbol{\Omega}'_1)\|\|\boldsymbol{c}_2(\boldsymbol{\Omega}'_2)\|}\sum_{i=1}^{I}\sum_{m_2=1}^{M_2}\sum_{m_1=1}^{M_1}\exp\{-\mathrm{j}2\pi\nu t_{i,m_2,m_1}\}\sum_{n=1}^{KN_s}\exp\{\mathrm{j}2\pi\nu'_l t_n\}P_u$$
$$+\sqrt{\frac{N_0}{2}}\sum_{m_2=1}^{M_2}\sum_{m_1=1}^{M_1}\tilde{c}_{1,m_1}(\boldsymbol{\Omega}'_1)^*\tilde{c}_{2,m_2}(\boldsymbol{\Omega}'_2)^*\sum_{i=1}^{I}\exp\{-\mathrm{j}2\pi\nu t_{i,m_2,m_1}\}$$
$$\cdot\sum_{n=1}^{KN_s}u(t_n-\tau)^*W(t_n+t_{i,m_2,m_1})$$

将 t_n 用$(n-1)T_s$ 代替，可以得到

$$z(\nu;y)=\frac{\alpha_l P_u}{\|\boldsymbol{c}_1(\boldsymbol{\Omega}'_1)\|\|\boldsymbol{c}_2(\boldsymbol{\Omega}'_2)\|}\Big[\sum_{n=1}^{KN_s}\exp\{\mathrm{j}2\pi\nu'_l(n-1)T_s\}$$
$$\cdot\sum_{i=1}^{I}\sum_{m_2=1}^{M_2}\sum_{m_1=1}^{M_1}\exp\{\mathrm{j}2\pi(\nu'_l-\nu)t_{i,m_2,m_1}\}+V(\nu)\Big]$$

与之前的推导相似，噪声分量 $V(\nu)$可以计算为

$$V(\nu)=\frac{1}{\sqrt{\gamma_s}}\sum_{i,m_2,m_1,n}W'_{i,m_2,m_1,n}\exp\{-\mathrm{j}2\pi\nu t_{i,m_2,m_1}\}\tag{A.1.6}$$

这里的 $\gamma_s=\dfrac{|\alpha_l|^2P_u}{N_0}$表示的是每个采样点的信噪比，且 $W'_{i,m_2,m_1,n}$表示的是具有单位方差、呈现高斯分布、实部虚部对称的噪声分量。于是，可以得到

$$|z(\nu;y)|=\frac{|\alpha_l|P_u}{\|\boldsymbol{c}_1(\boldsymbol{\Omega}'_1)\|\,\|\boldsymbol{c}_2(\boldsymbol{\Omega}'_2)\|}\left|\left[\sum_{n=1}^{KN_s}\exp\{j2\pi\nu'_l(n-1)T_s\}\right.\right.$$
$$\sum_{i=1}^{I}\sum_{m_2=1}^{M_2}\sum_{m1=1}^{M_1}\exp\{j2\pi(\nu'_l-\nu)t_{i,m_2,m_1}\}$$
$$\left.\left.+\frac{1}{\sqrt{\gamma_s}}\sum_{i,m_2,m_1,n}W'_{i,m_2,m_1,n}\exp\{-j2\pi\nu t_{i,m_2,m_1}\}\right]\right|$$

注意到此处

$$\sum_{n=1}^{KN_s}\exp\{j2\pi\nu'_l(n-1)T_s\}=\exp\{j\pi\nu'_l(KN_s-1)T_s\}\frac{\sin(\pi\nu'_lKN_sT_s)}{\sin(\pi\nu'_lT_s)}$$

$|z(\nu;y)|$可以写成

$$|z(\nu;y)|=\frac{|\alpha_l|P_u}{\|\boldsymbol{c}_1(\boldsymbol{\Omega}'_1)\|\,\|\boldsymbol{c}_2(\boldsymbol{\Omega}'_2)\|}\left|\left[\exp\{j\pi\nu'_l(KN_s-1)T_s\}\frac{\sin(\pi\nu'_lKN_sT_s)}{\sin(\pi\nu'_lT_s)}\right.\right.$$
$$\cdot\sum_{i=1}^{I}\sum_{m_2=1}^{M_2}\sum_{m_1=1}^{M_1}\exp\{j2\pi(\nu'_l-\nu)t_{i,m_2,m_1}\}$$
$$\left.\left.+\frac{1}{\sqrt{\gamma_s}}\sum_{i,m_2,m_1,n}W'_{i,m_2,m_1,n}\exp\{-j2\pi\nu t_{i,m_2,m_1}\}\right]\right|$$

经过一定的推导,能够得到如下的表达式:

$$|z(\nu;y)|=\frac{|\alpha_l|P_u}{\|\boldsymbol{c}_1(\boldsymbol{\Omega}'_1)\|\,\|\boldsymbol{c}_2(\boldsymbol{\Omega}'_2)\|}\cdot\left|\left[\left|\frac{\sin(\pi\nu'_lKN_sT_s)}{\sin(\pi\nu'_lT_s)}\right|\cdot\right.\right.$$
$$\left|\frac{\sin(\pi(\nu'_l-\nu)IT_{cy})}{\sin(\pi(\nu'_l-\nu)T_{cy})}\right|\cdot\left|\frac{\sin(\pi(\nu'_l-\nu)M_1T_t)}{\sin(\pi(\nu'_l-\nu)T_t)}\right|\cdot\left|\frac{\sin(\pi(\nu'_l-\nu)M_2T_r)}{\sin(\pi(\nu'_l-\nu)T_r)}\right|$$
$$\left.\left.+\frac{1}{\sqrt{\gamma_s}}\sum_{i,m_2,m_1,n}W'_{i,m_2,m_1,n}\exp\{-j2\pi\nu t_{i,m_2,m_1}\}\right]\right|$$
$$=\frac{|\alpha_l|P_uF_n(\nu'_l)IM_2M_1}{\|\boldsymbol{c}_1(\boldsymbol{\Omega}'_1)\|\,\|\boldsymbol{c}_2(\boldsymbol{\Omega}'_2)\|}\cdot[F_{cy}(\nu)\cdot F_t(\nu)\cdot F_r(\nu)$$
$$+\frac{1}{F_n(\nu'_l)IM_2M_1\sqrt{\gamma_s}}\sum_{i,m_2,m_1,n}W'_{i,m_2,m_1,n}\exp\{-j2\pi\nu t_{i,m_2,m_1}\}]\tag{A.1.7}$$

此处,$F_{cy}(\nu)$、$F_t(\nu)$和$F_r(\nu)$可由下式给出:

$$F_n(\nu'_l)=\left|\frac{\sin(\pi\nu'_lKN_sT_n)}{\sin(\pi\nu'_lT_n)}\right|$$

且$W''_{i,m_2,m_1,n}$是复数取值的随机变量,其统计特征与$W'_{i,m_2,m_1,n}$相同。于是,我们可以将式(A.1.7)写成如下形式:

$$|z(\nu;y)|=\frac{|\alpha_l|P_uF_n(\nu'_l)IM_2M_1}{\|\boldsymbol{c}_1(\boldsymbol{\Omega}'_1)\|\,\|\boldsymbol{c}_2(\boldsymbol{\Omega}'_2)\|}\cdot[F_{cy}(\nu)\cdot F_t(\nu)\cdot F_r(\nu)$$
$$+\frac{1}{F_n(\nu'_l)IM_2M_1\sqrt{\gamma_s}}\sum_{i,m_2,m_1,n}W''_{i,m_2,m_1,n}\exp\{-j2\pi\nu t_{i,m_2,m_1}\}]\tag{A.1.8}$$

上述表达式中的噪声分量具有如下方差:

$$\frac{1}{F_n^2(\nu'_l)I^2M_2^2M_1^2\gamma_s}IM_2M_1KN_s=\frac{(KN_s)^2}{F_n^2(\nu'_l)IM_2M_1KN_s\gamma_s}$$
$$=\frac{(KN_s)^2}{F_n^2(\nu'_l)\gamma_0}$$

$$=\frac{1}{\left(\frac{F_n(\nu'_l)}{KN_s}\right)^2\gamma_0}$$

$$=\frac{1}{\beta(\nu'_l)\gamma_0}$$

其中，$\beta(\nu'_l)=\left(\frac{F_n(\nu'_l)}{KN_s}\right)^2=\left|\frac{\sin(\pi\nu'_l KN_s T_n)}{\sin(\pi\nu'_l T_n)KN_s}\right|^2$ 代表了一个与 ν'_l 成函数关系的因子，此外，γ_0 代表了估计算法输出的信噪比。最终，式(A. 1. 8)具有如下形式：

$$|z(\nu;y)|=\frac{|\alpha_l|P_u F_n(\nu'_l)IM_2M_1}{\|\boldsymbol{c}_1(\boldsymbol{\Omega}'_1)\|\ \|\boldsymbol{c}_2(\boldsymbol{\Omega}'_2)\|}\cdot F_n(\nu'_l)\left[F_{cy}(\nu)\cdot F_t(\nu)\cdot F_r(\nu)+\frac{1}{\sqrt{\beta(\nu'_l)\gamma_0}}W\right] \tag{A. 1. 9}$$

其中，函数 $\beta(\nu'_l)$ 的数值在 ν'_l 增加时下降，即输出信噪比 γ_0 降低 $|10\lg(\beta(\nu'_l))|$ 分贝。

A. 2 简化目标函数中的噪声分量

函数 z 中的噪声分量 $V(\nu)$ 可以写成

$$V(\nu)=\frac{|\boldsymbol{c}_1(\boldsymbol{\Omega}'_1)|\,|\boldsymbol{c}_2(\boldsymbol{\Omega}'_2)|}{P_u T_{sc}}\sum_{i=1}^{I}\sum_{m_2=1}^{M_2}\sum_{m_1=1}^{M_1}\tilde{c}_{1,m_1}(\boldsymbol{\Omega}'_1)^*\tilde{c}_{2,m_2}(\boldsymbol{\Omega}'_2)^*$$

$$\exp\{-\mathrm{j}2\pi\nu t_{i,m_2,m_1}\}\sqrt{\frac{N_0}{2}}\frac{1}{\alpha_1}u(t-\tau)^*q_2(t)W(t+t_{i,m_2,m_1})\mathrm{d}t$$

将其中的积分用 $W'_{i,m_2,m_1,n}$ 表示。这里 $W'_{i,m_2,m_1,n}$ 是一个方差为 $2P_uT_{sc}$ 的复数形式的、实部虚部对称的高斯随机变量。则 $V(\nu)$ 可以写成如下形式：

$$V(\nu)=\frac{|\boldsymbol{c}_1(\boldsymbol{\Omega}'_1)|\,|\boldsymbol{c}_2(\boldsymbol{\Omega}'_2)|}{P_u T_{sc}}\sum_{i=1}^{I}\sum_{m_2=1}^{M_2}\sum_{m_1=1}^{M_1}\tilde{c}_{1,m_1}(\boldsymbol{\Omega}'_1)^*\tilde{c}_{2,m_2}(\boldsymbol{\Omega}'_2)^*$$

$$\exp\{-\mathrm{j}2\pi\nu t_{i,m_2,m_1}\}\sqrt{\frac{N_0}{2}}\frac{1}{\alpha_1}W'_{i,m_2,m_1} \tag{A. 2. 1}$$

式(A. 2. 1)的右侧可以表示为

$$V(\nu)=\sum_{i=1}^{I}\sum_{m_2=1}^{M_2}\sum_{m_1=1}^{M_1}\sqrt{\frac{N_0}{2}}\frac{\|\boldsymbol{c}_1(\boldsymbol{\Omega}'_1)\|\ \|\boldsymbol{c}_2(\boldsymbol{\Omega}'_2)\|}{P_u T_{sc}\alpha_l}\tilde{c}_{1,m_1}(\boldsymbol{\Omega}'_1)^*\tilde{c}_{2,m_2}(\boldsymbol{\Omega}'_2)^*$$

$$W'_{i,m_2,m_1}\cdot\exp\{-\mathrm{j}2\pi\nu t_{i,m_2,m_1}\} \tag{A. 2. 2}$$

求和式中的每一个分量可以表示为

$$V_{i,m_2,m_1}(\nu)=\sqrt{\frac{N_0}{2}}\frac{\|\boldsymbol{c}_1(\boldsymbol{\Omega}'_1)\|\ \|\boldsymbol{c}_2(\boldsymbol{\Omega}'_2)\|}{P_u T_{sc}\alpha_l}\tilde{c}_{1,m_1}(\boldsymbol{\Omega}'_1)^*\tilde{c}_{2,m_2}(\boldsymbol{\Omega}'_2)^*W'_{i,m_2,m_1}$$

$$\cdot\exp\{-\mathrm{j}2\pi\nu t_{i,m_2,m_1}\}$$

$V(\nu)$ 可以计算为

$$V(\nu)=\sum_{i=1}^{I}\sum_{m_2=1}^{M_2}\sum_{m_1=1}^{M_1}W''_{i,m_2,m_1}\cdot\exp\{-\mathrm{j}2\pi\nu t_{i,m_2,m_1}\}$$

其中：

$$W''_{i,m_2,m_1}=\sqrt{\frac{N_0}{2}}\frac{\|\boldsymbol{c}_1(\boldsymbol{\Omega}'_1)\|\ \|\boldsymbol{c}_2(\boldsymbol{\Omega}'_2)\|}{P_u T_{sc}\alpha_l}\tilde{c}_{1,m_1}(\boldsymbol{\Omega}'_1)^*\tilde{c}_{2,m_2}(\boldsymbol{\Omega}'_2)^*W'_{i,m_2,m_1}$$

此外，W''_{i,m_2,m_1} 的方差可通过如下步骤计算得到：

$$Var(W''_{i,m_2,m_1}) = \left| \sqrt{\frac{N_0}{2}} \frac{\| \boldsymbol{c}_1(\boldsymbol{\Omega}'_1) \| \ \| \boldsymbol{c}_2(\boldsymbol{\Omega}'_2) \|}{P_u T_{sc} \alpha_l} \tilde{c}_{1,m_1}(\boldsymbol{\Omega}'_1)^* \tilde{c}_{2,m_2}(\boldsymbol{\Omega}'_2)^* \right|^2 Var(W'_{i,m_2,m_1})$$

$$= \frac{N_0}{2} \left(\frac{\| \boldsymbol{c}_1(\boldsymbol{\Omega}'_1) \| \ \| \boldsymbol{c}_2(\boldsymbol{\Omega}'_2) \|}{P_u T_{sc} |\alpha_l|} \right)^2 |\tilde{c}_{1,m_1}(\boldsymbol{\Omega}'_1)^*|^2 |\tilde{c}_{2,m_2}(\boldsymbol{\Omega}'_2)^*|^2 \cdot 2P_u T_{sc}$$

$$= \frac{N_0}{2} \left(\frac{\| \boldsymbol{c}_1(\boldsymbol{\Omega}'_1) \| \ \| \boldsymbol{c}_2(\boldsymbol{\Omega}'_2) \|}{P_u T_{sc} |\alpha_l|} \right)^2 \frac{1}{\| \boldsymbol{c}_1(\boldsymbol{\Omega}'_1) \|^2} \frac{1}{\| \boldsymbol{c}_2(\boldsymbol{\Omega}'_2) \|^2} \cdot 2P_u T_{sc}$$

$$= \frac{N_0}{P_u T_{sc} |\alpha_l|^2} \tag{A.2.3}$$

采用定义 $\gamma_l = \dfrac{P_u |\alpha_l|^2}{\left(\dfrac{N_0}{T_{sc}}\right)}$，$V(\nu)$可以重新表示为

$$V(\nu) = \sum_{i,m_2,m_1} \frac{1}{\sqrt{\gamma_l}} N_{i,m_2,m_1} \cdot \exp\{-j2\pi\nu t_{i,m_2,m_1}\}$$

这里的 N_{i,m_2,m_1} 代表的是一个具有单位方差的、复数形式的、实部虚部对称的高斯随机变量。

A.3 恒等式(5.2.6)、式(5.2.7)和式(5.2.8)的证明

在单一 SDS 方案中，对 NA 的 ML 估计值$\hat{\phi}$可能不是一个唯一值。

$$\Lambda(\phi) = \sum_{t=t_1}^{tN} \| \tilde{\boldsymbol{c}}(\phi)^H \boldsymbol{y}(t) \|_F^2 \tag{A.3.1}$$

在式(A.3.1)中，$\|\cdot\|$ 表示作为参数给出的向量的欧几里得范数是归一化的数组响应。因此，假设 $\Lambda(\phi)$满足必要的规律条件，$\hat{\phi}$满足定义 $\Lambda'(\hat{\phi})=0$ 和 $\Lambda'(\hat{\phi}) \doteq \left.\dfrac{d\Lambda(\phi)}{d\phi}\right|_{\phi=\hat{\phi}}$，我们可以假设$\hat{\phi}=\bar{\phi}+\breve{\phi}$，其中，$\bar{\phi}$ 表示真正的 NA 值，而$\breve{\phi}$表示估计误差。我们假设估计误差$\breve{\phi}$非常小，则 $\Lambda'(\hat{\phi})$可以在 $\bar{\phi}$ 附近用它的一阶泰勒展开式近似，例如，当 $\Lambda''(\bar{\phi}) \doteq \left.\dfrac{d^2\Lambda(\phi)}{d\phi^2}\right|_{\phi=\bar{\phi}}$ 时，有 $\Lambda'(\hat{\phi}) \approx \Lambda'(\bar{\phi}) + \breve{\phi} \cdot \Lambda''(\bar{\phi})$。在 $\Lambda'(\hat{\phi})=0$ 附近插入此近似值得到[1]

$$\Lambda'(\bar{\phi}) + \breve{\phi} \cdot \Lambda''(\bar{\phi}) \approx 0 \tag{A.3.2}$$

接下来再考虑观察无噪声的情况($\sigma_\omega^2=0$)。此外，天线阵元被认为是各向同性的。在这种情况下，以下等式在 $c''(\bar{\phi}) \doteq \left.\dfrac{d^2 c(\phi)}{d\phi^2}\right|_{\phi=\bar{\phi}}$ 时成立：

$$\mathrm{Re}\{\boldsymbol{c}(\bar{\phi})^H \boldsymbol{c}(\bar{\phi})\} = 0$$
$$\mathrm{Re}\{(\boldsymbol{c}^H(\bar{\phi})\boldsymbol{c}'(\bar{\phi}))^2\} = -|\tilde{\boldsymbol{c}}^H(\bar{\phi})\boldsymbol{c}'(\bar{\phi})|^2$$
$$\mathrm{Re}\{\boldsymbol{c}^H(\bar{\phi})\boldsymbol{c}''(\bar{\phi})\} = -\|\boldsymbol{c}'(\bar{\phi})\|^2$$

利用近似公式 $\boldsymbol{y}(t) \approx \boldsymbol{y}_{GAM}(t)$，我们计算出 $\Lambda'(\bar{\phi}) + \breve{\phi} \cdot \Lambda''(\bar{\phi}) \approx 0$ 时 $\Lambda'(\bar{\phi})$和 $\Lambda''(\bar{\phi})$的值：

$$\Lambda'(\bar{\phi}) = 2 \cdot \sum_{t=t_1}^{t_N} |\alpha(t)|^2 \cdot \mathrm{Re}\left\{\frac{\beta(t)}{\alpha(t)}\right\} \cdot (\|\boldsymbol{c}'(\bar{\phi})\|^2 + \mathrm{Re}\{(\tilde{\boldsymbol{c}}(\bar{\phi})^H \boldsymbol{c}'(\bar{\phi}))^2\})$$

$$\tag{A.3.3}$$

$$\Lambda''(\bar{\phi}) = -2 \cdot \sum_{t=t_1}^{t_N} |\alpha(t)|^2 \cdot (\|\boldsymbol{c}'(\bar{\phi})\|^2 + \mathrm{Re}\{(\tilde{\boldsymbol{c}}(\bar{\phi})^{\mathrm{H}}\boldsymbol{c}'(\bar{\phi}))^2\}) + g(t,\bar{\phi}) \tag{A.3.4}$$

其中,

$$\begin{aligned} g(t,\bar{\phi}) \doteq & -\mathrm{Re}\{\alpha^*(t)\beta(t) \cdot [\boldsymbol{c}''(\bar{\phi})^{\mathrm{H}}\tilde{\boldsymbol{c}}'(\bar{\phi}) + 2\tilde{\boldsymbol{c}}(\bar{\phi})^{\mathrm{H}}\tilde{\boldsymbol{c}}'(\bar{\phi}) \|\boldsymbol{c}'(\bar{\phi})\|^2 \\ & + \boldsymbol{c}(\bar{\phi})^{\mathrm{H}}\tilde{\boldsymbol{c}}(\bar{\phi})\boldsymbol{c}''(\bar{\phi})^{\mathrm{H}}\tilde{\boldsymbol{c}}(\bar{\phi})]\} - |\beta(t)|^2 \cdot \\ & (\mathrm{Re}\{\boldsymbol{c}'(\bar{\phi})^{\mathrm{H}}\tilde{\boldsymbol{c}}(\bar{\phi})\boldsymbol{c}''(\bar{\phi})^{\mathrm{H}}\tilde{\boldsymbol{c}}'(\bar{\phi})\} + \|\boldsymbol{c}'(\bar{\phi})\|^4) \end{aligned} \tag{A.3.5}$$

在第 5.2.1 节的假设(1)～(3)中,随机过程 $\alpha^*(t)\beta(t)$ 和 $|\beta(t)|^2$ 在式(A.3.5)中的期望为 0 和 $\sigma_\alpha^2\sigma_{\tilde{\phi}}^2$,并分别对应方差 $4\sigma_\alpha^4\sigma_{\tilde{\phi}}^2$ 和 $10\sigma_\alpha^4\sigma_{\tilde{\phi}}^4$。因此,在 $\sigma_{\tilde{\phi}}$ 非常小的情况下,$g(t,\bar{\phi})$ 会变得比 $\Lambda''(\bar{\phi})$ 中的其他项更小。在式(A.3.2)中插入式(A.3.4)项并且忽略 $g(t,\bar{\phi})$,$\Lambda''(\bar{\phi})$ 可以近似为

$$\Lambda''(\bar{\phi}) \approx \tilde{\Lambda}''(\bar{\phi}) \approx -2 \cdot \sum_{t=t_1}^{t_N} |\alpha(t)|^2 \cdot (\|\boldsymbol{c}'(\bar{\phi})\|^2 + \mathrm{Re}\{(\tilde{\boldsymbol{c}}(\bar{\phi})^{\mathrm{H}}\boldsymbol{c}'(\bar{\phi}))^2\}) \tag{A.3.6}$$

借助式(A.3.3)和式(A.3.6),由式(A.3.2)我们可以得到

$$\breve{\phi} \approx \breve{\phi} \doteq -\frac{\Lambda'(\bar{\phi})}{\tilde{\Lambda}''(\bar{\phi})} \tag{A.3.7}$$

再将式(A.3.3)和式(A.3.6)带入式(A.3.7),得

$$\breve{\phi} = \frac{\sum_{t=t_1}^{t_N} |\alpha(t)|^2 \cdot \mathrm{Re}\left\{\dfrac{\beta(t)}{\alpha(t)}\right\}}{\sum_{t=t_1}^{t_N} |\alpha(t)|^2} \tag{A.3.8}$$

在 $N=1$ 的特殊情况下,式(A.3.8)变为

$$\breve{\phi} = \mathrm{Re}\left\{\frac{\beta(t)}{\alpha(t)}\right\} \tag{A.3.9}$$

式(A.3.8)也表明,我们可以从$\breve{\phi}$的条件期望和条件方差中看出:

$$E[\breve{\phi} \mid \alpha] = 0 \tag{A.3.10}$$

$$\mathrm{Var}[\breve{\phi} \mid \alpha] = \frac{1}{2} \frac{\sigma_\beta^2}{\sum_{t=t_1}^{t_N} |\alpha(t)|^2} \tag{A.3.11}$$

定义 $z \doteq \sum_{t=t_1}^{t_N} |\alpha(t)|^2$,则由 z 表示的$\breve{\phi}$的条件概率密度函数为如下形式:

$$f_{\breve{\phi}}(\phi|\alpha) = \frac{\sqrt{z}}{\sqrt{\pi} \cdot \sigma_\beta} \cdot \exp\left\{-\frac{z}{\sigma_\beta^2} \cdot \phi^2\right\} \tag{A.3.12}$$

随机变量 z 是一个卡方分布的具有 $2N$ 自由度的量。它的概率密度函数写为

$$f(z) = \frac{1}{\Gamma(N)\sigma_\alpha^{2N}} \cdot z^{(N-1)} \cdot \exp\left\{-\frac{z}{\sigma_\alpha^2}\right\}, \quad z > 0 \tag{A.3.13}$$

综合式(A.3.12)和式(A.3.13),我们得到$\breve{\phi}$的概率密度函数为

$$f_{\breve{\phi}}(\phi)=\int_0^{\infty} f_{\breve{\phi}}(\phi \mid z)f(z)\mathrm{d}z=\frac{\Gamma\left(N+\frac{1}{2}\right)}{\sqrt{\pi}\Gamma(N)}\cdot\frac{1}{\sigma_{\breve{\phi}}}\cdot\frac{1}{\left(1+\frac{\breve{\phi}^2}{\sigma_{\breve{\phi}}^2}\right)^{\left(N+\frac{1}{2}\right)}} \tag{A.3.14}$$

利用式(A. 3. 14)得到$\breve{\phi}$的方差为

$$\mathrm{Var}[\breve{\phi}]=\frac{\Gamma(N-1)}{2\Gamma(N)}\cdot\sigma_{\breve{\phi}}^2=\begin{cases}\infty, & N=1\\ \frac{1}{2(N-1)}, & N>1\end{cases} \tag{A.3.15}$$

由 z 给出的$|\breve{\phi}|$的条件期望为

$$E[\,|\breve{\phi}|\,\alpha]=\frac{\sigma_\beta}{\sqrt{\pi\cdot z}}$$

由这个结果来计算$|\breve{\phi}|$的期望为

$$E[\,|\breve{\phi}|\,]=\int_0^{\infty}\frac{\sigma_\beta}{\sqrt{\pi\cdot z}}f(z)\mathrm{d}z=\frac{\Gamma\left(N-\frac{1}{2}\right)}{\sqrt{\pi}\Gamma(N)}\cdot\sigma_{\breve{\phi}} \tag{A.3.16}$$

对于 $N=1$ 时的特殊情况,式(A. 3. 16)写为

$$E[\,|\breve{\phi}|\,]=E\left[\left|\mathrm{Re}\left\{\frac{\beta(t)}{\alpha(t)}\right\}\right|\right]=\sigma_{\breve{\phi}} \tag{A.3.17}$$

利用式(A. 3. 17),$\breve{\phi}$的概率密度函数、方差和绝对期望能分别利用式(A. 3. 14)、式(A. 3. 15)和式(A. 3. 16)来近似。同样的近似方法也可以用来以更高的精确度近似$\breve{\phi}$。

参考文献

[1] D. Astely, B. Ottersten. The effects of local scattering on direction of arrival estimation with music[J]. IEEE Transactions on Signal Processing,1999,47(12):3220-3234.

[2] M. Bengtsson, B. Ottersten. Low-complexity estimators for distributed sources [J]. IEEE Transactions on Signal Processing,2000,48(8):2185-2194.

[3] O. Besson, P. Stoica. Decoupled estimation of DoA and angular spread for spatially distributed sources[J]. IEEE Transactions on Signal Processing,1999,48(7):1872-1882.

[4] M. Kaveh, A. Barabell. The statistical performance of the MUSIC and the minimum-norm algorithms in resolving plane waves in noise[J]. IEEE Transactions on Acoustics,Speech,and Signal Processing,1986,34(2):331-342.